Die
Werkzeugmaschinen

und ihre Konstruktionselemente

Ein Lehrbuch
zur Einführung in den Werkzeugmaschinenbau

von

Fr. W. Hülle

Oberlehrer an den Königlichen vereinigten Maschinenbauschulen
in Dortmund

Dritte, verbesserte Auflage

Mit 877 Textfiguren und 6 Tafeln

Springer-Verlag Berlin Heidelberg GmbH 1913

Additional material to this book can be downloaded from http://extras.springer.com

ISBN 978-3-662-23908-7   ISBN 978-3-662-26020-3 (eBook)
DOI 10.1007/978-3-662-26020-3

Vorwort zur dritten Auflage.

Seit dem Erscheinen der 2. Auflage hat sich eine wahre Flut von Neuerungen auf den Werkzeugmaschinenbau gestürzt.

Die 3. Auflage mußte daher wesentlich umgearbeitet und sowohl in ihrem konstruktiven Teil als auch in ihrem rechnerischen Teil erweitert werden, wollte sie der Zeit folgen.

Viele Fragen des Werkzeugmaschinenbaues sind heute geklärt, manche harren noch ihrer Lösung. So wird die weitere Entwicklung des wirtschaftlichen Antriebes einer Werkzeugmaschine wohl der Elektrotechnik vorbehalten bleiben.

Wer mit offenen Augen den deutschen Werkzeugmaschinenbau verfolgt hat, der muß die Beobachtung gemacht haben, daß er sich entschieden Schönheit in den Formen und Handlichkeit in dem Aufbau der Maschinen angeeignet hat. Allerdings darf hiermit die weitere bauliche Entwicklung nicht Halt machen. Die Zeit des Schnellstahles erfordert eben überaus kräftige Maschinen, deren Konstrukteure die Theorie und Praxis voll und ganz beherrschen müssen. Gewiß werden vielfach unberechtigte Ansprüche an eine Maschine gestellt, Ansprüche, für die die Maschine gar nicht gebaut ist. Aber warum schützt sich der Erbauer nicht gegen derartige Ansprüche? Warum gibt er nicht die zulässigen Spanquerschnitte an, an die die Werkstätten gebunden sind? Wenn heute an jeder Werkzeugmaschine die Tafeln der Schnittgeschwindigkeiten und Vorschübe angebracht sind, so kann man auch den Schritt weiter gehen und die zulässigen Spanquerschnitte angeben. Es liegt dies sowohl im Interesse des Erbauers als auch des Käufers, und Ehrlichkeit hat noch niemandem geschadet.

Der scharfe Wettbewerb auf dem Maschinenmarkt hat noch eine andere wichtige Frage aufgerollt: die Wirtschaftlichkeit in der Fabrikation. Sie ist heute eine Frage allererstens Ranges geworden. Man kann wohl sagen, daß in unserer hochentwickelten Technik der Segen in der Fabrikation steckt. Konstruktion und Fabrikation müssen sich daher die Hand reichen, wenn wirtschaftlich gearbeitet werden soll. Im Normalisieren kann daher nicht genug getan werden, denn nur bei Massenteilen lassen sich die leistungsfähigen Sondermaschinen wirtschaftlich ausnutzen und die Gestehungskosten herabdrücken. Auch dieser Entwicklungslinie will das Buch gerecht werden. Es ist eine Reihe von Zahlentafeln aufgenommen, in denen die Sondermaschinen mit den allgemeinen Maschinen auf Leistung und Arbeitskosten verglichen sind.

Mit dem Normalisieren wird die Austauschbarkeit der Maschinenteile gefordert. Sie verlangt die höchste Genauigkeit der Arbeitserzeugnisse. Damit sind auch die Ansprüche an die Genauigkeit der Maschine gestiegen. Jede Maschine muß daher in ihrem Aufbau regelmäßig auf den Lauf ihrer Einzelteile geprüft werden. Diese Prüfverfahren zur Feststellung der Genauigkeit an Werkstück und Maschine spielen heute eine große Rolle. Sie sind deshalb in der neuen Auflage auch behandelt.

Zum Schluß möchte ich noch allen Firmen danken, die mich durch Zeichnungen usw. unterstützten.

Möge sich das Buch auch in der neuen Auflage weitere Freunde erwerben.   Glückauf!

Dortmund, im Januar 1913.

Fr. W. Hülle.

Inhaltsverzeichnis.

Viertes Kapitel.

Die Werkzeugmaschinen mit gerader Hauptbewegung.

Erstes Kapitel

Allgemeines über Werkzeugmaschinen.

1. Die Bedeutung der Werkzeugmaschinen und ihre Entwicklung.

In der hochentwickelten Industrie unserer Zeit, in der Völker gegen Völker wetteifern, ist es jedem Fabrikbetriebe zur Lebensbedingung geworden, immer mehr menschliche Arbeit der leistungsfähigeren Maschine zuzuweisen, denn die Macht und Wohlfahrt eines gewerbetreibenden Volkes hängt von der Leistungsfähigkeit seiner Unternehmungen ab.

Große volkswirtschaftliche Dienste leistet hier die rastlos fortschreitende Technik. Das Ziel ihrer wissenschaftlichen und praktischen Bestrebungen ist, die Leistung der Kraft- und Arbeitsmaschinen zu heben, um die durch die höheren Arbeitslöhne und Rohstoffpreise gesteigerten Gestehungskosten auszugleichen und so die Erzeugnisse der Industrie auf dem Weltmarkte erwerbsfähig zu halten.

Die hier in Frage kommenden Fortschritte verdanken wir einerseits der Verbesserung der Baustoffe, der Einführung höherer Arbeitsgeschwindigkeiten und Betriebsdrücke und andererseits der Vervollkommnung unserer Werkzeugmaschinen. Die höheren Betriebsdrücke und Geschwindigkeiten ergeben zwar eine größere indizierte Leistung der Maschinen, doch die eigentliche Nutzleistung läßt sich nur durch geringe Reibungswiderstände in den Getrieben erhöhen. Diese Aufgabe fällt den Werkzeugmaschinen zu. Sie haben daher saubere Arbeitsflächen zu schaffen, welche die Gleitwiderstände und die Abnutzung in den Getrieben vermindern, so daß sich Wirkungsgrad und Lebensdauer der Maschine günstiger gestalten.

Die Bedingungen, die auf Grund dieser Betrachtung jede zeitgemäße Werkzeugmaschine zu erfüllen hat, sind, daß sie

1. eine große Leistungsfähigkeit besitzt und
2. gute Arbeit liefert.

Diese beiden Forderungen bedingen als Grundsatz für den gesamten Werkzeugmaschinenbau: „alle Arbeitsmaschinen in möglichst kräftiger Bauart auszuführen“. Soll nämlich eine Werkzeugmaschine saubere Arbeit liefern, so ist vor allem ein ruhiger Gang anzustreben, damit Stahl und Werkstück keine Erschütterungen erfahren. Ruhiger Gang läßt sich aber bei der großen Anstrengung der Maschine, wie sie die

Wirtschaftlichkeit ihres Betriebes verlangt, nur durch eine kräftige Bauart erreichen.

Die Erhöhung der Leistung.

Die Leistung einer Werkzeugmaschine wird durch das Gewicht der in der Stunde abgedrehten Späne in kg/Std. bestimmt. Bei Schlichtmaschinen, wie Schleifmaschinen, kann die in der Stunde geschlichtete Fläche als Leistung betrachtet werden.

Das Bestreben der Technik, die Leistung der Werkzeugmaschinen zu heben, war sehr mannigfach. Die zunächstliegenden Mittel waren größere Schnittgeschwindigkeiten und stärkere Späne. Mit diesen Größen wächst aber die Beanspruchung von Werkzeug und Maschine. Der Stahl wird durch die große Reibungswärme stark angelassen, weich und stumpf. Die besten Werkzeuge aus gewöhnlichem Tiegelstahl halten Hitzen von höchstens 250° C. stand. Schon bei 150° C. macht sich bei dauernder Erwärmung eine Abnahme in der Härte des Stahles unangenehm bemerkbar. Die Schneidhaltigkeit unserer gewöhnlichen Werkzeuge gestattet daher nur kleine Schnittgeschwindigkeiten, die beim Drehen nicht über 13 m gehen.

Einen großen Sieg errangen hier die Schnellstähle. Die Eigenart dieser Stähle liegt in der großen Arbeitshitze, die sie vertragen, ohne weich zu werden. Ihre Erhitzung kann auf 600 bis 700° C. (dunkle Rotglut) gesteigert werden, ohne daß sich eine wesentliche Abnutzung der Schneiden bemerkbar macht. Vermöge dieser Rotwarmhärte eignen sich die Schnellstähle nicht nur für stärkere Späne und größere Schnittgeschwindigkeiten, sondern sie zeichnen sich auch durch eine längere Schnittdauer aus. Die Schnellstähle können also nicht nur schneller, sondern auch länger arbeiten. Hierin liegen für die Leistungsfähigkeit eines Betriebes unverkennbare Vorzüge.

Die Zahlentafel I gibt einen interessanten Vergleich über die praktisch zulässigen Schnittgeschwindigkeiten bei Verwendung der verschiedenen Werkzeugstähle, und die Zahlentafel II zeigt die Überlegenheit des Schnellstahles gegenüber einem guten Selbsthärter.

Tafel I.[1]

Praktische Schnittgeschwindigkeiten in m/Min.

Material des Werkstückes	Gew. Werkzeugstahl			Schnellstahl		
	Bohren	Drehen	Fräsen	Bohren	Drehen	Fräsen
Gußeisen	5—9	6—10	12—16	12—18	14—20	25—38
Maschinenstahl . . .	6—8	7—9	13—18	14—20	16—24	30—40
Schmiedeeisen . . .	7—9	10—13	20—25	18—25	22—32	45—60
Messing	20—28	32—40	50—60	32—40	45—52	70—80

[1] Ludw. Loewe & Co., Schnellschnittstahl.

Tafel II.[1]
Vergleich zwischen Selbsthärter und Schnellstahl.

Rohstoff	Art des Werkzeugstahles			
	Selbst-härter	Schnell-stahl	Selbst-härter	Schnell-stahl
Beschaffenheit des bearbeiteten Fluß-eisens.	hart	hart	weich	weich
Anzahl der bearbeiteten Stücke bis zum Stumpfwerden des Stahles .	18	80	40	100
Schnittgeschwindigkeit m/Min. . .	20,7	27,4	18,3	32,3
Vorschub mm/Min.	175	216	93	165
Kosten des Werkzeugstahles für je 100 Arbeitsstücke M.	2,94	1,09	1,26	0,84
Kosten der Arbeit für je 100 Stück M.	13,80	12,60	3,15	2,40
Anzahl der in einem Jahr herge-stellten Stücke	38 371		19 025	
Lohnersparnis für je 100 Stück M. .	—	1,20	—	0,75
Ersparnis in einem Jahre M. . . .	—	460,00	—	143,00
Anzahl der Arbeitstage, an denen die Maschine für andere Arbeiten frei geworden ist	—	57	—	19,5

Durch die größere Schnittgeschwindigkeit und durch die schwereren Schnitte erzielen wir in erster Linie eine größere Spanleistung der Maschinen. Ein klares Bild von dem Einfluß, den die Schnellstähle auf die Entwicklung unserer Metallbearbeitungsmaschinen gehabt haben, geben zwei Zahlen: Noch in den 60er Jahren galt eine Drehbank als außergewöhnlich stark, wenn sie in der Stunde 5 kg Späne lieferte, und noch vor 25 Jahren zerspanten unsere schwersten Bänke höchstens 9 kg in der Stunde. Unsere heutigen Schnelldrehbänke erzeugen Spanmengen, die das 30 bis 50fache betragen. Auch der Arbeitsbedarf älterer und neuerer Maschinen zeugt von diesem Einfluß. Früher verlangte der Antrieb einer Werkzeugmaschine selten mehr als 3 bis 5 PS., heute beanspruchen unsere Schnelldrehbänke 10 bis 20 PS. und mehr. Die schwerste Sonderdrehbank, die auf dem Festlande je gebaut worden ist, erfordert einen Arbeitsaufwand von nicht weniger als 120 PS. und leistet bei einem Spanquerschnitt von 200 qmm und Material von 50 bis 60 kg/qmm Festigkeit 1300 bis 1400 kg Späne in der Stunde.

Die größere Schnittdauer der Schnellstähle vermindert das häufige Auswechseln der Stähle, die hiermit verbundene Unterbrechung der Arbeit und die Zeitverluste und die Unkosten, die durch das häufige Nacharbeiten

---

[1] The Iron Age 1. XII. 1904, S. 14.

1*

der Werkzeuge entstehen. Außerdem hält die größere Schneidhaltigkeit den Arbeitsbedarf der Maschinen ziemlich gleich, während er bei den weniger schneidhaltigen Werkzeugen stärkeren Schwankungen unterworfen ist. Der ganze Betrieb muß also viel wirtschaftlicher arbeiten.

Durch diese Erfahrungen haben sich in der Metallbearbeitung bereits große Umwälzungen vollzogen. Noch vor wenigen Jahrzehnten zielte man schon beim Gießen und Schmieden auf möglichst genaue Abmessungen hin. Die Maschinenarbeit erstreckte sich meist nur auf die Paß- und Gleitflächen. Heute werden die Maschinenteile roh gegossen oder geschmiedet und auf leistungsfähigen Werkzeugmaschinen fertig bearbeitet. Dieses Verfahren hat sich bei den hohen Arbeitslöhnen als billiger erwiesen. Ja, die Hüttenwerke gehen sogar so weit, daß sie, um Fracht zu sparen, rohe Schmiedestücke vor dem Versand schruppen.

Tafel III.[1])

Gegenstand	Rohgewicht ab Schmiede kg	Fertig- gewicht kg	Späne kg
1 Druckwelle, 180 mm Schaft $\varnothing$.	1 250,—	483,—	767,—
1 Druckwelle, 540 mm Schaft $\varnothing$.	23 500,—	11 850,—	11 650,—
1 einfache Kurbelwelle, 125 mm Hub, 110 mm Schaft $\varnothing$	162,—	76,—	86,—
1 Kurbelwelle mit 2 Kurbeln, 450 mm Hub, 185 mm Schaft $\varnothing$	2 050,—	800,—	1 250,—

Auf Grund dieser Erfahrungen hat sich eine neue Arbeitsteilung vollzogen: „Schruppen als Ersatz des teueren Schmiedens". Klassische Beispiele, wie weit die Praxis mit der mechanischen Bearbeitung heute geht, gibt uns die Tafel III. Sie zeigt, daß bei großen Schmiedestücken bis zu 60 % des Rohgewichts auf Werkzeugmaschinen zerspant werden. Die Massen- und Serienfabrikation nutzt diese Fortschritte in noch größerem Maße aus. Sie schält aus Walzeisen und Blöcken fertige Gegenstände unter Vermeidung jeder Schmiedearbeit heraus (Tafel IV, S. 5).

Der Aufschwung zum Schnellbetrieb mußte sich auch in den Arbeitszeiten bemerkbar machen. In der Zahlentafel V, S. 6, sind für einige Maschinenteile die Schruppzeiten vor der Einführung des Schnellstahles denen nach der Einführung gegenübergestellt. Im allgemeinen kann man rechnen, daß sich mit dem Schnellstahl mindestens 25—30 % Zeitersparnisse erzielen lassen. Dieser Umstand gewinnt bei den heutigen kurzen Lieferfristen besondere Bedeutung.

---

[1]) Nach Angaben des „Vulcan", Stettin.

Tafel IV.[1])

Vergleich der Selbstkosten beim Ausschälen aus dem Vollen und dem Ausschmieden.

Gegenstand mit Hauptmaßen in mm	Material	Maße des Rohblockes in mm	Die aus dem Block hergestellte Stückzahl	Selbstkostenverhältnis (ausgeschält : geschmiedet)
Kreuzkopf 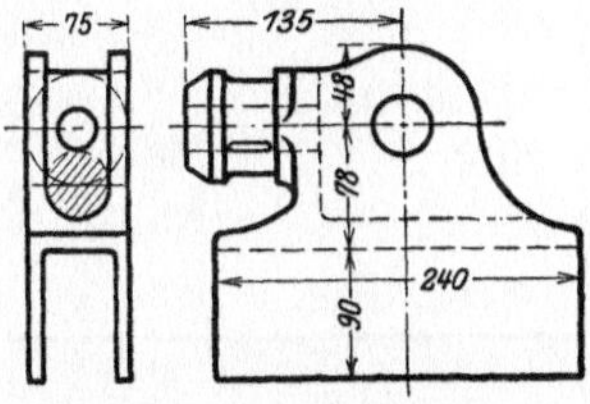	Flußeisen	265 × 80 × 1580	6	0,75 : 1
Schieberstangenkopf 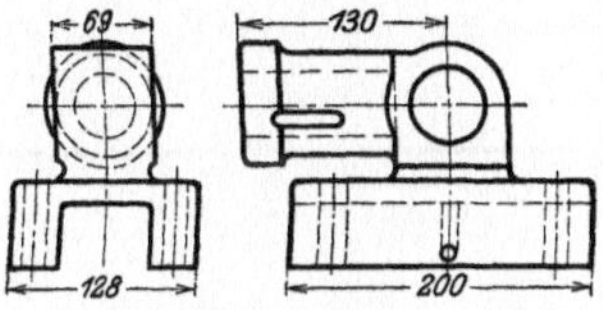	Flußeisen	155 × 135 × 1440	6	0,76 : 1
Federgehänge 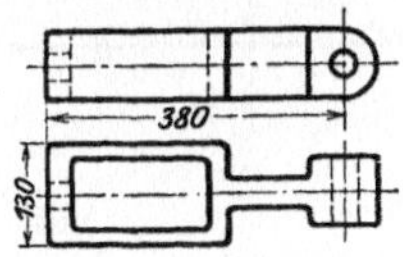	Flußeisen	135 × 85 × 1720	4	0,78 : 1
Federkorb 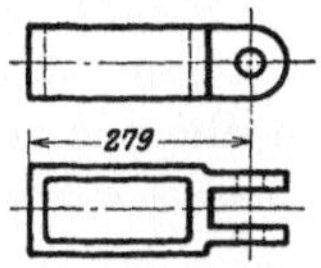	Flußeisen	125 × 105 × 1700	5	0,60 : 1

Eine große Errungenschaft für die Leistungsfähigkeit der Werkzeugmaschinen ist auch das mehrschneidige Werkzeug, der Fräser. Er

---

[1]) WT 1907, S. 219. H. Fischer, Über das Ausschälen von Werkstücken aus rohen Blöcken.

hat ein großes Arbeitsgebiet in der Metallbearbeitung erobert, weil er starke Späne von der Breite des Werkstückes zu nehmen vermag und mit größerer Geschwindigkeit arbeiten kann als das einschneidige Werkzeug (siehe Tafel I).

Tafel V.[1)]

Schruppzeiten vor und nach Einführung des Schnellstahles.

Gegenstand	Arbeitszeiten für das Vorschruppen	
	vor Einführung des Schnellstahles Std.	nach Einführung des Schnellstahles Std.
Kurbelwelle aus geschmiedetem Stahl 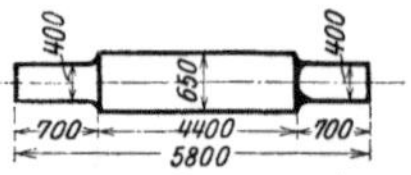	70	38
Kolbenstange aus geschmiedetem Stahl 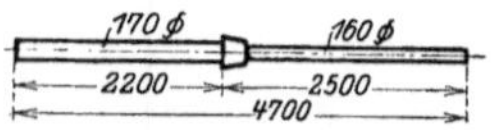	30	18
Lokomotivkolben aus geschmiedetem Stahl 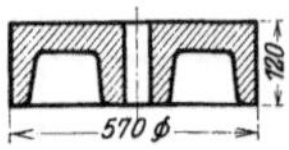	15	10
Schwungrad aus Stahlguß 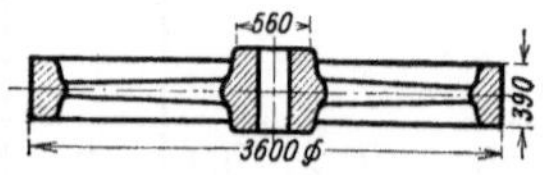	220	145

Ein weiteres Mittel für eine größere Leistung der Werkzeugmaschinen ist die Benutzung mehrerer Werkzeuge bei ein und derselben Maschine. Arbeiten sie gleichzeitig, so können sie das Schruppen und Vorschlichten mit einem Gang der Maschine erledigen oder das Werkstück an mehreren Stellen zugleich bearbeiten (Fig. 1). Einen Rekord hat hier wohl eine Maschine von Martin H. Blancke aufgestellt, die mit 32 Stählen zugleich arbeiten kann. Arbeiten die Werkzeuge nacheinander (Revolverbank), so gestatten sie durch den Stahlwechsel, die bei

[1)] Nach Angaben der Gutehoffnungshütte, Oberhausen.

Massenteilen vorkommenden Arbeiten an einer Maschine vorzunehmen, ohne Werkzeug und Werkstück umzuspannen. Sie vereinfachen daher nicht nur die Bedienung, sondern sie kürzen auch die Arbeitszeit in hohem Maße.

Fig. 1. Das Abdrehen einer Stufenscheibe mit 4 Stählen.

Ein sehr dankbares Mittel, die Werkzeugmaschinen leistungsfähiger zu gestalten, ist schließlich die Vereinfachung der Bedienung. Dieser Weg ist bei allen Maschinen zu benutzen. In der Massenherstellung hat er zu sich selbsttätig auslösenden oder gar vollkommen selbsttätig arbeitenden Maschinen, Automaten, geführt.

Durch die Selbstauslösung wird der Vorschub des Werkzeuges an bestimmten Arbeitsgrenzen durch die Maschine ausgeschaltet. Diese Grenzen werden meist durch verstellbare Anschläge festgelegt, die auf die gleichen Arbeitslängen der Massenteile einzustellen sind.

Eine Vervollkommnung höheren Grades bieten die selbsttätig arbeitenden Maschinen (Zahnradfräsmaschinen, Schraubenschneidmaschinen), die die Werkstücke vollkommen selbsttätig bearbeiten, trotzdem die Werkzeuge nur zeitweise tätig sind.

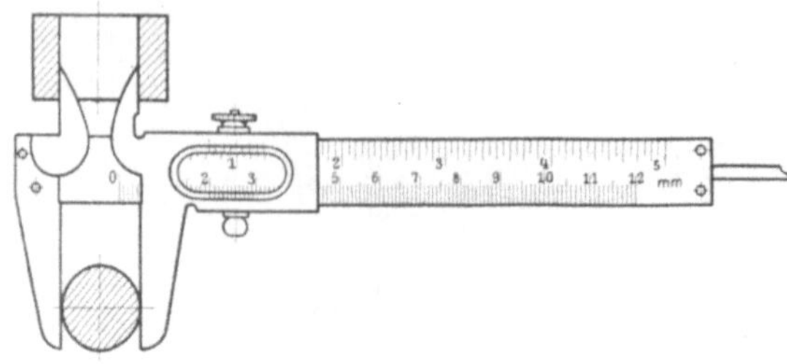

Fig. 2. Schublehre für Außen-, Innen- und Tiefenmessungen.

Die Werkzeugmaschinen mit Selbstauslösung des Vorschubes oder rein selbsttätiger Wirkungsweise verdienen eine besondere Beachtung für die Massenherstellung. Sie liefern stets gleiche Arbeitsstücke und gestatten die Bedienung mehrerer Maschinen durch einen Arbeiter. Sie gewähren daher große Zeitersparnisse und

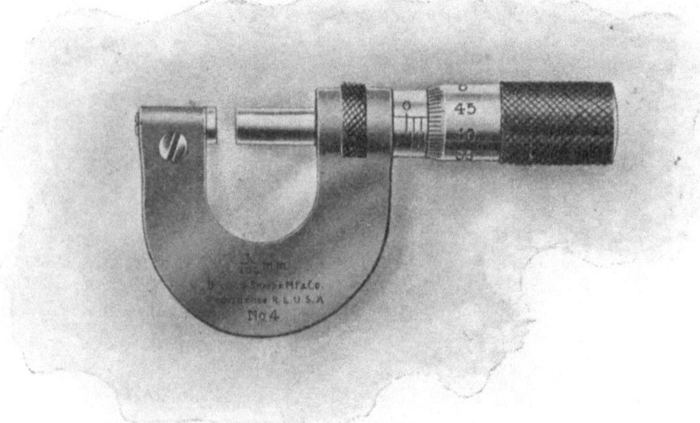

Fig. 3. Schraublehre.

verringern die Herstellungskosten in hohem Maße. Über den Erfolg dieser Entwicklungslinie gibt die Tafel VI Auskunft.

Das Prüfen der Arbeitserzeugnisse.

Die Güte der Arbeit wird durch die Genauigkeit der Arbeitserzeugnisse festgestellt. Jedes Arbeitsstück läßt sich nämlich auf die Genauigkeit der Maße und die Genauigkeit der Form prüfen.

Die Genauigkeit der Form hat eine untergeordnete Bedeutung, wenn das Werkstück nur des besseren Aussehens oder des geringeren Gewichtes

Tafel VI.[1)]

Vergleich der Herstellungskosten von Maschinenteilen auf der Drehbank, der Hand-Revolverbank und der selbsttätigen Revolverbank.

Nr.	Stoff	Gegenstand	Gewöhnliche Drehbank		Hand-Revolver-Drehbank		Selbsttätige Revolver-Drehbank		Bemerkungen
			Zeit	Kosten	Zeit	Kosten	Zeit	Kosten	
			Min.	Mark	Min.	Mark	Min.	Mark	
1	Naben-stahl	Fahrradnabe	Stundenlohn 0,60—0,65 M. 40 Abstechen	0,40—0,45 0,05 0,05 0,45—0,50	Stundenlohn 0,40—0,45 M. 10	0,07—0,08	6	bei 1 Maschine 0,04—0,045, bei 4 Maschinen 0,01—0,012	Auf der Hand-Revolver-Drehbank und auf der selbsttätigen Revolver-Drehbank werden die Naben, wie die Figur zeigt, von der Stange hergestellt. Auf der gewöhnlichen Drehbank werden auf erforderliche Länge abgeschnittene Stücke verarbeitet. Es sind daher für diesen Fall noch die Kosten für das Abstechen mit 0,05 M zu berücksichtigen.
2	Achsen-stahl	Tretkurbelachse	30 Abstechen	0,30—0,33 0,02—0,02 0,32—0,35	$7^1/_2$	0,05—0,06	6	bei 1 Masch. 0,04—0,045, bei 4 Masch. 0,01—0,012	Für die Herstellung der Achsen gilt das oben Erwähnte.
3	Kegel-stahl	Fahrradkegel	10	0,10—0,11	3	0,02 bis 0,025	2	bei 1 Masch. 0,013—0,015, bei 4 Masch. 0,003—0,004	Die Kegel werden auf allen drei Maschinen von der Stange hergestellt.
4	Gußeisen	Nähmaschinenschwungrad	60	0,60—0,65	12	0,08—0,09	$3^3/_4$	bei 1 Maschine 0,025—0,028, bei 4 Maschinen 0,006—0,007	Die Nähmaschinenschwungräder werden auf der Drehbank bei dreimaligem Aufspannen, auf der Hand-Revolver-Drehbank bei zweimaligem Aufspannen und auf der selbsttätigen Revolver-Drehbank in einer Aufspannnng fertig gestellt. Auf der letzten Maschine wird das Rad gleichzeitig von vier Seiten bearbeitet. Hieraus erklärt sich die kurze Arbeitszeit gegenüber den anderen Maschinen.

[1)] Nach Angaben der Leipziger Werkzeugmaschinenfabrik vorm. W. v. Pittler, A.-G. Leipzig.

wegen bearbeitet wird. Sie spielt dagegen eine große Rolle bei Passungen, die nicht nur volle Genauigkeit der Maße sondern auch volle Genauigkeit der Form verlangen.

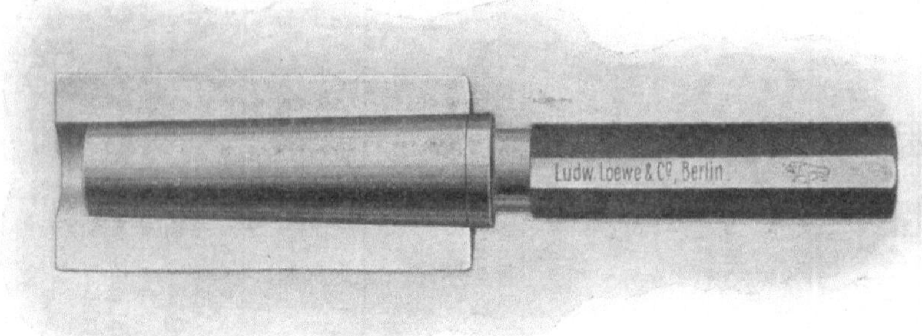

Fig. 4. Normallehre.

Die Genauigkeit der Maße wird durch das Messen der Arbeitsstücke mit Meßwerkzeugen geprüft.

Die älteren Meßwerkzeuge sind Zollstock, Taster, Schublehren (Fig. 2) und Schraublehren (Fig. 3). Bei ihnen spielt das Gefühl des Messenden eine große Rolle, so daß bei Passungen viel Nacharbeit nötig ist.

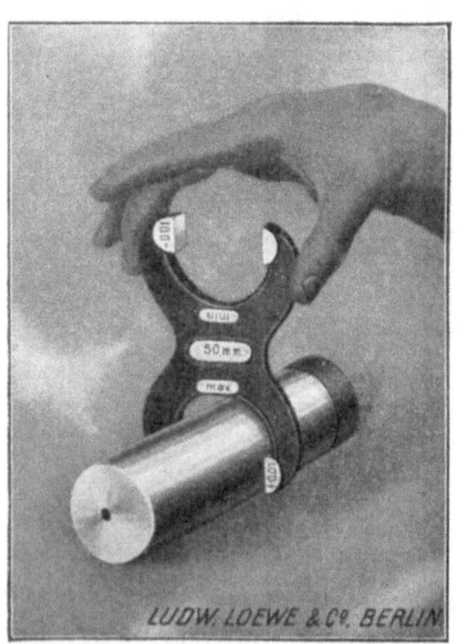
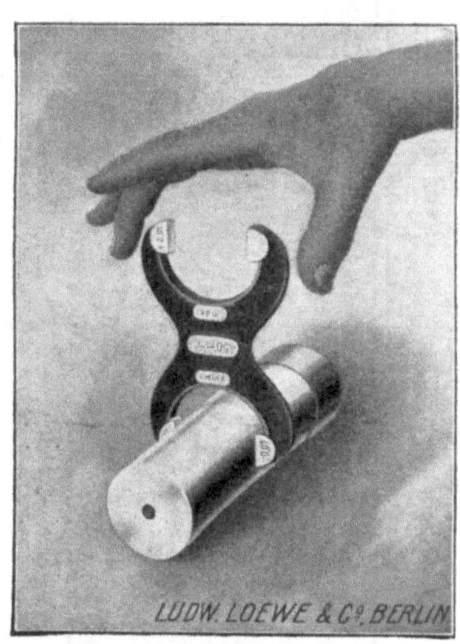

Fig. 5 und 6. Grenzrachenlehre.

Seit die Massenherstellung die Austauschbarkeit der Einzelteile fordert, mußte die Praxis zu den festen Grenzlehren übergehen, die einfacher und schneller zu handhaben sind als andere Meßwerkzeuge. Die Normallehren werden heute fast nur noch zum Messen von Kegeln und als Kontroll- und Einstellehren benutzt (Fig. 4).

Die Grenzlehren haben als Kennzeichen eine „Gutseite“ und eine „Ausschußseite“. Die Gutseite der Grenzrachenlehre muß leicht über die Welle herübergehen (Fig. 5), dagegen darf die Ausschußseite höchstens anschnäbeln (Fig. 6). Beim Messen von Bohrungen muß die Gutseite des Grenzlehrdornes leicht in das Loch hineingehen (Fig. 7), während die Ausschußseite höchstens anfassen darf (Fig. 8). Die Grenzlehren lassen also kleine Unterschiede zu, die von der Art der Passung abhängen.

Bei den Passungen unterscheiden wir nämlich:

1. Laufsitze für Teile, die ineinander laufen müssen, z. B. Lager;
2. Schiebesitze für Teile, die sich leicht von Hand aufschieben lassen sollen, z. B. Riemscheiben;

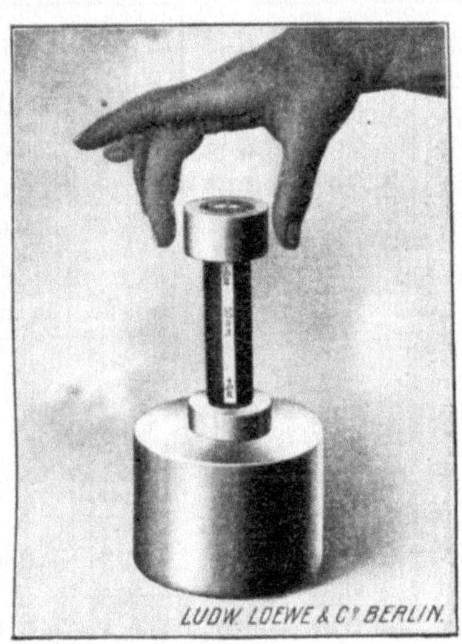

Fig. 7 und 8. Grenzlehrdorn.

3. Fester Sitz für Teile, die sich durch leichte Schläge oder leichten Druck aufbringen lassen sollen, z. B. Zahnräder;
4. Preßsitz oder Schrumpfsitz für Teile, die unter starkem Druck oder unter Benutzung ihrer Ausdehnung durch die Wärme miteinander vereinigt werden, z. B. Aufpressen von Eisenbahnrädern auf die Achsen oder Aufziehen von Radreifen.

Bei der Anwendung der Grenzlehren auf obige Sitze sind nun zwei Systeme zu beachten:

Bei dem System der „normalen Bohrung“ ist die Bohrung für alle Passungen gleich, dagegen erhält die Welle je nach dem Zweck verschiedene Passungen.

Bei dem System der „normalen Welle“ geht man von der gleichbleibenden Welle aus und gibt der Bohrung die zweckentsprechende Passung.

Die Zahlentafel VII gibt die Grenzmaße für die beiden Systeme und die verschiedenen Sitze an, während Fig. 9—25 von beiden Systemen je ein Beispiel mit Arbeitslehren zum Messen der Arbeitsstücke und den Kontrollehren zum Nachprüfen der Arbeitslehren zeigen.

Zahlentafel VII.[1)]
Grenzmaße für Durchmesser bis 100 mm.
Grenzmaße für normale Bohrung.

∅	Bohrung		Welle					
	normal		laufend		schiebend		fest	
6—10	+ 0,01	— 0,01	— 0,015	— 0,025	— 0,007	— 0,012	± 0,00	+ 0,02
11—20	+ 0,01	— 0,01	— 0,015	— 0,03	— 0,01	— 0,015	± 0,00	+ 0,025
21—30	+ 0,015	— 0,015	— 0,02	— 0,035	— 0,012	— 0,02	± 0,00	+ 0,03
31—50	+ 0,015	— 0,02	— 0,025	— 0,045	— 0,012	— 0,025	± 0,00	+ 0,035
51—75	+ 0,02	— 0,02	— 0,03	— 0,05	— 0,012	— 0,03	± 0,00	+ 0,04
76—100	+ 0,02	— 0,025	— 0,035	— 0,06	— 0,015	— 0,035	± 0,00	+ 0,045

Grenzmaße für normale Welle.

∅	Welle		Bohrung					
	normal		laufend		schiebend		fest	
6—10	+ 0,01	— 0,01	+ 0,015	+ 0,03	+ 0,01	+ 0,018	± 0,00	— 0,02
11—20	+ 0,01	— 0,01	+ 0.018	+ 0,035	+ 0,01	+ 0,02	± 0,00	— 0,025
21—30	+ 0,01	— 0,01	+ 0,02	+ 0,04	+ 0,012	+ 0,022	± 0,00	— 0,03
31—50	+ 0,01	— 0,01	+ 0,025	+ 0,045	+ 0.012	+ 0,025	± 0,00	— 0,035
51—75	+ 0 01	— 0,01	+ 0,03	+ 0,05	+ 0,012	+ 0,03	± 0,00	— 0,04
76—100	+ 0,01	— 0,01	+ 0,035	+ 0,06	+ 0.015	+ 0,035	± 0,00	— 0,045

Bei der Auswahl des Systems ist zu beachten: Das System der „normalen Bohrung“ verlangt nur einen Satz Bohrwerkzeuge und einen Satz Grenzlochlehren, aber kostspielige Dreharbeiten und für jede Passung je einen Satz Grenzrachenlehren. Bei dem System der „normalen Welle“ braucht man nur einen Satz Grenzrachenlehren für normales Maß, dagegen erfordert jede Passung einen Satz Bohrwerkzeuge und Grenzlochlehren. Die Anschaffungskosten für Werkzeuge sind daher bei der „normalen Welle“ höher, dagegen die Löhne für Dreharbeiten geringer. Geben die Dreharbeiten den Ausschlag, wie im Transmissionsbau, so ist das System der normalen Welle vorzuziehen. Das System der normalen Bohrung hat den Vorteil, daß die Passungen am Bolzen leichter zu messen sind und Handräder, Kurbel, Handgriffe, Stirnräder sich leicht

---

auf die Zapfen schieben lassen. Die normale Bohrung ist daher für derartige Fälle besonders zu empfehlen.

Zum Messen genauer Längen dienen die Johansson-Endmaße. Es sind dies Meßklötzchen, die aufs sauberste und genaueste geschliffen

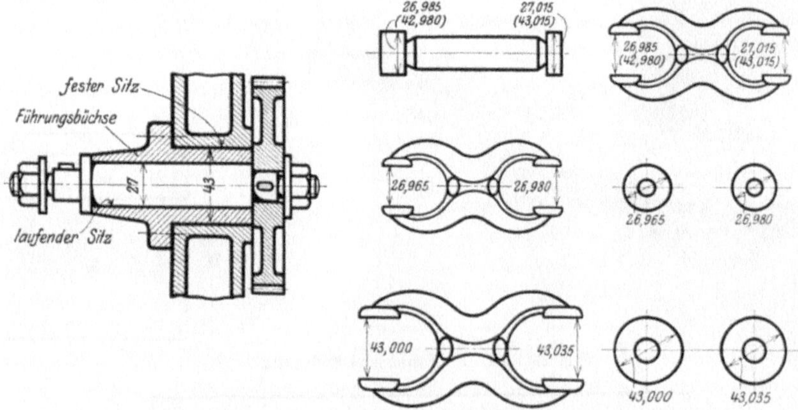

Fig. 9 bis 17. Arbeits- und Kontrollehren für Bolzen und Büchse, System der normalen Bohrung.

sind. Sie werden unter leichtem Druck aufeinander geschoben und saugen sich so fest. Der für den Maschinenbau am besten geeignete Satz 2 ent-

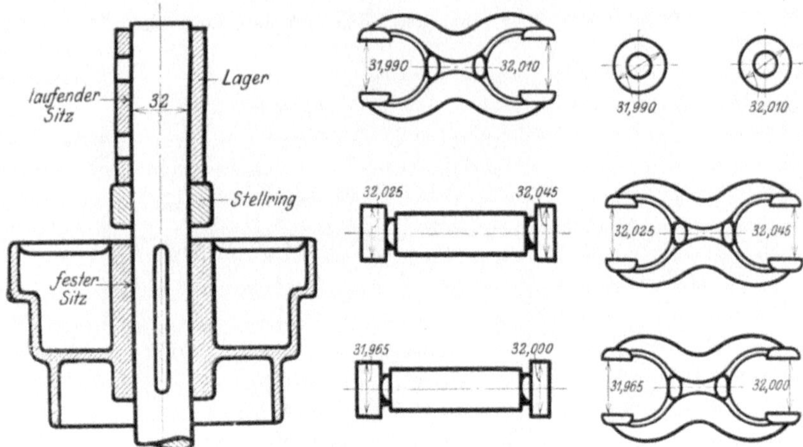

Fig. 18 bis 25. Arbeits- und Kontrollehren für Welle, Lager und Scheibe, System der normalen Welle.

hält 103 Endmaße, mit denen man 20 000 Maße von 1 mm bis 200 mm steigend um $^1/_{100}$ mm zusammensetzen kann (Fig. 26 und 27).

Die Genauigkeit der Form prüft man:

1. Durch die Lichtspaltmethode: Ein Lineal mit abgeschrägter Kante wird nach verschiedenen Richtungen über die zu prüfende

Fläche gehalten und bei durchfallendem Lichte der Lichtspalt beobachtet. Ist die Fläche eben, so muß in jeder Lage des Lineals der Lichtspalt gleich sein (Fig. 28 und 29).

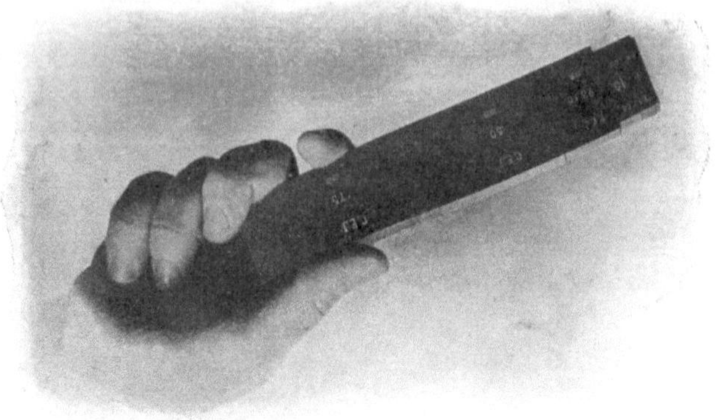
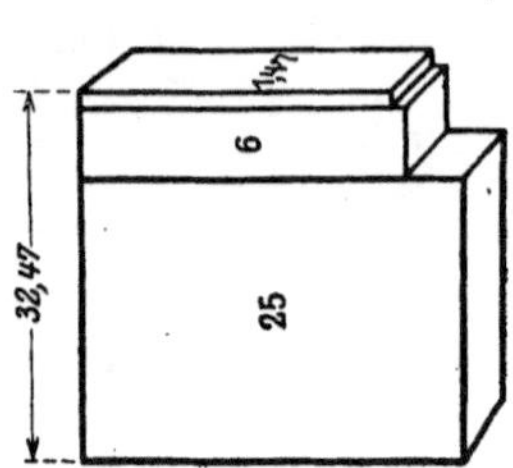

Fig. 26 und 27. Johansson-Endmaße.

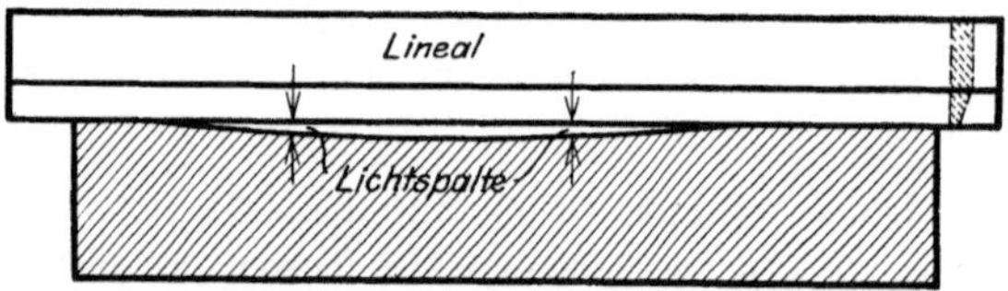

Fig. 28. Prüfen einer gehobelten Fläche nach dem Lichtspalt.

Fig. 29. Prüfen von gehobelten Nuten mit Endmaßen und Lichtspalt.

2. Durch die Tuschiermethode: Eine mit der Tusche bestrichene Tuschierplatte (Fig. 30) wird auf der Prüffläche leicht hin- und her-

bewegt. Dabei wird an den tragenden Stellen der Fläche die Farbe
haften bleiben. Diese Stellen sind daher nachzuschaben.

3. Durch die Wasserwagenmethode: Eine beliebige Stelle der Prüffläche wird nach der Wage ausgerichtet und dann eine kleine Wasser-

Fig. 30. Tuschierplatten zum Prüfen ebener Flächen.

wage oder Libelle auf der Fläche verschoben, die überall im Gleich-
gewicht sein muß.

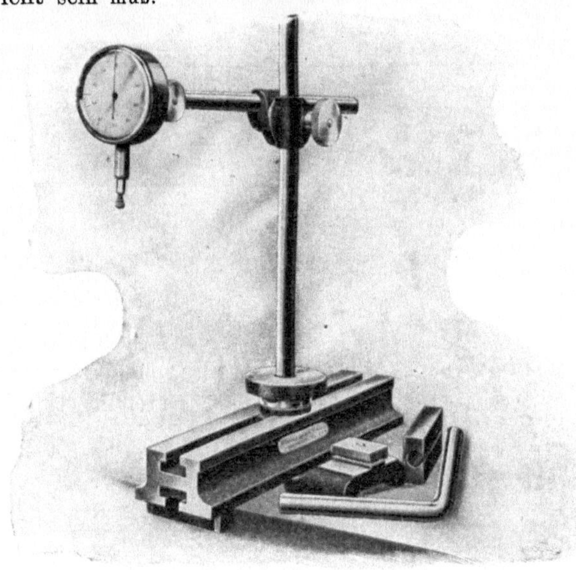

Fig. 31. Fühlhebel für Außenmessungen.

4. Durch die Fühlhebelmethode: Das zu prüfende Stück wird auf
eine Richtplatte gelegt und der Fühlhebel mit dem Taststift angesetzt.
Der Fühlhebel wird dann mit dem Fuß verschoben, dabei muß der
Fühlknopf alle Stellen der Fläche bestreichen. Bei ebenen Flächen
bleibt der Zeigerausschlag gleich. Sind jedoch die Ausschläge zu
groß, so müssen die Stellen geschabt werden (Fig. 31, 32, 33).

Diese Prüfverfahren sind außer der Tuschiermethode auch für die zylindrischen Körper verwendbar, die man zum Prüfen zwischen Spitzen

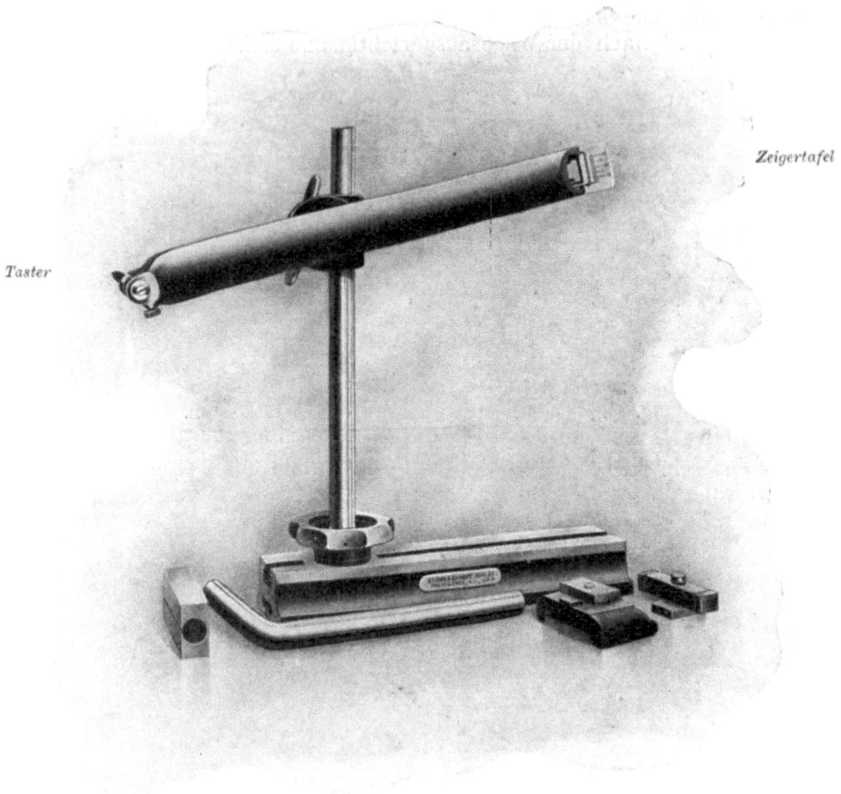

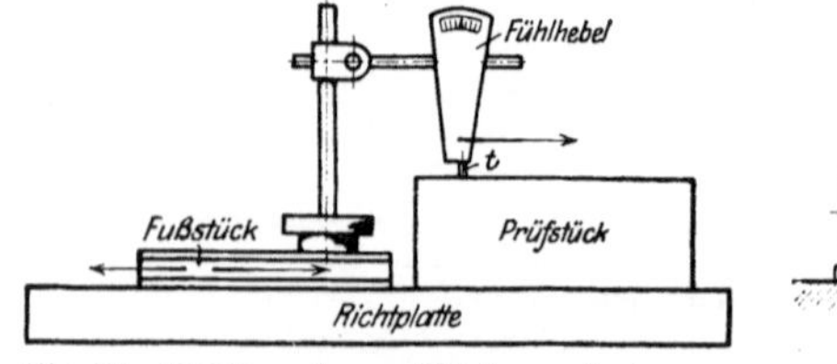

spannt. Bei langsamem Drehen lassen sich ihre Ungenauigkeiten mit dem Fühlhebel (Fig. 203) oder einem Lichtspaltzeiger feststellen (Fig. 34).

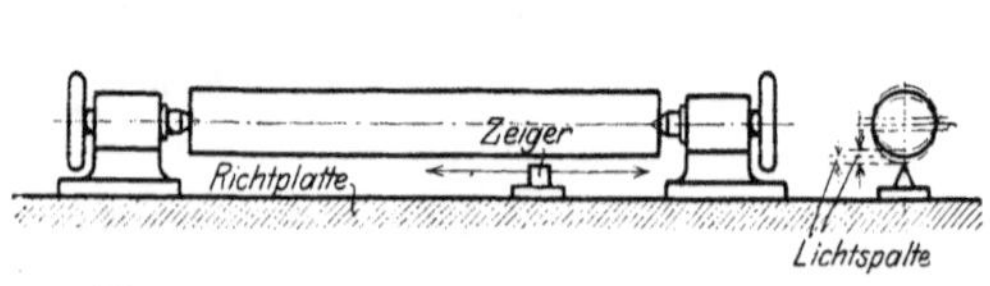

Fig. 33. Prüfen ebener Flächen mit dem Fühlhebel.

Fig. 34. Prüfen zylindrischer Flächen nach dem Lichtspalt.

2. Die Aufstellung der Werkzeugmaschinen.

Unerläßliche Vorbedingung für gute Arbeit ist, wie bereits erwähnt, ein ruhiger Gang der Maschine. Er erfordert außer einer soliden

Bauart der Maschine noch ein kräftiges und dauerhaftes Fundament, das den Arbeitsdruck ohne Erschütterungen aufzunehmen vermag. Leichte Maschinen werden auf dem Fußboden, Holz- oder Eisenschwellen befestigt (Fig. 35) oder auch auf einem Steinsockel verankert (Fig. 36). Größere und schwere Werkzeugmaschinen verlangen ein Steinfundament, auf dem sie durch kräftige Fundamentschrauben verankert werden.

Dem Fundament soll man genügend Zeit zum Setzen und Trocknen lassen, bevor man die Maschine aufstellt und ausrichtet, da sonst durch ungleichmäßiges Setzen des Fundaments ein Verziehen der Maschine zu befürchten ist.

Das Ausrichten der Maschine hat nach der Wasserwage zu geschehen, die mindestens längs und quer zum Bett an allen Stellen einspielen muß.

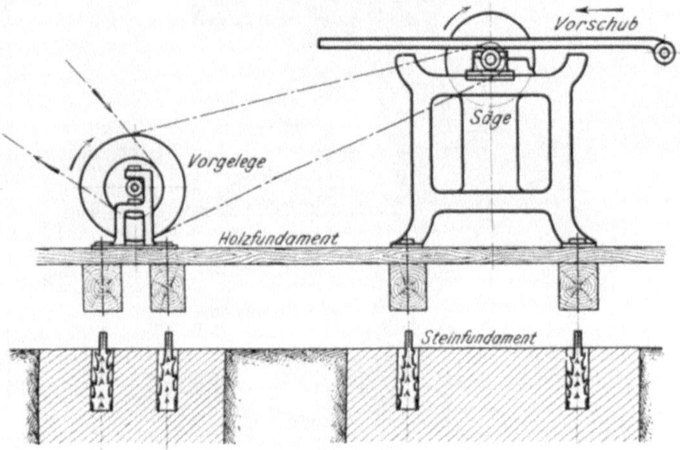

Fig. 35 und 36. Aufstellung einer Säge.

Zu diesem Zweck sind unter das Bett nicht zu schmale Eisenkeile mit ganz geringem Anzug zu legen. Um ein Lockern dieser Keile zu verhindern, lege man um sie einen Lehmrand und umgieße sie mit Beton oder Schwefel; bei Holzfundament ist ein Gemisch von Pech oder Asphalt mit Sand zu empfehlen. Nach dem Erstarren der Gußmasse ist der Lehmrand zu entfernen und die Stelle etwas zu beputzen.

Beim Aufstellen der Fräsmaschine (Fig. 37) sind bei A, B und C Keile unterzulegen. Vor allem dürfen bei schweren Modellen die Keile B nicht vergessen werden, da sich sonst die Grundplatte durchhängt und die Teleskopspindel verbiegt. Die Keile C müssen zunächst ganz lose liegen, so daß die ganze Last auf A und B ruht. Jetzt versuche man, ob sich der Tisch leicht heben läßt. Ist dies nicht der Fall, so sind die Keile C nach Bedarf anzuziehen. Die Wage muß sowohl quer als längs zum Aufspanntisch einspielen.

Besondere Sorgfalt erfordert wegen der großen Bettlänge das Ausrichten der Bohr- und Fräsmaschine (Fig. 38). Man unterlege die Fundamentplatte bei A bis E beiderseits mit Keilen, setze die Wasserwage auf die Gleitflächen für die Bettstützen und ziehe nach Bedarf die Keile

Fig. 37. Aufstellen einer Fräsmaschine.

bei A und B an. Die Keile D und E sollen nur ein Durchhängen verhindern. Jetzt folgt das Ausrichten des Spindelstockes. Hierzu ist die Wage auf die Spindel zu setzen. Hängt die Maschine nach links, so sind die Keile C anzuziehen. Will man noch prüfen, ob Bohrspindel und Aufspanntisch parallel sind, so setzt man die Wage auf die Gleitflächen für den Aufspanntisch.

3. Die Arbeitsweise der Werkzeugmaschinen.

Die Aufgabe der Werkzeugmaschinen ist, die zum selbsttätigen Bearbeiten eines Werkstückes erforderlichen Bewegungen hervorzubringen. Danach arbeiten die Werkzeugmaschinen mit einer Haupt- oder Arbeits-

Fig. 38. Aufstellen eines Bohr- und Fräswerkes.

bewegung und einer Schalt- oder Fortrückbewegung. Zu diesen beiden Bewegungen treten noch die zum Einstellen von Werkzeug und Werkstück erforderlichen Einstellbewegungen.

1. Die Haupt- oder Arbeitsbewegung einer Werkzeugmaschine vermittelt den Schnitt des Werkzeuges. Sie hat daher stets die Richtung des Schnittes und kann eine geradlinige oder eine kreisförmige Bewegung sein. Ist demgemäß die Hauptbewegung einer Werkzeugmaschine zu be-

stimmen, so ist nur die Bewegung zu beobachten, durch die das Werkzeug den Span abhebt.

Die Hauptbewegung der Maschine wird gemessen durch die Schnittgeschwindigkeit in mm/Sek. oder in m/Min.

Bei den Maschinen mit kreisender Hauptbewegung berechnet man die Schnittgeschwindigkeit v in mm/Sek. aus:

$$v = \frac{\pi\, d\, n}{60},$$

wenn d der Durchmesser des Werkstückes oder des Werkzeuges in mm ist und n die Umläufe in der Minute.

Bei der geraden Hauptbewegung berechnet man die Schnittgeschwindigkeit c aus:

$$c = \frac{s}{t} = \frac{\text{Weg des Schnittes}}{\text{Zeit}}.$$

Zur raschen Bestimmung der Schnittgeschwindigkeit sind besondere Schnittgeschwindigkeitsmesser in den Verkehr gebracht (Fig. 39), die durch leichtes Andrücken der Reibscheibe die Geschwindigkeit in m i. d. Min. anzeigen.

Die Größe der Schnittgeschwindigkeit hängt in der Hauptsache von dem Material des Werkstückes und des Werkzeuges ab (Tafel I).

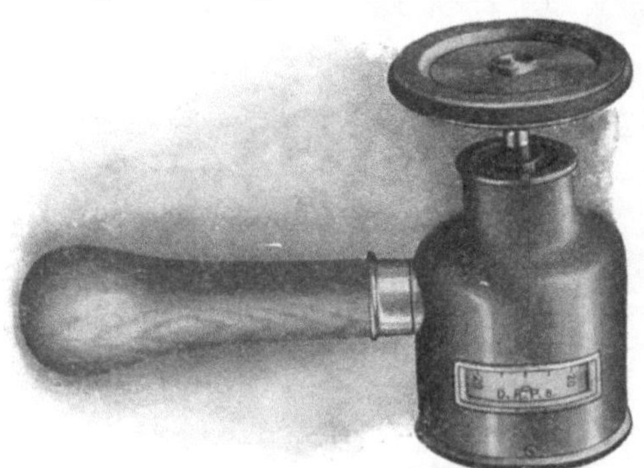

Fig. 39. Elektromagnetischer Geschwindigkeitsmesser.

2. Die Schalt- oder Fortrückbewegung ist stets senkrecht zum Schnitt gerichtet. Sie rückt das Werkzeug oder das Werkstück stetig oder auch ruckweise vor, so daß durch sie die Spanbreite festgelegt ist. Die Schaltung kann geradlinig, kreisförmig oder nach einer Lehre (Schablone) erfolgen.

Die Größe der Schaltbewegung wird gemessen durch den Vorschub der Maschine. Bei der kreisenden Hauptbewegung ist der Vorschub die Verschiebung des Werkstückes oder des Werkzeuges in mm bei einer Umdrehung der Maschine, bei der geraden die Verschiebung in mm vor jedem neuen Schnitt. Erstreckt sich dieser Vorschub ununterbrochen auf die Dauer des ganzen Arbeitsvorganges, so arbeitet die Maschine mit einem Dauervorschub. Vollzieht die Maschine den Vorschub ruckweise vor jedem neuen Schnitt, so daß er sich jedesmal nur auf einen Augenblick erstreckt, so bezeichnen wir ihn als Augenblicksvorschub oder Ruckvorschub.

Die Haupt- und Schaltbewegung werden bei den einzelnen Werkzeugmaschinen verschieden ausgeführt. Bei der Tischhobelmaschine besitzt nämlich das Werkstück die gerade Hauptbewegung (Fig. 40) und das Werkzeug die ruckweise Schaltung (Fig. 41). Bei der Drehbank vollzieht das Werkstück die kreisförmige Hauptbewegung (Fig. 42) und der Stahl ununterbrochen den geraden Vorschub (Fig. 43). Nach der Arbeitsweise der Fräsmaschine erhält der Fräser die kreisende Hauptbewegung und das Arbeitsstück den geraden Vorschub (Fig. 44). Das Werkzeug der Bohrmaschine arbeitet gleichzeitig mit beiden Bewegungen. Der Bohrer schneidet nicht nur durch seine kreisende Arbeitsbewegung, sondern er dringt auch durch seinen geraden Vorschub tiefer in das Werkstück ein.

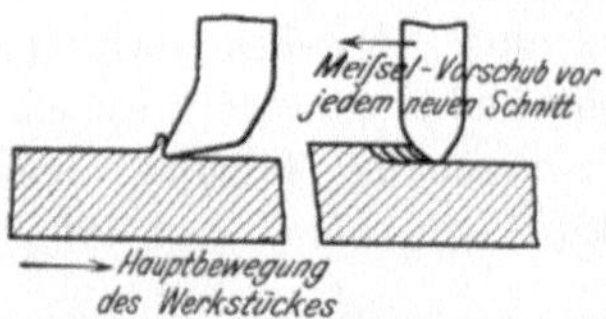

Fig. 40 und 41. Arbeitsweise der Hobelmaschine.

Als Grundsatz für den Aufbau einer Werkzeugmaschine ist jedoch festzuhalten, daß getrennte Bewegungen leichter und mit größerer Genauigkeit zu erzeugen sind als zusammengesetzte Bewegungen. Maschinen mit getrennter Haupt- und Schaltbewegung werden daher eine größere Gewähr für genaue Arbeit bieten als solche, bei denen das Werkstück oder Werkzeug beide Bewegungen zugleich ausführt. Zu diesem Grundsatz tritt noch ein zweiter: Da bei dem Ruckvorschub die Belastung der Maschine jedesmal ruckweise einsetzt, so wird bei diesen Schwankungen

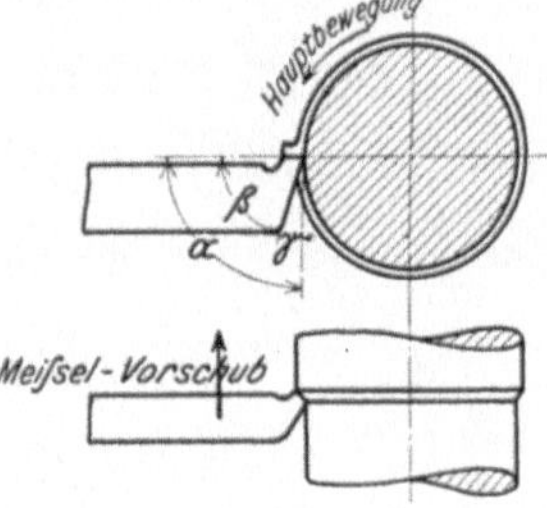

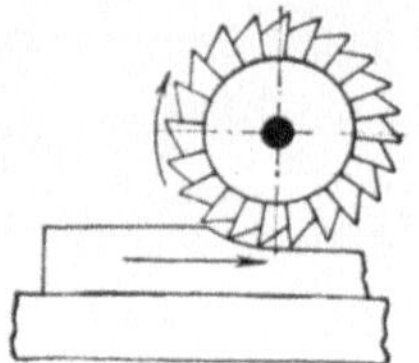

Fig. 42 und 43. Arbeitsweise der Drehbank.   Fig. 44. Arbeitsweise der Fräsmaschine.

der ruhige Gang der Maschine gefährdet. Für die Güte der Arbeit spricht daher, die Maschinen möglichst mit einem Dauervorschub auszustatten.

Sind für die Bearbeitung eines Werkstückes Schnittgeschwindigkeit und Vorschub gewählt, so ist damit auch die Arbeitszeit der Maschine bestimmt.

Es ist nämlich

$$\text{die Arbeitszeit} = \frac{\text{Länge der Arbeitsfläche}}{\text{Vorschub in der Minute}} = \frac{L}{n \cdot \delta},$$

wenn δ der Vorschub für eine Umdrehung ist.

Ist z. B. eine Welle bei 75 Umläufen i. d. Min. und bei einem Vorschub von 1 mm auf eine Länge von 1500 mm abzudrehen, so ist die reine Drehzeit $= \dfrac{1500}{75 \cdot 1} = 20$ Min.

3. Die Einstellbewegungen sind meist gerade Bewegungen zum Einstellen des Werkzeuges oder des Werkstückes. Hierzu ist in der Regel eine Doppelbewegung nach zwei sich kreuzenden Richtungen erforderlich, die in der Bauart des Werkzeugschlittens oder des Arbeitstisches durch einen Kreuzschlitten geschaffen wird. In besonderen Fällen kann das Einstellen auch eine Drehbewegung erfordern, die dann eine Drehscheibe notwendig macht. Die Einstellungen können von Hand oder auch durch die Maschine vorgenommen werden.

Zweites Kapitel.

Die Getriebe oder Mechanismen der Werkzeugmaschinen.

Die Mittel, welche zur Erzeugung der Haupt- und Schaltbewegung dienen, bezeichnet der Werkzeugmaschinenbau als Getriebe oder Mechanismen. Die Getriebe der Hauptbewegung, die Hauptgetriebe, haben den Antrieb, das Umsteuern und das Ausrücken der Maschine zu bewirken. Die gleiche Aufgabe haben die Schaltgetriebe für die Schaltbewegung der Maschine. An alle Getriebe müssen wir eine gemeinsame Bedingung stellen: Um glatte Schnitte zu erzielen, müssen sie uns volle Gewähr für einen ruhigen Gang der Maschine bieten.

Die Aufgabe des Erbauers ist es nun, für die Haupt- und Schaltbewegung in jedem Falle die vorteilhaftesten Getriebe zu wählen, sie sachgemäß anzuordnen und so eine handliche und gut arbeitende Werkzeugmaschine zu schaffen.

Die Hauptgetriebe.

Der Antrieb.

Die Aufgabe des Antriebes ist, die Hauptbewegung einer Werkzeugmaschine hervorzubringen. Diese Bewegung ist entweder von der Transmission oder dem Motor abzuleiten. Nach der Art der zu erzeugenden Arbeitsbewegung unterscheiden wir: Antriebe für eine kreisende, eine gerade und eine gerade hin- und hergehende Hauptbewegung.

a) Der Antrieb der kreisenden Hauptbewegung.

Der Antrieb der kreisenden Hauptbewegung hat die Drehbewegung der Transmission auf die Maschine zu übertragen. Diese Bewegungsübertragung muß gleichförmig erfolgen, wenn die Maschine ruhig arbeiten soll. Sie beansprucht daher zwangläufige Getriebe, und zwar ist bei größeren Wellenentfernungen der Riemen-, Seil- oder Kettentrieb zu verwenden und bei kleineren Wellenabständen der Rädertrieb.

Nach dem Grundgesetz eines gleichförmig arbeitenden Antriebes müssen die zusammenarbeitenden Räder und ebenso die Riemenscheiben,

Seilscheiben und Kettenräder gleiche Geschwindigkeit haben: Hieraus ergibt sich:

$$r_1 \, n_1 = r_2 \, n_2$$

oder:

$$\frac{r_1}{r_2} = \frac{n_2}{n_1}.$$

Die praktische Ausführung dieser Getriebe bedarf noch einer kurzen Bemerkung. Der Werkzeugmaschinenbau stellt an die Rädergetriebe höhere Ansprüche als der allgemeine Maschinenbau. Er verlangt von ihnen vollkommen ruhigen Gang und möglichst stoßfreies Umsteuern. Dies bedingt gefräste Zähne, die ohne Spiel arbeiten, und bei höheren Ansprüchen Schraubenräder.

Um den Verschleiß in der Verzahnung, der sich stets in dem Gange der Maschine störend bemerkbar macht, nach Möglichkeit unschädlich zu halten, werden die Räder vielfach aus Stahl gefertigt und gehärtet. Für weitergehende Ansprüche sind die Räder ihrer Breite nach zu teilen, so daß durch ein Verstellen der Radhälften jeder Verschleiß auszugleichen ist.

Aus denselben Gründen erklärt sich auch die vielfache Anwendung des Schneckengetriebes. Es bietet nicht nur eine große Übersetzung, sondern es gewährt auch bei guter Ausführung ruhigen Gang und stoßfreien Richtungswechsel, ohne zu große Arbeitsverluste zu verursachen.

Die jüngsten Verbesserungen des Riementriebes zielen auf eine größere Sicherheit in dem Antriebe hinaus. Diese setzt eine größere Anhaftung zwischen Riemen und Scheibe voraus, so daß Scheibendurchmesser und Breite möglichst groß zu nehmen sind.

Ein sehr dankbares Mittel, den Riementrieb für ein ruhiges und gleichmäßiges Arbeiten zu verbessern, ist auch eine hohe Riemengeschwindigkeit. Hat der Riemen z. B. NPS. zu übertragen, so läßt die hohe Riemengeschwindigkeit V_{max}, wie die Gleichung $N = \dfrac{P_{min} \, V_{max}}{75}$ zeigt, eine kleinere Durchzugskraft P_{min} des Riemens zu. Die kleinere Durchzugskraft P_{min} verbiegt auch die Wellen weniger und verringert die Lagerreibung, so daß der Riemen leichter durchziehen kann. Außerdem gestattet die hohe Riemengeschwindigkeit schmale Riemen und Riemenscheiben. Infolgedessen wird auch das Umsteuern der Maschine eine geringere Riemenverschiebung und dementsprechend einen geringeren Arbeitsaufwand beanspruchen. Der Riemen selbst wird sich weniger abnutzen und durch seine hohe Geschwindigkeit schnell und sicher umsteuern. Wir gewinnen also durch die höhere Arbeitsgeschwindigkeit des Riemens, die auf die 40 bis 50 fache Schnittgeschwindigkeit gesteigert wird, nicht nur einen zuverlässigeren sondern auch einen billigeren Antrieb, der auch weniger Platz erfordert.

Der Stufenscheibenantrieb.

Jede Werkzeugmaschine soll in ihrem Betriebe die höchste Leistung mit einer guten Arbeit vereinigen. Dieser Grundsatz bedingt für die verschiedenen Rohstoffe bestimmte Schnittgeschwindigkeiten, die durch Versuche festgelegt sind. Ihre Grenzen müssen stets eingehalten werden, weil die Werkzeuge höheren Schnittgeschwindigkeiten nicht standhalten.

Die Anwendung einer bestimmten Schnittgeschwindigkeit $v = \dfrac{\pi\, d\, n}{60}$ erfordert jedoch, bei den verschieden großen Durchmessern der Werkstücke die Umdrehungen der Maschine entsprechend ändern zu können. Diese Veränderung der Umlaufszahl wird beim Riemenantrieb vielfach durch Stufenscheiben (Fig. 45) erreicht. Bei leichten Maschinen ersetzt man sie wohl durch mehrrillige Schnurläufe (Fig. 455).

Das Baugesetz für zusammenarbeitende Stufenscheiben verlangt unter der Voraussetzung einer konstanten Riemenlänge L, daß beim gekreuzten Riemen die Summe der zusammengehörigen Halbmesser gleich ist, d. h. $R_1 + r_1 = R_2 + r_2 = R_3 + r_3 = \ldots R_n + r_n$. Für den offenen Riemen genügt diese Beziehung jedoch nur, wenn die Wellenentfernung $E \geqq 20\,(R_1 - r_1)$ ist. Sobald der Wellenabstand kleiner ist, muß die Stufenscheibe in anderer Weise berechnet werden, wie dies in dem Abschnitt VII behandelt ist.

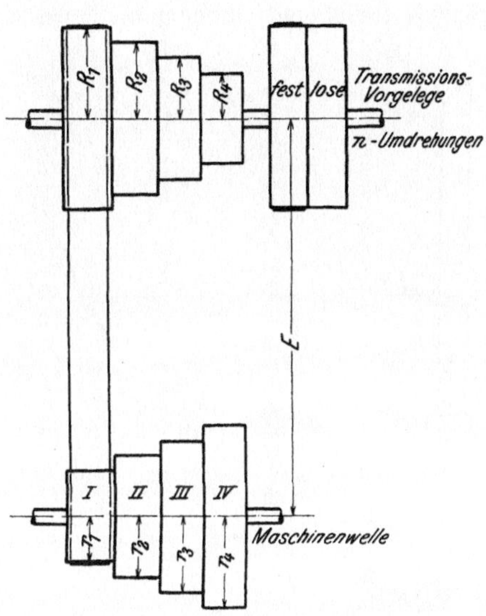

Fig. 45. Stufenscheibenantrieb.

Größte Umdrehungszahl d. Maschinenwelle $n_{\max} = n_1 = \dfrac{n \cdot R_1}{r_1}$, Riemen auf I.

Kleinste „ „ „ $n_{\min} = n_4 = \dfrac{n \cdot R_4}{r_4}$, „ „ IV.

Die im Werkzeugmaschinenbau sehr gebräuchliche Stufenscheibe ist allerdings nicht frei von Unvollkommenheiten.

Die Sicherheit ihres Antriebes wird stark beeinträchtigt durch die geringe Umspannung der kleinsten Scheiben in den äußersten Riemenlagen. In ihnen ist entweder die höchste Umlaufszahl oder die größte Leistung der Maschine zu erzeugen, so daß der Riemen leicht gleitet, zumal er bei der größten Belastung der Maschine mit der kleinsten Geschwindigkeit läuft. Um die Verhältnisse zu verbessern, besitzen neuere Stufenscheiben, wie bereits erwähnt, größere Durchmesser und Breiten. Diese Verbesserung ist besonders bei den Fräsmaschinen und den Schnelldrehbänken charakteristisch.

Für die Bedienung bietet die Stufenscheibe den Nachteil, daß das Riemenumlegen sehr umständlich und zeitraubend ist. Dieser Übelstand beeinträchtigt die Leistung der Maschine sehr. Er verführt den Arbeiter zu oft, den Stufenwechsel zu unterlassen. Die Maschine wird daher entweder nicht mit ihrer vollen Leistung arbeiten oder aber den Stahl überlasten, der frühzeitig stumpf wird. Der einfache Stufenriemen genügt daher weitergehenden Ansprüchen nicht mehr. Diese Tatsache führte zu einer Reihe von Riemenumlegern.[1]

Der Grundgedanke des Bamag-Riemenumlegers ist, mit einer drehbaren Gabel den Stufenriemen umlegen zu können. Ein derartiger Riemenumleger stellt zwei Bedingungen. Zum ersten muß sich die Gabel auf einem Kreise bewegen, der durch die Mitte der größten und kleinsten Scheibe geht. Zweitens muß sich die Gabel selbst auf den jedesmaligen Scheibenabstand einstellen können.

Die erste Forderung erfüllt der Bamag-Riemenumleger durch die als ringförmiger Riemenführer ausgebildete Gabel g, die sich auf dem Kreisbogen $R\,R$ bewegt. Die Einstellbarkeit der Gabel auf den jedesmaligen Scheibenabstand ist durch das Doppelauge a geschaffen, in dem sich die 2 Führerstangen radial verschieben. Der Stufenwechsel wird mit dem unteren Handgriff vollzogen. Er legt die Stange s mit der Gabel herum, wobei diese den Riemen auf die Nachbarstufe bringt. Zur besseren Führung des Riemens dient noch eine Blechscheide, die sich lose in dem Ringe dreht. Bei einiger Geschicklichkeit lassen sich mit dem Umleger beträchtliche Zeitersparnisse erzielen.

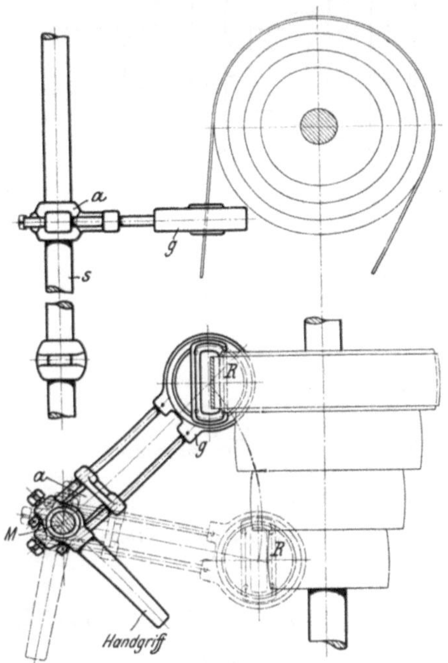

Fig. 46 und 47. Bamag-Riemenumleger.

Dem gleichen Zwecke dient der Riemenrücker von L. Schuler, Göppingen (Fig. 48). An dem Deckenvorgelege besteht er aus einer Riemenschleife, die drehbar an einem Schlitten befestigt ist, der auf zwei Rundstäben gleitet. Die Riemenverschiebung wird mit einem Drahtseil vollzogen, das den Schlitten faßt und auf Rollen geführt ist. Durch einen

---

[1] WT 1907, S. 410. Hülle, Schnellbetrieb.

Zug an einer der Kugeln geht der Riemen von Stufe zu Stufe, in gleicher
Weise, wie ein Fenstervorhang geöffnet und geschlossen wird.

Fig. 48. Riemenrücker von L. Schuler, Göppingen.

An der Maschine besteht der Riemenrücker aus einem Parallelogramm. Es ist an seinen unteren Ecken so gelagert, daß die oben drehbar befestigte Riemenschleife von Stufe zu Stufe geschwenkt werden kann·

Dabei hält der Griff das Parallelogramm jedesmal in seiner Stellung fest. Bei einem Stufenwechsel faßt der Arbeiter mit der linken Hand die Kugel und mit der rechten den Griff des Parallelogrammes.

Die Vergrößerung des Geschwindigkeitswechsels.

Die Vorbedingung für den wirtschaftlichen Betrieb einer Maschine ist bekanntlich, bei allen Arbeiten die volle Leistung auszunutzen. Die strenge Durchführung dieses Grundgesetzes scheitert jedoch an der Verschiedenheit der Werkstücke in ihren Abmessungen und der Beschaffenheit ihres Materiales, sowie der Güte der einzelnen Arbeitsstähle. Jedenfalls ist es eine billige Forderung jeder Werkstatt, um wirtschaftlich arbeiten zu können, von ihren Maschinen einen ausreichenden Geschwindigkeitswechsel zu verlangen.

Gegenüber dieser Forderung besitzt die Stufenscheibe einen großen Nachteil. Sie gestattet bekanntlich nur eine stufenweise Änderung der Umläufe. Der Geschwindigkeitswechsel ist daher sehr beschränkt, da die Stufenscheibe entsprechend der Zahl ihrer Stufen nur 3 bis 5 Umlaufszahlen gestattet. Die volle Schnittgeschwindigkeit kann daher nur selten ausgenutzt werden.

Welche Zeitverluste dadurch entstehen, möge ein Beispiel zeigen: Es sollen 30 Wellen aus Schmiedeeisen bei 30 m Schnittgeschwindigkeit und 0,75 mm Vorschub abgedreht werden. Der Durchmesser der Wellen ist 105 mm und die Drehlänge 1200 mm.

Die erforderliche Umlaufzahl der Bank berechnet man aus:

$$v = \pi \, d \, n,$$
$$30 = \pi \,.\, 0{,}105 \,.\, n,$$
$$n = 91.$$

Die reine Drehzeit wäre demnach für die 30 Wellen

$$= \frac{30 \,.\, L}{n \,.\, \delta} = \frac{30 \,.\, 1200}{91 \,.\, 0{,}75} = 527 \text{ Min.} = 8 \text{ Std. } 47 \text{ Min.}$$

Da jedoch die Maschine als nächstliegende Umlaufzahl 75 hat, so ist die wirkliche Drehzeit

$$= \frac{30 \,.\, 1200}{75 \,.\, 0{,}75} = 640 \text{ Min.} = 10 \text{ Std. } 40 \text{ Min.}$$

Durch den nicht ausreichenden Geschwindigkeitswechsel sind daher fast 2 Stunden verloren.

Die Vergrößerung des Geschwindigkeitswechsels kann am Deckenvorgelege, an der Maschine oder an dem Antriebsmotor vorgenommen werden.

1. Der Geschwindigkeitswechsel am Deckenvorgelege.

a) Das Deckenvorgelege mit mehreren Riemen.

Ein praktisches Mittel, in dem Antriebe der Maschine zu einer größeren Reihe von Umdrehungen zu gelangen, ist ein Deckenvorgelege mit verschiedenen Umläufen. Ein derartiges Vorgelege verlangt natürlich eine entsprechende Anzahl von Treibriemen, von denen immer nur ein Riemen arbeiten darf, während die übrigen lose mitlaufen. Diese Bedingung ist bei dem zweifachen Deckenvorgelege in Fig. 49 und 50 in der Weise erfüllt, daß für beide Riemen je eine schmale Arbeitsscheibe und eine breite Losscheibe eingebaut sind. Werden beide gemeinsam verschoben, so können sie nie zu gleicher Zeit auf ihre Arbeitsscheiben gelangen.

Dem mehrfachen Deckenvorgelege muß man von praktischer Seite entgegenhalten, daß es bei mehreren Riemen teurer und wenig übersichtlich ist. Es erfordert daher eine größere Aufmerksamkeit in der Bedienung und außerdem viel Platz. Durch das ständige Mitlaufen der losen Riemen wird viel Arbeit vergeudet. Man geht daher über 2 Arbeitsriemen und einen Rücklaufriemen selten hinaus. Bei der vierstufigen Scheibe gewährt das doppelte Deckenvorgelege 8 verschiedene Umläufe der Maschine.

Soll das Deckenvorgelege einen größeren Geschwindigkeitswechsel haben, so ist es mit Stufenscheiben, Rädervorgelegen oder mit stufenlosen Scheiben auszustatten.

b) Das Deckenvorgelege mit Stufenriemen.

Das Deckenvorgelege der Gray-Hobelmaschine hat 2 vierläufige Stufenscheiben, auf denen der Riemen R läuft (Fig. 51). Dieser Stufenriemen hat die Eigenart, durch einen Seilzug rasch von Stufe zu Stufe verschoben und durch die Spannrolle S angespannt zu werden. Der Riemen muß also in jeder Lage durchziehen und sich auch während des Ganges einstellen lassen. Zum Verschieben des Riemens ist zunächst

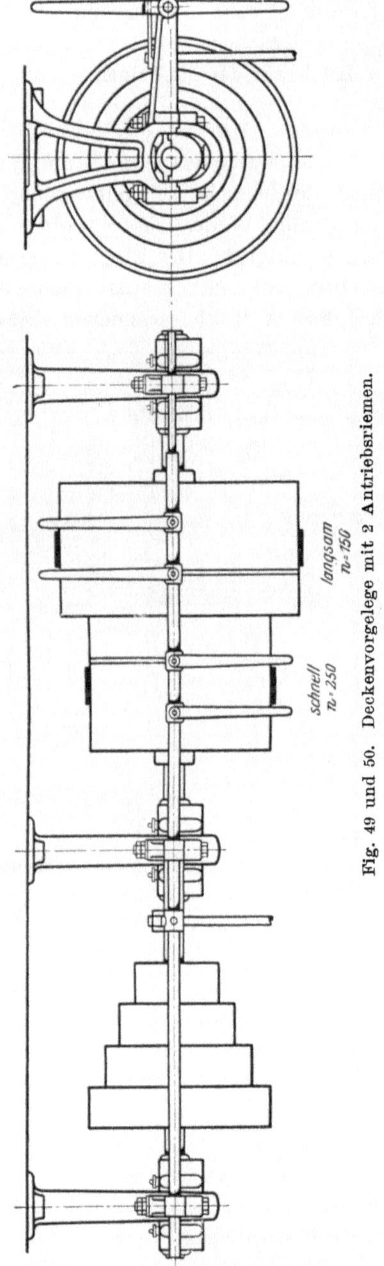

Fig. 49 und 50. Deckenvorgelege mit 2 Antriebsriemen.

durch Ziehen am Seil A die Spannrolle S zu lüften und hierauf an einem der Seile B oder C zu ziehen.   Das Deckenvorgelege von Gray gestattet daher 4 Geschwindigkeiten für das Hobeln und eine Geschwindigkeit für den Rücklauf der Maschine.

c) Das Deckenvorgelege mit Stufenrädern.

Die Deckenvorgelege von Gust. Wagner in Reutlingen vollziehen den Geschwindigkeitswechsel mit Rädern (Fig. 52 bis 54).   Auf 2 parallelen Wellen sitzt je ein Satz von 10 Staffelrädern ohne gegenseitigen Eingriff.   Den Eingriff vermittelt das verschiebbare Zwischenrad r. Es läuft auf einer schräg gebohrten Büchse, mit der es sich auf der schrägen Welle I verschieben läßt.   Da die Welle I parallel zu den

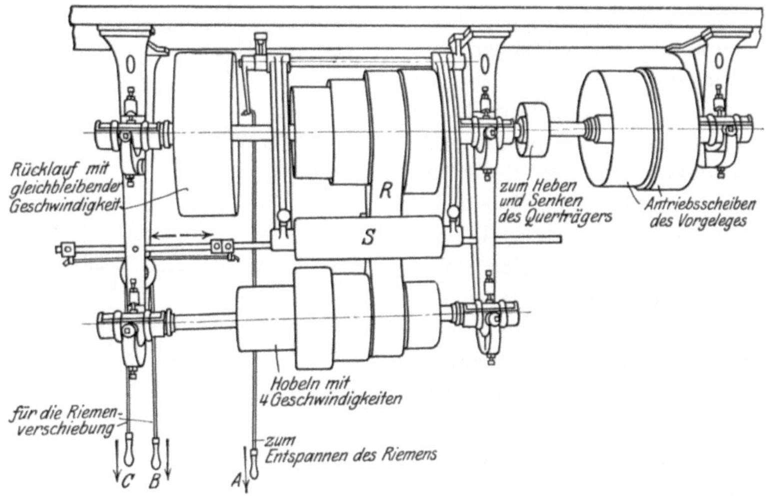

Fig. 51.   Gray-Deckenvorgelege mit Stufenriemen.

Kegellinien AA liegt, so steht das Verschieberad r stets zum Eingriff bereit.   Das Einstellen einer neuen Geschwindigkeit verlangt daher nur, das Verschieberad r zunächst durch Anheben auszurücken, dann auf I vor das betreffende Räderpaar zu schieben und hierauf durch Senken wieder einzurücken.

Bei dem Wandvorgelege wird das Zwischenrad r mit dem Handhebel h ein- und ausgerückt.   Die Welle I ist hier an zwei senkrechten Zapfen geführt, die sich durch den Handhebel h so weit heben lassen, daß r nicht mehr kämmt (in Fig. 52 gestrichelt).   Das Verschieben von r geschieht mit der Einstellgabel g, die sich mit der Hand auf die Rasten des Gehäuses einstellen läßt.   An einer Zahlentafel lassen sich die betreffenden Geschwindigkeiten ablesen.

Bei dem Deckenvorgelege (Fig. 54) wird das Ausheben des Zwischenrades mit dem Kettenzug bewirkt, der zum Anhalten der Räder zugleich

die links sichtbare Bandbremse einrückt. Das Einstellen der Geschwindigkeit geschieht mit dem Handgriff nach der Zahlentafel.

Jedes Deckenvorgelege hat 2 Fest- und Losscheiben für einen offenen
und einen gekreuzten Riemen, so daß 10 Geschwindigkeiten für den Vor-
und Rücklauf vorrätig sind oder bei 2 verschiedenen Antriebsscheiben auf
der Transmission 20 Geschwindig-
keiten.

d) Das Deckenvorgelege mit stufenlosen Scheiben.

Die Deckenvorgelege mit
stufenlosen Scheiben, d. h. mit
kegelförmigen Riementrom-
meln verfolgen den Grundgedanken,
durch zwei neben- oder übereinander liegende kegelige Trommeln
und durch ein zwischen beiden
verschiebbares Mittelglied die Umläufe der Maschine innerhalb n_{max}
und n_{min} beliebig ändern zu können
(Fig. 55).

Die praktische Ausbildung
dieser Reibungsvorgelege
(Fig. 56 und 57) beansprucht daher 2 kegelförmige Trommeln,
zwischen denen ein Lederring R an-
gepreßt läuft. Die Bewegungsübertragung erfolgt somit durch die
zwischen Ring und Trommel er-
zeugte Reibung. Zur Änderung
der Umlaufzahl bedarf es daher
nur einer Verschiebung des Leder-
ringes, was durch Ziehen an einer
Schnur zu bewirken ist. Der
Riemenführer verriegelt sich dabei
selbsttätig, während sich die Sperre
beim Ziehen an der Schnur wieder auslöst. Für das Ein- und

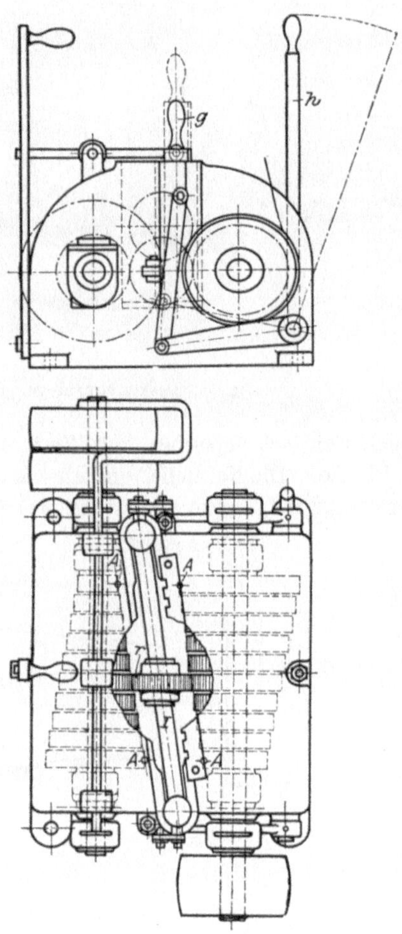

Fig. 52 und 53. Boden- und Wandvorgelege
mit Stufenrädern. G. Wagner, Reutlingen.

Ausrücken der Maschine ist der untere Konus verschiebbar gelagert und
mit einem Handhebel oder einer Schnur anzudrücken und zurückzuziehen.
Hierzu sind die Lager der unteren Kegeltrommel durch Stellschrauben
zu heben und zu senken.

Die Vorzüge dieser Bauart bestehen in einem großen und leichten
Geschwindigkeitswechsel, der selbst während des Betriebes vorzunehmen

ist. Er gestattet jede Umdrehung zwischen n_{max} und n_{min} und damit stets die größte Leistung der Maschine. Derartige Vorgelege sind für schnellaufende, mittlere und leichte Arbeitsmaschinen wohl geeignet,

Fig. 54. Deckenvorgelege. G. Wagner, Reutlingen.

namentlich bei Versuchen zur Feststellung von Schnittgeschwindigkeiten am Platze. Die Nachteile, die diesem Antriebe anhaften, sind ungünstiger Wirkungsgrad, starke Abnutzung des Ringes und die große Lagerreibung,

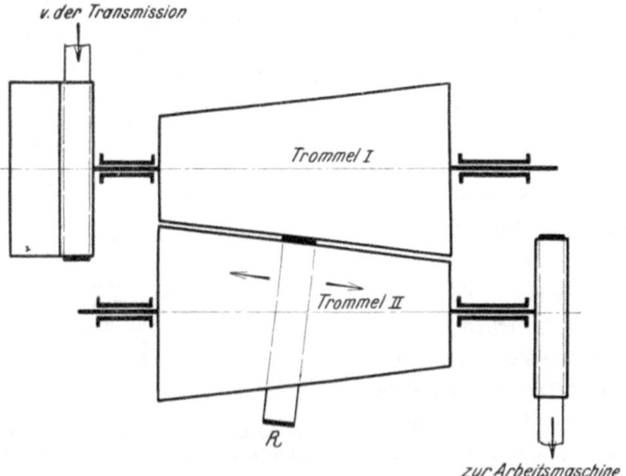

Fig. 55. Plan eines Deckenvorgeleges mit stufenlosen Scheiben.

welche durch den hohen Anpressungsdruck der Trommeln verursacht wird, und die hiermit verbundene starke Beanspruchung der Wellen. Das Eisenwerk Wülfel hat derartige Reibungsvorgelege bis zu einer Übertragungsfähigkeit von etwa 35 PS. ausgeführt. Für kleinere Kräfte beträgt die größte Übersetzung 1:7 bis 1:8, bei größeren Kräften 1:4 bis 1:5.

e) Das Deckenvorgelege mit verstellbaren Riementrommeln.

Einen besseren Erfolg hatten die Deckenvorgelege mit verstellbaren Riementrommeln. Bei ihnen wird der Geschwindigkeitswechsel

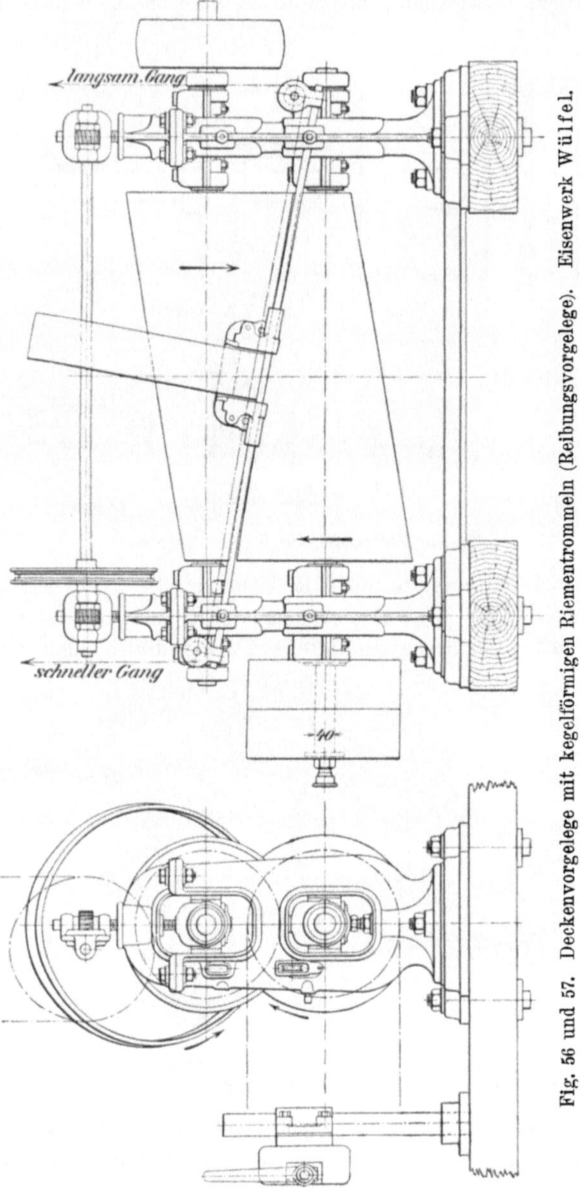

Fig. 56 und 57. Deckenvorgelege mit kegelförmigen Riementrommeln (Reibungsvorgelege). Eisenwerk Wülfel.

durch jedesmaliges Einstellen zweier Riementrommeln auf verschiedene Halbmesser herbeigeführt. Derartige verstellbare Trommeln gestatten

Hülle, Werkzeugmaschinen. 3. Aufl. 3

eine schnelle Bedienung und, ebenso wie die Reibungsvorgelege, jederzeit die volle Schnittgeschwindigkeit auszunutzen.

Ein Antrieb dieser Gruppe ist der Keilriemen von Reeves. Um die erforderliche Geschwindigkeitsreihe zu bekommen, wählte Reeves 2

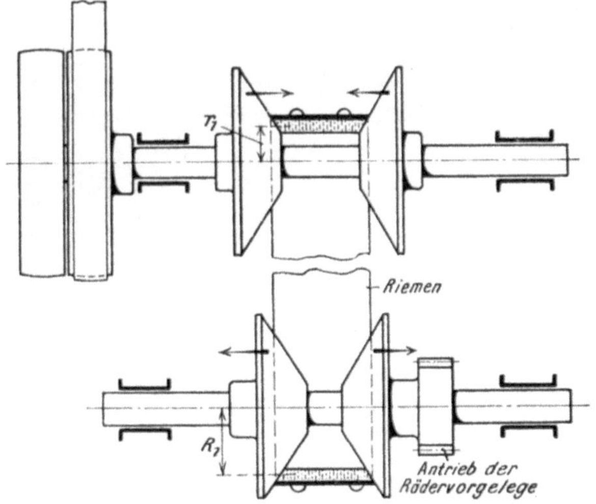

Fig. 58. Keilriemenantrieb von Reeves.

in der Achsenrichtnng verstellbare Riementrommeln. Sie bestehen aus je 2 Kegelscheiben (Fig. 58), auf deren Mantel der mit Holzstäben besetzte Keilriemen läuft. Der Geschwindigkeitswechsel bedingt daher, abwechselnd

Fig. 59. Geschwindigkeitsregler mit verstellbaren Riementrommeln. G. Polysius, Dessau.

das eine Kegelpaar zusammenzuziehen und gleichzeitig das zweite auseinanderzuschieben. Die Folge ist, daß der Keilriemen sich mit den Scheiben einstellt und jede Umdrehung zwischen n_{max} und n_{min} zuläßt. Man könnte dieser Bauart vorhalten, daß sich die Holzstäbe an den Stirnseiten stark abnutzen, jedoch sind sie leicht wieder zu ersetzen.

Der Grundgedanke des Reevesschen Keilriemens ist auch in dem Geschwindigkeitsregler von G. Polysius, Dessau, vertreten (Fig. 59 bis

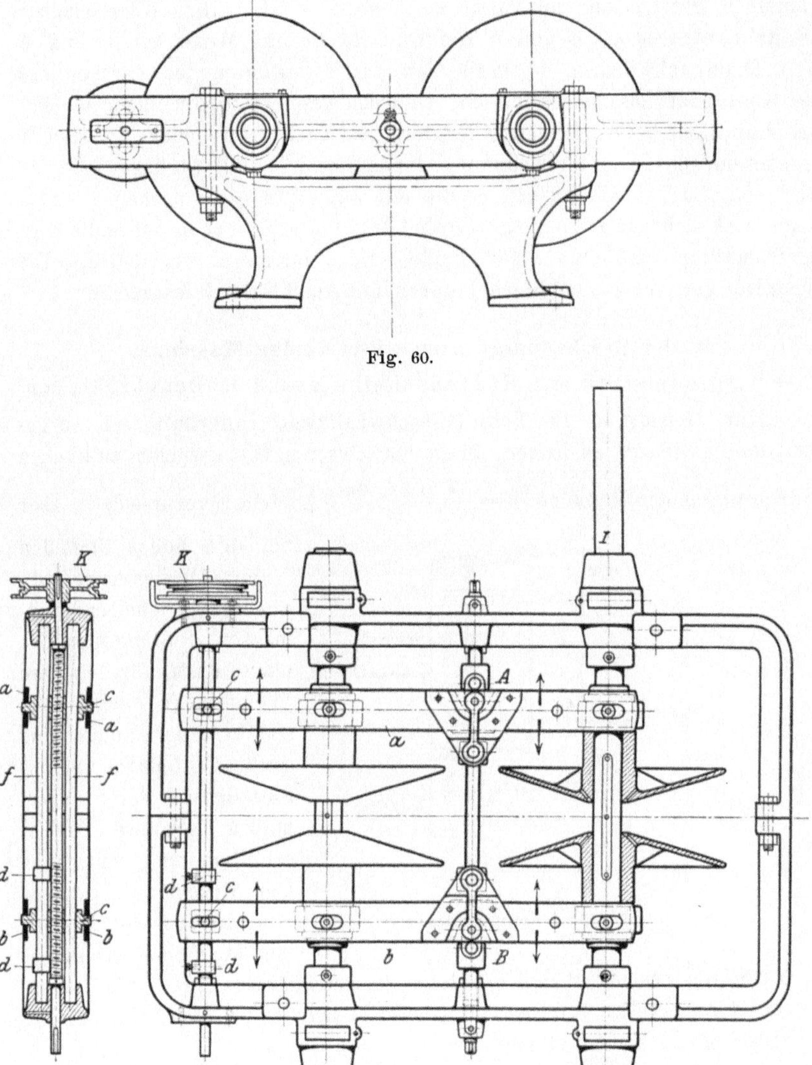

Fig. 60.

Fig. 61.   Fig. 62.

Fig. 60 bis 62.[1]) Geschwindigkeitsregler von G. Polysius, Dessau.

62). Der als Fuß- oder Deckenvorgelege gebaute Geschwindigkeitsregler besitzt auf der treibenden Welle *I* wie auf der getriebenen Welle *II* die

____

[1]) WT 1907, S. 578. Hülle, Schnellbetrieb.

verschiebbaren Kegel zum Einstellen des Treibriemens auf große und kleine Übersetzungen. Bemerkenswert ist hier die Einstellvorrichtung. Um die Trommeln gesetzmäßig einstellen zu können, werden ihre Kegelscheiben von je zwei Laschen a und b gefaßt. Da sie auf Mitte bei A und B ihren Drehpunkt haben, so muß sich durch Bewegen der Laschen das eine Kegelpaar zusammenschieben, während das zweite auseinander geht. Zum handlichen Einstellen des Reglers ist ein Ketten- oder Handrad K vorgesehen, das eine Stellschraube d mit Rechts- und Linksgewinde betätigt (Fig. 61). Die Muttern c, die mit Zapfen in die Laschen a und b fassen und sich auf zwei glatten Spindeln f führen, werden daher die vorschriftsmäßige Einstellung der beiden Kegeltrommeln vermitteln. Die Endstellungen von c sind hierbei durch die Anschläge d festgelegt.

2. Der Geschwindigkeitswechsel an der Maschine.

a) Der Spindelstock mit Stufenscheibe und 2 Rädervorgelegen.

Der Grundsatz, die Schnittgeschwindigkeit innerhalb der vorgeschriebenen Grenzen zu halten, führt bei schweren Werkstücken zu kleinen Umdrehungen der Maschine $\left(v = \dfrac{\pi\,d_{max} \cdot n_{min}}{60}\right)$. Sie verursachen aber bei den hohen Umläufen der Deckenvorgelege große Scheibendurchmesser. Soll die Maschine noch dazu für leichtere Werkstücke gebaut sein, so erfordert dies eine große Stufenzahl und infolgedessen eine übermäßig schwere Stufenscheibe und Maschine. Um diesem zu begegnen, sind in dem Spindelstock der Maschine mit der 3- bis 5 stufigen Scheibe Rädervorgelege zu vereinigen (Fig. 63). Sie gewähren dem Arbeiter eine bessere Übersicht über seine Maschine, als dies bei manchen Deckenvorgelegen der Fall ist.

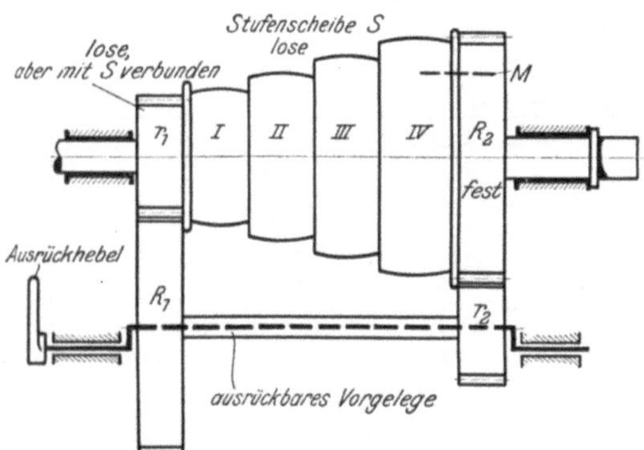

Fig. 63. Plan eines Spindelstockes.

Die Rädervorgelege des Spindelstockes haben folgende Bedingung zu erfüllen: Sie sollen für die kleinen Umdrehungen der Maschine eine genügende Übersetzung bieten, damit die vorgeschriebene Schnittgeschwindigkeit nicht überschritten wird und der Riemen beim Schruppen schwerer Werkstücke gleichmäßig durchzieht.

Die Anordnung dieser Rädervorgelege muß daher gestatten, daß die Maschine mit und ohne Vorgelege arbeiten kann. Bei hohen Umlaufszahlen muß der Antrieb der Maschine durch die Stufenscheibe allein erfolgen und bei kleinen Umdrehungen durch die Stufenscheibe und die Vorgelege zusammen. Unter dieser Voraussetzung ist die Stufenscheibe S lose auf der Maschinenwelle anzuordnen (Fig. 64 und 65) und mit

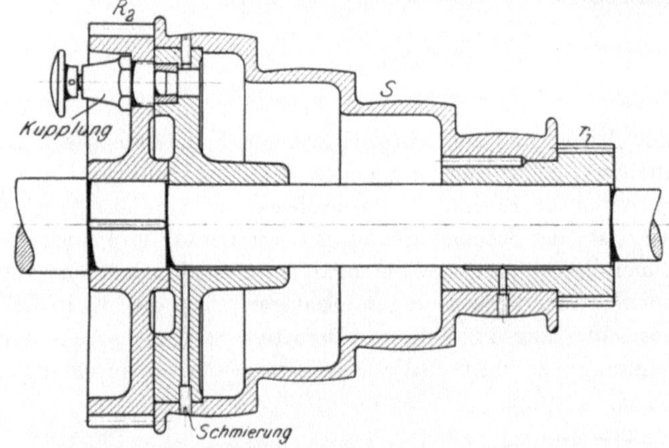

Fig. 64. Spindelstock, 150 mm Spitzenhöhe. Längsschnitt.

dem losen Rade r_1 zu verbinden. R_2 ist auf der Maschinenwelle zu befestigen, und die Vorgelege sind zum Aus- und Einrücken einzurichten. Die Bedienung eines derartigen Spindelstockes (Fig. 63) erfordert daher,

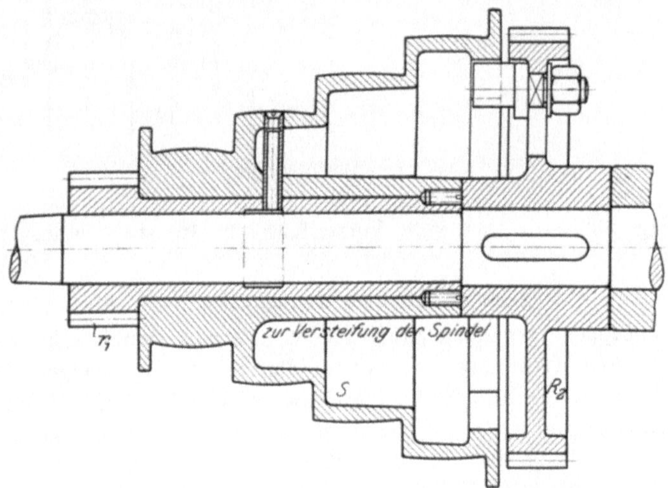

Fig. 65. Spindelstock, 180 mm Spitzenhöhe. Längsschnitt.

beim Arbeiten ohne Vorgelege R_2 mit S zu kuppeln und die Vorgelege auszurücken. Soll hingegen die Maschine mit Vorgelegen laufen, so sind R_2 und S zu entkuppeln und die Vorgelege wieder einzurücken. In dieser Anordnung gestattet der Antrieb im Vergleich zur vierstufigen Scheibe die doppelte Anzahl Umdrehungen und zwar:

a) ohne Vorgelege, n_1 bis n_4,

b) mit Vorgelegen von der Übersetzung $\varphi = \dfrac{r_1}{R_1} \cdot \dfrac{r_2}{R_2}$ und

Riemen auf I, $\quad n_5 = \varphi \cdot n_1$,

„ „ II, $\quad n_6 = \varphi \cdot n_2$,

„ „ III, $\quad n_7 = \varphi \cdot n_3$,

„ „ IV, $\quad n_8 = \varphi \cdot n_4$.

In der Ausführung der Einzelteile dieses Spindelstockes lassen sich noch Feinheiten für ruhigen Gang der Maschine treffen. Um jede Erschütterung durch die Fliehkraft der Stufenscheibe von der Arbeitsspindel fernzuhalten, ist die Scheibe genau zu zentrieren und auszugleichen. Manche Firmen drehen die Scheiben sogar innen aus, um jede Erschütterung zu vermeiden. Zum Schutz gegen Schlagen sind die Laufflächen der Scheibe möglichst lang zu halten. Derartige Stufenscheiben laufen bei guter Schmierung nur unwesentlich aus. Sie gewähren durch ihre langen

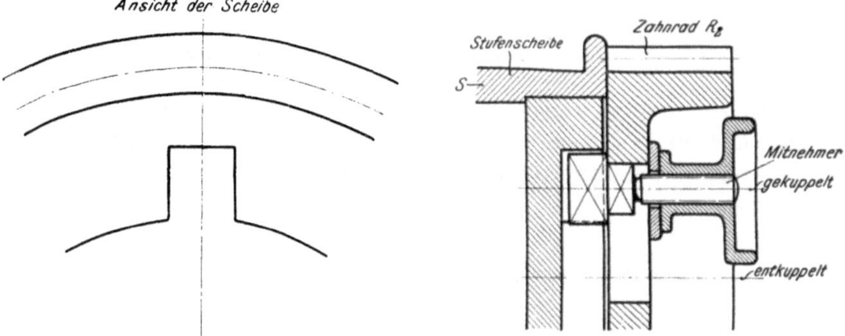

Fig. 66 und 67. Mitnehmerschraube.

Naben (Fig. 63) noch eine gute Versteifung für die stark beanspruchte Spindel.

Das Kuppeln der Stufenscheibe.

Das Kuppeln der losen Stufenscheibe mit dem festen Zahnrade R_2 kann durch eine Mitnehmerschraube (Fig. 65 bis 67) erfolgen, die zu diesem Zweck in eine Nut der Stufenscheibe einzurücken ist. Dieser Mitnehmer kann bei allen namentlich bei schweren Maschinen angewandt werden. Er verlangt aber für die Bedienung eine ganze Reihe Handgriffe und ist nur beim Stillstand der Maschine einzurücken.

Weit praktischer ist der Mitnehmer in Fig. 68, der selbsttätig durch Federdruck einspringt. Für das Kuppeln der Scheibe ist nur der Knopf so weit zu drehen, bis der Stift s in die Nut a kommt. Der Springbolzen springt dann von selbst ein, sobald sich die Büchse c an ihm vorbei bewegt. Zum Entkuppeln der Scheibe ist der Knopf zurückzuziehen und der Stift s bei b vor die Stirnfläche zu legen. Diese Vorrichtung ist bei

allen leichten und mittleren Maschinen zu empfehlen, bei denen häufiger
die Geschwindigkeit gewechselt wird.

Das Ausrücken der Rädervorgelege.

Die bisher besprochenen Kupplungen (Fig. 64 bis 68) erfordern für
die Bedienung des Spindelstockes noch eine besondere Ausrückung für
die Vorgelege. Für sie bieten sich drei Möglichkeiten: Die Räder können
entweder in ihrer Achsenrichtung verschoben werden — Verschieberäder — oder seitlich ausgeschwenkt — Schwenkräder — oder auch
durch eine Kupplung entkuppelt werden — Kuppelräder.

Das Ausrücken der Vorgelege verlangt bei der Anwendung von
Verschieberädern, daß die Räder r_2 und R_1 in ihrer Achsenrichtung gemeinsam verschoben werden. Hier-
zu sind sie in Fig. 72 auf der
verschiebbaren Vorgelegewelle
festgekeilt und so mit dem
Handhebel auszurücken. Das
Ausrücken mit Verschieberädern

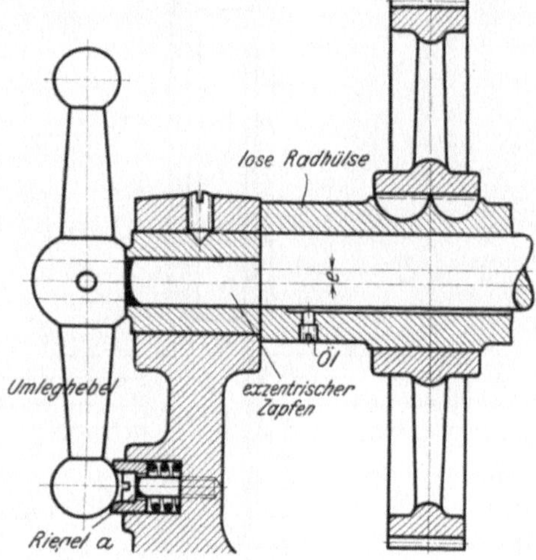

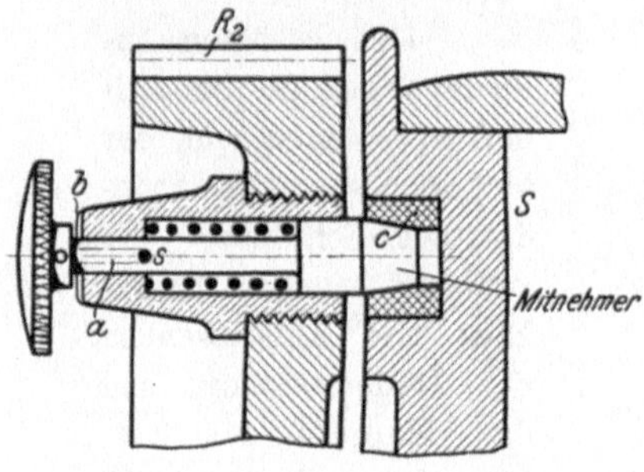

Fig. 68. Mitnehmer. Springbolzen.   Fig. 69. Ausrückung der Vorgelege mit
                                          Schwenkrädern.

hat für gewöhnlich den Nachteil, daß das Einrücken der Vorgelege
durch das Aufsuchen zweier Zahneingriffe erschwert wird.

Das Ausschwenken der Vorgelege ist praktischer und daher auch
sehr gebräuchlich. Es wird durch eine außerachsig gelagerte Vorgelegewelle erreicht.

Die außerachsig gelagerte Vorgelegewelle (Fig. 69) hat beiderseits
einen außerachsigen Zapfen, so daß sie beim Umlegen des Handhebels die
Vorgelege ein- und ausschwenkt. Um sie beim Arbeiten mit Vorgelegen in
Eingriff zu halten, sind die Schwenkräder auf einer losen Hülse anzuordnen,
und die Vorgelegewelle selbst ist gegen nicht beabsichtigtes Umlegen zu
verriegeln. Der letzten Aufgabe dient der Federriegel a, der den Handgriff in beiden Stellungen sichert.

Die außerachsigen Zapfen lassen sich auch durch außerachsig gebohrte Büchsen B ersetzen, die auf die Vorgelegewelle I aufzustecken sind

(Fig. 70). Mit diesen Büchsen ist die Vorgelegewelle in dem Spindelkasten gelagert, so daß durch das Umlegen des Handgriffs H die Räder R_1 und r_2 ein- und ausgeschwenkt werden.

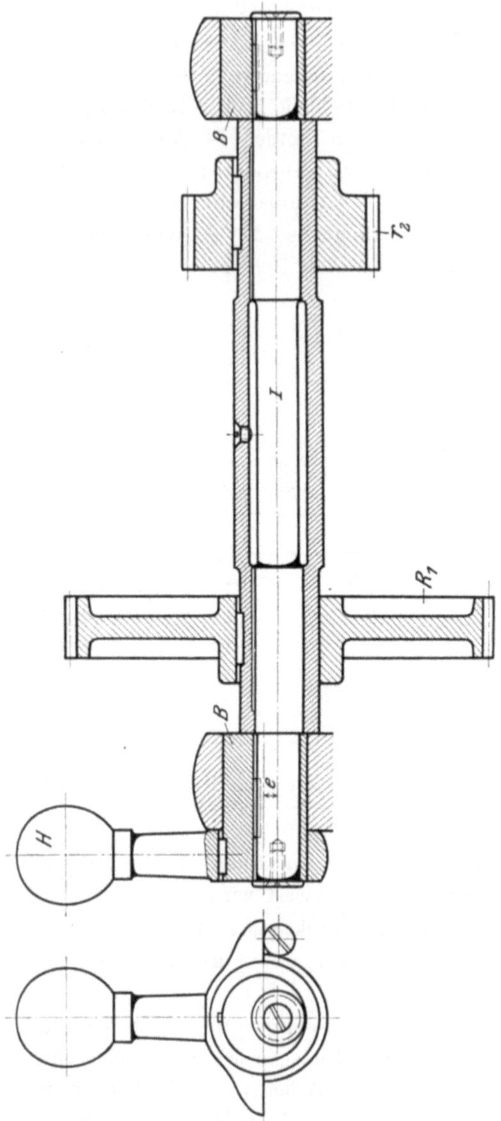

Das Einschwenken der Vorgelege bietet keine Schwierigkeit, da sich die Räder selbst den Eingriff suchen. Wird dabei der Handgriff H um 180^0 herumgelegt, so muß die Vorgelegewelle um ein wenig mehr als die halbe Zahnhöhe h außerachsig gelagert sein $\left(e > \dfrac{h}{2}\right)$.

b) Spindelstöcke für Schnellbetrieb.

Den erhöhten Anforderungen des Schnellbetriebes entspricht der bisher besprochene Spindelstock nicht immer. Er verlangt nämlich für das Ein- und Ausschwenken der Rädervorgelege und das Kuppeln und Entkuppeln der Stufenscheibe mindestens 2 Handgriffe. Bei schweren Maschinen ist der Arbeiter vielfach noch gezwungen, um den Ausrückhebel der Vorgelege fassen zu können, auf die Rückseite zu treten. Bei den stehenden Maschinen muß der Spindelstock stets in handlicher Höhe liegen,

Fig. 70. Ausschwenken der Vorgelege.

so daß er häufig den Raum beengt. Auch ist der Spindelstock nicht vollkommen betriebssicher. Denn vergißt der Arbeiter, bei eingerückten Vorgelegen die Stufenscheibe zu entkuppeln, so können leicht Zahnbrüche eintreten. Wo heute alles auf möglichste Ausnutzung der Arbeitskräfte hinstrebt, und der Arbeiter oft seine Aufmerksamkeit mehreren Maschinen zuwenden muß, ist es Pflicht des Erbauers, die Bedienung der Maschinen möglichst handlich und sicher zu gestalten. Für Maschinen, die in ihrem Betriebe öfter die Geschwindigkeit zu wechseln haben, wäre daher ein großer Fortschritt erreicht, wenn der Spindelstock mit einem einzigen Handgriff und ohne jeden Fehler bedient werden könnte. Derartige Vervollkommnungen lassen sich nur mit Kupplungen erreichen.

Der in Fig. 71 gezeichnete Spindelstock besitzt für das Kuppeln der Stufenscheibe und der Rädervorgelege eine Zahnkupplung K, die auf Federn verschiebbar auf der Maschinenwelle sitzt. Soll bei diesem Spindelstock die Maschine ohne Vorgelege arbeiten, so ist die Kupplung K in die Stufenscheibe S einzurücken und beim Arbeiten mit Vorgelegen in das lose Kuppelrad R_2. Hierzu ist nur der Ausrückhebel w nach rechts

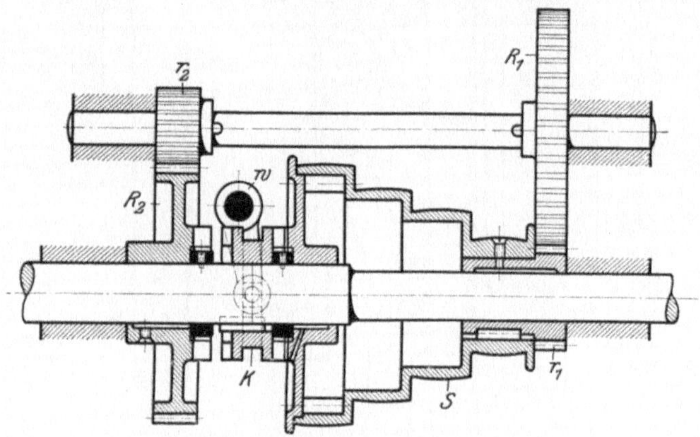

Fig. 71. Spindelstock mit kuppelbaren Vorgelegen.

oder links herumzulegen, wobei die Stellringe den Stoß der Kupplung aufnehmen.

Der Spindelstock in Fig. 71 ist auch nicht frei von Mängeln, da die Vorgelege stets tot mitlaufen. Sollen sie ausgerückt werden, so sind die Räder R_1 und r_2 beim Umlegen des Kupplungshebels seitlich zu verschieben. Dieser Gedanke ist dem Spindelstock in Fig. 72 zugrunde gelegt. Durch den um A drehbaren Handhebel wird hier die Kupplung k in S eingerückt, wobei er zugleich die Verschieberäder R_1 und r_2 nach rechts verschiebt und ausrückt. Bei dieser Einrichtung ist jedoch auf eins zu achten: Sollen die Vorgelege bequem einzurücken sein, so müssen die Räder so aufgekeilt werden, daß sie in der Lage ihrer Zähne übereinstimmen, damit beide Vorgelege zugleich fassen.

Eine ähnliche Vervollkommnung des Spindelstockes läßt sich erzielen, wenn bei dem Ausschwenken der Vorgelege die Stufenscheibe gekuppelt würde. Diese Aufgabe hat die Dresdener Bohrmaschinenfabrik durch eine auf dem außerachsigen Zapfen der Vorgelegewelle

sitzende Nutenrolle gelöst (Fig. 73 und 74). Sie rückt durch ihre schrauben-
förmige Nut beim Ausrücken der Vorgelege die Kupplung in die Stufenscheibe S ein und entkuppelt diese, sobald die Vorgelege wieder eingerückt
werden. Die bisherige Zahnkupplung ist hierbei durch eine Stiftkupplung
ersetzt, die ständig in das feste Triebrad R_2 greift.

Will man bei diesem Spindelstock volle Sicherheit gegen Zahnbrüche
haben, so müssen die Zähne der Räder bereits außer Eingriff stehen, wenn

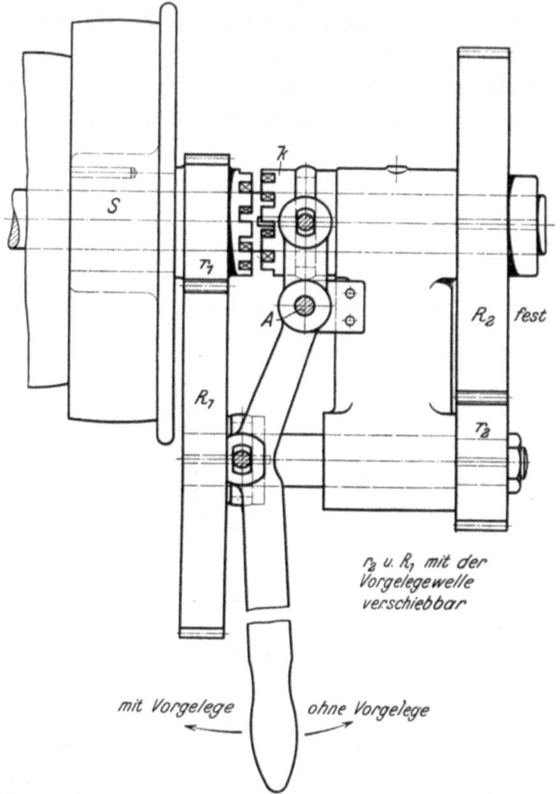

Fig. 72. Spindelstock mit Kuppelscheibe und Verschieberädern.

die Kupplung die Stufenscheibe faßt. Diese Forderung bedingt zweierlei:
Zunächst ist die Exzentrizität der Vorgelegewelle etwas mehr als die ganze
Zahnhöhe zu nehmen, damit die Räder schon nach $^1/_4$ Schwenkung außer
Eingriff kommen. Zweitens ist die erste Hälfte der Nut ohne Steigung
auszuführen. Unter diesen Voraussetzungen wird die Kupplung erst eingerückt, wenn die Räder nicht mehr kämmen. Umgekehrt wird die Stufenscheibe schon entkuppelt sein, bevor die Vorgelege wieder zum Eingriff
kommen. Die obigen Ausführungen gestatten daher, den Spindelstock mit
einem einzigen Handgriff und ohne Fehler zu bedienen.

Für schnellaufende Arbeitsmaschinen haben die letzten Spindelstöcke eine Unvollkommenheit: Die Zahn- und Stiftkupplungen sind nämlich nur bei mittleren Umdrehungen im Betriebe zu benutzen und kuppeln nie stoßfrei. Werkzeugmaschinen, die mit hohen Umdrehungen arbeiten und außerdem im Betriebe ein häufiges Aus- und Einrücken der Vorgelege verlangen (Revolverbänke), sind daher mit Reibungskupplungen auszurüsten, die jederzeit stoßfrei kuppeln.

Die Kegelreibungskupplung (Fig. 75) setzt aber eine genaue und feste Lage der Gegenkegel voraus. Sie ist bei der Stufenscheibe S

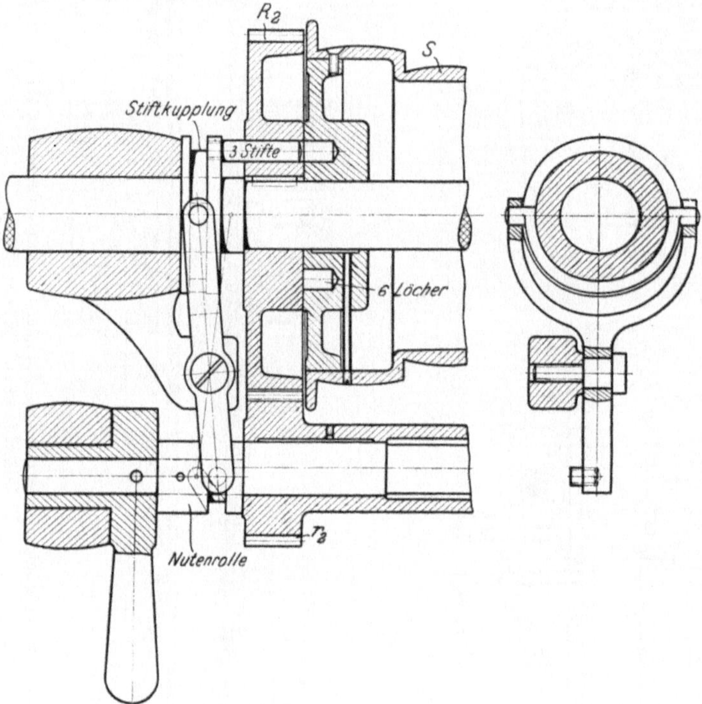

Fig. 73 und 74. Spindelstock mit Kuppelscheibe und Schwenkrädern.
Dresdener Bohrmaschinenfabrik.

durch die Ringe r und s gesichert. Das lose Zahnrad R_2 ist einerseits durch 3 lose eingelegte Stifte s und andererseits durch den Bund b gehalten. Bei größerem Verschleiß wird allerdings ein zeitweises Nachstellen der Gegenkegel notwendig. Dieser Forderung wird durch die nachziehbare Ringmutter r genügt. Bei schwereren Maschinen (Fig. 77) verlangt das Nachstellen der Gegenkegel sogar beiderseits die Ringmutter r. Sie gestatten, S und R_2 nachzustellen, sobald sich der Verschleiß in der Kupplung und an den Enden der Naben bemerkbar macht.

Bei leichten Spindelstöcken genügt für die Bedienung der Kupplung ein einfacher Handhebel H mit Belastung (Fig. 76). Er legt den mit c gelagerten Bügel a herum, der mit den beiden Gleitstücken die Kupplung faßt und verschiebt. Der Rückdruck der Kupplung wird hier durch das Gewicht von H aufgenommen. Bei schweren Maschinen verlangt aber der stärkere Rückdruck der Kegelkupplung einen zwangläufigen Kuppelschluß als Schutz gegen selbsttätiges Ausrücken. Zu diesem Zweck sind in Fig. 77 sichelförmige Hebel s eingebaut, die durch den verschiebbaren Schließring m

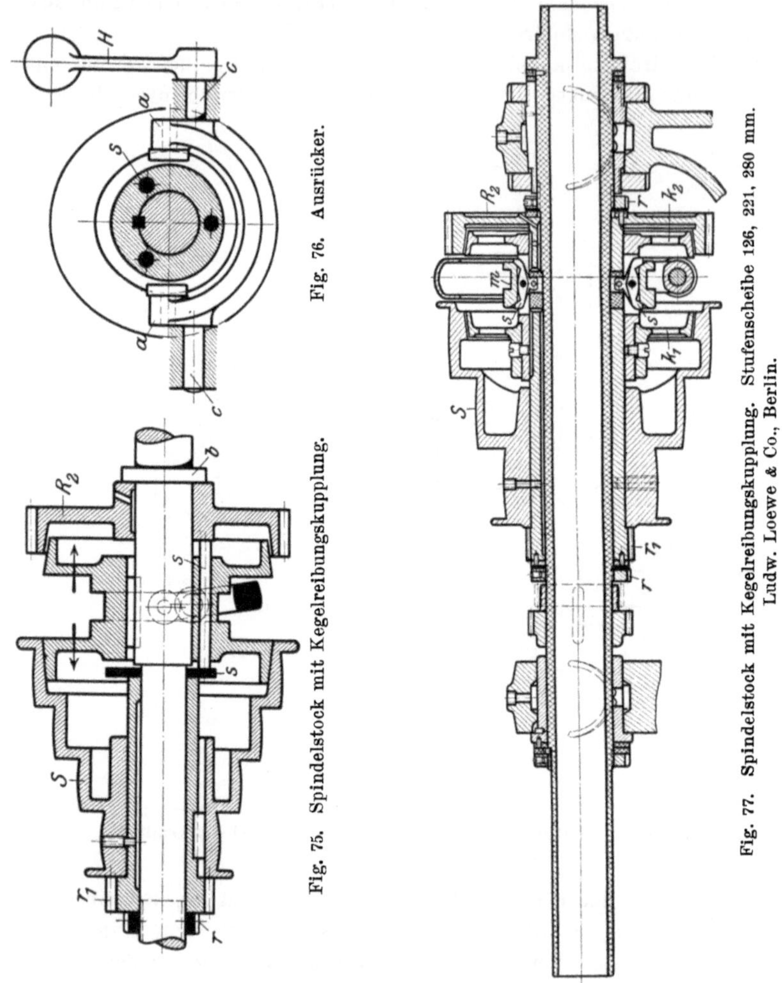

Fig. 76. Ausrücker.

Fig. 75. Spindelstock mit Kegelreibungskupplung.

Fig. 77. Spindelstock mit Kegelreibungskupplung. Stufenscheibe 126, 221, 280 mm.
Ludw. Loewe & Co., Berlin.

die Kupplung rechts oder links einrücken. Die Sicheln s stützen sich hierbei mit ihrer untersten Stelze gegen den festen Ring und drücken so die Kupplung k_1 in die Stufenscheibe S oder k_2 in das lose Zahnrad R_2. Sie sind dabei durch die ihr eigene Sichelform und durch den Schließring m gegen Zurückgehen gesichert.

Die Kegelkupplung wird ihres Rückdruckes wegen vielfach durch eine Zylinderkupplung ersetzt, wie sie in Fig. 78 und 79 ausgeführt ist. Diese Kupplung besitzt rechts und links einen Bremsring b, durch den die Stufenscheibe S oder das lose Zahnrad R_2 gekuppelt wird. Das Bremsband b ist hierzu zweiteilig und durch 2 Kegel a aufzuspreizen, so daß es sich gegen den inneren Kranz der Scheibe oder des Rades preßt und sie abwechselnd kuppelt. Für das Einrücken der Kupplung sind beiderseits 2 Sicheln s eingebaut, die die Kegel a anheben und den Bremsring aufdrücken, sobald der Schließring R verschoben wird. Das Ausrücken der Kupplung ist dadurch gesichert, daß 4 Federn das Bremsband zurückziehen.

Als Nachteil dieser Spindelstöcke könnte man anführen, daß die Kupplungen die Baulänge vergrößern. Dieser Punkt verschwindet aber vollständig gegenüber der großen Vereinfachung und Sicherheit in der Bedienung. Die Kupplungen gestatten, nicht nur den Spindelstock durch einen Handgriff zu bedienen, sondern sie schließen auch die Gefahr aus, daß bei eingerückten Vorgelegen die Stufenscheibe noch gekuppelt ist. Sie bieten daher eine größere Sicher-

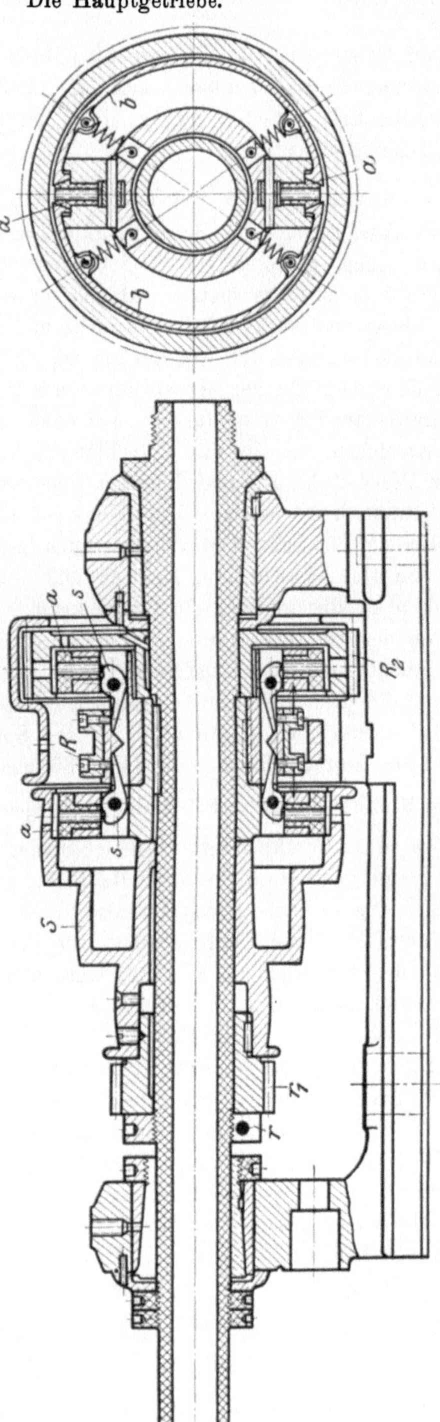

Fig. 78 und 79. Spindelstock mit Zylinderreibungskupplung für Revolverbänke. 150 mm Spitzenhöhe. Karl Hasse & Wrede, Berlin N.

heit gegen Zahnbrüche. Bei senkrechten Maschinen lassen manche eine beliebige Höhenlage des Spindelstockes zu. Ihre Einführung in den Werkzeugmaschinenbau bedeutet daher einen anerkennenswerten Erfolg der neueren Bestrebungen.

c) Spindelstöcke mit mehreren Rädervorgelegen.

Die Ausnutzung des Schnellstahles verlangt bei den Werkzeugmaschinen einen größeren Geschwindigkeitswechsel, als die bisher besprochenen Spindelstöcke bieten. Denn soll dieser Stahl zum Schruppen und Schlichten der Werkstücke gebraucht und dabei stets die volle Schnittgeschwindigkeit ausgenutzt werden, so ist eine größere Geschwindigkeitsreihe in dem Antriebe der Maschine erforderlich. Sie läßt sich bei dem Stufenscheibenantrieb nur durch mehrere ausrückbare Rädervorgelege erreichen, die für das Durchziehen des Riemens beim Schruppen schwerer Werkstücke die ausreichende Übersetzung haben müssen. Selbst bei der Stufenscheibe ist der Einfluß des Schnellstahles unverkennbar: alle Stufenscheiben für Schnellarbeitsmaschinen zeichnen sich nämlich durch ihre großen Durchmesser und Breiten aus, ihre Riemen laufen schneller und sichern so eine größere Durchzugskraft.

Von den Spindelstöcken mit mehreren Rädervorgelegen muß man als Grundbedingung eine einfache und betriebssichere Bedienung verlangen, die jede Gefahr auf Zahnbrüche ausschließt.

Ein mustergültiges Beispiel ist der Spindelstock von Schreiber & Beuster, Berlin-Halensee (Fig. 80 und 81).[1]) Er ist mit einer 5 läufigen Stufenscheibe S und 3 Rädervorgelegen $\dfrac{r_1}{R_1}$, $\dfrac{r_2}{R_2}$, $\dfrac{r_3}{R_3}$ ausgestattet und bietet so 15 Geschwindigkeiten der Spindel. Das Kuppeln der Stufenscheibe S mit dem festgekeilten Rade R_3 geschieht durch eine Stiftkupplung. Die Bedienung des Spindelstockes erfordert trotz der 3 Vorgelege nur 2 Handgriffe und schließt jede Fahrlässigkeit aus.

Mit dem Handrade h_1 (Fig. 81) werden nämlich die Vorgelege ausgeschwenkt und auch die Stufenscheibe S mit R_3 gekuppelt. Dreht man das Handrad h_1, so wird durch die Schnecke 1' und den Radbogen 2' die Büchse b auf der Drehbankspindel gedreht. Hierdurch schwenkt die Büchse b durch den Radbogen 3' und die verzahnte Büchse 4' zuerst die außerachsig gelagerten Vorgelege aus und rückt dann die Stiftkupplung in S ein. Wird das Handrad h_1 in entgegengesetzter Richtung gedreht, so erfolgt zuerst das Entkuppeln der Stufenscheibe und hierauf das Einschwenken der Vorgelege, so daß Zahnbrüche ausgeschlossen sind. Für das Ein- und Ausrücken der Stiftkupplung faßt die Muffe m mit Stiften in eine Schraubennut von b und führt sich durch die Gabel g an dem Stift s geradlinig.

Auch das abwechselnde Einschalten der Rädervorgelege $\dfrac{r_1}{R_1}$, $\dfrac{r_2}{R_2}$ hat eine praktische Lösung gefunden. Die beiden Zahnkupplungen k_1

---

[1]) Z. d. V. deutsch. Ing. 1910 S. 337. Hülle, Neue Schnelldrehbänke.

und k_2 sind nämlich, um sie mit einem Handgriff bedienen zu können, durch die Schiene s_1 verbunden. Auf der Vorderseite des Spindelkastens sitzt

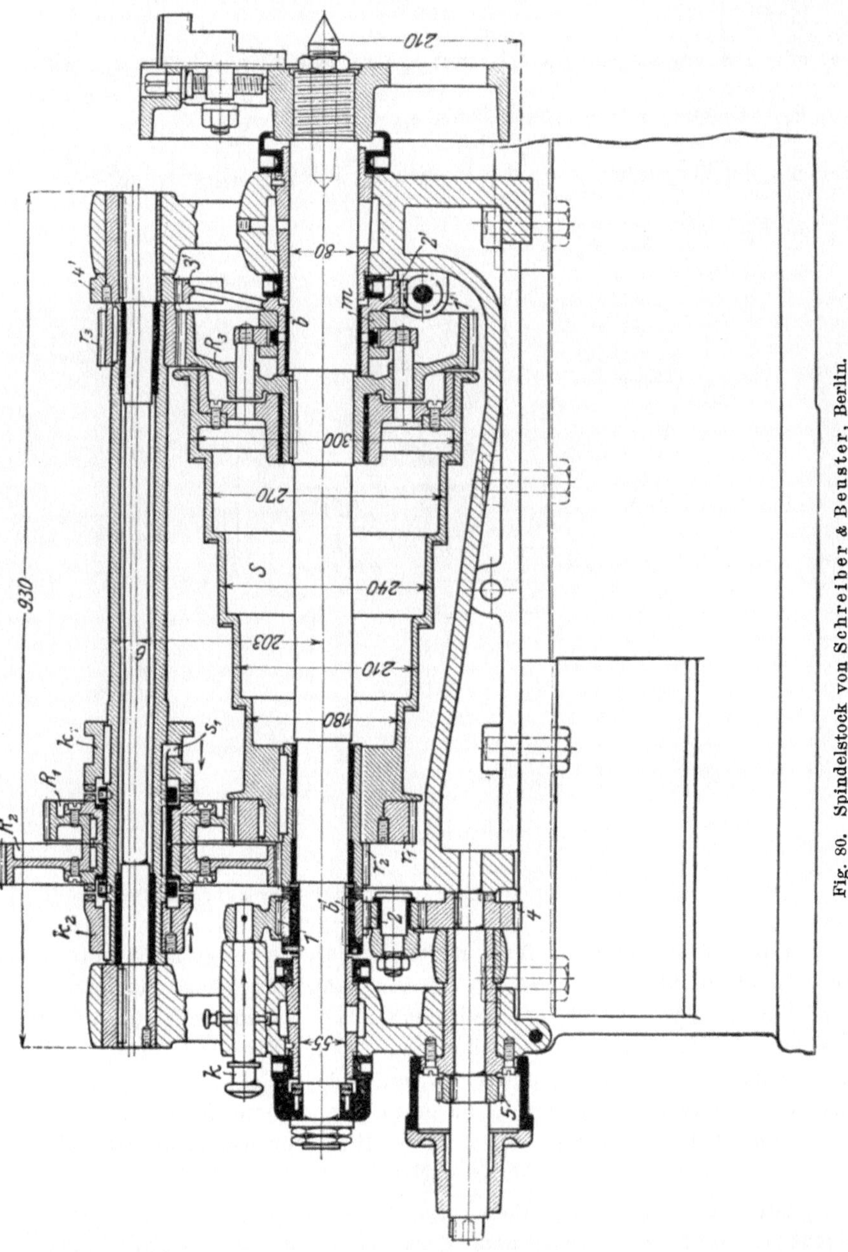

Fig. 80. Spindelstock von Schreiber & Beuster, Berlin.

der Handhebel h_2 (Fig. 224), mit dem entweder k_1 in R_1 oder k_2 in R_2 eingerückt wird, so daß auch hierbei Fahrlässigkeiten ausgeschlossen sind.

Schaltungen:

a) Ohne Vorgelege: mit h_1 Vorgelege ausschwenken und S kuppeln. Umläufe n_1 bis n_5,

b) mit den Vorgelegen $\dfrac{r_1}{R_1}$, $\dfrac{r_3}{R_3}$: mit h_1 Vorgelege einschwenken, k_1 nach R_1. Umläufe $n_6 = n_1 \dfrac{r_1}{R_1} \cdot \dfrac{r_3}{R_3}$ bis $n_{10} = n_5 \cdot \dfrac{r_1}{R_1} \cdot \dfrac{r_3}{R_3}$,

c) mit den Vorgelegen $\dfrac{r_2}{R_2}$, $\dfrac{r_3}{R_3}$: k_2 nach R_2, Umläufe: $n_{11} = n_1 \cdot \dfrac{r_2}{R_2} \cdot \dfrac{r_3}{R_3}$ bis $n_{15} = n_5 \cdot \dfrac{r_2}{R_2} \cdot \dfrac{r_3}{R_3}$.

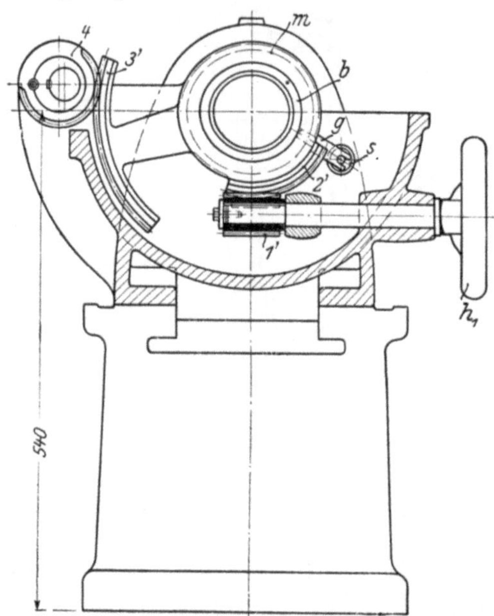

Fig. 81. Ausschwenken der Vorgelege. Schreiber & Beuster, Berlin.

Für die fachmännische Welt dürfte der Wohlenbergsche Spindelstock neuester Bauart (Fig. 82 bis 84) von Bedeutung sein. Die Stufenscheibe S und die 5 Rädervorgelege lassen sich mit 3 Handgriffen fehlerfrei schalten, ein Meisterstück technischer Kunst. Zum Ein- und Ausschalten der Vorgelege sowie zum Kuppeln der Stufenscheibe sind nur verschiebbare Räder gewählt, so daß jede außerachsig gelagerte Welle und auch der umständliche Mitnehmer fehlen. Der Mitnehmer ist hier durch die Innenverzahnung der Stufenscheibe ersetzt.

Soll die Maschine ohne Rädervorgelege laufen, so ist das auf 1 verschiebbare Zahnrad R_5 mit dem Ausrücker efg in den Zahnkranz der Stufenscheibe S zu schieben. In dieser Stellung treibt die Stufenscheibe S über R_5 die Drehbankspindel. Eine besondere bauliche Aufgabe stellt noch das Einschalten von 2 und 4 Vorgelegen. Soll nämlich die Maschine mit den Vorgelegen $\frac{r_2}{R_2}$, $\frac{r_3}{R_3}$, $\frac{r_4}{R_4}$, $\frac{r_5}{R_5}$ oder mit $\frac{r_1}{R_1}$, $\frac{r_3}{R_3}$, $\frac{r_4}{R_4}$, $\frac{r_5}{R_5}$ betrieben werden, so laufen die linken Räder R_2, R_1 und r_3 schneller als r_5 und R_4. Infolgedessen müssen die linken Räder mit einer Laufbüchse L auf II sitzen, während die rechten r_5 und R_4 festzukeilen sind. Für das abwechselnde Einschalten von $\frac{r_1}{R_1}$ und $\frac{r_2}{R_2}$ sind die Räder R_1 und R_2 auf L zu verschieben. Hierzu ist der Zahnbogen a mit einem Handgriff zu drehen, so daß die Zahnstange b mit der Gabel c diese Räder einstellt. Bei 2 Vorgelegen, z. B. $\frac{r_2}{R_2}$, $\frac{r_5}{R_5}$, muß das Rad R_2 treibend auf die Welle II wirken, während die Vorgelege $\frac{r_3}{R_3}$ und $\frac{r_4}{R_4}$ auszuschalten sind. Hierzu ist die Welle III mit ihren Rädern R_3 und r_4 nach links zu verschieben. Dabei rückt sie durch den Arm d die Kupplung k in die Laufbüchse L ein, so daß r_2 auf R_2 und r_5 auf R_5 arbeiten.

Die 20 Geschwindigkeiten dieses Spindelstockes erfordern daher die folgenden Schaltungen:

a) Ohne Vorgelege, Einstellung: R_5 in S einrücken, Umläufe n_1 bis n_4;

b) mit den Vorgelegen $\frac{r_1}{R_1}$, $\frac{r_5}{R_5}$ von der Übersetzung $\varphi_1 = \frac{64}{64} \cdot \frac{30}{66} = \frac{1}{2{,}2}$, Einstellungen: R_5 aus S zurückziehen, R_1 auf r_1 einschalten, ebenso k auf L. Umläufe: $n_5 = n_1 \varphi_1$ bis $n_8 = n_4 \varphi_1$;

c) mit den Vorgelegen $\frac{r_2}{R_2}$, $\frac{r_5}{R_5}$ mit $\varphi_2 = \frac{40}{88} \cdot \frac{30}{66} = \frac{1}{4{,}84}$, Einstellung: wie bei b, nur R_2 in r_2 einrücken, Umläufe: $n_9 = n_1 \varphi_2$ bis $n_{12} = n_4 \varphi_2$;

d) mit den Vorgelegen $\frac{r_1}{R_1}$, $\frac{r_3}{R_3}$, $\frac{r_4}{R_4}$, $\frac{r_5}{R_5}$ mit $\varphi_3 = \frac{64}{64} \cdot \frac{27}{54} \cdot \frac{20}{50} \cdot \frac{30}{66} = \frac{1}{11}$, Einstellungen: R_1 auf r_1, k ausrücken und damit R_3 in r_3 und r_4 in R_4 einrücken, Umläufe: $n_{13} = n_1 \varphi_3$ bis $n_{16} = n_4 \varphi_3$;

e) mit den Vorgelegen $\frac{r_2}{R_2}$, $\frac{r_3}{R_3}$, $\frac{r_4}{R_4}$, $\frac{r_5}{R_5}$ mit $\varphi_4 = \frac{40}{88} \cdot \frac{27}{54} \cdot \frac{20}{50} \cdot \frac{30}{66} = \frac{1}{24{,}2}$, Einstellungen: wie bei d, nur R_2 auf r_2 einrücken, Umläufe: $n_{17} = n_1 \varphi_4$ bis $n_{20} = n_4 \cdot \varphi_4$.

Da Schnelldrehbänke selten mit der Stufenscheibe allein betrieben werden, so sind meist nur 2 Handgriffe zu schalten.

Die Stufenrädergetriebe.

Der Kampf gegen die Unvollkommenheiten der Stufenscheibe brachte in dem Antriebe vieler Werkzeugmaschinen eine Umwälzung hervor. Mit dem Bestreben, die Arbeitsleistung der Maschinen zu steigern, machte sich besonders die mangelhafte und ungleiche Durchzugskraft des Stufen-

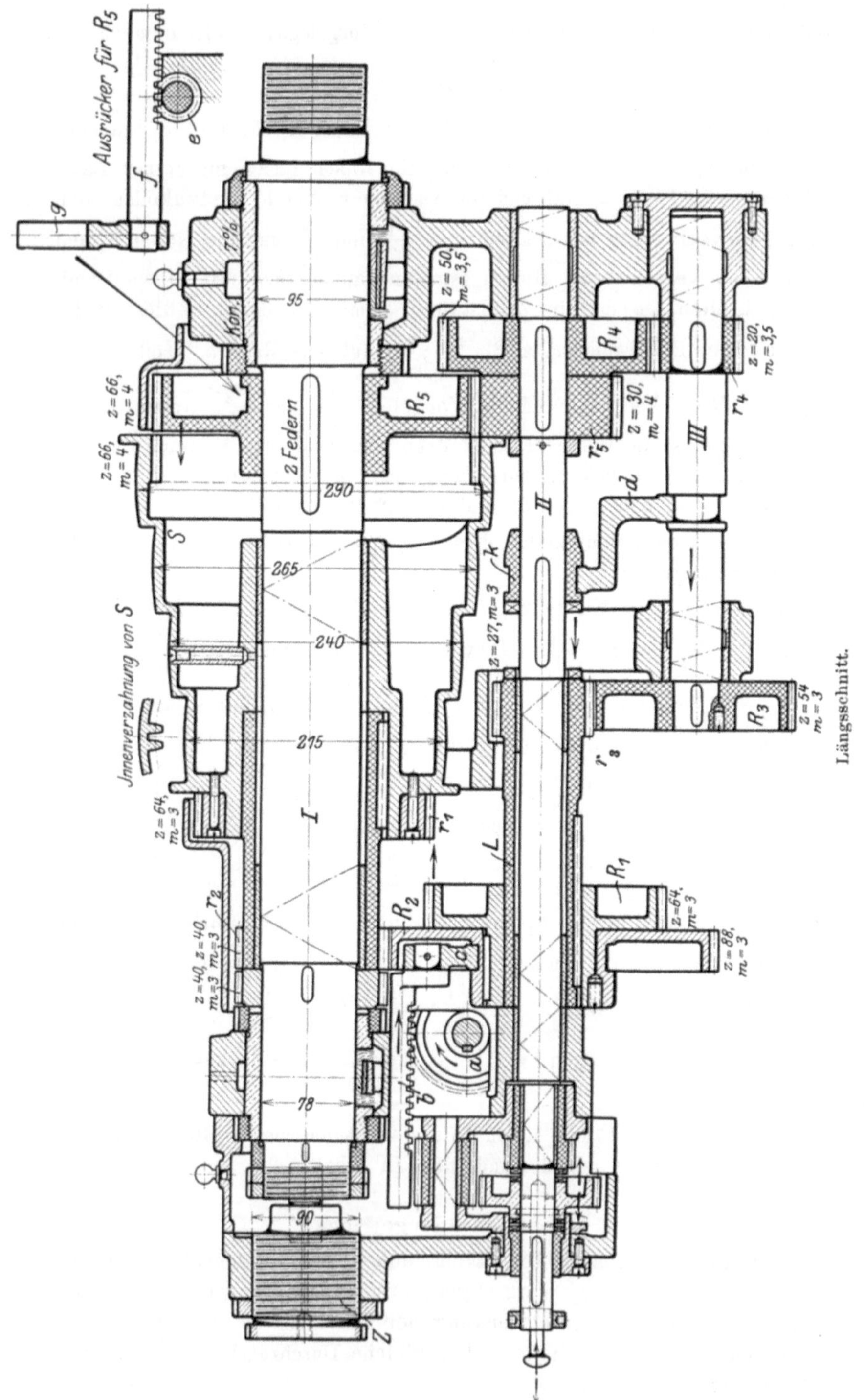

Ausrücker für R_5
e
f
g
Kon.
7°/₀
95
z=50, m=3,5
R_4
z=20, m=3,5
r_4
z=66, m=4
z=66, m=4
2 Federn
R_5
z=30, m=4
r_5
II
III
S
290
d
265
z=27, m=3
k
240
Innenverzahnung von S
z=54, m=3
R_3
275
r_3
I
z=64, m=3
r_1
r_2
L
z=40, z=40, m=3 m=3
R_2
R_1
z=64, m=3
c
z=88, m=3
a
b
78
90
Z
Längsschnitt.

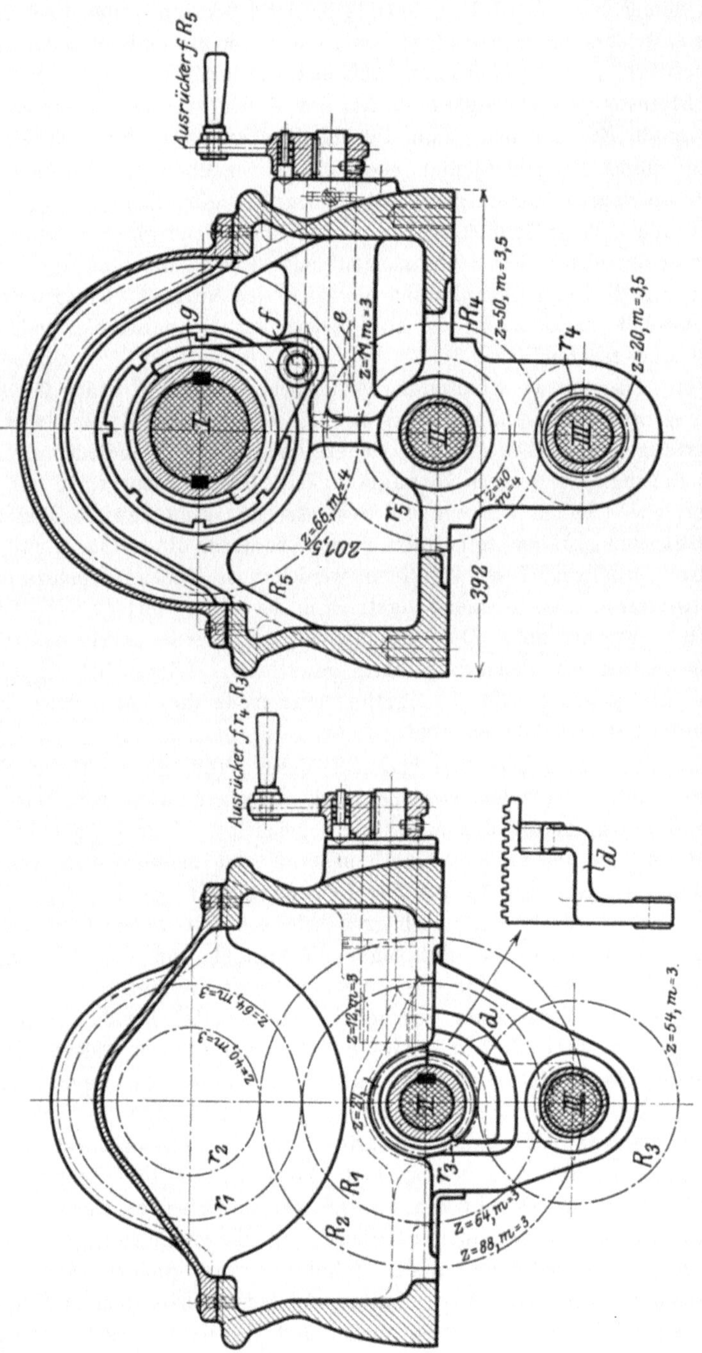

Fig. 82 bis 84. Spindelstock von 200 mm Spitzenhöhe. H. Wohlenberg, Hannover.

riemens bemerkbar. Es wird namentlich bei den äußersten Stufen die Sicherheit des Antriebes durch die geringe Umspannung der kleinsten Scheibe stark beeinträchtigt. Dazu tritt noch der Übelstand, daß der Riemen in dieser Lage mit der kleinsten Geschwindigkeit läuft. Der Riemen arbeitet also unter den ungünstigsten Bedingungen, wenn die Maschine am stärksten belastet ist.

Zu diesen Mängeln kommt noch die bei manchen Maschinen leider zu weit getriebene Vielseitigkeit, die einen häufigen Stufenwechsel des Riemens und eine größere Zahl von Antriebsgeschwindigkeiten erfordert. Auch hierfür bietet der Stufenriemen mit seinem umständlichen und langwierigen Riemenumlegen keinen einwandfreien Antrieb. Einen wesentlichen Einfluß hatte auch die Einführung der Schnellstähle und der härteren und zäheren Baustoffe.

Von den neu zu schaffenden Antrieben mußte man daher für eine höhere Leistung der Maschine in erster Linie eine größere Zwangläufigkeit verlangen und neben ihr eine sichere und raschere Handhabung. Die Hauptforderung, die größere Zwangläufigkeit, lenkte naturgemäß auf die Rädergetriebe. Sollten sie, wie die Stufenscheibe, eine gewisse Zahl Geschwindigkeiten gestatten, so mußten sie den Charakter eines Stufenrädergetriebes erhalten. Diese Getriebe werden vom Deckenvorgelege oder vom Motor durch einen Riemen angetrieben, der nicht verlegt wird (Einriemscheibenantrieb). Die Geschwindigkeit wird durch das Ein- und Ausschalten von Rädervorgelegen gewechselt. Hierzu ist bei jedem Getriebe die passende Zahl Handgriffe vorgesehen, die nach einer Tafel rasch und sicher einzustellen sind.

Mit den Stufenrädergetrieben ist daher eine ganze Reihe Vorzüge verknüpft. Bei jedem Geschwindigkeitswechsel wird viel Zeit gespart, und er ist für die Maschine selbst gefahrlos. Der Riemen besitzt eine gleichmäßige und größere Durchzugskraft und braucht nicht verlegt zu werden. Er ist daher für größere Leistungen weit besser geeignet, da die eine Riemenscheibe breit und groß sein und mit hoher Umlaufszahl laufen kann. Vielfach läßt sich sogar die Spindel von dem Riemenzug entlasten, ein Vorzug, der für die Güte der Arbeit spricht.

Die Stufenrädergetriebe vollziehen, wie bereits erwähnt, den Geschwindigkeitswechsel durch das Ein- und Ausschalten von Rädern. Diese Schalträder können entweder verschiebbare Räder — Verschieberäder — oder auch kuppelbare Räder — Kuppelräder — sein.

Die einfachen Verschieberäder sind lediglich auf ihren Wellen in der Achsenrichtung verschiebbar und können so mit ihren Zahnkränzen in und außer Eingriff gebracht werden. Die schwenkbaren Verschieberäder werden dagegen mit einem Stellhebel zunächst seitlich ausgeschwenkt, hierauf verschoben und dann in den Zahnkranz eines anderen Rades eingeschwenkt. Die Kuppelräder halten die Zahnkränze stets in Eingriff und werden bei den Hauptgetrieben meist durch Klauen- oder Reibungskupplungen, selten durch Ziehkeile auf ihren Wellen gekuppelt.

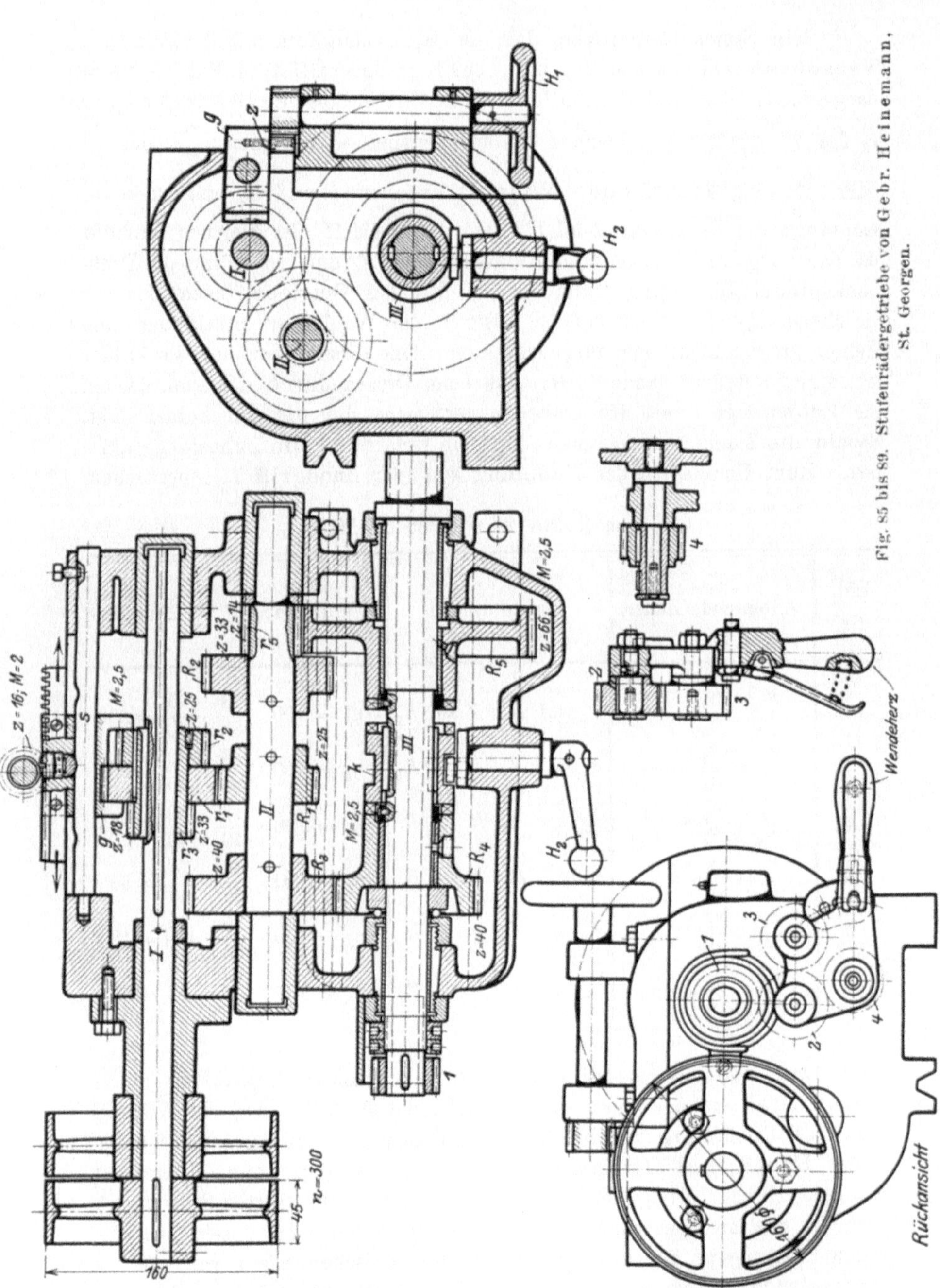

Bei den meisten Stufenrädergetrieben wird der Geschwindigkeitswechsel sowohl durch Verschieberäder als auch durch Kuppelräder vollzogen.

Ein Stufenrädergetriebe, das die Geschwindigkeit mit 3 einfachen Verschieberädern und 2 Kuppelrädern ändert, ist in Fig. 85 bis 89 dargestellt. Die Welle I kann hier durch Verschieben der Blockräder r_1, r_2, r_3 der Welle II 3 verschiedene Umläufe erteilen, je nachdem $\dfrac{r_1}{R_1}$ oder $\dfrac{r_2}{R_2}$ oder $\dfrac{r_3}{R_3}$ eingeschaltet wird. Wird die Kupplung k auf R_4 eingerückt, so empfängt die Drehbankspindel III von der Welle II die gleichen Umläufe, da $R_1 = R_4$ ist. Schaltet man hingegen k auf R_5 um, so erfährt die Drehbankspindel 3 weitere Umläufe, so daß das Getriebe einen 6 fachen Geschwindigkeitswechsel zuläßt. Durch die Wahl der Blockräder sind Fehler in der Bedienung ausgeschlossen. Das Verschieben der Blockräder geschieht mit dem Handrade H_1, das beim Drehen durch das Zahnrädchen die Zahnstange z mit der Gabel g verschiebt, die die Blockräder faßt. Sobald die Zahnkränze kämmen, hält ein Federriegel die Zahnstange auf s fest. Zum Umschalten der Kupplung k ist der Handgriff H_2 vorgesehen.

Schaltplan zu Fig. 85 bis 89.

Lfd. Nr.	Arbeitende Räder	Einstellungen	Umdrehungen der Maschine
1	$\dfrac{r_1}{R_1} \cdot \dfrac{R_3}{R_4}$	r_1 auf R_1, k auf R_4	$n_1 = 300 \cdot \dfrac{33}{25} \cdot \dfrac{40}{40} = 396$
2	$\dfrac{r_2}{R_2} \cdot \dfrac{R_3}{R_4}$	r_2 „ R_2, k „ R_4	$n_2 = 300 \cdot \dfrac{25}{33} \cdot \dfrac{40}{40} = 227$
3	$\dfrac{r_3}{R_3} \cdot \dfrac{R_3}{R_4} = \dfrac{r_3}{R_4}$	r_3 „ R_3, k „ R_4	$n_3 = 300 \cdot \dfrac{18}{40} \cdot \dfrac{40}{40} = 135$
4	$\dfrac{r_1}{R_1} \cdot \dfrac{r_5}{R_5}$	r_1 „ R_1, k „ R_5	$n_4 = 300 \cdot \dfrac{33}{25} \cdot \dfrac{14}{66} = 84$
5	$\dfrac{r_2}{R_2} \cdot \dfrac{r_5}{R_5}$	r_2 „ R_2, k „ R_5	$n_5 = 300 \cdot \dfrac{25}{33} \cdot \dfrac{14}{66} = 48$
6	$\dfrac{r_3}{R_3} \cdot \dfrac{r_5}{R_5}$	r_3 „ R_3, k „ R_5	$n_6 = 300 \cdot \dfrac{18}{40} \cdot \dfrac{14}{66} = 29$

Das Norton-Getriebe wechselt die Geschwindigkeit mit einem einschwenkbaren Verschieberad (Fig. 90 bis 93). Auf der Welle II sitzt das Triebrad r_5, das durch das Zwischenrad r auf die 4 Räder r_6 bis r_9 der Hauptspindel III einzeln eingeschwenkt werden kann. Hierzu ist mit dem Handhebel h_1, der durch den Bügel u die Norton-Schwinge S aushebt, das Zwischenrad r seitlich auszuschwenken. In dieser eingriffsfreien Stellung ist die Schwinge S mit dem Zwischenrade r vor eins der Wechselräder r_6 bis r_9 zu schieben. Dies geschieht durch Drehen der Kurbel h_2, die durch das Zahnrad g und die Zahnstange z_1 die Schwinge S auf II verschiebt. Auf der Schalttafel t sind hier die einzelnen

Additional information of this book

(Die Werkzeugmaschinen und ihre Konstruktionselemente;

978-3-662-23908-7; 978-3-662-23908-7_OSFO1) is provided:

http://Extras.Springer.com

Stellungen der Schwinge und die zugehörigen Spindelgeschwindigkeiten angegeben. Durch Vorziehen von h_1 läßt sich jetzt die Schwinge S mit dem Zwischenrade r wieder einschwenken. Um hierbei jedesmal die genaue Eingriffsstellung festzuhalten, legt sich die Schwinge S gegen die Nasen n des Räderkastens. Durch diese 4 Schaltungen erfährt die lose Radhülse L 4 Geschwindigkeiten, die sich durch Einschalten der Klauenkupplung K unmittelbar auf die Drehbankspindel III übertragen lassen.

Wird dagegen K auf das Rad r_{14} umgeschaltet, so arbeiten die Vorgelege $\dfrac{r_{11}}{r_{12}}$, $\dfrac{r_{13}}{r_{14}}$ mit, so daß 8 Geschwindigkeiten zur Verfügung stehen. Da dem Norton-Getriebe noch 2 ausrückbare Vorgelege $\dfrac{r_1}{r_2}$ und $\dfrac{r_3}{r_4}$ vorgebaut sind, die sich mit dem Handgriff h_3 einzeln einschalten lassen, so gestattete der Norton-Antrieb 2×8 Geschwindigkeiten. Diese 16 Geschwindigkeiten lassen sich ohne jede Gefahr einschalten, es sind nur 4 Handhebel zu bedienen.

Der Geschwindigkeitswechsel mit verschiebbaren Rädern hat gewöhnlich den Nachteil, daß beim Einrücken der Zahneingriff abgepaßt werden muß. Bei hohen Umläufen ist es fast unmöglich, das Zwischenrad einzuschalten, und beim Stillstand der Maschine müssen die Räder von Hand langsam bewegt werden. Dieser Nachteil ist in Fig. 91 in sinnreicher Weise beseitigt. Sobald nämlich die Norton-Schwinge S mit dem Zwischenrad r zurückgelegt wird, hält ein Klinkengetriebe die Räder in langsamer Drehung, so daß die Zahnkränze schnell kämmen können.

Das Klinkengetriebe besteht hier aus dem Rad r_{10}, das auf der Laufbüchse L lose läuft und unter Mitwirkung eines Federringes die Klinke k gegen die Zähne z von r_9 stemmt. Bei zurückgelegter Schwinge S treibt $r_5{'}$ über ein Zwischenrad (Fig. 90) das Klinkenrad r_{10}, das durch die Klinke k das Rad r_9, also auch L mitnimmt. Hierdurch bleibt das ganze Räderwerk in langsamer Drehung. Wird die Schwinge S auf r_6, r_7, r_8 oder r_9 eingerückt, so eilt der Räderblock gegenüber r_{10} vor. Die Klinke wird infolgedessen durch den Federring ausgehoben, so daß r_{10} lose weiterläuft.

Mit dem Klinkengetriebe wird nicht nur das Räderwerk zum bequemen Einrücken der Norton-Schwinge in langsamer Drehung gehalten, sondern auch durch Umschalten von h_3 und K werden 4 weitere Umläufe der Spindel erreicht, so daß sich der gesamte Geschwindigkeitswechsel auf 20 Geschwindigkeiten stellt. (Siehe Schalttafel S. 56).

Das Wohlenbergsche Stufenrädergetriebe für einen Bohrspindelstock ist mit Kuppelrädern ausgeführt (Fig. 94). Es sind 4 Räderpaare vorgesehen, die sich mit 2 Klauenkupplungen vierfach fehlerfrei schalten lassen. Die Riemenscheibe S auf I treibt durch das Vorgelege $\dfrac{r_1}{r_2}$ oder $\dfrac{r_3}{r_4}$ die Welle II, die durch $\dfrac{r_5}{r_6}$ oder $\dfrac{r_7}{r_8}$ auf die Hauptspindel III arbeitet. Die Maschine erhält durch dieses Räderwerk 4 Geschwindigkeiten, die sich nach unten stehendem Schaltplan einstellen lassen.

Schalttafel zu Fig. 90 bis 93.

Lfd. Nr.	Schaltung der Vorgelege $\dfrac{r_1}{r_2}$, $\dfrac{r_3}{r_4}$	Schaltung des Norton- oder Klinkengetriebes	Schaltung von K auf	Übersetzung des Räderantriebes
1	$\dfrac{r_1}{r_2}$	$\dfrac{r_5}{r_6}$	L	$\dfrac{r_1}{r_2} \cdot \dfrac{r_5}{r_6}$
2	„	$\dfrac{r_5}{r_7}$	„	$\dfrac{r_1}{r_2} \cdot \dfrac{r_5}{r_7}$
3	„	$\dfrac{r_5}{r_8}$	„	$\dfrac{r_1}{r_2} \cdot \dfrac{r_5}{r_8}$
4	„	$\dfrac{r_5}{r_9}$	„	$\dfrac{r_1}{r_2} \cdot \dfrac{r_5}{r_9}$
5	„	$\dfrac{r_5{}'}{r_{10}}$	„	$\dfrac{r_1}{r_2} \cdot \dfrac{r_5{}'}{r_{10}}$
6	$\dfrac{r_3}{r_4}$	$\dfrac{r_5}{r_6}$	L	$\dfrac{r_3}{r_4} \cdot \dfrac{r_5}{r_6}$
7	„	$\dfrac{r_5}{r_7}$	„	$\dfrac{r_3}{r_4} \cdot \dfrac{r_5}{r_7}$
8	„	$\dfrac{r_5}{r_8}$	„	$\dfrac{r_3}{r_4} \cdot \dfrac{r_5}{r_8}$
9	„	$\dfrac{r_5}{r_9}$	„	$\dfrac{r_3}{r_4} \cdot \dfrac{r_5}{r_9}$
10	„	$\dfrac{r_5{}'}{r_{10}}$	„	$\dfrac{r_3}{r_4} \cdot \dfrac{r_5{}'}{r_{10}}$

Wird jetzt noch K auf r_{14} umgeschaltet, so laufen die Vorgelege $\dfrac{r_{11}}{r_{12}} \cdot \dfrac{r_{13}}{r_{14}}$ mit, und es ergeben sich nochmals 10 Schaltungen. Ihre Übersetzungen erhält man, indem man die unter 1 bis 10 mit $\dfrac{r_{11}}{r_{12}} \cdot \dfrac{r_{13}}{r_{14}}$ multipliziert.

Schaltplan zu Fig. 94.

Lfd. Nr.	Arbeitende Räder	Einstellungen	Umläufe der Maschine i. d. Min.
1	$\dfrac{r_3}{r_4} \cdot \dfrac{r_7}{r_8}$	k_1 auf r_4, k_2 auf r_8	$n_1 = n \cdot \dfrac{r_3}{r_4} \cdot \dfrac{r_7}{r_8} = n \cdot \dfrac{31}{69} \cdot \dfrac{15}{45}$
2	$\dfrac{r_1}{r_2} \cdot \dfrac{r_7}{r_8}$	k_1 „ r_2, k_2 „ r_8	$n_2 = n \cdot \dfrac{r_1}{r_2} \cdot \dfrac{r_7}{r_8} = n \cdot \dfrac{44}{56} \cdot \dfrac{15}{45}$
3	$\dfrac{r_3}{r_4} \cdot \dfrac{r_5}{r_6}$	k_1 „ r_4, k_2 „ r_6	$n_3 = n \cdot \dfrac{r_3}{r_4} \cdot \dfrac{r_5}{r_6} = n \cdot \dfrac{31}{69} \cdot \dfrac{35}{55}$
4	$\dfrac{r_1}{r_2} \cdot \dfrac{r_5}{r_6}$	k_1 „ r_2, k_2 „ r_6	$n_4 = n \cdot \dfrac{r_1}{r_2} \cdot \dfrac{r_5}{r_6} = n \cdot \dfrac{44}{56} \cdot \dfrac{35}{55}$

Ein hohes Maß an Vervollkommnung ist in dem Ruppert-Getriebe neuester Bauart verkörpert (Fig. 95). Es besitzt bereits bei 4 Räderpaaren und 5 Kupplungen 8 Geschwindigkeiten. Die verhältnismäßig große Geschwindigkeitsreihe ist durch eine sehr sinnreiche Anordnung der 8 Räder auf 2 Wellen und entsprechenden Laufbüchsen erreicht. Die 4 Räderpaare sind durch 2 zwangläufig verbundene Kupplungspaare und eine freie Kupplung zu schalten. Die Bedienung erfordert höchstens 3 Handgriffe, die nach einer Tafel (Fig. 96) auszuführen sind. Hierdurch entstehen die in Fig. 97 dargestellten Kraftwege. Um die in diesem Getriebe steckende geistige Arbeit auch nur annähernd schätzen zu lernen,

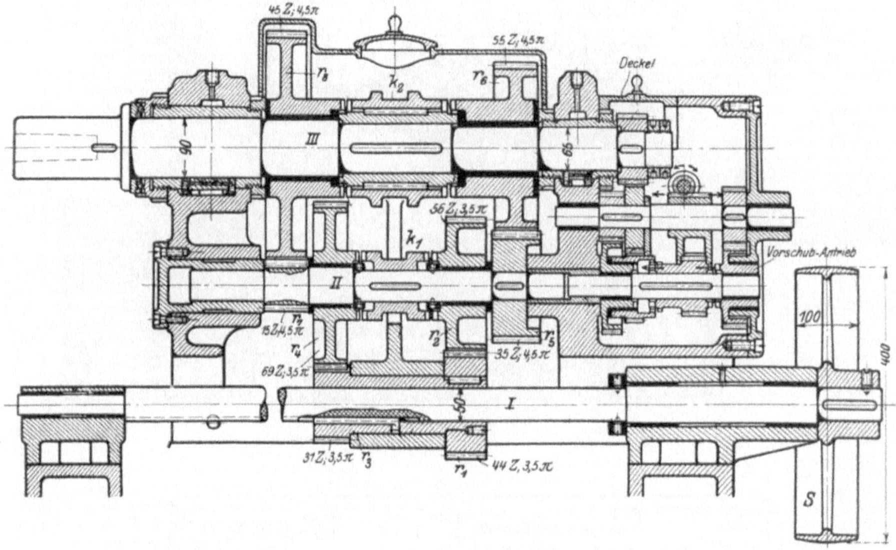

Fig. 94. Stufenrädergetriebe einer Bohrbank. H. Wohlenberg, Hannover.

sei es jedem ans Herz gelegt, auf Grund der Figuren den Aufbau des Getriebes selbst zu entwickeln.[1]

Die Stufenrädergetriebe, die den Geschwindigkeitswechsel mit durch Reibung kuppelbaren Rädern vollziehen, gleichen in ihrem Aufbau denen mit Klauenkupplungen. Sie besitzen jedoch den Vorzug, daß sie sich im Betriebe schalten lassen; jedoch empfiehlt es sich, die Maschine dabei anzuhalten.

In Fig. 98 bis 103 treibt die Riemenscheibe S die Welle I, auf der sich die Räder r_1 und R_1 durch je eine Reibungskupplung kuppeln lassen, die mit der Muffe k_1 eingerückt wird. Die Welle II erhält also von I 2 Geschwindigkeiten, die sich durch das Kuppeln von r_3 oder R_3 auf die Laufbüchse der Drehbankspindel A übertragen lassen. Durch diese

---

[1] Zeitschr. für Werkzeugmaschinen und Werkzeuge 1908, S. 193.

Fig. 95. Ruppert-Getriebe.

	Ø mm	Minutl. Umdr.			Ø mm	Minutl. Umdr.	
		langs.	schnell			langs.	schnell
	70	175	400		85	23	48
	20	90	270		160	13	28
	35	58	130		260	7	17
	65	35	75		500	4	10

Fig. 96. Schalttafel.

Schaltung erfährt also die Laufbüchse 4 Geschwindigkeiten, die durch
Kuppeln mit k_3 unmittelbar auf die Spindel kommen. Schaltet man hin-
gegen k_3 auf r_7 um, so arbeiten die Vorgelege $\dfrac{r_4}{r_5}, \dfrac{r_6}{r_7}$ mit, so daß die

Maschine 4 weitere Geschwindigkeiten erfährt. Das Getriebe gestattet daher 8 Geschwindigkeiten. Die 6 Kuppelräder lassen sich mit 5 Reibkupplungen und 1 Klauenkupplung schalten. (Siehe Schaltplan S. 62.)

Auch die Stufenrädergetriebe mit Ziehkeilschaltung lassen sich im Betriebe schalten, aber auch hier wird die Maschine zweckmäßig angehalten.

Das Getriebe in Fig. 104 ist für 6 Geschwindigkeiten gebaut, die durch 2×3 Rädervorgelege geschaffen sind. Von den ersten beiden Vorgelegen sind die Räder r_1, r_3 auf I festgekeilt, während die Kuppelräder r_2, r_4 auf II durch den Ziehkeil k_1 zu kuppeln sind.

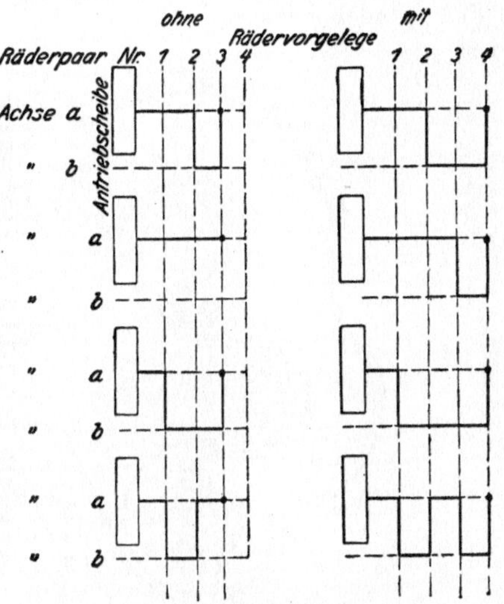

Fig. 97. Schaltungsplan der Vorgelege.

Von den letzten drei Vorgelegen sitzen r_5, r_7, r_9 fest auf II und die durch

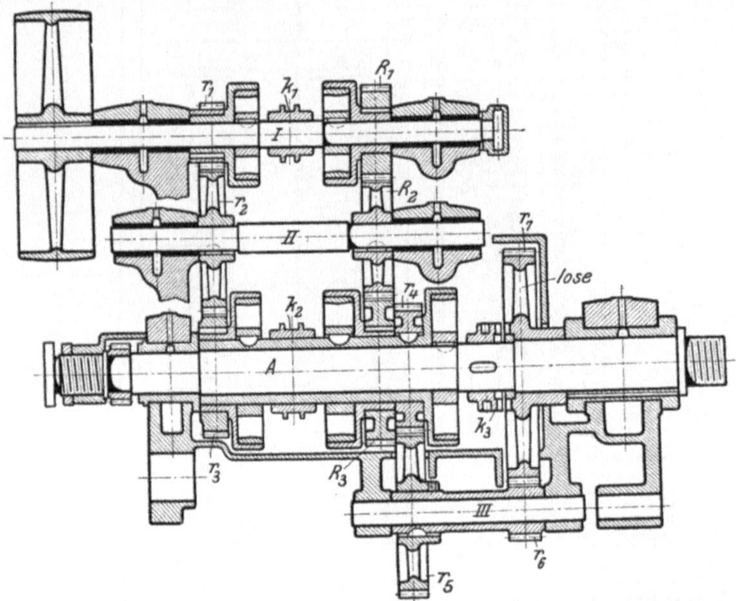

Fig. 98. Plan eines Stufenrädergetriebes mit Kuppelrädern.

den Ziehkeil k_2 einzuschaltenden Kuppelräder r_6, r_8, r_{10} auf III. Durch die beiden Einstellungen von k_1 und die drei von k_2 empfängt die Welle III

von der Antriebsscheibe S_1 6 Geschwindigkeiten, die über die Räder r_{11}, r_{12} auf die Antriebsscheibe S_2 und von hier durch einen zweiten Riemen auf die Frässpindel gelangen.

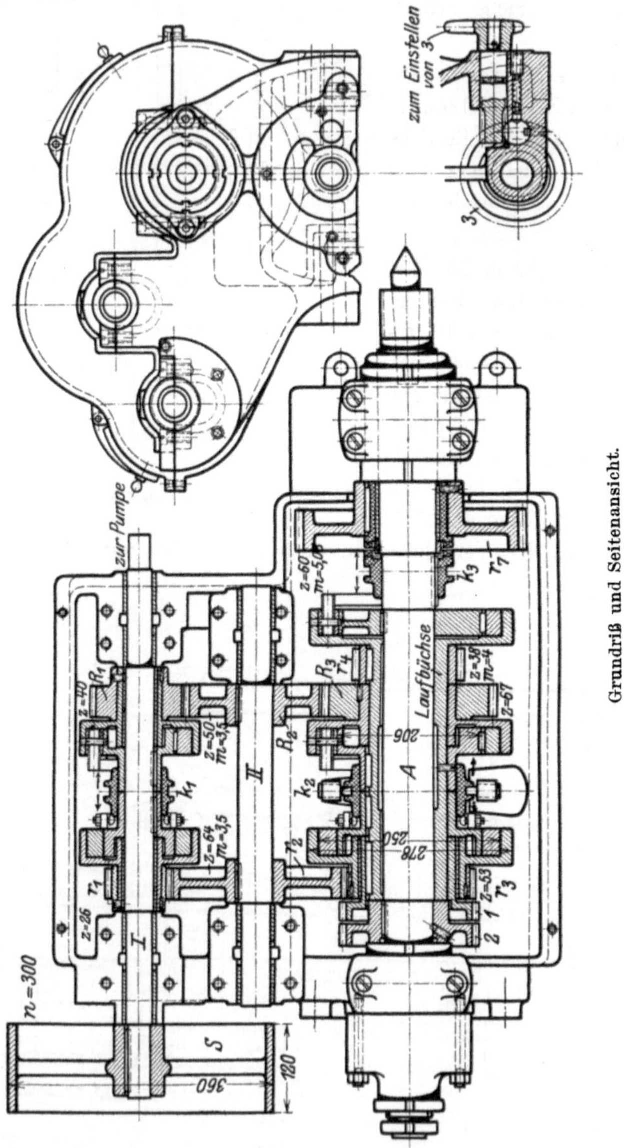

Eine besondere Frage ist das Unterbringen der Ziehkeile. Hierzu sind die Wellen *II* und *III* auf passende Tiefen gebohrt und der Breite der Kuppelräder entsprechend genutet. In den Bohrungen von *II* und *III* befindet sich je ein ausziehbarer Stift, in dessen schmalem Schlitz der Ziehkeil sitzt. Er ist einerseits um einen Zapfen drehbar und wird andererseits durch eine Feder in die Keilnut des betreffenden Kuppelrades gedrückt. Sollen Fahrlässigkeiten in der Schaltung vermieden werden,

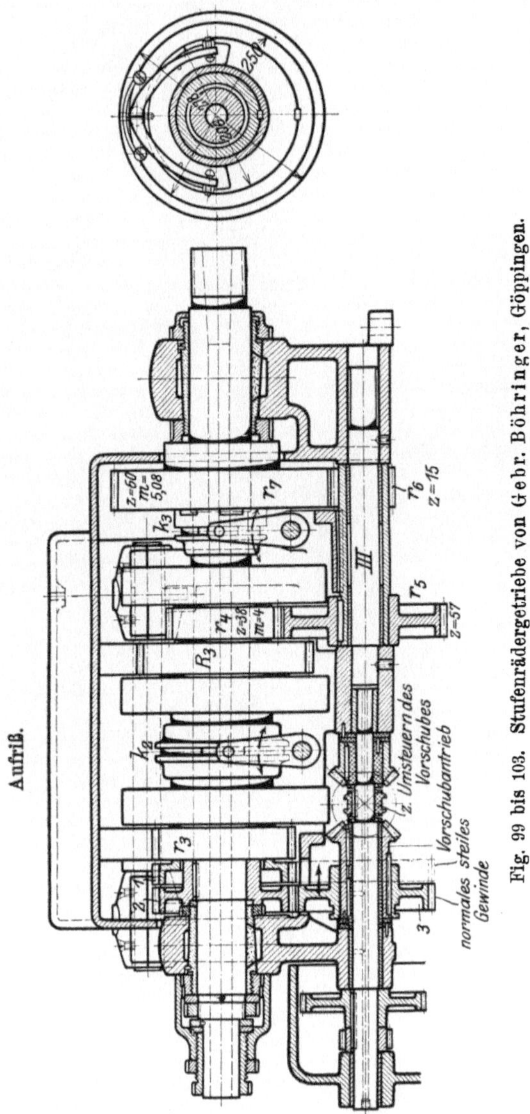

Fig. 99 bis 103. Stufenrädergetriebe von Gebr. Böhringer, Göppingen.

so darf der Ziehkeil selbst beim Verstellen immer nur ein Rad kuppeln. Diese Bedingung ist durch Zwischenringe erfüllt, die zwischen je 2 Kuppelrädern sitzen. Sobald der Ziehkeil eingestellt wird, drücken ihn die Zwischenringe beim Übergang von einem Rade ins andere in die Nut der

Von diesen Gesichtspunkten betrachtet wären die Getriebe mit Klauenkupplungen wegen ihrer großen Übertragungsfähigkeit für die schwersten Maschinen besonders geeignet, die Getriebe mit Verschieberädern für mittelschwere und die mit Reibungskupplungen für leichtere und auch mittelschwere Maschinen, vorausgesetzt, daß die Reibung an großen Hebelarmen wirkt.

Es läßt sich nicht leugnen, daß der Stufenräderantrieb empfindlicher und in seinem Aufbau schwieriger ist als der Stufenscheibenantrieb. Er ist auch stärkerem Verschleiß ausgesetzt und in seiner Herstellung 2 bis 3 mal so teuer. Es ist daher wohl die Frage berechtigt: Wann soll man bei einer Maschine den teueren Räderantrieb verlangen? Diese Frage läßt sich leicht entscheiden, wenn man bedenkt, daß die Stufenrädergetriebe 1. für hohe Leistungen und 2. für eine rasche und sichere Handhabung gebaut sind.

Von dem ersten Gesichtspunkte aus betrachtet, kann man wohl sagen, daß für alle Maschinen, die mehr als 5 bis 8 Pferdestärken verlangen, der Räderantrieb gerechtfertigt ist. Leistungen unter 5 PS. lassen sich mit dem Stufenscheibenantrieb in den meisten Fällen leicht bewältigen. Der Räderantrieb wäre daher in erster Linie bei schweren Werkzeugmaschinen, z. B. Schruppmaschinen, und der Stufenscheibenantrieb bei leichteren Maschinen angebracht. Doch ist bei den leichteren Maschinen noch eine Einschränkung zu machen: Wird nämlich bei einer leichten Werkzeugmaschine die Geschwindigkeit häufig gewechselt, wie bei Maschinen für Einzelarbeiten, so läßt das Stufenrädergetriebe große Zeitersparnisse erzielen, die die Mehrkosten mehr als wettmachen. Dagegen bei leichten Maschinen für Massenarbeiten, die stets mit derselben Geschwindigkeit laufen, ist das teure Räderwerk nicht gerechtfertigt.

Der Geschwindigkeitswechsel am Antriebsmotor.

Die nächste Entwicklungslinie in dem Antriebe der kreisenden Hauptbewegung wäre, den Geschwindigkeitswechsel ganz oder teilweise in den Antriebsmotor der Maschine zu verlegen. Dies erfordert regelbare Motoren — Stufenmotoren —, deren Umläufe sich durch Anlasser im Verhältnis 1:3 bis 1:4 regeln lassen. Die Vorzüge eines derartigen elektrischen Antriebes liegen in dem einfachen Räderwerk der Maschine und der bequemen Regelbarkeit. So kann der Arbeiter in Fig. 105 mit dem Handrade nach einer Zeigertafel die Maschine anlassen, regeln und umsteuern. Aus diesem Grunde sind die regelbaren Motoren für den Antrieb schwerer Maschinen besonders geeignet, bei leichten Maschinen sind sie wegen ihrer großen Abmessungen zu unförmlich und auch oft zu teuer.

Die Fig. 106 und 107 zeigen den Antrieb der Schnelldrehbank von Gebr. Böhringer in Göppingen. Der Stufenmotor ist ein Nebenschlußmotor von 17,5 PS. und einem Regelbereich von 460 bis 1380 Umläufe i. d. Min. Der Motor treibt durch eine Zahnkette die Laufbüchse L, deren 5 Geschwindigkeiten durch den Mitnehmer M über R_3 auf die Drehbankspindel gelangen. 5 weitere Geschwindigkeiten werden durch die 2 Vorgelege $\dfrac{r_2}{R_2} \cdot \dfrac{r_3}{R_3}$ erreicht und nochmals 5 Geschwindigkeiten durch

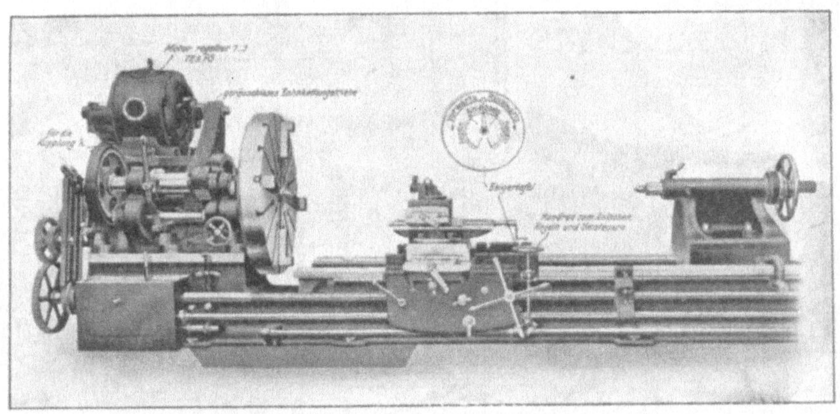

Fig. 105. Schnelldrehbank von Gebr. Böhringer, Göppingen.

die 3 Vorgelege $\dfrac{r_2}{R_2} \cdot \dfrac{r_4}{R_4} \cdot \dfrac{r_5}{R_5}$, von denen r_5 als Verschieberad in den Zahnkranz R_5 der Planscheibe eingerückt werden kann.

Schaltplan zu Fig. 106 und 107.

Lfd. Nr.	Arbeitende Räder	Einstellungen	Umläufe der Maschine
1	$\dfrac{r_1}{R_1} = \dfrac{15}{75} = \dfrac{1}{5}$	II mit h_1 ausschwenken, r_5 aus R_5 zurückziehen, M in R_1	$n_1 = \dfrac{1380}{5} = 276,\ n_2 = \dfrac{1050}{5} = 210,$ $n_3 = \dfrac{790}{5} = 158,\ n_4 = \dfrac{600}{5} = 120,$ $n_5 = \dfrac{460}{5} = 92$
2	$\dfrac{r_1}{R_1} \cdot \dfrac{r_2}{R_2} \cdot \dfrac{r_3}{R_3} = \dfrac{1}{5} \cdot \dfrac{43}{77} \cdot \dfrac{27}{72}$	M ausrücken, r_5 ausrücken, II einschwenken, k in r_3	$n_6 = 58,\ n_7 = 44,\ n_8 = 33{,}3,\ n_9 = 25{,}2,\ n_{10} = 19{,}3$
3	$\dfrac{r_1}{R_1} \cdot \dfrac{r_2}{R_2} \cdot \dfrac{r_4}{R_4} \cdot \dfrac{r_5}{R_5} = \dfrac{1}{5} \cdot \dfrac{43}{77} \cdot \dfrac{24}{40} \cdot \dfrac{14}{108}$	wie bei 2, nur k nach r_4 und r_5 nach R_5	$n_{11} = 12,\ n_{12} = 9{,}1,\ n_{13} = 6{,}9,\ n_{14} = 5{,}3,\ n_{15} = 4$

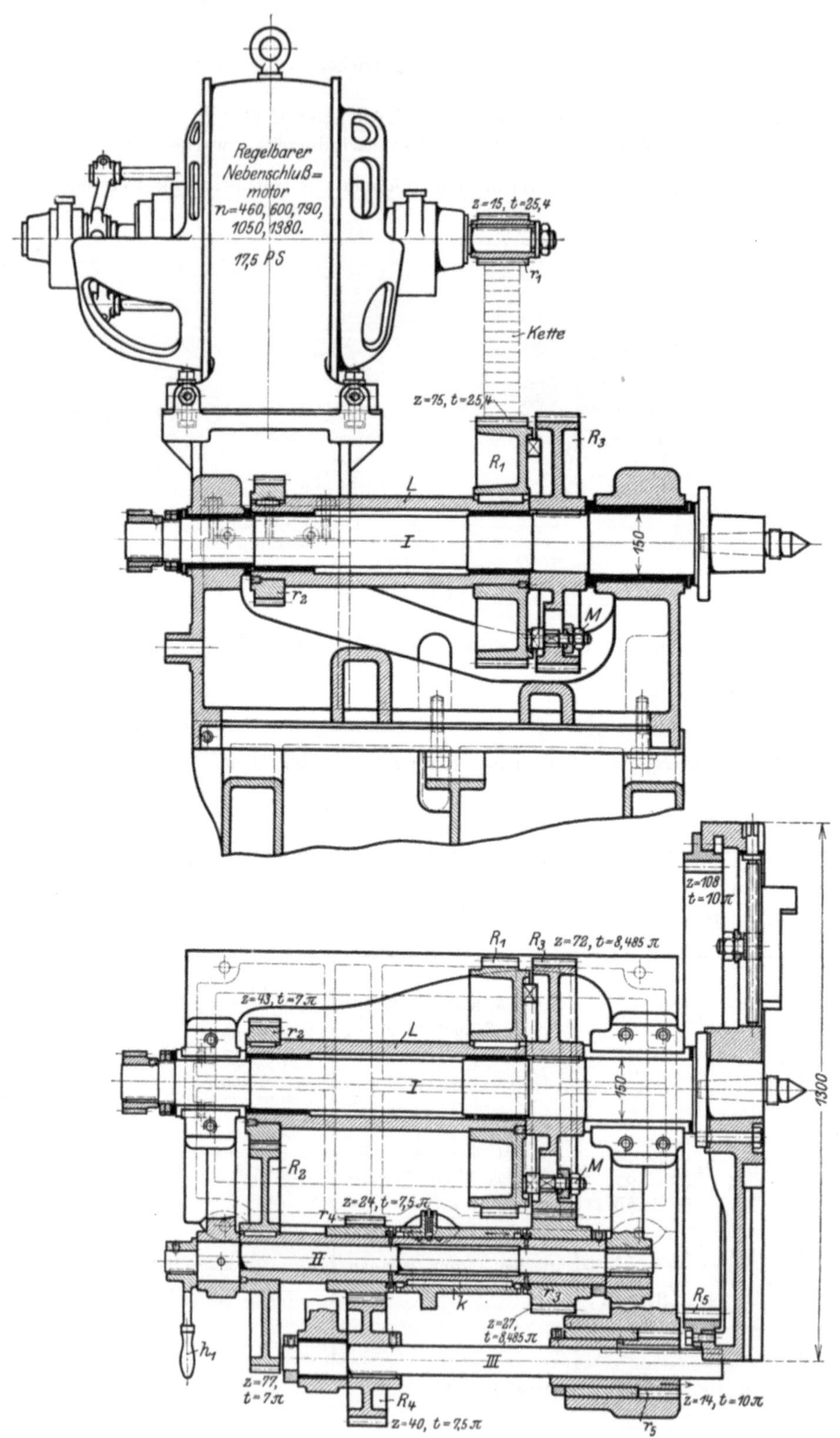

Fig. 106 und 107. Antrieb der Böhringer-Bank.

b) Der Antrieb der geraden Hauptbewegung.

Die Aufgabe dieses Antriebes ist, die Drehbewegung der Transmission oder des Motors in eine gerade Hauptbewegung der Maschine umzusetzen.

Für diesen Antrieb kommen demnach in Betracht:

1. Zahnrad und Zahnstange,
2. Schnecke und Zahnstange,
3. Schraubenspindel und Mutter.

Bei dem Antrieb durch Zahnrad und Zahnstange bewirkt das von der Transmission aus betätigte Triebrad die gerade Hauptbewegung der mit dem Tisch verschraubten Zahnstange. Das Getriebe gewährt jedoch nur bei guten Eingriffsverhältnissen ruhigen Gang. Infolgedessen verlangt ein guter Zahnstangenantrieb ein großes Triebrad, das allerdings bei den hohen Riemengeschwindigkeiten wiederum eine große Übersetzung in den Rädervorgelegen verursacht (Fig. 674).

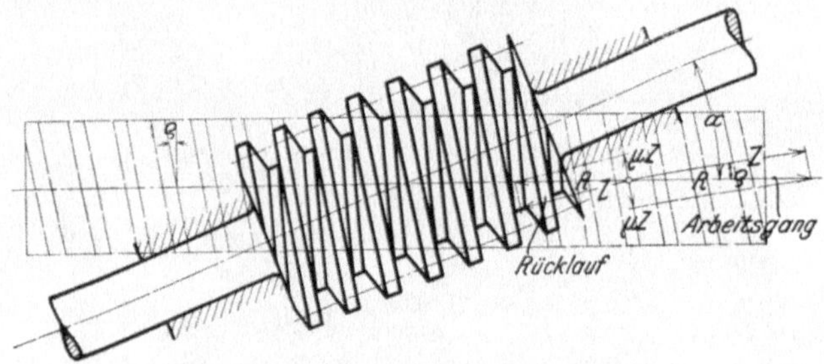

Fig. 108. Schnecke-Zahnstangenantrieb nach Sellers.

Ein Nachteil, den die Zahnstange mit sich führt, ist der auf den Tisch hebend wirkende Zahndruck, der den Gang der Maschine beeinträchtigen kann. Toter Gang ist schwer ganz zu vermeiden, so daß ein vollkommen stoßfreier Hubwechsel nur bei guter Ausführung zu erwarten ist. Eine Verbesserung des Antriebes ist noch durch die Doppelzahnstange und das Doppelrad angestrebt, die durch Nachstellen den toten Gang in der Verzahnung ausgleichen und so den Gang ruhiger gestalten.

Der Zahnstangenantrieb war bisher nur bei mittleren Maschinen beliebt. Seitdem aber die Zahnstange aus Stahl gefertigt wird, findet sie auch bei schweren Maschinen immer mehr Aufnahme, weil sie als solche eine große Sicherheit gegen Zahnbrüche bietet und der schräge Zahndruck auf den schweren Tisch ohne Einfluß bleibt.

Bei dem Antriebe durch Zahnstange und Schnecke (Fig. 108 und 109) wirkt die Schnecke treibend. Prüfen wir dieses Getriebe auf ruhigen Gang der Maschine, so ist er nur zu erwarten, wenn kein Seitendruck auf den Tisch kommt. Die Bedingung ist erfüllt, sobald die Mittelkraft R aus dem Zahndruck Z und der Zahnreibung μZ beim Hin- und Rückgang in die Bewegungsrichtung des Tisches fällt. Dies erfordert allerdings eine schräge Lage der Schnecke. Für den Eingriff der Zähne muß nämlich die Schnecke unter ihrem Steigungswinkel α angeordnet sein. Für den ruhigen Gang des Tisches müssen außerdem die Zähne der Zahnstange noch schräg stehen und zwar unter ϱ $\left(\operatorname{tg} \varrho = \dfrac{\mu\, Z}{Z} = \mu\right)$, damit die Mittelkraft R beidemal in die Zahnstangen-

Fig. 109. Sellers Antrieb einer Hessenmüller-Hobelmaschine.

achse fällt und kein seitlicher Druck auf den Tisch kommt. Der Schneckenantrieb besitzt in sich schon eine große Übersetzung. Der Riemen kann daher schnell laufen, ohne daß die Maschine die Schnittgeschwindigkeit überschreitet.

Die Verzahnung des Antriebes bietet aber an jedem Gewindegang nur ein geringes Arbeitsfeld, das einen größeren Verschleiß mit sich bringt. Diese Unvollkommenheit ist jedoch neuerdings beseitigt durch die Schraubenzahnstange (Fig. 110 und 111). Sie besteht aus einem langgestreckten Schneckenrade, das der Schnecke ein größeres Arbeitsfeld bietet. Die Schnecke läßt sich vorzüglich schmieren, indem sie in einem Ölbade läuft. Der erste Antrieb eignet sich besonders für leichte und mittlere Maschinen, der letzte wird selbst bei den schwersten Hobelmaschinen angewandt. So zeigen die Fig. 110 und 111 den Antrieb einer Hobelmaschine von Berner & Cie., Nürnberg. Die Schraubenzahnstange Z ist hier mit dem Hobeltisch verschraubt. Mit ihr steht die parallel zum Tisch liegende Schnecke S in Eingriff, die abwechselnd durch einen offenen und gekreuzten Riemen angetrieben wird und so den Vor- und Rücklauf des Tisches vermittelt. Gegenüber ihrem Arbeitsdruck ist die Schnecke S nach beiden Richtungen durch Druckringe festgelegt (Fig. 110), und jedes Spiel in ihrer Lagerung ist durch Anziehen der Büchse B auszugleichen. Die Schnittgeschwindigkeit beträgt bei n Umdrehungen und der Steigerung s bei der gerade liegenden Schnecke $c = \dfrac{n \cdot s}{60}$, bei der schräg liegenden $c = \dfrac{n \cdot s}{60} \cdot \cos \alpha$.

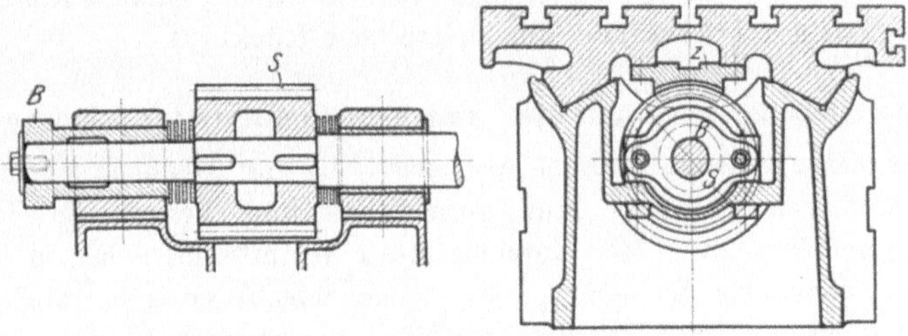

Fig. 110 und 111. Schraubenzahnstangenantrieb.

Schraubenspindel und **Mutter** arbeiten als Antrieb der geraden Hauptbewegung in der Regel so, daß die Leitspindel sich dreht, während die mit dem Tisch verschraubte Mutter den geraden Arbeitsweg vollzieht. Hierzu muß die Schraube gegen Verschieben festgelegt und die Mutter gegen Drehen gesichert sein. Bei langen, freitragenden Leitspindeln muß die Mutter noch eine Unterstützung der Spindel durch feste Lager zulassen (Fig. 112). Zu diesem Zweck umfaßt die Mutter die Leitspindel nur seitlich, und ihre Backen a sind dabei durch Schrauben gehalten. An die Stelle des festen Lagers kann auch ein Kipp- oder Pendellager treten, das durch die Mutter umgelegt und durch ein Gegengewicht wieder eingestellt wird (Fig. 796).

Die Anwendung des Schraubenantriebes bietet den Vorzug, daß Flächendruck und Verschleiß durch die Mutterhöhe leicht geregelt werden kann. Bei guter Ausführung gewährt er stets ruhigen Gang und eine große Übersetzung, so daß der Riemen mit großer Geschwindigkeit arbeiten kann. Der Schraubenantrieb ist daher bei schweren Maschinen zu empfehlen. Allerdings bietet er Schwierigkeiten in einer gut wirkenden Schmierung.

Der Verschleiß in dem Muttergewinde wird auf die Dauer nicht ohne Einfluß auf den Gang der Maschine bleiben. Will man auch hier den toten Gang ausgleichen können, so ist die Mutter zweiteilig auszuführen und die eine Hälfte nachstellbar einzurichten. Hierzu ist in Fig. 113 die Mutterhälfte A nach Art einer Stopfbüchsbrille anzuziehen,

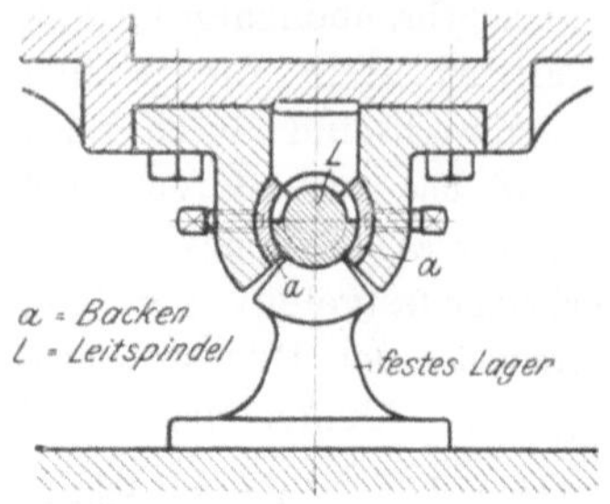

Fig. 112. Leitspindelmutter.

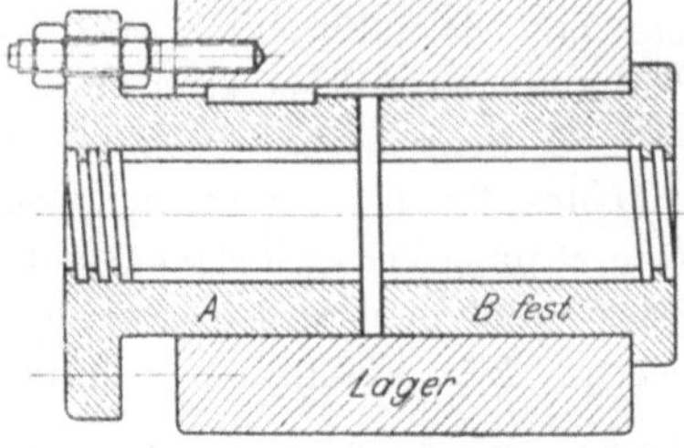

Fig. 113. Nachstellbare Leitspindelmutter.

während der Backen B festsitzt. Es trägt somit die eine Mutterhälfte beim Hingang des Tisches und die andere beim Rücklauf.

c) Der Antrieb der geraden hin- und hergehenden Hauptbewegung.

Der Grundgedanke dieses Antriebes ist, die Drehbewegung der Transmission umzusetzen in eine gerade hin- und hergehende Hauptbewegung der Maschine. Die Getriebe dieser Art müssen daher in jedem Totpunkt zwangläufig umsteuern, obwohl die Maschinenwelle ständig in derselben Richtung läuft. Da die Maschinen mit gerader Hauptbewegung nur während des Vorwärtsganges arbeiten, so bedeutet der leere Rücklauf tote Arbeitszeit. Im Interesse einer größeren Leistung ist daher dieser Zeitverlust möglichst zu kürzen. Dies stellt an das Getriebe die weitere Forderung, den Rücklauf der Maschine zu beschleunigen.

Ein Getriebe mit zwangläufiger Umsteuerung ist das Kurbelgetriebe. Prüfen wir es auf ruhigen Gang und Leistungsfähigkeit der Maschine, so zeigt es in seiner bei Kraftmaschinen üblichen Form zwei Fehler, die der Werkzeugmaschinenbau zu beseitigen hat. Zunächst wird beim Kurbelantrieb die Hauptbewegung der Maschine stets ungleichförmig, und zweitens erfolgt ihr Vor- und Rücklauf mit gleicher Geschwindigkeit (Fig. 114). Die Ungleichförmigkeit in der Hauptbewegung beeinflußt aber die Arbeitsweise der Maschine, so daß ein gleichmäßiger Schnitt selten erzielt wird. Als Antrieb besserer Werkzeugmaschinen ist daher das einfache Kurbelgetriebe auszuschließen. Höchstens wäre es bei kurzhübigen Arbeitsmaschinen, wie Stemmaschinen, Pressen, Gattersägen usw. anzuwenden.

Das Kurbelgetriebe mit unrunden Rädervorgelegen.

Die Ursache der ungleichförmigen Hauptbewegung liegt darin, daß die beiden Totpunkte der Maschine T_1 und T_2 die Wendepunkte der Hauptbewegung sind, in denen die Geschwindigkeit $c = v \cdot \sin \alpha = 0$ ist. Infolgedessen hat die Maschine in der ersten Hubhälfte den Gang zu beschleunigen und in der zweiten wieder zu verzögern (Fig. 114). Dieser ständige Wechsel von Beschleunigung und Verzögerung läßt einen glatten Schnitt selten zustande kommen.

Ein Mittel, die Geschwindigkeitsverhältnisse zu verbessern, wäre, den Gang der Maschine gegen Hubmitte etwas zu verzögern und gegen Hubende zu beschleunigen. Durch diese Arbeitsweise würde die Schnitt-

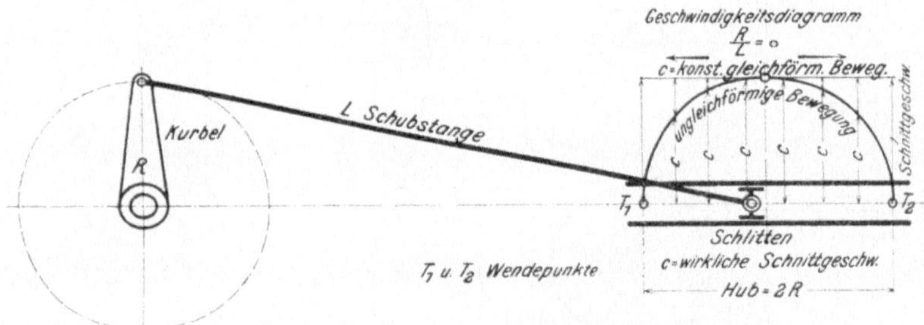

Fig. 114. Plan des Kurbelantriebes.

geschwindigkeit ziemlich gleichförmig ausfallen, die Maschine aber in den Totpunkten schnell umsteuern. Der Gedanke läßt sich durch ein Vorgelege aus unrunden Rädern verwirklichen. Es ändert stetig seine Übersetzung, so daß die Kurbel zwar ungleichförmig läuft, der Tisch aber sich ziemlich gleichförmig bewegt.

Einen Antrieb nach obigen Gesichtspunkten zeigt das Kurbelgetriebe mit einem **Vorgelege aus einem Ellipsenrade und einem außer-**

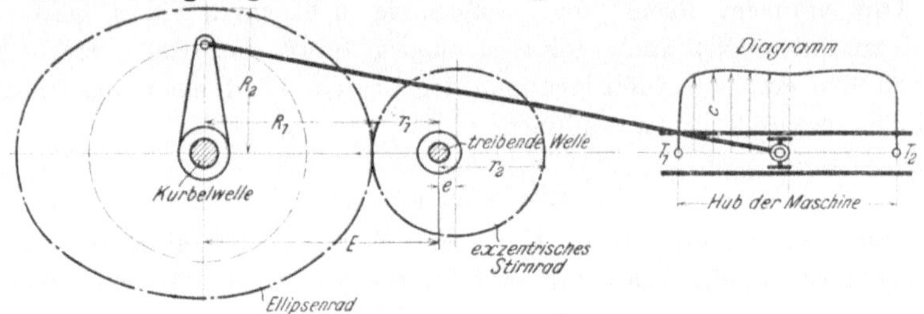

Fig. 115. Antrieb der Langlochbohrmaschine.

achsigen Stirnrade in Fig. 115. Das Getriebe steuert in T_1 und T_2 schnell um mit $\dfrac{r_2}{R_2}$ und verzögert gegen Hubmitte mit $\dfrac{r_1}{R_1}$ den Gang der Maschine. Der Vorgang wiederholt sich beim Vor- und Rücklauf. Das Getriebe wird daher bei Langlochbohrmaschinen, die beim Vor- und Rücklauf arbeiten, anzuwenden sein. Das Baugesetz für dieses Getriebe ist:

$$r_1 + R_1 = r_2 + R_2 = r_n + R_n = E.$$

Der Umfang des Stirnrades muß dabei gleich dem halben Umfang des Ellipsenrades sein.

Bei den meisten Werkzeugmaschinen mit gerader Hauptbewegung ist nicht nur die Schnittgeschwindigkeit zu verbessern sondern auch der Rücklauf zu beschleunigen. Beide Bedingungen sind erfüllt, sobald das Vorgelege aus zwei gleichen Ellipsenrädern E besteht, die sich um einen ihrer Brennpunkte drehen (Fig. 116). Diese Räder bewirken durch

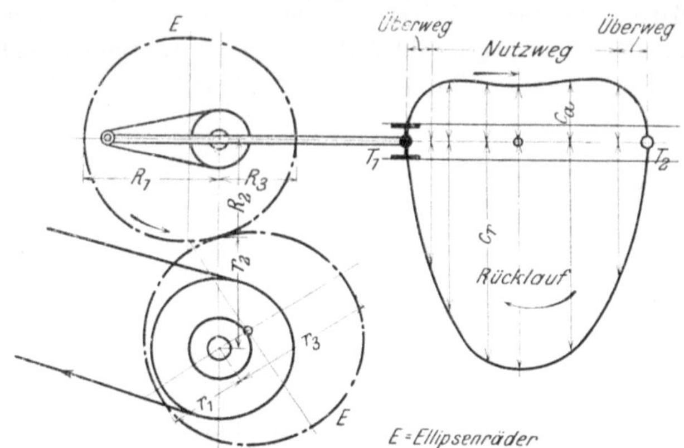

Fig. 116. Kurbelantrieb mit Ellipsenrädern.

ihre sich stetig ändernde Übersetzung, daß die Maschine etwa gegen Mitte Arbeitslauf durch $\dfrac{r_1}{R_1}$ ihren Gang etwas verzögert, in den Totpunkten aber mit $\dfrac{r_2}{R_2}$ schneller umsteuert und ihren Rücklauf mit $\dfrac{r_3}{R_3}$ stark beschleunigt.

Die unrunden Räder sind, sofern sie nicht nach einem genauen Verfahren hergestellt sind, mit unruhigem Gang behaftet. Sie entsprechen den erhöhten Anforderungen der Neuzeit nicht mehr und stehen nur noch vereinzelt in Anwendung.

Die Kurbelschleifen.

Das zweite Mittel, beim Kurbelantrieb die Schnittgeschwindigkeit zu verbessern und den Rücklauf zu beschleunigen, wäre, für den Arbeitsgang der Maschine den größeren Kurbelweg $A\,B$ zu nehmen und für den Rücklauf den kleineren Weg $B\,A$ (Fig. 117). Die gleichförmig kreisende Kurbel würde gewissermaßen einen Uhrzeiger bilden, und die von ihr durcheilten Winkel α und β würden ein Zeitmaß sein für die Dauer von Arbeitsgang und Rücklauf. Wäre z. B. $\alpha = 3\,\beta$, so würde der Rücklauf der Maschine auf das dreifache beschleunigt. Dieser Gedanke liegt den Kurbelschleifen zugrunde,

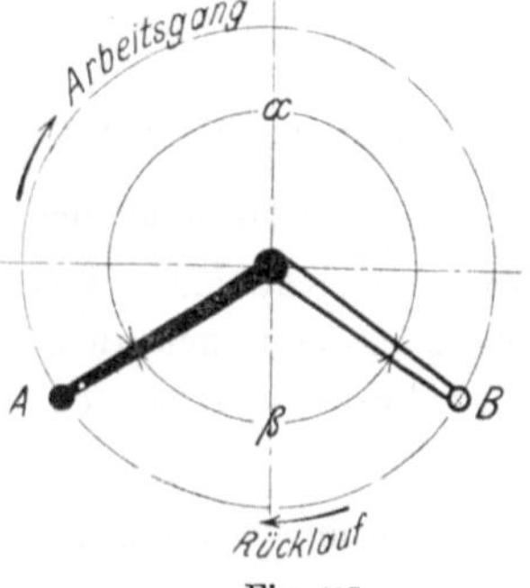

Fig. 117.

bei denen im Vergleich zu dem gewöhnlichen Kurbelantrieb (Fig. 114) zwischen Kurbel und Schubstange eine Schleife eingebaut ist. Liegt der Drehpunkt dieser Schleife innerhalb des Kurbelkreises, so muß sie als Umlaufschleife die vollen Umläufe der Kurbel mitmachen, liegt hingegen der Drehpunkt außerhalb des Kurbelkreises, so macht die Schleife als Kurbelschwinge nur eine hin- und herschwingende Bewegung.

Die Umlaufschleife.

Die Kurbel kreist bei der Umlaufschleife gleichförmig um den Zapfen A (Fig. 118) und die Schleife um den Zapfen B, der um e außerachsig an A sitzt, aber innerhalb des Kurbelkreises. Auf dem Hube nach rechts bewegt sich die Schleife aus ihrer linken Totlage T_2 in die rechte T_1, während die Kurbel den größeren Winkel α durcheilt. Auf dem Hube nach links geht die Schleife von T_1 nach T_2 zurück, und die Kurbel durchläuft den kleineren Winkel β. Da beide Winkel Zeitmaße sind, so ist der Hub der Maschine, der dem größeren Kurbel-

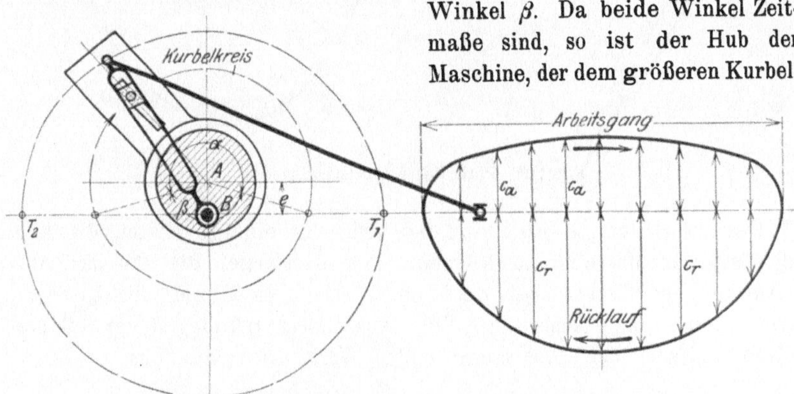

Fig. 118. Plan der Umlaufschleife.

winkel α entspricht, als Arbeitsgang zu nehmen und der von β als Rücklauf. Der Einfluß dieser Bewegungsverhältnisse wird der sein, daß der Arbeitsgang der Maschine infolge der größeren Zeitdauer sich langsamer und gleichmäßiger vollzieht, während der Rücklauf stark beschleunigt wird.

Die Kurbelschwinge.

Bei der schwingenden Kurbelschleife dreht sich die Kurbel gleichförmig um A (Fig. 119), und die Schleife schwingt um B außerhalb des Kurbelkreises. Schwingt die Schleife aus ihrer linken Totlage T_1 in die rechte T_2, so durcheilt die Kurbel auch hier den größeren Winkel α und beim Rückgang von T_2 nach T_1 den kleineren Winkel β. Aus denselben Gründen wie vorhin, ist auch hier der Hub der Maschine während des Winkels α für den Arbeitsgang und der während des Winkels β für den Rücklauf zu nehmen.

Durch ihre Grundform gewähren daher die Kurbelschleifen den Vorzug einer ziemlich gleichförmigen Schnittgeschwindigkeit der Maschine und eines beschleunigten Rücklaufs. Das erreichbare Höchstmaß der Beschleunigung ist bei der Umlaufschleife $= \frac{1}{2}$, bei der Schwinge $= \frac{1}{3}$. Üblich ist jedoch, bei der Umlaufschleife nur $\frac{4}{7}$ und bei der Schwinge nur $\frac{2}{5}$ auszuführen.

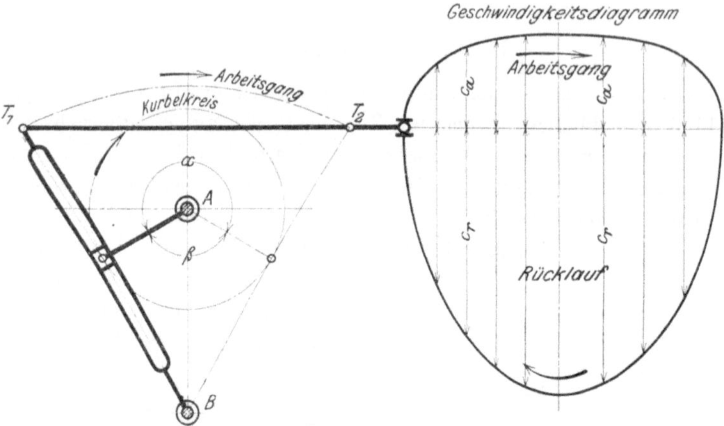

Fig. 119. Plan der Kurbelschwinge.

Der beschleunigte Rücklauf ist nicht das einzige Mittel, die tote Arbeitszeit der Maschine zu kürzen. Ihre Überwege, die für den An- und Auslauf des Tisches oder des Stößels erforderlich sind, müssen ebenfalls möglichst knapp bemessen sein. Aus diesem Grunde ist der Hub der Maschine jedesmal der Hobellänge L des Werkstückes anzupassen:

$$\text{Hub} = L + l_1 + l_2. \quad \text{(Fig. 120).}$$

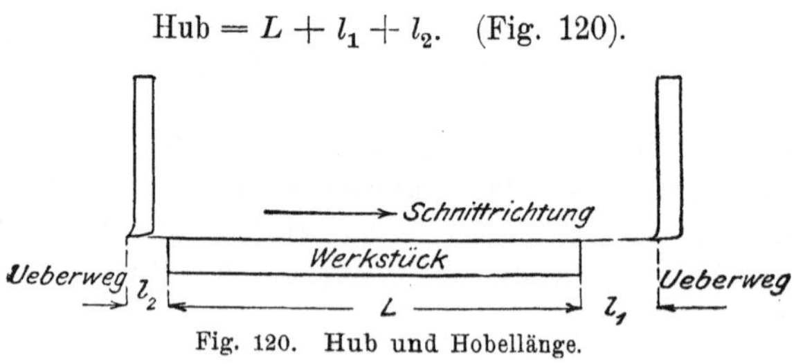

Fig. 120. Hub und Hobellänge.

Dabei kann beim Kurbelantrieb infolge der zwangläufigen Umsteuerung der Auslauf l_2 sehr klein sein, während der Anlauf l_1 für das Schalten der Werkzeuge etwa $\frac{1}{6}$ bis $\frac{1}{8}$ der Kurbelumdrehung in Anspruch nimmt. Dieser verhältnismäßig große Kurbelweg ist auch ein Nachteil des Kurbelgetriebes.

Der verstellbare Kurbelzapfen.

Um den Hub der Maschine ändern zu können, ist der Kurbelzapfen verstellbar einzurichten. Hierzu ist in Fig. 121 bis 124 der stählerne

Zapfen *a* in einer Nut der Kurbel geführt. Zum Festklemmen ist er als Hohlzapfen ausgebildet, der durch die Schraube *b* gehalten wird. Um den Hub einzustellen, ist daher die Mutter *m* zu lösen, der Zapfen zu verschieben und *m* wieder anzuziehen.

Die Verstellvorrichtung wird häufig benutzt, ist aber meist wenig zugänglich, so daß sie von außen bedient werden muß. Diese Aufgabe ist durch eine Stellschraube *d* gelöst, die in der Kurbel durch das eingesetzte Paßstück *e* gehalten wird. Sie faßt den Schraubenkopf *c* mit

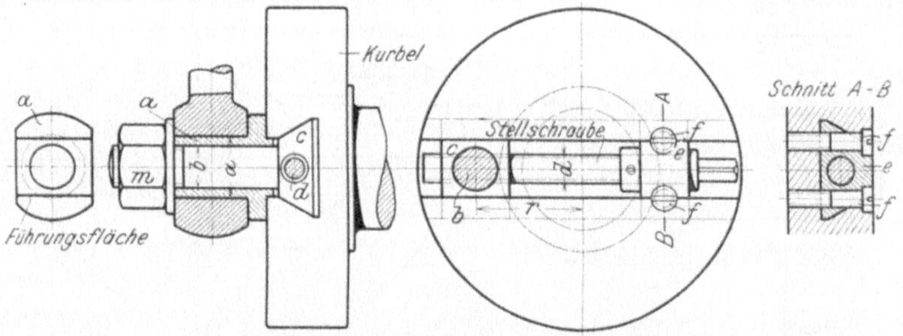

Fig. 121 bis 124. Verstellbarer Kurbelzapfen.

Gewinde und verschiebt den Kurbelzapfen, sobald sie mit ihrem Vierkant gedreht wird.

Die Anwendung des Kurbelgetriebes und seine bauliche Anordnung.

Die Anwendung des Kurbelgetriebes bietet im Vergleich zum Zahnstangen- und Schraubenantrieb den Nachteil, daß mit jedem Hubwechsel ein Druckwechsel im Gestänge auftritt. Er nimmt zu mit der Größe des Hubes und der Inanspruchnahme der Maschine. Infolgedessen bietet das Kurbelgetriebe bei schweren Maschinen keine genügende Sicherheit für ruhigen Gang. Mit der Größe des Hubes wächst auch die Ungleichförmigkeit in der Hauptbewegung, wodurch ein glatter Schnitt schwer möglich ist. Die Anwendung des Kurbelgetriebes ist daher nur auf leichte Feil- und Stoßmaschinen zu beschränken. Ein Vorzug, den allerdings der Kurbelantrieb mit sich bringt, ist die zwangläufige Umsteuerung der Hauptbewegung und ihre scharfe Hubbegrenzung, die bei dem Zahnstangen- und Schraubenantrieb eine besondere, gute Umsteuerung erfordert.

In der Ausführung ist die Umlaufschleife (Fig. 125 bis 128) als Kurbelarm auszubilden, der sich um den Zapfen *z* dreht. An der Vorderseite besitzt dieser Arm die Führung für den verstellbaren Kurbelzapfen *Z* und auf der Rückseite diejenige des sich hin- und herverschiebenden Steines *s*. Die Länge der letzten Führung ergibt sich durch die senkrechten Stellungen der Kurbel, in denen der Stein *s* beiderseits nicht anstoßen darf. Der Antrieb der Schleife erfolgt von der als Zahnrad ausgebildeten Kurbel vom Radius *r*. Sie ist um *e* außerachsig zur Schleife gelagert, so daß sie beim Hin- und Rückgang der Maschine verschiedene Wege durcheilt. Der Antrieb vollzieht sich dabei in der Weise, daß das Zahnrad durch den Zapfen z_1 die Schleife mitnimmt, wobei sich der Stein s in seiner Führung hin- und herbewegt. Die hier-

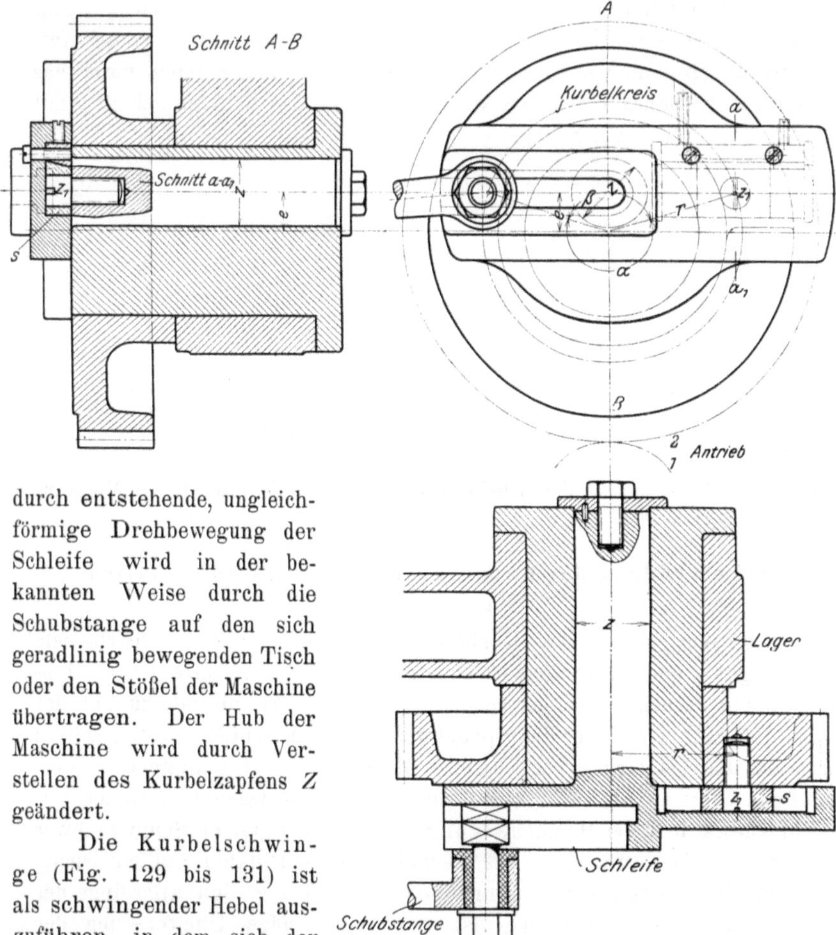

Fig. 125 bis 127. Aufbau der Umlaufschleife.
Rad 2: $z = 54$, $M = 4{,}5$.

durch entstehende, ungleichförmige Drehbewegung der Schleife wird in der bekannten Weise durch die Schubstange auf den sich geradlinig bewegenden Tisch oder den Stößel der Maschine übertragen. Der Hub der Maschine wird durch Verstellen des Kurbelzapfens Z geändert.

Die Kurbelschwinge (Fig. 129 bis 131) ist als schwingender Hebel auszuführen, in dem sich der Stein des Kurbelzapfens auf- und abwärts verschiebt. Die Länge dieser Führung ergibt sich auch hier durch die senkrechten Stellungen der Kurbel. Die Kurbel ist wieder als Zahnrad R_1 ausgebildet, in dem der mit Muttergewinde versehene Kurbelzapfen durch die Schraube s verstellt wird. Um dabei den Hub der Maschine von außen regeln zu können, wird mit einer Kurbel die Spindel a gedreht. Dadurch stellt die Stellschraube s den Kurbelzapfen auf den Hub ein. Zum Verriegeln dieser Nachstellung ist der Handschlüssel anzuziehen, der a festklemmt.

Der Antrieb gestaltet sich in der Weise, daß das durch den Stufenriemen betätigte Rad r_1 die Kurbel R_1 treibt. Hierdurch erzeugt sie die hin- und herschwingende Bewegung der Kurbelschwinge, die den Stößel mitnimmt.

Die Schwinge besitzt infolge ihres kleineren Schwingungsbogens den Vorzug, daß sie sich in das Gehäuse der Maschine bequem einbauen läßt

Fig. 128. Stößelantrieb mit Umlaufschleife.

(Fig. 724 und 725), während die Umlaufscheibe infolge ihres größeren Ausschlages frei liegen muß (Fig. 761).

Die Umsteuerungen oder die Wendegetriebe.

Der Antrieb der geraden Hauptbewegung durch Zahnstange oder Leitspindel bedarf für den Vor- und Rücklauf des Hobeltisches einer besonderen Umsteuerung. Die Hauptaufgabe dieser Umsteuerung ist daher, den Richtungswechsel der Hauptbewegung hervorzubringen.

Das Bestreben, die Maschine leistungsfähig zu gestalten, stellt an die Umsteuerung noch zwei weitere Forderungen: nämlich mit Rücksicht auf eine geringe Arbeitszeit 1. den Rücklauf der Maschine zu beschleunigen und 2. den Hobeltisch oder Stößel ohne große Überwege rasch umzusteuern. Dazu verlangt noch der ruhige Gang der Maschine ein sanftes und stoßfreies Umsteuern.

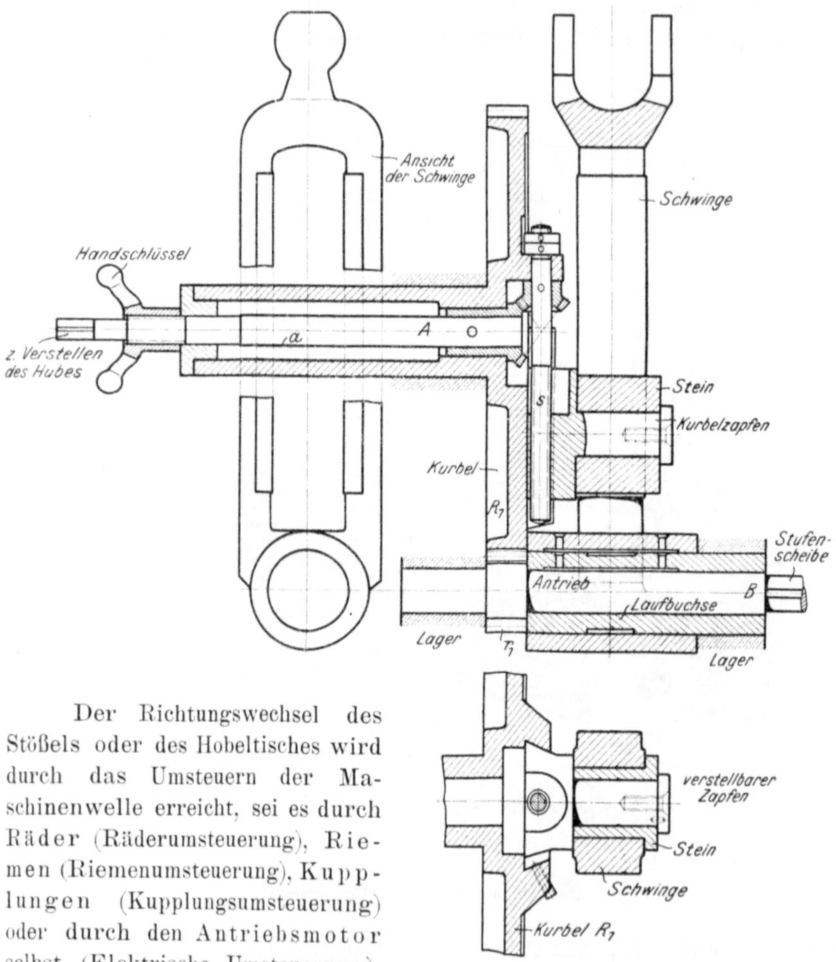

Fig. 129 bis 131. Aufbau der Kurbelschwinge.
Räder: $z_1 = 13$, $Z_1 = 82$, $M = 4{,}5$.

Der Richtungswechsel des Stößels oder des Hobeltisches wird durch das Umsteuern der Maschinenwelle erreicht, sei es durch Räder (Räderumsteuerung), Riemen (Riemenumsteuerung), Kupplungen (Kupplungsumsteuerung) oder durch den Antriebsmotor selbst (Elektrische Umsteuerung). Den beschleunigten Rücklauf erreicht man durch eine entsprechend kleinere Übersetzung in dem Rücklaufgetriebe.

Die Räderumsteuerungen.

Die Räderumsteuerungen sind je nach dem Antriebe des Tisches als Stirnräder- oder als Kegelräderwendegetriebe auszuführen. Wird der Antrieb durch Zahnrad und Zahnstange bewirkt, so sind in der Regel die Stirnräderwendegetriebe anzuwenden und bei Schraube und Mutter oder Schnecke und Zahnstange die Kegelräderwendegetriebe.

Bei den Stirnräderwendegetrieben wird der Richtungswechsel in der Weise vollzogen, daß beim Arbeitsgang zwei Räder und bei dem Rücklauf drei Räder arbeiten (Fig. 132 und 133), von denen das Zwischenrad R

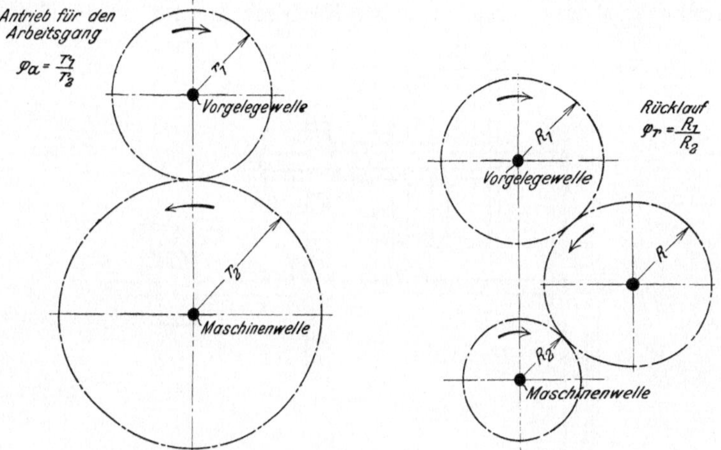

Fig. 132 und 133. Umsteuern mit Stirnrädern.

die Maschinenwelle umsteuert. Für den beschleunigten Rücklauf ist die Übersetzung $\varphi_r = \dfrac{R_1}{R_2}$ kleiner als $\varphi_a = \dfrac{r_1}{r_2}$ zu wählen.

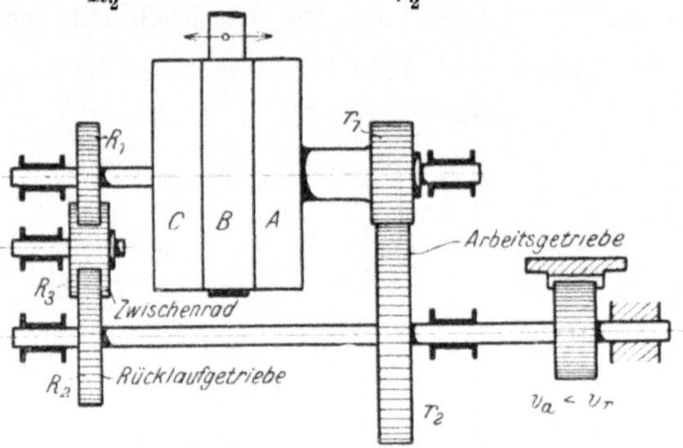

Fig. 134. Stirnräderwendegetriebe.

Ein derartiges Wendegetriebe zeigt Fig. 134. Es wird als Kennzeichnung durch einen Riemen von der Transmission angetrieben. Für den Arbeitsgang, Stillstand und Rücklauf der Maschine sind daher je eine Riemenscheibe einzubauen, auf die der einzige Riemen abwechselnd zu verschieben ist. Auf Grund dieser Anordnung wird der Riemen auf der losen Scheibe A mit dem Räderpaare $\dfrac{r_1}{r_2}$ den Arbeitsgang vollziehen und auf der festen Scheibe C den Rücklauf, bei dem die Räder R_1, R_3, R_2 arbeiten. Die Übersetzung ist demnach beim Arbeitsgang $\varphi_a = \dfrac{r_1}{r_2}$ und beim Rücklauf $\varphi_r = \dfrac{R_1}{R_2}$.

Der Richtungswechsel läßt sich auch durch Stirnräder mit Innen- und Außenverzahnung erreichen. Mit Rücksicht hierauf ist in Fig. 135

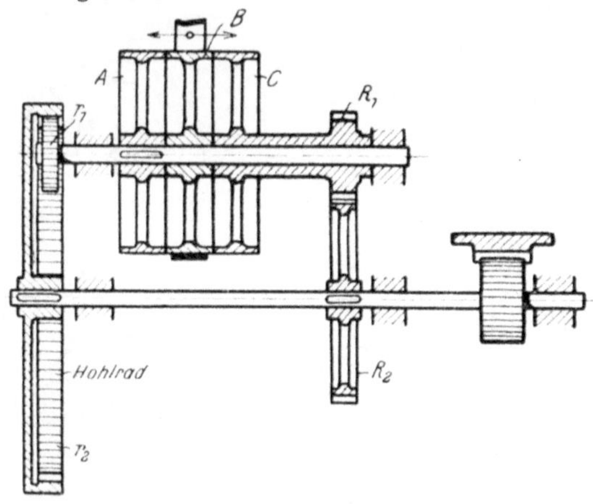

Fig. 135. Hohlrad- und Stirnräderwendegetriebe.

als Arbeitsgetriebe ein Hohlradgetriebe $\dfrac{r_1}{r_2}$ benutzt, das sich durch gute Eingriffsverhältnisse auszeichnet, und für den Rücklauf das Stirnrädergetriebe $\dfrac{R_1}{R_2}$. Das Zwischenrad des Rücklaufgetriebes ist also fortgefallen.

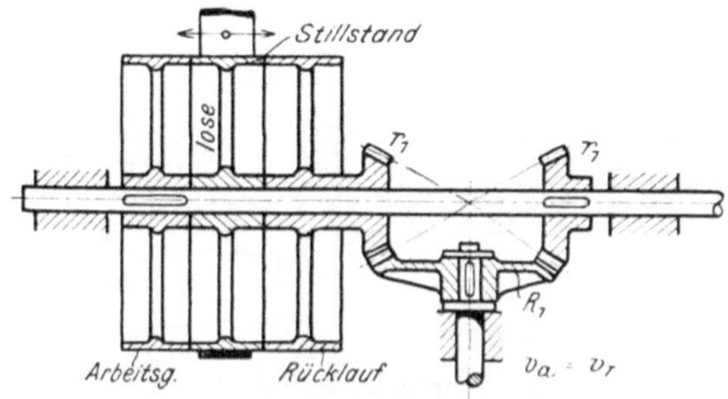

Fig. 136. Kegelräderwendegetriebe.

Die Kegelräderwendegetriebe bauen sich in ähnlicher Weise auf. Für den Richtungswechsel genügt aber schon das abwechselnde Arbeiten zweier Gegenräder r_1, die auf den Gegenseiten des Hauptrades R_1 angebracht sind (Fig. 136). Die Beschleunigung des Rücklaufs erfordert auch hier eine entsprechend kleinere Übersetzung. Sie läßt sich durch ein Doppelrad (Fig. 137) erreichen mit den Übersetzungen $\varphi_a = \dfrac{r_1}{R_1}$ und $\varphi_r = \dfrac{r_2}{R_2}$.

Bei dem schrägliegenden Schneckenantrieb fallen die Triebräder r_1 und r_2 schon durch die Bauart verschieden aus, so daß das Wendegetriebe den Rücklauf mit $\varphi_r = \dfrac{r_2}{R}$ beschleunigt (Fig. 138).

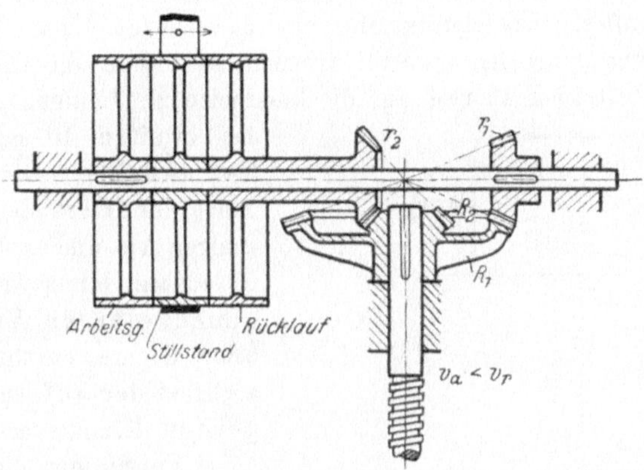

Fig. 137. Kegelräderwendegetriebe mit schnellem Rücklauf.

Ein allgemeiner Nachteil der Räderwendegetriebe ist das ständige Mitlaufen aller Räder, das theoretisch Arbeitsverluste bedeutet. Die Riemenverschiebung beansprucht große Wege und demzufolge einen großen

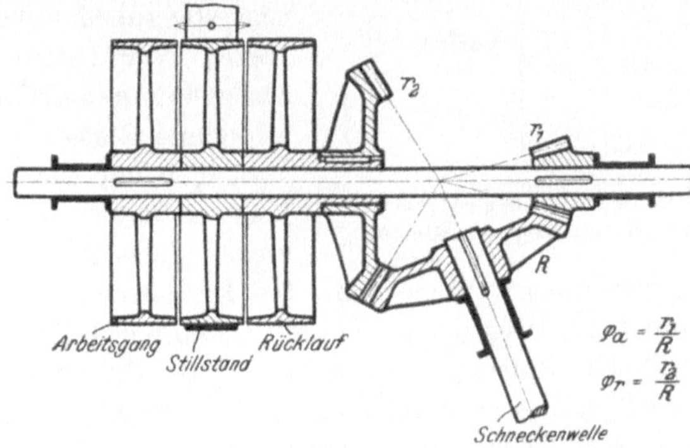

Fig. 138. Kegelräderwendegetriebe mit schnellem Rücklauf.

Arbeitsaufwand der Maschine. Prüft man die Räderwendegetriebe auf ruhigen Gang, so arbeiten sie selten stoßfrei, da toter Gang in der Verzahnung nie ganz zu vermeiden ist. Bei jedem Hubwechsel werden daher mehr oder weniger starke Stöße auftreten. Aus diesen Gründen werden bei Genauigkeitsmaschinen heute die Riemenumsteuerungen vorgezogen und die Räderumsteuerungen hauptsächlich bei den Blechbiege- und Blechrichtmaschinen angewandt.

Die Riemenumsteuerungen.

Die Riemenumsteuerungen erfordern das **abwechselnde** Arbeiten von 2 Riemen und zwar eines offenen und eines gekreuzten Riemens. Hierzu· sind beide Riemen vor jedem Hubwechsel auf die entsprechenden Fest- und Losscheiben zu verschieben. Die Kennzeichnung der Riemenwendegetriebe liegt daher in den **zwei verschiebbaren** Riemen.

An die Riemenverschiebung sind jedoch einige Bedingungen geknüpft, die für ein sanftes Umsteuern der Maschine zu beachten sind. Soll nämlich die Umsteuerung möglichst stoßfrei arbeiten, so haben die Riemengabeln zuerst den arbeitenden Riemen auf die Losscheibe zu bringen und hierauf den zweiten Riemen auf die feste Scheibe. Hierdurch gewinnt der Tisch Zeit für einen ruhigen An- und Auslauf. Dieser Grundsatz ist sowohl bei der gleichzeitigen Verschiebung beider Riemen durchzuführen als auch bei der aufeinanderfolgenden Riemenverschiebung.

Verschiebt die Umsteuerung beide Riemen gleichzeitig durch eine gemeinsame Steuerstange (Fig. 139), so erfordert dies Losscheiben von mindestens der doppeltenRiemenbreite. Nur unter dieser Voraussetzung gelangt der zurzeit arbeitende Riemen auf die Losscheibe, bevor der andere seine feste Scheibe erreicht. Die breiten Losscheiben sind aber

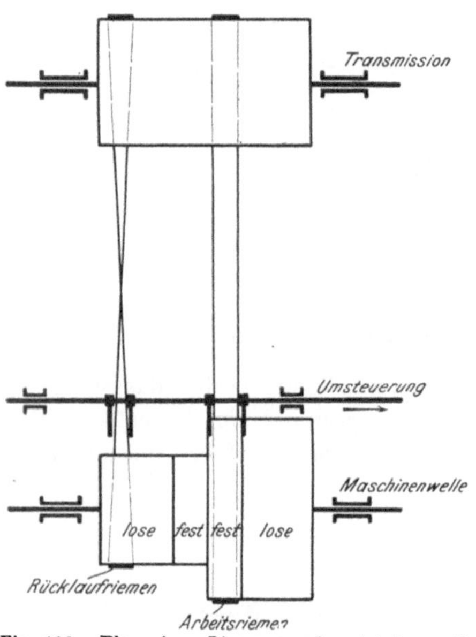

Fig. 139. Plan eines Riemenwendegetriebes mit gleichzeitiger Verschiebung der Riemen.

bei einer gedrängten Bauart hinderlich. Die Riemenverschiebung selbst beansprucht große Riemenwege, die bei dem ständigen Hubwechsel einen großen Verschleiß der Riemen verursachen. Das Umsteuern erfordert dazu einen beträchtlichen Arbeitsaufwand der Maschine, da beide Riemen zugleich und um große Wege zu verschieben sind. Aus diesen Gründen erscheint es praktischer, die Riemen durch je eine Riemengabel nacheinander zu verschieben.

Bei der **aufeinanderfolgenden** Riemenverschiebung wird daher zuerst der jeweilig arbeitende Riemen verschoben, so daß beide noch kurze Zeit auf den Losscheiben liegen. Der Tisch gewinnt hierdurch Zeit, ruhig auszulaufen, bevor der andere Riemen umsteuert. Riemenwendegetriebe, die nach diesen Gesichtspunkten gebaut sind, besitzen daher kleine Riemenwege und schmale Scheiben von etwas mehr als der einfachen Riemenbreite.

Ein wichtiger Faktor für ein schnelles und sicheres Umsteuern ist auch eine hohe Riemengeschwindigkeit. Sie vermindert den Widerstand an der Scheibe, so daß die Riemen beim Umsteuern schneller durchziehen können. Die Praxis steigert daher die Riemengeschwindigkeit vielfach auf die 40—50fache Schnittgeschwindigkeit.

Noch ein Wort über die Verwendung der beiden Riemen. Mit Rücksicht auf die ungünstigere Inanspruchnahme des gekreuzten Riemens empfiehlt es sich, ihn als Rücklaufriemen zu benutzen und den offenen als Arbeitsriemen. Diese Bestimmung läßt sich aber nicht immer streng durchführen. Bei größeren Übersetzungen bietet nämlich der gekreuzte Riemen eine größere Sicherheit in dem Antriebe, während der offene leicht schleift. Der Umstand zwingt häufig dazu, den gekreuzten Riemen als Arbeitsriemen zu verwenden.

Ein Riemenwendegetriebe, das die beiden Riemen zugleich verschiebt, bringt Fig. 139. Steuert es in den Rücklauf um, so zieht die

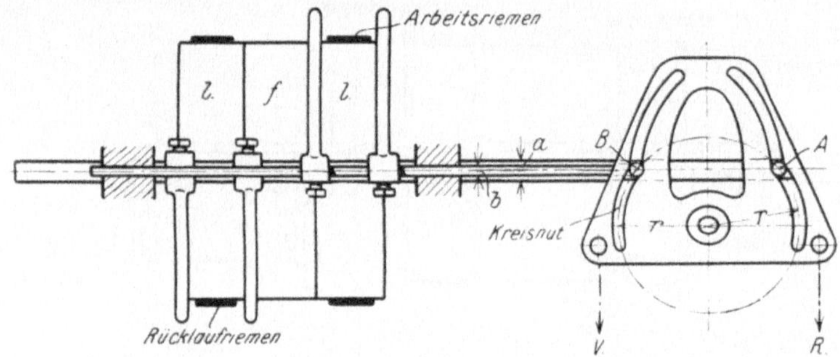

Fig. 140. Riemenwendegetriebe von Grafenstaden.

nach rechts gehende Riemenstange mit ihren Gabeln zuerst den offenen Riemen auf die lose Scheibe und etwas später den gekreuzten auf die feste Scheibe. Soll dazu der Rücklauf beschleunigt werden, so muß der gekreuzte Riemen auf einer kleineren Scheibe arbeiten als der offene.

In der Neuzeit wird jedoch aus den bereits erwähnten Gründen die aufeinanderfolgende Riemenverschiebung allgemein bevorzugt. Sie ist bei den Wendegetrieben von Grafenstaden und Riemerschmied durchgeführt.

Das Riemenwendegetriebe von Grafenstaden (Fig. 140) gestattet, die Maschine umzusteuern und ein- und auszurücken. Da beide Riemen nacheinander verschoben werden sollen, so muß jeder durch eine besondere Riemengabel bedient werden.

Für die Riemenverschiebung besitzt das Getriebe ein Schild mit 2 teils runden und teils unrunden Nuten, in die die Riemengabeln mit den Zapfen A und B eingreifen. Bei diesem Wendegetriebe ist daher zum Einrücken der Maschine das Schild nach links zu drehen. Die linke unrunde Nut faßt dabei die Gabel b, die den Arbeitsriemen auf die feste Scheibe *f* bringt. Die Gabel *a* dagegen verbleibt in ihrer Lage, da die rechte runde Nut den Zapfen *A* nicht verschieben kann. Soll umgesteuert werden, so ist das Schild nach rechts zu drehen. Der offene Riemen wird dann zuerst auf *l* zurückgeschoben. Kurz darauf faßt die rechte unrunde Nut den Zapfen *A*, so daß bei weiterem Rechtsdrehen die Gabel *a* den Rücklaufriemen auf die Arbeitsscheibe *f* bringt.

Das Riemenwendegetriebe von Riemerschmied (Fig. 141) bewirkt in ähnlicher Weise das Umsteuern und das Ein- und Ausrücken der Maschine.

Die Riemenverschiebung besorgt auch hier ein drehbares Schild mit den Zapfen *A* und *B*, die abwechselnd eine Riemengabel verschieben. Steht die Maschine still, so liegen beide Riemen, wie in Fig. 141, auf den Losscheiben. Soll die Maschine eingerückt werden, so muß der offene Riemen auf die feste Scheibe kommen. Hierzu ist das Schild um 90° nach links zu drehen. Der Zapfen *A* faßt dabei die Gabel *a*, die den offenen Riemen

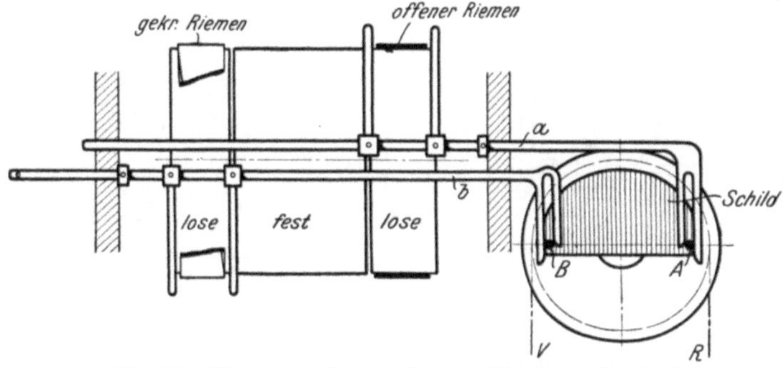

Fig. 141. Riemenwendegetriebe von Riemerschmied.

auf die Arbeitsscheibe bringt, während der gekreuzte liegen bleibt. Soll umgesteuert werden, so ist das Schild nach rechts zurückzudrehen. Dabei führt zuerst *A* den offenen Riemen zurück, und nach 90° faßt erst der Zapfen *B* die Gabel b, die den gekreuzten Riemen auf die feste Scheibe bringt. Zum Stillsetzen der Maschine ist das Schild in die gezeichnete Mittelstellung zurückzudrehen.

Verbindet man die beiden Schilder durch eine Stange mit dem Steuerhebel des Hobeltisches, so lassen sich diese Wendegetriebe auch von der Maschine betätigen. Sie wird daher selbsttätig umsteuern, da der Hobeltisch durch Hebelübersetzung den Riemenwechsel jedesmal selbst vollzieht (Fig. 680).

Wird bei den Riemenwendegetrieben beschleunigter Rücklauf verlangt, so sind für Arbeitsgang und Rücklauf Scheiben von entsprechender Übersetzung einzubauen. So zeigt das Wendegetriebe von Riemerschmied (Fig. 141) im Vergleich zu Fig. 140 eine breite Festscheibe. Im Deckenvorgelege sind also für beide Riemen verschieden große Scheiben eingebaut. Der Arbeitsriemen läuft daher oben auf einer kleineren Scheibe und der Rücklaufriemen auf einer größeren.

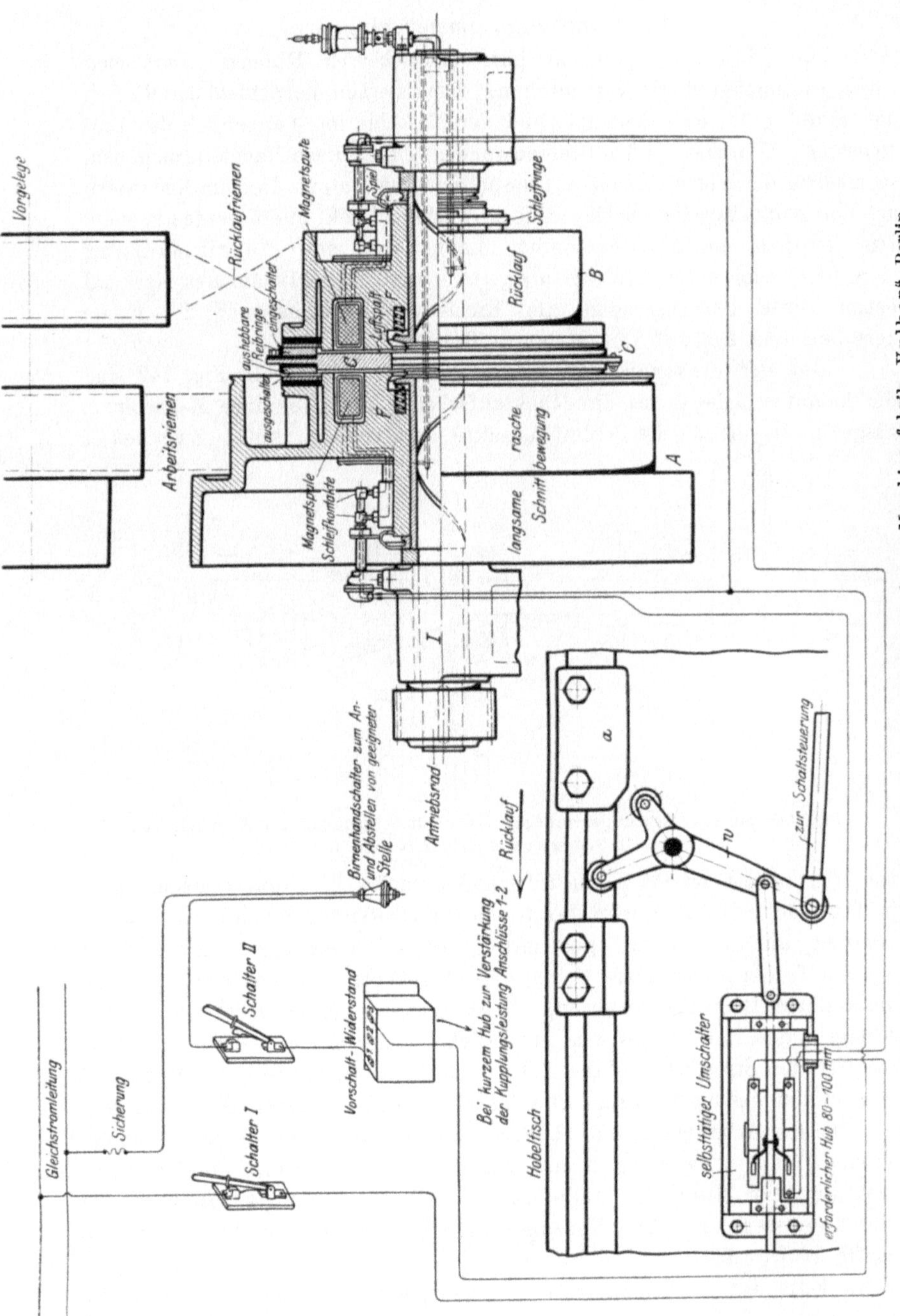

Fig. 142. Elektromagnetische Umsteuerung mit Vulkan-Kupplung. Maschinenfabrik „Vulkan", Berlin.

Die Kupplungs-Umsteuerungen.

Die Riemenwendegetriebe mit verschiebbaren Riemen verursachen durch die häufige Riemenverschiebung einen starken Verschleiß der Riemen und einen größeren Arbeitsaufwand der Maschine im Augenblick des Umsteuerns. Will man bei den Riemenwendegetrieben diese Nachteile umgehen, so müssen die beiden Riemen auf losen Scheiben laufen, die zum Umsteuern auf der Antriebswelle der Maschine abwechselnd gekuppelt werden können. Das Kuppeln der Antriebsscheiben kann durch eine Hebelsteuerung (Fig. 681) oder durch Elektromagnete erfolgen. Als äußeres Merkmal haben diese Umsteuerungen als Riemenwendegetriebe nur 2 schmale Scheiben und 2 nicht verschiebbare Riemen.

Bei der elektromagnetischen Umsteuerung in Fig. 142 sind die Arbeitsscheibe A und die Rücklaufscheibe B mit je einer Magnetspule ausgerüstet, die an die Schleifkontakte angeschlossen sind. Zwischen A

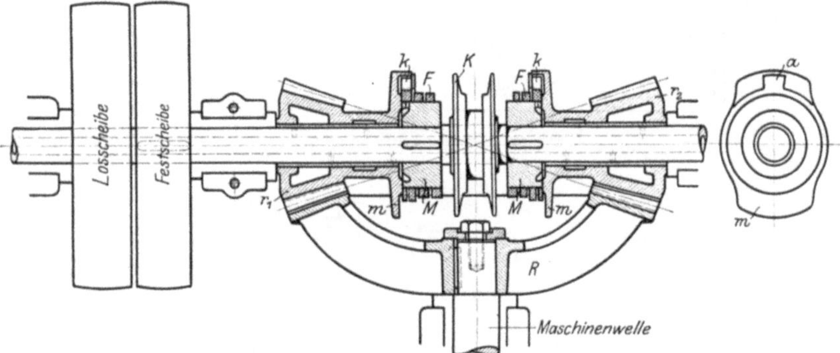

Fig. 143 und 144. Kegelräderwendegetriebe mit Schraubenfeder-Kupplung von
L. Schwarz & Co., Dortmund.

und B sitzt fest auf der Welle I die Ankerscheibe C. Steuert die Maschine in den Rücklauf um, so wird durch den Umschalter der Stromkreis, wie gezeichnet, auf die Scheibe B geschaltet. In demselben Augenblick wird sie mit der festen Ankerscheibe C magnetisch gekuppelt, wobei sich jedoch nur die äußeren Reibringe berühren. Legt nun gegen Ende Rücklauf der Anschlag a des Hobeltisches den Steuerhebel w herum, so schaltet der Umschalter den Stromkreis auf die Arbeitsscheibe A um, die infolgedessen mit C magnetisch gekuppelt wird. Die Maschine steuert daher aus dem Rücklauf in den Arbeitsgang um. Die Scheibe B wird stromlos und durch die Feder F um etwa 1 bis 2 mm zurückgeschoben. Stellt man den Umschalter auf Mitte, so laufen die Scheiben A und B lose und die Maschine steht still. Der Vorzug dieser Umsteuerung ist der genaue und sanfte Hubwechsel.

Für das Umsteuern von Werkzeugmaschinen hat sich auch die Schraubenfeder-Kupplung von L. Schwarz & Co., A.-G. in Dortmund, gut bewährt. In Fig. 143 und 144 ist sie in ein Kegelräderwendegetriebe einer Blechkantenhobelmaschine eingebaut.

Die einfache Kupplung besteht aus nur 3 Hauptteilen: der Hartgußmuffe M, der Kuppelscheibe K und der Schraubenfeder F. In Fig. 145 und 146 sind die Hartgußmuffen M auf der Vorgelegewelle festgekeilt. Die Schraubenfedern F sind mit dem Federkopf k in eine Aussparung der Mitnehmerscheiben m von r_1 und r_2 eingepaßt. Sie tragen auf der Freiseite einen um den Bolzen x drehbaren Gelenkhebel G, der sich mit der Stellschraube S gegen einen Nocken N des zweiten Schraubenganges stützt. Wird nun die Kuppelscheibe K durch die Maschine verschoben, so wickelt sich die Schraubenfeder unter dem Druck von K fest um die Hartguß

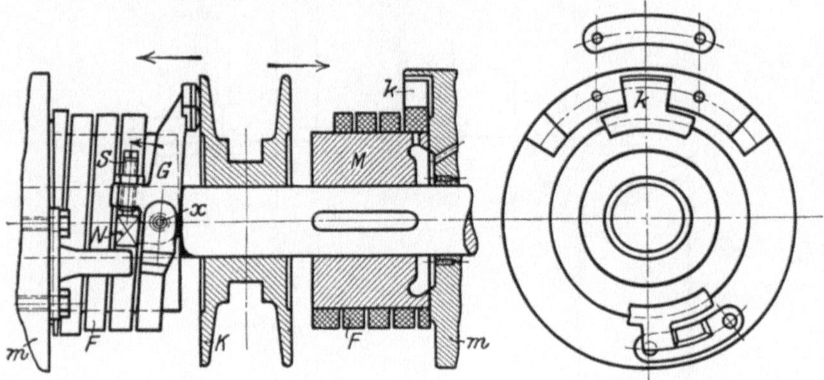

Fig. 145 und 146. Schraubenfeder-Kupplung. L. Schwarz & Co., Dortmund.

muffe M und kuppelt so abwechselnd r_1 und r_2. Da das Kuppeln durch Reibung allmählich geschieht, so muß das Umsteuern stoßfrei vor sich gehen.

Das elektrische Umsteuern oder das Umsteuern mit dem Umkehrmotor.

Die nächste Entwicklungsstufe der Umsteuerungen ist der umsteuerbare Motor, Wendemotor oder Umkehrmotor, der durch das Umschalten des Anlassers umgesteuert wird und so den langsamen Arbeitsgang und den schnellen Rücklauf der Maschine bewirkt (S. 405).

Die Ausrückung.

Die Aufgabe der Ausrückvorrichtung erstreckt sich auf das Aus und Einrücken einer Arbeitsmaschine. Hierzu ist beim Riemenantrieb neben der festen Antriebsscheibe eine Losscheibe anzuordnen, auf die der Riemen zum Ausrücken der Maschine verschoben wird. Die Ausrückung liegt entweder im Deckenvorgelege oder sie ist an der Maschine selbst untergebracht.

Der Bamag-Riemenausrücker ist für das Deckenvorgelege bestimmt (Fig. 147), dessen Antriebsriemen er verschiebt. Hierzu besitzt er eine Stange, die mit einer Gabel den Riemen faßt. Für die Handlichkeit des Ausrückers ist durch einen Winkelhebel gesorgt. Zieht man an einer der beiden Stangen, so wird die Maschine ein- oder ausgerückt. Die Endstellungen der Gabel sind dabei durch die rechten Anschläge festgelegt, die durch die obere Verbindung zugleich die Riemengabel führen.

Das Ausrücken des Deckenvorgeleges hat den Nachteil, daß der Arbeiter meist seinen Stand verlassen muß, um die Maschine stillzusetzen. Der Umstand hat veranlaßt, die Ausrückung nach der Maschine selbst zu verlegen. Dieser Schritt war jedoch erst seit der Einführung des Stufenräderantriebes möglich. Die Ausrückung wird beim Einriemscheiben-Antrieb

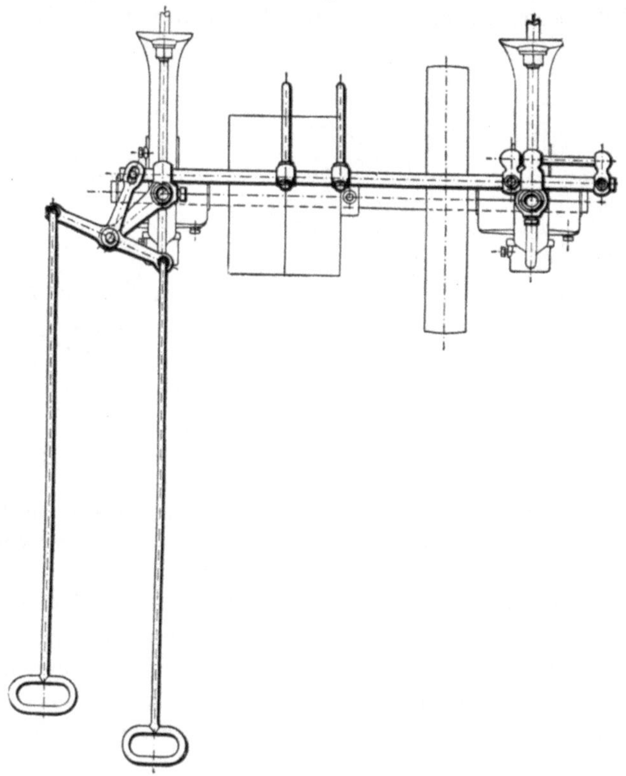

Fig. 147. Riemenausrücker. Bamag, Dessau.

durch das Entkuppeln der Antriebsscheibe der Maschine vorgenommen. Hierzu ist eine lange Ausrückstange vorgesehen, so daß der Arbeiter von seinem Stande aus die Maschine jederzeit stillsetzen kann (Fig. 163).

Die Massenherstellung fordert, wie bereits früher erwähnt, von ihren Werkzeugmaschinen vielfach Selbstauslösung des Antriebes, d. h. eine selbsttätige Ausrückung. Sie verlangt, daß sich die Maschine nach beendeter Arbeit stillsetzt, wenn z. B. die Räderfräsmaschine das Rad fertig gefräst oder die selbsttätige Revolverbank die Rohstange aufgearbeitet hat. Eine derartige Selbstausrückung bietet den Vorzug, mehrere Maschinen durch einen Arbeiter bedienen zu können. Praktisch ist die Selbstausrückung in der Weise zu erreichen, daß die Verschiebung der Riemengabel durch eine kräftige Spiralfeder bewirkt wird. Dieser Gedanke ist in dem Deckenvorgelege in Fig. 148 und 149 durchgeführt. Zum Einrücken der Maschine dient hier ein Handhebel *c*, der den Riemen rechts auf die feste Scheibe bringt und hierbei die Feder *a* anspannt. In dieser Stellung ist aber die Stange *b*, solange die Maschine arbeiten soll, gegen Zurückschnellen zu verriegeln. Die Aufgabe übernimmt der durch Federdruck schließende Riegel *d*, der die Stangengabel *b* festhält. Die Selbstauslösung vollzieht sich, wie folgt: Ein verstellbarer Anschlag der Maschine zieht den Draht *e* nach unten und löst hierdurch den Riegel *d* aus. In dem Augenblick wird die entriegelte Riemengabel durch die Spiralfeder zurückschnellen und den Riemen auf die Losscheibe bringen.

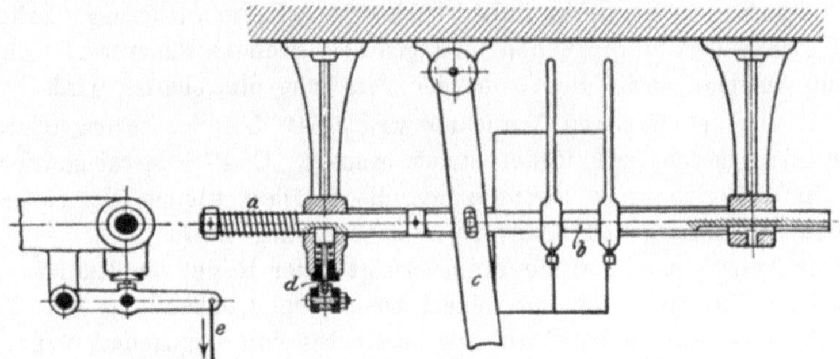

Fig. 148 und 149. Selbstausrücker. Wanderer-Werke, Chemnitz.

Eine ähnliche Selbstausrückung läßt sich auch mit einem Fallgewicht erreichen, das mit einem Winkelhebel die Ausrückstange *b* zurückzieht, sobald die Maschine ihn frei gibt.

Die Schaltgetriebe oder die Schaltsteuerung.

Die Aufgabe der Schaltgetriebe einer Werkzeugmaschine ist, den Vorschub zu erzeugen und nach Bedarf umzusteuern, sowie seine Größe zu regeln. Je nach der Arbeitsweise der Maschine wird der Vorschub entweder vom Werkstück oder vom Werkzeug ausgeführt. Grundlegend für die Bauart der Steuerung ist die Art des zu erzeugenden Vorschubes. Wie bereits bekannt, kann der Vorschub entweder ein Dauervorschub oder ein Augenblicks-oder Ruckvorschub sein.

Die Maschinen mit kreisender Hauptbewegung arbeiten in der Regel mit einem Dauervorschub, der sich auf die ganze Dauer des Arbeitsganges erstreckt. Bei ihnen muß daher die Steuerung dauernd in Tätigkeit sein (Drehbank, Bohrmaschine usw.). Bei den Maschinen mit gerader Hauptbewegung darf infolge des leeren Rücklaufs der Vorschub erst in dem Augenblick beginnen, in dem das zu schaltende Werkzeug von dem zurücklaufenden Werkstück freigegeben wird, und er muß beendet sein, bevor der neue Schnitt beginnt (Hobelmaschine, Stoßmaschine usw.). Infolgedessen arbeiten diese Maschinen mit einem Ruckvorschub, so daß ihre Steuerung nur ruckweise, d. h. augenblicklich schalten darf.

Die Schaltung dieser Dauer- und Ruckvorschübe kann geradlinig (Drehbank, Bohrmaschine), kreisförmig (Rundstoßen, Rundfräsen) oder kurvenartig (Fassondrehbänke) erfolgen.

Die Steuerungsgetriebe für gerade Vorschübe sind, wie bei der geraden Hauptbewegung, Schraube und Mutter, Zahnrad und Zahnstange oder Zahnstange und Schnecke. Sie betätigen einen Schlitten, auf dem das zu schaltende Werkstück oder Werkzeug festgespannt ist. Bei der Kleinheit der Vorschübe kommt die große Übersetzung von Schraube und Mutter besonders zur Geltung. Dasselbe gilt von dem Schneckenantriebe der Zahnstange. Sie gewähren daher beide eine einfache Steuerung. Zahnrad und Zahnstange beanspruchen hingegen eine größere Räderübersetzung in ihrem Antriebe, damit die Größe der Vorschübe eingehalten wird.

Für den kreisförmigen Vorschub wird meist das Schneckengetriebe, seltener der Riemen- und Räderbetrieb benutzt. Das Schneckengetriebe besitzt in sich eine große Übersetzung, die bei den kleinen Vorschüben sehr zustatten kommt, und beansprucht daher wenig Raum.

Der Antrieb der Schaltsteuerung erfolgt in der Regel von dem Hauptantriebe der Maschine oder von einem besonderen Deckenvorgelege. Im letzten Falle ist man in der Wahl des Vorschubes von der Hauptbewegung unabhängig. Bei schweren Maschinen mit elektrischem Antrieb findet man auch wohl einen besonderen Motor für den Antrieb des Vorschubes.

Die Schaltsteuerung für Ruckvorschübe.

Die Schaltsteuerung für Ruckvorschübe darf bekanntlich nur in dem geeigneten Augenblick schalten. Erfolgt ihr Antrieb von der ständig laufenden Hauptwelle der Maschine, so ist das Antriebsmittel eine Nutenscheibe K (Fig. 150), die durch ihre zweckentsprechend geformte Nut ABC die Schaltung augenblicklich vollzieht. Solange nämlich der runde Teil der Nut um den Rollenzapfen Z läuft, ruht die Steuerung. Sie tritt aber in Tätigkeit, sobald die geschweifte Nut ABC den Zapfen Z faßt. Bei einer linkslaufenden Scheibe K wird daher durch die steigende Nut AB der Zapfen Z nach oben gehen und durch den fallenden Teil BC wieder zurückschwingen. Dieser kurze Ausschlag von Z verursacht während des oberen Hubwechsels der Stoßmaschine eine auf- und abspielende Bewegung des Gestänges d, die zum Schalten des Werkstückes zu benutzen ist. Sie darf aber nur in einer Richtung auf die Schaltspindel S des Arbeitstisches übertragen werden, da sonst der Schlitten wieder zurückgeschoben und kein Vorschub zustande kommen würde. Diese Aufgabe übernimmt ein Schaltwerk, dessen Schaltzahnrad auf der Steuerspindel S festsitzt, während die zugehörige Klinke mit dem frei drehbaren Hebel H verbunden ist. Die Steuerung wird daher auf dem

Wege AB schalten, indem die Klinke gegen die Zähne des festgekeilten Rades drückt und so mit einem Ruck den Vorschub vollzieht. Auf dem Wege BC zieht sie die Schaltung wieder auf, d. h. die Klinke gleitet über einige Zähne hinweg. Es wird also zuerst geschaltet, so daß der Stahl vor jedem neuen Schnitt richtig zur Ruhe kommt.

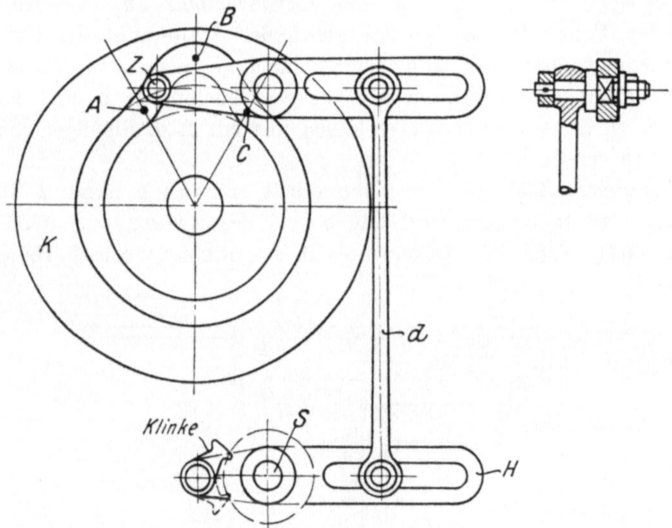

Fig. 150 und 151. Steuerung für die Ruckvorschübe der Stoßmaschine.

Die Schaltsteuerung für Dauervorschübe.

Die Schaltsteuerung für Dauervorschübe wird durch Riemen, Ketten oder Räder angetrieben. Der Riemenantrieb besitzt den Vorzug, daß er gleitet, sobald der Vorschubwiderstand eine außergewöhnliche Größe erreicht. Er bietet daher infolge seiner begrenzten Durchzugskraft eine gewisse Sicherheit gegen eine Überlastung des Werkzeuges und der Maschine. Dasselbe gilt von dem Antriebe mit Reibrädern. Für die schweren Schnitte des Schnellstahles genügt der Riemenantrieb häufig nicht mehr, weil bei der kleinen Riemengeschwindigkeit die Durchzugskraft versagt. An seine Stelle sind bereits die Ketten- und Zahnräderantriebe getreten. Sie gewähren beide durch ihre Zwangläufigkeit einen gleichmäßigeren und genaueren Vorschub. Der Räderantrieb wird sogar zur Notwendigkeit beim Gewindeschneiden auf der Drehbank, um Gewindegänge von gleicher Steigung zu erhalten.

Der Vorschubwechsel.

Die Leistung einer Werkzeugmaschine ist nicht nur ein Faktor der Schnittgeschwindigkeit sondern auch des Vorschubes. Die zulässige Größe des Vorschubes ist, in gleicher Weise wie die Schnittgeschwindigkeit, abhängig von der Härte des Arbeitsstückes, dem Querschnitt des Spanes (Schruppen, Schlichten) und der Schneidhaltigkeit des Stahles. Diesen Gesichtspunkten Rechnung tragend, hat der Erbauer jeder Maschine für einen ausreichenden Vorschubwechsel zu sorgen.

Beim Stufenriemenantrieb ist der Größenwechsel des Vorschubes durch Verlegen des Riemens auf den Stufenscheiben zu erreichen. Die Anzahl der Vorschübe ist hierbei gleich der Stufenzahl der Scheiben. Der Vorschubwechsel läßt sich jedoch durch gegenseitiges Vertauschen beider Scheiben verdoppeln, sobald sie verschieden groß und fliegend angeordnet sind. Auf diese Weise lassen sich mit 2 dreiläufigen Scheiben 6 Vorschübe erreichen.

Die gleiche Zahl der Vorschübe erhält man auch durch 2 Riemen, von denen der erste auf zweiläufigen und der zweite auf dreiläufigen Scheiben läuft (Tafel I). Immerhin ist der Riemenwechsel lästig und

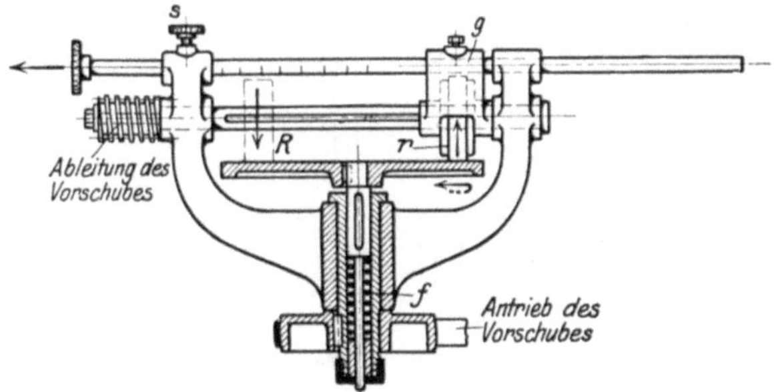

Fig. 152. Reibscheiben-Antrieb.

zeitraubend, — ein Umstand, der ebenfalls bei der Bevorzugung des Räderantriebes mitgesprochen hat.

Große Bequemlichkeit bietet der Vorschubwechsel mit Reibscheiben (Fig. 152). Hierbei ist nur die Scheibe r mit der Stange s und der Gabel g auf R für große Vorschübe nach außen und für kleine nach der Mitte zu schieben. Von der Schneckenwelle kann die Maschine daher beliebige Vorschübe empfangen, die sich im Betriebe einstellen lassen. Die Feder f, die die Scheiben andrückt, sichert das Durchziehen der Reibscheiben.

Der Kettenantrieb gestattet praktisch nur einen Vorschubwechsel durch das Ein- und Ausschalten verschiedener Räder.

Der Vorschubwechsel wird beim Räderantrieb durch Wechselräder (Satzräder) vollzogen, mit denen man die Übersetzung zwischen Hauptspindel und Vorschubspindel ändert. Diese Räder sitzen vor der Bank auf verschiedenen Zapfen (Fig. 153 und 154). Das erste Rad r_5 sitzt auf der Umsteuerwelle vom Wendeherz und das letzte r_8 auf dem Kopf der Leitspindel. Die Zwischenräder r_6, r_7 verlangen, um den Zahneingriff herzustellen, eine einstellbare Lagerung. Diese Einstellbarkeit ist meist durch eine Schere geboten, die auf der Leitspindel der Drehbank drehbar sitzt und zur Aufnahme der verschieden großen Räder einen verstellbaren Zapfen Z trägt (Fig. 155). In ihrer jeweiligen Arbeitsstellung ist die Schere durch eine Kreisnut und eine Schraube festzuklemmen.

Das Auswechseln dieser Räder ist sehr zeitraubend und erschwerend für die Bedienung der Maschine. Etwas einfacher gestaltet sich das Aus-

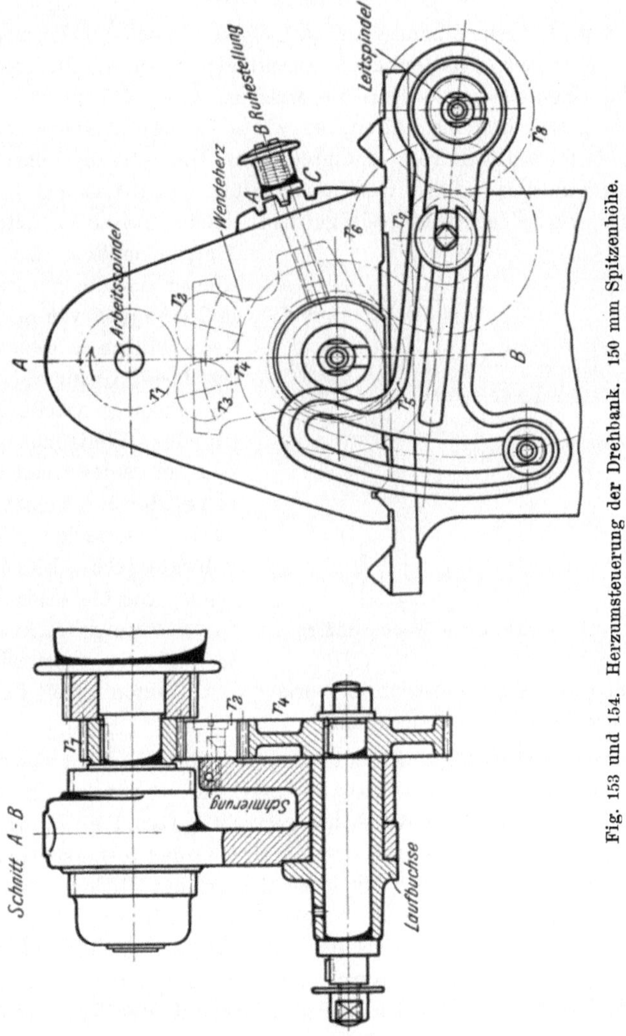

Fig. 153 und 154. Herzumsteuerung der Drehbank. 150 mm Spitzenhöhe.

wechseln der Räder in Fig. 155. Der Zapfen Z ist hier am Kopfende auf die Schlitzbreite b der Scheibe ausgefräst. Sie kann daher ohne weiteres aufgesteckt und weggenommen werden. Auch das Einstellen des Zapfens Z ist höchst einfach. Wird Z mit dem vorderen Vierkant nur ein wenig gelöst, so läßt er sich in dem Schlitz der Schere verschieben und gleich wieder festklemmen.

Ein besonderer Fortschritt ist mit diesen zeitsparenden Mitteln nicht erreicht. Den größten Zeitaufwand erfordert nämlich, die Räder von den einzelnen Zapfen wegzunehmen, aus dem Satz die passenden auszusuchen und wieder richtig aufzustecken.

Die Wechselrädergetriebe.

Will man das zeitraubende Auswechseln der Wechselräder umgehen, so müssen sie in der erforderlichen Anzahl gleich in die Maschine gebrauchsfertig eingebaut sein. Soll die Maschine z. B. 4 Vorschübe haben und sie stets gebrauchsfertig halten, so wären in den Antrieb der Vorschubwelle 4 Räderpaare von entsprechender Übersetzung einzubauen. Dabei müßte noch eine weitere Bedingung erfüllt sein: Von den 4 Räderpaaren dürfte, wie bei den Stufenrädergetrieben, immer nur eins arbeiten, alle übrigen müßten lose laufen. Hierzu sind die Wechselräder in 2 Gruppen von festen und losen Rädern zu ordnen. Von der losen Gruppe muß aber das jeweilig arbeitende Rad mit der Welle zu kuppeln sein, sei es durch eine Kupplung oder durch einen Ziehkeil. Derartige Wechselrädergetriebe können in einem geschlossenen Räderkasten untergebracht werden, so daß sie vollständig geschützt sind. Ein Vorschubwechsel verlangt nur, nach einer Tafel die erforderlichen Handgriffe einzustellen.

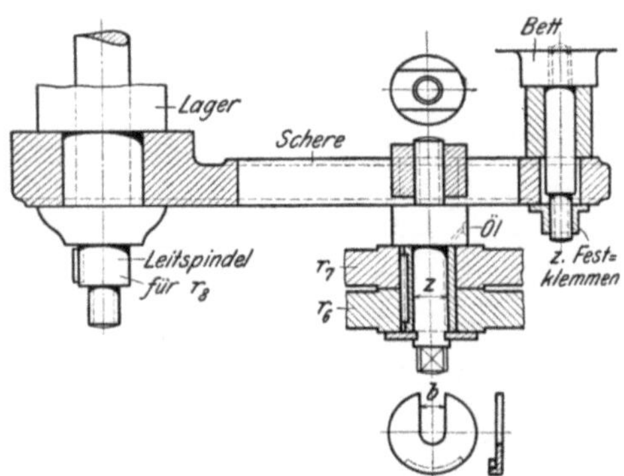

Fig. 155. Auswechseln von Wechselrädern.

Die einzelnen Gesichtspunkte sind in dem Ziehkeil-Wechselrädergetriebe der Werkzeugmaschinenfabrik E. Hettner, Münstereifel, Fig. 156 bis 158, zum Ausdruck gebracht. Das Rad R_1 wird vom Hauptantrieb aus betätigt. Auf *I* sitzt die Gruppe der festgekeilten Räder, auf *II* die der losen. Um von der losen Gruppe die Räder einzeln einrücken zu können, liegt in einer langen Nut der hohlen Welle *II* der Ziehkeil *k*, der sich in *II* nach rechts und links ziehen läßt. Hierzu ist der Handgriff *H* zu drehen, der durch das Zahnrad r_{12} und die Zahnstange *z* den Ziehkeil einstellt. Dabei gibt der Zeiger auf der Tafel die Größe des Vorschubes an. Der Ziehkeil *k* springt augenblicklich durch Federdruck ein, sobald die Keilnut des betreffenden Rades vor ihm steht. Zum Ausrücken dieses Springkeiles ist zwischen je zwei Rädern ein voller Ring eingelegt, der den Keil beim Übergang von einem Rade zum andern nach unten drückt und ausrückt. Dieses Getriebe hat also 4 Vorschübe, die durch die Kegelräder r_9, r_{10} auf die Vorschubwelle gelangen.

Zu beachten ist, daß der Ziehkeil möglichst in der getriebenen Welle liegt, damit kein Zurücktreiben der Räder ins Schnelle stattfindet, wodurch das Öl herausgeschleudert wird.

Die einfache Ziehkeilschaltung erfordert allerdings für jeden Vorschub ein Räderpaar. Durch eine geeignete Anordnung läßt sich aber die Zahl der Wechselräder noch wesentlich vermindern. So gewährt das Schaltwerk der Gruson-Säge (Fig. 823) bei nur 8 Räderpaaren 15 Vorschübe.

Eine bedeutende Ersparnis an Wechselrädern ist zu erzielen, sobald man den Vorschubwechsel nach Norton mit einem einschwenkbaren Verschieberad vollzieht.

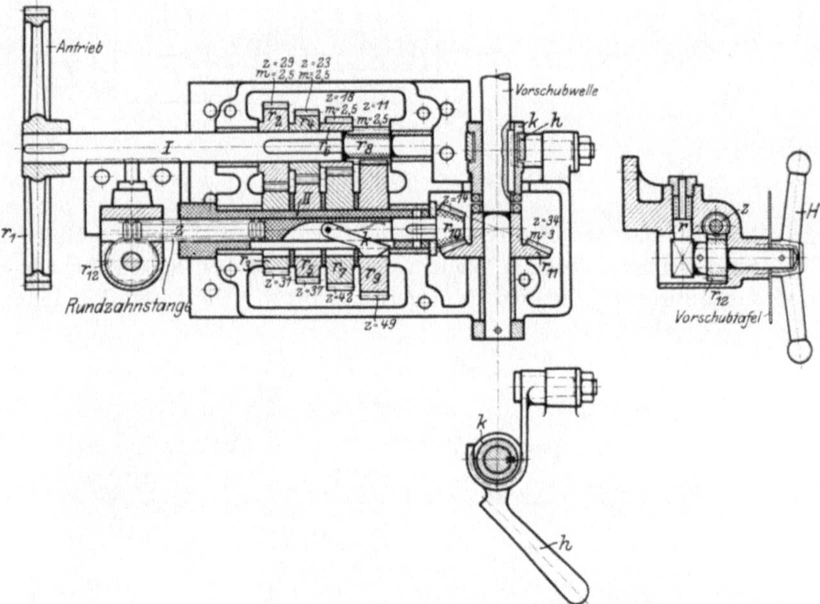

Fig. 156 bis 158. Ziehkeil-Wechselgetriebe. Werkzeugmaschinenfabrik E. Hettner, Münstereifel.

Bei dem Norton-Wechselrädergetriebe, Fig. 159 bis 161, sitzen auf der Leitspindel zwölf Wechselräder R_1 bis R_{12}, staffelförmig angeordnet und in einem Räderkasten geschützt. In dem Kasten ist unten die treibende Welle d gelagert, die durch außen liegende Wechselräder von der Arbeitsspindel angetrieben wird. Für das Einschalten der einzelnen Übersetzungen sitzt auf d das Verschieberad r_2, das durch das Schwenkrad r_1 auf jedes der zwölf Wechselräder arbeiten kann. Zu diesem Zweck sind beide Räder r_2 und r_1 in einer auf d verschiebbaren Tasche T untergebracht. Durch Verschieben und Einschwenken der Tasche auf die 12 Kämme läßt sich jedes der 12 Räder in den Antrieb der Leitspindel einzeln einschalten. Hierbei ist die Tasche mit dem Griff b zu fassen und durch die Fallsperre a, die in die Löcher c der Stellplatte einschnappt, gegenüber dem Arbeitsdruck zu verriegeln. Diese Einrichtung bietet daher ohne weiteres die Vorschübe für zwölf der gebräuchlichsten Gewinde. Durch ein dreimaliges Auswechseln der äußeren Wechselräder läßt sich die Zahl der Vorschübe auf 36 erhöhen.

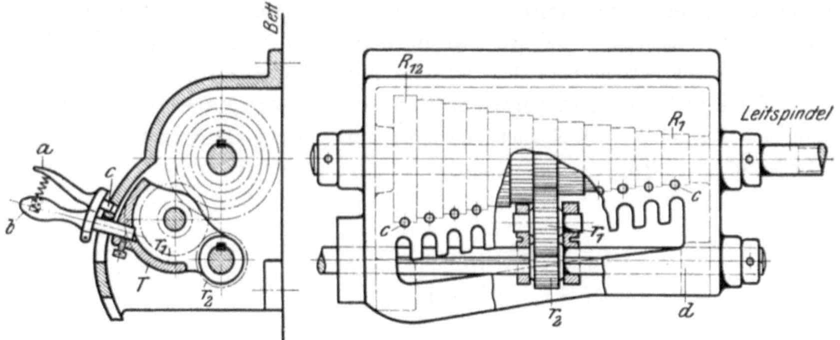

Fig. 159 und 160. Norton-Getriebe.

Auch hierfür hat Norton eine sehr praktische Lösung gefunden (Fig. 162). Auf der treibenden Welle d sitzen nämlich das Doppelrad r_7 und das einfache Stirnrad r_6. In dem sie umgebenden linken Räderkasten (Fig. 163)

Fig. 161. Wechselrädergetriebe von Norton.

liegt außerdem die Welle C mit den ähnlichen Rädern r_1 und r_2 in umgekehrter Anordnung. Auf dem mittleren Schaft B sitzen die eigentlichen Wechselräder r_3, r_4, r_5. Von ihnen läßt sich auf der einen Seite r_5 in r_1 oder r_3 in r_2 einrücken. Auf der unteren Seite kann r_3 auf r_7 oder r_4 auf r_6 arbeiten. Diese Einstellungen erfordern aber, daß die mittleren Wechsel-

räder, um jedesmal oben und unten den Eingriff zu bekommen, auf einer
außerachsig gebohrten Büchse a laufen, die sich auf B verschieben läßt.
Um dies handlich zu gestalten, ragt aus dem linken Räderkasten ein
Griff heraus, der sich auf 3 Kämme einstellen läßt. Hiernach ergeben
sich folgende Übersetzungen:

1. für kleine Vorschübe $\dfrac{r_2}{r_3} \cdot \dfrac{r_4}{r_6}$, Schaltung, wie in Fig. 162 gezeichnet,

2. „ mittlere „ $\dfrac{r_2}{r_3} \cdot \dfrac{r_3}{r_7} = \dfrac{r_2}{r_7}$, r_3 in r_7 einrücken,

3. „ große „ $\dfrac{r_1}{r_5} \cdot \dfrac{r_3}{r_7}$, r_5 in r_1 einrücken.

Das Rad r_1 dieses Schaltwerks erhält den Antrieb wiederum durch
Wechselräder von der Drehbankspindel aus. Die Wechselräderschere ist
dabei für außergewöhnliche Gewinde-
steigungen beibehalten.

Die 36 Vorschübe des Norton-Schalt-
werkes lassen sich also durch höchstens
2 Handgriffe einstellen, die nach einer Tafel
ohne Rechnung und ohne jede Fahrlässigkeit
auszuführen sind. Die Norton-Einrichtung
bedeutet daher einen gewaltigen Vorsprung
für die Vereinfachung der Bedienung.

Eine Frage von wesentlicher Bedeutung ist auch hier: Wann soll man den
Räderantrieb dem Riemenantrieb des Vorschubes vorziehen? Wie bei den Stufenrädergetrieben der Hauptbewegung, so ist
auch hier zu bemerken, daß die Wechselrädergetriebe teurer und empfindlicher sind
als Riemenantriebe. Kommt der Schlitten
gegen ein Hindernis, so fehlt die Sicherheit

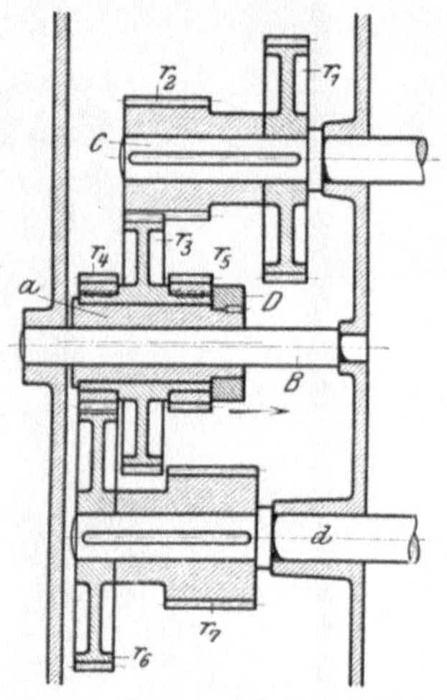

Fig. 162. Kleines Norton-Getriebe.

gegen Brüche. Außerdem muß der Stahl beim Räderantrieb harte und
weiche Stellen mit gleichem Vorschub nehmen. Dadurch werden Werkzeug
und Maschine stark belastet. Geradezu stoßweise wirkt die Belastung
bei Werkstücken mit unterbrochenen Arbeitsflächen. In allen diesen
Fällen wirkt der nachgiebige Riemen wie ein Puffer.

Diesen Nachteilen gegenüber steht der rasche und bequeme Vorschubwechsel. Bei Maschinen, die im Betriebe häufig den Vorschub wechseln
müssen, sind daher die Wechselrädergetriebe äußerst wertvoll. Sie sind
daher, wie bei der Hauptbewegung, in erster Linie bei Maschinen für
Einzelarbeiten zu empfehlen, wie bei Drehbänken, Bohrmaschinen, Fräsmaschinen usw. Da die Vorschubarbeit nur einen geringen Bruchteil der
Schnittarbeit ausmacht, so kann man sie wohl bei leichten und mittleren

Maschinen einem genügend schnellaufenden Riemen zumuten. Man hat also alle Vorzüge vereinigt, sobald man bei diesen Maschinen das Wechsel-

Fig. 163. Schnelldrehbank. L. Schuler, Göppingen. Antrieb nach Fig. 90 bis 93. Schaltwerk nach Fig. 159 bis 162.

rädergetriebe durch einen Riemen von der Hauptwelle aus betreibt. Bei schweren Maschinen muß man der größeren Leistung wegen zum vollen

Räderantrieb greifen, es sei denn, daß der Vorschub von einem besonderen Deckenvorgelege abgeleitet wird.

Der Größenwechsel wird bei den Ruckvorschüben durch verstellbare Zapfen erreicht. Sie sind, wie in Fig. 150, in einer Schleife des Gestänges geführt und durch Schraube und Mutter festzuklemmen.

Die Umsteuerung des Vorschubes.

Die Leistung einer Arbeitsmaschine wird sehr gesteigert, wenn sie nach beiden Richtungen arbeiten kann. Die Zeitverluste zwischen den einzelnen Arbeitsgängen werden dadurch stark gekürzt und die Arbeitskräfte besser ausgenutzt.

Will man die Maschine vor- und rückwärts arbeiten lassen, so muß der Vorschub seine Richtung wechseln. Der Richtungswechsel kann beim Riemenantrieb der Steuerung durch einen offenen und gekreuzten Riemen bewirkt werden. Allerdings ist dieser Weg umständlich und nur gangbar, wenn die Umsteuerung des Vorschubes den Wendegetrieben der Hauptbewegung nachgebildet werden kann.

Viel handlicher ist das Einrücken eines oder mehrerer Zwischenräder. Der Gedanke ist auch in der Herzumsteuerung der Drehbank verkörpert, bei der durch ein Wendeherz entweder das Zwischenrad r_2 oder beide Zwischenräder r_2 und r_3 in den Antrieb der Leitspindel eingerückt werden (Fig. 153 und 154). Durch die Zwischenräder wird, ohne die Übersetzung zu ändern, der Richtungswechsel vollzogen, so daß die Maschine vor- und rückwärts arbeiten kann. Steht z. B. das Wendeherz auf A, so ist nur r_2 in Eingriff und die Leitspindel läuft rechts herum. Die Übersetzung ist hierbei

$$\varphi = \frac{r_1}{r_2} \cdot \frac{r_2}{r_4} \cdot \frac{r_5}{r_6} \cdot \frac{r_7}{r_8} = \frac{r_1}{r_4} \cdot \frac{r_5}{r_6} \cdot \frac{r_7}{r_8}.$$ Rückt man das Wendeherz auf C ein,

so arbeiten beide Zwischenräder. Die Leitspindel steuert infolgedessen um und schiebt den Schlitten mit gleicher Geschwindigkeit zurück, da die

Übersetzung wieder $\varphi = \dfrac{r_1}{r_3} \cdot \dfrac{r_3}{r_2} \cdot \dfrac{r_2}{r_4} \cdot \dfrac{r_5}{r_6} \cdot \dfrac{r_7}{r_8} = \dfrac{r_1}{r_4} \cdot \dfrac{r_5}{r_6} \cdot \dfrac{r_7}{r_8}$ ist.

Wie bei den Räderwendegetrieben der Hauptbewegung, so läßt sich auch der Vorschub mit Kegelrädern umsteuern. Eine derartige Umsteuerung läßt sich in der Weise erreichen, daß in Fig. 164 die Räder r_2, r_3, r_4 von der Drehbankspindel aus das Kegelräderwendegetriebe r_5, r_6, r_7 treiben. Die Räder des Wendegetriebes laufen lose, können aber durch die Kupplung k auf der Umsteuerwelle I gekuppelt werden. Zum Ein- und Ausrücken der Kupplung k ist am Spindelkasten ein Handgriff H vorgesehen (Fig. 164 bis 166), der durch das Exzenter E die Kupplung einstellt. Wird z. B. k auf r_5 eingerückt, so läuft die Umsteuerwelle I in demselben Sinne wie die Arbeitsspindel. Rückt man hingegen k auf r_7 ein, so steuert I um. Diese beiderseitige Bewegung wird durch r_8 über die Wechselräder in der Schere auf die Leitspindel übertragen.

Die Umsteuerung des Vorschubes kann bei Drehbänken auch als Kegelräderwendegetriebe in die Schloßplatte verlegt werden (Fig. 243), so

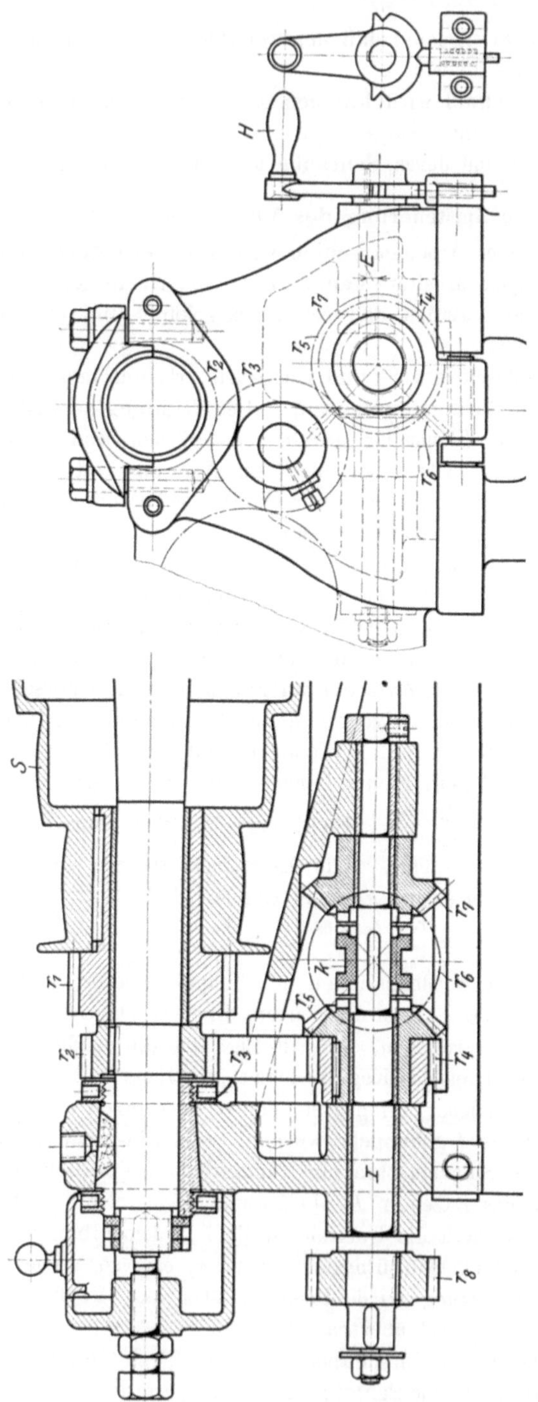

Fig. 164 bis 166. Spindelstock mit Kegelräderwendegetriebe. Spitzenhöhe 230 mm. L. Schuler, Göppingen.
Räder: $z_2 = z_2 = z_4 = 26$, $M = 4$. $z_5 = z_6 = z_7 = 32$, $M = 3{,}5$.

daß der Arbeiter von seinem Stande aus jederzeit den Werkzeugschlitten umsteuern kann.

Sehr bequem ist das Umsteuern des Vorschubes bei Reibscheiben (Fig. 152), bei denen r nur über die Mitte von R hinaus zu verschieben ist.

Der Richtungswechsel wird bei den Ruckvorschüben durch Umlegen der Sperrklinke erreicht (Fig. 150).

Die Selbstausrückung des Vorschubes.

Die Massenherstellung stellt an die Schaltsteuerung ihrer Arbeitsmaschinen schärfere Bedingungen. Sie verlangt von ihr zum mindesten Selbstausrückung des Vorschubes oder sogar Selbstumsteuerung. Um an toter Arbeitszeit zu sparen, ist mit diesem Umschalten oder Ausrücken des Vorschubes vielfach noch ein beschleunigter Rücklauf des Tisches zu verbinden.

Eine derartige Einrichtung einer Reinecker-Zahnstangenfräsmaschine zeigt Fig. 167. Für den Vorschub des Frästisches ist hier ein Schneckengetriebe und für den schnellen Rücklauf ein Schraubenrädertrieb vorgesehen. Soll die Maschine jedesmal den Tisch stillsetzen, so ist sein Antrieb vor jedem Hubwechsel durch den Frästisch selbst zu entkuppeln. Diese Aufgabe

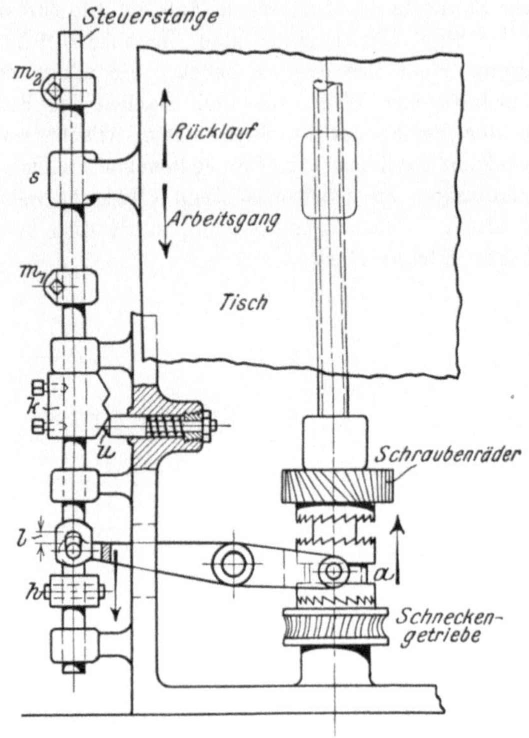

Fig. 167. Selbstausrückung und Umsteuerung des Arbeitstisches einer Fräsmaschine von J. E. Reinecker, Chemnitz.

vollführt der Anschlag s, der gegen Ende Arbeitsgang den Gegenanschlag m_1 mit der Steuerstange um die Strecke l verschiebt. Dabei wird die Schneide des Schlosses k den Riegel u zurückdrücken, die Kupplung a aber zunächst noch eingerückt bleiben. In dem Augenblick, wo aber Schneide auf Schneide steht, vollzieht sich die Ausrückung vollkommen selbsttätig. Sobald nämlich der Tisch nur ein wenig weiter läuft, springt der Riegel u durch den Druck der Feder augenblicklich auf die Mittelbrust von k ein. Mit dem Einschnappen des Riegels wird zugleich die Steuerstange mit einem Ruck weiter vorgeschoben, der Kupplungshebel herumgelegt und die Kupplung a ausgerückt. Etwaige Zwischenarbeiten können jetzt vorgenommen werden, worauf der Arbeiter mit einem Handhebel die Kupplung a für den Rücklauf in das Schraubenrad einrückt. Beim Rücklauf wird die Maschine in ähnlicher Weise den Tisch stillsetzen und zwar mit dem Anschlage m_2 und der zweiten Schneide von k.

Diese Ausrückung läßt sich auch in einfacher Weise als Selbstumsteuerung ausbauen. Bei ihr müßte natürlich die Kupplung a direkt in das andere Getriebe überspringen. Hierzu wäre das Schloß k nur mit einer Schneide auszustatten, so daß die Mittelbrust fehlt.

Obige Einrichtungen sind in hohem Maße geeignet, die Arbeitsleistung einer Maschine zu heben. Sie nutzen Zeit und Arbeitskräfte in wirtschaftlicher Weise aus und machen den Betrieb viel unabhängiger von der Person des einzelnen. Dem Arbeiter selbst fällt bei diesen entwickelten Maschinen nur eine bedienende Stellung zu. Derartige Vervollkommnungen an Arbeitsmaschinen bilden in vielen Fällen die Grundlage für einen lebensfähigen Betrieb, namentlich dort, wo der Wettbewerb scharfe Kämpfe führt.

Drittes Kapitel

Die Werkzeugmaschinen mit kreisender Hauptbewegung.

Prüft man die Werkzeugmaschinen mit kreisender Hauptbewegung auf ihre Leistung und die Güte ihrer Arbeit, so besitzen sie gegenüber den Maschinen mit geradem Schnitt zunächst den Vorzug einer größeren Leistungsfähigkeit. Sie arbeiten in der Regel mit einem Dauervorschub, so daß sich ihre tote Arbeitszeit nur auf den einmaligen An- und Auslauf erstreckt. Bei der geraden Hauptbewegung hingegen verursacht der mit jedem Hubwechsel verbundene leere Rücklauf der Maschine große Zeitverluste und eine entsprechend geringere Leistung. Für die Güte der Arbeit spricht der mit der kreisenden Hauptbewegung verbundene ruhige und gleichmäßige Gang der Maschine. Bei ihrem Dauervorschub fällt das häufige Ansetzen des Stahles fort, was bei den Maschinen mit geradem Schnitt vielfach Erschütterungen verursacht und Werkzeug und Getriebe stark beansprucht.

Eine besondere Bedeutung gewinnt bei den Maschinen mit kreisender Hauptbewegung die günstigere Wirkung der sich bewegenden Massen. Sind die kreisenden Maschinenteile gut ausgeglichen, so beeinträchtigen sie den Gleichförmigkeitsgrad der Maschine nicht. Die geradlinig sich bewegenden Teile vollziehen den Vorschub und erzeugen infolge ihrer geringen Geschwindigkeit nur kleine Massendrücke, die auf den Gang der Maschine keinen Einfluß haben. Bei den Maschinen mit gerader Hauptbewegung treten aber bei jedem Hubwechsel große Massendrücke auf, die nur durch eine schwere und kostspielige Bauart zu beherrschen sind. Die kreisende Hauptbewegung wird infolgedessen trotz ihrer größeren Leistung eine verhältnismäßig leichte Bauart der Maschine gestatten, ohne deren ruhigen Gang zu gefährden. Ein klares Bild bietet hier ein Vergleich einer Drehbank mit einer Hobelmaschine, die für gleiche Schnitte gebaut sind. (Zahlentafel VIII.)

Tafel VIII.

Vergleich der Gewichte von Drehbänken und Hobelmaschinen.

Maschinengattung	Hauptmaße in mm	Zulässiger Spanquerschnitt in qmm	Gewicht der Maschine in kg
Drehbank	225 × 2000	30	2 750
Hobelmaschine	2000 × 800 × 800	30	5 300
Drehbank	250 × 2500	45	3 800
Hobelmaschine	2500 × 1000 × 1000	45	7 600
Drehbank	300 × 3000	60	5 250
Hobelmaschine	3000 × 1400 × 1400	60	14 725

Die Schnittgeschwindigkeit der Maschinen mit kreisender Hauptbewegung kann infolge der günstigeren Massenwirkung auch größer gewählt werden. So beträgt die Schnittgeschwindigkeit beim Hobeln selten mehr als 8 bis 15 m i. d. Min., während sie beim Drehen 20 bis 30 m und beim Fräsen 25 bis 60 m i. d. Min. sein kann. Hieraus erklärt sich auch das Bestreben der Technik, die Maschinen mit geradem Schnitt, soweit als möglich, durch solche mit kreisender Hauptbewegung zu ersetzen. Ein treffendes Beispiel hierfür bietet die Fräsmaschine, die als Ersatz für die Hobel- und Stoßmaschine überall warme Aufnahme gefunden hat.

1. Die Drehbänke.

Eine unserer bewährtesten und wichtigsten Werkzeugmaschinen mit kreisender Hauptbewegung ist die Drehbank. Sie besitzt vor anderen Arbeitsmaschinen den Vorzug einer vielseitigen Verwendung, derzufolge sie mit Recht als die Universalmaschine der Metallbearbeitung bezeichnet werden kann. Aus ihrem Urbilde, der Spitzendrehbank, ist eine Reihe Sonderdrehbänke entstanden, die den gesteigerten Bedürfnissen der Praxis in vollendetem Maße angepaßt sind. Einen besonderen Ansporn hat hier der Aufschwung der Massenherstellung gegeben. Durch den starken Wettbewerb auf diesem Gebiete sind die Sondermaschinen zur Lebensbedingung der Betriebe geworden. Als Sonderdrehbänke wären zu erwähnen: die Plan- oder Kopfdrehbänke, die Revolverdrehbänke, die Fasson- und Hinterdrehbänke und andere. Ihre Bauarten beruhen jedoch alle auf demselben Grundgedanken. Nach ihm soll das Werkstück die kreisende Hauptbewegung und das Werkzeug den Vorschub vollziehen.

Die verschiedenen Dreharbeiten.

Die vielseitige Anwendung der Drehbank findet ihre Begründung in ihren zahlreichen Arbeitsverfahren. Ihre Hauptarbeit erstreckt sich wohl auf das Lang- und Plandrehen.

Das Langdrehen umfaßt das Abdrehen zylindrischer Arbeitsflächen. Hierbei wird das Werkzeug parallel zur Maschinenachse geschaltet (Längsgang). Die Späne werden daher nach einer Schraubenlinie geschnitten, deren Steigung gleich dem Vorschube der Maschine ist.

Mit dem Langdrehen verwandt ist das Gewindeschneiden. Es erfordert jedoch einen bestimmten Vorschub, der gleich der Steigung des zu schneidenden Gewindes sein muß.

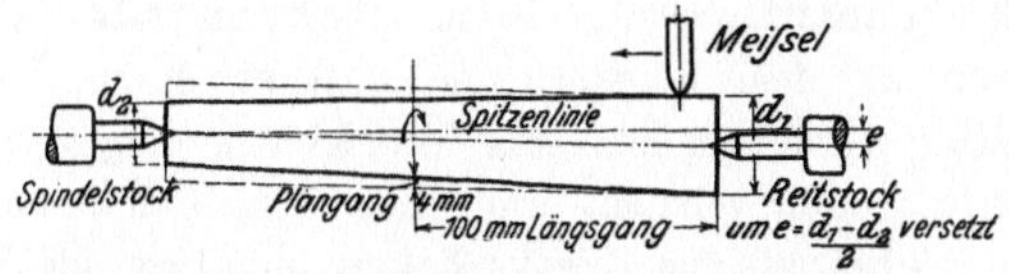

Fig. 168. Kegeldrehen mit versetztem Reitstock.

Das Kegeldrehen ist ebenfalls ein Langdrehen, das sich jedoch verschieden handhaben läßt. Zum Abdrehen schlanker Kegel wird vielfach der Reitstock gegenüber dem Spindelstock verschoben (Fig. 168). Das Verfahren ist zwar handlich, aber nicht einwandfrei, weil die Spitzenlinie der Bank nicht mit der Mittelachse des Drehkörpers zusammenfällt. Genaue Kegel sind infolgedessen schwer zu erreichen. Richtiger wäre es, den Stahl gleichzeitig mit einem Längs- und Planvorschub arbeiten zu lassen, so daß bei einer Neigung von 1 : 25 auf 100 mm Längsgang 4 mm Plangang kämen (Fig. 168). Dieses Kegeldrehen ist allerdings weniger üblich, weil es bei gewöhnlichen Drehbänken bestimmte Übersetzungen in dem Plan- und Längszug verlangt.

Ein bequemes und zugleich brauchbares Verfahren ist das Kegeldrehen nach dem Leitlineal. Bei ihm wird der in der Längsrichtung wandernde Stahl durch das geneigt stehende Lineal gleichzeitig in der Planrichtung vorgeschoben (siehe Fassondrehbänke).

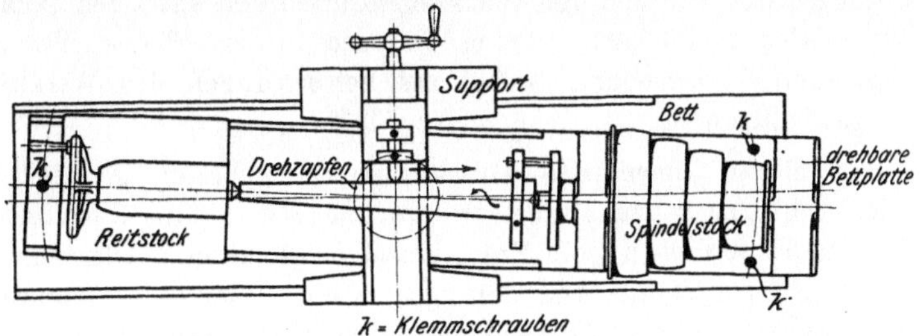

Fig. 169. Sonderdrehbank für kegelige Schäfte.

Für die massenweise Bearbeitung kegeliger Schäfte hat man bereits Sondermaschinen gebaut (Fig. 169). Bei ihnen sitzen Reit- und Spindelstock auf einer drehbaren Bettplatte, die sich auf die Neigung des zu drehenden Kegels einstellen läßt. Genaue Kreiskegel sind durch diese Bauart stets zu erreichen.

Kurze Kegel werden meist von Hand gedreht. Hierzu ist der obere Werkzeugschlitten auf die Neigung des Kegels einzustellen und der Stahl von Hand zu schalten.

Das Plan- oder Freidrehen umfaßt das Abdrehen ebener Flächen (Stirnflächen von Naben und Flanschen). Bei diesem Vorgang ist der Vorschub normal zur Maschinenachse (Plangang), also radial zum Werkstück gerichtet. Die Späne werden daher nach einer Spirale geschnitten.

Das Bohren läßt sich ebenfalls auf der Drehbank ohne weitere Abänderungen vornehmen. Zum Lochbohren können Reitstock und Spindelstock benutzt werden. Beim Bohren mit dem Reitstock sitzt der Bohrer an dem Reitstock, so daß er durch Drehen des Handrades geschaltet werden kann. Das Werkstück hingegen ist am Spindelstock eingespannt und vollzieht mit ihm die Hauptbewegung. Dieses Verfahren ist nur bei kleinen Werkstücken möglich, die in ein Spannfutter oder eine Planscheibe zu spannen sind. Sperrige Werkstücke müssen am Schlitten festgespannt und mit dem Spindelstock gebohrt werden. Der Bohrer sitzt hierbei an der Spindel und erhält durch sie die Hauptbewegung, während das Werkstück mit dem Schlitten geschaltet wird. In ähnlicher Weise erfolgt auch das Ausbohren mit dem Bohrmesser (Fig. 170). Bei dem Verfahren wird die Bohrstange zwischen den

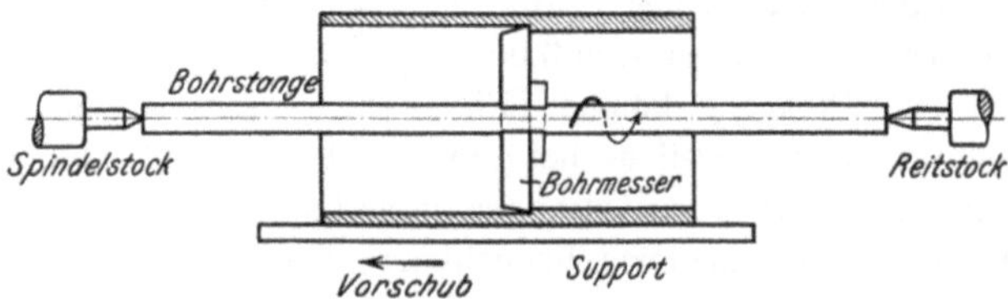

Fig. 170.   Ausbohren eines Zylinders.

Spitzen eingespannt, während der Werkzeugschlitten den sperrigen Zylinder vorschiebt. Kleinere Büchsen werden hingegen in der Planscheibe oder einem Spannfutter ausgebohrt, wobei das Messer durch den Werkzeugschlitten geschaltet wird.

Außer diesen allgemeinen Dreh- und Bohrarbeiten gestattet die Drehbank noch eine ganze Reihe Sonderarbeiten, wie Kugeldrehen, Fassondrehen, Hinterdrehen von Fräsern und dergleichen. Allerdings erfordern die Arbeiten einige Abänderungen in der Bauart des Werkzeugschlittens, wie sie bei den betreffenden Drehbänken besprochen werden.

a) Die Spitzendrehbank.

Die Spitzendrehbank erfordert in ihrer Bauart für die kreisende Hauptbewegung des Werkstückes einen Spindelstock und für den geraden Vorschub des Werkzeuges einen Support oder Werkzeugschlitten. Sie trägt lange Arbeitsstücke zwischen zwei Spitzen, von denen der erste Körner im Spindelstock sitzt und der zweite im Reitstock. Für die handliche Bedienung der Bank sind diese Einzelteile auf dem Drehbankbett so anzuordnen, daß der Reitstock rechts und der Spindelstock links vom Dreher sitzt, und der Werkzeugschlitten sich zwischen beiden frei bewegen kann (Fig. 171 und 172).

Der Spindelstock.

Die Aufgabe des Spindelstocks (Fig. 173 bis 175) ist, die Hauptbewegung zu vermitteln, infolgedessen muß er zugleich Träger des

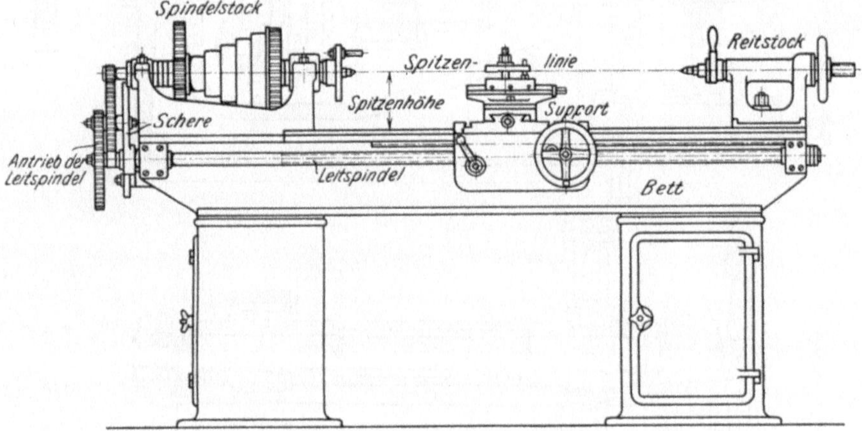

Fig. 171. Leitspindeldrehbank. 175 mm Spitzenhöhe. J. E. Reinecker, Chemnitz.

kreisenden Werkstückes sein. Hierzu verlangt der Spindelstock eine Arbeitsspindel, von der der Antrieb des Werkstückes abzuleiten ist.

Die Arbeitsspindel ist jedoch gewissen Bedingungen unterworfen: Soll nämlich die Drehbank gute Arbeit liefern, so darf ihre Spindel unter keinen Umständen federn. Sie darf daher unter der Last des Werkstückes, des Stahldruckes und des Riemenzuges nicht nachgeben, da die geringste Federung der Spindel Erschütterungen des Werkstücks verursacht und zu Unebenheiten in den Arbeitsflächen führt. Darnach bildet eine kräftige Arbeitsspindel gewissermaßen die Vorbedingung für eine gute Drehbank.

Die Federung der Spindel ist bei einer Belastung von P kg:

$$f = \frac{P \cdot l^3}{C \cdot E \cdot J} \cdot$$

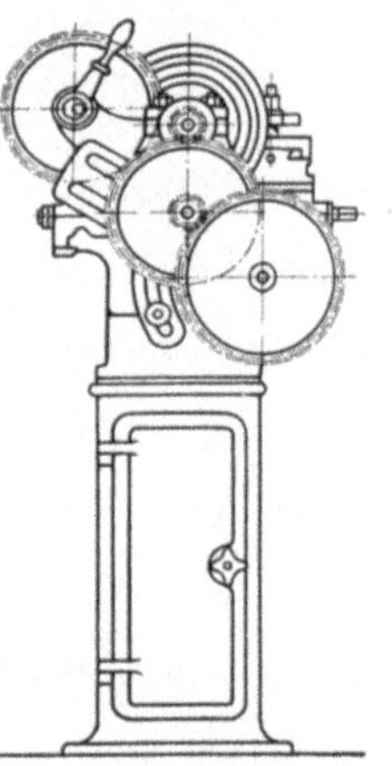

Fig. 172. Seitenansicht.

Die Gleichung lehrt, die Spindel aus widerstandsfähigem Tiegelstahl herzustellen, sie in dem Durchmesser möglichst kräftig und in der Länge recht kurz zu halten, da die Federung mit l^3 zunimmt und mit E und d^4 abnimmt. Sehr zu empfehlen ist, die Spindel vom Riemenzug zu entlasten

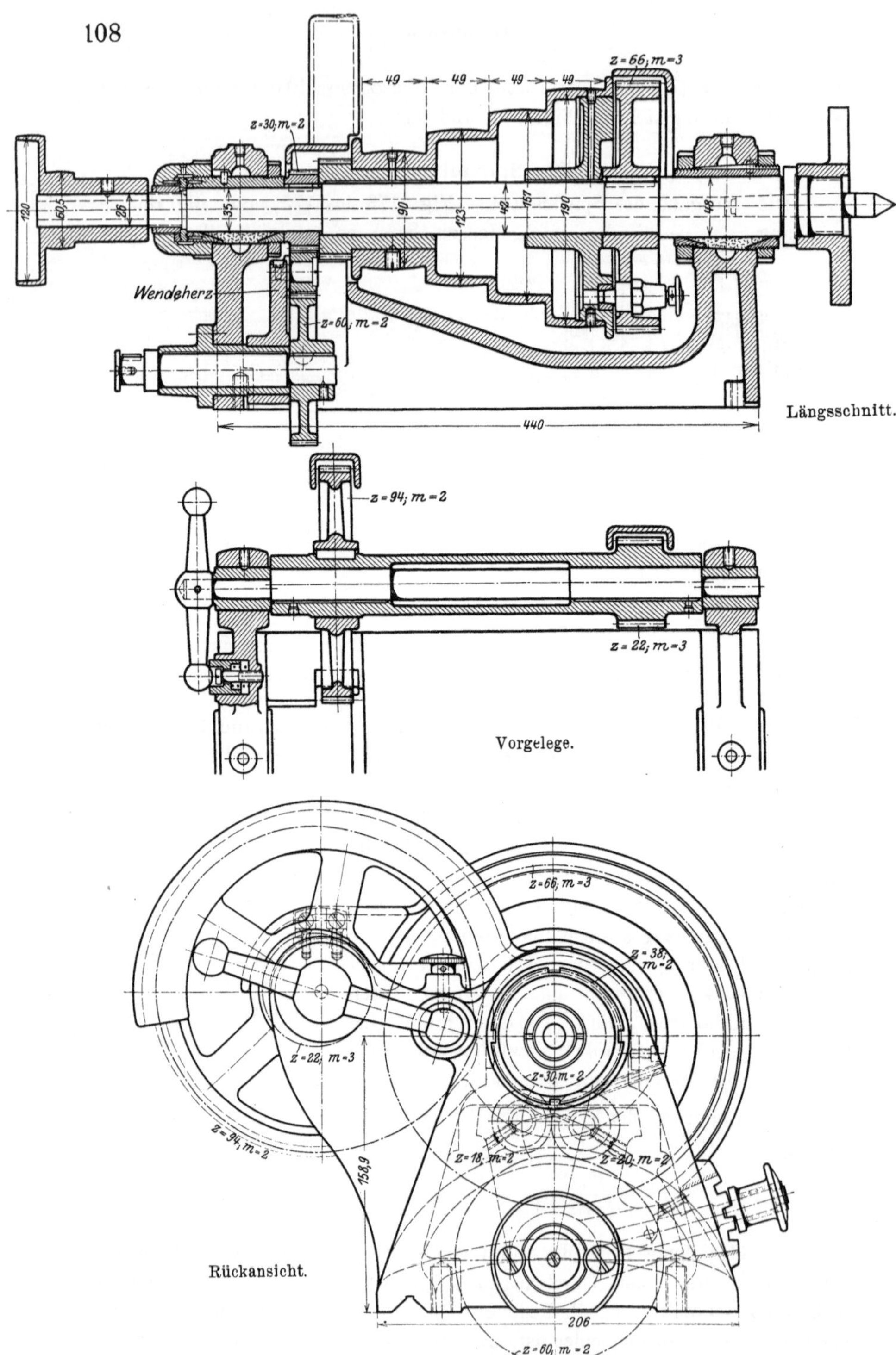

Fig. 173 bis 175. Spindelstock der Drehbank von Ludw. Loewe & Co., Berlin.

(P_min) und bei stark beanspruchten Bänken dreimal zu lagern (C_max) (Fig. 190). Auch das Ausbohren der Spindel ist sehr zweckmäßig, weil man hierbei eine bessere Kontrolle über das Material gewinnt. Die hohle Spindel gewährt außerdem eine bessere Kühlung und ein leichtes Heraustreiben der Körner (Fig. 173).

Die Spindellager.

Eine weitere Forderung, die ebenfalls die Güte der Arbeit an den Spindelstock einer Drehbank stellt, ist die ruhige und unverschiebbare Lage der Spindel. Sie darf unter dem Arbeitsdruck des Stahles weder Quer- noch Längsbewegungen erfahren, d. h. sie darf nicht schlagen. Diese Aufgabe fällt den Spindellagern zu. In ihnen müssen demnach die Laufzapfen allseitig schließen, ohne daß die Spindel ihren leichten Gang einbüßt. Gegenüber dem nach rechts oder links wirkenden Arbeitsdruck des Stahles muß die Spindel in ihren Lagern vollkommen festliegen, so daß sie sich in keiner Richtung verschieben kann. Nur unter diesen Voraussetzungen vermag die Drehbank gut zu arbeiten.

Der größte Feind einer ruhig laufenden Spindel ist das Auslaufen der Lager und die Abnutzung der Zapfen. Hierdurch bekommt die Spindel Spiel und beginnt zu schlagen. Die weitere Forderung muß daher sein, den Verschleiß der Lager und Zapfen möglichst gering zu halten und ein Mittel zu schaffen, ihn jederzeit ausgleichen zu können.

Aus dem Grunde sind zunächst die Laufzapfen der unter starkem Druck laufenden Spindel zu härten und sauber einzuschleifen. Außerdem sind die Lagerschalen aus harter Phosphorbronze und bei größeren Beanspruchungen sogar aus Stahl zu wählen. Die Spindellager selbst sind möglichst lang zu halten ($l = 1{,}75 \div 2\,d$) und mit einer gut wirkenden Schmierung auszustatten. Um aber den unvermeidlichen Verschleiß ausgleichen zu können, ist die Spindellagerung nachstellbar einzurichten. Durch die Nachstellbarkeit ist sodann die Möglichkeit geboten, den toten Gang der Spindel auszugleichen und den Flächendruck in den Lagern zu regeln, so daß ein Bremsen und Festbrennen der Zapfen vermieden wird, und die Spindel leicht laufen kann.

Die Bedingungen für die Spindel und ihre Lagerung lassen sich danach in 3 Fragen zusammenfassen:

1. Wie begegnet man dem Zittern der Spindel?

2. Wie wird die Spindel gegenüber den Schubkräften nach rechts und links festgelegt?

3. Wie gleicht man den Verschleiß der Lager aus?

Die Mittel für eine nachstellbare Spindellagerung sind kegelige Laufzapfen oder kegelige Lagerschalen, die gleichachsig nachzuziehen sind. In dieser Form erfüllen die Spindellager noch einen weiteren Zweck. Für ein genaues Langdrehen muß nämlich die Spitzenhöhe des Reit- und Spindelstockes scharf übereinstimmen. Um sie genau auszurichten, können die nachstellbaren Spindellager benutzt werden, sofern sich durch das

Auslaufen der Lager die Spindel etwas gesenkt hat.   Nach diesen Gesichtspunkten sind die folgenden Lager entworfen.

Die kegeligen Laufzapfen (Fig. 176 und 177) nehmen beim Drehen nach dem Spindelstock den nach links wirkenden Arbeitsdruck in beiden Lagern am Zapfenkegel auf.   Beim Drehen nach dem Reitstock wirft sich der nach rechts wirkende Druck auf den Druckring am Haupt-

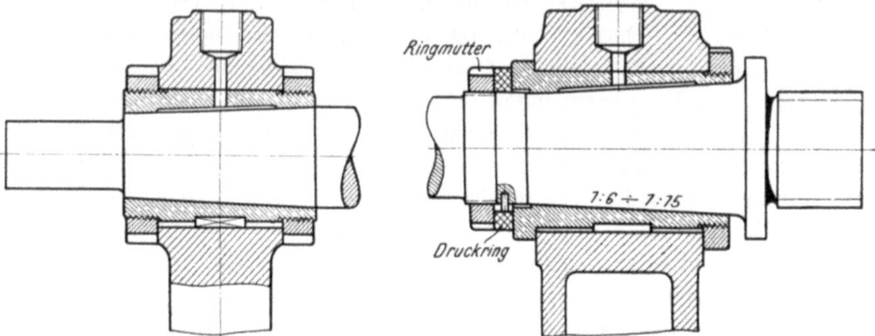

Fig. 176. Endlager oder Schwanzlager mit kegeligem Laufzapfen.

Fig. 177. Hauptlager mit kegeligem Laufzapfen.

lager.   Diese Festlegung genügt, da der Hauptdruck ja auf dem Reitstock lastet.   Durch diese Lagerung liegt demnach die Spindel nach beiden Richtungen unverschiebbar fest.   Der leichte Gang der Spindel läßt sich durch ein sachgemäßes Einstellen der Zapfen erreichen.   Sie gestatten auch, sobald sich ein Auslaufen der Lager bemerkbar macht, die Spindel auf die genaue Spitzenhöhe der Bank wieder einzustellen.   Ein praktischer Nachteil dieser Lagerung ist das umständliche Nachstellen beider Lager.   Da das Hauptlager stärker verschleißt, so ist auch das Endlager jedesmal mit einzustellen.   Es besitzt hierzu eine verschiebbare Büchse, die durch die beiderseitigen Ringmuttern nachzustellen ist.

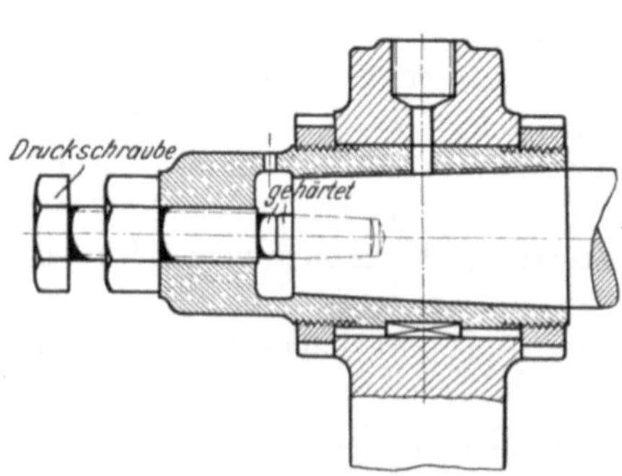

Fig. 178. Entlastetes End- oder Schwanzlager.

Ein wirksames Mittel, die Lager von dem Spindeldruck teilweise zu entlasten und für die Spindel selbst einen leichteren Lauf zu schaffen, wäre, in dem Endlager eine gehärtete Druckschraube anzuordnen (Fig. 178).   Dieses Lager erfordert allerdings beim Nachstellen eine ganze Menge Handgriffe, auch geht meist das Spindelende für den Antrieb der Leitspindel verloren; dafür gewährt es aber die beste Schonung der Lager, die erst nach langer Zeit nachzustellen sind.

Die gleiche Entlastung des Haupt- und Endlagers kann auch durch
ein Kugellager erreicht werden, das in Fig. 179 und 180 als Spurlager
eingebaut ist. Der Spindeldruck wirft sich hier auf die beiden Zapfenkegel und das Kugellager, das durch die Kappe k eingestellt wird. Bei

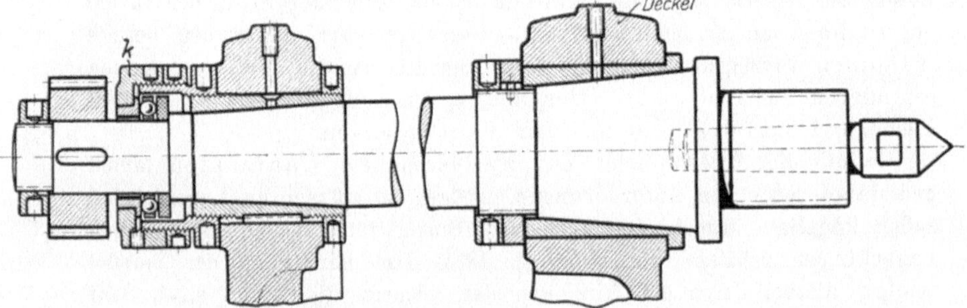

Fig. 179 und 180. Haupt- und Kugeldrucklager. Saxoniawerk, Dresden.

diesem Endlager bleibt auch das Spindelende für den Antrieb der Leitspindel frei.

Eine dauerhafte Spindellagerung führt auch die Firma H. Wohlenberg, Hannover, aus. Bei ihr ist die Spindel ebenfalls im Hauptlager
festgelegt und zwar einerseits durch den kegelförmigen Hauptzapfen

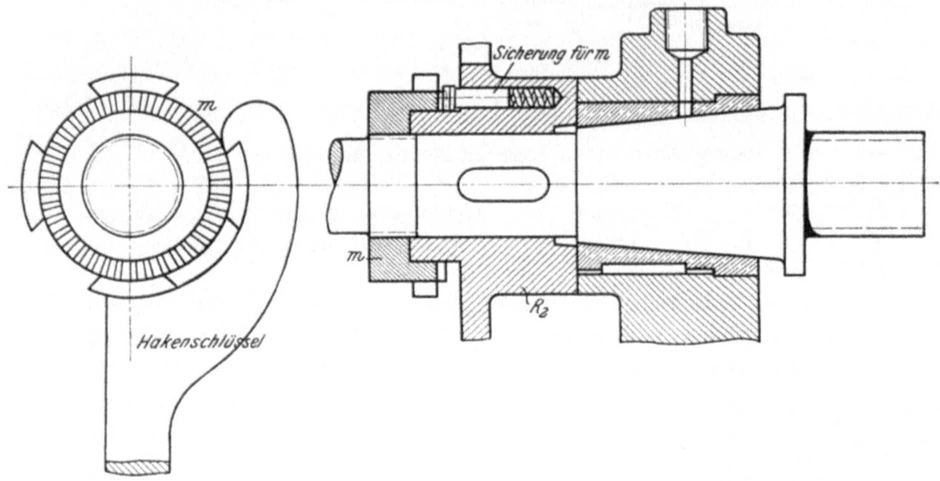

Fig. 181 und 182. Hauptlager. H. Wohlenberg, Hannover.

und auf der Gegenseite durch die Nabe des Zahnrades R_2 (Fig. 181
und 182). Der Zapfen wird hier durch Anziehen der Mutter m im Lager
zum Schließen gebracht. Dabei legt sich das Zahnrad R_2 gegen die Stirn
des Lagers. Der nach links wirkende Spindeldruck verteilt sich daher
auf die beiden Kegelzapfen und eine Druckschraube am Schwanzende der

Spindel, so daß beide Lager ziemlich entlastet sind. Der nach rechts gehende Spindeldruck ruht aber auf der größeren Nabenfläche des Zahnrades. Zum Nachstellen der Spindel dient ein Hakenschlüssel, der zwischen Stufenscheibe und Rad R_2 eingeführt wird. Um die Mutter gegen Lösen zu sichern, sitzt im Zahnrade R_2 ein federnder Stift, der in die Sperrzähne von m eingreift. Das Lager gewährt außer den bereits erwähnten Vorzügen noch eine kurze Spindel, da die Mutter m keinen besonderen Raum erfordert. Das Rad R_2 bleibt dazu stets in derselben Ebene und kann sich nicht mit dem Vorgelege ecken.

Soll die Arbeitsspindel mit zylindrischen Laufzapfen laufen und dabei den obigen Anforderungen genügen, so müssen die Lagerschalen außen kegelig sein und beiderseits durch Ringmuttern in dem geschlossenen Lagerkörper gehalten werden (Fig. 183). Das Einstellen der Spindel erfolgt hierbei durch ein Anziehen der Schalen, die durch einen Stift gegen Drehen zu sichern sind. Zur besseren Nachgiebigkeit sind die

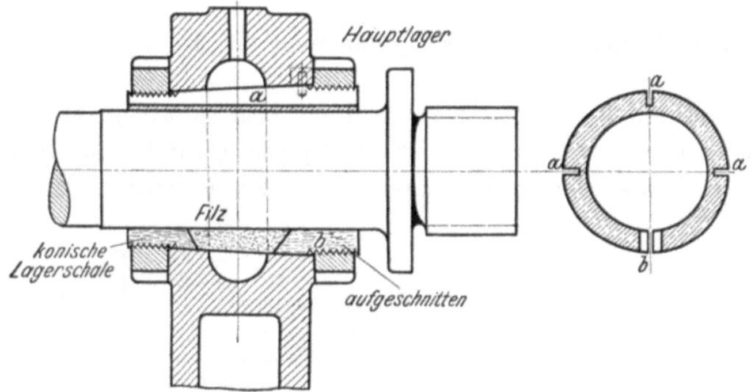

Fig. 183 und 184. Hauptlager mit zylindrischem Laufzapfen.

Schalen bei b geschlitzt und am äußeren Umfang bei a angeschnitten (Fig. 184). In dieser Form vermögen sie sich beim Nachstellen dem Zapfen besser anzupassen.

Für die Schmierung derartiger Lager bieten sich zwei Möglichkeiten. Bei oben liegendem Schlitz kann das Öl dem Zapfen direkt zugeführt werden (Fig. 164). Liegt der Schlitz unten, so ist der Lagerkörper als Ölbehälter auszubilden, das Öl durch Filzeinlagen anzusaugen und durch sie dem Laufzapfen zuzuführen (Fig. 183). Dabei können die Schlitze durch Leder abgedichtet werden.

Die Aufnahme des nach rechts und links wirkenden Spindeldruckes erfordert bei zylindrischen Laufzapfen ein besonderes Drucklager, durch das die Spindel nach beiden Richtungen festzulegen ist (Fig. 185). Dieses Lager besteht aus drei gehärteten Druckringen, die aufeinander gleiten und den Spindeldruck aufnehmen. Von ihnen sitzt der mittlere Ring b durch die Feder f und die Mutter d fest auf der Spindel. Die äußeren Ringe a und c sind an der Überwurfmutter m und an der Lagerschale befestigt. Der nach links wirkende Spindeldruck wird daher von b auf a übertragen, während der nach rechts wirkende von c aufgenommen wird. Die Spindel ist demnach durch den mittleren Druckring b nach beiden Richtungen gehalten. Diese Lagerung gestattet daher, mit dem Hauptlager das Schlagen der Spindel in der Querrichtung auszugleichen und mit dem Schwanzlager jedes Spiel in der Längsrichtung zu beseitigen.

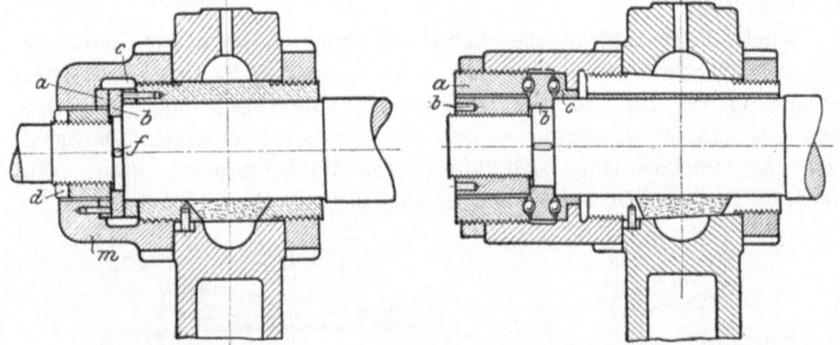

Fig. 185. Drucklager. Ludw. Loewe & Co., Berlin.   Fig. 186. Kugeldrucklager.

Hierzu sind nur die entsprechenden Ringmuttern anzuziehen. Die Lager sind also bequemer in ihrer Handhabung.

Ein theoretischer Nachteil des letzten Lagers liegt in der gleitenden Reibung, die sich aber durch Kugellager beseitigen läßt. Das Lager in Fig. 186 trägt hierzu zwischen den einzelnen Druckringen je einen Kugelring. Eine ähnliche Ausführung zeigt auch Fig. 187. Bei ihr liegt das

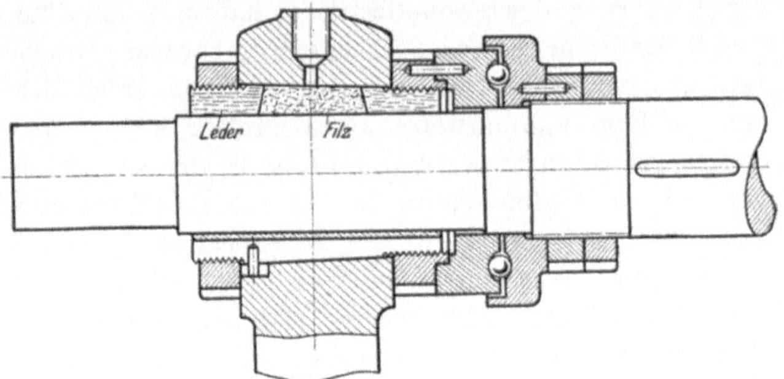

Fig. 187. Kugeldrucklager. J. E. Reinecker, Chemnitz.

Kugellager innerhalb des Spindelkastens. Das Schwanzende der Spindel kann hierbei in voller Stärke durchgeführt werden, jedoch wird ihre freitragende Länge etwas größer und das Lager selbst weniger zugänglich.

Der Spindeldruck läßt sich auch hier am Hauptlager aufnehmen, wie dies bei dem Schaerer-Lager (Fig. 188 und 189) durch den vorderen Kugelring geschieht. Zum Nachstellen sitzt auf der Spindel eine gußeiserne Laufbüchse b, so daß sich beim Anziehen der Ringmutter r Büchse b und

Spindel im Sinne der Pfeile bewegen. Die Spindel kann sich daher bei dieser Lagerung im Endlager frei ausdehnen.

Eine weitgehende Verwendung der Kugellager zeigt die Arbeitsspindel der Loeweschen Schruppbänke. Die Spindel ist hier an 3 Stellen gelagert und läuft in Schalen und 4 Kugelringen, während der Druck nach beiden Richtungen von dem hinteren Kugelstützlager aufgenommen wird (Fig. 190).

Auch die Druckschraube kann bei diesen Lagern zur Aufnahme des Spindeldruckes benutzt werden. So nimmt bei den Wohlenbergschen Lagern (Fig. 191 und 192) die Druckschraube s den nach links gerichteten Druck auf und der Druckring m den nach rechts gerichteten. Die Spurfläche der Druckschraube wird hier durch Ringschmierung geölt. Ein derartiges Endlager ist allerdings etwas umständlicher nachzustellen.

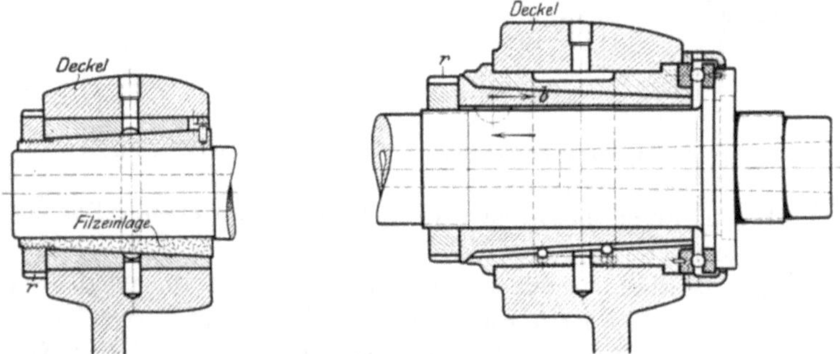

Fig. 188 und 189. Spindellager von Schaerer & Co., Karlsruhe.

Seit der Einführung des Schnellbetriebes hat man die Güte und die Betriebssicherheit der Spindellager noch durch die besser wirkende Ringschmierung erhöht, wie sie aus den Fig. 191 und 192 ersichtlich ist.

Bei allen leichten und mittelschweren Bänken können die Spindellager geschlossen ausgeführt werden. Beim Einbauen ist daher die Arbeitsspindel von vorn gleichzeitig in die Lager, Stufenscheibe und Räder zu stecken. Um dieses Einfädeln zu erleichtern, ist die Spindel in ihrem Durchmesser mehrfach abzusetzen (Fig. 173). Bei schweren Drehbänken ist ein solches Einbauen zu mühsam. Hier sind Stufenscheibe und Räder zunächst auf die Spindel zu bringen und so in die Lager hineinzulegen. Zu diesem Zweck sind die Spindellager als Deckellager auszuführen. Auf ein vollkommen gleichachsiges Nachziehen wird hierbei vielfach verzichtet, so daß die Lager nur durch die Deckelschrauben nachzustellen sind. Der nach rechts wirkende Spindeldruck wird hierbei, wie früher, am Hauptlager durch den Druckring d aufgenommen und der nach links wirkende Druck durch den Bund b am Hauptlager und durch die Druckschraube s am Schwanzlager (Fig. 193 bis 195). Aber auch bei schweren Planbänken findet man kegelige Hauptzapfen, die im Sinne der früheren Lager nachzustellen sind.

Ein Vergleich der kegeligen Laufzapfen mit den zylindrischen gibt, theoretisch betrachtet, den ersteren den Vorzug; denn der Kegel-

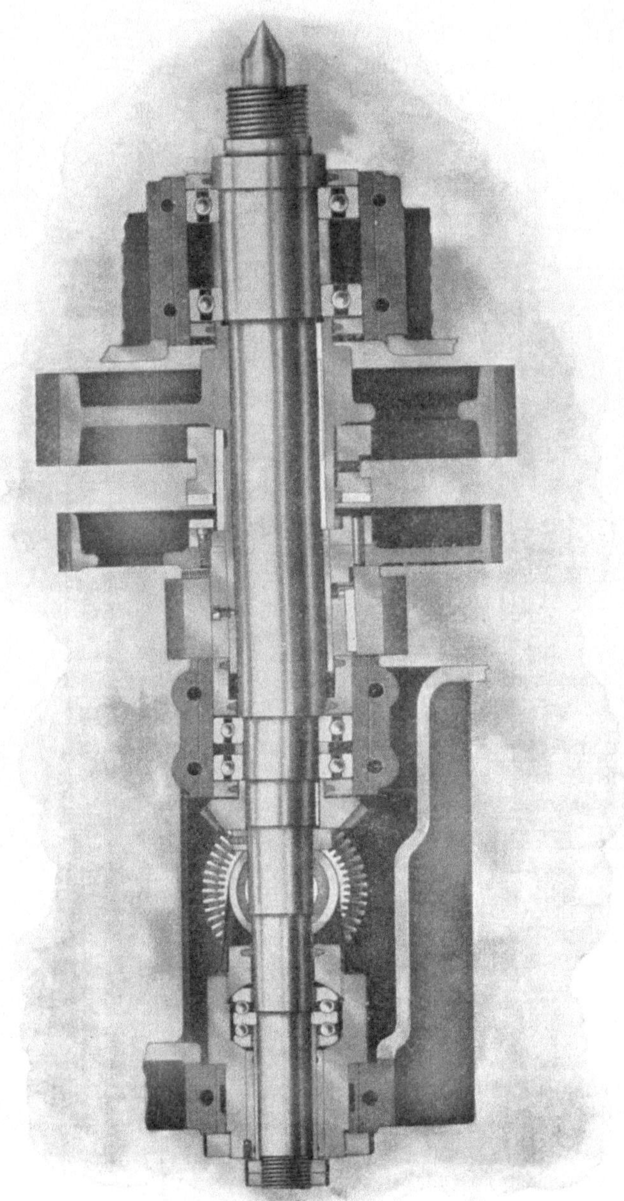

Fig. 190. Spindellagerung von Ludw. Loewe & Co., Berlin.

zapfen läßt sich gut einpassen, und er läuft sich auch gut ein. Er gibt einen kräftigen Spindelkopf, und die Spindel selbst läßt sich genau aus-

8*

richten. Kegelzapfen beanspruchen aber eine sachgemäße Wartung, weil sie — zu stark angezogen — bremsen und warm laufen. Das Einstellen der Spindel ist vielfach sehr umständlich, da es sich auf beide Lager er-

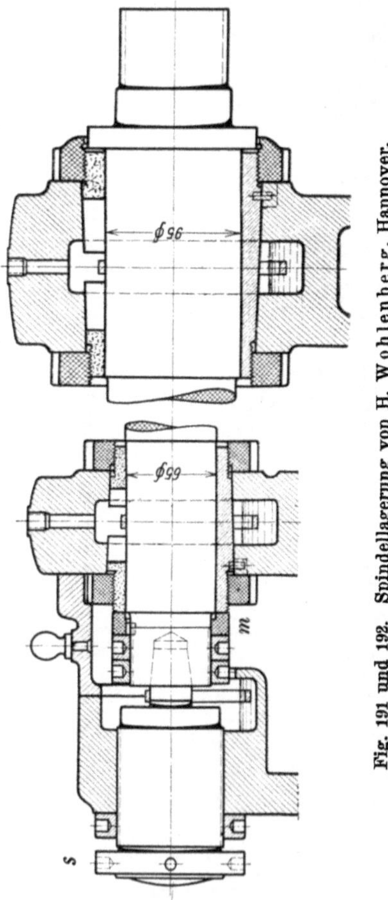

Fig. 191 und 192. Spindellagerung von H. Wohlenberg, Hannover.

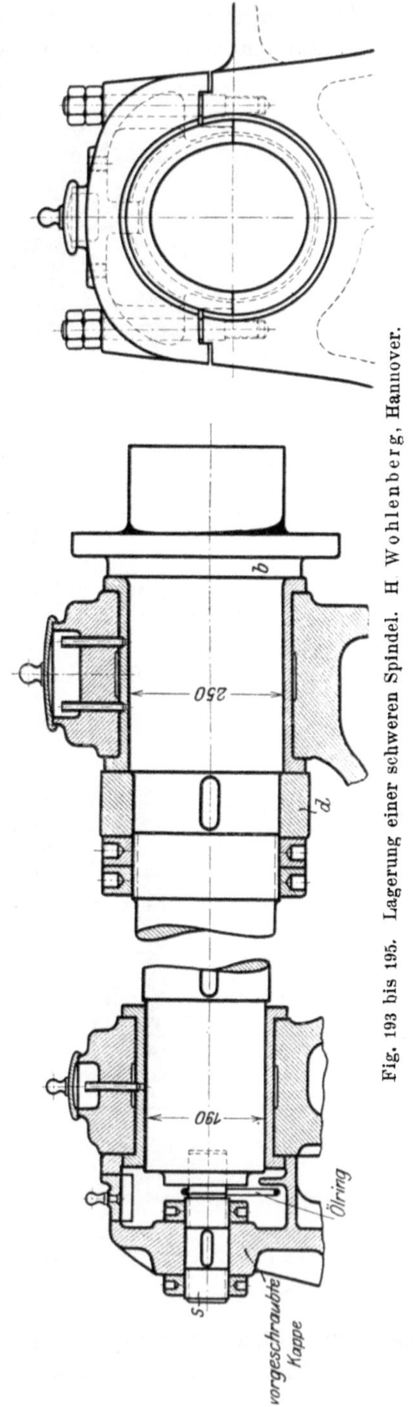

Fig. 193 bis 195. Lagerung einer schweren Spindel. H. Wohlenberg, Hannover.

streckt. Die letzten Punkte, in denen man auf die Zuverlässigkeit und Geschicklichkeit des Arbeiters angewiesen ist, haben veranlaßt, zylindrische Laufzapfen zu nehmen, die sich sehr gut bewährt haben. Dazu kommt noch, daß die Kegelzapfen keine Ausdehnung der Spindel zulassen, ein

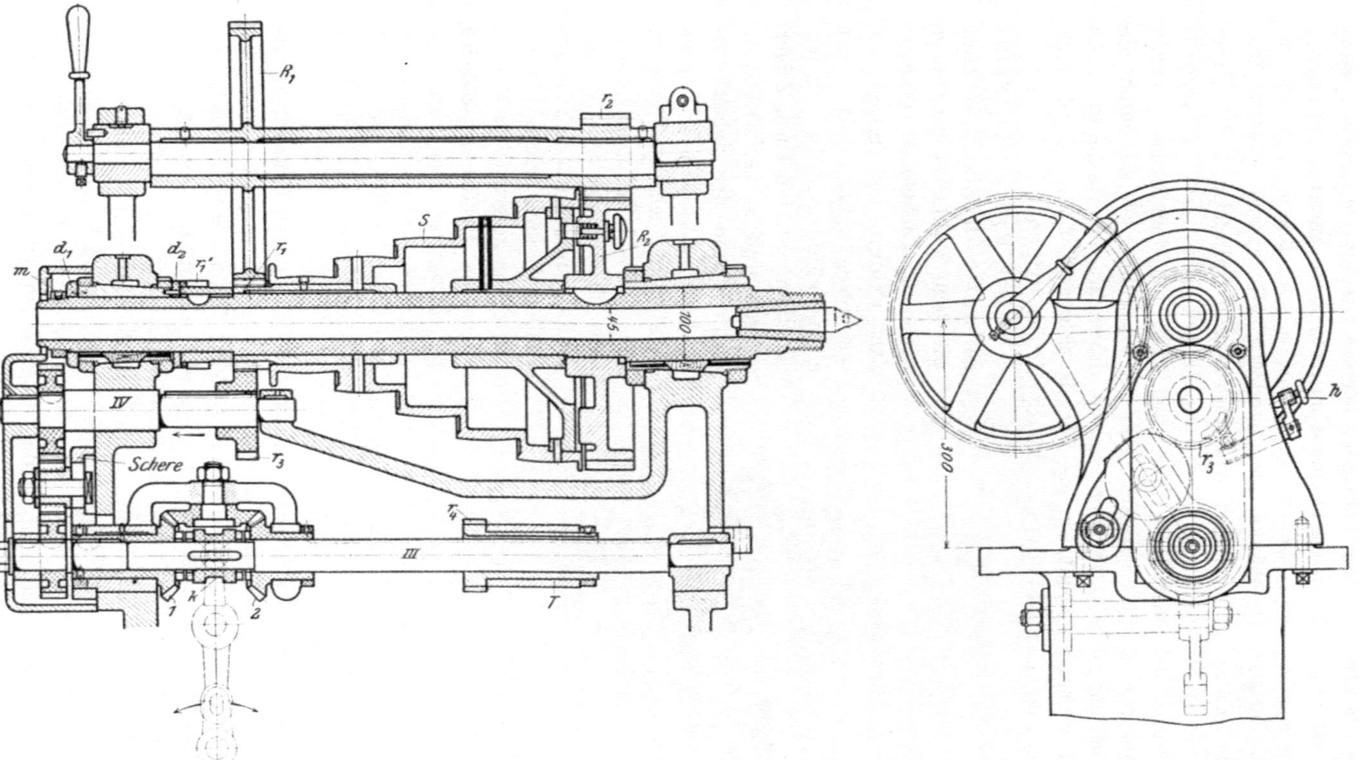

Fig. 196 und 197. Spindelstock von Heidenreich & Harbeck, Hamburg. Stufenscheibe: 130, 185, 240. 295, 350 mm Durchmesser. Räder: $z_1 = 25$ $M = 4{,}5$, $Z_1 = 75$ $M = 4{,}5$, $z_2 = 15$ $M = 6$, $Z_2 = 60$ $M = 6$. 300 mm Spitzenhöhe.

schwerer Nachteil bei den heutigen, höheren Geschwindigkeiten. Selbst Firmen, die mit großer Beharrlichkeit an ihren alten Modellen festhielten, haben sich daher diesen Neuerungen nicht verschließen können. So besitzen die neueren Drehbänke fast durchweg zylindrische Spindelzapfen.

Die neueren Erfahrungen sind auch in dem Spindelstock der Firma Heidenreich & Harbeck, Hamburg (Fig. 196 und 197) verkörpert. Die Arbeitsspindel stützt sich hier nach links mit dem Rade r''_1 gegen den Druckring d_2 am Schwanzlager. Nach rechts ist sie durch die Mutter m und den Druckring d_2 am Schwanzlager festgelegt. Die Mutter m kann nach Abnehmen des Deckels leicht gefaßt werden und durch Nachziehen die Längsbewegungen der Spindel beseitigen.

Fig. 198.   Prüfen der Spindel auf ruhigen Lauf.

Das Prüfen der Spindel auf ruhigen Lauf kann mit dem Fühlhebel oder auch mit dem Lichtspalt erfolgen. Zum Prüfen der Spindel auf Querbewegungen kann man einen Prüfdorn in die Bohrung einsetzen, an ihn einen Zeiger anlegen und so den Lichtspalt beim Drehen der Spindel beobachten. An Stelle des Zeigers kann man auch den Fühlhebel ansetzen und die Spindel ruckweise drehen. Wegen der Ölverdrängung im Lager wird der Fühlhebel stets einen kleinen Ausschlag zeigen (Fig. 198).

Das Prüfen der Spindel auf Längsverschiebungen geschieht ebenfalls durch Einsetzen eines Prüfdornes, dessen Vorderkante genau senkrecht steht. Läuft die Spindel, so macht der Dorn alle Längsverschiebungen mit, die durch den Lichtspaltmesser oder durch den Fühlhebel gemessen werden können.

Der Antrieb des Spindelstockes ist in seinen Grundzügen bekannt. Nach ihnen hat der Erbauer, um die Leistung der Drehbank voll ausnutzen zu können, bei seinem Entwurf die Schnittgeschwindigkeit den vorgeschriebenen Grenzen entsprechend einzuhalten und auf eine einfache und sichere Bedienung Rücksicht zu nehmen.

Drehbänke für allgemeine Zwecke verlangen einen größeren Geschwindigkeitswechsel als Schruppbänke. So haben die Universaldrehbänke von 250 mm Spitzenhöhe der Firma Ludw. Loewe & Co., Akt.-Ges., Berlin, 18 Spindelgeschwindigkeiten, die zwischen 13 und 450 Umläufen in der Minute abgestuft sind, während die Schruppbänke nur 8 Ab-

stufungen zwischen 12,6 und 240 Umläufen aufweisen. Schwere Drehbänke mit über 5 bis 8 PS. erhalten zweckmäßig ein Stufenrädergetriebe,
dagegen leichtere nur, wenn sie für Einzelarbeiten bestimmt sind. In anderen Fällen genügt die Stufenscheibe vollauf.

Der Reitstock.

Der Reitstock hat mit dem Spindelstock die gemeinsame Aufgabe, beim Langdrehen zum Einspannen des Werkstückes zu dienen. Hierzu trägt er, wie die Arbeitsspindel, einen Körner (Reitnagel), der in das Werkstück eingesetzt wird. Aus dieser Handhabung folgt auch der innere Bau des Reitstockes. Für das gerade Ansetzen des Körners erscheinen Schraube und Mutter mit Selbsthemmung am besten geeignet. Ihre Anwendung gestattet jedoch zwei Formen, die bei dem Reitstock mit äußerer und innerer Spindel zum Ausdruck kommen.

Bei dem Reitstock mit äußerer Spindel (Fig. 199) sitzt der Körner in der Schraube (Patrone), so daß die Mutter als Handrad auszubilden ist. Es wird durch eine zweiteilige Scheibe gehalten, während die Patrone durch eine Feder f gegen Drehen gesichert ist. Auf diese Weise kann der Körner mit dem Handrade angesetzt

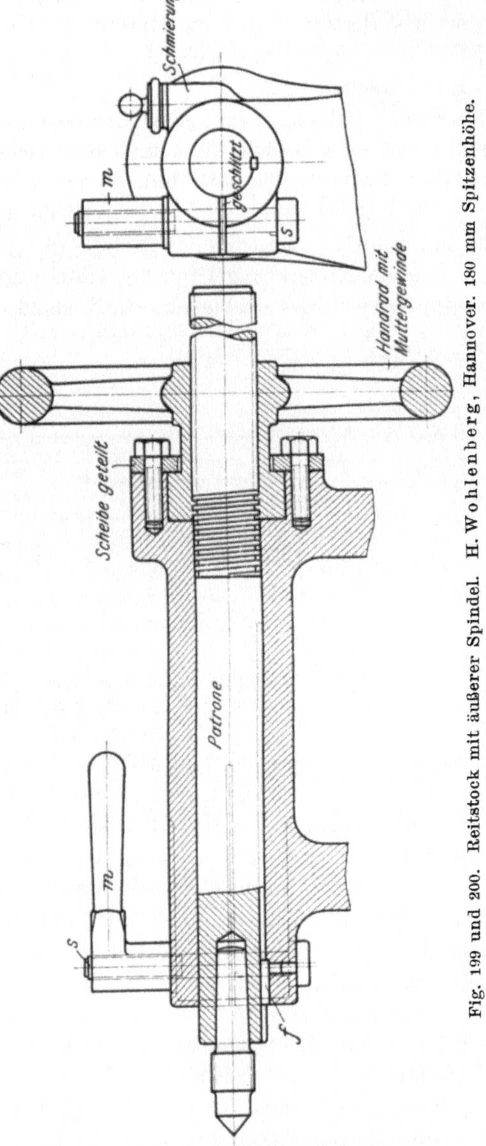

Fig. 199 und 200. Reitstock mit äußerer Spindel. H. Wohlenberg, Hannover. 180 mm Spitzenhöhe.

werden, ohne daß ihn das kreisende Werkstück wieder zurückschraubt. Um aber ein ruhig laufendes Werkstück zu bekommen und die Feder f von dem ständigen Druck zu entlasten, ist namentlich bei schweren

Schnitten die Patrone in dem Reitstock festzuklemmen. Diese Mantelklemmung besteht aus der Schraube s und der Handmutter m, die den geschlitzten Reitstockmantel zusammendrücken (Fig. 200).

Der Reitstock mit innerer Spindel (Fig. 201) trägt den Körner in der als Patrone dienenden Mutter, so daß die Spindel gedreht werden muß. Sie ist daher einerseits durch einen Bund und andererseits durch das Handrad gehalten.

Ein Vergleich dieser Ausführungen gibt der letzten den Vorzug, daß die Spindel geschützt liegt und sich leichter drehen läßt. Der Körner kann zum Nachschleifen mit dem Handrad leicht herausgedrückt werden. Der Reitstock mit äußerer Spindel erscheint allerdings kräftiger und wäre wohl bei schweren Maschinen vorzuziehen.

Die Mantelklemmung kann bei schlecht schließender Patrone leicht die Körnerspitze seitlich verschieben, ein Nachteil, der zur Backenklemmung

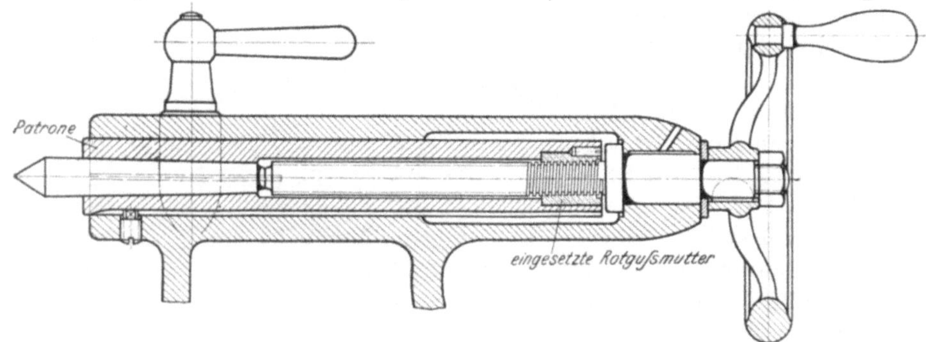

Fig. 201. Reitstock mit innerer Spindel, 150 mm Spitzenhöhe.
Ludw. Loewe & Co., Berlin.

geführt hat. So wird bei dem Reitstock in Fig. 6, Tafel V die Patrone durch die beiden Klemmbacken genau in der Spitzenrichtung gehalten, da ja beim Umlegen des Handgriffs die Backen die Patrone von beiden Seiten gleichmäßig fassen.

Der äußere Aufbau des Reitstockes gestaltet sich nach folgenden Gesichtspunkten: Vorbedingung für ein genaues Langdrehen ist bekanntlich die gleichachsige Lage beider Körner. Sie müssen sich sowohl in gleicher Höhe als auch in gleicher Richtung treffen, d. h. die Spitzen müssen fluchten. Hierzu werden Reitstockgehäuse und Spindelkasten zweckmäßig zusammen gehobelt, so daß die Bearbeitung schon eine gleiche Spitzenhöhe sichert. Kleine Unterschiede, die sich im Betriebe einstellen, können dann durch die Spindellager beseitigt werden. Zum Einstellen der Spitzenrichtung muß der Reitstock quer zum Bett verschiebbar sein. Hierzu ist der Reitstockkörper auf einer Bettplatte geführt und mit der Stellschraube s und der Mutter m quer zur Bank fein einzustellen (Fig. 202 und 204). Diese Feineinstellung kann in Fig. 165 auch mit dem Spindelstock vorgenommen werden.

Mit der Querverschiebung des Reitstocks ist noch eine weitere Bedingung erfüllt. Beim Abdrehen schlanker Kegel muß bekanntlich der Reitstock verstellt werden. Diese Einstellung läßt sich ebenfalls mit der obigen Spindel s vornehmen.

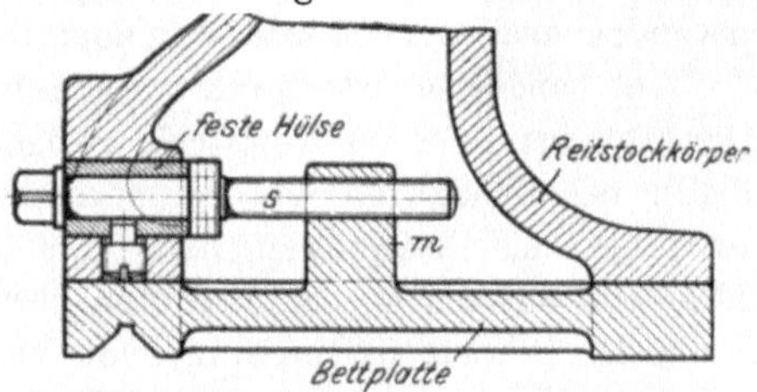

Fig. 202. Querverschiebung des Reitstockes.

Das Fluchten der Spitzen wird mit dem Fühlhebel geprüft. Ein genau zylindrischer Bolzen wird zwischen die Spitzen gespannt, der Fühlhebel in den Werkzeugschlitten und mit dem Taststift an den Bolzen angesetzt. Fluchten die Spitzen genau, so muß der Zeiger des Fühlhebels in allen Stellungen des Schlittens dieselbe Lage einnehmen, wenn der Bolzen langsam gedreht wird (Fig. 203).

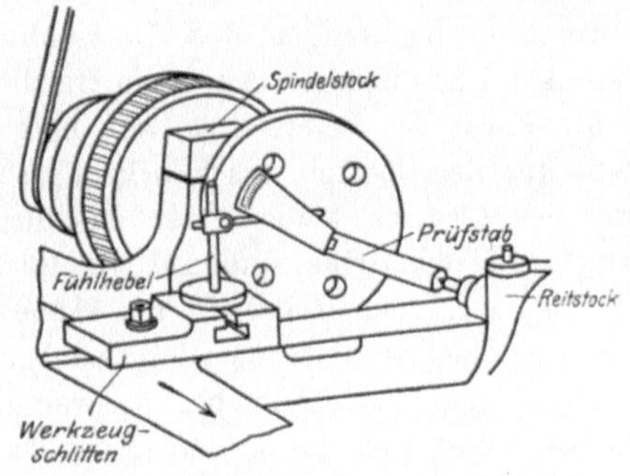

Fig. 203. Prüfen der Spitzen auf Fluchten.

Die Anordnung des Reitstockes auf dem Drehbankbett hat mit Rücksicht auf die schwankende Spitzenlänge zu erfolgen. Um sie dem Werkstück bequem anpassen zu können, ist der Reitstock auf dem Drehbankbett zu verschieben und festzuklemmen; dabei darf er aber seine Achsenrichtung nicht ändern. Infolgedessen ist der Reitstock auf einer Leiste des Bettes zu führen (Fig. 204 und 205). Zum Festklemmen des Reitstockes

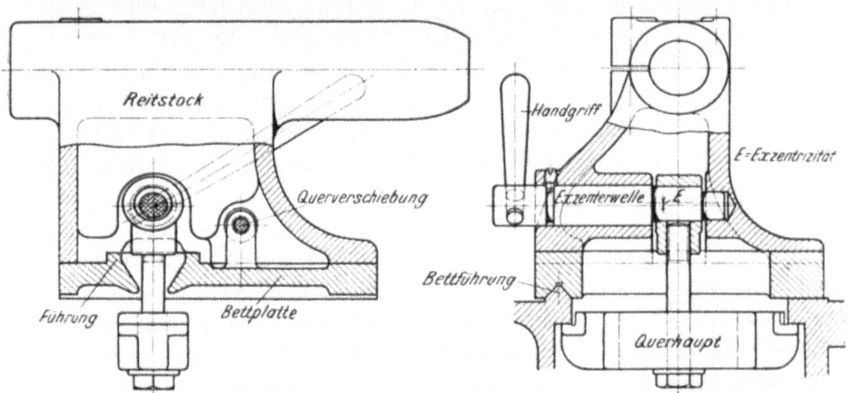

Fig. 204 und 205. Festklemmung des Reitstockes. 150 mm Spitzenhöhe.

können Schraube und Mutter benutzt werden, die beim Anziehen die Klemmplatte gegen die inneren Bettwangen drücken (Fig. 5, Tafel V). Diese

Schraubenklemmung ist zwar umständlich, dafür kann sich der Reitstock aber nicht so leicht lockern. Sie ist daher bei schweren Bänken stets anzuwenden und zwar am besten in doppelter Ausführung (Fig. 5, Tafel V).

Viel handlicher ist die **Exzenterklemmung** (Fig. 204 und 205). Sie besteht aus einer im Reitstock gelagerten Exzenterwelle E, die beim Umlegen des Handgriffs den Reitstock festklemmt, wobei sich das Querhaupt gegen die Bettwangen legt. Sie läßt sich aber nur bei leichten Drehbänken verwenden, bei mittleren dürfte die Exzenterklemmung, vereint mit der Schraubenklemmung, von Vorteil sein.[1) Erstere kann hierbei zum raschen Einspannen der Werkstücke benutzt werden, während letztere erst nach dem Ausrichten angezogen wird.

Von der Breite des Reitstockes ist noch die nutzbare Drehlänge der Bank abhängig. Um nämlich den Werkzeugschlitten möglichst nahe an den Reitstock kurbeln zu können, ist sein Gehäuse nur so breit zu wählen, daß die Führungswangen des Bettschlittens noch zu beiden Seiten des Reitstockes Platz finden. Auch die Handlichkeit des Werkzeugschlittens ist von der Form des Reitstockes abhängig. Um nämlich in der Nähe des Reitstockes den Oberteil des Werkzeugschlittens auch senkrecht zur Bettplatte benutzen zu können, ist das Reitstockgehäuse nach hinten ausgekragt, und die Griffe sind auf die Rückseite gelegt.

Soll durch den Reitstock die **Güte der Arbeit** nicht beeinträchtigt werden, so darf die Patrone nicht nachgeben. Sie ist daher recht kräftig zu halten und namentlich bei schweren Schnitten festzuklemmen. Der Reitstock selbst darf durch den Gegendruck des Werkstückes nicht kippen. Die Festklemmung muß daher möglichst vorn liegen und bei schweren Maschinen sogar doppelt ausgeführt werden (Fig. 5, Tafel V).

Der Werkzeugschlitten.

Der Werkzeugschlitten oder das Stichelhaus dient für gewöhnlich als Einspannvorrichtung des zu schaltenden Werkzeuges. Er muß daher alle **Vorschübe und Arbeitsstellungen** des Stahles gestatten, die für die einzelnen Dreharbeiten notwendig sind. Neben diesem Grundsatz ist bei dem Bau des Werkzeugschlittens auf eine einfache Handhabung sowie auf eine sichere Führung des Stahles als Vorbedingung für gute Arbeit besonders Rücksicht zu nehmen.

Die erste Aufgabe, die verschiedenen Vorschübe des Stahles zu erzeugen, fällt dem Unterschlitten zu. Da sich beim Lang- und Plandrehen die Vorschübe kreuzen, so muß die Grundform des Unterteiles ein Kreuzschlitten sein. Von ihm ist der Bettschlitten für den Längsgang bestimmt und hierzu auf dem Drehbankbett geführt (Fig. 206). Der Planschlitten, der die Planvorschübe auszuführen hat, muß seine Führung auf dem Bettschlitten erhalten, so daß sich ihre Vorschübe jederzeit rechtwinklig kreuzen.

[1) Z. d. V. d. Ing. 1910 S. 337.

Die zweite Aufgabe ist durch den Oberschlitten zu lösen. Er hat also den Stahl in die verschiedenen Arbeitsstellungen beim Lang- und Plandrehen, Bohren, Kegeldrehen von Hand usw. zu bringen und auch hierin den Span anzustellen. Diese Arbeitsstellungen des Stahles verlangen zunächst einen drehbaren Stahlhalter, mit dem der Drehstahl in jeder Schnittstellung festgespannt werden kann.

Eine besondere Aufgabe stellt das Kegeldrehen mit dem Werkzeugschlitten. Bedingung hierfür ist, daß der Stahl parallel zum Kegelmantel, also schräg zur Bank, geschaltet werden kann (Fig. 208). Dies ist aber nur möglich, wenn der Oberteil nach einer Gradteilung auf die Neigung des Kegels schrägzustellen ist. Diese Schrägstellung des Werkzeugschlittens verlangt daher als Grundlage für den Oberteil eine Drehscheibe. Sie sitzt mit einem Zapfen auf dem Planschlitten und kann auf ihm gegenüber dem Arbeitsdruck festgeklemmt werden (Fig. 207). Zum Schalten des Stahles in der schrägen Richtung ist der eigentliche Stahlhalter auf einem Aufspannschlitten *a* angeordnet, der mit der Hand gekurbelt werden kann. Mit dem Aufspannschlitten kann auch der Stahl in einzelnen Arbeitsstellungen, wie beim Plandrehen, angesetzt werden.

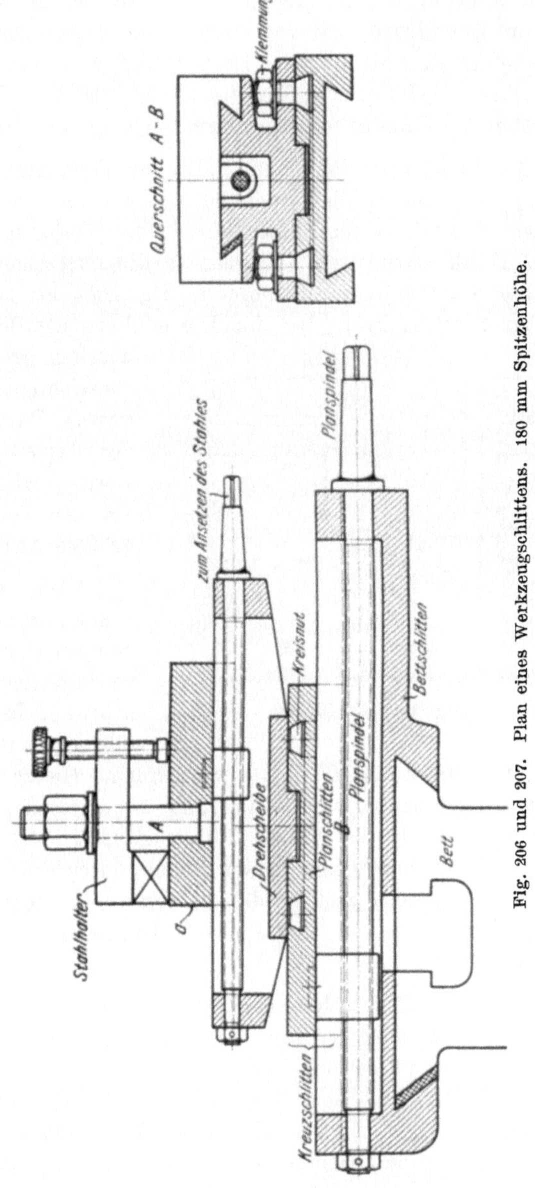

Fig. 206 und 207. Plan eines Werkzeugschlittens. 180 mm Spitzenhöhe.

In dieser Bauart ist der Werkzeugschlitten einfach zu handhaben. Der Längsschlitten läßt sich mit einem Handrade einstellen und der Planschlitten mit der Planspindel. Die Drehscheibe gestattet, den Werkzeugschlitten beim Kegeldrehen von Hand schräg zu stellen. Der Span ist beim Langdrehen mit der Planspindel anzustellen, die zum Feineinstellen meist einen Teilring hat. Beim Plandrehen kann es mit der oberen Spindel erfolgen. Die genaue Schnittstellung des Stahles läßt sich dabei mit dem drehbaren Stahlhalter ausrichten.

Eine letzte Bedingung, die der Werkzeugschlitten noch zu erfüllen hat, ist seine richtige Bauhöhe. Damit der Stahl in der Spitzenlinie angesetzt werden kann, ist die Bauhöhe des Werkzeugschlittens der Spitzenhöhe der Bank anzupassen. Hierzu ist die Drehscheibe bei größeren Spitzenhöhen kastenförmig auszubilden (Fig. 206), bei kleineren als ebene Platte (Fig. 209 bis 215). Bei der Formgebung der Bettplatte ist noch das Bearbeiten größerer Drehkörper zu berücksichtigen. Bei Werkstücken von großen Durchmessern muß nämlich der Oberteil weit nach vorn gekurbelt werden. Hierfür muß der Bettschlitten auf der Vorderseite der Bank eine größere Ausladung haben (Fig. 206).

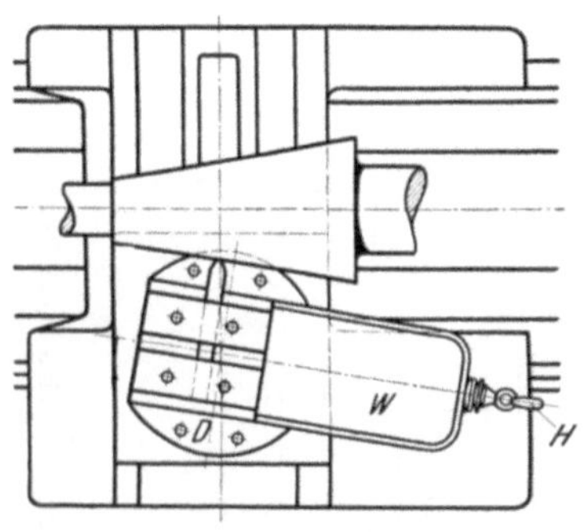

Fig. 208. Kegeldrehen.

Die sichere Führung des Stahles erfordert als Vorbedingung für ruhigen Gang einen kräftigen Werkzeugschlitten, der ohne Erschütterungen arbeitet. In den einzelnen Schlittenführungen ist, wie bei den Spindellagern, jeder tote Gang zu vermeiden. Hierzu sind bei allen Schlitten Stelleisten anzubringen (Fig. 206 bis 215), die durch Schrauben nachzustellen sind. Die genaue Führung des Stahles erfordert noch eins: Um den Werkzeugschlitten gegen Ecken durch den einseitigen Zug der Leitspindel zu schützen, ist die Bettplatte in langen Bahnen auf dem Bett zu führen. Sie hat daher eine ⊢⊣-förmige Grundform mit langen Führungslappen.

Die Flächen der Schlitten sind mit der Tuschierplatte zu prüfen, und die einzelnen Schlittenführungen mit dem Fühlhebel oder dem Lichtspaltmesser auf genauen Gang zu untersuchen. Man prüft z. B. die Führung des Schlittens auf dem Bett, indem man den Fühlhebel in den Stahlhalter festspannt und mit dem Taster an die Tragfläche der Führungsleiste ansetzt, d. h. bei Dachführungen nicht an die obere Schmalkante sondern an die breiten geschabten Seitenflächen. Führt man so den Schlitten auf dem Bett entlang, so muß der Zeiger überall denselben Ausschlag zeigen (Fig. 216).

Der Stahlhalter.

Der Stahlhalter dient zum Festspannen des Drehstahles. Soll der Stahl ruhig arbeiten, so muß der Stahlhalter nicht nur kräftig gebaut sein sondern auch dem Werkzeug eine sichere Auflage bieten. Der

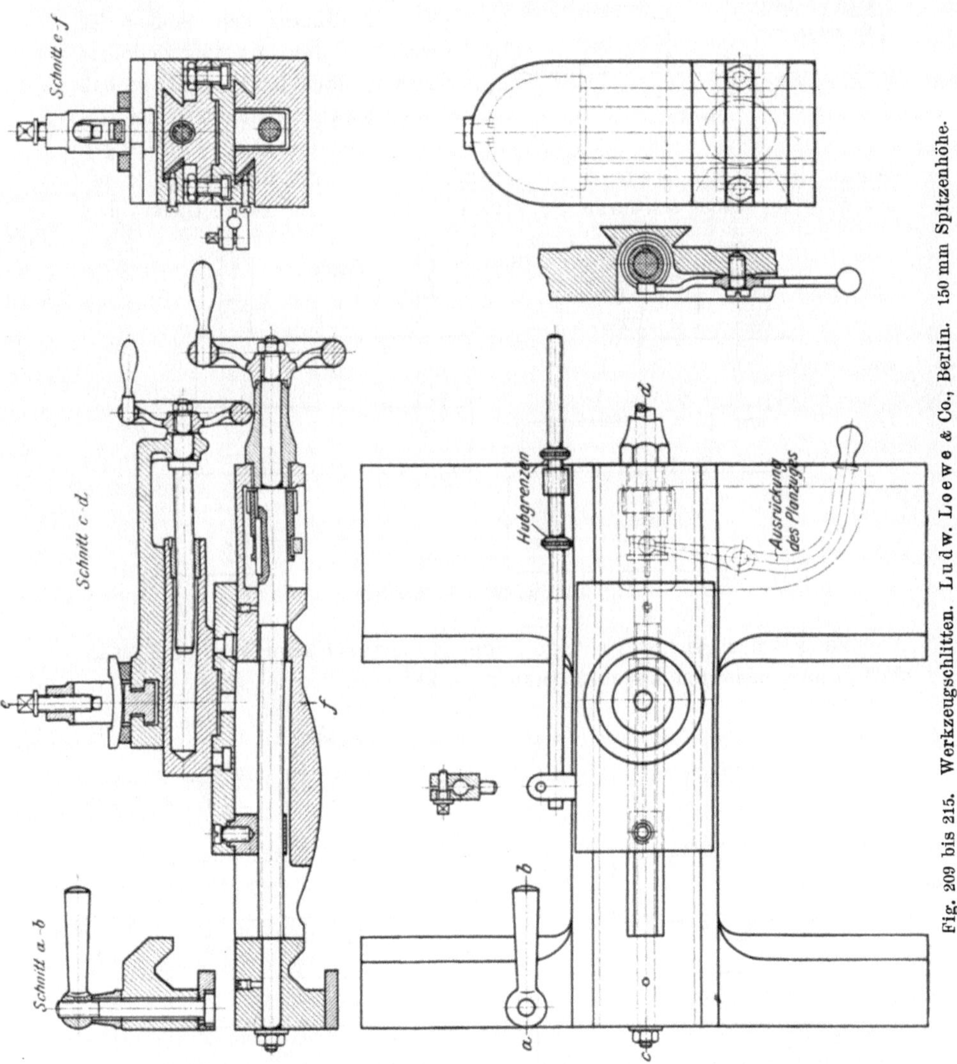

Stahl ruht für gewöhnlich auf dem Aufspannschlitten. Er wird bei dem Z-förmigen Stahlhalter (Fig. 217 und 218) durch zwei Druckschrauben festgespannt. In Fig. 219 und 220 besorgt dies eine Klemmplatte, die durch die Stellschraube angedrückt wird. Durch Drehen des Halters kann, wie bereits erwähnt, der Stahl in jeder Schnittstellung festgespannt werden.

Beide Stahlhalter erfordern jedoch genau zum Schnitt geschliffene Werkzeuge. Will man die richtige Schnittstellung des Stahles mit dem Stahlhalter etwas ausrichten können, so erfordert dies eine bewegliche Unterlage. Sie ist in Fig. 221 und 222 durch den Meißelteller geschaffen, der mit einer Zylinderfläche in dem Ringe ruht, so daß der Drehstahl genau mit ihm eingestellt werden kann. Bei langen Stählen lassen sich sogar zwei derartige Stahlhalter hintereinander benutzen. Gegenüber schweren Schnitten bietet aber die letzte Bauart dem

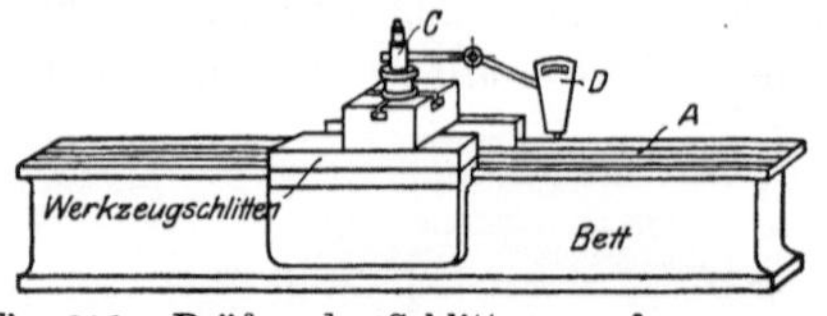

Fig. 216.   Prüfen des Schlittens auf genauen Gang.

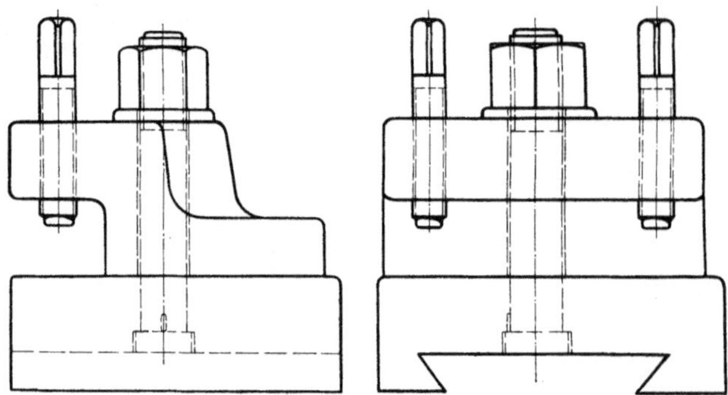

Fig. 217 und 218.   Stahlhalter.

Werkzeug keine genügend ruhige Lage. In diesen Fällen sind die Klemmplatten mit mehreren Druckschrauben vorzuziehen.

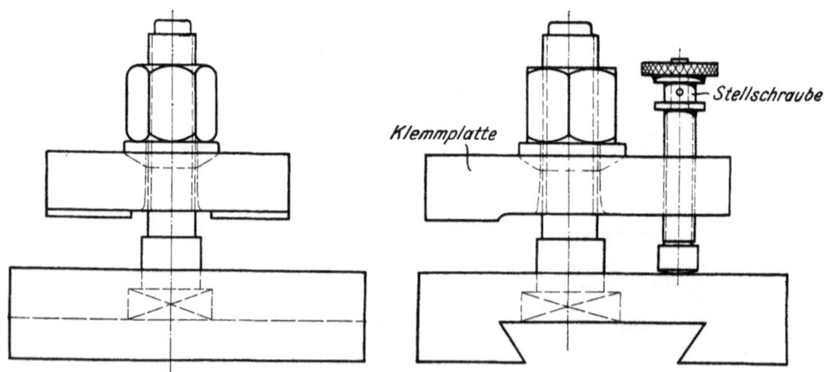

Fig. 219 und 220.   Stahlhalter.

Bei allen bis jetzt bekannten Stahlhaltern geht, sobald der Stahl eine neue Arbeitsstellung einnehmen muß, die Festklemmung verloren. In Fig. 223 ist der Stahl mit Klemmschrauben in einem Vierkant-Stahlhalter festgespannt, der sich nach Lösen des Handgriffs in jede Lage drehen läßt, ohne daß die Festspannung des Stahles verloren geht. Der Werk-

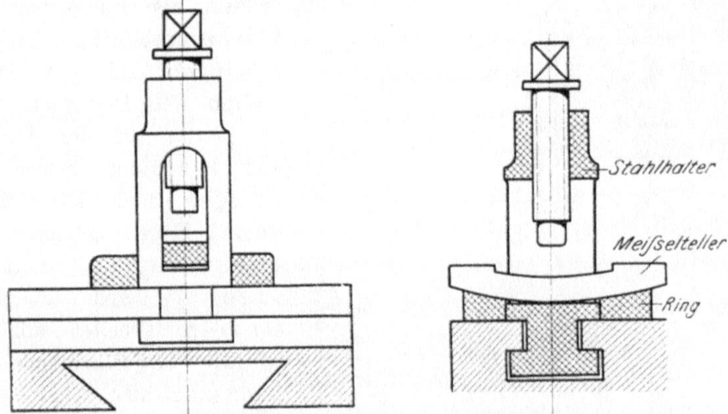

Fig. 221 und 222. Stahlhalter.

zeugschlitten hat die Eigenart, daß Kegelräder mit selbsttätigem Vorschub abgedreht werden können, sobald die betreffenden Winkel eingestellt sind.

Die Steuerung des Werkzeugschlittens.

Will man die Leistung einer Drehbank und die Güte ihrer Arbeit heben, so sind in der Steuerung des Werkzeugschlittens verschiedene

Fig. 223. Revolver-Stahlhalter de Fries & Co., A.-G. Düsseldorf.

Bedingungen zu erfüllen: Soll die Bank selbsttätig arbeiten, so müssen die Vorschübe beim Lang- und Plandrehen von der Maschine selbst erzeugt werden, d. h. die betreffenden Schlitten müssen Selbstgang haben. Diese

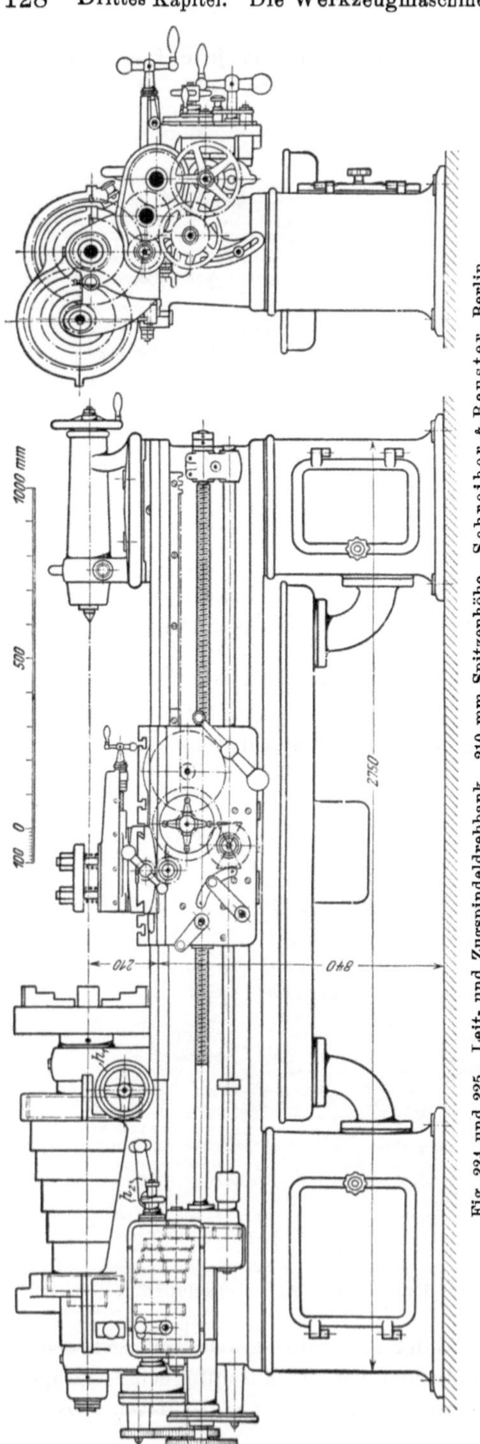

Fig. 224 und 225. Leit- und Zugspindeldrehbank. 210 mm Spitzenhöhe. Schreiber & Beuster, Berlin.

Aufgabe fällt der Steuerung zu. Sie hat also beim Langdrehen den Längsgang des Werkzeugschlittens hervorzubringen und beim Plandrehen den Plangang. Als Steuerung für den Längs- und Plangang dienen die Längs- und Planzüge. Beide Züge müssen also selbsttätig — Selbstzüge — und außerdem einzeln arbeiten können, so daß beim Plandrehen der Längszug auszuschalten ist und umgekehrt beim Langdrehen der Planzug.

Die beiden Züge des Werkzeugschlittens sind, da es sich um gerade Vorschübe handelt, durch Schraube und Mutter, Zahnstange und Zahnrad oder durch Zahnstange und Schnecke zu bilden. Wird der Längszug durch eine Schraube gebildet, so heißt die Bewegungsschraube Leitspindel. Von ihr ist auch der Antrieb des Planzuges zu vermitteln. Benutzt man eine Zahnstange zum Steuern des Werkzeugschlittens, so ist der Vorschub von einer glatten Triebwelle, der Zugspindel, abzuleiten, die auch den Planzug zu treiben hat. Die Leitspindel ist in ihrer Anwendung zwar teurer, dafür gibt sie aber einen genaueren Vorschub als die glatte Zugspindel. Sie ist daher beim Gewindeschneiden stets anzuwenden.

Einfache Drehbänke besitzen zum Steuern des

Werkzeugschlittens nur eine Leitspindel, die bei allen Dreharbeiten benutzt wird. Bei derartigen Leitspindelbänken (Fig. 171) wird daher die Leitspindel sehr angestrengt, so daß sie bald durch den Verschleiß der Mutter und der Spindel beim Gewindeschneiden mangelhafte Arbeit liefert.

Die gesteigerten Ansprüche an die Leistung der Bank und die Güte ihrer Arbeit haben daher veranlaßt, neben der Leitspindel noch eine Zugspindel anzuordnen. Bei diesen Leit- und Zugspindeldrehbänken (Fig. 224 und 225) ist daher bei gewöhnlichen Dreharbeiten die Zugspindel zu benutzen und nur beim Gewindeschneiden die Leitspindel. Auf diese Weise schonen sie die Leitspindel und sichern so für längere Betriebszeiten eine größere Genauigkeit des Gewindes.

Außer den erwähnten Selbstzügen für den Längs- und Plangang muß jeder Werkzeugschlitten noch eine Handsteuerung besitzen für das Einstellen von Hand. Dieser Handzug besteht für gewöhnlich aus einem Handrade, mit dem ein Zahnstangengetriebe bedient wird. Alle Züge der Steuerung sind in der Schloßplatte oder Schürze unterzubringen, die dem Dreher bequem zur Hand liegen soll.

Die Leitspindeldrehbänke.

Die Leitspindel erhält als Bewegungsschraube Trapezgewinde. Sie wird zweckmäßig dicht vor dem Bett gelagert, so daß sie unter der Bettwange geschützt liegt. In dieser Anordnung übt sie zwar einen einseitigen Zug auf die Bettplatte des Werkzeugschlittens aus, der sich aber um so weniger eckt, je näher man die Spindel an das Bett heranrückt, und je länger die Führungswangen der Bettplatte sind. Im Innern des Bettes würde die Leitspindel den seitlichen Zug zwar beseitigen, dafür aber die Bedienung ihrer Züge erschweren.

Die von der Leitspindel betriebenen Züge sind in ihrer Bauart möglichst einfach und kräftig zu halten. Sie müssen schnell bedient werden können und ein irrtümliches, gleichzeitiges Einrücken zweier Züge ausschließen. Zum Schutz gegen Späne und zur Sicherheit des Arbeiters sind ihre einzelnen Räder verdeckt anzuordnen. Aus dem Grunde liegen die Züge zweckmäßig hinter der Schloßplatte und nur die Handgriffe auf der Vorderseite. Ist diese Anordnung nicht durchzuführen, so sind die Räder vor der Schloßplatte wenigstens einzukapseln. Für den ruhigen Gang der Steuerung sind die einzelnen Getriebe in der Schloßplatte gut zu lagern und die Zapfen recht kräftig zu nehmen. Bei größeren Längen ist eine Doppellagerung der Zapfen anzustreben.

Das Mutterschloß.

Der Längsgang des Werkzeugschlittens erfordert für seinen Antrieb durch die Leitspindel eine Mutter, die beim Plandrehen zu öffnen und für das Langdrehen zu schließen ist. Kommt der Stahl an der Arbeitsgrenze an, so muß der Werkzeugschlitten mit einem Griff stillzusetzen sein.

Die Leitspindelmutter ist daher als Mutterschloß auszubilden (Fig. 226 bis 228). Zu diesem Zweck ist die Mutter in zwei Backen zerlegt, die

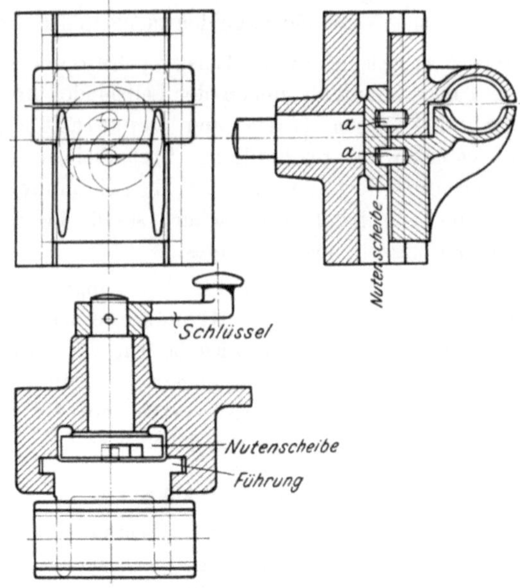

Fig. 226 bis 228. Mutterschloß.

zum Mitnehmen des Werkzeugschlittens in der Schloßplatte geführt sind. Durch den Schlüssel des Schlosses läßt sich die Mutter öffnen und schließen.

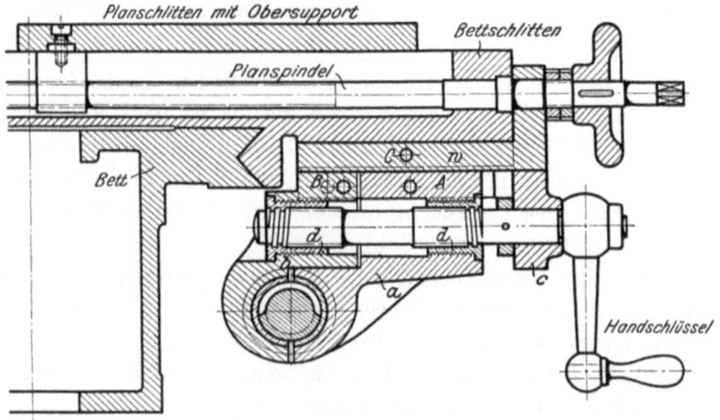

Fig. 229. Mutterschloß mit Stahlrückzug. Wohlenberg, Hannover.

Als Schlüssel kann eine Nutenscheibe dienen, in deren außerachsige Nuten die Stifte a der Mutterbacken fassen. Durch Drehen der vorderen Kurbel wird daher die Nutenscheibe das Schloß öffnen und schließen, indem die Nuten die Mutterbacken auseinanderschieben oder zusammenziehen. Bei diesem Mutterschloß ist zuerst der Schlüssel in die Schloß-

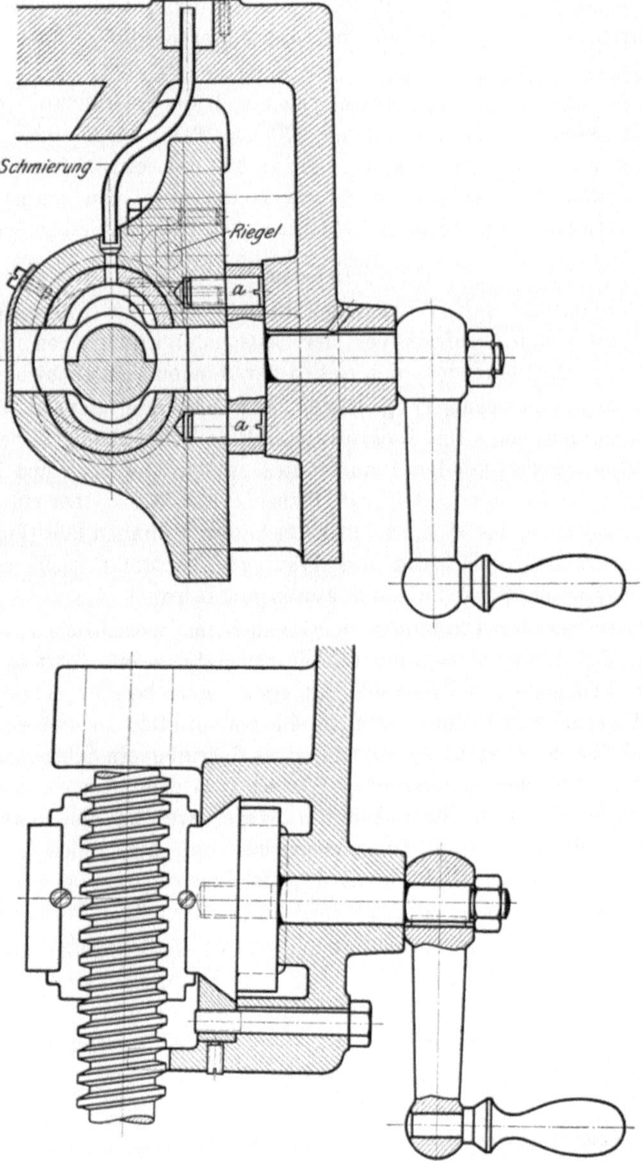

Fig. 230 und 231. Mutterschloß. Braun & Bloem, Düsseldorf.

platte einzubauen. Hierauf sind die Mutterbacken von oben und unten
in die Führung einzuführen, wobei die Stifte a die gegenseitig ausmündenden Nuten des Schlüssels zugleich fassen.

9*

Eine zweite Schlüsselform bieten Schraube und Mutter (Fig. 229). Da sich die Backen *a* und *b* beim Öffnen und Schließen entgegengesetzt bewegen, so ist die Schraube mit Rechts- und Linksgewinde zu versehen, so daß durch Drehen der Handkurbel das Mutterschloß geöffnet und geschlossen werden kann (S. 155).

Die Neuerungen an dem Mutterschloß sind auswechselbare Gewindebacken mit besonderer Ölzufuhr (Fig. 230 und 231). Um einen ruhigen Gang zu sichern, sind Stelleisten angebracht, die ein Nachstellen der Führung gestatten. Vielfach wird das Mutterschloß in ausgerücktem Zustande verriegelt (Fig. 262), sobald man den Planzug eingerückt hat.

Die Planzüge.

Den Plangang des Werkzeugschlittens hat die Planspindel zu vermitteln, die hierzu ebenfalls von der Leitspindel anzutreiben ist. Für die Gestaltung des Planzuges bieten sich verschiedene Möglichkeiten.

Der zunächstliegende Weg wäre, die Planspindel direkt von der Leitspindel anzutreiben. Das hierzu erforderliche Schneckengetriebe würde aber durch das große Rad den Planschlitten zu sehr hemmen und bei der Bedienung hinderlich sein. Bei dem Planzuge ist daher stets ein kleines Planrad anzustreben, das sich in den Bettschlitten einbauen läßt (Fig. 209). Für die praktische Ausführung des Planzuges verbleibt somit nur der Antrieb der Planspindel durch Zwischengetriebe.

Der Aufbau des Planzuges wird daher im wesentlichen von der Anordnung des ersten Zwischengetriebes abhängig sein. Sitzt es in der Ebene der Leitspindel, so besteht das erste Getriebe aus Kegelrädern. Sitzt es hingegen höher oder tiefer als die Leitspindel, so daß sich Leitspindel und Zapfen kreuzen, so ist als erstes Getriebe ein Schraubenräder- oder Schneckengetriebe einzubauen. Für den weiteren Ausbau des Planzuges kommen nur noch Stirnräder in Frage, welche die Bewegungsübertragung von dem ersten Zwischengetriebe auf die gleich gerichtete Planspindel vermitteln. Danach wird jeder Planzug aus einem Kegelräder- oder Schneckengetriebe und einer Reihe Stirnräder bestehen.

Zwei nach diesen Gesichtspunkten entworfene Planzüge zeigen die Schloßplatten in Fig. 232 und 233. Der erste Planzug besteht hier aus den Kegelrädern *1* und *2*, sowie den Stirnrädern *3*, *4* und *5*, von denen *5* als Planrad auf der Planspindel sitzt. Der zweite Planzug besitzt zum Steuern des Planschlittens ein Schneckengetriebe *1*, *2* und die Stirnräder *3*, *4* und *5*.

Eine sehr wichtige Aufgabe ist hierbei die Ausbildung des Planzuges als Planschloß, das bekanntlich beim Langdrehen zu öffnen und für das Plandrehen zu schließen ist. Hat der Stahl beim Arbeiten die Grenze erreicht, so muß auch das Planschloß mit einem Griff auszurücken sein. Für ein derartiges Planschloß bieten sich mehrere Lösungen. Da es sich hierbei um das Ein- und Ausschalten eines Räderwerkes handelt, so müssen grundsätzlich dieselben Mittel benutzt werden können, wie bei den Stufenrädergetrieben. Das Planschloß kann daher entweder aus einem verschiebbaren Rade bestehen, das beim Verschieben mit seinem Zahnkranz in oder außer Eingriff kommt, oder es besteht aus einem kuppelbaren Rade, das zum Einrücken des Planzuges gekuppelt und zum Ausrücken entkuppelt wird.

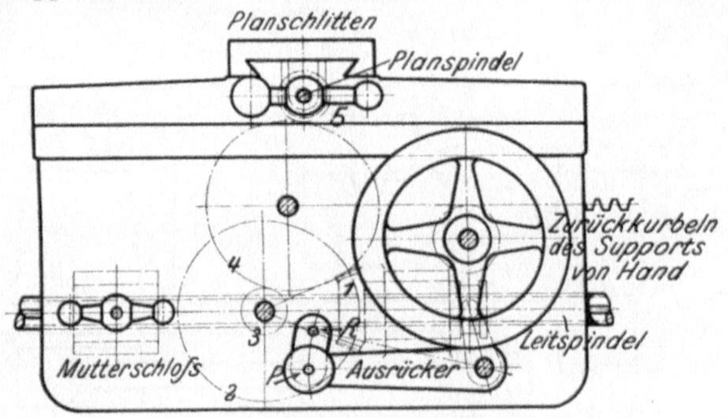

Fig. 232. Plan einer Schloßplatte.

Ein sehr gebräuchliches Mittel ist ein in der Achsenrichtung verschiebbares Kegelrad (Fig. 234). Das Rad *1* ist als solches durch Feder und Nut mit der Leitspindel verbunden. Zum Aus- und Einrücken dient eine Kurbel, die die Radnabe faßt und durch einen Ausrücker vor der Schloßplatte zu bedienen ist. Der Ausrücker besitzt zwei gekennzeichnete Stellungen *P* und *R* (Fig. 232). Stellt man ihn auf *P* ein, so wird die Kurbel nach links ausschlagen, das Verschieberad *1* einrücken und den Planzug schließen. Legt man den Ausrücker auf *R*, so ist das Schloß geöffnet. Beide Stellungen sind durch den Riegel gesichert.

Eine ähnliche Lösung bietet ein verschiebbares

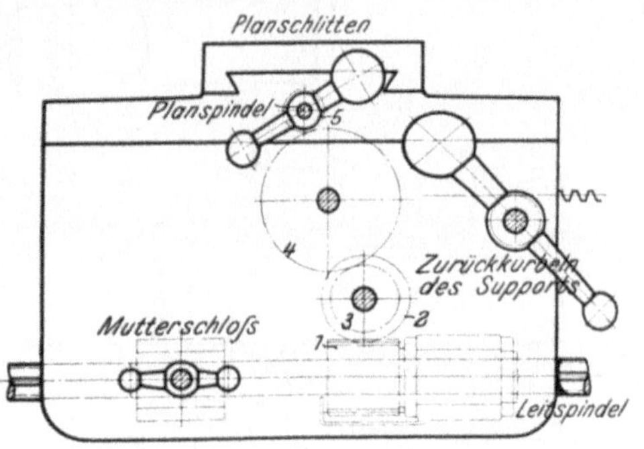

Fig. 233. Plan einer Schloßplatte.

Stirnrad. Als solches kann nach Fig. 232 das Planrad *5* dienen. Es sitzt zu diesem Zweck auf Feder und Nut verschiebbar auf der Planspindel (Fig. 209 bis 215). Durch einen aus dem Bettschlitten hervortretenden Handgriff läßt es sich in den Planzug ein- und ausrücken.

Eine grundsätzlich gleiche Ausrückung läßt sich auch mit dem Stirnrade *3* des in Fig. 233 dargestellten Planzuges erreichen. Um dieses Rad mit *4* außer Eingriff zu bringen, ist es auf der Nabe des Schneckenrades *2*

zu verschieben. Der zugehörige Schlüssel des Planschlosses besteht aus
einer Schraube und Mutter (Fig. 235). Die steile Schraube ist hier in
der Schloßplatte gelagert, und die Mutter faßt mit einer Gabel die Nabe

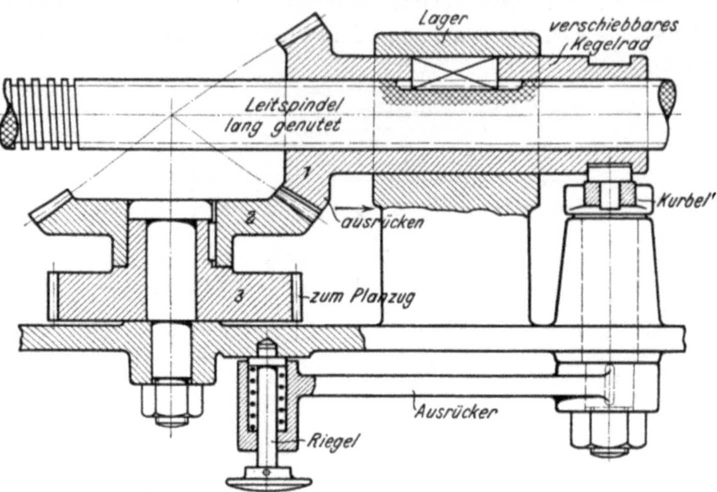

Fig. 234. Planschloß mit Verschieberad 1.

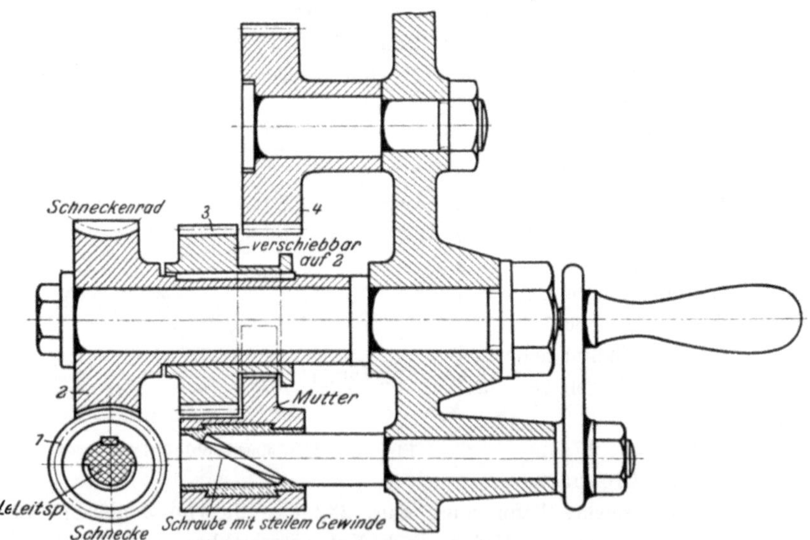

Fig. 235. Planschloß mit Verschieberad 3. Mammutwerke, Nürnberg.

des verschiebbaren Rades *3*. Um das Planschloß zu öffnen oder zu schließen,
ist daher nur die vordere Kurbel zu drehen.

Sitzen die Räder vor der Schloßplatte, so läßt sich das auszurückende
Rad leicht von Hand fassen und zurückziehen.

Die verschiebbaren Räder verlangen, beim Schließen des Planzuges den Zahneingriff abzupassen. Sie lassen sich daher am bequemsten beim langsamen Anlaufen der Bank einrücken. Geschieht es jedoch bei vollem Span, so werden die Zähne gefährlich belastet. Eine kleine Erleichterung

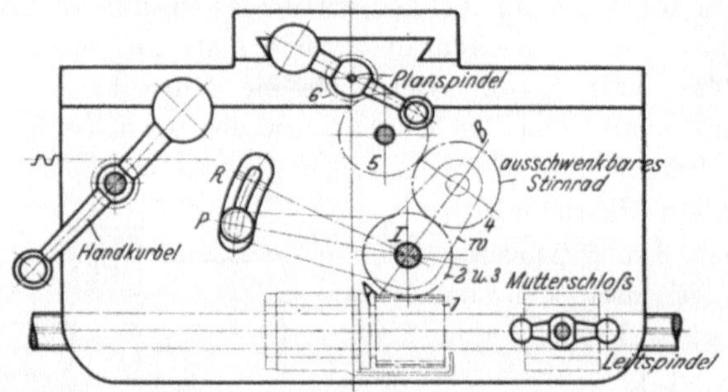

Fig. 236. Plan einer Schloßplatte.

beim Einrücken läßt sich noch durch Abrunden der Stirnseiten der Zähne erzielen. Bei dem Planschloß in Fig. 235 fällt außerdem der mittlere Zapfen sehr lang aus. Er ist daher außergewöhnlich stark gehalten. In Fig. 234 muß die Leitspindel ihrer Länge nach genutet sein, so daß sie stark geschwächt wird.

Das Einrücken des Planzuges wird etwas erleichtert durch ein einschwenkbares Stirnrad, dessen Zähne sich schneller den Eingriff verschaffen. Dieses Mittel ist bei dem Planschloß in Fig. 236 benutzt. Das Schwenkrad 4 sitzt hier lose auf einem Zapfen des Winkelhebels w (Fig. 237). Er ist zum Ein- und Ausschwenken des Rades 4 um die Nabe von I drehbar und durch den Ausrücker in seinen Stellungen zu verriegeln. Setzt man den Ausrücker auf P, so ist der Planzug eingerückt, auf R ausgerückt.

Soll das Ein- und Ausrücken des Planzuges mit einem kuppelbaren Rade geschehen, so kann das betreffende Rad durch eine Zahnkupplung,

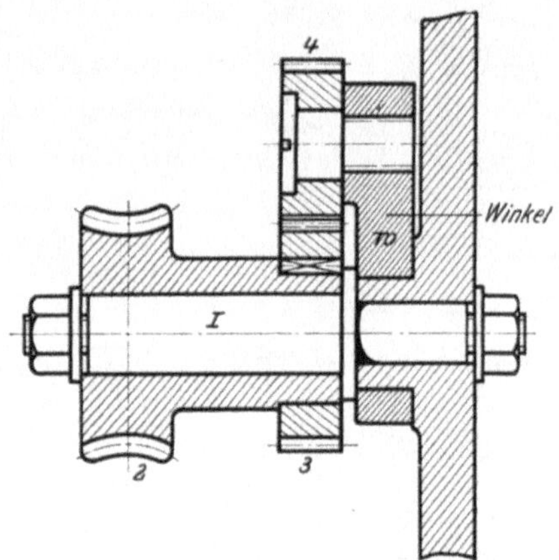

Fig. 237. Schwenkrad Schnitt $A\,B$.

Reibungskupplung oder Klemmkupplung gekuppelt werden. Hiermit ist der Vorzug verbunden, daß die Zahnkränze der Räder stets in Eingriff bleiben (Fig. 246). Das Planschloß mit Zahnkupplung gewährt den Verschieberädern gegenüber insofern Vorzüge, daß alle Zähne der

Kupplung auf einmal fassen und sich etwas zuspitzen lassen, so daß sie auch rascher fassen. Seiner Zwangläufigkeit wegen ist dieses Planschloß für schwere Maschinen besonders geeignet.

Größere Bequemlichkeit bietet das Planschloß mit Reibungskupplung. So wird in Fig. 238 das Schneckenrad *2* des Planzuges durch Reibung gekuppelt. Das lose Schneckenrad *2* sitzt hier auf dem geschlitzten Spreizring *r* des Stirnrades *3*. Wird nun die Schraube *s* angezogen, so drückt der Stift *a* mit seiner schrägen Stirn den Druckstab *b* hoch, der den Ring *r* aufspreizt und so durch Reibung *2* mit *3* kuppelt.

Das gleiche Planschloß ist in Fig. 239 mit dem Stirnrade *3* durchgeführt, bei dem sich das Kuppelrad *3* mit *2* kuppeln läßt.

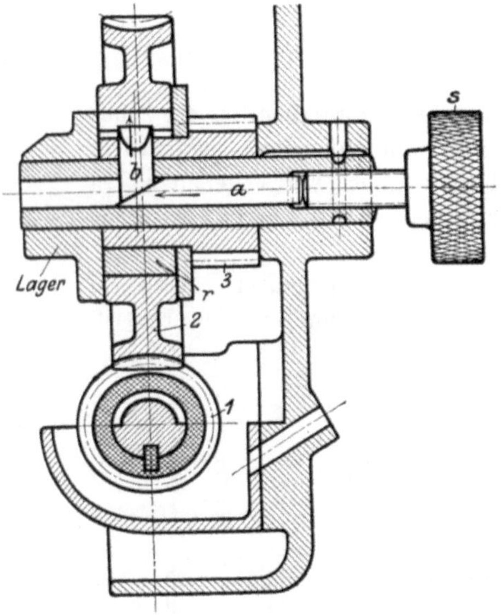

Fig. 238. Planschloß. Schaerer & Co., Karlsruhe. 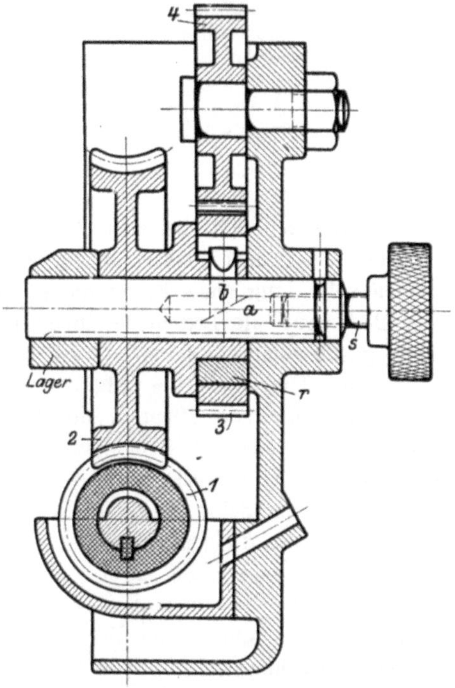   Fig. 239. Planschloß. Schaerer & Co., Karlsruhe.

Es arbeiten also nach Fig. 233 die Räder *1* mit *2*, *3* mit *4* und *4* mit *5*.

Eine ähnliche Lösung läßt auch das Planrad *5* zu. Um es mit der Planspindel kuppeln zu können, sitzt auf ihr ein verschiebbarer fester Kegel *a* (Fig. 240), der in die Bohrung des losen Planrades einzurücken ist. Hierzu ist das Kopfende der Spindel ausgebohrt und mit Rechtsgewinde von $1/_{12}''$ Steigung versehen. In der Bohrung der Spindel liegt ein Stift, der einerseits den Kegel *a* faßt und andererseits Rechtsgewinde von $1/_6''$ Steigung hat. Wird die vordere Differentialmutter etwas zurückgeschraubt, so schließt sie daher die Kupplung. Dabei verschiebt sich der Kegel *a* bei jeder Umdrehung der Mutter um die Differenz der Gewindesteigungen und kuppelt so das Planrad durch Reibung. Zum

Ausrücken des Planzuges ist nur die Handmutter etwas anzuziehen, so daß der Kegel *a* aus dem Planrade wieder zurückgezogen wird.

Alle Planzüge mit Reibungskupplungen können bei schweren Schnitten versagen. Sie bieten aber eine nicht zu unterschätzende Sicherheit gegen Zahnbrüche. Dieser Vorzug mag auch mitgewirkt haben, daß selbst mittelschwere Schnelldrehbänke derartige Züge aufweisen. Allerdings muß hierbei die Reibung an genügend großen Scheiben wirken.

Das Kuppeln des Leitspindelrades *1* erfordert sowohl bei der Zahnkupplung als auch bei der gewöhnlichen Reibungskupplung eine langgenutete Leitspindel. Diese Bedingung fällt fort, sobald das Triebrad *1* auf der Leitspindel durch eine **Klemmkupplung** festgeklemmt wird. Sie bietet zugleich ein Mittel, den Drehstahl und die Maschine nicht zu über-

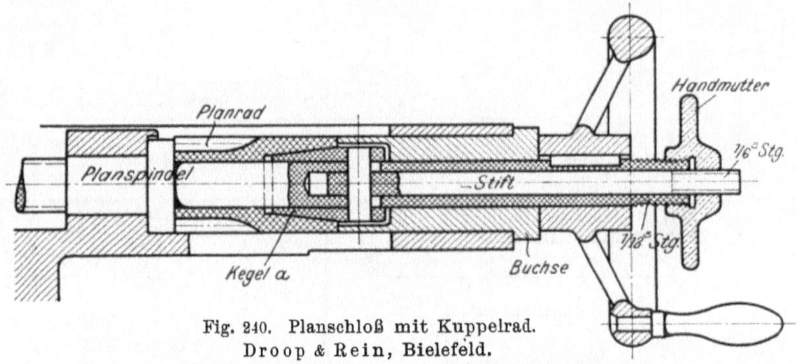

Fig. 240. Planschloß mit Kuppelrad.
Droop & Rein, Bielefeld.

lasten. Erreicht z. B. der Arbeitsdruck eine ungewöhnliche Größe, so wird das Rad *1* schleifen. Bei starken Schnitten liegt allerdings die Gefahr nahe, daß der Planzug nicht durchzieht. Aus dem Grunde sind derartige Planzüge vorzugsweise für leichte Maschinen geeignet.

Ein Planschloß mit Klemmkupplung zeigen die Fig. 241 und 242. Bei ihm trägt die langgeschlitzte Nabe von *1* eine verschiebbare Klemmbüchse mit drei Druckstäben (Fig. 241). Zum Einrücken ist die Handkurbel *h* herumzulegen. Dabei verschiebt das Exzenter die auf Feder und Nut geführte Klemmbüchse, ihre Druckstäbe richten sich auf und klemmen das Kegelrad *1* auf der Leitspindel fest. Um den Druck der Stäbe regeln zu können, sind 3 Druckknöpfe eingeschraubt, die mit dem Vierkant anzuziehen sind. Die Vorzüge dieser Planzüge sind, daß auch sie eine größere Sicherheit gegen Zahnbrüche bieten.

Die Leit- und Zugspindeldrehbänke.

Bei den Leit- und Zugspindeldrehbänken (Fig. 224) ist, wie bereits erwähnt, die Leitspindel nur beim Gewindeschneiden zu benutzen und die Zugspindel bei allen übrigen Dreharbeiten. Die für die verschiedenen

Arbeiten bestimmten Züge der Steuerung müssen daher voneinander unabhängig arbeiten können. Aus dem Grunde sind sie, wie bei der einfachen Leitspindelbank, zum Öffnen und Schließen als Schloß auszubilden.

Unter Zugrundelegung der obigen Gebrauchsanweisung ist demnach bei den Leit- und Zugspindeldrehbänken für die Leitspindel ein Mutterschloß in die Schloßplatte einzubauen und für die Zugspindel ein Längs- und Planschloß. Hierzu kommt noch ein Handzug für das Einstellen des Werkzeugschlittens.

Die Bedienung einer solchen Schloßplatte verlangt demnach, daß beim Gewindeschneiden die Zugspindel ausgeschaltet und die Leitspindelmutter geschlossen wird. Beim gewöhnlichen Langdrehen hin-

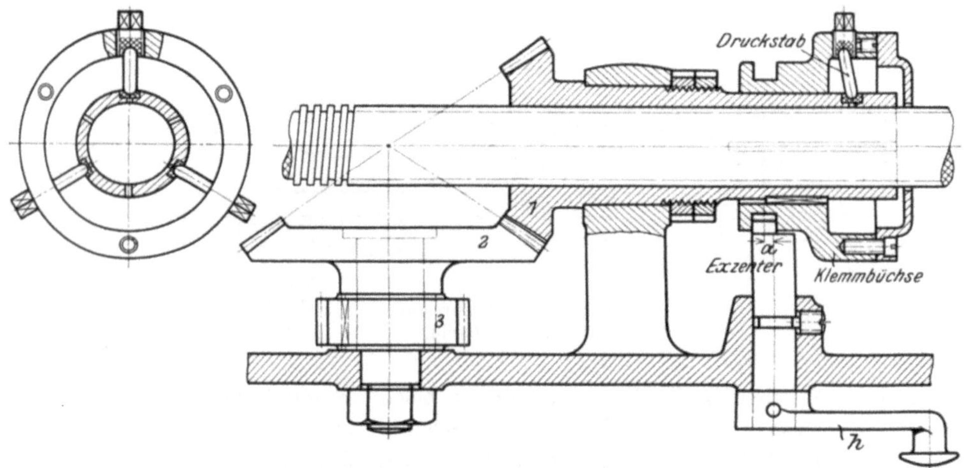

Fig. 241 und 242. Planschloß mit Klemmkupplung. Wohlenberg, Hannover.

gegen sind Planschloß der Zugspindel und Mutterschloß der Leitspindel zu öffnen, der Längszug der Zugspindel hingegen zu schließen. Beim Plandrehen ist das Planschloß zu schließen, und beide Längszüge sind auszuschalten. Für das Zurückkurbeln und Einstellen des Werkzeugschlittens sind Leit- und Zugspindel auszuschalten.

Die Grundzüge, nach denen man derartige Schloßplatten zu entwerfen und zu prüfen hat, sind:

1. möglichst geringe Räderzahl,
2. möglichst wenig Handgriffe für das Ein- und Ausschalten der Züge,
3. volle Sicherheit in der Bedienung.

Die beiden ersten Bedingungen verlangen eine geschickte und übersichtliche Anordnung der vier Züge, die letzte eine gegenseitige Verriegelung der zu bedienenden Handgriffe.

Eine nach obigen Angaben entworfene Schloßplatte zeigt Fig. 243. Sie besitzt für das Gewindeschneiden mit der Leitspindel ein Mutterschloß. Die Zugspindel steuert den Werkzeugschlitten durch ein Kegelräderwendege-

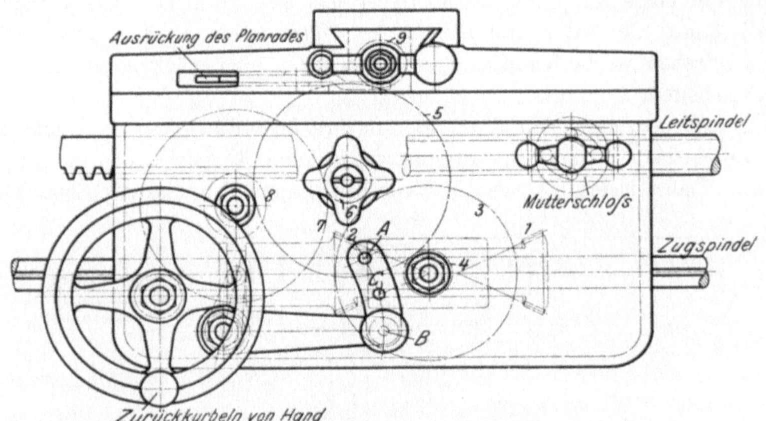

Fig. 243. Plan einer Schloßplatte für eine Leit- und Zugspindelbank.

triebe, von dem die Räder *1* und *2* als verschiebbare Räder abwechselnd in *3* einzurücken sind. Hierzu sitzen beide Räder auf einer Hülse, die durch Feder und Nut mit der Zugspindel verbunden ist. Dieses Wendegetriebe wird durch einen Ausrücker bedient (Fig. 234), der in seinen äußersten Stellungen *A* und *B* den Rechts- oder Linksgang des Werkzeugschlittens einstellt und in seiner Mittelstellung *C* die Zugspindel ausschaltet. Die Steuerung gestattet daher dem Dreher, den Werkzeugschlitten umzusteuern, ohne daß er zum Wendeherz des Spindelstockes greifen muß, ein Vorzug, der besonders für lange Bänke wertvoll ist. Das Wendegetriebe der Zugspindel treibt hier zugleich den Längs- und Planzug. Den Längszug bilden außer dem Wendegetriebe die Räder *4* und *5*, *6* und *7* und das Triebrad *8*, das mit der Zahnstange arbeitet. Den Plan-

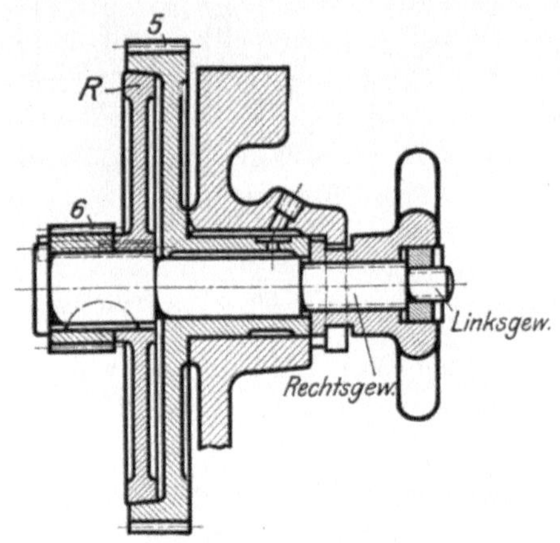

Fig. 244. Längsschloß.

zug vermitteln die Räder *4*, *5* und das Planrad *9*. Da beide Züge einzeln arbeiten müssen, so liegt das Schloß für den Plan- und Längszug in den Rädern *5* und *6*. Von diesen Rädern darf nämlich beim Plandrehen nur *5* laufen, dagegen beim Langdrehen beide. Diese Bedingung ist in der Weise gelöst, daß *6* fest auf dem Zapfen sitzt und sich mit dem losen Rade *5* durch eine Reibungskupplung *R* kuppeln läßt (Fig. 244).   Sie wird durch Anziehen des Handschlüssels eingerückt.   Bei dieser Steueruug ist daher beim Langdrehen die obige Kupplung zu schließen und das Planrad *9* auszurücken, so daß *4* mit *5*, *6* mit *7* und *8* mit der Zahnstange arbeiten kann.   Für das Plandrehen ist die Kupplung zu lösen und *9* einzurücken, so daß *4*, *5* und *9* arbeiten.

Prüft man diese Schloßplatte auf ihre Bedienung, so sind, um die Zugspindel zu benutzen, im ungünstigsten Falle 4 Ausrücker zu untersuchen.   Dabei bietet sie wenig Sicherheit gegen fahrlässiges Einrücken

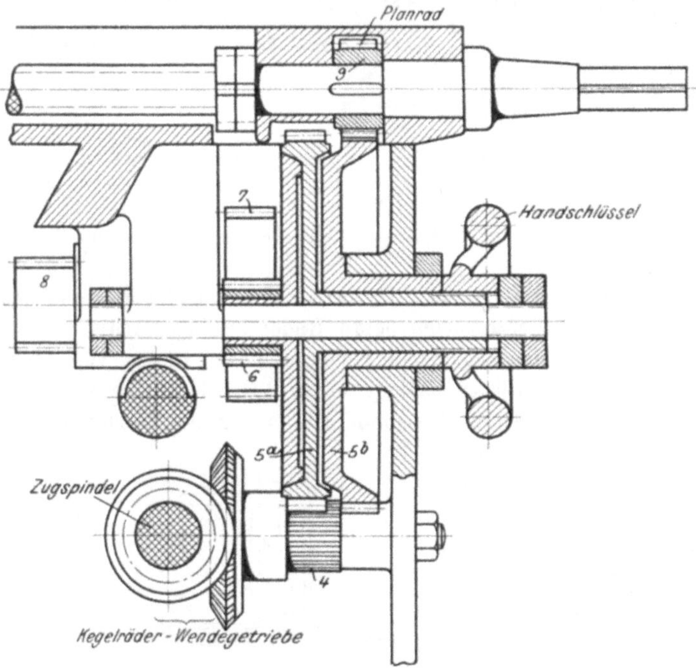

Fig. 245.   Plan- und Längsschloß.

der einzelnen Züge.   Als Vorzug wäre zu rühmen, daß bei ihr durch die weitgehende Vereinigung von Plan- und Längszug   nur wenig Räder kämmen.

Ein schönes Beispiel, welche Mittel der Werkzeugmaschinenbau benutzt, um eine einfache und sichere Bedienung zu erreichen, zeigt das Schloß in Fig. 245.   Bei ihm ist das Rad *5* doppelt ausgeführt, und zwar ist *5ᵃ* für den Längszug und *5ᵇ* für den Planzug bestimmt.   Der Planzug wird durch Rechtsdrehen des Handschlüssels eingerückt, wobei der Doppelkegel *5ᵃ* die Plansteuerung *5ᵇ* und *9* kuppelt.   Der Längszug schließt durch Linksdrehen des Handschlüssels.   Er löst zunächst den Planzug zwangläufig aus und kuppelt hierauf *5ᵃ* mit *6*.   Es arbeiten daher *4* mit

5ᵃ, *6* mit *7* und *8* mit der Zahnstange. Der Vorzug dieses Schlosses liegt darin, daß ein gleichzeitiges Einrücken beider Selbstzüge ausgeschlossen ist. Der verhältnismäßig lange Bolzen bietet durch seine doppelte Lagerung volle Gewähr für ruhigen Gang.

Eine ähnliche Sicherheit würde auch erreicht, wenn man den Längs- und Planzug vollkommen trennte (Fig. 246 und 247), so daß das lose Kegel-

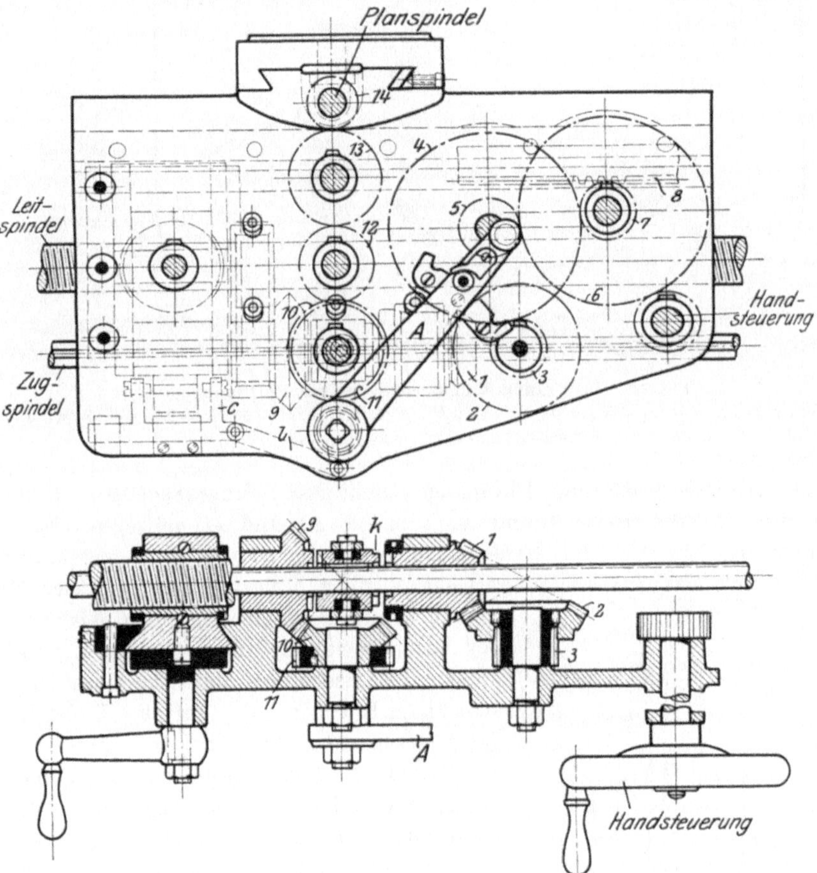

Fig. 246 und 247. Plan einer Schloßplatte.

rad *1* den Längszug *1* bis *8* treibt und das lose Kegelrad *9* den Planzug *9* bis *14*. Diese Anordnung verlangt, für die Bedienung der Zugspindel nur die Kupplung *k* mit dem Ausrücker *A* in *1* oder *9* einzurücken. Für das Umsteuern des Werkzeugschlittens ist allerdings das Wendeherz im Spindelstock zu benutzen. Der Dreher kann aber nie beide Züge der Zugspindel zugleich einstellen. Diese Sicherheit in der Bedienung ist hier allerdings durch eine größere Räderzahl erkauft.

Die gleiche Sicherheit ist in Fig. 248 durch das einschwenkbare Rad *4* erreicht. Es ist für den Plangang in *9* und für den Längsgang in *5* einzuschwenken. Hierzu sitzt es an einem Winkelhebel (Fig. 237), der durch den Ausrücker *k* (Fig. 249) umzulegen ist. Bei dieser Schloß-

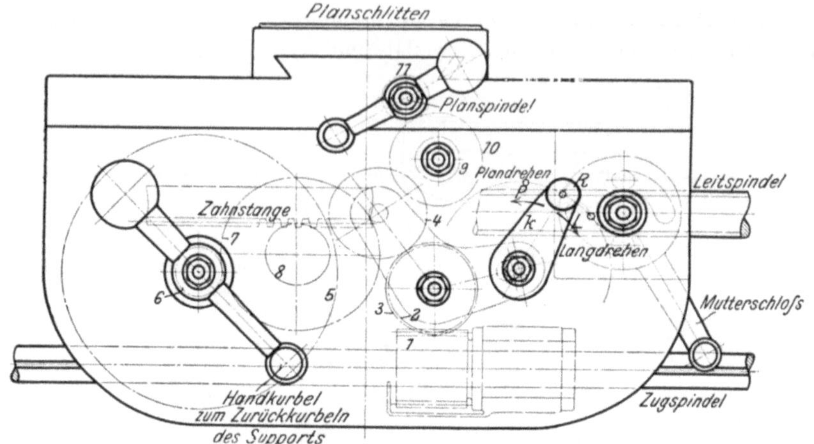

Fig. 248. Plan einer Schloßplatte. 250 mm Spitzenhöhe.

Räder: $z_2 = 22$, $M = 4$. $z_3 = z_4 = 40$, $z_5 = 120$, $M = 2{,}25$. $z_6 = 20$, $z_7 = 60$, $M = 2{,}5$. $z_8 = 15$. $M = 4$. $z_9 = 20$, $z_{10} = 40$, $z_{11} = 20$, $M = 2{,}25$.

platte wird demnach der Plangang durch das Schneckengetriebe *1, 2* und die Stirnräderpaare *3* und *4, 4* und *9, 10* und *11* vollzogen. Den Längsgang bewirken die Räderpaare *1* und *2, 3* und *4, 4* und *5, 6* und *7* und das Zahnstangengetriebe *8*. Von ihnen sind die Räder *7*

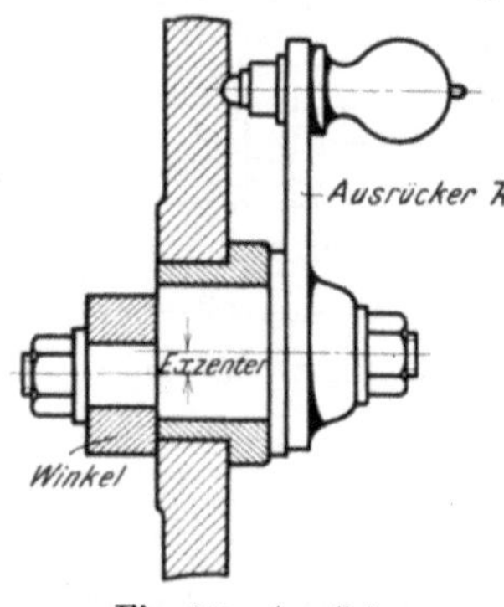

Fig. 249. Ausrücker.

und *8* in einem zweiten Schilde gelagert, der auch als Stütze für die übrigen Zapfen dient. Die Bedienung der Zugspindel erstreckt sich daher nur auf das Umlegen des Ausrückers *k* auf eine der drei Stellungen *L*, *P* und *R*. Von diesen ist auf *L* der Längsgang, auf *P* der Plangang eingerückt, während auf *R* die Zugspindel ausgerückt ist. Es ist deshalb ausgeschlossen, beide Züge der Zugspindel gleichzeitig einzurücken. Der Werkzeugschlitten wird auch hier durch das Wendeherz im Spindelstock umgesteuert. Durch den gemeinsamen Schneckenantrieb des Plan- und Längszuges ist die Räderzahl sehr beschränkt.

Es läßt sich nicht leugnen, daß hinter der Schloßplatte einer Leit- und Zugspindelbank eine ganze Menge Räder stecken, ein Umstand, der veranlaßt hat, die Bank mit zwei Leitspindeln auszustatten, die eine fürs Gewindeschneiden, die andere fürs Lang- und Plandrehen. Die

Schloßplatte enthält daher ein Mutterschloß für den Gewindezug der Leitspindel *I* und ein zweites für das Langdrehen mit der Leitspindel *II* und ein Planschloß fürs Plandrehen. Hierdurch ist das Räderwerk auf den Planzug und Handzug beschränkt.

Die Verriegelung der Züge.

Verfolgt man die Entwicklung der Drehbänke, so zeigt sich vielfach das Bestreben, sie für alle Arbeiten einzurichten. Bei derartigen

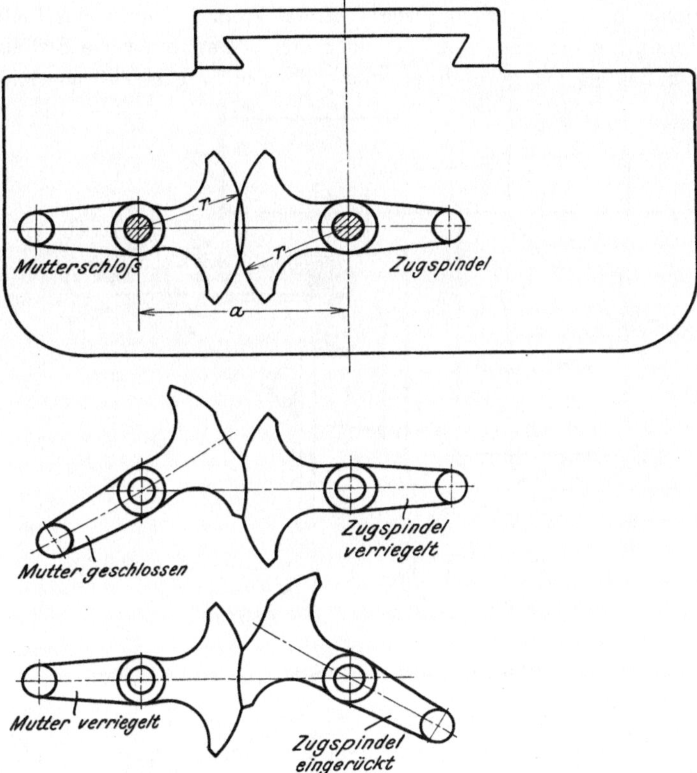

Fig. 250 bis 252. Verriegelung der Leit- und Zugspindel.
J. E. Reinecker, Chemnitz.

Drehbänken für allgemeine Zwecke kommt daher eine Menge Handgriffe zusammen, so daß es zweifelhaft erscheint, ob ein Durchschnittsarbeiter jederzeit die erforderliche Übersicht über seine Maschine hat. Besonders erschwert wird ihm dies in der Massenherstellung, wo er meistens mehrere Maschinen zu bedienen hat. Bei dieser Vielseitigkeit der Drehbänke ist man gezwungen, Sicherheitsvorrichtungen zu treffen, durch die sich die einzelnen Handgriffe der Schloßplatte gegenseitig sperren. Unter dieser Voraussetzung kann der Arbeiter keine Fahrlässigkeiten begehen.

Um die Züge der Leit- und Zugspindel gegenseitig zu sperren, sind sie derart einzurichten, daß bei eingerücktem Mutterschloß die Züge der Zugspindel ausgerückt und verriegelt sind. Sie dürfen daher nicht eher einzuschalten sein, bis die Mutter geöffnet ist.

Eine derartige zwangsweise Verriegelung läßt sich in der in Fig. 250 angegebenen Weise erreichen. Die zum Schließen der Leit- und Zugspindelzüge dienenden Handgriffe sind mit Scheiben vom Halbmesser $r > \dfrac{a}{2}$ ausgestattet. Sie besitzen ihrem Halbmesser entsprechende Ausschnitte, so daß eine Scheibe in die andere gedreht werden kann. Durch das Umlegen dieser Handgriffe ergeben sich demnach drei bemerkenswerte Stellungen, die in Fig. 250 bis 252 gezeichnet sind. Bei der in Fig. 250 abgebildeten

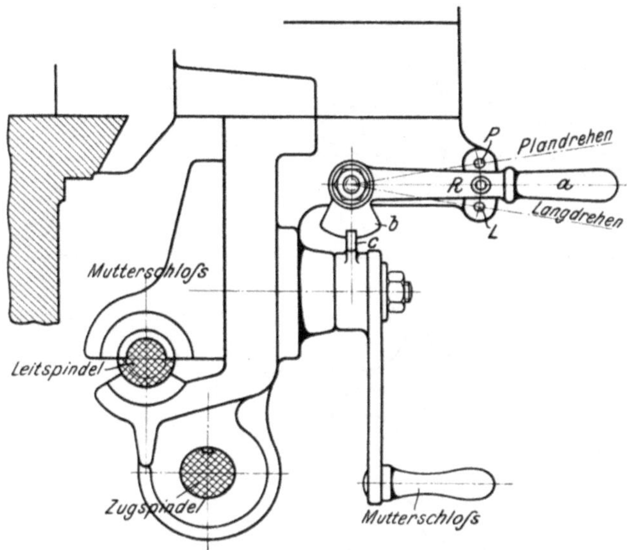

Fig. 253. Verriegelung der Leit- und Zugspindel. Lorenz, Ettlingen.

Stellung sind alle Züge ausgerückt, so daß einer von ihnen geschlossen oder der Werkzeugschlitten zurückgekurbelt werden kann. In Fig. 251 ist das Mutterschloß eingerückt und die Zugspindel infolgedessen verriegelt. In Fig. 252 ist der Längs- oder Plangang der Zugspindel eingerückt und die Leitspindel verriegelt.

Eine ähnliche Verriegelung zeigt auch die Lorenzsche Schloßplatte (Fig. 253). Der Ausrücker a der Zugspindel besitzt hier eine genutete Scheibe b und die Handkurbel des Mutterschlosses eine Nase c. Ist die Mutter geschlossen, so befindet sich die Nase c in der Nut von b, so daß die Zugspindel verriegelt ist. Sie läßt sich daher nur einschalten, wenn die Mutter offen ist, so daß die Nase c außerhalb der Nut des Ausrückers a steht. Ist die Zugspindel eingerückt, so kann das Mutterschloß nicht benutzt werden, da die Nase c jetzt gegen die volle Scheibe b stößt.

Die Schloßplatte mit getrenntem Plan- und Längszug, Fig. 246 und 247, besitzt ebenfalls eine Verriegelung der Leit- und Zugspindel. Sie ist hier durch den Gleitschuh c geschaffen. Rückt man bei dieser Steuerung die Zugspindel ein, so faßt der rechte oder linke Stift von c in die Bohrung des Mutterschlosses, so daß es verriegelt wird. Ist dagegen die Mutter geschlossen, so läßt sich die Zugspindel nicht einrücken, da die Stifte vor den vollen Mutterbacken stoßen und so den Ausrücker A sperren.

Im Anschluß an diese Besprechung seien hier noch einige bewährte Schloßplatten angeführt. In Fig. 254 bis 261 ist der Werkzeugschlitten nebst Schloßplatte einer Drehbank von 210 mm Spitzenhöhe der Firma Gebr. Böhringer, Göppingen, wiedergegeben.

Die Schloßplatte zeigt eine gewisse Verwandtschaft mit den bereits bekannten. Das Mutterschloß M dient auch hier zum Gewindeschneiden. Der Längszug besteht aus dem Wendegetriebe 1, 2, 3, sowie den Rädern 4 bis 8 und der Zahnstange. Er zeigt eine praktische Neuerung dadurch, daß der Zahnstangentrieb 8 mit dem Knopf k zurückgezogen werden kann, so daß die Räder beim Gewindeschneiden nicht mitlaufen (Fig. 256). Der Planzug setzt sich aus den Rädern 1 bis 5 und 9 bis 12 zusammen. Das Längsschloß liegt in den Rädern 5 und 6, das Planschloß in den Rädern 9 und 10. Sie bestehen beide aus einer Reibungskupplung, die in Fig. 259 das Rad 5 mit 6 und in Fig. 261 das Rad 9 mit 10 kuppelt. Wird nämlich der Schlüssel l oder p angezogen, so drücken die Stäbe a, b den Reibring r im Sinne der Pfeile auseinander und kuppeln so das Rad 5 oder 9. Bei diesen Kupplungen wirkt die Reibung am größten Hebelarm.

Die Verriegelung der Leit- und Zugspindel geschieht durch die Stange c (Fig. 254). Sie faßt mit dem festen Kloben e in die Nut der Kupplung K (Fig. 259) und mit dem festen Riegel d in die T-förmige Nut fg des unteren Mutterbackens (Fig. 254). Ist nun die Mutter zu, so steht der Riegel d in der schmalen Nut g. Infolgedessen läßt sich die Kupplung K nicht einrücken, da sich c weder nach rechts noch nach links verschieben läßt. Ist hingegen die Mutter offen und K z. B. in 2 eingerückt, so sitzt der Riegel d links in der oberen Nut f und verriegelt so das Mutterschloß.

Die Firma Braun & Bloem, Düsseldorf, führt eine ähnliche Schloßplatte aus (Fig. 262). Für das Gewindeschneiden mit der Leitspindel L ist hier das aus Fig. 230 und 231 bekannte Mutterschloß M vorgesehen. Die Zugspindel Z treibt den Längszug durch die Räderpaare $\frac{1}{2}$, $\frac{3}{4}$, $\frac{5}{6}$, $\frac{7}{Z}$ und den Planzug durch $\frac{1}{2}$, $\frac{3}{4}$, $\frac{4}{8}$, $\frac{8}{9}$. Das Schloß muß demnach auch hier in den Rädern 4 und 5 liegen. Sie sind fürs Langdrehen zu kuppeln und fürs Plandrehen zu entkuppeln, wobei noch das Verschieberad 8 aus- und einzurücken ist. Das Kuppeln von 4 und 5 erfolgt durch eine halbe Drehung der Handkurbel H. Das Rad 4

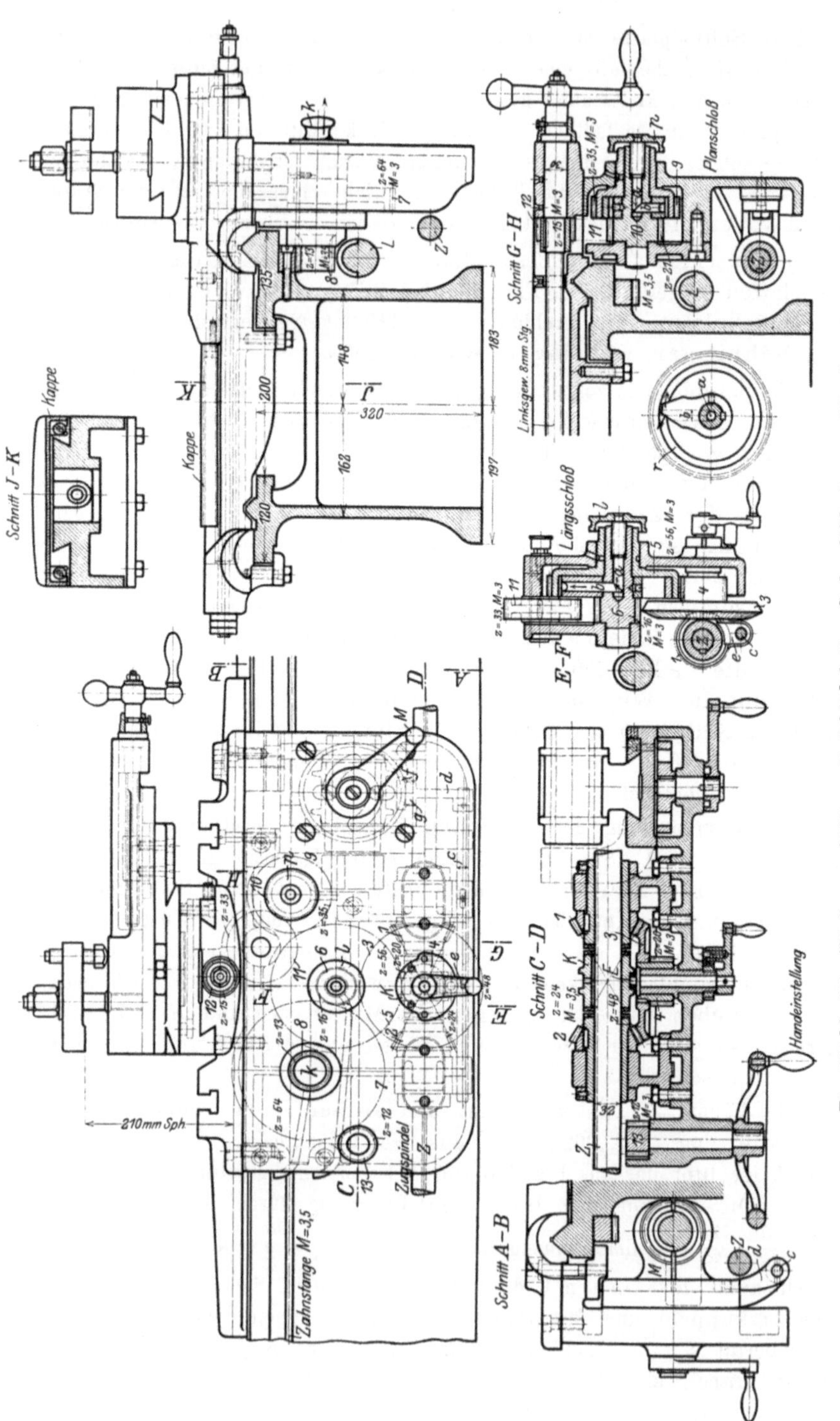

Fig. 254 bis 261.   Werkzeugschlitten mit Schloßplatte.   Gebr. Böhringer, Göppingen.

läuft nämlich lose auf dem hohlen Zapfen Z und trägt mehrere Stifte s (Fig 263). Das Rad 5 sitzt teils auf dem Zapfen Z und teils auf der in

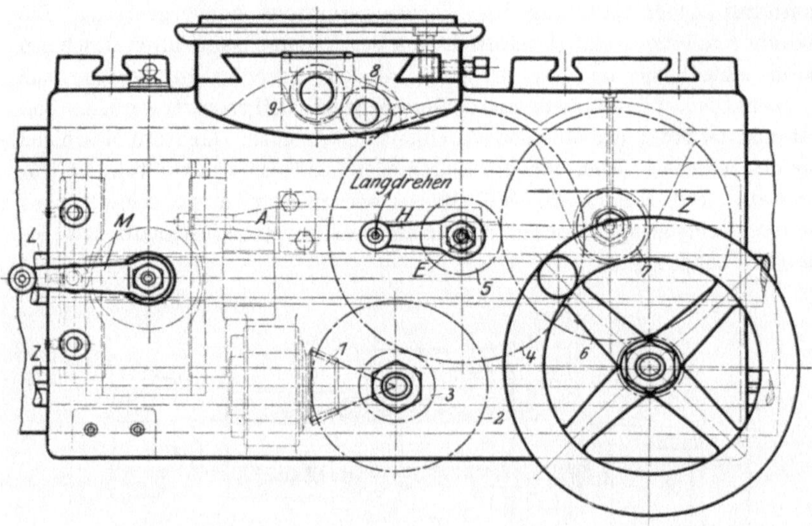

Fig. 262. Schloßplatte von Braun & Bloem, Düsseldorf. $M = 1:7$.

Z liegenden Spindel S und hat rechts mehrere Löcher. Zum Kuppeln der beiden Räder ist daher 5 nach rechts zu ziehen, so daß die Stifte s in die Löcher des Rades 5 fassen. Um dies mit einer halben Drehung der Handkurbel H zu bewirken, ist S mit einer halben Schraubennut g versehen. In Z sitzt außerdem ein Stift k, der in diese Schraubennut faßt. Wird nun die Kurbel H gedreht, so geht S um die Steigung des halben Ganges nach rechts oder links und rückt dadurch die Kupplung ein oder aus.

Die Verriegelung des Mutterschlosses erfolgt ebenfalls beim Drehen der Handkurbel H. Wird nämlich der Längszug geschlossen, so schiebt das hintere Exzenter E von S die Stange A nach links, die mit ihrem vor-

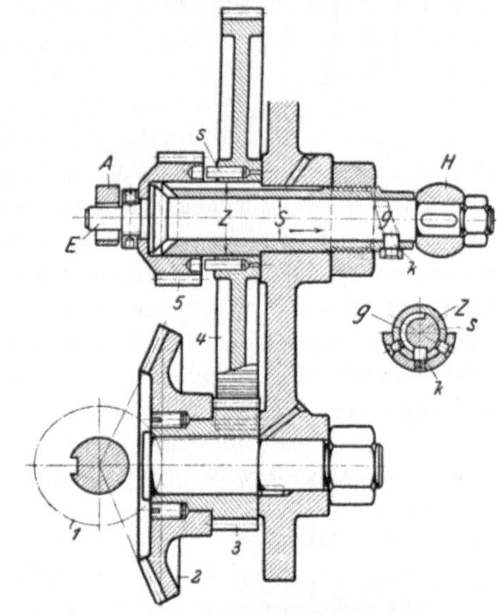

Fig. 263. Längsschloß. $M = 1:5$.

deren Zapfen in die Bohrung der Mutter faßt und sie so verriegelt. Wird andererseits die Mutter geschlossen, so sperrt die Stange A den Handgriff H.

10*

Die Selbstausrückung der Zugspindel.

Das vorhin erwähnte Bestreben hat noch eine weitere Vervollkommnung in der Steuerung des Werkzeugschlittens hervorgebracht. Die Massenherstellung verlangt nämlich von den Erzeugnissen ihrer Maschinen gleiche Arbeitslängen. Um dieser Forderung gerecht zu werden, muß der Werkzeugschlitten stets an derselben Stelle stillgesetzt werden. Soll dabei aus Gründen der Wirtschaftlichkeit der Arbeiter mehrere Maschinen zugleich bedienen, so ist für die Zugspindel eine Selbstausrückung einzurichten. Sie sichert die bei Massenerzeugnissen stets erforderlichen gleichen Arbeitslängen, ohne daß man von der Gewissenhaftigkeit des Arbeiters abhängig ist.

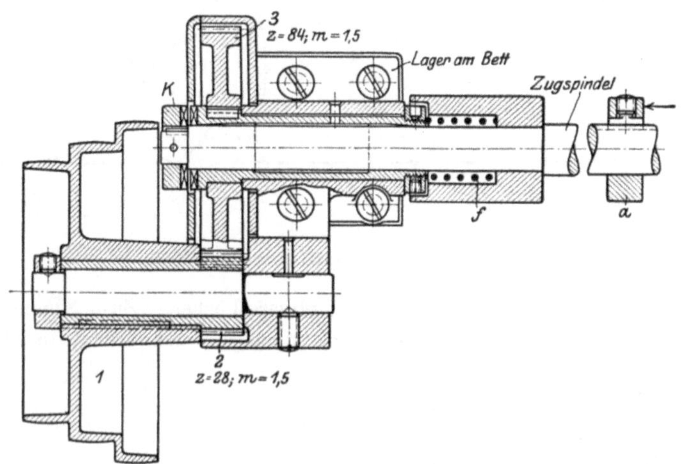

Fig. 264. Selbstausrückung der Zugspindel. Ludw. Loewe & Co., Berlin.

Die Selbstausrückung der Zugspindel muß in ihrem Antriebe liegen (Fig. 264). Die Stufenrolle *1*, die nach Tafel I von der Arbeitsspindel betrieben wird, treibt hier durch das Vorgelege *2, 3* die Zugspindel. Die Selbstausrückung wird mit dem Rade *3* vollzogen und zwar durch Zurückziehen der Kupplung *K*. Die Schloßplatte schiebt nämlich an der Arbeitsgrenze durch den Anschlag *a* die Zugspindel nach links und mit ihr auch die Kupplung *K*. Die Folge ist, daß das lose Rad *3* entkuppelt und die Zugspindel stillgesetzt wird. Kurbelt man den Werkzeugschlitten zurück, so schaltet sich die Zugspindel unter dem Druck der Feder *f* wieder ein.

Der Antrieb der Leit- und Zugspindel.

Für den Selbstgang des Werkzeugschlittens sind die Leitspindel und die Zugspindel vom Spindelstock aus anzutreiben. Zum Antriebe der Zugspindel dienen Riemen oder Räder oder auch Zahnketten. Bei der Leitspindel sind stets Räder anzuwenden, sobald es sich um das Gewindeschneiden handelt. Die neuzeitliche Anordnung ist, daß beide Spindeln durch dasselbe Räderwerk angetrieben werden, das nach Bedarf auf die Leitspindel oder auf die Zugspindel umgeschaltet werden kann. Auf diese Weise wird der Leerlauf der Spindeln vermieden (Tafel V).

Das Gewindeschneiden stellt an den Leitspindelantrieb noch einige besondere Bedingungen. Wie bereits früher erwähnt, müssen die Wechselräder dieses Antriebes Satzräder sein. Für das Schneiden von Rechts- und Linksgewinde ist die Leitspindel durch das Wendeherz umzusteuern.

Es bleibt nur noch das Schneiden von steilem Gewinde zu besprechen, für das manche Drehbänke eine besondere Einrichtung haben. Diese Bänke treiben beim Schneiden von normalem Gewinde die Leitspindel von der Hauptspindel an und bei steilem Gewinde von der rasch-

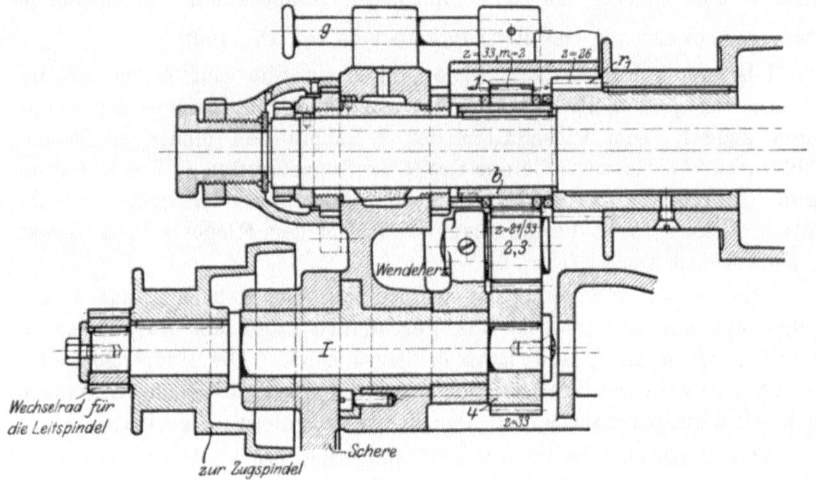

Fig. 265. Wendeherz für normales und steiles Gewinde. Gebr. Böhringer, Göppingen.

laufenden Stufenscheibe. Hierzu sitzt auf der Hauptspindel in Fig. 265 die feste Büchse b mit dem Verschieberad 1, das sich mit dem Griff g nach rechts mit der Stufenscheibe kuppeln läßt und nach links durch b mit der Spindel selbst. Das Rad 1 treibt über die Herzräder 2, 3 das Rad 4 auf der Umsteuerwelle I, von der aus durch Wechselräder die Leitspindel und durch Riemen die Zugspindel angetrieben wird. Haben dabei die Vorgelege im Spindelstock die Übersetzung $1:10$, so wird durch das Umschalten von 1 auf r_1 der Vorschub für das steile Gewinde verzehnfacht.

In Fig. 99 ist das Verschieberad 3 mit dem Kegelräderwendegetriebe vereinigt, so daß es auf 1 oder 2 umgeschaltet werden kann.

Die Schnelldrehbank von H. Wohlenberg, Hannover.

Nach dieser Einführung dürfte es keine Schwierigkeiten bieten, eine nach den jüngsten Erfahrungen gebaute Schnelldrehbank der Firma

H. Wohlenberg, Hannover, kennen zu lernen. Ihre Kennzeichnung ist Räderantrieb für die Hauptbewegung und die Schaltbewegung (Tafel II).

Der Stufenräderantrieb (Tafel III und IV) gestattet 16 Geschwindigkeiten, die mit 16 Rädern, 7 Reibungskupplungen und 1 Zahnkupplung erreicht sind (Fig. 1). Die Welle I treibt nämlich die Welle II mit 4 Geschwindigkeiten durch die Vorgelege $\dfrac{r_1}{R_1}$, $\dfrac{r_2}{R_2}$, $\dfrac{r_3}{R_3}$, $\dfrac{r_4}{R_4}$.

Diese 4 Geschwindigkeiten können durch Umschalten von k_3 entweder durch $\dfrac{r_5}{R_5}$ oder durch $\dfrac{r_6}{R_6}$ auf die Laufbüchse L gelangen und durch Einschalten von k_4 auf die Drehbankspindel, die somit von L 8 Geschwindigkeiten empfängt. Schaltet man noch k_4 auf R_8 um, so treibt die Laufbüchse L über $\dfrac{r_7}{R_7}$, $\dfrac{r_8}{R_8}$ die Drehbankspindel nochmals mit 8 Geschwindigkeiten, so daß sich die Geschwindigkeitsreihe auf 16 stellt.

Die ersten Kuppelräder R_1 bis R_4 sitzen hier auf II, so daß die Reibung den größten Hebelarm findet und so ein Durchziehen der Kupplungen sichert. Zum Einschalten der 4 Kupplungen dienen die beiden Hebel h_1 und h_2, die mit je einer Gabel die Kuppelmuffen k_1 und k_2 fassen. Gegen Fahrlässigkeiten sind die beiden Handhebel verriegelt. Sobald nämlich h_2 nach rechts herumgelegt wird, faßt der Riegel r in die Brust des Sperrhebels von h_1 (Fig. 6).

Die letzten 4 Kupplungen werden mit den Hebeln h_3 und h_4 gefahrlos geschaltet. Dabei ist die gegenseitige Lage der Kupplungen so getroffen, daß h_1 in h_3 und h_2 in h_4 liegen kann. Die Hauptspindel III läuft in nachstellbaren Ringschmierlagern und ist nach beiden Richtungen durch die Druckschraube s und Druckringe festgelegt (Fig. 191).

Der Vorschub wird von der Hauptspindel III abgeleitet und zwar bei gewöhnlichem Gewinde von r_9 und bei steilem Gewinde von r_7 (Fig. 2). Hierzu ist r_{10} mit dem Knopf h_6 zu verschieben (Fig. 4). Umgesteuert wird der Vorschub durch das Kegelräderwendegetriebe r_{11}, r_{12}, r_{13} durch Umschalten von k_5 mit dem Hebel h_5 (Fig. 5, Tafel IV).

Die äußeren Wechselräder *1, 2, 3* übertragen diese Vorschubbewegung auf das Mäander-Getriebe (Fig. 1 und 2, Tafel V), dessen 5 Schwenkräder *6, 5, 8, 9* und *12* auf das Verschieberad *13* einzeln einzuschalten sind. Das Rad *13* treibt ein 8 stufiges Norton-Getriebe (Fig. 3 u. 4, Tafel V), das sich entweder auf die Leitspindel oder die Zugspindel einschalten läßt. Durch die 5 Schaltungen des Mäander-Getriebes und die 8 Schaltungen des Norton-Getriebes sind 5×8 Vorschübe möglich.

Das Mäander-Getriebe hat mit dem Norton-Getriebe die einschwenkbare Stelltasche gemeinsam, die aber nicht verschiebbar ist. Auf ihrem Zapfen Z sitzen als Schwenkräder 2 Blockräder *5* und *6*, *8* und *9* und das einfache Rad *12*. Die fehlende Verschiebbarkeit der Tasche ist durch das Verschieberad *13* ersetzt, das sich mit einem Schieber vor jedes der

5 Schwenkräder bringen läßt, so daß die Tasche eingeschwenkt werden kann. Hierdurch entsteht eine Art Zickzackschaltung.

Lfd. Nr.	Schaltung	Übersetzung
1	Rad *13* vor Rad *6*	$\dfrac{4}{5} \cdot \dfrac{6}{13} = \dfrac{60}{30} \cdot \dfrac{60}{60} = 2$
2	„ *13* „ „ *5*	$\dfrac{4}{5} \cdot \dfrac{5}{13} = \dfrac{60}{30} \cdot \dfrac{30}{60} = 1$
3	„ *13* „ „ *8*	$\dfrac{7}{8} \cdot \dfrac{8}{13} = \dfrac{30}{60} \cdot \dfrac{60}{60} = \dfrac{1}{2}$
4	„ *13* „ „ *9*	$\dfrac{7}{8} \cdot \dfrac{9}{13} = \dfrac{30}{60} \cdot \dfrac{30}{60} = \dfrac{1}{4}$
5	„ *13* „ „ *12*	$\dfrac{7}{8} \cdot \dfrac{9}{10} \cdot \dfrac{11}{12} \cdot \dfrac{12}{13} = \dfrac{30}{60} \cdot \dfrac{30}{60} \cdot \dfrac{30}{60} \cdot \dfrac{60}{60} = \dfrac{1}{8}$

Bei dem Norton-Getriebe kann das Zwischenrad *15* mit der auf A verschiebbaren Tasche auf jedes der Staffelräder *16* bis *23* auf B eingeschwenkt und so die 8fache Schaltung erreicht werden.

Für das abwechselnde Einschalten der Leitspindel und der Zugspindel ist das verschiebbare Doppelrad *25*, *27* auf C vorgesehen. Für die Leitspindel ist *25* auf *26* und für die Zugspindel durch Verschieben *27* auf *28* einzuschalten.

Die Schloßplatte (Fig. 2 bis 6, Tafel VI) hat für das Gewindeschneiden mit der Leitspindel ein Mutterschloß, das mit dem Handgriff h_1 eingerückt werden kann. Der Längszug besteht aus dem Kegelräderwendegetriebe r_1, r_2, r_3 und den Stirnrädern r_4 bis r_{10}, von denen r_{10} mit der Zahnstange des Bettes kämmt. Der Planzug setzt sich aus r_1 bis r_5 und r_{11} bis r_{13} zusammen. Das Schloß liegt in den Rädern r_8 und r_{11}, die in einer um Z drehbaren Wippe w untergebracht sind. Wird sie mit dem Handgriff h_2 auf L eingestellt, so kommt r_8 mit r_9 in Eingriff und schließt den Längszug. Stellt man h_2 auf P ein, so schaltet r_{11} mit r_{12} den Planzug ein. Sobald der Plan- oder Längszug der Zugspindel geschlossen ist, sperrt der Schieber s das Mutterschloß. Dem Dreher ist dadurch jede Möglichkeit genommen, Fehler zu begehen. Mit dem Handgriff h_3 kann er von seinem Stande aus den Werkzeugschlitten jederzeit umsteuern.

Der Werkzeugschlitten hat die bekannte Bauart und zeichnet sich durch seine langen Führungen aus (Fig. 1 und 2, Tafel VI).

Der Reitstock (Tafel V) hat für die Hülse die neuere Backenklemmung und ist auf dem Bett mit Schrauben festgeklemmt.

Die Drehbank ist in allen Teilen gut durchdacht. Das ganze Räderwerk liegt eingeschlossen und die Handgriffe leicht faßbar. Dabei ist auf gefahrlose Bedienung gebührend Rücksicht genommen. Die Stellungen der Handgriffe sind auf Tafeln angegeben.

Und nun 100 Jahre im Drehbankbau! Das Bild in Fig. 266 zeigt die erste Drehbank, die um 1810 von England nach Deutschland geliefert wurde. Sie steht heute als Wahrzeichen aus der guten alten Zeit im Deutschen Museum zu München. Die ganze Formgebung der Maschine trägt für das fachmännische Auge noch den Stempel der Unvollkommenheit. Wie anders das Bild in Fig. 267! Die kraftübertragenden Organe sind, wie in einem Körper, geheimnisvoll eingeschlossen, und das Auge sieht nur, wie der weichere Stahl dem härteren weichen muß.

Das Gewindeschneiden auf der Drehbank.

Da der Stahl nicht mit einem Schnitt die volle Gewindetiefe schaffen kann, so ist er bei jedem folgenden von neuem anzusetzen. Hierbei ist zu beachten, daß der Gewindestahl jedesmal die ursprüngliche Stellung

Fig. 266. Erste aus England eingeführte Drehbank.   Baujahr 1810.

zum Gewinde wieder einnimmt. Diese Beobachtung genügt jedoch nur, sobald beide Gangzahlen, d. h. die der Leitspindel und die des Bolzens, gerade oder ungerade Zahlen sind. Die Anfangsstellung des Werkzeugschlittens kann dabei durch den Reitstock oder durch Kreidestriche am Bett festgelegt werden.

Ist aber die Gangzahl der Leitspindel gerade und die des Bolzens ungerade, so ist bei jedem Schnitt die anfängliche Stellung der Leit- und Arbeitsspindel wieder einzurücken, die durch Kreidestriche gekennzeichnet werden kann.

Ist mehrgängiges Gewinde zu schneiden, so muß zum Einstellen der einzelnen Gänge die Zähnezahl des Arbeitsspindelrades durch die Gangzahl teilbar sein.

Diese Beobachtungen erfordern jedoch viel Zeit und beeinträchtigen die Leistung der Bank. Neuere Drehbänke umgehen diese Zeitverluste dadurch, daß sie für den Werkzeugschlitten selbsttätigen und beschleunigten

Rücklauf im Deckenvorgelege haben. Bei diesen Bänken ist daher nur die Anfangsstellung des Stahles zu beachten. So gestattet das in Fig. 268

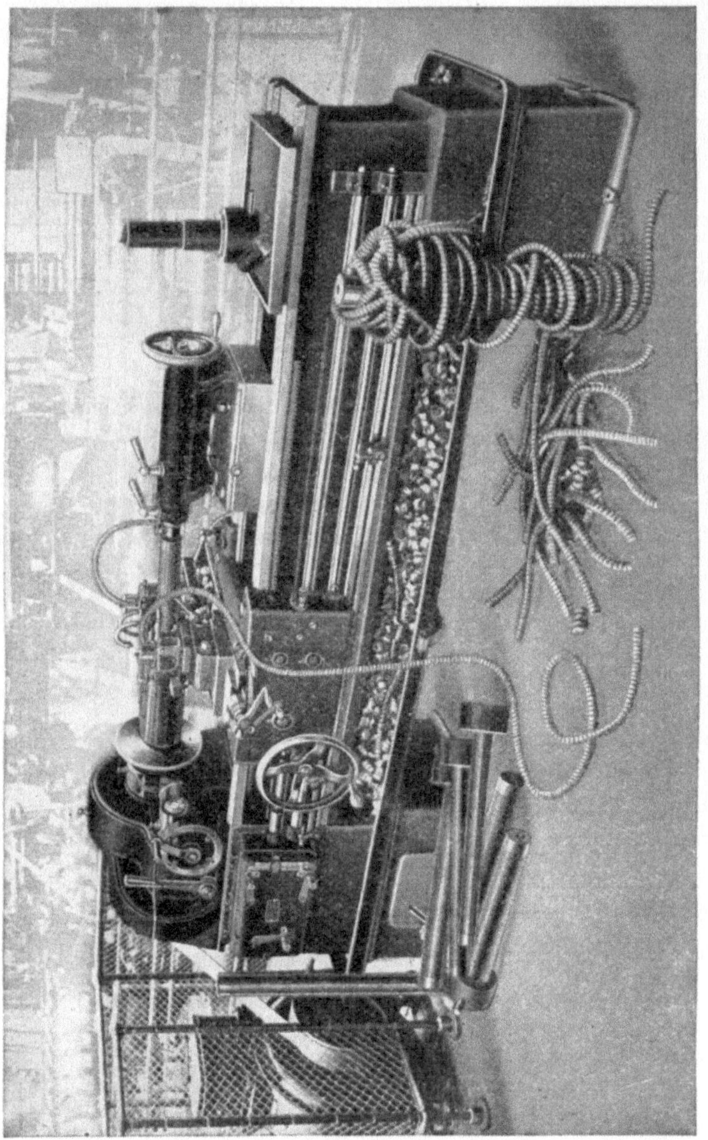

Fig. 267. Schruppdrehbank. Baujahr 1910. Ludw. Loewe & Co., Berlin.

dargestellte Vorgelege den beschleunigten Rücklauf durch den gekreuzten Riemen 2 auf den kleinen Scheiben.

Die Berechnung der Wechselräder für das Gewindeschneiden.

Bei jeder Umdrehung der Arbeitsspindel muß der Stahl um die Steigung s des zu schneidenden Gewindes vorgeschoben werden. Dieser

Vorschub wird von der Leitspindel erzeugt. Ist die hierzu erforderliche Übersetzung von der Arbeitsspindel auf die Leitspindel φ und die Steigung der Leitspindel s_l mm, so schiebt sie den Werkzeugschlitten um $\varphi \cdot s_l$ mm vor und zwar bei jeder Umdrehung der Arbeitsspindel.

Demnach muß

$$s = \varphi\, s_l \text{ oder}$$

$$\frac{s}{s_l} = \varphi$$

sein, d. h.

$$\text{Übersetzung der Wechselräder} = \frac{\text{Steigung des zu schneidenden Gewindes}}{\text{Steigung der Leitspindel}}.$$

Ist die Anzahl der Gewindegänge gegeben, so ist

$$\frac{g_l}{g} = \frac{s}{s_l} = \varphi,$$

d. h. Übersetzung der Wechselräder $= \dfrac{\text{Gangzahl der Leitspindel}}{\text{Gangzahl des zu schneidenden Gewindes}}.$

Beispiel. Auf einer Drehbank soll ein Gewinde von 1,5 mm Steigung geschnitten werden. Die Leitspindel der Bank hat 5 Gänge auf 1″, also $\dfrac{25{,}4}{5}$ mm Steigung.

Lösung. Übersetzung der Wechselräder

$$\varphi = \frac{s}{s_l} = \frac{1{,}5 \cdot 5}{25{,}4} = \frac{15}{2} \cdot \frac{5}{127}$$

$$= \frac{75}{80} \cdot \frac{40}{127}.$$

Nach Fig. 154 war

$$\varphi = \frac{r_1}{r_4} \cdot \frac{r_5}{r_6} \cdot \frac{r_7}{r_8}.$$

Ist nun am Wendeherz $r_1 = r_4$, so müßten die äußeren Wechselräder folgende Zähnezahlen haben:

$$r_5 = 75 \text{ Zähne}, \quad r_6 = 80 \text{ Zähne},$$
$$r_7 = 40 \quad „ \quad r_8 = 127 \quad „ \,.$$

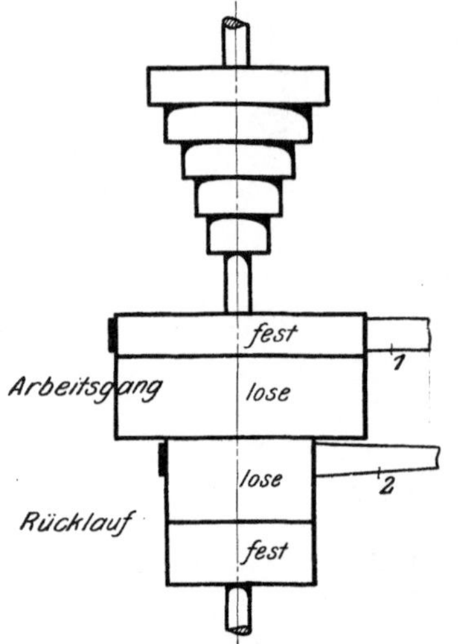

Fig. 268. Deckenvorgelege mit schnellem Rücklauf.

Die Vereinfachungen für das Gewindeschneiden.

Das zeitraubende Auswechseln der Wechselräder entspricht nicht mehr den heutigen Grundsätzen des Werkzeugmaschinenbaues. Eine weitgehende Verbesserung ist hier mit den Wechselrädergetrieben mit Ziehkeil- oder Norton-Schaltung geschaffen, bei denen die hauptsächlichsten Übersetzungen ohne weiteres einzustellen sind (Fig. 163 und Tafel V).

So wird auch bei dem in Fig. 196 besprochenen Spindelstock von
Heidenreich & Harbeck der Vorschub des Stahles durch ein ähnliches
Norton-Getriebe vermittelt. Die Tasche T ist hier mit dem Trieb r_4 auf
III verschiebbar und mit dem Zwischenrade auf die darunter befindlichen
Wechselräder einzustellen, von denen aus die Leitspindel angetrieben wird.
Durch Verschieben des Rades r_3 kann auch hier der Vorschub bei steilem
Gewinde von der Stufenscheibe und bei normalem Gewinde von der Arbeitsspindel selbst abgeleitet werden. Zum Einstellen von r_3 ist eine kleine
Kurbel h vorgesehen (Fig. 197), die durch Trieb und Zahnstange r_3 in r_1
oder r_1' einrückt. Durch das Kegelräderwendegetriebe kann die Maschine
nach beiden Richtungen arbeiten. Mit ihm ist auch die Möglichkeit geboten,
den Werkzeugschlitten selbsttätig stillzusetzen. Diese Aufgabe vollzieht
der Werkzeugschlitten durch ein Gestänge, das die Kupplung k ausrückt.

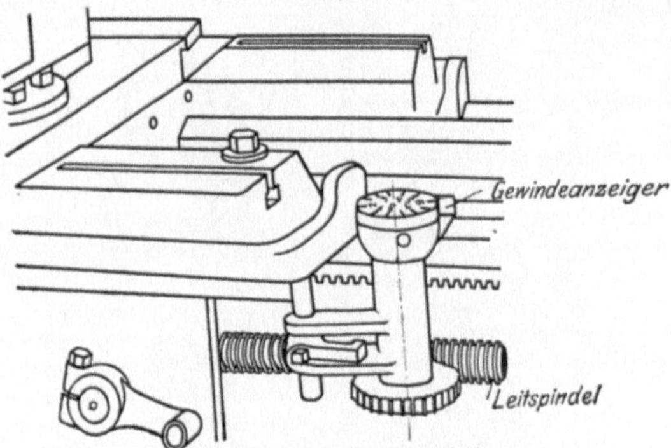

Fig. 269. Gewindeanzeiger.

Eine bemerkenswerte Vereinfachung für das Gewindeschneiden bietet
auch das Wohlenbergsche Mutterschloß mit Stahlrückzug (Fig. 229).
Sein Grundgedanke ist, bei jedem Schnitt die Leitspindel und den Gewindestahl mit einem Griff gleichzeitig ein- und ausrücken zu können. Hierzu
muß das Mutterschloß beim Öffnen den Gewindestahl zurückziehen und
beim Schließen den Stahl wieder ansetzen. Diese Aufgabe ist in der
Weise gelöst, daß die Mutterbacken a und b an einem Winkel w geführt
sind, der auch die Planspindel faßt. Wird dieser Winkel w verschoben,
so nimmt er den Planschlitten mit dem Oberteil mit, der den Stahl
zurückzieht. Diese Verschiebung des Winkels w soll das Mutterschloß
bewerkstelligen. Es besitzt als Schlüssel eine Spindel d mit Rechts-
und Linksgewinde. Soll daher die Mutter den Winkel mitnehmen, so ist
ein Backen mit w zu kuppeln. Hierzu dient ein Stift, der in Loch A oder B
gesteckt wird. Auf Grund dieser Einrichtung ist für Bolzengewinde
der rechte Mutterbacken a mit w zu kuppeln (Stift in A), so daß die sich
öffnende Mutter auch den Stahl aus dem Gewinde zurückzieht und beim
Schließen wieder ansetzt. Beim Schneiden von Muttergewinde ist der

linke Mutterbacken b mit dem Winkel w zu kuppeln (Stift in B), während bei gewöhnlichen Dreharbeiten der Stift in C stecken soll. In diesem Falle

Fig. 270. Leitspindel-Drehbank mit Einscheibenantrieb.   Ludw. Loewe & Co., Berlin.

ist der Winkel w mit dem Bettschlitten verriegelt und nur die Mutter zu öffnen oder zu schließen.

Eine Erleichterung für das Einstellen des **Werkzeugschlittens** bietet auch die Gewindeuhr (Fig. 269). Sie steht mit einem Schneckenrädchen mit der Leitspindel in Eingriff, und nach ihrer Zeigerstellung kann der Stahl jedesmal angesetzt werden.

Eine große Vereinfachung beim Gewindeschneiden bieten auch die Drehbänke mit Einscheibenantrieb. Sie haben in dem Räderkasten außer dem Hauptgetriebe ein Wendegetriebe, das mit einer Ausrückstange umgeschaltet werden kann, so daß der Arbeiter nicht ständig zum Deckenvorgelege zu greifen braucht (Fig. 163).

Die Loewesche Drehbank (Fig. 270) hat hier noch eine nachahmenswerte Neuerung zu verzeichnen. Mit dem Handhebel rechts an der Schloßplatte kann nämlich der Dreher, der den Gewindestahl genau beobachten muß, die Bank bequem in den schnellen Rücklauf umsteuern.

Große Bequemlichkeit beim Schneiden mehrgängiger Gewinde bietet der Gewindeteilkopf von Heidenreich & Harbeck, Hamburg. Für gewöhnlich muß bekanntlich die Zähnezahl des Rades auf der Arbeits-

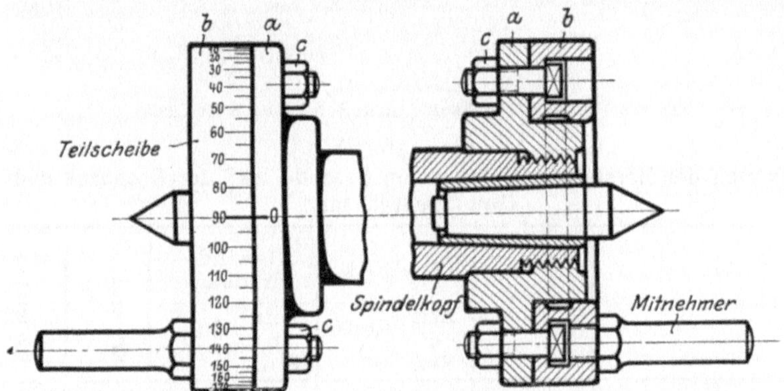

Fig. 271 und 272. Gewindeteilkopf. Heidenreich & Harbeck, Hamburg.

spindel durch die Gängigkeit des zu schneidenden Gewindes teilbar sein, um den Bolzen genau einteilen zu können. Hierzu sitzt in Fig. 271 und 272 auf der Mitnehmerscheibe a die drehbare Teilscheibe b, die sich nach Graden einstellen und mit den Schrauben c festklemmen läßt. Sind z. B. 4 Gewindegänge zu schneiden, so ist b jedesmal um 90° zu verstellen.

Die Gewindedrehbank.

Wird die Drehbank zur massenweisen Herstellung von Gewindebolzen, Spindeln usw. benutzt, so wäre die nächste Verbesserung, die Anfangs- und Endstellung des Schnittes durch verstellbare Anschläge festzulegen und die Maschine selbsttätig arbeiten zu lassen.

So wird bei der selbsttätigen Gewindedrehbank in Fig. 273 nach jedem Schnitt der Stahl oder die Stähle zurückgezogen, der Werkzeugschlitten mit schnellem Rücklauf in die Anfangsstellung gebracht, ohne daß das Mutterschloß geöffnet wird, und hierauf der Stahl wieder angestellt. Ist das Gewinde fertig, so setzt die Maschine selbsttätig aus. Alle Bewegungen erfolgen selbsttätig, so daß der Dreher diese Maschine nebenbei bedienen kann oder mehrere zugleich. Den wirtschaftlichen Einfluß dieser Entwicklungslinie zeigt die Tafel IX.

Fig. 273. Gewindedrehbank. A. H. Schütte, Köln-Deutz.

Zahlentafel IX.[1])

Vergleich der Herstellungskosten von Gewinde auf der Drehbank und Gewindedrehbank.

Gewindeart	Stoff	Drehbank		Gewindedrehbank		Ersparnisse in M.	Bemerkung
		Zeit in Std.	Kosten M.	Zeit in Std.	Kosten M.		
Spindel mit Trapezgewinde, einf. rechts, 4 Gänge auf 1″	Gußstahl, besonders zäh und hart	15	9,75	8	1,60	8,15	Die Maschine wurde von einem Dreher nebenbei bedient
Spindel mit Trapezgewinde, einf. rechts, 3 Gänge auf 1″	Gußstahl, besonders zäh und hart	18	11,70	9	1,80	9,90	
Mutter mit flachem Gewinde von 4 Gängen auf 1″	Rotguß	2	1,20	$^2/_3$	0,14	1,06	

[1]) Blätter für den Betrieb.

b) Die Fassondrehbänke.

Die Fassondrehbänke sind Arbeitsmaschinen für Massenerzeugnisse. Ihre Aufgabe ist, gleichartig geformte Drehkörper von veränderlichem Durchmesser herzustellen. Um derartige Formen drehen zu können, muß sich der Stahl gleichzeitig in der Längsrichtung und in der Planrichtung steuern lassen (Fig. 274). Nach diesem Grundsatz sind alle Fassondrehbänke zu entwerfen. Ihre Eigenart liegt daher in dem Werkzeugschlitten, der hier gleichzeitig mit beiden Vorschüben arbeiten muß.

Der Fassonwerkzeugschlitten besitzt daher für den Längsgang einen Handzug oder einen selbsttätigen Längszug in bekannter Ausführung. Die

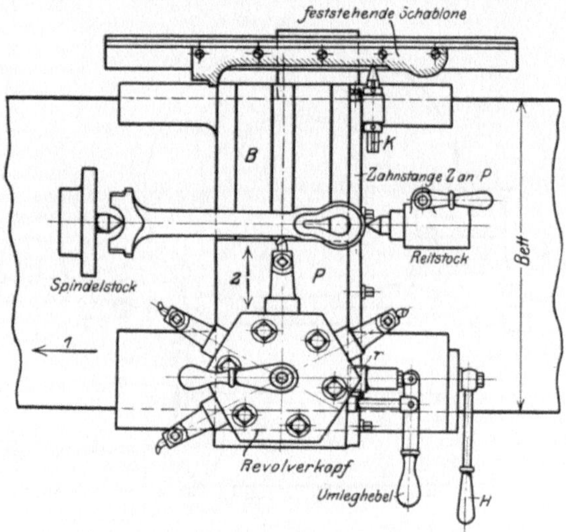

Fig. 274. Plan einer Fassondrehbank.

wichtigste Aufgabe bei ihm ist die Durchbildung des Planzuges. Er hat nämlich den Stahl gegenüber dem Werkstück abwechselnd vorzuschieben und zurückzuziehen. In der Regel besteht er aus einer der zu drehenden Form entsprechenden Lehre oder Schablone, an der der Planschlitten entlang gleitet. Zu diesem Zweck trägt der Planschlitten P an der seitlich angeschraubten Zahnstange z den Leitstift K. Mit dem Handgriff H, der durch das Rädchen r die Zahnstange z faßt, kann daher der Leitstift ständig gegen die Schablone gedrückt werden. Vollzieht nun der Bettschlitten B den Längsgang nach 1 und wird zugleich der Planschlitten mit dem Handgriff H nach 2 gesteuert, so muß der Stahl nach Maßgabe der Schablone die Form herausschälen. Wird der Planschlitten hierbei durch einen Gewichtshebel oder Federdruck gesteuert, so arbeitet der Werkzeugschlitten selbsttätig.

Das Kegeldrehen nach dem Leitlineal.

Nach obigen Gesichtspunkten sind auch die Vorrichtungen für das Kegeldrehen mit einem Leitlineal auszuführen. Bei diesen Arbeiten ist die Schablone durch ein gerades Leitlineal zu ersetzen, das sich auf die Neigung des Kegels einstellen läßt. Diese Vorrichtung eignet sich für kleine und mittlere Bänke vorzüglich.

Die Oval-Drehwerke.

Die Ovalwerke zum Ausschneiden und Abdrehen von Mannlöchern und Deckeln sind ähnlich gebaut (Fig. 275). Als Plansteuerung dient hier eine ovale Schablone S. Sie kreist mit der seitlich liegenden Welle I und ist auf ihr mit dem Werkzeugschlitten verschiebbar. Durch

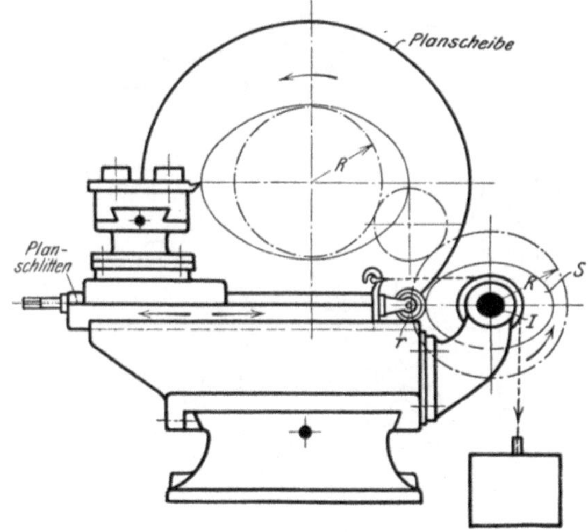

Fig. 275. Plan eines Ovalwerkes.

ein Spanngewicht wird die Rolle des Planschlittens ständig gegen die langsam laufende Schablone S gedrückt. Das Werkstück ist an der Planscheibe festgespannt und dreht sich mit der Umlaufszahl der Schablone. Die Folge ist, daß auch hier der Stahl der Form der Schablone folgen muß.

Die Radsatzdrehbänke.

Die Radsatzdrehbänke müssen zum Fertigdrehen der genauen Form der Radreifen ebenfalls nach Schablone arbeiten. Die auf diesem Sondergebiete bekannte Maschinenfabrik Deutschland in Dortmund stattet ihre Radreifendrehbänke mit 2 Werkzeugschlitten A und B aus (Fig. 276 bis 278), von denen A den Spurkranz und B die schräge Lauffläche des Radreifens nach Schablonen fertigdreht. Die Schablonen sind in das Innere der Schlitten verlegt und sichern so ein ruhiges Arbeiten.

Das Schaltwerk S, das vom Spindelstock aus ruckweise betätigt wird, verschiebt durch die Schaltschraube s das Stichelhaus B nach 1. Dabei gleitet sein Zapfen z_2 in dem schrägen Schlitz der Schablone β, so daß der Kugelstahl b nicht nur nach 1, sondern auch der Neigung der Lauffläche entsprechend nach 2 vorgeschoben wird.

Das Stichelhaus A überwindet den steilen Spurkranz wie folgt: Die Spindel s treibt durch das Schneckengetriebe 1, 2 eine Kurbelscheibe k, in deren Schlitz der Stein x geführt ist. Das Stichelhaus A faßt nun mit dem Führungszapfen z_1 durch den Schlitz der Schablone α in die

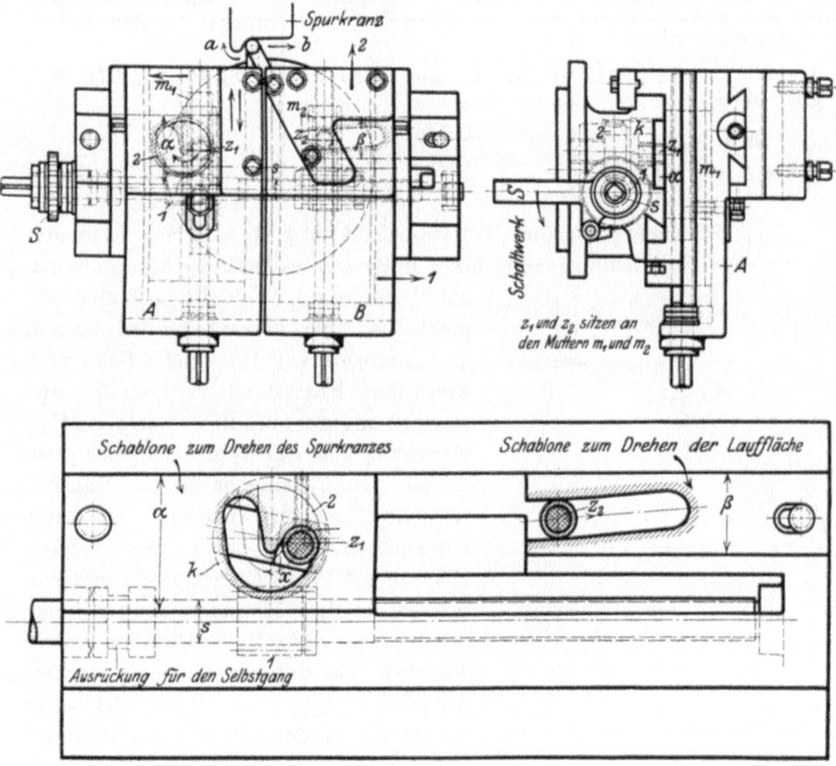

Fig. 276 bis 278. Werkzeugschlitten der Radsatzdrehbänke der Maschinenfabrik Deutschland, Dortmund.

Bohrung des Steines x. Infolgedessen wird im Betriebe die Schablone α den Kugelstahl a um den Spurkranz herumführen.

Interessant dürfte auch die wirtschaftliche Entwicklung dieser Drehbänke sein, wie sie die Tafel X, S. 162, zeigt.

c) Die Hinterdrehbänke.

Die Hinterdrehbänke dienen zum Drehen unrunder Querschnitte und spielen in der Werkzeugtechnik eine große Rolle, seitdem die Vorzüge hinterdrehter Schneidwerkzeuge allseits erkannt sind.

Tafel X.[1)]

Arbeitszeiten und Kosten für 1 Radsatz (2 Reifen) mit Auf- und Abspannen.

Radsatzdrehbank älterer Bauart bei Verwendung				Radsatzdrehbank neuerer Bauart mit Schnellstahl arbeitend	
von gewöhnlichem Drehstahl		von Schnellstahl			
Zeit	Kosten	Zeit	Kosten	Zeit	Kosten
weiche Reifen 2 Std. bis 2 Sdt. 20 Min.	1,40 M.	1 Std. 12 Min. bis 1 Std. 20 Min.	0,90 M.	35 bis 40 Min.	0,65 M.
harte Reifen $3^3/_4$ bis 4 Std.	2,40 M.				

Der Grundgedanke der Hinterdrehbank ergibt sich aus folgender Betrachtung: Zum Hinterdrehen eines Fräserzahnes muß der Formstahl um

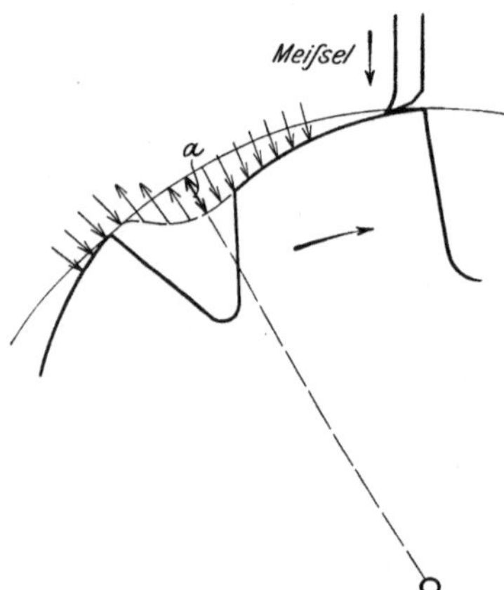

Fig. 279. Hinterdrehen eines Fräsers.

die Hinterdrehung a auf den Fräser zugeschoben und hierauf wieder schnell zurückgezogen werden. Seine Bahn zum kreisenden Fräser ist in Fig. 279 gestrichelt angegeben. Diese wechselseitige Bewegung hat der Stahl bei jeder Umdrehung des Fräsers so oft auszuführen, wie die Zähnezahl beträgt. Sie kann natürlich nur durch einen entsprechenden Planzug des Werkzeugschlittens erreicht werden, der diese Maschinen kennzeichnet.

Einen derartigen Planzug bringt Fig. 280. Für den hin- und herspielenden Vorschub trägt die Planspindel eine Nutenrolle, in deren Nut der Führungsstift des Planschlittens greift. Da der Planschlitten bei jedem Fräserzahn den Stahl allmählich vorzuschieben und hierauf schnell zurückzuziehen hat, so muß die Nut der Steuerrolle ein in sich zurückspringender Schraubengang sein. Dabei ist die Übersetzung von der Arbeitsspindel auf die Planspindel $z:1$ zu nehmen.

Der vorstehende Planzug gestattet jedoch nur ein Hinterdrehen der Zahnkrone. Für das seitliche oder schräge Hinterdrehen eines Fräsers müßte der Planschlitten bestimmte Gradstellungen einnehmen. Sie erfordern eine Drehscheibe b, die zwischen dem Planschlitten c und dem Bettschlitten a sitzt (Fig. 281 und 282). Bei dieser Ausführung muß jedoch der Antrieb $1, 2$ der Plansteuerung in der Mitte des Drehscheiben-

---

[1)] Nach Angaben des Königl. Eisenbahn-Werkstätten-Amtes 2, Dortmund.

zapfens liegen. Bei der Reinecker-Bank besteht diese Plansteuerung aus einer kreisenden Daumenscheibe d, gegen die der Dorn e des Planschlittens c durch die vordere Spannfeder gedrückt wird. Soll nun der

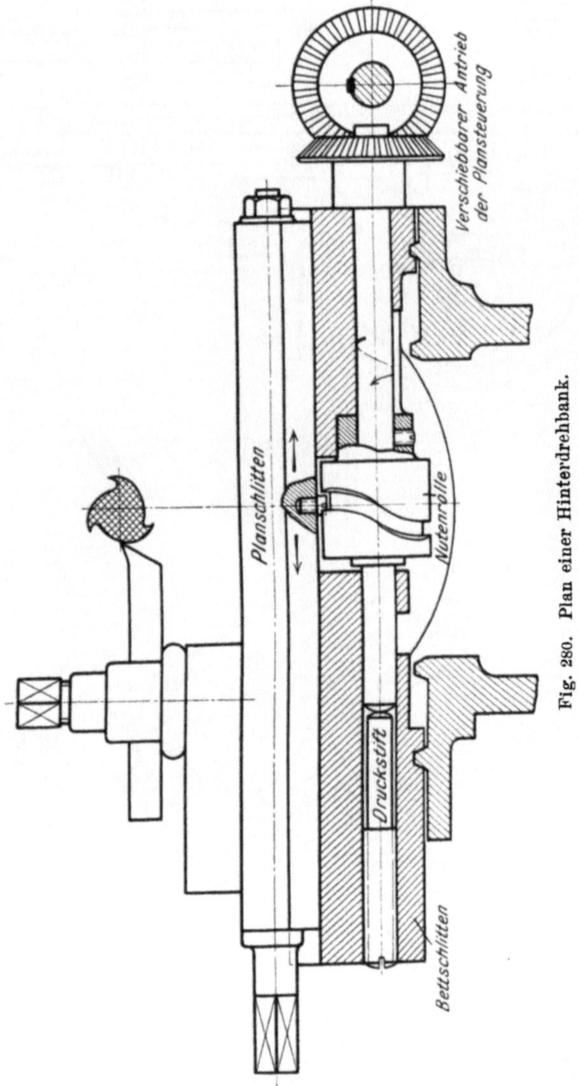

Fig. 280. Plan einer Hinterdrehbank.

Stahl in schräger Richtung hinterdrehen, so ist die Drehscheibe vorher auf den Hinterdrehungswinkel einzustellen.

Eine besondere Beachtung verdient noch das Hinterdrehen von spiraligen Zähnen. Soll der spiralig gewundene Zahn gesetzmäßig hinter-

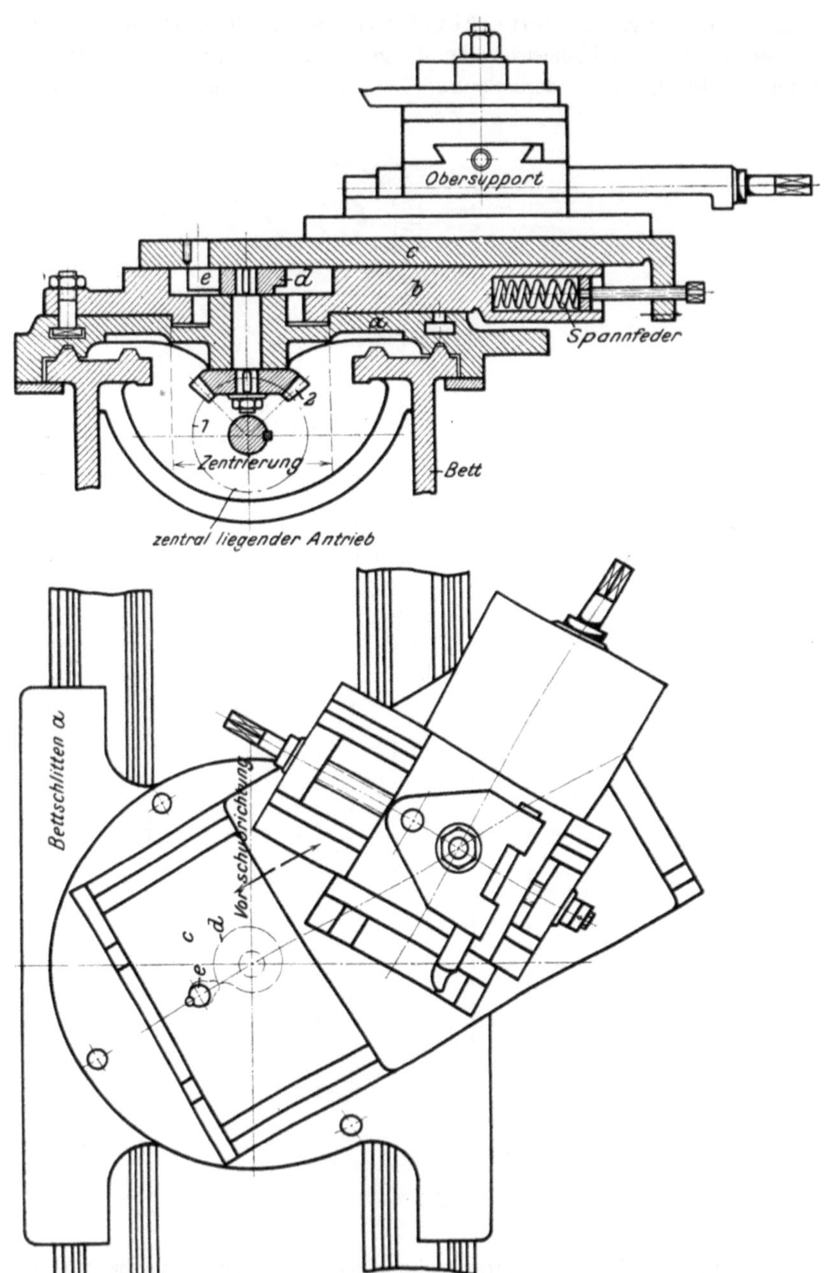

Fig. 281 und 282. Hinterdrehbank. J. E. Reinecker, Chemnitz.

dreht werden, so muß der Stahl in seinen Hinterdrehbewegungen je nach
der Gangrichtung der Spirale entweder gleichmäßig verzögert oder be-

schleunigt werden. Zur Erzeugung dieser Bewegung besitzt die Maschine noch einen besonderen Antrieb.[1])

Eine interessante Neuerung bringt die Firma Ludw. Löwe & Co., A.-G. in Berlin, bei ihren Hinterdrehbänken an (Fig. 283). Sie besteht in einem Korrektionsapparat, der in dem Antriebe der Hinterdrehvorrichtung eingebaut ist und das Hinterdrehen von spiralgenuteten, schneckenförmigen Fräsern mit jeder beliebigen Steigung oder Teilung ermöglichen soll. Hierzu nimmt der Werkzeugschlitten 18 durch die Zugstange 17 auf der Führungsleiste 16 die Schiene 14 mit, auf deren Stellschiene 13 die Zahnstange 12 gleitet. Die Zahnstange 12 bewegt sich bei dieser Verschiebung in senkrechter Richtung, wobei sie durch 11 auf das Differentialgetriebe 10 einwirkt. Hierdurch erfährt das Räderpaar $b\,c$

Fig. 283. Korrektionsapparat für die Hinterdrehbänke.

eine Schwenkung und die Welle 2 eine etwas schnellere oder langsamere Drehung als 1, die eine Vergrößerung oder Verkleinerung der Teilung hervorruft. Die genaue Zahnteilung kann daher, ohne die Wechselräder zu ändern, mit der Stellschraube 15 eingestellt werden.

d) Die Vorrichtung zum Kugeldrehen.

Das Kugeldrehen stellt an den Werkzeugschlitten die Bedingung, daß sich der Stahl im größten Kugelkreise bewegt. Hierzu muß der Oberteil auf einer Drehscheibe sitzen, die durch ein Schneckengetriebe stetig gedreht wird.

e) Die Revolverdrehbank.

Die Massenherstellung verlangt bekanntlich von ihren Arbeitsmaschinen eine große Leistungsfähigkeit, die als Vorbedingung eine ein-

---

[1]) Z. V. d. Ing. 1900, S. 1165.

fache und schnelle Bedienung der Maschine voraussetzt. Der Gedanke
ist in der Revolverbank (Fig. 284) aufs vollkommenste verkörpert. Sie
hält in ihrem Revolverkopf mehrere Werkzeuge bereit, die nacheinander

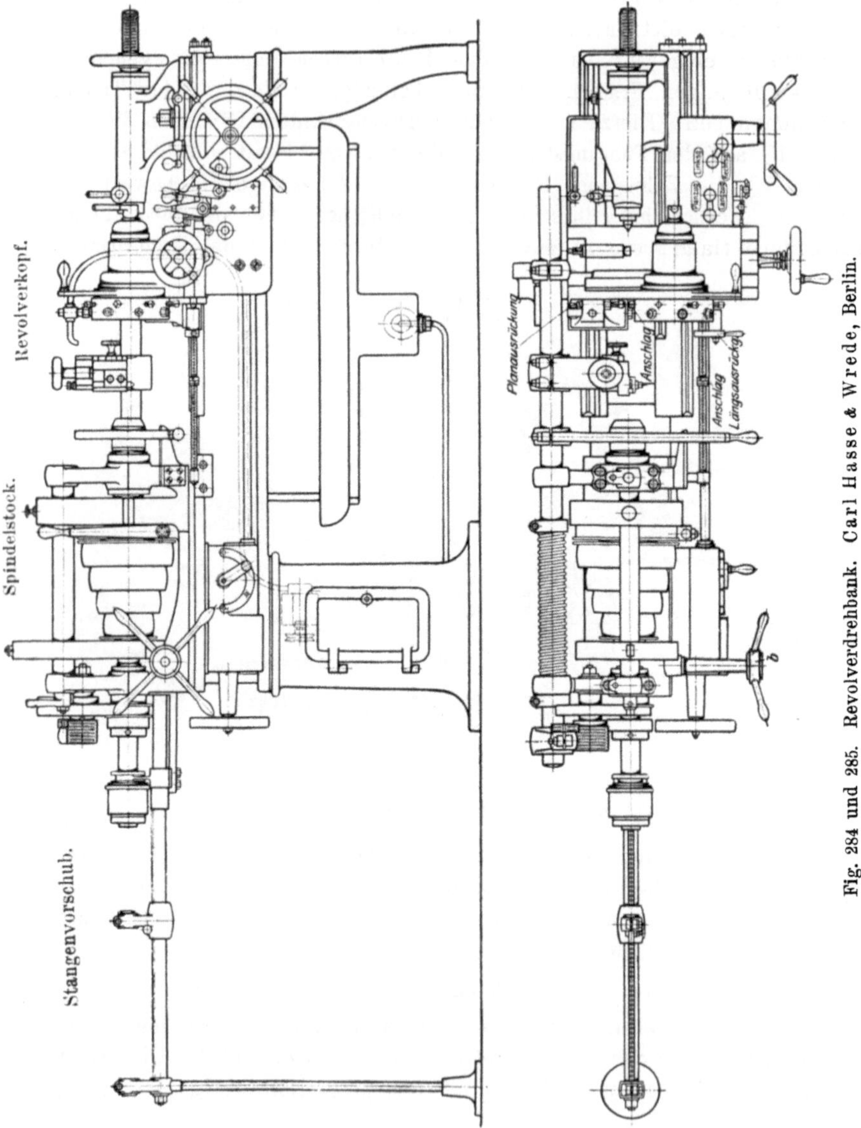

zum Schruppen, Schlichten, Bohren, Gewindeschneiden und Abstechen benutzt werden können (Fig 292 bis 297). Mit dieser Einrichtung gestattet
die Revolverbank, gleichgestaltete Drehkörper, die für ihre Herstellung
mehrere Arbeiten und verschiedene Werkzeuge erfordern, unter einer

Maschine zu bearbeiten. Sie erspart daher das zeitraubende Umspannen der einzelnen Werkstücke und Werkzeuge und verlangt nur ein einmaliges Einstellen der Maschine.

Die Kennzeichnung der Revolverbank liegt in erster Linie in dem Revolverkopf, in dem die Stahlhalter mit den verschiedenen Arbeitsstählen eingespannt sind. Für jeden Stahlwechsel muß der Revolverkopf um einen bestimmten Winkel gedreht und hierauf gegenüber dem Arbeitsdruck verriegelt werden. Wenn man bedenkt, daß sich der Stahlwechsel in der Stunde oft 100 bis 150 mal wiederholt, so folgt daraus, daß eine einfache Handhabung die Grundbedingung für jeden Revolverkopf sein muß.

Diese Aufgabe hat die Firma Carl Hasse & Wrede, Berlin, bei ihren neuesten Revolverbänken (Fig. 284) in vorzüglicher Weise gelöst. Der Revolverkopf kann hierbei in beliebiger Lage durch ein einfaches Hin- und Herbewegen eines Handhebels entriegelt, umgeschaltet und verriegelt werden. Hierzu ist er um seinen Zapfen Z drehbar und mit dem verzahnten und gelochten Ring R versehen (Fig. 286). Wird nun der Schalthebel H (Fig. 287) nach links gedreht, so schiebt die Klinke k_1 mit ihrem Rücken r den Federriegel a zurück und entriegelt so den Revolverkopf. Bei weiterem Linksdrehen stößt jetzt der Schaltring S mit der

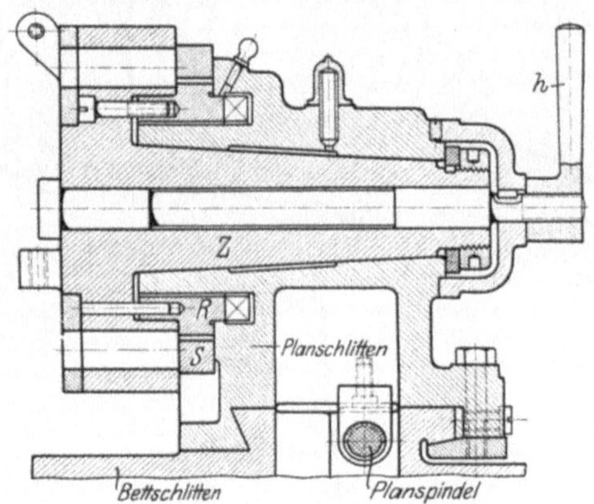

Fig. 286. Revolverkopf. Carl Hasse & Wrede, Berlin.

Klinke k_2 gegen die Zähne des Ringes R und schaltet dadurch den Revolverkopf auf die neue Arbeitsstellung um (Fig. 288). Sobald er um 45° gedreht ist, steht der Sperring R mit dem nächsten Loch vor dem Riegel a, der unter dem Druck der Feder augenblicklich einschnappt und so den Revolverkopf wieder verriegelt (Fig. 289). Bei schweren Arbeiten, wie Schruppen und Vorbohren, kann er noch mit dem Hebel h besonders festgeklemmt werden (Fig. 286). Beim Zurückdrehen des Schalthebels H nach rechts wird die Klinke k_1 wieder durch den Stift s des Riegels a in ihre ursprüngliche Lage zurückgedrückt; dabei gleitet die Klinke k_2 über die Zähne von R in die neue Schaltstellung (Fig. 287 und 290).

Eine wichtige Bedingung, die jede Maschine für Massenerzeugnisse zu erfüllen hat, sind die gleichen Abmessungen ihrer Arbeitserzeugnisse. Für sie besitzt der Revolverkopf verstellbare Anschläge, die einmal eingestellt werden und so beim Umschalten die verschiedenen Maße festhalten. Frei von Mängeln ist die Revolverarbeit selten. Bei längeren Arbeitszeiten zeigen die Erzeugnisse der Revolverbank in ihren Abmessungen geringe Unterschiede. Sie sind meist auf die Abnutzung der Schneiden und der Einzelteile der Maschine, sowie auf das Werfen der Rohstange zurückzuführen.

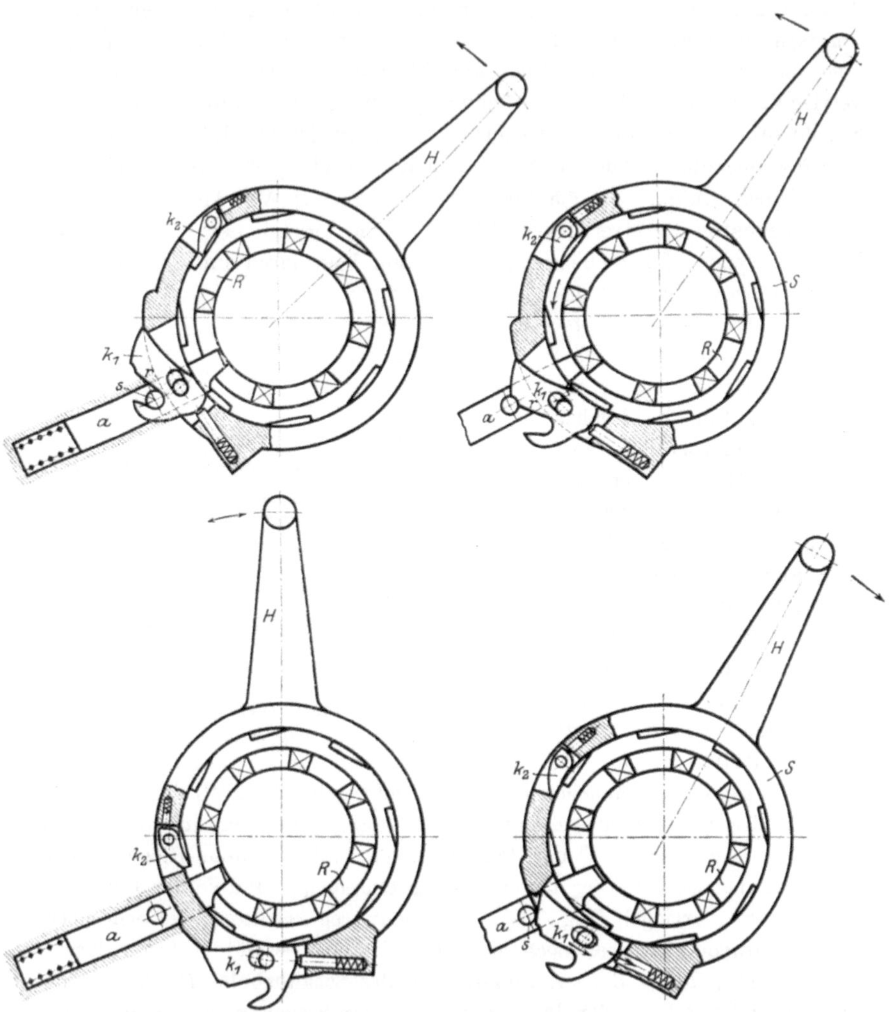

Fig. 287 bis 290. Schaltwerk und Verriegelung des Revolverkopfes.

Zur Kennzeichnung einer Revolverbank gehört auch der Stangenvorschub. Diese Vorrichtung hat nach dem Abstechen des fertigen Arbeitsstückes die Rohstange von neuem vorzuschieben und festzuspannen.

Bei den Revolverbänken von Ludwig Loewe & Co., Berlin, ist die Aufgabe, wie folgt, gelöst (Fig. 291): Durch die ausgebohrte Arbeitsspindel geht die Rohstange, die zur besseren Führung noch von dem

hinteren Lager l_1 getragen
wird. Das Vorschieben der
Stange übernimmt der
Schieber l_2. Bei der Arbeit
drückt nämlich die Klaue A
mit m gegen d. Wird nun der
gestrichelte Handhebel rechts
herumgelegt, so zieht die
Zahnstange 1 die Klaue A
nach rechts zurück. Hier-
durch wird im ersten Augenblick die Rohstange von
dem vorderen Spannfutter s
losgelassen. Gleich darauf
nimmt die in II geführte
Sperrstange 2 den Schieber l_2
mit nach rechts, der durch
den aufgesetzten Stellring S
die Rohstange von neuem
gegen den Anschlag vor-
schiebt.

Wie wird nun die
Stange festgespannt? Auch
diese Aufgabe ist sehr einfach gelöst. In dem Spindelkopf sitzt nämlich ein mehrfach geschlitztes Spann-
futter s, das zusammengedrückt wird und so die Rohstange festspannt, sobald es
gegen den aufgeschraubten
Kegel k kommt. Dieses Festspannen der Rohstange ge-
schieht ebenfalls mit dem
Handhebel und zwar durch
Linksdrehen. Die Zahn-
stange 1 schiebt dabei die
Klaue A nach links. A
nimmt die Muffe m mit, die
die Druckstäbe d etwas auf-
richtet. Hierdurch drücken
die Stäbe d mit der Kante b
ein langes Rohr, die Seele r,
in der Arbeitsspindel nach

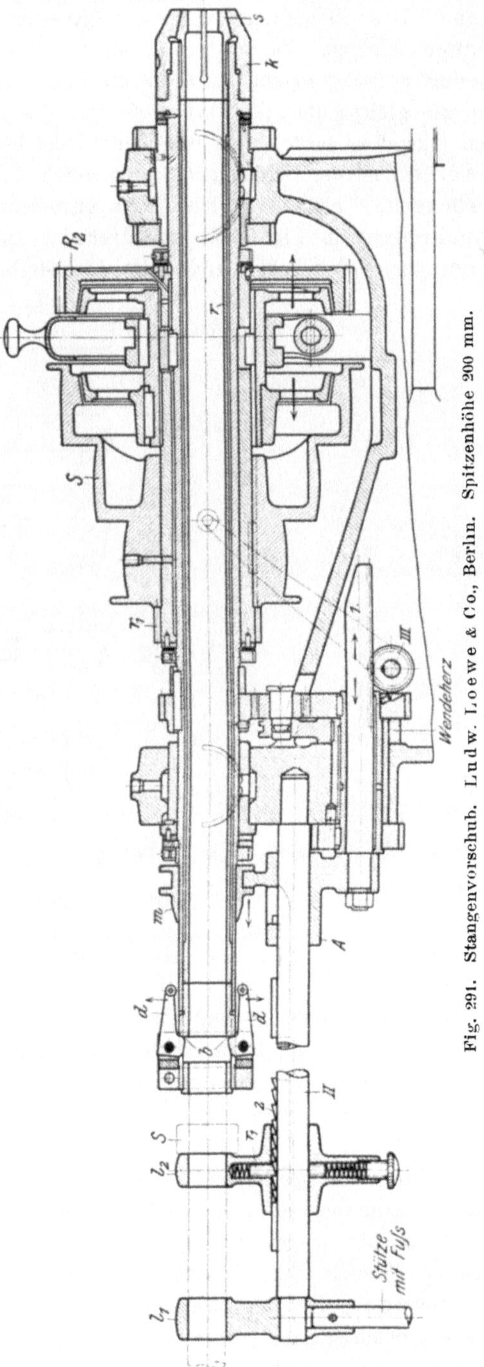

Fig. 291. Stangenvorschub. Ludw. Loewe & Co., Berlin. Spitzenhöhe 200 mm.

vorn. Das Spannfutter wird infolgedessen geschlossen, und die Stähle können arbeiten. Zu erwähnen wäre noch ein Punkt. Wird die Klaue A wieder zurückgezogen, so muß die Rohstange natürlich stehen bleiben. Hierzu gleitet die Sperrstange 2, wie die Klinke beim Sperrade, unter dem Riegel r_1 zurück, der bei jedem Zahn hochgeht und wieder einspringt. Außerdem ist der Schieber l_2 noch durch den unteren Federriegel gegen Zurückgehen gehalten. Der Stangenvorschub erfordert daher nur, das Handkreuz b in Fig. 285 zu drehen. Beim Rechtsdrehen wird die Rohstange vorgeschoben und beim Linksdrehen festgespannt.

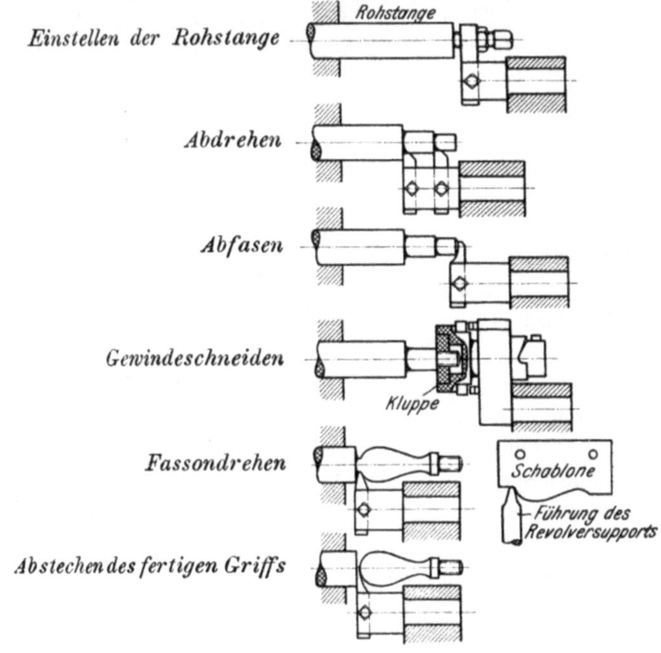

Fig. 292 bis 297. Das Abdrehen eines Handgriffs auf der Revolverdrehbank.

Die Revolverbank wird sowohl für das Arbeiten von der Stange als auch für Futter- oder Planscheibenarbeiten mit den besten Erfolgen benutzt.

Als Beispiel für Stangenarbeit ist in Fig. 292 bis 297 das Herausschälen eines Handgriffes gewählt. Die Bank liefert 10 fertige Griffe in der Stunde.

Ein treffendes Beispiel für Futterarbeiten zeigt die Bearbeitung eines Ventilkörpers auf einem Pittler-Revolver. In Fig. 298 ist das rohe Gußstück mit einem Winkel an der Planscheibe P eingespannt. Der vordere Flansch wird außen überdreht und hierauf durch Linksdrehen des Revolverkopfes die Planfläche mit 2 Stählen vorgedreht. Die Doppelstähle gewähren dabei bedeutende Zeitersparnisse, denn die Planfläche ist bereits fertig, nachdem jedes Werkzeug den halben Weg zurückgelegt hat. Durch weiteres Linksdrehen des Revolverkopfes wird zunächst die Planfläche geschlichtet und zum Schluß auch der Flansch außen (Fig. 299).

Um den gegenüberliegenden Flanschen *II* bearbeiten zu können, ist zunächst der Aufsatz *A* der Planscheibe zu entriegeln und um 180° zu drehen. Hierzu ist der Aufsatz um den Zapfen *Z* drehbar. Durch den Riegel *r* kann *A* gegenüber dem Arbeitsdruck wieder verriegelt werden. Jetzt wiederholen sich dieselben Vorgänge, wie bei dem ersten Flanschen.

Für den dritten Flanschen und den Ventilsitz ist *A* um 90° zu drehen und die Bearbeitung des Flanschen in derselben Weise wieder vor-

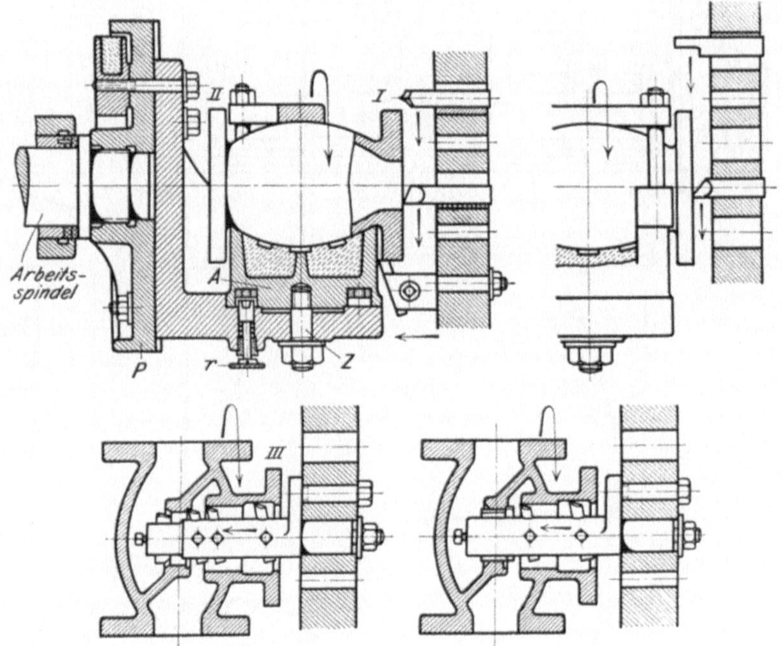

Fig. 298 bis 301. Das Bearbeiten eines Ventilkörpers.

zunehmen. Der Ventilhals und der Sitz werden gleichzeitig mit einer Bohrstange mit 4 Stählen zunächst vorgedreht (Fig. 300) und hierauf in gleicher Weise geschlichtet (Fig. 301). Das Ventil hat 100 mm Durchmesser und wird nach den Angaben der Firma in 58 bis 60 Minuten fertig bearbeitet.

f) Die selbsttätigen Revolverbänke oder Automaten.

Die Handrevolverbank verlangt für das Vorschieben und Festspannen der Rohstange und für das Umschalten des Revolverkopfes eine ständige Bedienung. Die nächste Entwicklungsstufe wäre daher, auch diese Arbeit der Maschine zu überweisen. Die selbsttätige Revolverbank (Fig. 302 bis 304) besitzt hierzu die Steuerwelle *k* mit den Trommeln *A* und *E* und den Nockenscheiben B, C, C_1 und D, die den Stangenvorschub, den Revolverkopf und die Abstechschlitten vorschriftsmäßig steuern. Die Steuerwelle k wird hierzu von der Riemenscheibe d über $e\,f\,g\,h\,i$ angetrieben (Fig. 303). Die Trommel A schiebt mit den Knaggen $u\,v$ über $w\,x$ die Rohstange vor und spannt sie gleich darauf mit $q\,r$ über $s\,t$ fest. Das Steuern des Revolver-

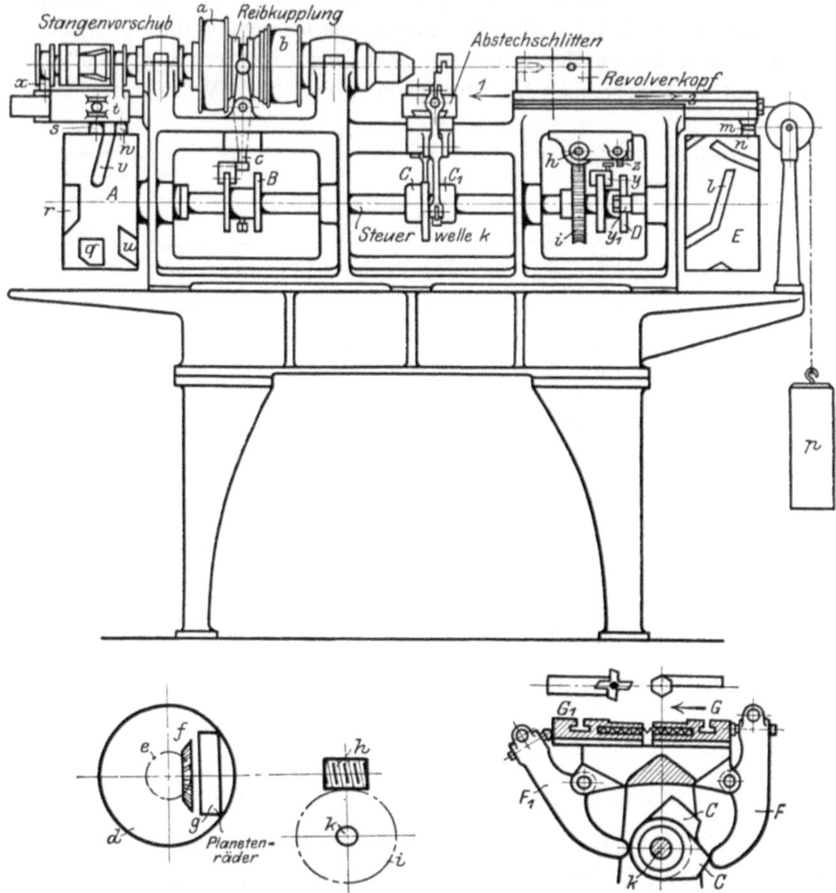

Fig. 302 bis 304. Plan einer selbsttätigen Revolverbank. Ludw. Loewe & Co., Berlin.

kopfes, der in dem Bett geführt ist, besorgt die Trommel E. Ihre Knaggen l schieben ihn mit m nach 1 zum Arbeiten vor, während die Knaggen n und das Gewicht p den Kopf nach 2 beschleunigt zurückholen und zugleich umschalten. Für den beschleunigten Rückzug des Revolverkopfes schaltet die Nockenscheibe D mit dem Nocken y_1 das Planetengetriebe g in den Antrieb der Steuerwelle k ein, so daß sie ihren Lauf stark beschleunigt. Am Ende des Rückzugs rückt der Nocken y das Planetengetriebe g wieder aus.   Den Vorschub der Abstechschlitten G und G_1 bewirken die Nocken C

und C_1 mit den Schalthebeln F und F_1 (Fig. 304). Die Nockenscheibe B schaltet mit c die Reibungskupplung auf den Rechts- und Linksgang der Arbeitsspindel um, damit Gewindeschneiden und Drehen mit der richtigen Geschwindigkeit erfolgen kann.

Soll z. B. nach dem Arbeitsplan in Fig. 305 bis 308 eine Schraube aus dem Vollen herausgeschält werden, so wird zunächst die Trommel A mit $v\,w\,x$ die Rohstange vorschieben und mit $q\,r\,s\,t$ festspannen. Hierauf setzt das Arbeiten des Revolverkopfes ein. Die Trommel E schiebt ihn mit $l\,m$ vor, so daß die Schraube mit den 3 Stählen herausgeschält wird (Fig. 305). Nach beendeter Arbeit schaltet D den beschleunigten Lauf der Steuerwelle k ein, so daß eine Knagge n den Revolverkopf schnell zurückholt und umschaltet. Dasselbe Spiel wiederholt sich beim Fertigdrehen und Abfasen des Bolzens (Fig. 306). Bevor jedoch der Revolverkopf mit der Schneidkluppe zum Gewindeschneiden vorgeht (Fig. 307), schaltet die Nockenscheibe B den Gewindeschneidgang ein. Gleichzeitig schiebt der Nocken C den Querschlitten mit dem Formstahl zum Fertigdrehen des Kopfes vor (Fig. 307). Zuletzt besorgt noch der Nocken C_1 das Abstechen der fertigen Schraube (Fig. 308).

Es gibt im Werkzeugmaschinenbau wohl kaum eine zweite Entwicklungslinie, die so große wirtschaftliche Erfolge aufzuweisen hat, wie die der Drehbank zum Handrevolver und Automaten. Sie ersetzt

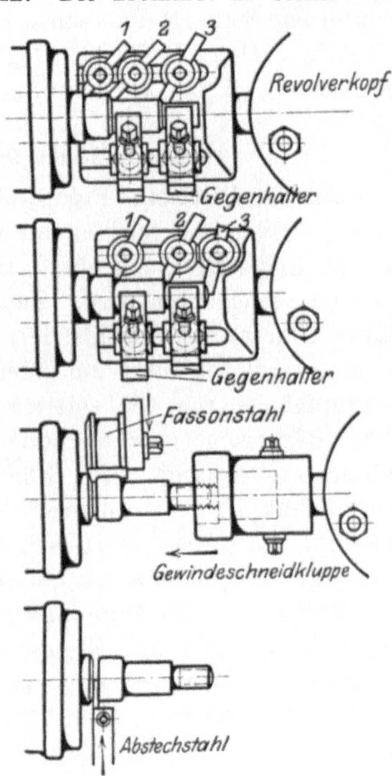

Fig. 305 bis 308. Herstellungsgang einer Schraube.

die Kunstfertigkeit des gelernten Drehers durch ein Beaufsichtigen mehrerer Maschinen. So können von einem gelernten Arbeiter, der in erster Linie die Werkzeuge zu schärfen hat, und einem ungelernten Hilfsarbeiter bis zu 10 größere Maschinen bedient werden.

Einen klaren Überblick gibt folgende Aufstellung von Ludw. Loewe & Co., Berlin.

Zur Herstellung von 100 Schraubenbolzen von 105 mm Länge und $^3/_4{}''$ Gewinde (Fig. 305 bis 308) in zehnstündigem Arbeitstag sind notwendig:

a) Bei der Herstellung auf der Drehbank: 1 Abstechmaschine mit $2^1/_2$ Stunden Arbeitszeit, 1 Ankörnmaschine mit $1^1/_2$ Stunden und

7 Drehbänke mit zusammen 66 Arbeitsstunden. Die Gesamtarbeitszeit stellt sich also auf 70 Stunden und der Arbeitslohn für den Bolzen auf etwa 42 Pfg.

b) Bei der Herstellung auf der Handrevolverbank sind 2 Bänke mit zusammen 14 Arbeitsstunden notwendig, so daß die Arbeitslöhne für den Bolzen auf etwa 7 Pfg. kommen.

c) Bei der Herstellung auf Automaten genügt eine Maschine mit 10 Stunden Arbeitszeit und $^1/_5$ Mann Bedienung. Die Arbeitslöhne für den Bolzen würden etwa 1,2 Pf. sein.

Die Zahlentafel VI, S. 9, legt ebenfalls Zeugnis über den wirtschaftlichen Erfolg dieser Entwicklung ab.

g) Die Plan- oder Kopfdrehbänke.

Mit der Planbank (Fig. 309 und 310) soll eine Arbeitsmaschine geschaffen werden, die vorwiegend zum Plandrehen dient. Zum Unterschied von der Spitzendrehbank darf daher der Reitstock fehlen, wodurch die Maschine zugänglicher wird. Zum Einspannen des Werkstückes dient eine größere Planscheibe, die mit dem Kopf der Arbeitsspindel verschraubt ist. Um einen ruhigen Gang zu erreichen, wird bei den schweren Maschinen die Planscheibe von der seitlich liegenden Stufenscheibe und den mehrfachen Rädervorgelegen angetrieben, so daß die Hauptspindel von dem Drehmoment entlastet ist. Für diesen Antrieb besitzt die Planscheibe einen Zahnkranz mit äußerer Verzahnung. Für die Ausnutzung des Schnellstahles bei den stark schwankenden Durchmessern größerer Werkstücke hat die Maschine 24 Geschwindigkeiten.

Die dargestellte Planbank ist eine Sondermaschine für das Bearbeiten von Schwungrädern und Riemenscheiben von bis 1600 mm Durchmesser, die mit den Klauen der Planscheibe festgespannt werden. Für die hierzu erforderlichen Arbeiten hat die Bank 3 Werkzeugschlitten, die auf Ständern sitzen. Das linke Stichelhaus dreht nach Schablone den Kranz ballig, das rechte dreht ihn innen aus, und das mittlere bohrt mit der Stange die Nabe aus und fast sie ab (Fig. 311).

Die besprochenen Radsatzdrehbänke sind doppelte Planbänke. Als Sondermaschinen arbeiten sie zur größeren Leistungsfähigkeit mit mehreren Werkzeugen. Mit den hinteren Werkzeugschlitten werden die Radreifen vorgeschruppt und abgestochen, während die vorderen sie nach Schablone fertig drehen (Fig. 276 bis 278). Das Einspannen des Radsatzes geschieht mit der Laufachse in den Lagern der Planscheibe.

h) Die Planbänke mit liegender Planscheibe.

Karusselldrehbänke oder senkrechte Dreh- und Bohrwerke.

Die stehende Planscheibe ist mit mehreren Nachteilen behaftet. Die grubenartige Aussparung des Bettes, die oft für die Planscheibe nötig ist, beeinträchtigt die Widerstandsfähigkeit der Maschine stark. Die Arbeits-

Fig. 309 und 310. Plandrehbank. H. Wohlenberg, Hannover.

spindel wird durch die schwere Scheibe und das Werkstück sehr stark beansprucht und das vordere Lager stark belastet.   Sehr zeitraubend ist

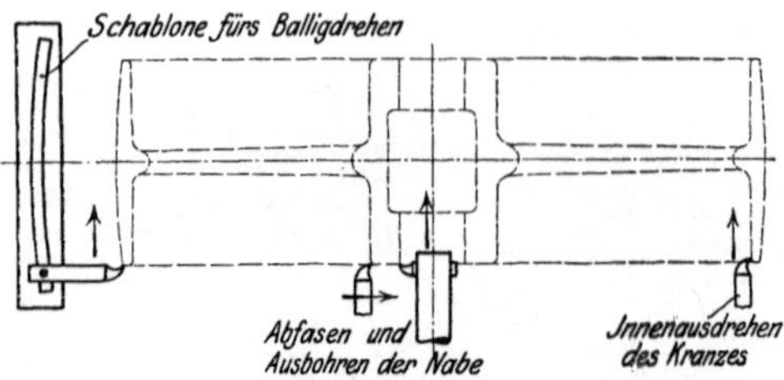

Fig. 311. Bearbeiten einer Riemenscheibe.

das Aufspannen und Ausrichten schwerer Werkstücke, das fast nie ohne Kran vor sich geht. Diese Nachteile verschwinden jedoch, sobald die Planscheibe, wie bei einem Karussell, liegend angeordnet wird.

Die Planbänke mit liegender Planscheibe (Fig. 312)

sind Schöpfungen der Neuzeit. Ihr Grundgedanke ist, durch die liegende Planscheibe das Einspannen und Ausrichten der Werkstücke zu er-

Fig. 312. Plandrehbank mit liegender Planscheibe. Rich. Hartmann, Chemnitz.

leichtern, den Arbeitsverlauf übersichtlicher zu gestalten und eine Werkzeugmaschine zu schaffen, die gleichzeitig zum Drehen, Ausbohren und verwandten Arbeiten benutzt werden kann.

Ihre Bauart ergibt sich durch das Aufrichten der gewöhnlichen Planbank. Die liegende Planscheibe erfordert allerdings für ihren Antrieb einige Abänderungen des Spindelstockes. Zunächst ist der Spindelkasten als Grundrahmen der Maschine auszubilden und in ihm der Antrieb des

Fig. 313. Dreh- und Bohrwerk mit Stahlwechsel. Deutsche Nileswerke, Oberschöneweide bei Berlin.

Drehtisches unterzubringen. Er besteht aus einem Zahnkranz, dessen Trieb auf einer senkrechten Welle sitzt. Um eine genügende Auswahl in den Antriebsgeschwindigkeiten des Tisches zu haben, wird diese Welle von einer Stufenscheibe oder einem Stufenrädergetriebe angetrieben. Die ganze Anordnung des Antriebes gibt bei der liegenden Planscheibe eine viel größere Gewähr für ruhigen Gang. Einmal läßt sich die Planscheibe, die heute schon bis zu 11 m Durchmesser ausgeführt ist, an der Spindel durch kräftige Hals- und Spurlager abstützen und am Umfang noch durch eine Rundbahn tragen.

Hülle, Werkzeugmaschinen. 3. Aufl. 12

Bei dem weiteren Aufbau der Maschine ist zu beachten, daß die Werkzeuge hier über dem Werkstücke quer zu schalten sind. Die Werkzeug-

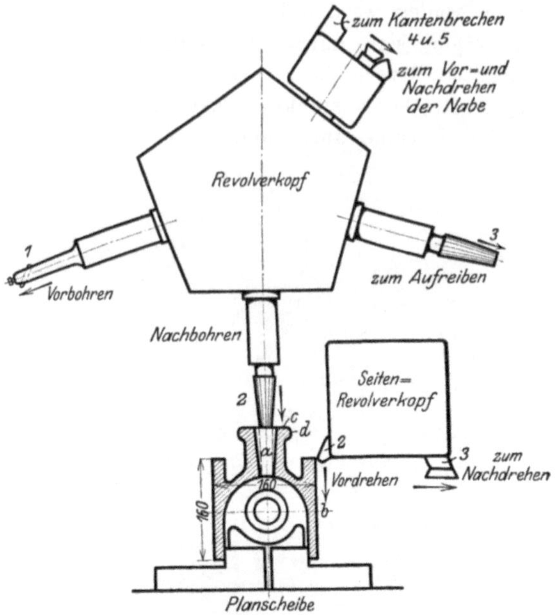

Fig. 314. Bearbeiten eines Kreuzkopfes.

Arbeitsplan:

Vorg.-Nr.		Fläche	Umdr. Min.	Vor-schub Umdr.	Arbeitszeit a) Min.	b) Min.
	Aufspannen	—	—	—	5	5
1	Vorbohren mit der Bohrstange .	a	31	2	3	3
2	Nachbohren } gleichzeitig . . {	a	31	2	3	3
	Vordrehen	b	31	2	3	—
3	Reiben } gleichzeitig . . {	a	31	—	2	2
	Nachdrehen	b	31	4	1,5	—
4 u. 5	Vor- und Nachdrehen } gleichz. {	c	31	2	2	2
	Kante brechen	d	31	—	2	—
	Abspannen	—	—	—	2	2
	a) Gesamtzeit der einzelnen Vorgänge:				23,5	—
	b) Tatsächlich erforderliche Zeit:				—	17

Angenommene Schnittgeschwindigkeit ∼ 260 mm/Sek.

schlitten müssen daher auf einem langen Querträger sitzen, der an den beiden Ständern der Maschine hoch- und tiefzustellen ist. Auf der Bahn dieses Querträgers können daher die Werkzeugschlitten zum Abdrehen der Oberfläche quer zum Werkstück geschaltet werden. Zum Ausbohren kegelförmiger Löcher und zum Abdrehen kegeliger Drehkörper lassen sich die langen Werkzeugschieber mit einer Drehscheibe schrägstellen und in dieser Richtung schalten.

Die beiden Ständer bieten noch eine willkommene Gelegenheit zum Anbringen zweier Seitenstichel, so daß die Maschine mit 4 Stählen an-

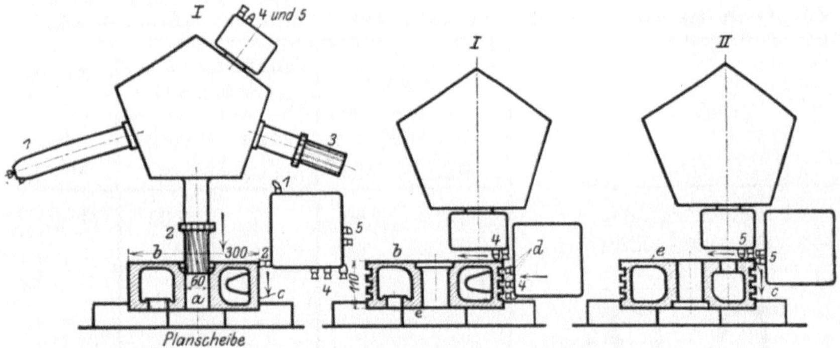

Fig. 315 bis 317. Bearbeiten eines Kolbens.

Arbeitsplan:

Aufsp.	Vorg.-Nr.		Fläche	Umdr. Min.	Vorschub Umdr.	Arbeitszeit a) Min.	b) Min.
I		Aufspannen	—	—	—	5	5
	1	Vorbohren } gleichzeitig . . {	a	16,5	2	4	4
		Vordrehen }	c	16,5	2	4	—
	2	Nachbohren } gleichzeitig . . {	a	16,5	2	4	4
		Fertigdrehen }	c	16,5	4	2	—
	3	Reiben	a	16,5	4	2	2
	4	Vor- und Fertigdrehen } gleichz. {	b	16,5	2	5	5
		Einstechen }	d	16,5	—	3	—
		Abspannen	—	16,5	—	2	2
II		Aufspannen	—		—	5	5
	5	Vor- und Fertigdrehen } gleichz. {	e	16,5	2	5	5
		„ „ „ }	c	16,5	2	2	—
		Abspannen	—	—	—	2	2

a) Gesamtzeit der einzelnen Vorgänge:	45	—
b) Tatsächlich erforderliche Zeit:	—	34

Angenommene Schnittgeschwindigkeit ∼ 260 mm/Sek.

greifen kann. In ihrem äußeren Aufbau gleicht das Dreh- und Bohrwerk ganz der Hobelmaschine, nur ist der hin- und hergehende Hobeltisch durch den Drehtisch ersetzt.

Einen förmlichen Siegeszug haben die Dreh- und Bohrwerke mit Stahlwechsel gehalten (Fig. 313). Sie sind besonders wirtschaftliche

Arbeitsmaschinen für Drehkörper, an denen Bohr- und Dreharbeiten zu erledigen sind. So zeigen die Fig. 314 bis 317 die Arbeitspläne für die Bearbeitung der Kreuzköpfe und Kolben und die Zahlentafel XI die wirtschaftliche Seite dieser Entwicklungslinie der Drehbank.

Zahlentafel XI.

Vergleich der Arbeitszeiten und Kosten auf Drehbank und Drehwerk.

Gegenstand	Drehbank		Senkrechtes Bohr- und Drehwerk		Ersparnisse
	Zeit Std.	Kosten M.	Zeit Std.	Kosten M.	M.
Zylinderdeckel[1]) Gewicht ~ 2,2 t	35	21,80	11	7,00	14,80
Gaskolben[1]) Gewicht ~ 1,5 t	Mit 1 Werkzeugschlitten				
	50	31,00	—	—	16,00
	Mit 2 Werkzeugschlitten				
	31,5	22,00	21,5	15,00	7,00
Gußeisen-Schwungrad[2])	Mit 1 Stahl		Mit 3 Stählen		
	39	25,00	11	7,00	18,00
Stahlguß-Radscheibe[2])	Mit 1 Stahl		Mit 2 Stählen		
	2,5	1,65	1	65	1,00

i) Die Kurbelzapfendrehbänke.

Von den bisher besprochenen Drehbänken grundverschieden, sowohl in ihrer Bauart als auch in ihrer Arbeitsweise, ist die Kurbelzapfendrehbank, die für das Abdrehen der Zapfen gekröpfter Kurbelwellen dient. Für die Be-

---

[1]) Z. d. V. d. Ing. 1910, S. 461.
[2]) Nach Angaben der Deutzer Gasmotorenfabrik.

arbeitung derartiger Werkstücke gibt es zwei Wege. Um den Kurbelzapfen abdrehen zu können, kann die Welle außerachsig eingespannt
werden, so daß das Zapfenmittel in die Spitzenlinie der Bank fällt. Dieses
Verfahren stößt aber bei größeren Wellen auf praktische Schwierigkeiten,
so daß man gezwungen ist, dem Drehstahl beide Bewegungen zu erteilen.
Die ausgesprochenen Kurbelzapfendrehbänke arbeiten daher mit kreisendem
Stahl, der auch den Vorschub vollzieht, während die sperrige Kurbelwelle
stillsteht. Diese Arbeitsweise gestattet eine leichte Maschine und eine
gute Beobachtung der Drehflächen.

Eine Maschine der Art führt die Elsässische Maschinenbaugesellschaft Grafenstaden, Grafenstaden i. E., in der in Fig. 318

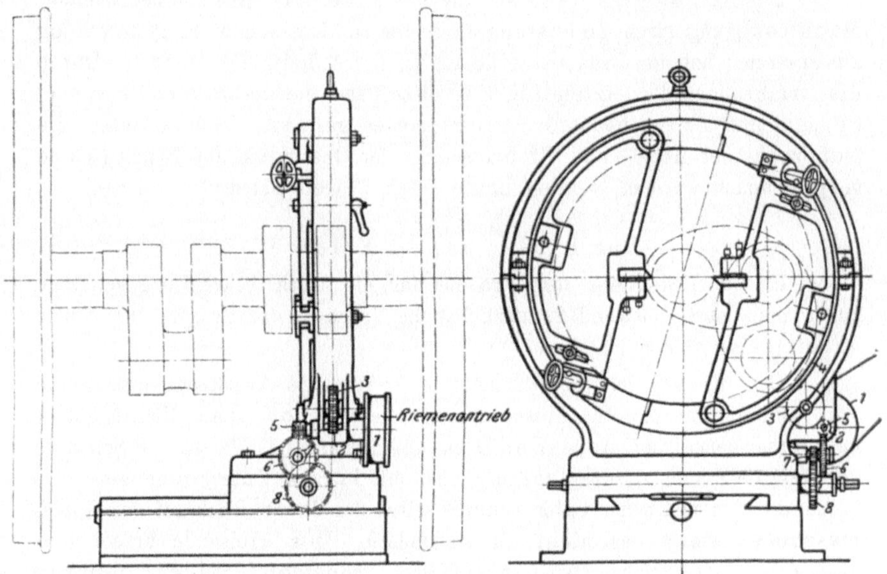

Fig. 318 und 319. Kurbelwellendrehbank.

und 319 dargestellten Form aus. Um dem Drehstahl die Hauptbewegung
zu erteilen, ist bei der Maschine der Werkzeugschlitten als kreisende
Trommel ausgebildet, die in einem bügelartigen Gehäuse läuft. Sie wird
durch die Zahnräder *2*, *3* und den Zahnkranz *4* angetrieben. Von dem
Antriebe wird auch der Vorschub des Stahles abgeleitet. Seine Steuerung
besteht aus dem Schneckengetriebe *5*, *6*, den Stirnrädern *7*, *8* und einem
im Innern liegenden Schraubenrädertrieb, von dem das Mutterrad auf einer
Spindel wandert und dadurch das Drehwerk auf dem Bett verschiebt.
Die Stähle vollziehen daher die Hauptbewegung und den Vorschub. Bei
dem Aufbau einer solchen Maschine ist noch auf das bequeme Ansetzen
von Werkstück und Werkzeug zu achten. Hierfür sind Trommel und
Gehäuse geteilt und abnehmbar, so daß die Welle von oben eingelegt werden
kann. Vor dem Ansetzen der Stähle sind jedoch Maschine und Welle

gleichachsig auszurichten. Zum Einstellen der Drehstähle sind die bogen-
förmigen Stahlhalter einerseits mit der Trommel gelenkig verbunden und
andererseits mit Stellschraube und Handrad versehen, so daß man mit
den Handrädern den Span genau ansetzen kann. Durch einige Klemmschrauben lassen sich die Stahlhalter gegenüber dem Arbeitsdruck festklemmen. Die Maschine kann auch bequem von einer Kurbel zur andern
übergeführt werden. Hierzu sind nur die Klemmschrauben herauszunehmen
und die Stahlhalter seitlich auszuschwenken.

2. Die Fräsmaschinen.

Das Bestreben der Technik, die Maschinen mit hin- und hergehender
Hauptbewegung durch die leistungsfähigeren mit kreisender Hauptbewegung
zu ersetzen, hat der Fräsmaschine ein großes Arbeitsfeld eröffnet. Durch
die Erfahrungen der letzten Jahre ist diese Maschine derart vervollkommnet
worden, daß sie den höchsten Anforderungen genügt. Viele Arbeiten, die
früher auf der Hobel- und Stoßmaschine, der Drehbank und Bohrmaschine
vorgenommen wurden, werden heute durch Fräsen erledigt.

Der Fräser und die Fräserei.

Um die Bedeutung des Fräsens für die Metallbearbeitung schätzen
zu lernen, ist es notwendig, zunächst die Vorzüge des Fräsers und seiner
Arbeitsweise zu kennen.

Der Fräser besitzt als mehrschneidiges Werkzeug eine Reihe
von Schneidzähnen. In dieser Bauart liegt schon seine Überlegenheit
gegenüber dem einschneidigen Dreh- und Hobelstahl. Die schmale Schneide
der letzten Stähle arbeitet ständig oder mit kurzen Unterbrechungen. Sie
erwärmt sich und wird bald stumpf, selbst der leere Rücklauf der Hobelmaschine vermag dies nicht zu verhindern. Der kreisende Fräser hingegen arbeitet gleichzeitig mit mehreren Schneiden. Sie sind aber nur
während Bruchteile einer Umdrehung der Arbeitswärme ausgesetzt und
können sich dann wieder abkühlen. Aus dem Grunde ist jeder Fräser
höheren Schnittgeschwindigkeiten gewachsen als der beste Dreh- und
Hobelstahl. Diese Schnittgeschwindigkeiten können noch verdoppelt werden,
wenn man den Fräser aus Schnellstahl herstellt. Hiervon überzeugt ein
Blick in die Zahlentafel I, S. 2. Dazu kommt noch, daß im Vergleich
zum schmalen Span des Hobelstahles der Fräser die ganze Breite des
Werkstückes mit einem Gange faßt. Der Fräser wird daher im allgemeinen
die größere Leistung aufzuweisen haben.

Auch in der Arbeitsweise hat der Fräser vor dem Hobelstahl gewisse Vorzüge, die für einen ruhigen Gang der Maschine und somit für
die Güte der Arbeit nicht zu unterschätzen sind. Während der Hobelstahl bei jedem Schnitt von neuem ansetzt und hierdurch mehr oder
weniger starke Stöße verursacht, erfolgt das Ansetzen der einzelnen

Fräserzähne so schnell aufeinander, daß die Stöße verschwinden. Bei richtiger Schaltung zeigt sich noch eine weitere günstige Eigenart des Fräsers, die in seinem kommaartigen Span liegt. Durch den allmählichen Vorschub des Werkstückes wird nämlich von jedem Fräserzahn ein Span abgehoben, dessen Querschnitt allmählich zunimmt (Fig. 320). Infolgedessen wächst auch der Schnittwiderstand eines jeden Fräserzahnes allmählich, so daß bei mehreren gleichzeitig arbeitenden Schneiden ein Ausgleich in den Schwankungen des Schnittdruckes eintritt. Diese Arbeitsweise des Fräsers gestattet daher der Maschine einen ruhigen Gang und läßt jeden Fräserzahn auf glatte Flächen ansetzen. Beide Vorzüge bedingen jedoch, daß das Werkstück dem Fräser entgegengesetzt seiner Schnittrichtung zugeführt wird. Andernfalls beginnt jeder Fräserzahn gleich mit einem starken Span. Der Fräser würde dabei nicht nur den ruhigen Gang einbüßen, sondern auch durch das Einhacken in die harte Gußkruste äußerst stark beansprucht.

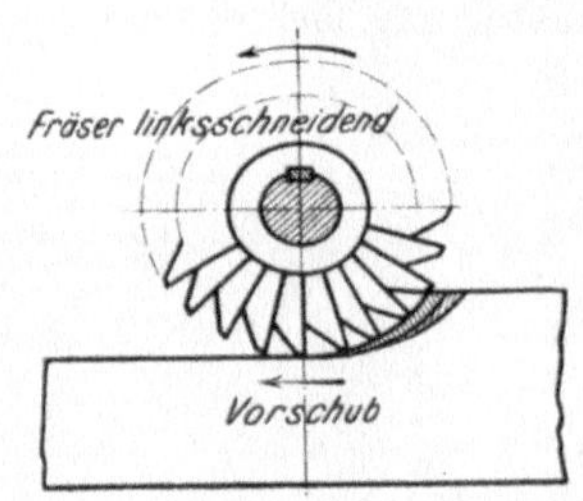

Fig. 320. Zweckmäßige Arbeitsweise des Fräsers.

Eine weitere Vervollkommnung bietet der Spiralfräser (Fig. 321). Er arbeitet ruhiger als der Fräser mit geraden Zähnen, weil bei ihm eine größere Zahl von Schneiden gleichzeitig in Angriff stehen. Sie nehmen zurzeit verschiedene Späne, so daß der Schnittdruck ziemlich gleichmäßig ausfällt. Die Länge der Spirale wählt man vorteilhaft gleich dem 7 bis 9 fachen Fräserdurchmesser oder den

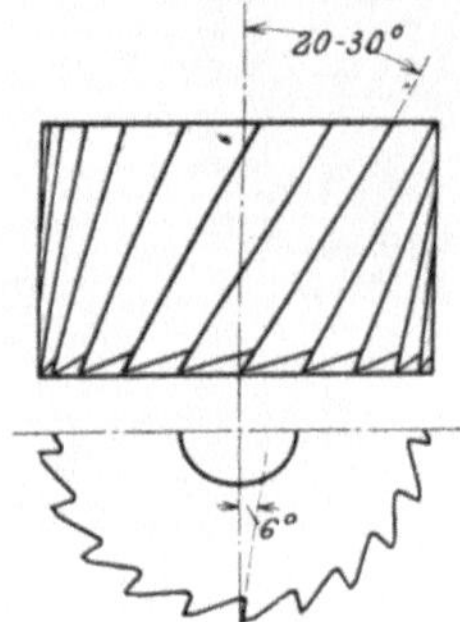

Fig. 321. Spiralfräser.

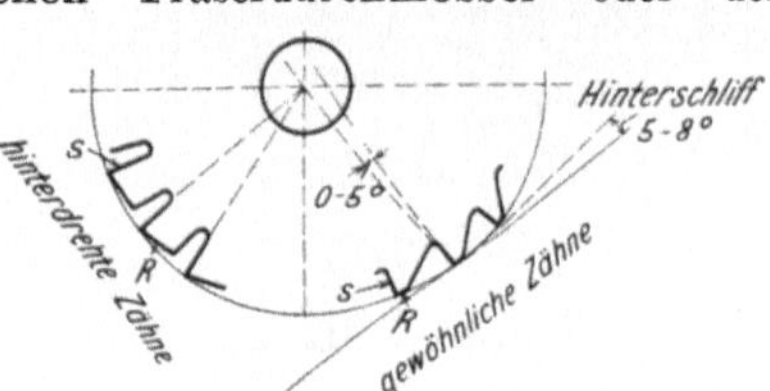

Fig. 322. Gewöhnliche und hinterdrehte Fräserzähne.

Spiralwinkel zur Fräserachse 10° bis 20° oder gar 30°.

Für die Grob- und Formfräserei von höchster Bedeutung ist das Hinterdrehen der Fräserzähne (Fig. 322). Hinterdrehte Fräser besitzen eine kräftige Zahnform. Die Zähne können bis zum völligen Aufbruch ohne jede Formänderung nachgeschliffen werden. Sie halten beim Nachschleifen ihren Anstellungswinkel bei und können eine starke Belastung vertragen.

Das Hinterdrehen eines Fräsers ist stets von dem vorliegenden Zweck abhängig zu machen. Walzen- und Stirnfräser zu hinterdrehen, empfiehlt sich nicht immer, weil ihre Instandhaltung zu kostspielig wird. Denn der hinterdrehte Fräser erfordert zum genauen Rundlauf ein sehr sorgfältiges Nachschleifen der einzelnen Zähne, das bei dem einen mehr und bei dem anderen weniger sein muß. Die Erfahrungen haben daher gelehrt, den Fräser mit spitzen Zähnen bei allen Planfräsarbeiten zu verwenden, bei denen es auf Genauigkeit ankommt — Schlichtarbeiten —, dagegen den hinterdrehten Fräser nur bei schweren Schrupparbeiten. Aber auch als Schruppfräser leistet der Fräser mit spitzen Zähnen gute Dienste, nur muß er eine genügend grobe Teilung haben. Hierdurch unter-

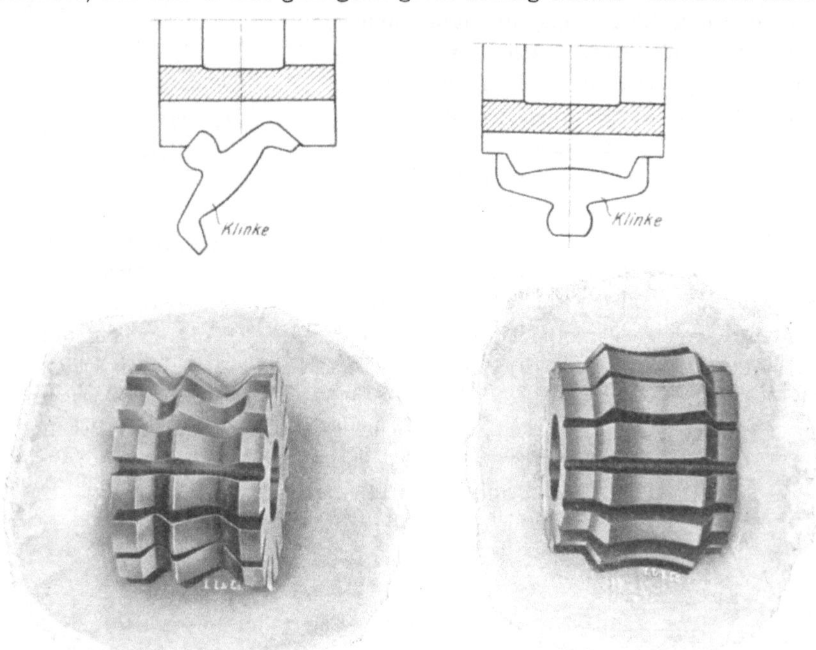

Fig. 323 bis 326. Fräsen einer Klinke.

scheidet sich der spitze Schruppfräser von dem Schlichtfräser mit seiner feinen Teilung.

Eine für die Formfräserei wichtige Eigenschaft der hinterdrehten Fräser ist, daß sie bei richtigem, radialem Nachschleifen der Schneidflächen S die Zahnform nicht ändern (Fig. 322). Sie bieten daher die Möglichkeit, Zahnräder, Kettenräder mit gleichen Zähnen fräsen zu können. Somit erstreckt sich das Hauptarbeitsgebiet des hinterdrehten Fräsers auf die Formfräserei.

Für die Massenerzeugung von hohem Werte ist auch die eigene Formgebung des Fräsers, der sich mit den mannigfachsten Formen ausstatten läßt. Derartige Formfräser gewähren den Vorzug, vielgestaltete Flächen mit einem Gang der Maschine fräsen und Massenstücke ohne große Nacharbeit fertigstellen zu können (Fig. 323 bis 326). Mit Rücksicht auf die Erhaltung der genauen Form müssen die Formfräser hinterdreht werden.

Größere Fräser verlieren aber ihre Formgebung durch die immer größer werdenden Schwierigkeiten beim Härten. Die geringste Verletzung

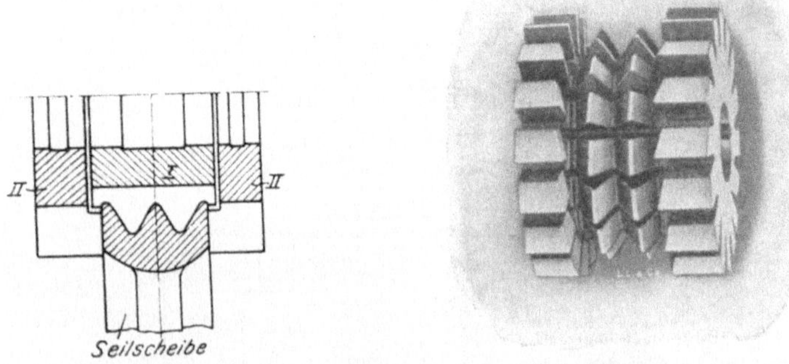

Fig. 327 und 328. Rundfräsen einer Seilscheibe.

einer Schneide macht schon das zeitraubende Nachschleifen des ganzen Fräsers notwendig, wenn er seinen Rundlauf wahren soll. Diesem Übel

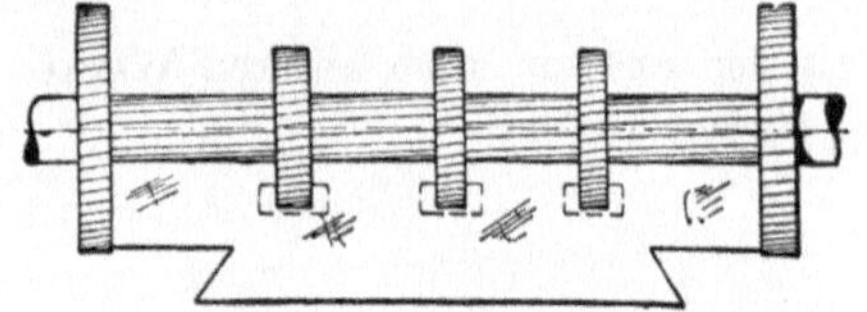

Fig. 329. Gruppenfräser zum Fräsen eines Schlittens mit Spannnuten.

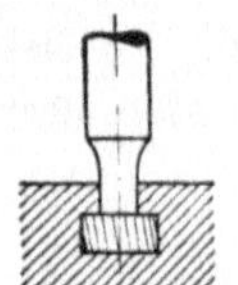

Fig. 330. Ausfräsen der Spannnuten.

begegnen die zusammengesetzten Formfräser (Fig. 327 und 328) und die Gruppen- oder Satzfräser (Fig. 329 und 331). Von ihnen ist jeder Einzelfräser für sich zu härten und zu schleifen.

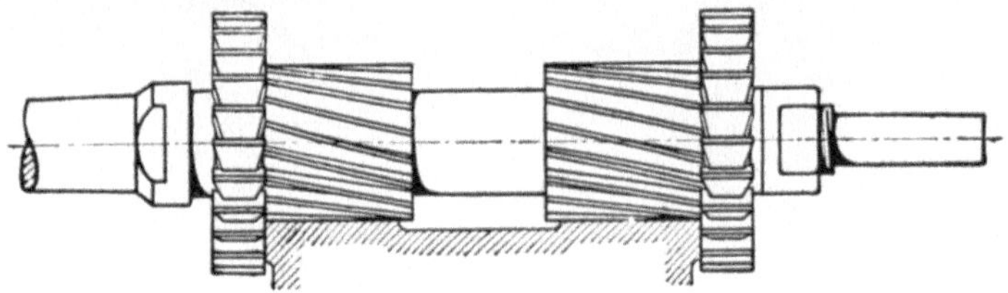

Fig. 331. Gruppenfräser für ein Bett.

Eine ähnliche Verbesserung bildet auch der Fräskopf mit auswechselbaren Einzelmessern (Fig. 332 und 333). Diese Bauart gestattet, bei verschieden eingestellten Messern Spantiefen von mehr als 20 mm zu nehmen. Sie sind also für besonders große Arbeitsleistungen geschaffen.

Die Entwicklung der Fräserei verdient noch einige Worte: Anfangs erstreckte sich das Fräsen nur auf gewisse Massenarbeiten (Fig. 323) und den Werkzeugbau (Fig. 334 und 337), später auch auf die Zahnrad-

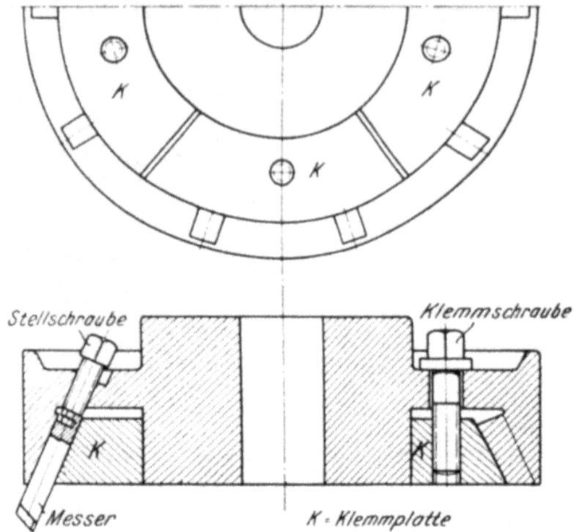

Fig. 332 und 333. Fräskopf „Hanseat“. Grosset, Hamburg.

fräserei. In diesen Arbeitsgebieten ist der Fräser allen anderen Werkzeugen stets überlegen, weil er fertige Arbeit liefert.

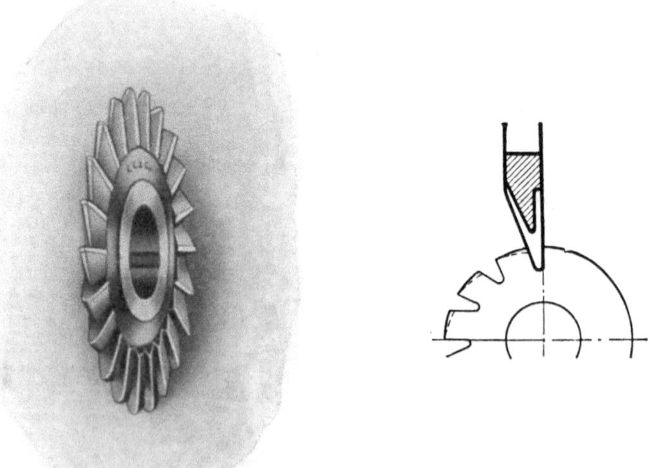

Fig. 334 und 335. Ausfräsen der Nuten eines Fräsers.

Ein scharfer Wettkampf setzte mit der Einführung des Fräsers zwischen der Hobelmaschine und der Fräsmaschine ein und so entbrannte die Frage: Hobeln oder Fräsen? Hierzu sei bemerkt, daß der Hobelstahl ein einfaches Werkzeug ist, das für alle Hobelarbeiten benutzt werden kann und billig in seiner Herstellung und Unterhaltung ist. Der Fräser hingegen ist ein vielgestaltetes Werkzeug, teuer in der Anschaffung und Unterhaltung. So kostet nach Listen ein 5 kg schwerer Hobelstahl 17 M. und ein 5 kg schwerer Fräser 28 M. Die Unterhaltung stellt sich beim

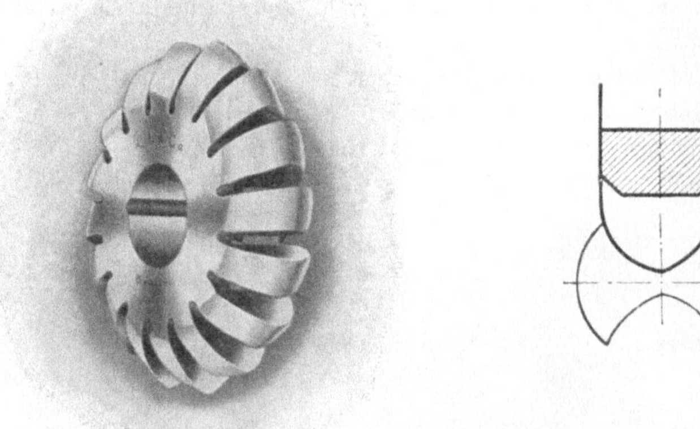

Fig. 336 und 337. Ausfräsen eines Spiralbohrers.

Fräser doppelt so hoch, doch muß der Hobelstahl etwa 6 mal so oft nachgearbeitet werden. Durch langjährige Ermittlungen sind in den Werkstätten der Comp. de l'Est in Epernay die Werkzeug- und Unterhaltungs-

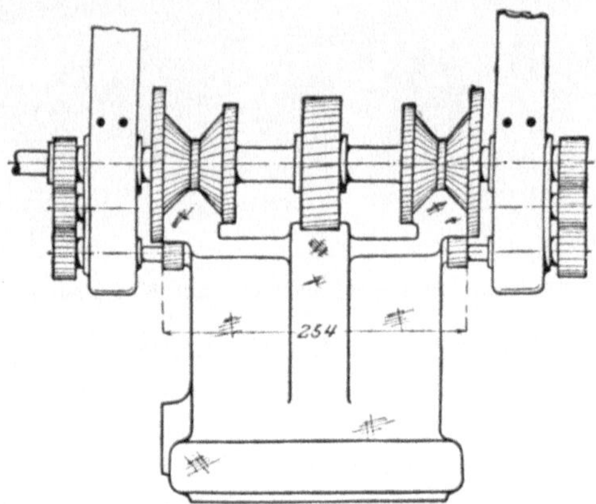

Fig. 338.[1]) Langfräsen des Drehbankbettes.

kosten im Vergleich zu dem Spangewicht festgestellt worden. Sie betrugen bei Hobelstählen 2,2 Pf. f. d. kg Späne und bei Fräsern 6,4 Pf.
Soll bei den höheren Anschaffungs- und Unterhaltungskosten der Fräser einen wirtschaftlichen Vorsprung bieten, so muß er in einer

[1]) Möller, Z. V. d. Ing. 1903, S. 1870.

kürzeren Arbeitszeit liegen. Da aber die Hobelmaschine das Werkstück in der Minute um 10 bis 20 m zuschiebt, dagegen die Fräsmaschine um höchstens 120 bis 180 mm, so wird das Hobeln bei langen und schmalen Arbeitsflächen wirtschaftlicher sein, weil hierzu nur wenig Hübe notwendig sind. Dagegen werden breite Flächen zweckmäßig mit einem Schnitt gefräst, weil sie beim Hobeln zuviel Hübe und damit auch zuviel Rückläufe erfordern.

So erfordert das Hobeln einer 5 mm breiten Fläche bei 1,5 m Hobelhub und 1 mm Vorschub und Rücklauf 2 : 1 etwa $1^{1}/_{4}$ Minuten, dagegen das Fräsen bei 100 mm Vorschub etwa 14 Minuten. Eine Fläche von 160 mm Breite und 350 mm Länge verlangt bei einem Hobelhub von 450 mm

Fig. 339.   Abfräsen einer Gußplatte mit Kreuznuten.

und 2 mm Vorschub, 150 mm Schnittgeschwindigkeit, Rücklauf 3 : 1 etwa 5 Minuten und 20 Sekunden Hobelzeit, dagegen beim Fräsen nur etwa $1^{2}/_{3}$ Minuten.

Die Erfahrung lehrt jedoch, daß sich gefräste Werkstücke selbst nach dem zweiten Schnitt noch verziehen, falls sie nicht hinreichend stark gebaut sind. So hat sich denn für Genauigkeitsarbeiten eine Arbeitsteilung vollzogen: Schruppen auf der Fräsmaschine und Schlichten auf der Hobelmaschine.

Für eine wirtschaftliche Fräserei ist daher Vorbedingung, daß einmal die Werkstücke fürs Fräsen gebaut sind, d. h. sie dürfen unter dem starken Arbeitsdruck des Fräsers nicht nachgeben, und zum andern, daß für die teueren Fräser genügend Arbeit vorhanden ist. Das letzte besagt, daß

Additional information of this book

(Die Werkzeugmaschinen und ihre Konstruktionselemente;

978-3-662-23908-7; 978-3-662-23908-7_OSFO4) is provided:

http://Extras.Springer.com

große Satzfräser die Werkzeuge für Massen- und Gruppenarbeiten sind (Fig. 327, 329, 331, 338, 339).

Auch mit der Drehbank ist die Fräsmaschine in den Wettbewerb getreten und zwar durch das Rundfräsen und das Gewindefräsen, ohne allerdings die Genauigkeit der Drehbank zu erreichen.

Die Rundfräsmaschine bietet große wirtschaftliche Vorteile, wenn vielgestaltete Drehkörper massenweise zu bearbeiten sind (S. 243). Ähnliche Vorzüge besitzt auch die Gewindefräsmaschine für das Gewindeschneiden (S. 260). Sowohl beim Rundfräsen als auch beim Gewindefräsen kann ein Mann mehrere Maschinen bedienen.

Die verschiedenen Bauarten der Fräsmaschinen.

Mit dem Fräser hat auch die Fräsmaschine ihren Entwicklungsgang durchgemacht. Die höheren Schnittgeschwindigkeiten und die größeren Arbeitswiderstände beim Fräsen stellten dem Erbauer Aufgaben, deren Lösung neue Grundlagen erforderte. Vor allem wurde der Arbeitsdruck unterschätzt. Bei den älteren Arbeitsverfahren nimmt bekanntlich das einschneidige Werkzeug immer nur schmale Späne, der Fräser aber vielfach solche von der ganzen Breite des Werkstückes. Zu diesem größeren Arbeitsdruck tritt noch das sich stetig wiederholende Ansetzen der einzelnen Fräserzähne. Diese Arbeitsweise des Fräsers gewährt zwar eine größere Leistung, verlangt aber als Grundbedingung der Fräserei Arbeitsmaschinen von durchaus kräftiger Bauart. Nur durch sie kann man den weit größeren Arbeitsdrücken gerecht werden und die Vorzüge der Fräserei voll ausnutzen.

Nach der üblichen Arbeitsweise der Fräsmaschinen besitzt der Fräser die kreisende Hauptbewegung und das Werkstück den geraden Vorschub (Fig. 320). Diese Betriebsweise verlangt einen Spindelstock und einen Arbeitstisch als die wichtigsten Einzelteile einer Fräsmaschine. Von ihnen dient der Spindelstock zur Erzeugung der Hauptbewegung des Fräsers und der Arbeitstisch für das Einstellen und den Vorschub des Werkstückes. Nach der Lage der im Spindelstock untergebrachten Frässpindel unterscheiden wir wagerechte und senkrechte Fräsmaschinen, deren Formen der Mehrzahl unserer klassischen Werkzeugmaschinen nachgebildet sind.

a) Die wagerechten Fräsmaschinen.
1. Die einfache Fräsmaschine.

Der Grundgedanke der einfachen Fräsmaschine (Fig. 340 bis 341) ist, an Werkstücken, die sich von Hand oder durch die Maschine bequem an den Fräser anstellen lassen, einfache gerade Schnitte auszuführen. Ihr Arbeitsbereich umfaßt daher vorwiegend kleinere Werkstücke und solche von höchstens Mittelgröße. Ihre Arbeiten erstrecken sich auf das Planfräsen und das Fräsen gerader Nuten. In ihrer äußeren Form ist die

einfache Fräsmaschine der Stößelhobelmaschine (Fig. 717) nachgebildet, und
zwar ist in der Hauptsache der Stößel mit dem Schwinghebelantrieb durch
die Frässpindel mit dem Stufenscheibenantrieb ersetzt.

Der Spindelstock.

Für die Hauptbewegung besitzt die einfache Fräsmaschine, wie die
Drehbank, einen feststehenden Spindelstock, weil ja das Werkstück mit
dem Tisch angestellt wird.   In dem Spindelstock (Fig. 342) ist die Frässpindel wagerecht gelagert, so daß sie parallel zum Deckenvorgelege
liegt.   Infolgedessen gestaltet sich der Antrieb der Spindel in ähnlicher
Weise wie bei der Drehbank.

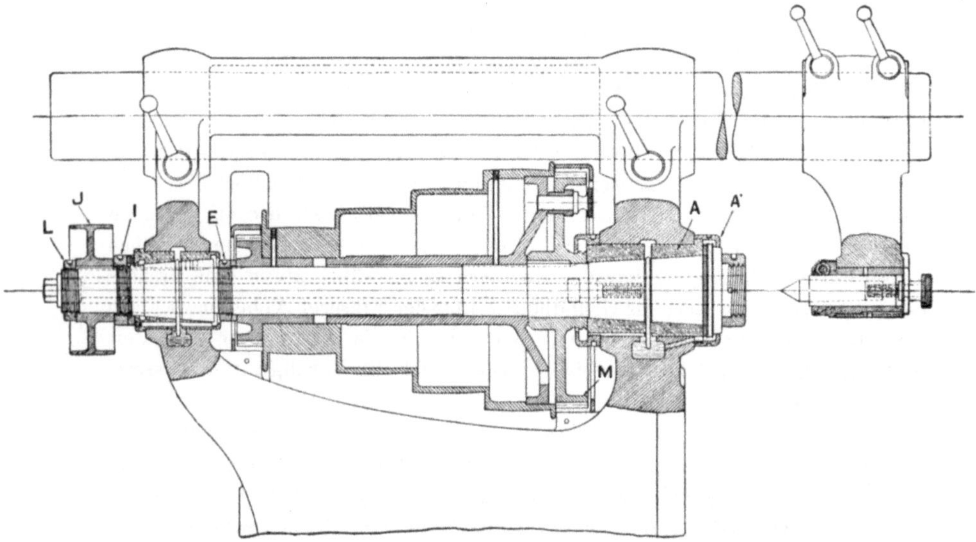

Fig. 345. Spindelstock der Hendey-Norton-Fräsmaschine.
Größte Stufe 273 mm Durchm. Riemenbreite 70 mm. 16 verschiedene Umläufe von 13—409.
Durchmesser des Spindelendes 63,5 mm, Spindelbohrung 27 mm.
Länge des vorderen Lagers 122 mm.

Um bei den verschiedenen Fräsarbeiten die volle Schnittgeschwindigkeit ausnutzen zu können, sind Maschinen unter 5 PS. durch Stufenscheibe
und Rädervorgelege anzutreiben, weil die Fräser nicht so oft gewechselt
werden.   Bei schweren Maschinen sind die Stufenrädergetriebe ihrer
größeren Übertragungsfähigkeit wegen vorzuziehen.

Für die Lagerung der Frässpindel gelten ebenfalls die früheren
Gesichtspunkte. Danach ist die Spindel gegenüber dem Arbeitsdruck nach
beiden Richtungen festzulegen und in ihrer Lage sowie in ihrem Gang
genau auszurichten. Diese Aufgabe erfordert bekanntlich eine gleichachsig
nachstellbare Frässpindel. Bei der Fräsmaschine ist aber noch auf eins
hinzuweisen. Der größere Arbeitsdruck des mehrschneidigen Fräsers setzt

als Vorbedingung für ruhigen Gang und gute Arbeit eine besonders kräftige Frässpindel voraus und für das gleichmäßige Durchziehen des Riemens breite und große Scheiben. Die höheren Schnittgeschwindigkeiten verlangen besonders lange Lager mit vorzüglich wirkender Schmierung.

Die einzelnen Gesichtspunkte sind bei der Hendey-Norton-Fräsmaschine besonders gewürdigt. Ihren Spindelstock zeigt Fig. 345. Die Frässpindel läuft in beiden Lagern mit kegeligen Laufzapfen. Ihre Beibehaltung hat 2 Gründe: Einmal gewähren sie einen kräftigen Spindelkopf und zum andern passen sie sich dem Kegel des Fräserdornes gut an. Sie gestatten auch, die Spindel aufs genauste auszurichten. Nur ist eins nicht zu vergessen: Bei den höheren Geschwindigkeiten muß sich die Spindel frei ausdehnen können. Diese Möglichkeit ist durch die Zapfenbüchse im Endlager geboten. Die Spindellager sind mit selbstölender Ringschmierung ausgestattet und durch Kappen staubdicht gehalten. In ihnen liegt die Frässpindel nach beiden Richtungen fest; das geringste Spiel läßt sich durch die hinteren Ringmuttern E und I ausgleichen. Eine auffallende Breite und große Durchmesser zeigt auch die Stufenscheibe in Würdigung einer großen Durchzugskraft des Riemens.

In ähnlicher Weise ist auch der Spindelstock der Wanderer-Fräsmaschine eingerichtet (Fig. 342). Der Spindeldruck wird hier nach beiden Richtungen am Hauptlager aufgenommen, der Druck nach links durch den Zapfenkegel und die vorderen Druckringe und der Druck nach rechts durch den linken Druckring und die Ringmutter. Im Endlager kann sich die Spindel frei ausdehnen.

Eine neue Aufgabe bietet bei der Fräsmaschine die hochgradige Führung des Fräsers gegenüber dem starken Arbeitsdruck. Sie ist gewissermaßen die Vorbedingung für gute Fräsarbeiten. Diese Bedingung erfüllt der fliegend eingezogene Fräser nur unvollkommen, weil der Fräserdorn zu stark federn würde. Das freie Ende des Fräserdornes ist daher durch eine Gegenspitze (Reitnagel) zu unterstützen, die dem Reitstock der Drehbank entspricht. Da der Reitstock auf dem Arbeitstisch zuviel Platz erfordern würde, so ist der Reitnagel in dem langen Gegenhalter untergebracht, der über der Frässpindel liegt (Fig. 345) und durch seine lange schellenförmige Führung den Spindelstock noch versteift. Durch die vordere Stellschraube läßt sich der Reitnagel in den Dorn einsetzen und durch Klemmbacken festhalten.

Gegenüber schweren Schnitten genügt selbst diese Versteifung nicht. Bei schweren Maschinen ist zur größeren Widerstandsfähigkeit der Gegenhalter noch mit dem Arbeitstisch zu verstreben (Fig. 340 und 341), so daß Tisch und Maschine ein geschlossenes Ganze bilden.

Die Lagerung des Gegenhalters bedarf noch einer kurzen Bemerkung. Der Gegenhalter muß, um ihn auf die Länge des Dornes einstellen oder beim Arbeiten mit Stirnfräsern nach oben schwenken zu können, in seinen Lagern verschiebbar und drehbar sein. Hierzu sind die Lager

mit Mantelklemmung (Fig. 341) oder besser mit Backenklemmung ausgestattet.

Im Anschluß hieran verdient noch die Fräsmaschine von Gildemeister & Co., Bielefeld, erwähnt zu werden (Fig. 346).

Der Spindelstock der Maschine zeichnet sich vor anderen durch die
praktische Anordnung der Rädervorgelege aus.   Sie liegen vollständig

Fig. 346. Wagerechte Fräsmaschine von Gildemeister & Co., Bielefeld.

eingekapselt in dem Maschinengehäuse und sind durch Drehen einer
Handkurbel H ein- und auszurücken (Fig. 347 und 348). Hierzu liegen
beide Vorgelege links vor der Stufenscheibe S und die Schwenkräder R_1
und r_2 laufen auf dem Exzenter E der Vorgelegewelle I. Durch Drehen
der Handkurbel H werden daher unter Vermittlung der Schraubenräder $1, 2$
die Vorgelege ein- und ausgeschwenkt. Für das Arbeiten ohne Vorgelege
kuppelt auch hier der Mitnehmer m die lose Stufenscheibe S mit dem
festen Rade R_2. Zum Festklemmen des Gegenhalters ist die Backen-

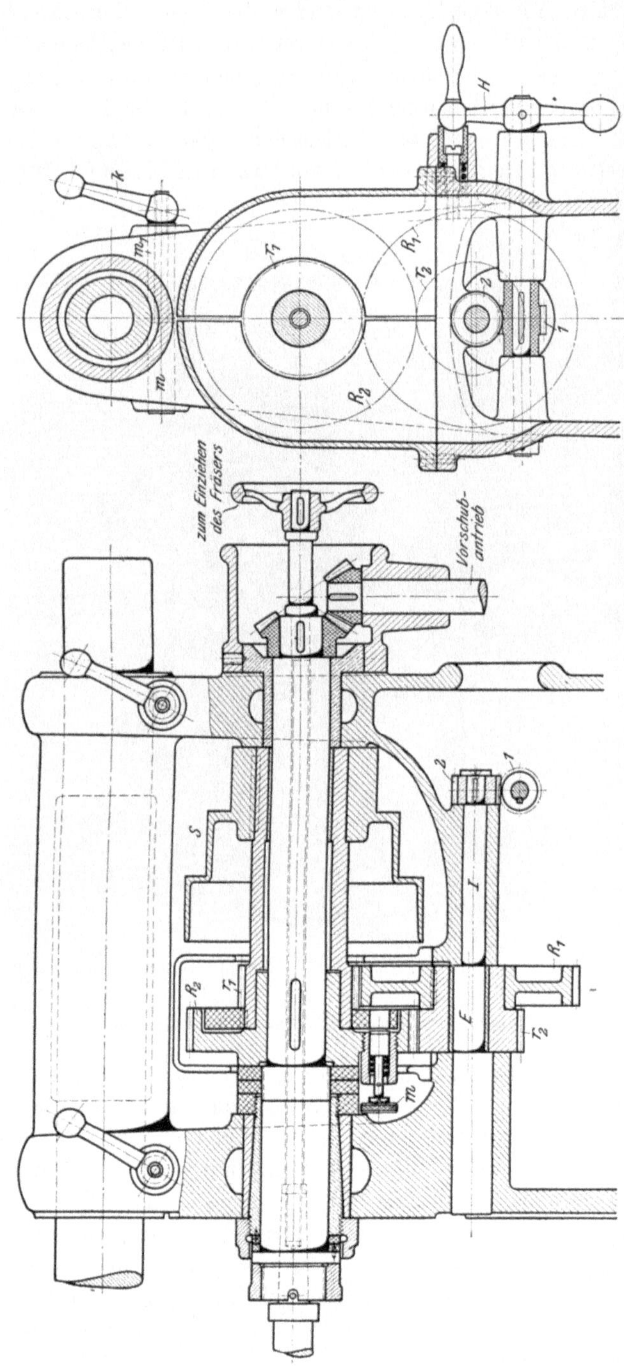

Fig. 347 und 348. Spindelstock der Fräsmaschine von Gildemeister & Co. Stufenscheibe 165, 220, 275 mm Durchm., 90 mm breit. Räder: $z_1 = 39$, $Z_1 = 78$, $M = 3$; $z_2 = 29$, $Z_2 = 58$, $M = 4$. Deckenvorgelege $n = 180$ und 230.

klemmung gewählt.   Mit dem Knebel k werden die beiden Klemmbacken m und m_1 angezogen, die die Gegenspitze in genauer Richtung halten.

Bei den größeren Arbeitsleistungen der Fräsmaschinen zeigten sich die Mängel des Stufenscheibenantriebes in noch grellerem Lichte als bei den Maschinen mit einschneidigen Werkzeugen.   So fanden die Stufenrädergetriebe bei den Fräsmaschinen für mittlere und größere Leistungen eine willkommene Aufnahme.

Fig. 349.   Wanderer-Fräsmaschine mit Einscheiben-Antrieb.

Die neuen Wanderer-Fräsmaschinen (Fig. 349) haben daher den im Schnellbetrieb überall vordringenden Einscheiben-Antrieb und zum Wechseln der Schnittgeschwindigkeit ein Stufenrädergetriebe für 16 Geschwindigkeiten.   Die geometrisch abgestuften Umdrehungen der Maschine liegen zwischen 16 und 352 in der Minute.

Der Antrieb der Maschine, Fig. 350, geht von der Riemenscheibe a aus.   Sie hat 300 mm Durchmesser, 110 mm Breite und macht 280 Uml./min.   Auf der Antriebswelle I sitzt das breite Ritzel b, von dem die Frässpindel fr durch ein Stufenrädergetriebe nach dem Norton-System zunächst 4 Geschwindigkeiten erhält.

Durch das Ein- und Ausschwenken der Wippe w und durch das Verschieben des Rades c auf c_1 gestattet das Getriebe nämlich 4 Schaltungen:

$$1.\ \frac{b}{c}\ \frac{c}{d_1}\ \frac{d_1}{e} = \frac{b}{e}, \qquad 2.\ \frac{b}{c}\ \frac{c}{d_2}\ \frac{d_1}{e} = \frac{b}{d_2}\ \frac{d_1}{e},$$

$$3.\ \frac{b}{d_3}\ \frac{d_1}{e}, \qquad 4.\ \frac{b}{d_4}\ \frac{d_1}{e}.$$

Für 4 weitere Spindelgeschwindigkeiten ist die verzahnte Radhülse f_1 nach links zu verschieben. Hierdurch kommt f mit d_3 in Eingriff, so daß das Stufenrädergetriebe vier neue Schaltungen zuläßt:

$$5.\ \frac{b}{d_1}\ \frac{d_3}{f}, \quad 6.\ \frac{b}{d_2}\ \frac{d_3}{f}, \quad 7.\ \frac{b}{d_3}\ \frac{d_3}{f} = \frac{b}{f}, \quad 8.\ \frac{b}{d_4}\ \frac{d_3}{f}.$$

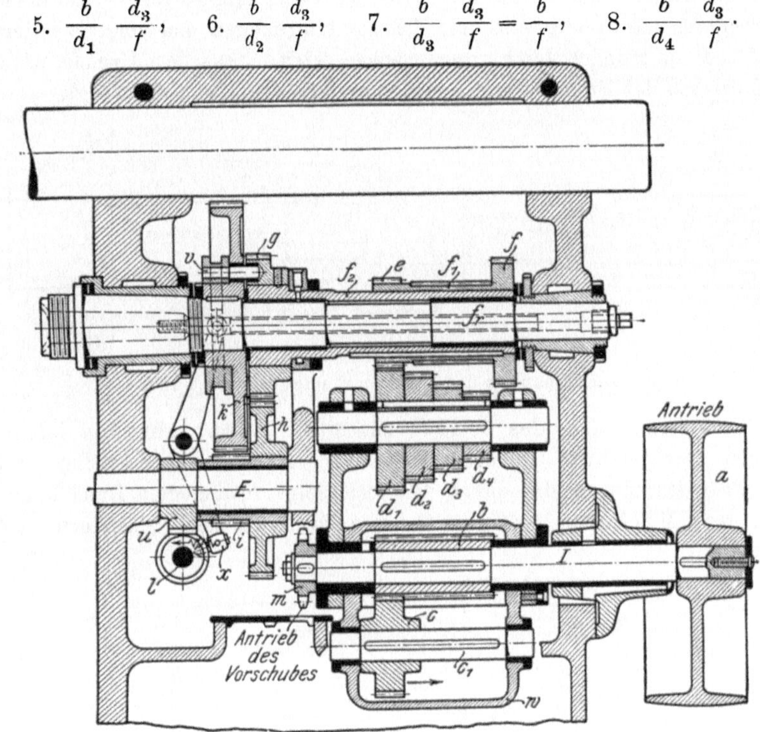

Fig. 350. Hauptantrieb der Wanderer-Fräsmaschine.

Die noch fehlenden 8 Spindelgeschwindigkeiten werden durch das Einschalten der Vorgelege $\dfrac{g}{h}\ \dfrac{i}{k}$ erreicht. Das Arbeiten ohne und mit Vorgelegen verlangt bekanntlich, daß die Antriebsräder e, f der Frässpindel fr, sowie das Rad g auf einer Laufbüchse f_2 angeordnet sind, die sich auf der Arbeitsspindel fr kuppeln und entkuppeln läßt. Dabei müssen die Schwenkräder $h\,i$ auf einem umlegbaren Exzenter E laufen.

Eine praktische Lösung hat das Ein- und Ausschwenken der Vorgelege $\dfrac{g}{h}$, $\dfrac{i}{k}$, sowie das Kuppeln und Entkuppeln der Laufbüchse f_2 ge-

funden. Beides erfolgt, wie es der Schnellbetrieb ja verlangt, zwangläufig durch Umlegen eines einzigen Handhebels. Die Schnecke l zieht
nämlich beim Umlegen des Handhebels auf M (Fig. 349) mit einem Ruck
durch den Winkelhebel x die Stiftkupplung v aus dem Rade g zurück und
schwenkt dann die Vorgelege ein, indem der Radbogen u die Exzenterwelle E herumlegt.

Das Einspannen des Fräsers.

Die Verbindung des Fräsers mit der Frässpindel muß ein leichtes
Auswechseln zulassen, ohne daß sich der Dorn beim Arbeiten lockern kann.
Für diese Zwecke bietet der mit einem Querkeil eingezogene Fräserdorn
den Nachteil, daß er nur mit dem Hammer eingezogen und gelöst werden
kann, und die Spindel leicht angeschlagen wird. Aus dem Grunde wird
das Einziehen des Fräsers mit Spannschrauben allgemein bevorzugt.

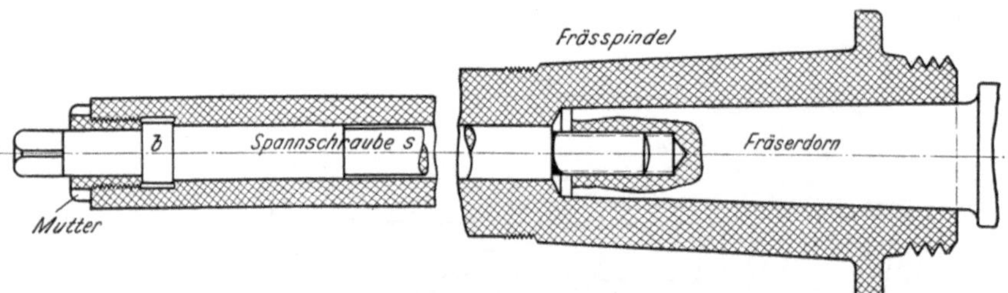

Fig. 351. Einspannen des Fräsers mit einer Spannschraube.

Das Festspannen des Fräsers mit einer Spannschraube ist in
Fig. 351 durchgeführt. In der ausgebohrten Frässpindel liegt hier die
lange Spannschraube s, die durch den beiderseits festgelegten Bund b gehalten ist. Mit ihrem vorderen Gewinde faßt sie den Fräserdorn und

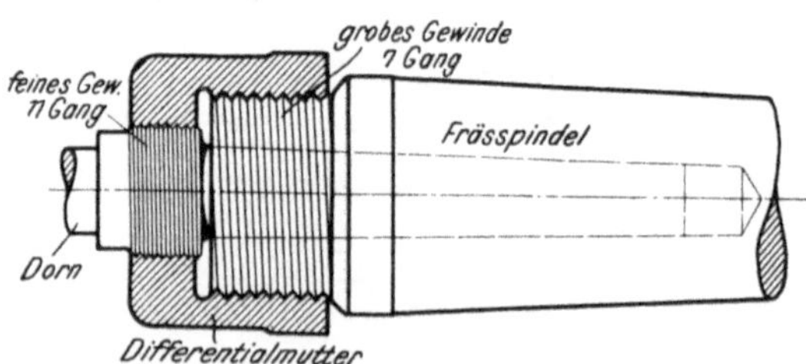

Fig. 352. Einspannen des Fräsers mit einer Differentialmutter.

zieht ihn ein, sobald die Schraube mit dem vorstehenden Vierkant angezogen wird.

Eine ziemliche Verbreitung hat auch das Differentialgewinde
zum Einspannen des Fräsers gefunden, sei es als Differentialmutter oder
sei es als Differentialschraube.

Die Differentialmutter (Fig. 352) faßt den Kopf der Frässpindel
mit grobem Gewinde und den Dorn mit feinem Gewinde. Sie wird daher

bei jeder Umdrehung den Dorn um den Unterschied der beiden Gewinde-steigungen einziehen. Beim Einspannen ist aber zu beachten, daß der Dorn sich erst festsetzt, wenn die Mutter noch etwa zwei Gänge frei hat. Sie gewährt dann durch scharfes Anziehen eine sehr feste Verbindung. Zum Auswechseln des Fräsers ist hier nur die Kappe abzuschrauben, wo-bei sie zugleich den Dorn herausdrückt. Die Differentialmutter verlangt allerdings einen entsprechend freien Raum vor der Spindel. Ihn be-seitigt die in der Frässpindel liegende Differentialschraube (Fig. 353).

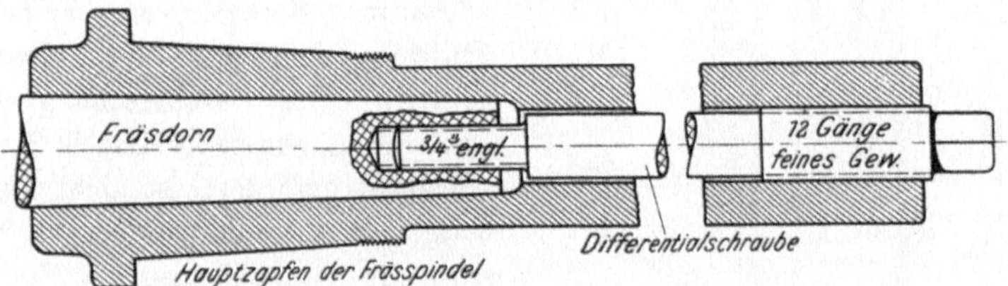

Fig. 353. Einspannen des Fräsers mit einer Differentialschraube.

Sie faßt den Fräserdorn mit grobem Gewinde und die Spindel mit feinem Gewinde. Zum Einziehen und Auswechseln des Fräsers ist sie mit dem hinteren Vierkant anzuziehen. Ein allgemeiner Vorzug des Differentialgewindes ist noch, daß es sich selbst sichert. Der Fräser wird sich daher niemals lockern können. Die Spannschrauben (Fig. 351 und 353) lassen sich jedoch nur bei wagerechten Frässpindeln anwenden, bei senkrechten sind sie zu wenig zugänglich. Hierbei ist die Differential-mutter handlicher.

Der Arbeitstisch.

Das Arbeitsgebiet der einfachen Fräsmaschine erstreckt sich vor-wiegend auf das Planfräsen. In Verbindung mit einem Teilkopf und einem Reitstock ist sie auch beim Fräsen gerader Nuten, wie beim Fräsen von Zahnrädern und Werkzeugen mit geraden Zähnen, zu verwenden, bei denen das Werkstück senkrecht zur Frässpindel vorgeschoben wird.

Der Arbeitstisch (Fig. 340 und 341) hat daher in seinem Aufbau zwei Bedingungen zu genügen: 1. Zum Einstellen der Maschine hat er das Werkstück an den Fräser anzustellen und 2. beim Fräsen den Vorschub quer zur Frässpindel zu erzeugen. Beide Bedingungen sind erfüllt durch einen Kreuzschlitten, der von einem kräftigen Winkeltisch ge-tragen wird. Von ihnen hat der obere Aufspanntisch den Vorschub senkrecht zur Frässpindel zu vollziehen, für den er selbsttätigen Quer-gang beansprucht. Um das Werkstück auf die Spanbreite einstellen zu können, ist der Aufspanntisch auf einem Längsschlitten zu führen, der sich in der Richtung der Frässpindel verschieben läßt. Zum Anheben des Werkstückes und zum Einstellen der Spantiefe dient der Winkeltisch. Jeder Schlitten besitzt zum Einstellen eine Schraubenspindel mit Handrad oder Handkurbel und der Winkeltisch eine Schraubenwinde. Das Wind-

werk wird durch eine wagerechte Welle gebildet, die durch zwei Kegelräder die mit dem Winkeltisch auf- und absteigende Teleskopspindel
treibt.   Die Schraube S faßt eine Hülse h, die innen und außen Gewinde

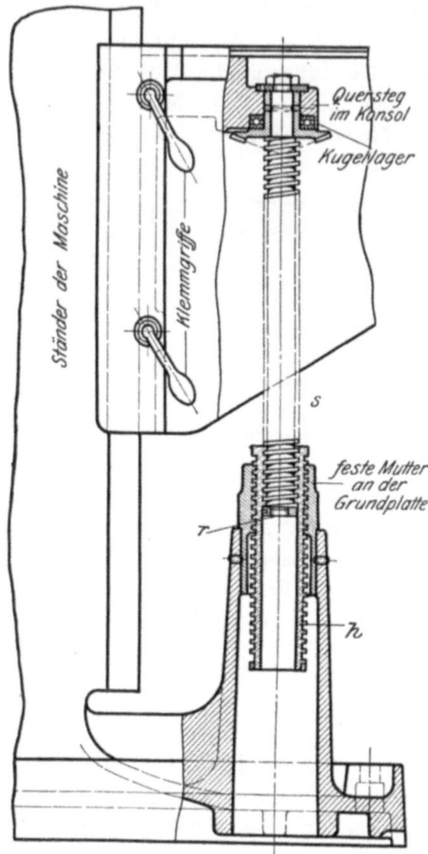

Fig. 354.   Teleskopspindel.

hat (Fig. 354). Wird der Tisch
höher gekurbelt, so nimmt die
Schraube durch den unteren Stellring r die Hülse h mit, die sich
jetzt aus der festen Mutter heraus-
schraubt.   Beide legen daher beim
Einstellen des Tisches nur Teilwege
zurück.   Die Durchbrechung des
Fußbodens, wie sie die einfache Stellschraube erfordert, ist nicht mehr
nötig.   Als weitere Neuerung besitzt die Spindel oben ein Kugellager für ein leichtes und feinfüh-
liges Einstellen des Tisches.

Grundbedingung für ein gutes
Arbeiten ist auch hier ein kräftiger
Arbeitstisch, damit das Werkstück
unter dem Druck des Fräsers keine
Erschütterungen erfährt.   Diese
Forderung erklärt auch die Form
des Winkeltisches, der als Körper
gleicher Festigkeit ein starkes Bie-
gungsmoment aufzunehmen vermag.

Das Streben nach größerer
Arbeitsleistung hat auch hier eine
Verbesserung gezeitigt. Bei Maschinen für schwere Schnitte wird nämlich das freie Ende des Arbeitstisches durch einen Schieber abgestützt, der sich mit dem Tische
einstellt und in jeder Stellung festgeklemmt werden kann.   Durch diese
Verstrebung mit der Grundplatte des Ständers und dem Gegenhalter bietet
der Tisch eine größere Gewähr für ein erschütterungsfreies Arbeiten.

Der Antrieb des Vorschubes.

Für den Antrieb des Aufspanntisches bieten sich zwei Möglichkeiten.
Sein Vorschub kann entweder von der Maschine abgeleitet werden oder
von einem besonderen Deckenvorgelege.   Der letzte Weg hat den Vorzug, daß Schnittgeschwindigkeit und Vorschub der Maschine voneinander
unabhängig sind und sich dem Material und dem Arbeitsverfahren (Schruppen
und Schlichten) besser anpassen lassen.   Er ist jedoch nur zweckmäßig,
wenn die Maschine die genügende Widerstandsfähigkeit besitzt.

Erfolgt der Antrieb des Aufspanntisches von der Maschine selbst, so ist er von der Frässpindel abzuleiten. Durch den Antrieb darf aber die Einstellbarkeit des Arbeitstisches in keiner Weise gehemmt werden, andererseits muß auch der Vorschub des Querschlittens in jeder Stellung des Tisches gewahrt bleiben. Diese Bedingungen sind erfüllt, sobald sich der Antrieb des Aufspanntisches mit dem Arbeitstische selbst einstellen kann, so daß die Getriebe nicht unbeabsichtigt außer Eingriff kommen. Aus dem Grunde sind für den Quergang des Aufspanntisches gelenkige

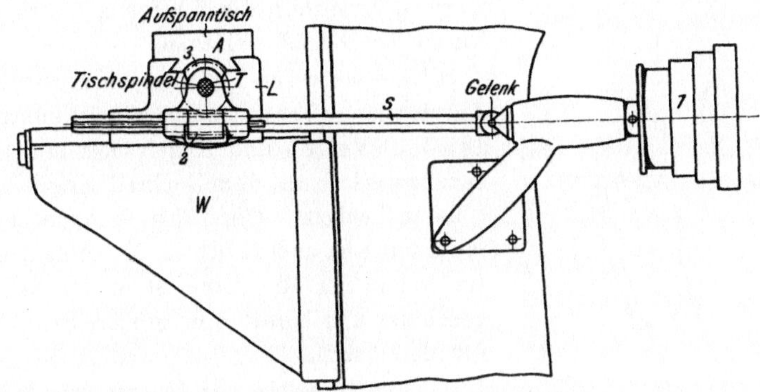

Fig. 355. Quergang des Aufspanntisches.

Wellen oder sich schneidende Wellen mit Kegelrädertrieben zu verwenden.

Der erste Weg ist in Fig. 355 dargestellt. Die Gelenkwelle s ist hier einerseits durch ein Kugelgelenk mit der Stufenscheibe 1 verbunden

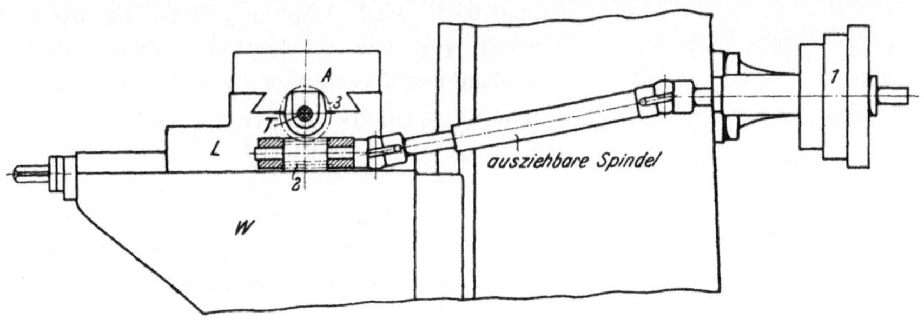

Fig. 356. Quergang des Aufspanntisches.

und andererseits in einem an der Tischspindel drehbar aufgehängten Lager geführt. Die Welle s wird sich daher mit dem Winkeltisch W und dem Längsschlitten L in jeder Richtung einstellen können. Die Tischspindel T wird hier durch das Schneckengetriebe $2, 3$ angetrieben.

Dem obigen Antrieb könnte man entgegenhalten, daß er durch das einfache Gelenk mehr oder weniger ruckweise arbeitet. Aber auch dies ist zu umgehen, sobald man zwei Gelenke symmetrisch einbaut, von denen das eine die Ungleichförmigkeit des andern ausgleicht (Fig. 356). In diesem Falle ist aber die schrägliegende Spindel ausziehbar einzurichten, damit sie ihre Länge beim Einstellen des Winkeltisches W und des Längsschlittens L regeln kann. Die Gelenkwelle ist daher halb als Hülse und halb als glatte Spindel ausgeführt, die durch Feder und Nut verbunden sind (Fig. 357 und 358). Ihre Kupplungen sind zur leichteren Beweglichkeit als Kugelgelenke ausgebildet. Als solche bestehen sie aus einem Kugelzapfen Z, der in der kugelig ausgearbeiteten Muffe b durch die Mutter M gehalten ist. Die Bewegungsübertragung vermitteln die 6 Kugeln, die in den Nuten von Z und b liegen.

Bei schweren Fräsmaschinen wird der Antrieb des Aufspanntisches mit sich schneidenden Wellen und Kegelrädern meist bevorzugt, jedoch mit dem Nachteil der größeren Umständlichkeit. Der Antrieb kann dabei innerhalb oder außerhalb der Maschine liegen. Im Innern der Maschine ist er vor Spänen geschützt und bietet eine größere Sicherheit für den Arbeiter.

Der innenliegende Antrieb ist in Fig. 359 dargestellt. Der Kraftweg von der Frässpindel auf die Tischspindel T wird hierbei durch die sich schneidenden Wellen a, b, c, d, e, f gebildet, die teils im Ständer teils im Tisch geschützt liegen. Durch einen einfachen Riementrieb wird hier der Quergang des Tisches von der Frässpindel abgeleitet. Zwischen den Wellen a, b und c ist ein doppeltes Ziehkeil-Schaltwerk mit 2×4 Schaltungen eingebaut. Hierdurch stehen 8 Vorschübe zur Verfügung, die man von einer guten Fräsmaschine fordern muß. Die Welle c treibt durch die Kegelräder 1 und 2 die stehende Welle d, die im Winkeltisch gelagert ist. Von d aus wird der Antrieb durch 3 und 4 auf e übertragen und von hier durch 5 und 6 auf das Wellenstück f, das im Längsschlitten liegt. Durch die Räder 7 und 8 wird dann die Spindel T des Aufspanntisches angetrieben. Soll dieser Antrieb, wie vorhin erwähnt, in allen Stellungen des Arbeitstisches gewahrt bleiben, so muß zunächst die Spindel d in 2 teleskopartig ausziehbar sein, so daß der Winkeltisch gehoben und gesenkt werden kann. Beide Räder 1 und 2 laufen daher in einem gemeinsamen Lager, das mit dem Maschinengestell verschraubt ist. Außerdem erfordert der Längsschlitten für seine Einstellbarkeit auf e ein Verschieberad 5, das in einem Lager des Längsschlittens läuft.

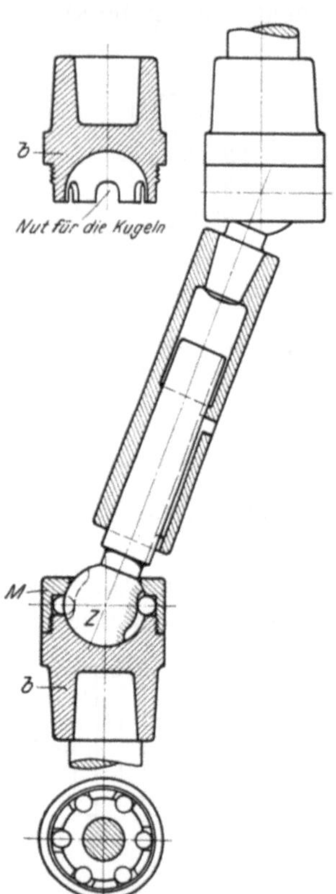

Fig. 357 und 358. Ausziehbare Gelenkwelle. C. Klingelhöffer, Grevenbroich.

Der außenliegende Antrieb des Aufspanntisches verlangt als Schutzvorrichtung eingekapselte Räder. Bei ihm lassen sich Wendegetriebe zum Umsteuern des Tisches übersichtlich einbauen. Seine Anordnung ist aus Fig. 360 und 361 ersichtlich. Den Kraftweg bilden hier die außenliegenden Spindeln a und b, die von der Stufenrolle angetrieben werden. Sie treiben durch ein Wendegetriebe 3, 3, 4 das Wellenstück e, das vor

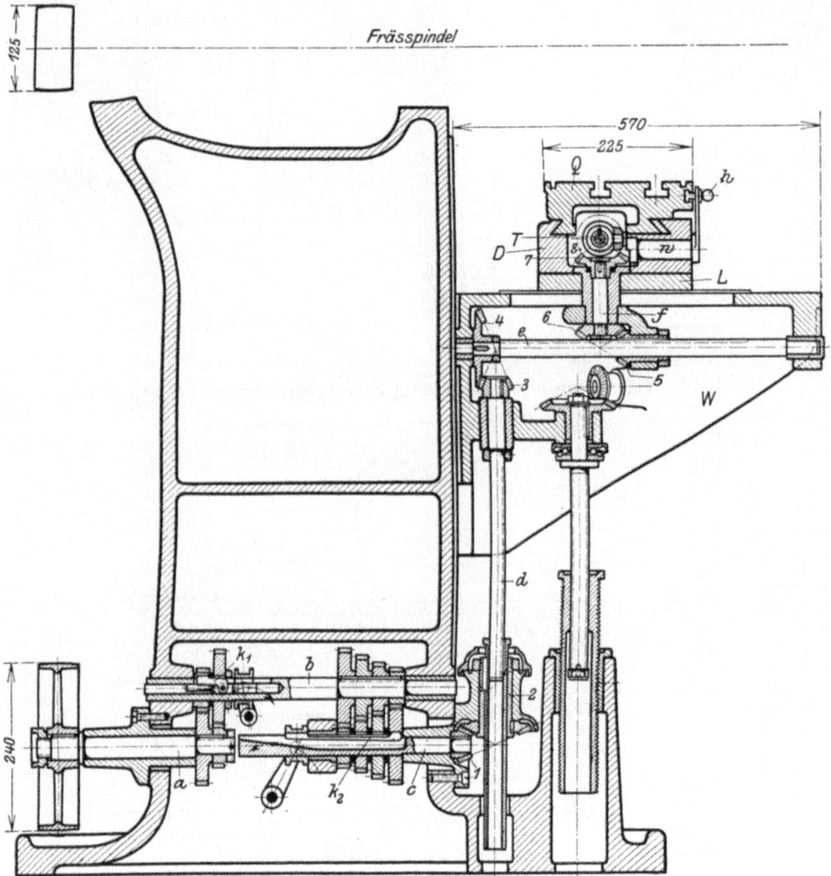

Fig. 359. Antrieb des Querschlittens.

dem Winkeltisch liegt, mit dem das Lager von e verschraubt ist. Durch die Stirnräder 5, 6, 7 wird die innenliegende Spindel c angetrieben, die durch ein Kegelräderpaar das Wellenstück f treibt. Wie in Fig. 359, so wird auch hier durch ein weiteres Kegelräderpaar der Antrieb der Tischspindel T vermittelt.

Der außenliegende Antrieb wird bei einfachen Fräsmaschinen nur sehr wenig angewandt. Er kommt jedoch häufiger bei senkrechten Fräsmaschinen zur Ausführung und zwar als Antrieb für den Rundtisch und den Bohrvorschub des Frässchlittens (Fig. 423).

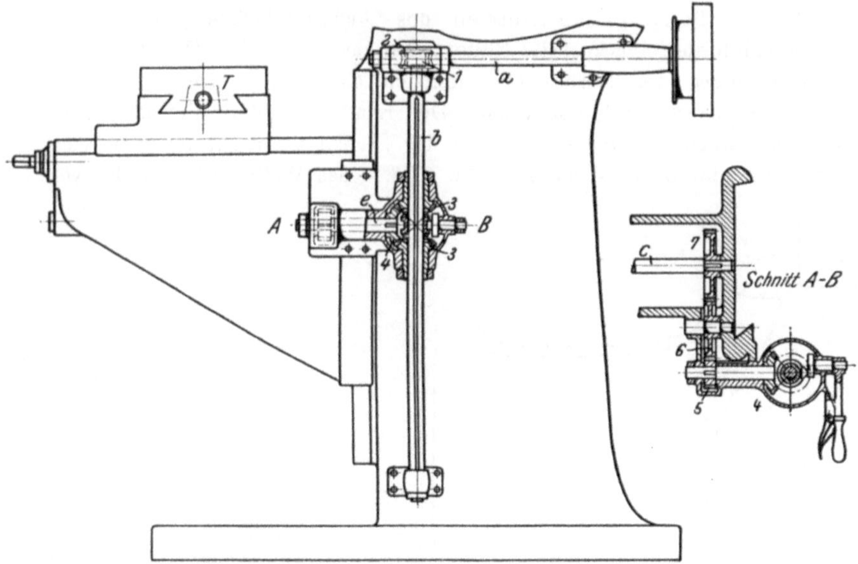

Fig. 360 und 361. Außenliegender Tischantrieb.

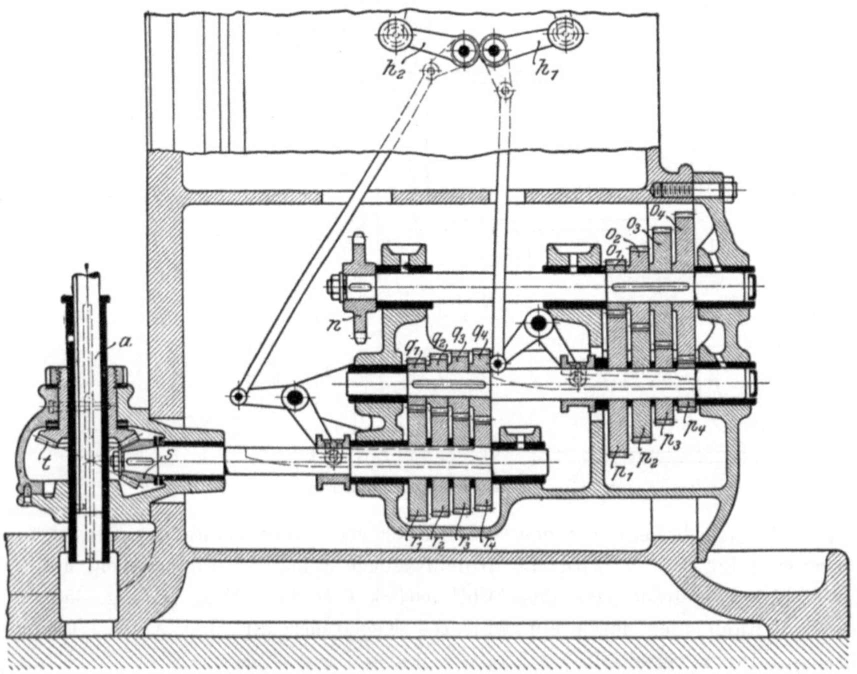

Fig. 362. Ziehkeilschaltwerk der Wanderer-Fräsmaschine.

Der Größenwechsel des Vorschubes.

Auch auf den Vorschubwechsel haben die Neuerungen des Werkzeugmaschinenbaues ihren Einfluß gehabt. Da bei den Fräsmaschinen der

Vorschub häufiger gewechselt wird, jedenfalls häufiger als die Schnittgeschwindigkeit, so dürften hier die Wechselrädergetriebe am Platze sein.

So hat der in Fig. 359 beschriebene Vorschubantrieb zwei einfache Ziehkeilschaltwerke, von denen das erste mit dem Ziehkeil k_1 2 Schaltungen zuläßt und das zweite mit dem Ziehkeil k_2 4 Schaltungen, so daß der Tisch 2×4 Vorschübe erfährt.

Einen ähnlichen Aufbau zeigt das Ziehkeilschaltwerk der WandererFräsmaschine (Fig. 349). Durch den Zahnkettentrieb $m\,n$ wird hier der Vorschub von der Antriebswelle I der Maschine abgeleitet (Fig. 350 und 362). Mit der Handkurbel h_1 kann der Ziehkeil des ersten Getriebes in 4 Schaltungen abwechselnd auf die Vorgelege $\dfrac{o_1}{p_1}$ bis $\dfrac{o_4}{p_4}$ eingestellt werden und mit der Handkurbel h_2 der Ziehkeil des zweiten Getriebes ebenfalls in 4 Schaltungen auf $\dfrac{q_1}{r_1}$ bis $\dfrac{q_4}{r_4}$. Es stehen also 4×4 Geschwindigkeiten zur Auswahl, die durch die Kegelräder $\dfrac{s}{t}$ über die Welle a nach Fig. 359 auf die Tischspindel T gelangen.

Auch die Wanderer-Fräsmaschine in Fig. 340 und 341 hat für den Vorschubwechsel ein Ziehkeil-Wechselrädergetriebe (Fig. 343 und 344). Mit der Kurbel K läßt sich der Ziehkeil k auf die Räder *1* bis *7* einschalten. Die Größe der 4 Vorschübe ist auf der Tafel angegeben, nach der die Kurbel eingestellt wird.

Die in Fig. 346 abgebildete Fräsmaschine von Gildemeister & Co. besitzt für die Vorschübe des Arbeitstisches ein doppelseitiges Norton-Getriebe. Dieses Schaltwerk (Fig. 363 bis 365) ist für die 16 Vorschübe der Maschine, wie folgt, eingerichtet: Die Welle I wird von der Frässpindel angetrieben. Auf I sitzen die Triebe *1* und *1'*, von denen *1* das linke Doppelrad *2*, *3* treibt und *1'* das rechte *2'*, *3'*. Die Doppelräder *2*, *3* und *2'*, *3'* können einzeln auf die Räder *4* oder *5* eingeschaltet werden. Durch diese Schaltung erhält die Welle II bereits 8 verschiedene Umläufe, und die ausrückbaren Vorgelege $\dfrac{6}{7} \cdot \dfrac{8}{9}$ erhöhen diese Zahl auf 16. Die 16 verschiedenen Umläufe gelangen über das Vorgelege *10/11* auf die Welle III, die durch Kegelräder die Welle d in Fig. 359 treibt.

Die Ausrückung der Vorgelege $\dfrac{6}{7} \cdot \dfrac{8}{9}$ ist in der bekannten Weise durch die Kupplung k gelöst. Durch den in Fig. 346 am Deckel sichtbaren Handgriff wird k auf *4* oder *9* eingerückt, so daß einmal ohne und das andere Mal mit den Vorgelegen $\dfrac{6}{7} \cdot \dfrac{8}{9}$ gesteuert wird. In der Mittelstellung setzt der Handgriff den Tischantrieb still.

Der Schwerpunkt dieses Räderwerkes liegt in der Schaltung der oberen Wechselräder. Um die Doppeltriebe *2*, *3* und *2'*, *3'* in die Ebene von *4* oder *5* zu bringen, ist der ganze Wechselräderblock B auf I zu verschieben. Um ferner den Eingriff mit *4* oder *5* zu bekommen, müssen die

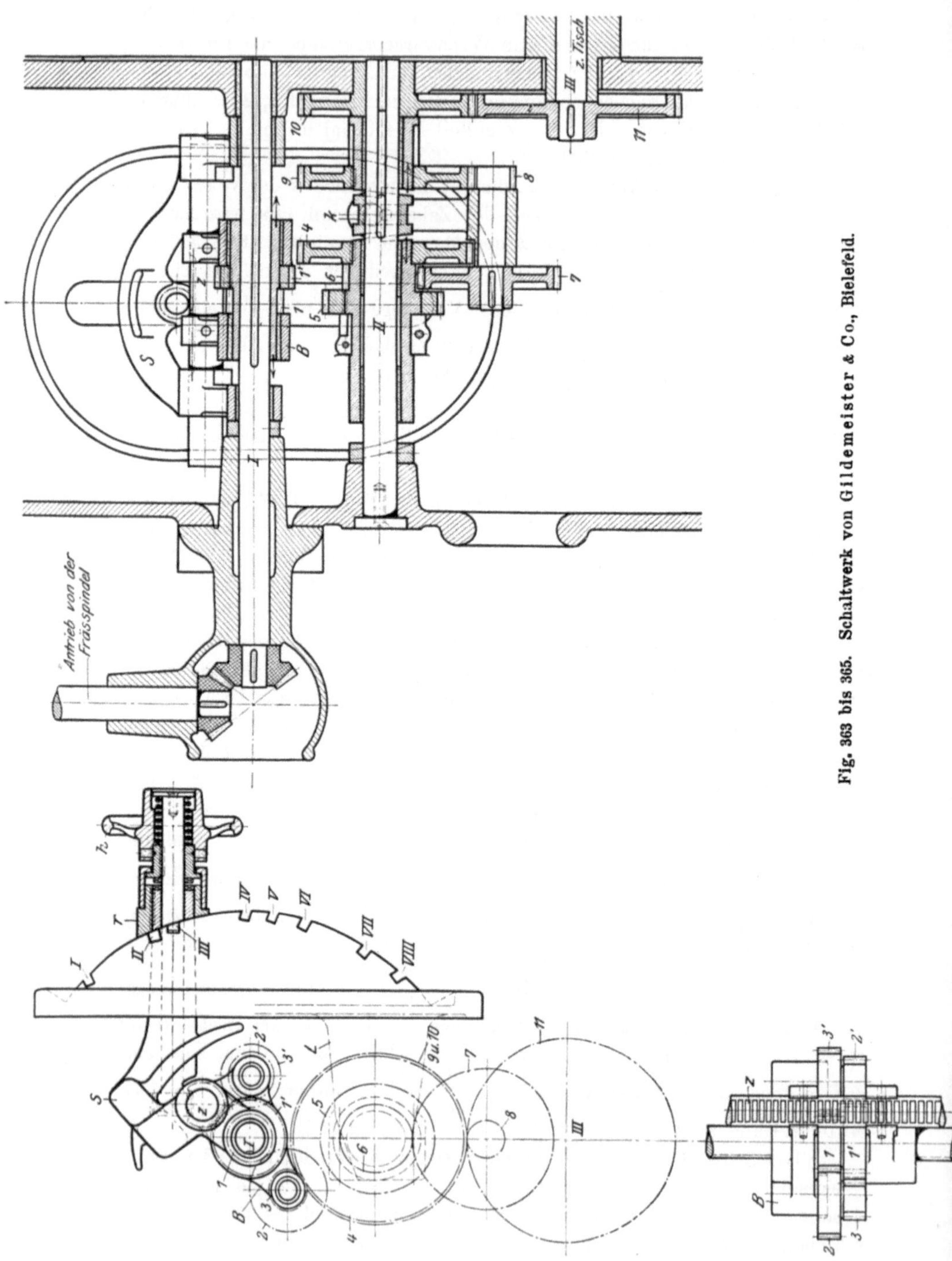

Fig. 363 bis 365. Schaltwerk von Gildemeister & Co., Bielefeld.

Doppelräder rechts und links einzuschwenken sein. Diese Einstellungen sollen natürlich von außenher vorgenommen werden.

Zum Verschieben des Räderblockes auf I ist daher ein bequem faßbares Handrädchen h vorgesehen, das beim Drehen durch ein Zahnrad und eine Zahnstange Z die Triebe 2, 3 und $2'$, $3'$ in die Ebene von 4 oder 5 einstellt. Das Einschwenken der Triebe geschieht mit der Schwinge S. Durch Zurückziehen des Riegels r läßt sich nämlich die Schwinge S auf die 8 Einschnitte I bis VIII einrücken. In den 4 oberen Stellungen von S arbeitet das linke Doppelrad 2, 3 auf 4 oder 5 und in den 4 unteren das rechte $2'$, $3'$ auf 4 oder 5. Hierdurch entstehen folgende Schaltungen:

$$\text{bei } I.\ \ \frac{1}{2}\cdot\frac{3}{5} \qquad\qquad \text{bei } V.\ \ \frac{1'}{2'}\cdot\frac{3'}{4}$$

$$II.\ \ \frac{1}{2}\cdot\frac{2}{5} \qquad\qquad VI.\ \ \frac{1'}{2'}\cdot\frac{2'}{4}$$

$$III.\ \ \frac{1}{2}\cdot\frac{3}{4} \qquad\qquad VII.\ \ \frac{1'}{2'}\cdot\frac{3'}{5}$$

$$IV.\ \ \frac{1}{2}\cdot\frac{2}{4} \qquad\qquad VIII.\ \ \frac{1'}{2'}\cdot\frac{2'}{5}$$

Ist nun k auf 4 eingerückt, so treiben die vorstehenden Rädergruppen über das Vorgelege $\frac{10}{11}$ den Tisch. Schaltet man hingegen k auf 9 ein, so treten zu den obigen Räderpaaren noch die Vorgelege $\frac{6}{7}$, $\frac{8}{9}$ hinzu. Das Schaltwerk wird auch für 8 Vorschübe gebaut.

Die Selbstausrückung des Vorschubes.

Der heutige Werkzeugmaschinenbau verlangt bekanntlich von seinen Arbeitsmaschinen, insbesondere von denen für Massenerzeugnisse, Selbst-

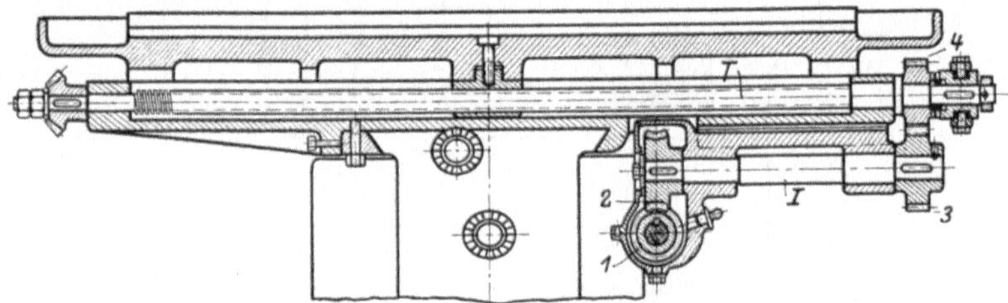

Fig. 366. Arbeitstisch mit Selbstausrückung des Vorschubes.

ausrückung der Vorschübe. Durch diese Einrichtung wird die Maschine den Arbeitstisch stets an derselben Arbeitsgrenze selbsttätig ausrücken und daher immer gleiche Längen fräsen. Alle diese Vervollkommnungen, die auf eine einfache Bedienung und eine bessere Ausnutzung der Maschine hinzielen, sind berufen, die Herstellungskosten der Massenerzeugnisse zu verringern, indem ein Arbeiter mehrere Maschinen zugleich bedienen kann.

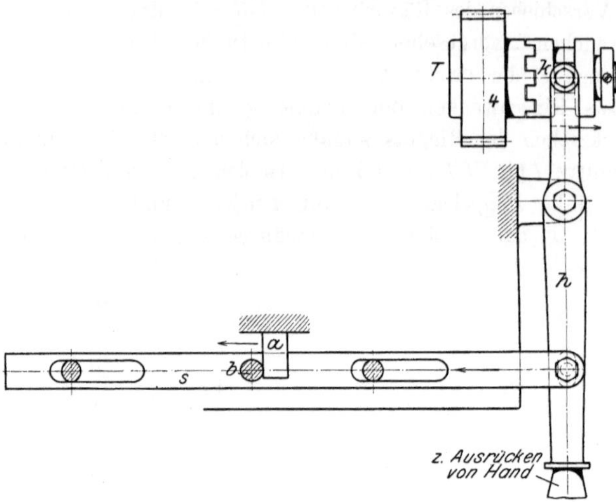

Fig. 367. Ausrückung des Aufspanntisches.

Die Selbstausrückung des Aufspanntisches wird fast ausschließlich durch verstellbare Anschläge bewirkt, die das Getriebe der Tischspindel T

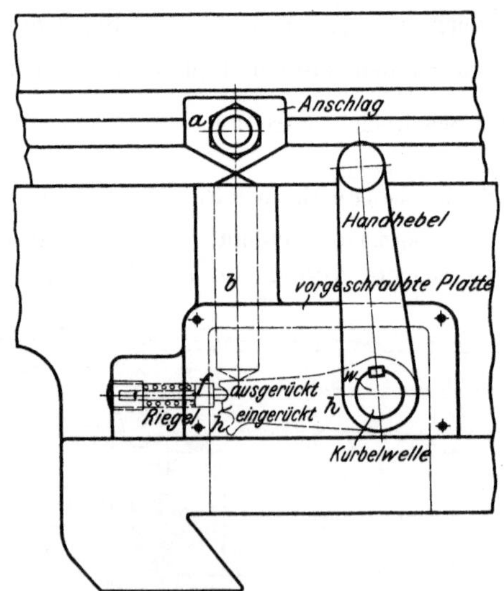

Fig. 368. Ausrücker. Ludw. Loewe & Co., Berlin.

ausrücken. Das ausrückbare Getriebe ist entweder ein Kuppelrad oder eine Fallschnecke.

Bei dem Tischantrieb mit Gelenkwellen (Fig. 366) treibt die Gelenkwelle durch das Schneckengetriebe *1, 2* die Welle *I*, die durch die

Stirnräder *3*, *4* auf die Tischspindel *T* arbeitet. Das Rad *4* ist hier als Kuppelrad auf *T* zu kuppeln und zu entkuppeln.

Die zugehörige Ausrückung bringt Fig. 367. Der Anschlag *a* des Aufspanntisches nimmt gegen Ende des Arbeitsganges durch den Stift *b* die Schiene *s* mit. Sie legt den Hebel *h* herum, der die Kupplung *k* ausrückt, so daß der Vorschub des Tisches aufhört.

Bei dem Tischantrieb mit sich schneidenden Wellen nach Fig. 359 wird meist das Kegelrad *8* als Kuppelrad ausgeführt, in das eine Kupplung von außenher eingerückt werden kann. Hierzu liegt in dem Längsschlitten eine kurze Kurbelwelle *w*, die mit der inneren Kurbel die Kupplung faßt. Mit dem vorderen Handgriff *h* kann sie auf *8* eingestellt werden.

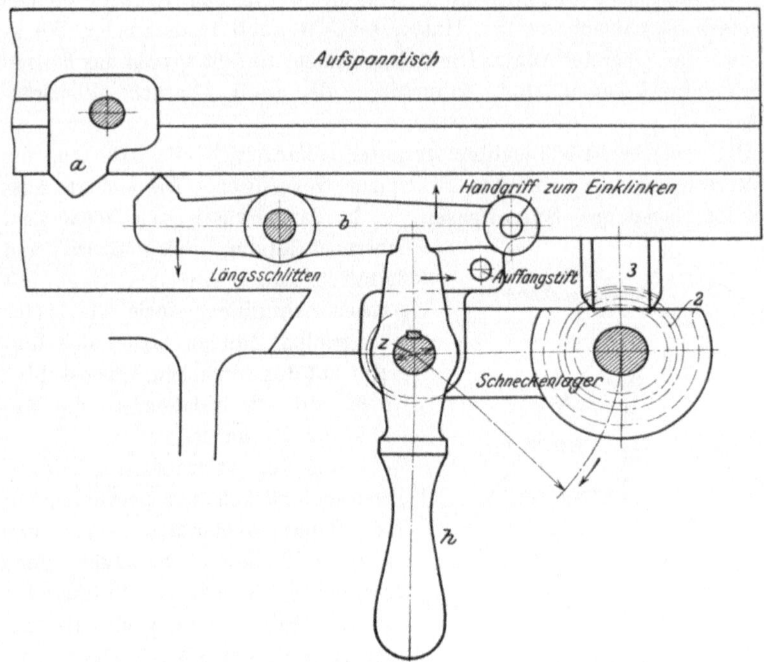

Fig. 369. Ausrückung mit einer Fallschnecke.

Als Ausrücker für die Kupplung *k* kann die Vorrichtnng in Fig. 368 dienen. Sie ist ganz in den Längsschlitten eingebaut, so daß nur der Handgriff vorsteht. Der Ausrücker wird jedesmal durch den Federriegel *f* verriegelt, damit er nicht so leicht unbeabsichtigt ein- oder ausgerückt werden kann. Die Ausrückung des Vorschubes vollzieht der Anschlag *a*, der den Stab *b* nach unten drückt. Hierdurch wird der Hebel *h* herumgelegt, der die Kupplung aus dem Kuppelrad *8* zurückzieht und so den Tisch stillsetzt. Mit dem Handhebel kann die Kupplung wieder eingerückt werden, sobald der Tisch mit dem Anschlag *a* etwas zurückgekurbelt ist.

Das Ausrücken des Vorschubes mit einer **Fallschnecke** zeigt Fig. 369. Um den Tisch stillzusetzen, fällt bei diesem Antriebe die

Schnecke *2* aus dem Rade *3* heraus. Hierzu sitzt das Schneckenlager an einem Zapfen *z*, der in einem Auge des Längsschlittens drehbar gelagert ist. Die Schnecke wird in Eingriff gehalten durch den vorderen Handgriff *h*, der in den Doppelhebel *b* faßt. Sobald der Anschlag *a* des Tisches den Hebel *b* ausklinkt, fällt die Schnecke durch ihr Eigengewicht aus dem Schneckenrade *3* heraus. Der Selbstgang ist hiermit ausgelöst und der Tisch von Hand zurückzukurbeln. Zum Einrücken legt der Arbeiter mit der einen Hand den Handgriff *h* zurück, und mit der anderen klinkt er den Doppelhebel *b* wieder ein.

2. Die allgemeine Fräsmaschine oder Universal-Fräsmaschine.

Die allgemeine Fräsmaschine ist nicht nur in den Werkstätten des allgemeinen Maschinenbaues zu Hause, sondern auch in denen der Werkzeug- und Massenherstellung. Ihr Arbeitsgebiet umfaßt sowohl das Fräsen von Schneidwerkzeugen und Zahnrädern als auch sämtliche Planfräsarbeiten.

Die einfache Fräsmaschine gestattet bekanntlich alle Arbeiten, die einen Vorschub senkrecht zur Frässpindel verlangen. Die einzige Ausnahme ist daher das Spiralfräsen, d. h. das Fräsen von Schnecken, Schraubenrädern, Spiralfräsern und Spiralbohrern. Alle Werkzeuge mit geraden Schneiden, sowie alle Räder mit geraden Zähnen lassen sich hingegen auf der einfachen Fräsmaschine fräsen, sie ist insbesondere die Maschine für Planarbeiten.

Aus den verwandten Arbeitsgebieten erklärt sich auch die Ähnlichkeit in der Bauart beider Maschinen. Denn sämtliche Arbeiten verlangen einen Vorschub senkrecht zur Frässpindel, nur das Spiralfräsen stellt die Bedingung, daß der Tisch auch schräg zur Spindel verschoben werden kann.

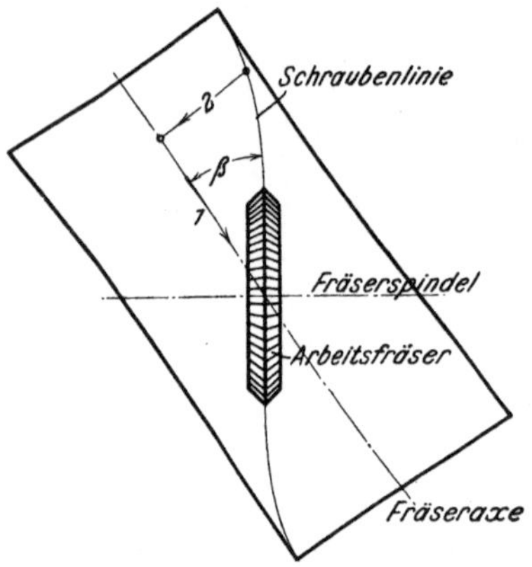

Fig. 370. Spiralfräsen.

Der Hauptunterschied beider Maschinen liegt daher in dem drehbaren Aufspanntisch der Universal-Fräsmaschine, der zum Spiralfräsen schräg zur Frässpindel eingestellt und vorgeschoben werden kann. Zum Fräsen von Spiralen muß nämlich das Werkstück mit dem Aufspanntisch auf den Spiralwinkel β eingestellt werden, den die Spirale oder besser gesagt die Schraubenlinie mit der Achse des Werkstückes bildet (Fig. 370). Durch diese Schrägstellung des Tisches gelangt der schneidende Fräser erst in die Schnittebene der Spirale. Wird nun das Werkstück gegenüber dem Arbeitsfräser in der Richtung nach *1* vorgeschoben und zugleich durch die Maschine im Sinne *2* langsam gedreht, so schneidet der Fräser die Spirale gesetzmäßig heraus.

Die verlangte Einstellbarkeit gewährt nur der drehbare Aufspanntisch (Fig. 371 und 372). Er ist für seine Gradstellungen auf einer Drehscheibe D geführt, die auf dem Zapfen des Längsschlittens L sitzt und auf ihm mit Klemmschrauben festzuklemmen ist. Diese Bauart gestattet daher, den Tisch nach einer Gradteilung schräg zu stellen und das Werkstück in der schrägen Richtung vorzuschieben. Die Maschine kann hierdurch alle möglichen Fräsarbeiten erledigen. Ihr Arbeitstisch ist aber gegenüber schweren Schnitten weniger widerstandsfähig, ein Übel, das sich jedoch durch eine mehrfache Festklemmung heben läßt. Eine besonders kräftige Ausführung zeigt der Querschnitt des drehbaren Tisches in Fig. 373.

Eine neue Aufgabe bildet hier der Antrieb des drehbaren Aufspanntisches. Soll er stets gewahrt bleiben, so dürfen die Triebräder der Spindel T beim Schrägstellen des Tisches nicht außer Eingriff kommen, eine Bedingung, die nur erfüllt ist, wenn der Antrieb von T auf Mitte des Drehzapfens liegt.

Diese Anordnung ist in Fig. 374 für den Tischantrieb mit Gelenkwellen durchgeführt. Der Zapfen d liegt hier im Drehpunkt der Scheibe D. Er erhält seinen

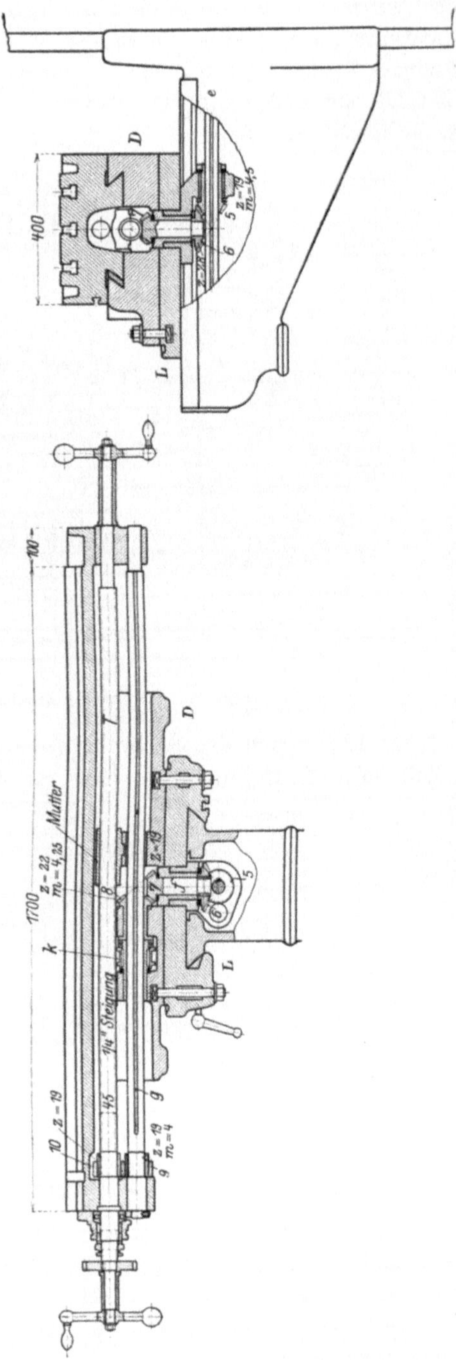

Fig. 371 und 372. Arbeitstisch der Wanderer-Fräsmaschine.

Antrieb durch ein im Längsschlitten liegendes Schneckengetriebe 4, 5 von außenher und treibt durch das Wendegetriebe 6, 7 und $7'$ die Tischspindel T. Die Spindel bewirkt hierdurch mit der festen Mutter m den Rechts- und Linksgang des Tisches, je nachdem die Kupplung k in 7 oder $7'$ eingerückt wird.

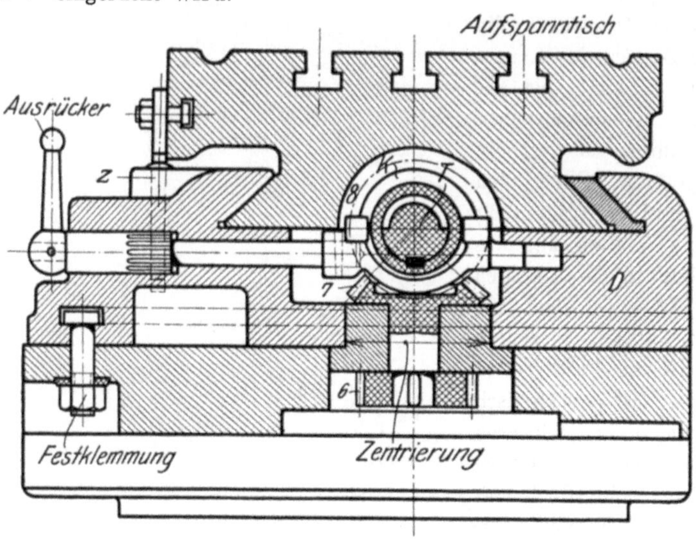

Fig. 373. Drehbarer Arbeitstisch.

Liegt der Antrieb des Aufspanntisches in dem Innern der Maschine (Fig. 359), so muß der Zapfen d wieder auf Mitte des Drehzapfens liegen,

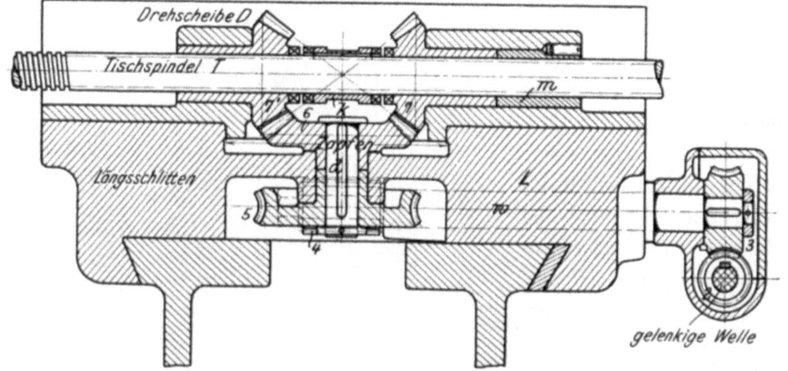

Fig. 374. Tischantrieb.

damit der Tisch schräggestellt werden kann, ohne die Räder der Tischspindel T außer Eingriff zu bringen (Fig. 371 und 372). Die nach Fig. 359 angetriebene Spindel e treibt auch hier durch die Kegelräder 5, 6 und 7, 8 über f die glatte Spindel g, von der durch die Räder 9, 10 die Tischspindel T betrieben wird.

Die Selbstauslösung des Vorschubes kann wie bei der einfachen Fräsmaschine erfolgen. Hat jedoch der Tisch ein Wendegetriebe (Fig. 374), so verlangt die Selbstausrückung des Vorschubes einen Ausrücker, der den Tisch nach beiden Richtungen stillsetzt. Hierzu sitzt auf der Kurbelwelle w (Fig. 375 und 376), die die Kupplung k bedient, vorn ein fester Querstab b. Ist z. B. k rechts in r eingerückt (Fig. 374), so stellt sich der Stab b rechts schräg nach unten. Drückt nun nach beendeter Arbeit der Anschlag a des Aufspanntisches die Schneide s nach unten, so dreht sie mit dem angeschraubten Querstabe c den schrägstehenden Stab b wieder in die wagerechte Lage zurück. Hierbei rückt die Kurbel die Kupplung k

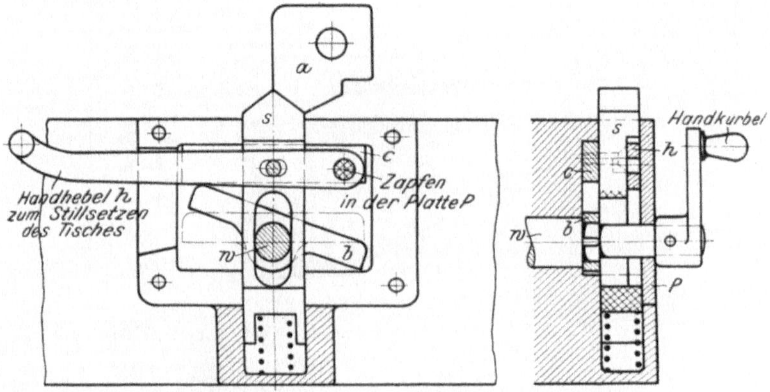

Fig. 375 und 376. Ausrücker für Rechts- und Linksgang. Wanderer-Werke, Chemnitz.

aus, die aber noch nicht auf der Gegenseite in r' eingerückt werden kann. Für den Rückgang ist nämlich der Tisch erst so weit zurückzukurbeln, bis der Anschlag a die Schneide s freigibt. Sie schnellt dann durch die untere Feder hoch, so daß mit der Handkurbel die Kupplung k in r' eingerückt werden kann, wobei sich der Stab b entgegengesetzt einstellt.

In Fig. 373 wird die Ausrückung in jeder Richtung durch je eine kleine Zahnstange z vollzogen. Die Anschläge des Tisches drücken sie nach unten. Dabei legt sie den verzahnten Ausrücker herum, der die Kupplung k zurückzieht und den Tisch augenblicklich stillsetzt.

Der Arbeitstisch mit Selbstgang nach 3 Richtungen.

Das Bestreben, die Maschinen durch eine möglichst einfache Handhabung leistungsfähiger zu gestalten, hat veranlaßt, den Arbeitstisch nach allen Richtungen selbsttätig einzurichten. Diese Einrichtung ist bei schweren Maschinen, wo das Bedürfnis näher liegt, schon länger durchgeführt, aber neuerdings auch auf leichtere Maschinen übertragen worden. Es erscheint jedoch fraglich, ob der Arbeiter sie in dem letzten Falle genügend würdigt.

Soll die Maschine den Hoch-, Längs- und Quergang des Arbeitstisches selbst vollziehen, so sind die einzelnen Schlitten von der senkrechten Welle d in Fig. 359 anzutreiben.   Diese Aufgabe ist in Fig. 377 und 378 gelöst.   Als gemeinsamer Antrieb der einzelnen Züge dient hier die Welle a ($a = d$ in Fig. 359) mit dem Wendegetriebe r_1, r_2, r_3, das sich durch die Kupplung k_1 umschalten läßt, so daß sämtliche Schlitten nach beiden Richtungen Selbstgang haben.   Der Auf- und Abwärtsgang des Winkeltisches wird mit k_2 eingerückt, so daß die Kegeltriebe r_4, r_5 auf

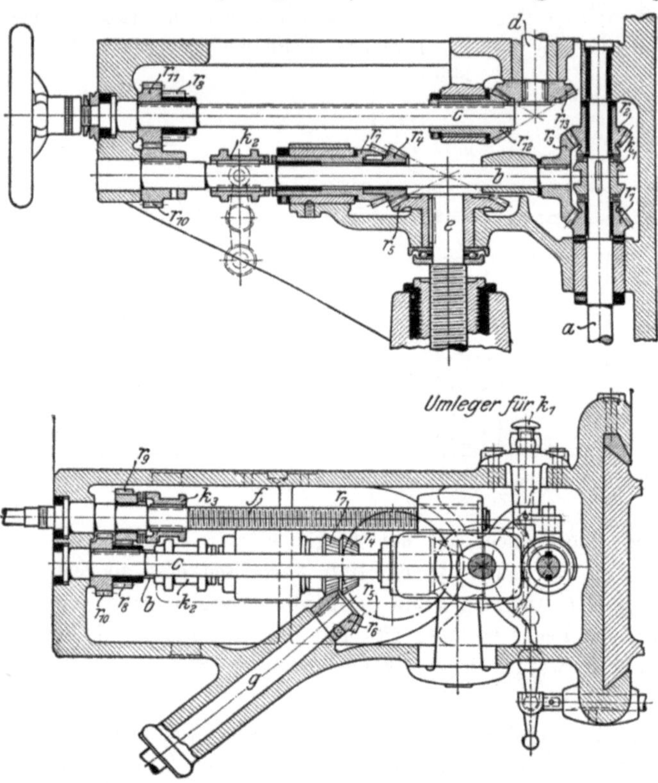

Fig. 377 und 378.   Arbeitstisch mit 3 Selbstgängen.

die Teleskopspindel arbeiten.   Den Längsgang schließt die Kupplung k_3, die die Räder r_8, r_9 auf die Schlittenspindel f einschaltet.   Der Quergang des Aufspanntisches wird durch $\dfrac{r_{10}}{r_{11}} \cdot \dfrac{r_{12}}{r_{13}}$ in bekannter Weise nach Fig. 359 vollzogen.   Außer dem Selbstgang hat jeder Schlitten Handeinstellung. So geschieht das Heben oder Senken des Tisches mit dem Handrade auf der Spindel g, die durch r_6, r_7 auf die Teleskopspindel wirkt.   Für das Einstellen des Längsschlittens ist das Handrad auf der Schlittenspindel f zu benutzen.   Bei jeder Handeinstellung müssen natürlich die betreffenden Kupplungen ausgerückt sein.

Der nächste Schritt in der Ausbildung des Arbeitstisches wäre, den Aufspannschlitten mit beschleunigtem Rücklauf auszustatten. Hierzu wäre, wie in Fig. 167, in dem Rücklaufgetriebe eine kleinere Übersetzung als im Arbeitsgetriebe erforderlich. Von dem Gesichtspunkte betrachtet, erscheint es zweckmäßig, auch hier den Arbeitsgang des Tisches durch ein Schneckengetriebe und den beschleunigten Rücklauf durch Schraubenräder vollziehen zu lassen.

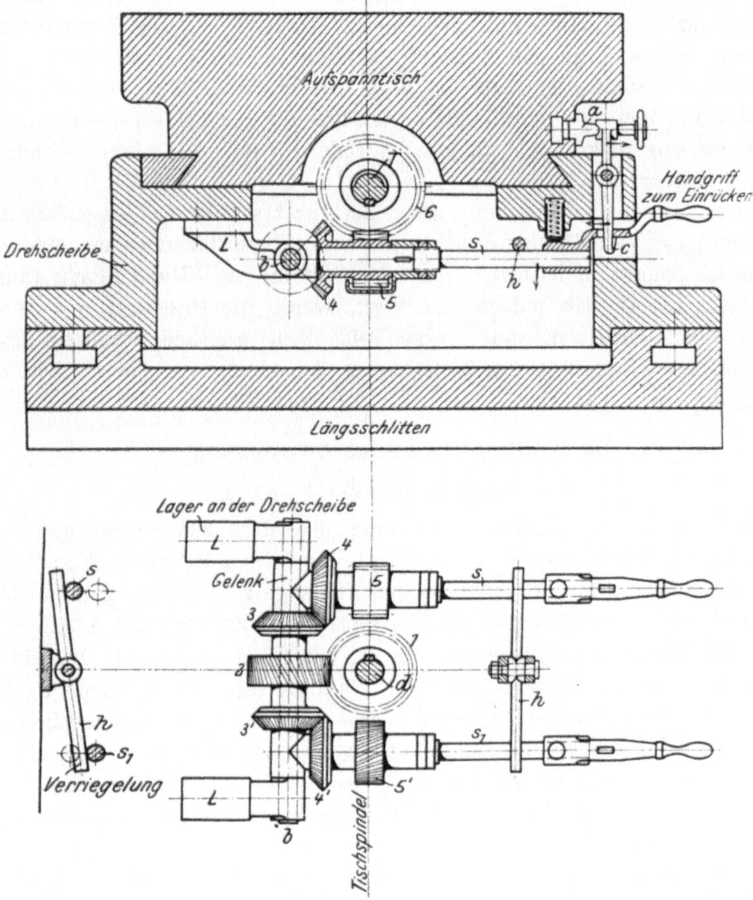

Fig. 379 und 380. Plan eines Arbeitstisches mit beschleunigtem Rücklauf. J. E. Reinecker.

J. E. Reinecker, Chemnitz, hat diesem Gedanken die in den Fig. 379 und 380 dargestellte Form gegeben. Der auf Mitte Drehscheibe liegende Zapfen d treibt durch die Schraubenräder *1, 2* auf der einen Seite die Kegelräder *3, 4* und das Schneckengetriebe *5, 6*, von dem das Schneckenrad *6* auf der Spindel T sitzt. Die Spindel kann als Gewindespindel den Vorschub des Aufspanntisches erzeugen oder auch mit einer Schnecke auf eine Schraubenzahnstange des Tisches arbeiten. Die Selbstauslösung des Vorschubes erfolgt durch eine Fallschnecke. Hierzu ist die Schneckenwelle s links gelenkig an b aufgehängt und rechts durch die Klinke c gehalten. Sobald nun der Anschlag a des Tisches die Klinke c seitlich auslöst, fällt die Schnecke 5 aus ihrem Rade 6 heraus, und der Selbstgang ist ausgerückt. In gleicher Weise ist auch das Rücklaufgetriebe eingerichtet, nur ist das Schneckengetriebe durch zwei gleiche Schraubenräder $5'$ und $6'$ ersetzt, so daß der Tisch schnell zurücklaufen muß. Beide Getriebe dürfen natürlich nur abwechselnd arbeiten. Um ein irrtümliches Einrücken beider Züge zu verhüten, ist eine einfache Verriegelung getroffen. Sie besteht aus dem um einen Zapfen drehbaren Hebel h, der nur gestattet, daß entweder beide Selbstzüge ausgerückt sind, oder einer von beiden eingerückt ist, während der andere durch den schrägstehenden Hebel h gesperrt ist.

Die höchste Entwickelung wäre, den Arbeitstisch nach jedem Schnitt durch die Maschine selbsttätig umsteuern, schnell zurücklaufen und wieder zum neuen Schnitt selbsttätig umschalten zu lassen. Diese Erweiterung des Tischantriebes hat jedoch nur Wert, wenn die Maschine, wie beim Fräsen von Zahnrädern, eine ganze Reihe von gleichen Schnitten auszuführen hat. Ihre Lösung bietet keine Schwierigkeit; sie ist bereits in Fig. 167 behandelt.

Der Teilkopf und seine Anwendung.

Die Bauart des Teilkopfes.

Das Fräsen von Zähnen und Nuten erfordert zum Einspannen und Einteilen der Werkstücke einen Teilkopf und einen Reitstock (Fig. 385). Ohne diese Vorrichtungen sind genaue Fräsarbeiten, mögen gerade oder spiralige Zähne oder Nuten zu fräsen sein, nicht zu erreichen.

Die Bauart des Teilkopfes (Fig. 381 bis 383) ergibt sich aus seiner Anwendung in der Räder- und Werkzeugfräserei. Seine Hauptaufgabe ist, das Werkstück auf Grund der vorgeschriebenen Teilung einzuteilen. Hierzu verlangt er eine Teilspindel, die das Arbeitsstück zu tragen hat. Zum Einziehen der erforderlichen Dorne und zum Aufschrauben der Spannfutter ist daher der Spindelkopf kegelig ausgebohrt und außen mit Gewinde versehen.

Das Einstellen der Teilung erfolgt durch Drehen der Teilkurbel, die durch das Schneckengetriebe 7, 8 das Werkstück nach jedem Schnitt von neuem einteilt und anstellt. Dieser Vorgang verlangt eine Teilscheibe mit gezählten Lochkreisen, auf der Bruchteile einer Umdrehung mit voller Genauigkeit auszuführen sind. Um hierbei die Teilkurbel auf die einzelnen Lochkreise einstellen zu können, muß sie den Vierkant der Schneckenwelle mit einer Schleife fassen.

Eine besondere Berücksichtigung in dem Aufbau des Teilkopfes erfordert das Anstellen von Kegelrädern und Kegelfräsern. Diese Werk-

stücke müssen zum Fräsen ihrer Zähne so weit hochgestellt werden, bis
der Zahnfuß wagerecht liegt (Fig. 384). Hierzu muß die Teilspindel wie
eine Haubitze aufzurichten sein. Diese Bedingung erfüllt der Teilkopf

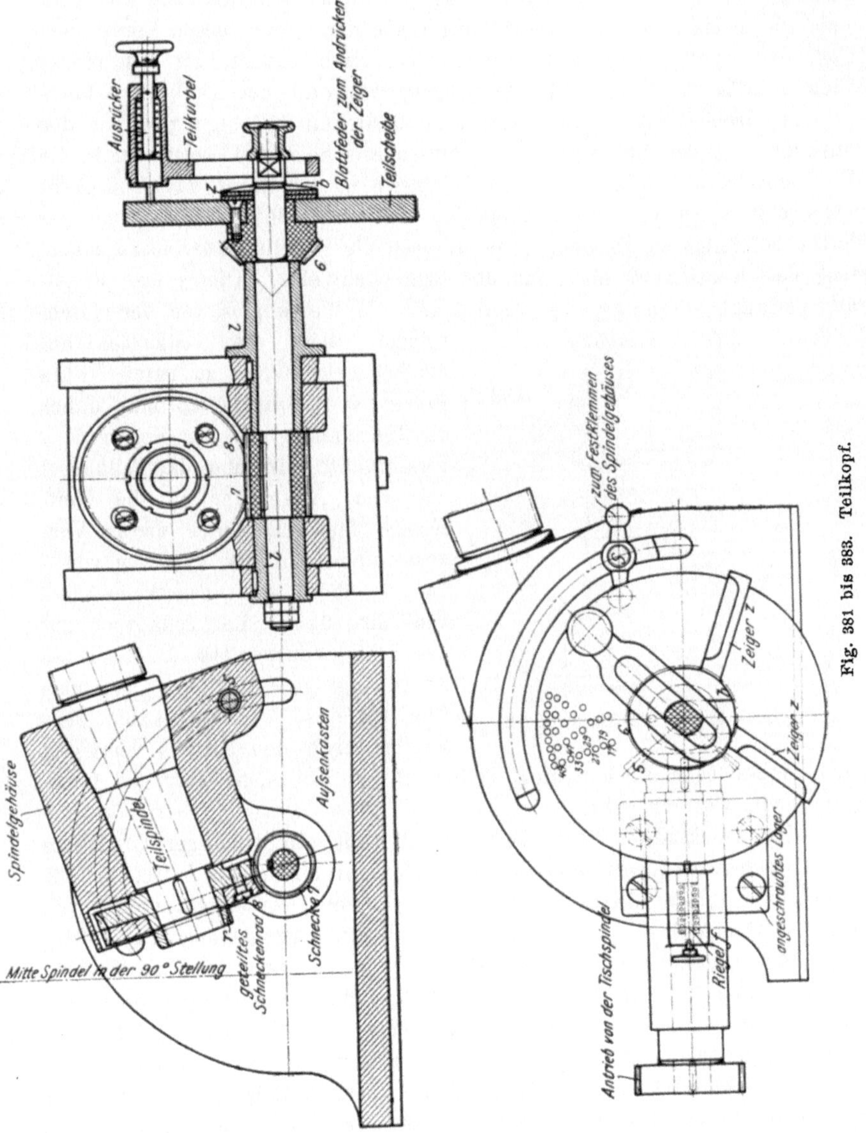

Fig. 381 bis 383. Teilkopf.

durch das einstellbare Spindelgehäuse, das in dem Außenkasten
drehbar gelagert und zwischen seinen Wangen durch die Schraube S festzuklemmen ist. Durch diese Einrichtung kann daher die Teilspindel auf
die erforderlichen Winkel eingestellt werden. Um hierbei den Eingriff

des Schneckengetriebes zu wahren, dreht sich das Spindelgehäuse um die Laufbüchsen *l* der Schneckenwelle.

Dem Teilkopf fällt noch eine weitere Aufgabe zu. Beim Spiralfräsen muß bekanntlich das Werkstück außer dem geraden Vorschub noch gleichzeitig eine Drehbewegung ausführen. Von diesen Vorschüben (Fig. 370) wird der gerade vom Aufspanntisch erteilt, der das Werkstück schräg zur Frässpindel vorschiebt, während der Teilkopf es langsam zu drehen hat. Den hierzu erforderlichen Selbstgang erhält der Teilkopf von der Spindel *T* des Aufspanntisches und zwar durch die Wechselräder *1, 2, 3, 4* und die Kegelräder *5, 6*, die durch das Schneckengetriebe *7, 8* den Teilkopf treiben (Fig. 385 und 386). Um aber mit der Teilkurbel teilen zu können, ohne jedesmal die Wechselräder auszurücken, sitzt das Kegelrad *6* lose auf der Schneckenwelle. Dieses lose Kegelrad verlangt allerdings, den Selbstgang des Teilkopfes von der Tisch-

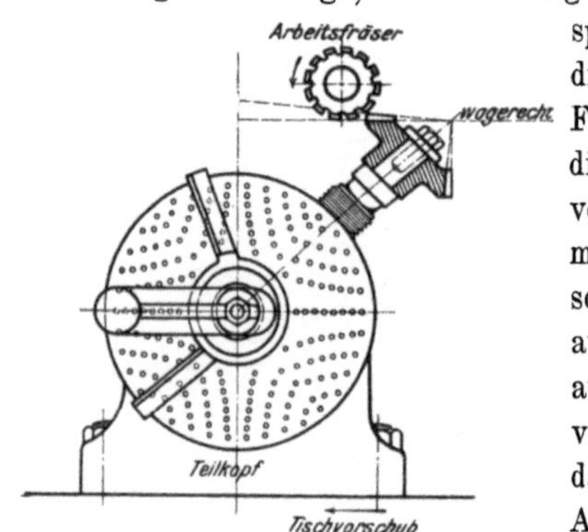

Fig. 384. Fräsen von Kegelrädern.

spindel über die Teilkurbel auf die Schneckenwelle zu leiten. Fürs Fräsen von Spiralnuten muß daher die Teilscheibe mit dem Kegelrade *6* verschraubt sein und die Teilkurbel mit dem Ausrücker in die Teilscheibe fassen. Unter dieser Voraussetzung geht der Kraftweg von *5* auf *6* über die Teilscheibe und von ihr über die Teilkurbel auf das Schneckengetriebe *7, 8*. Diese Anordnung gestattet auch, daß beim Einteilen des Werkstückes die Teilscheibe durch den Riegel *f* verriegelt wird, damit beim Drehen der Teilkurbel die Übersicht über den Lochkreis nicht verloren geht.

Im Anschluß an den Teilkopf sei noch ein wichtiger Grundsatz erwähnt, dessen Bedeutung sich auf alle Teilvorrichtungen erstreckt. Die vornehmste Aufgabe dieser Vorrichtungen soll sein, Arbeitserzeugnisse von höchster Genauigkeit zu gewinnen. Die Bedingung ist aber nur erfüllt, wenn ihre Einzelteile weder federn noch beim Ansetzen des Fräsers nachgeben. Hierzu müssen die einzelnen Teile nicht nur kräftig gebaut sein, sondern auch ohne jeden toten Gang laufen. Die Spindel ist daher mit einem Kegel eingepaßt und durch die Ringmutter *r* anzuziehen. Das Schneckenrad besteht zum Nachstellen aus zwei Scheiben, die miteinander verschraubt sind. Die vordere Radscheibe hat längliche Löcher, so daß die eine Scheibe gegenüber der anderen ein wenig verstellt werden kann, sobald sich toter Gang in der Verzahnung bemerkbar macht.

Die Bedienung des Teilkopfes gestaltet sich auf Grund seiner Bauart wie folgt:

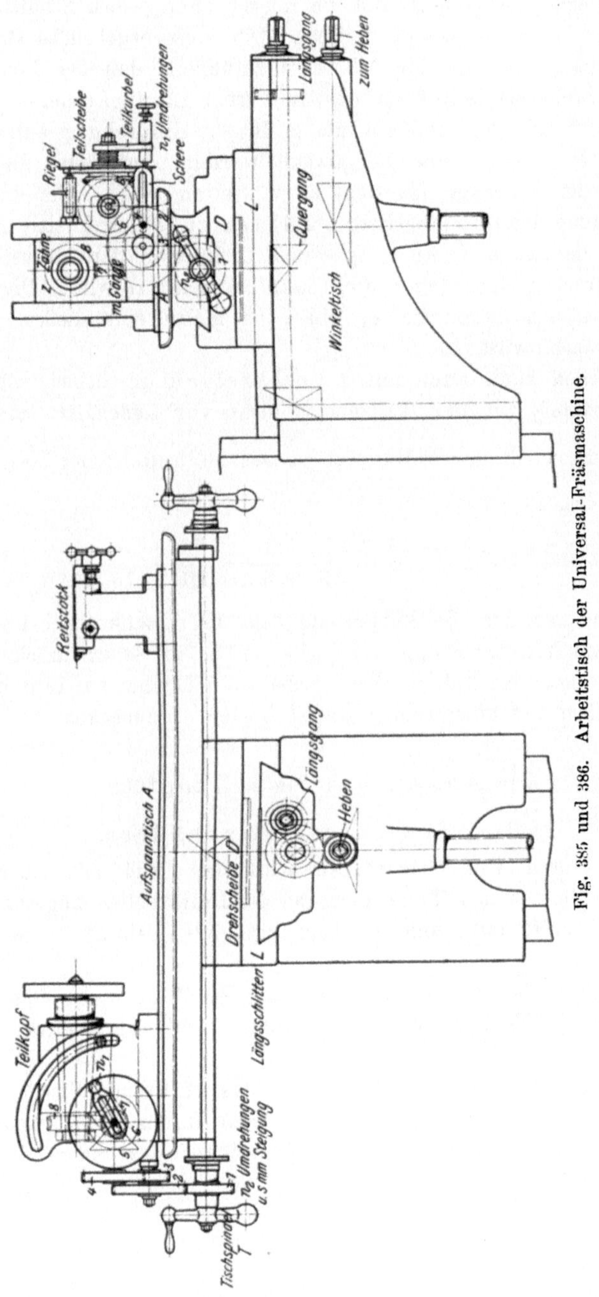

Fig. 385 und 386. Arbeitstisch der Universal-Fräsmaschine.

1. Bei geraden Einfräsungen (Stirnrädern usw.) hat der Teilkopf nur die Aufgabe, das Werkstück einzuteilen. Hierbei wird die Teilscheibe

durch den Riegel f verriegelt und die Kurbel nach jedem Schnitt um die entsprechende Lochzahl weiter gedreht. Die sich ergebenden Bruchteile einer Umdrehung sind in der Weise auszuführen, daß der Nenner des Bruches den Lochkreis angibt, auf dem die Kurbel um die Löcher des Zählers weitergerückt wird. So können, um z. B. $^1/_5$ Umdrehung auszuführen, die Lochkreise *5, 10, 15* oder *20* gewählt werden, auf denen die Kurbel um 1, 2, 3 oder 4 Löcher jedesmal zu verstellen wäre. Um diese Einstellungen mit größerer Sicherheit vornehmen zu können, sind 2 Zeiger vorgesehen, die auf den Ausgangs- und Endpunkt der einzustellenden Löcher einzurücken sind, bevor die Teilkurbel benutzt wird. Die Zeigerschenkel Z müssen daher immer ein Loch mehr einschließen, als zur Teilung gebraucht wird.

Das Teilen kann auch mit 2 Lochkreisen geschehen, sobald der gesuchte Lochkreis auf der Teilscheibe nicht vorhanden ist. Sind z. B. $\frac{40}{57}$ Umdrehungen mit der Teilkurbel zu machen und ist der Lochkreis 57 nicht vorhanden, so zerlegt man

$$\frac{40}{57} = \frac{21}{57} + \frac{19}{57} = \frac{7}{19} + \frac{1}{3} = \frac{7}{19} + \frac{5}{15}.$$

Hiernach sind mit der Teilkurbel auf dem 19. Lochkreis 7 Löcher zu nehmen. Steht nun der Riegel im Lochkreis 15, so ist er zurückzuziehen, mit der eingelegten Kurbel die Teilscheibe um 5 Löcher auf 15 in gleichem Sinne zu drehen und hierauf der Riegel wieder einzurücken.

Die Anwendung des Teilkopfes.

1. Das Fräsen von Stirnrädern.

Beim Fräsen von Stirnrädern wird das Rad mit einem Dorn zwischen den Spitzen des Teilkopfes und des Reitstockes eingespannt und nach jedem Schnitt mit dem Teilkopf um eine Teilung weiter geteilt (Fig. 387).

Aufgabe: Es ist ein Stirnrad mit 20 Zähnen zu fräsen. Das Schneckenrad des Teilkopfes habe 45 Zähne, und die Schnecke sei eingängig.

Lösung: Ist nach Fig. 385 n_1 die auszuführende Umdrehung der Teilkurbel, n die Umdrehung des zu fräsenden Rades entsprechend seiner Teilung, z_1 seine Zähnezahl, z die des Schneckenrades und m die Gängigkeit der Schnecke, so ist allgemein:

$$\frac{n_1}{n} = \frac{z}{m}.$$

Hierin ist: $m = 1$ und $n = \dfrac{1}{z_1}$ für das jedesmalige Einstellen der Teilung. Aus dieser Gleichung ergibt sich als Umdrehung der Teilkurbel:

$$n_1 = \frac{n \cdot z}{m} = \frac{z}{z_1} = \frac{\text{Schneckenrad}}{\text{Arbeitsrad}} = \frac{45}{20} = 2 + \frac{5}{20}$$

$$n_1 = 2 + \frac{5}{20}.$$

Die Kurbel ist demnach auf den zwanziger Lochkreis einzurücken und jedesmal um 2 volle Umdrehungen $+$ 5 Löcher weiter zu drehen, wenn das Rad um seine Teilung gedreht werden soll. Die Zeiger Z müssen dabei 6 Löcher umfassen.

Fig. 387. Fräsen von Stirnrädern.

2. Das Fräsen von Spiralfräsern.

Beim Spiralfräsen ist der Aufspanntisch bekanntlich auf den Spiralwinkel β einzustellen, den die Spirale mit der Werkstückachse einschließt. Das Werkstück ist dabei im Sinne 2 langsam zu drehen und gleichzeitig im Sinne 1 vorzuschieben (Fig. 370). Diese Bewegungen des Werkstückes werden von der Tischspindel abgeleitet. Sie schiebt den Aufspanntisch in Richtung 1 vor und treibt durch die Wechselräder den Teilkopf mit dem Werkstück im Sinne 2. Für den letzten Antrieb ist bekanntlich die Teilscheibe zu entriegeln und die Teilkurbel in die Teilscheibe einzurücken.

Die Berechnung der Wechselräder: Beim Spiralfräsen ist das Werkstück bei jeder Umdrehung um die Steigung h der Spirale vorzuschieben. Diesen geraden Vorschub erzeugt die Tischspindel, die den Querschlitten mit dem Teilkopf und dem Werkstück dem Fräser zuschiebt. Macht die Tischspindel zur Erzeugung des Vorschubes von h mm n_2 Umläufe, und ist ihre Steigung s mm, so ist der Tischweg

$$h = n_2 . s \tag{1}$$

und die erforderlichen Umläufe der Tischspindel sind

$$n_2 = \frac{h}{s}.$$

Während des Vorschubes h hat der Teilkopf dem Werkstück eine volle Umdrehung zu erteilen. Diese Bedingung ist erfüllt, sobald die Übersetzung von der Tischspindel auf die Teilspindel (Fig. 385):

$$\frac{z_1}{z_2} . \frac{z_3}{z_4} . \frac{z_5}{z_6} \frac{m}{z} = \frac{1}{n_2}$$

ist. Setzt man hierin die Übersetzung der Wechselräder $\frac{z_1}{z_2} . \frac{z_3}{z_4} = \varphi$, und ist $z_5 = z_6$, so ist die Übersetzung:

$$\varphi = \frac{z}{m} . \frac{1}{n_2}. \tag{2}$$

Hierin ist nach der Gleichung (1): $n_2 = \frac{h}{s}.$

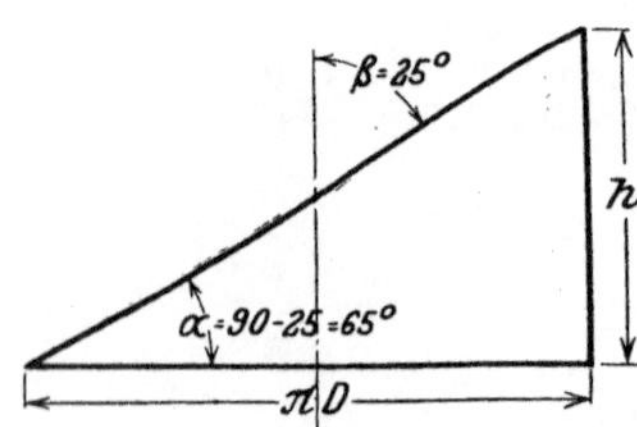

Fig. 388. Abwicklung des Schraubenganges.

Aufgabe: Es ist ein Walzenfräser mit spiraligen Zähnen zu fräsen. Der Durchmesser sei 120 mm, $\beta = 25^\circ$ (Fig. 321).

Lösung:

1. Der Aufspanntisch ist auf 25° schräg einzustellen.

2. Die Berechnung der Wechselräder ist wie beim Gewindeschneiden

a) Steigung der Spirale. Aus der Abwicklung des Schraubenganges (Fig. 388) ergibt sich:

$$\operatorname{tg} \alpha = \frac{h}{\pi . D}$$

oder: $h = \pi . D . \operatorname{tg} \alpha = \pi . 120 . 2{,}15 = 810$ mm.

$$h = 810 \text{ mm.}$$

b) Umdrehungen der Tischspindel bei $1/4''$ Steigung:

Nach (1) $h = n_2 . s,$

$$810 = n_2 . \frac{1}{4} . 25{,}4,$$

$$n_2 = \frac{810 . 4}{25{,}4} = 127{,}6.$$

$$n_2 = 127{,}6 \text{ Umdrhg.}$$

c) Übersetzung der Wechselräder. Schneckenrad: 42 Zähne, Schnecke zweigängig [$m = 2$].

Nach (2)
$$\frac{1}{n_2} = \varphi \cdot \frac{m}{z},$$

$$\varphi = \frac{z}{m} \cdot \frac{1}{n_2} = \frac{42}{2} \cdot \frac{1}{127,6} = \frac{420}{2552} = \frac{14}{58} \cdot \frac{30}{44},$$

$$\varphi = \frac{14}{58} \cdot \frac{30}{44},$$

d. h. Rad 1 — 14 Zähne, 2 — 58, 3 — 30 und 4 — 44 Zähne.

3. Einteilen des Fräsers. [Teilscheibe verriegelt.]

Zähnezahl: $z_f \sim 2\sqrt{D}$ bei Schruppfräsern,

$z_f \sim 2,6 \div 3\sqrt{D}$ bei Schlichtfräsern,

Gewählt: Schruppfräser $z_f = 2\sqrt{120} = 22$ Zähne.

Es war vorhin (S. 218): $\dfrac{n_1}{n} = \dfrac{z}{m}$.

Hierin ist: $n = \dfrac{1}{z_f} = \dfrac{1}{22}$,

also: $n_1 = \dfrac{n \cdot z}{m} = \dfrac{1}{22} \cdot \dfrac{42}{2} = \dfrac{21}{22}$,

$$n_1 = \frac{21}{22},$$

d. h. auf dem Lochkreis 22 ist die Kurbel jedesmal um 21 Löcher weiter zu drehen.

3. Das Fräsen von Schraubenrädern.

Das Fräsen von Schraubenrädern ist nichts anderes als ein Spiralfräsen. Es sind daher dieselben Rechnungen maßgebend. Die Einstellung des Tisches ist in gleicher Weise vorzunehmen, ebenso die Handhabung des Teilkopfes, nur ist zu beachten, daß für das Einteilen des Rades die Stirnteilung t_s maßgebend ist, die sich aus der Normalteilung t_n berechnen läßt. Es ist nämlich nach Fig. 389 und 390:

$$\cos \beta = \frac{t_n}{t_s}$$

und

$$t_s = \frac{t_n}{\cos \beta}.$$

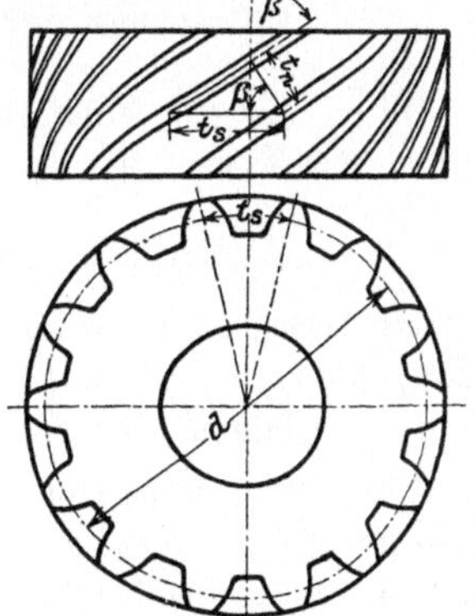

Fig. 389 und 390. Schraubenrad.

Aufgabe: Es sind 2 Schraubenräder zu fräsen für 2 Wellen, die sich unter 90^0 kreuzen. Das Rad *I* hat 31 Zähne und eine Normalteilung von $3\,\pi$. Der Winkel β, den die Zähne mit der Radachse einschließen, sei 50^0. Das Rad *II* hat $\beta = 40^0$ und 61 Zähne.

Rad *I*: Stirnteilung $t_s = \dfrac{t_n}{\cos 50^0} = \dfrac{3 \cdot \pi}{0,643} = 4,665\,\pi$,

$$t_s = 4,665 \cdot \pi, \text{ also } M_s = 4,665,$$

Teilkreisdurchmesser $= M_s \cdot z_1 = 4,665 \cdot 31 = 144,62 \text{ mm}$.

Steigung der Schraubenzähne nach Fig. 388 aus:

$$\text{tg}\,\alpha = \frac{h}{\pi\,d}, \text{ hierin } \alpha = 90^0 - \beta = 40^0,$$

$$h = \pi\,d \cdot \text{tg}\,\alpha = \pi \cdot 144,62 \cdot \text{tg}\,40^0 = 380 \text{ mm} = 15'',$$

Umdrehungen der Tischspindel bei $^1/_4''$ Steigung: $n_2 = \dfrac{h}{s} = \dfrac{15}{^1/_4} = 60$.

Übersetzung der Wechselräder bei einem Teilkopf mit einem Schneckenrad von $z = 40$ Zähnen und einer eingängigen Schnecke $(m = 1)$:

Nach (2) $\qquad \varphi = \dfrac{z}{m} \cdot \dfrac{1}{n_2} = \dfrac{40}{60}$,

$$\varphi = \frac{5}{6} \cdot \frac{8}{10} = \frac{15}{18} \cdot \frac{24}{30}.$$

Tisch auf 50^0 einstellen, Wechselräder $z_1 = 15$, $z_2 = 18$, $z_3 = 24$, $z_4 = 30$, Fräser vom Modul 3.

Rad *II*: Stirnteilung $t_s = \dfrac{3\,\pi}{\cos 40^0} = \dfrac{3\,\pi}{0,766} = 3,92 \cdot \pi$, $M_s = 3,92$.

Teilkreisdurchmesser $= M_s \cdot z_2 = 3,92 \cdot 61 = 239,12 \text{ mm}$.

Steigung der Zähne $h = \pi \cdot d \cdot \text{tg}\,50^0 = \pi \cdot 239 \cdot \text{tg}\,50^0 = 35''$.

Umdrehungen der Tischspindel $n_2 = 35 \cdot 4 = 140$.

Übersetzung der Wechselräder $\varphi = \dfrac{40}{140} = \dfrac{12}{15} \cdot \dfrac{30}{84}$.

Tisch auf 40^0 einstellen, Wechselräder $z_1 = 12$, $z_2 = 15$, $z_3 = 30$, $z_4 = 84$, Fräser vom Modul 3.

4. Das Fräsen von Schneckenrädern.

Größere Schneckenräder können nur auf Sondermaschinen geschnitten werden, kleinere auch auf der Universal-Fräsmaschine nach einem Annäherungsverfahren oder nach dem Wälzverfahren.

Bei dem Fräsen von Schneckenrädern ist der Arbeitstisch auf den Steigungswinkel der Schnecke einzustellen. Das Schneckenrad wird zunächst mit einem scheibenförmigen Stirnradfräser vorgefräst. Hierzu ist, um den hohlen Zahn des Schneckenrades zu erhalten, die Radmitte genau auf Fräsermitte einzustellen und hierauf das Rad von untenher dem Fräser allmählich zuzuschieben. Dies verlangt, den Winkeltisch gegen einen Anschlag hochzukurbeln, durch den die verlangte Zahntiefe festgelegt ist. Um den nächsten Zahn schneiden zu können, ist der Arbeitstisch wieder

zu senken und mit dem Teilkopf die Teilung des Rades einzustellen. Durch
dieses Verfahren entsteht ein schräger, hohler Zahn mit geringeren Ungenauigkeiten.

Soll das Schneckenrad noch mit dem Schneckenfräser nachgeschnitten
werden, so darf es mit dem Scheibenfräser nicht bis zur vollen Zahntiefe
vorgefräst werden. Zum Nachfräsen ist das Rad zwischen den Spitzen freilaufend einzuspannen (Fig. 391) und genau unter die Mitte des Schnecken-
fräsers zu bringen; der Tisch muß dabei auf 0^0 eingestellt werden. Der
Schneckenfräser wälzt sich beim Nachfräsen auf dem Kranze des vor-
gefrästen Rades ab, das dabei in langsame Drehung kommt. Der Winkel-

Fig. 391. Nachfräsen von Schneckenrädern.

tisch muß bis zur richtigen Zahntiefe langsam hochgestellt werden. Auf
diese Weise werden die nach einer Schraubenlinie geschweiften Zähne
genau herausgeschnitten.

Die Berechnung der Winkelstellung des Tisches: Zu einer
Schnecke von 192 mm Durchmesser und 4″ Steigung soll das Schneckenrad gefräst werden.

Lösung: Aus der Abwicklung des Schraubenganges ergibt sich:

$$\operatorname{tg} \alpha = \frac{h}{\pi \cdot d} = \frac{4 \cdot 25{,}4}{\pi \cdot 192} = \frac{101{,}6}{603{,}2} = 0{,}1684,$$

$$\alpha = 9^0\, 34'.$$

5. Das Fräsen von Kegelrädern.

Vollkommen genaue Kegelräder lassen sich ebenfalls nur auf Kegel-
räderhobel- oder Fräsmaschinen herstellen. Die Universal-Fräsmaschine
liefert hier nur Annäherungsarbeit. Das zu fräsende Kegelrad wird
an dem Teilkopf eingespannt, der so weit aufzurichten ist, bis die Er-

Fig. 392.   Fräsen von Kegelrädern.

zeugende des Zahnfußes wagerecht liegt (Fig. 392).   Für das Fräsen der
Zahnflanken ergeben sich drei Möglichkeiten:

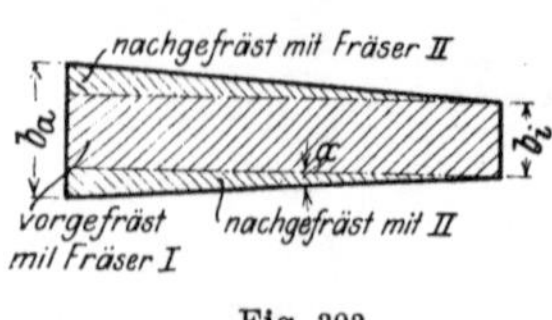

Fig. 393.

1. Das Kegelrad wird vorgefräst mit
einem Fräser von der Form der inneren Zahnlücke und hierauf an der Außenseite mit einem
Fräser von der äußeren Lücke angefräst. Die
eigentliche Zahnflanke ist jetzt, so gut wie eben
möglich, von Hand herauszufeilen. Das Verfahren
erfordert Geschick und ist wenig leistungsfähig.

2. Das Kegelrad wird, wie vorhin, vorgefräst. Zum Nachfräsen
dient ein Fräser, dessen Zähne der größeren, äußeren Zahnlücke entsprechen, aber nur die Breite der kleineren, inneren Lücke haben. Um
nun die allmählich breiter werdende Zahnlücke zu bekommen, ist der
Teilkopf auf dem Aufspanntisch um α^0 schräg zu stellen, so daß die
schräg laufende Zahnflanke an den Fräser kommt (Fig. 393). Ist z. B.
bei der Zahnlücke $b_a = 8$ mm, $b_i = 5$ mm und die Zahnbreite selbst
$b = 50$ mm, so ist:

$$\operatorname{tg} \alpha = \frac{b_a - b_i}{2\,b} = \frac{8 - 5}{2 \cdot 50} = \frac{3}{100} = 0{,}03,$$
$$\alpha = 1^0\,43'.$$

In dieser Stellung sind zunächst alle linken Flanken zu fräsen. Für die rechten Flanken ist der Teilkopf um α^0 nach der anderen Seite schräg zu stellen.

3. Das Kegelrad wird, wie vorhin, vorgefräst und nachgefräst. Beim Nachfräsen wird aber, um die nach außen breiter werdende Lücke zu bekommen, das Rad durch den Teilkopf mehr und mehr an den Fräser herangedreht. Hierzu ist zum Fräsen der linken Zahnflanken das Rad nach rechts und zum Fräsen der rechten Flanken nach links zu drehen. Ist z. B. wieder $b_a = 8$ mm und $b_i = 5$ mm, so müßte das Rad beim Fräsen einer Flanke im äußeren Teilkreise jedesmal um 1,5 mm nach rechts oder links gedreht werden. Hat der Teilkreis 90 mm Durch-

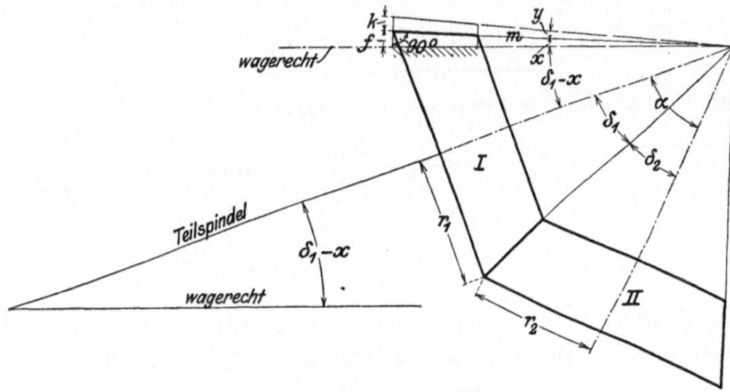

Fig. 394. Gradstellung des Teilkopfes.

messer, so wäre das Kegelrad jedesmal um $n = \dfrac{1{,}5}{\pi \cdot 90}$ zu drehen. Hiernach ergibt sich die Zahl der mit der Teilkurbel zurückzulegenden Löcher bei einer Schnecke von $m = 2$ und einem Rade von $z = 42$ aus:

$$n_1 = \frac{n\,z}{m} = \frac{1{,}5}{\pi \cdot 90} \cdot \frac{42}{2} = \sim \frac{1}{9}.$$

Der Arbeiter hätte z. B. auf dem Lochkreise 36 beim Fräsen der Flanken die Teilkurbel jedesmal um 4 Löcher nach rechts oder nach links zu drehen.

Aufgabe: Auf welchen Winkel ist der Teilkopf beim Fräsen von Kegelrädern hochzustellen?

Lösung: Der Teilkopf ist auf den Fräswinkel $\delta_1 - x$ einzustellen, damit die Fußlinie des Kegelrades wagerecht zu liegen kommt.

Nach dem Sinussatz (Fig. 394) läßt sich der Kegelwinkel δ_1 aus dem Achsenwinkel α und der Übersetzung φ der Kegelräder, wie folgt, berechnen:

$$\frac{\sin \delta_1}{\sin \delta_2} = \frac{r_1}{r_2} = \varphi.$$

Hierin ist δ_2 durch δ_1 zu ersetzen.

Nach Fig. 394 ist:

$$\alpha = \delta_1 + \delta_2$$

und

$$\delta_2 = \alpha - \delta_1.$$

Dies oben eingesetzt, ergibt:

$$\sin \delta_1 = \varphi \cdot \sin \delta_2 = \varphi \cdot \sin (\alpha - \delta_1),$$
$$= \varphi \cdot (\sin \alpha \cdot \cos \delta_1 - \cos \alpha \cdot \sin \delta_1),$$
$$\sin \delta_1 + \varphi \cdot \cos \alpha \cdot \sin \delta_1 = \varphi \cdot \sin \alpha \cdot \cos \delta_1,$$
$$\sin \delta_1 (1 + \varphi \cdot \cos \alpha) = \varphi \cdot \sin \alpha \cdot \cos \delta_1,$$
$$\frac{\sin \delta_1}{\cos \delta_1} = \frac{\varphi \cdot \sin \alpha}{1 + \varphi \cdot \cos \alpha},$$
$$\operatorname{tg} \delta_1 = \frac{\varphi \cdot \sin \alpha}{1 + \varphi \cdot \cos \alpha}.$$

Den Fußwinkel x bestimmt man aus:

$$\operatorname{tg} x = \frac{f}{m} \quad \text{und} \quad \sin \delta_1 = \frac{r_1}{m}, \quad \text{also} \quad m = \frac{r_1}{\sin \delta_1},$$

demnach:

$$\operatorname{tg} x = \frac{f}{r_1} \cdot \sin \delta_1.$$

Der Außenwinkel oder Drehwinkel, auf den das Kegelrad vor dem Fräsen abzudrehen ist, wäre $\delta_1 + y$; $\sphericalangle y$ ergibt sich aus:

$$\operatorname{tg} y = \frac{k}{m}; \qquad m = \frac{r_1}{\sin \delta_1},$$

eingesetzt:

$$\operatorname{tg} y = \frac{k}{r_1} \cdot \sin \delta_1.$$

Beispiel: Es sei $\alpha = 70^0$, $r_1 - 50$ Zähne, $r_2 - 25$ Zähne, $t = 3\,\pi$ mm. Zahnkopf $= 3$ mm, Zahnfuß $= 4$ mm.

Lösung:

1. Fräswinkel $= \delta_1 - x$,

$$\operatorname{tg} \delta_1 = \frac{\varphi \cdot \sin \alpha}{1 + \varphi \cdot \cos \alpha}; \qquad \varphi = \frac{r_1}{r_2} = \frac{50}{25} = 2,$$

$$\operatorname{tg} \delta_1 = \frac{2 \cdot 0{,}9397}{1 + 2 \cdot 0{,}342} = \frac{1{,}8794}{1{,}684} = 1{,}116,$$

$$\delta_1 = 48^0\,8',$$

$$\operatorname{tg} x = \frac{f}{r_1} \cdot \sin \delta_1.$$

r_1 berechnet man aus der Teilung t und der Zähnezahl z zu: $2 \cdot r_1 \cdot \pi = z \cdot t$

$$r_1 = \frac{z \cdot t}{2 \cdot \pi} = \frac{50 \cdot 3}{2} = 75 \text{ mm}.$$

Demnach wird:

$$\operatorname{tg} x = \frac{4 \cdot 0{,}7447}{75} = 0{,}0397,$$

$$x = 2^0\,17'.$$

$$\text{Fräswinkel} = 48^0\,8' - 2^0\,17' = 45^0\,51'.$$

$$\text{Drehwinkel} = \delta_1 + y.$$

$$\operatorname{tg} y = \frac{k \cdot \sin \delta_1}{r_1} = \frac{3 \cdot 0{,}7447}{75} = 0{,}0298,$$

$$y = 1^0\,43'.$$

$$\text{Drehwinkel} = 48^0\,8' + 1^0\,43' = 49^0\,51'.$$

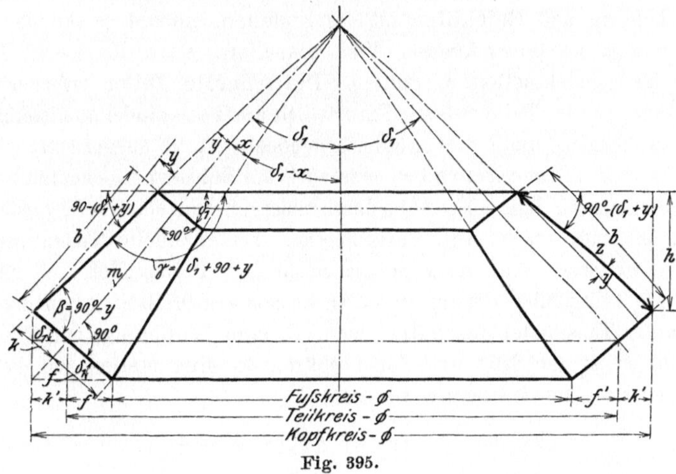

Fig. 395.

Für den Fall $\alpha = 90^0$, wie er in der Praxis meistens vorliegt, vereinfacht sich die Rechnung durch die Beziehungen $\sin 90^0 = 1$ und $\cos 90^0 = 0$. Demnach:

$$\operatorname{tg} \delta_1 = \varphi = \frac{r_1}{r_2}, \quad \operatorname{tg} x = \frac{f}{m} \quad \text{und} \quad m = \frac{r_1}{\sin \delta_1} \quad \text{oder} \quad m = \sqrt{r_1^2 + r_2^2}.$$

Für das Schneiden von Kegelrädern auf Sondermaschinen sind noch weitere Angaben notwendig. Sie ergeben sich aus Fig. 395.

1. Äußerer Zahnwinkel $\beta = 90^0 - y = 88^0\,17'$.

2. Innerer Zahnwinkel $\gamma = 90^0 + \delta_1 + y = 139^0\,51'$.

3. Kopfkreis-Durchm. = Teilkreis-Durchm. $+ 2\,k' = 150 + 2\,k \cos \delta_1 =$
   $= 154$ mm,

$$\text{da } \cos \delta_1 = \frac{k'}{k} \quad \text{und} \quad k' = k \cdot \cos \delta_1.$$

4. Fußkreis-Durchm. $= 150 - 2\,f' = 150 - 2\,f \cdot \cos \delta_1 = 145,$

$$\text{da} \quad \cos \delta_1 = \frac{f'}{f} \quad \text{und} \quad f' = f \cdot \cos \delta_1.$$

5. Die Höhe h berechnet man nach Fig. 395, wie folgt:

$$\sin [90^0 - (\delta_1 + y)] = \frac{h}{z},$$

$$\cos y = \frac{b}{z}, \quad z = \frac{b}{\cos y},$$

$$h = \frac{b}{\cos y} \cdot \sin [90^0 - (\delta_1 + y)] = \frac{20}{0{,}999} \cdot 0{,}76 = 15{,}2 \text{ mm}.$$

In gleicher Weise sind auch die Abmessungen des zweiten Rades zu berechnen.

Die Schnellteilvorrichtung.

Beim Fräsen von Vielkanten, Kupplungszähnen und der Nuten von Gewindebohrern und Reibahlen ist das Einteilen, sobald es mit der Teilkurbel erfolgt, zu langwierig. Viel schneller wäre in diesen Fällen mit der Teilspindel selbst zu teilen. Das schnelle Teilen erfordert aber eine Abänderung des Teilkopfes. Um nämlich die Teilspindel unmittelbar benutzen zu können, muß das Schneckengetriebe 7, 8 ausgerückt werden. Hierzu kann das Schneckenrad 8 oder auch die Schnecke 7 benutzt werden. Die Ausrückung der Schnecke wäre durch außerachsig gebohrte Lagerbüchsen zu erreichen oder durch eine Fallschnecke. Das schnelle Teilen verlangt noch ein weiteres. Auf dem Schwanzende der Teilspindel muß nämlich eine zweite Teilscheibe sitzen, in deren Löcher ein Teilstift einspringt, der zugleich die Teilspindel festhält. Ist z. B. eine Kupplung mit 6 Zähnen zu fräsen, so ist der Stift auf den Lochkreis 24 einzustellen und die Teilspindel jedesmal um 4 Löcher zu drehen.

Neuere Teilkopf-Ausführungen.

Die neueren Teilköpfe sind aus dem Bestreben hervorgegangen, die Einzelteile mehr vor Staub zu schützen und den toten Gang, soweit als möglich, ausgleichen zu können.

Musterhaft ist der Cincinnati-Teilkopf durchgebildet (Fig. 396 bis 398). Die Teilspindel a ist bei ihm in einem runden Spindelgehäuse b untergebracht. Zum Schrägstellen ist das Spindelgehäuse b durch 2 große Zapfenlager in dem Teilkopfgehäuse c drehbar und in ihm mit der Schraube l festzuklemmen. Die Teilkopfspindel a zeigt äußerst starke Abmessungen und besitzt beiderseits zur Aufnahme von Dornen und Körnerspitzen Normalkegel. Bei der Arbeit wird sie durch eine Klemmvorrichtung, die in den Klemmring g faßt, festgehalten, so daß das Schneckengetriebe vom Arbeitsdruck entlastet ist.

Der Teilkopf ist für schnelles und langsames Teilen eingerichtet. Für das schnelle Teilen ist die kleine Teilscheibe d vorgesehen. Sie sitzt unmittelbar auf der Teilspindel a und hat 3 Lochkreise mit 24, 30 und 36 Löchern. Nach jeder Einstellung des Werkstückes wird sie durch den in Fig. 396 und 397 sichtbaren Riegel gehalten.

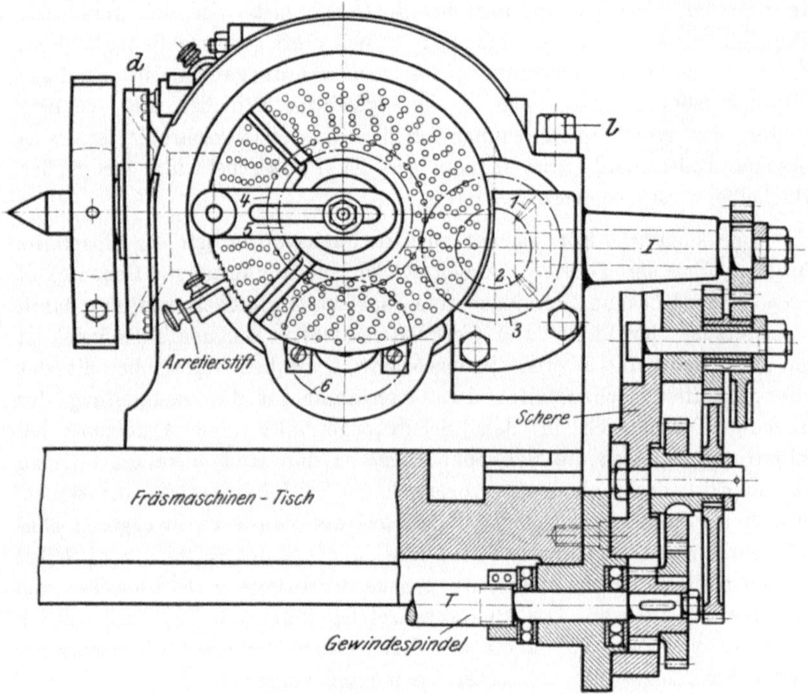

Fig. 396. Universalteilkopf der Cincinnati-Fräsmaschine.

Das schnelle Teilen verlangt bekanntlich, daß das Schneckengetriebe ausgerückt wird. Diese Aufgabe hat hier durch eine Fall-

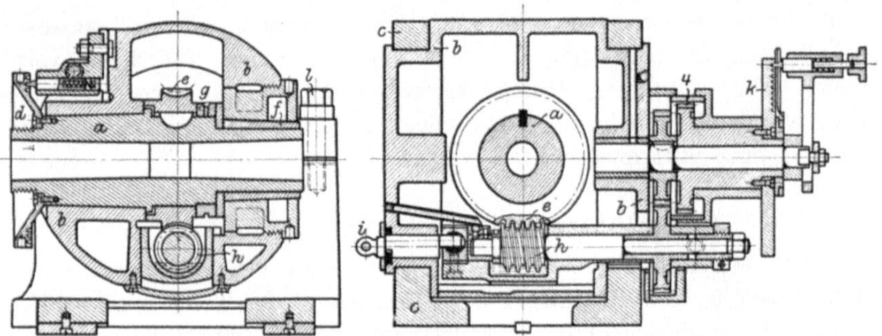

Fig. 397 und 398. Längs- und Querschnitt des Teilkopfes.

schnecke eine hübsche Lösung gefunden. Die ständig in Öl laufende Schnecke h ist in einem Schneckenkasten untergebracht. Wie aus dem Längsschnitt ersichtlich, ist dieser Kasten zu beiden Seiten in dem Spindelgehäuse geführt. Zum Ausrücken der Schnecke wird er von einem Exzenter getragen. Vor dem schnellen Teilen ist daher mit dem Knebel i das Exzenter herumzulegen. Dabei fällt die Schnecke h aus dem Schneckenrade e heraus. Die Verbindung des Exzenters mit dem sich geradlinig senkenden Schneckenkasten erfordert in sich eine gewisse Beweglichkeit. Sie ist in der Weise geschaffen, daß der Exzenterzapfen ein kugeliges Gleitstück faßt. Es kann sich in einem geteilten Schieber hin- und herbewegen, der durch Stellschrauben mit dem Kasten verschraubt ist. Das langsame Teilen wird, wie früher, mit der Teilkurbel und der großen Teilscheibe k vorgenommen.

Eine sinnreiche Lösung hat auch die Nachstellbarkeit der Einzelteile gefunden. Soll der Teilkopf Arbeitsstücke von hochgradiger Genauigkeit liefern, so muß bekanntlich jeder tote Gang auszugleichen sein, der durch die Abnutzung der Lager und Getriebe entsteht. Bei der Teilspindel ist jeder tote Gang durch eine Bronzebüchse f zu beseitigen, die mit der vorderen Mutter nachzustellen ist. Interessant ist die Nachstellung der Schnecke. Macht sich in dem Schneckengetriebe eine Abnutzung bemerkbar, so läßt sich die Schnecke näher an das Rad anstellen. Hierzu sind die Einstellschrauben des vorerwähnten Schiebers etwas anzuziehen, wodurch der Schneckenkasten gehoben und die Schnecke in engeren Eingriff gebracht wird. Durch die seitliche Führung des Kastens wird selbst bei mehrmaligem Nachstellen die genaue Mittellage der Schnecke zum Rade gewahrt bleiben. Der Schneckenantrieb läßt sich hier auch seitlich nachstellen und zwar durch die auf dem rechten Ende der Schneckenwelle angebrachte Büchse, die mit einer Stellmutter versehen ist.

Zum Spiralfräsen muß der Teilkopf bekanntlich von der Tischspindel T angetrieben werden. Diesen Antrieb bewirken die in Fig. 396 eingezeichneten Wechselräder. Sie arbeiten über I auf 2 Kegelräder 1, 2 und die Stirnräder 3 bis 6, von denen 6 die Schnecke treibt. Um aber die Teilkurbel benutzen zu können, ohne jedesmal die Wechselräder auszuschalten, ist auch hier das lose Rad 4 mit der Teilscheibe verschraubt. Der Selbstgang des Teilkopfes verlangt daher, zuvor die Teilkurbel auf die Teilscheibe k einzustellen. Beim langsamen Teilen kann sie durch einen Stift festgehalten werden.

Der selbsttätige Schalt- und Teilkopf.

Eine wertvolle Erweiterung für das Fräsen von Zahnrädern wäre, den Arbeitstisch mit selbsttätiger Umsteuerung und den Teilkopf mit selbsttätiger Teilung einzurichten. Ein derartiger Schalt- und Teilkopf würde die Universalfräsmaschine zu einer selbsttätig arbeitenden Zahnradfräsmaschine machen.[1]

-----

[1] WT 1907, S. 329.

In Fig. 399 wird der Schaltkopf durch einen Riemen mit Spanner vom Deckenvorgelege betrieben. Durch die linken Wechselräder treibt er die Tischspindel des Querschlittens und erzeugt so den Vorschub des Tisches. Durch die verstellbaren Anschläge, welche den Umschalthebel herumlegen, steuert der Schaltkopf den Tisch nach beendetem Schnitt in den beschleunigten Rücklauf um und hierauf wieder in den langsamen Arbeitsgang. Der Antrieb des Tisches von der Frässpindel muß daher ausgeschaltet werden.

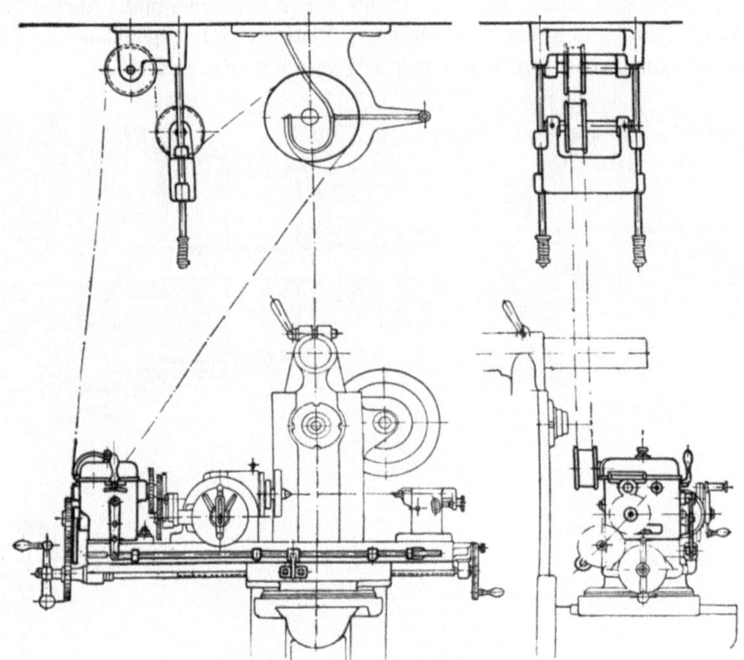

Fig. 399. Antrieb des selbsttätigen Schalt- und Teilkopfes.
Ludw. Loewe & Co., A.-G. Berlin.

Der Teilkopf wird für das selbsttätige Teilen vom Schaltkopf durch die rechten Wechselräder angetrieben. Das treibende Rad macht hierfür nach jedem Rücklauf des Tisches eine volle Umdrehung und stellt damit die Teilung des Werkstückes ein. Die Übersetzung dieser Wechselräder

$$\text{ist daher} = \frac{\text{Zähnezahl des Schneckenrades}}{\text{Zähnezahl des Werkstückes}}.$$

3. Die Planfräsmaschine.

Das Bestreben des Werkzeugmaschinenbaues, die Arbeitsleistung der Fräsmaschine zu steigern, forderte namentlich unter dem Einfluß des Schnellstahlfräsers eine widerstandsfähigere Bauart der Maschine. Die

schwächste Stelle der bisher besprochenen Fräsmaschinen liegt in dem
Winkeltisch, der trotz aller Verrippungen und Verstrebungen selten die
für schwere Schnitte notwendige Widerstandsfähigkeit besitzt.   Dieser
Umstand zwang, den Winkeltisch durch ein kräftiges Kastenbett zu ersetzen.   Mit dem Kastenbett geht aber die Hochstellung des Arbeitstisches
verloren, so daß der Fräser auf das Werkstück einzustellen ist.   Dies
verlangt einen Frässchlitten, mit dem die Frässpindel auf dem Ständer
der Maschine hoch und tief gestellt werden kann.   Die Fräsmaschinen
dieser Bauart sind besonders für Planfräsarbeiten geeignet.   Ihre Kennzeichnung liegt in der verschiebbaren Frässpindel gegenüber der festliegenden Spindel der einfachen und allgemeinen Fräsmaschine.

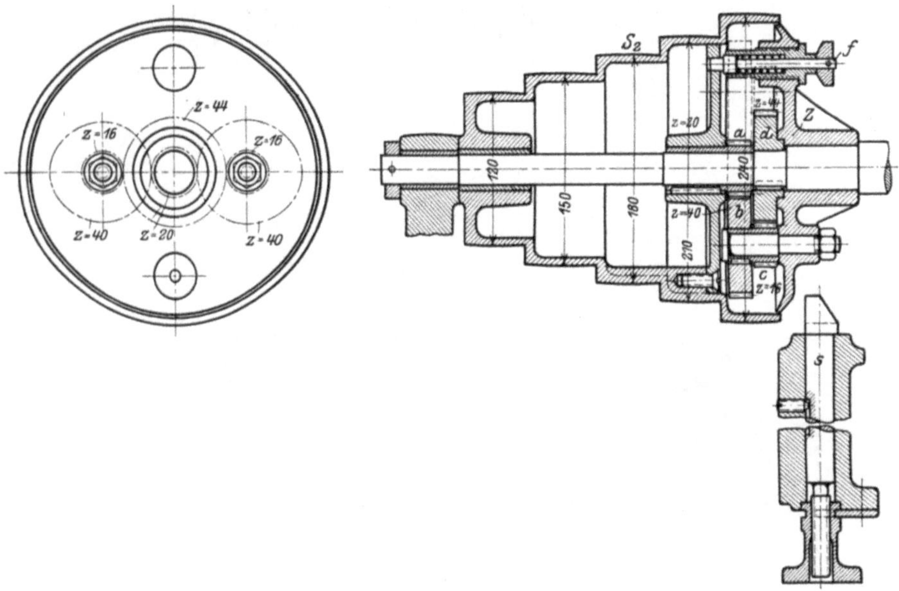

Fig. 408 bis 410.   Vorschubantrieb der Planfräsmaschine.
Übersetzungen: 2—1,4—1—0,714—0,5—0,363—0,254—0,181—0,13—0,09.

Nach obigen Gesichtspunkten ist die Planfräsmaschine von J. E. Reinecker, Chemnitz, gebaut (Fig. 400 bis 410).   Die Frässpindel läuft hier
in langen Lagern des Frässchlittens (Fig. 400), von denen das Hauptlager
nachstellbar ist.   Mit dem Schlitten kann die Spindel mit dem Fräser auf
das Werkstück eingestellt werden.   Der Fräsdorn wird mit einer Spannschraube in die Spindel eingezogen und auf der Gegenseite durch einen
Reitstock abgestützt.   Für ein erschütterungsfreies Arbeiten des Fräsers
sind Frässchlitten und Reitstock auf ihren Ständern mit den Schrauben *K*
festzuklemmen und durch einen kräftigen Gegenarm verbunden.   Durch
ihn ist auch die gleichachsige Lage von Schlitten und Reitstock stets
gesichert, da beide gemeinsam verstellt werden.

Additional information of this book

(Die Werkzeugmaschinen und ihre Konstruktionselemente;

978-3-662-23908-7; 978-3-662-23908-7_OSFO6) is provided:

http://Extras.Springer.com

Der Antrieb der verschiebbaren Frässpindel (Fig. 400 bis 402) erfolgt von der Scheibe S_1, die über die Kegeltriebe r_1, r_2, r_3, r_4 und das Stirnrad r_5 das Hauptrad r_6 treibt. Die Verstellbarkeit des Schlittens ist hierbei durch das Verschieberad r_3 gewahrt.

Der Arbeitstisch der Planfräsmaschine (Fig. 403 bis 407) hat das Werkstück längs und quer anzustellen und den Vorschub zu erzeugen. Er besteht hierzu aus dem Längsschlitten und dem Querschlitten, die als Kreuzschlitten auf dem Kastenbett geführt sind.

Der Vorschub des Arbeitstisches wird von der Stufenscheibe S_2 hergeleitet. Sie treibt über 1, 2 die Schneckenwelle a, die durch das Schneckengetriebe 3, 4 und die Stirnräder 5, 6 auf die Schnecke 7 wirkt. Die Schnecke 7 kämmt mit der Schraubenzahnstange 8 und erzeugt dadurch den Vorschub des Tisches.

Die 10 Vorschübe, die zwischen 10,34 und 228,4 mm i. d. Min. liegen, werden durch die fünfläufige Stufenscheibe S_2 mit 2 eingebauten Rädervorgelegen $\dfrac{a}{b} \cdot \dfrac{c}{d}$ erreicht (Fig. 408 bis 410). Wird die Zapfenplatte Z durch den Federbolzen f mit S_2 gekuppelt, so gelangen die vollen Umläufe von S_2 auf die Welle, da die Räder stillstehen. Sperrt man durch Einrücken des Gabelbolzens s auf f die Zapfenplatte, so wirken die Rädervorgelege durch ihre Übersetzung $\dfrac{a}{b} \cdot \dfrac{c}{d} = \dfrac{20}{40} \cdot \dfrac{16}{44}$ mit.

Die Selbstauslösung des Vorschubes (Fig. 403 und 404) wird durch die Fallschnecke 3 hervorgerufen. Hierzu ist das Schneckenlager mit der Schlittengabel g an den Ausrückhebel h gelenkig gehängt. Mit dem vorderen Griff wird die Schnecke eingerückt und durch den Sperrhebel x unter Mitwirkung des Federriegels y in Eingriff gehalten. Sobald beim Fräsgang der Tischanschlag A den Sperrhebel x ausklinkt, fällt die Schnecke 3 aus 4 heraus und löst den Vorschub aus.

Der nächste Schritt in der Vervollkommnung der Fräsmaschine wäre, auch hier den Arbeitstisch mit selbsttätigem, beschleunigtem Rücklauf auszustatten, so daß der Arbeiter von dem Zurückkurbeln entlastet wird, was namentlich bei größeren Hüben mühsam ist. Diese Aufgabe ist bereits in Fig. 379 und 380 gelöst, nur ist hier die Drehscheibe aus dem Arbeitstische auszuschalten.

b) Die senkrechten Fräsmaschinen.

Die senkrechten Fräsmaschinen (Fig. 420 bis 421) werden sowohl in der Feinmechanik als auch im Maschinenbau benutzt. Sie verrichten die mannigfachsten Arbeiten, sei es das Fräsen von Keilnuten, Spannuten und Schlitzen (Fig. 411 bis 414), oder sei es das Fräsen von Flächen (Fig. 415 bis 418) und Führungen (Fig. 419). Mit Vorliebe verwendet man sie auch im Lokomotivbau als Ersatz für Hobel- und Stoßmaschinen zum Bearbeiten von Lokomotivrahmen und Steuerungsteilen (Fig. 416).

Die Kennzeichnung der senkrechten Fräsmaschinen liegt bekanntlich in der senkrechten Frässpindel, die zum Einstellen des Spanes in

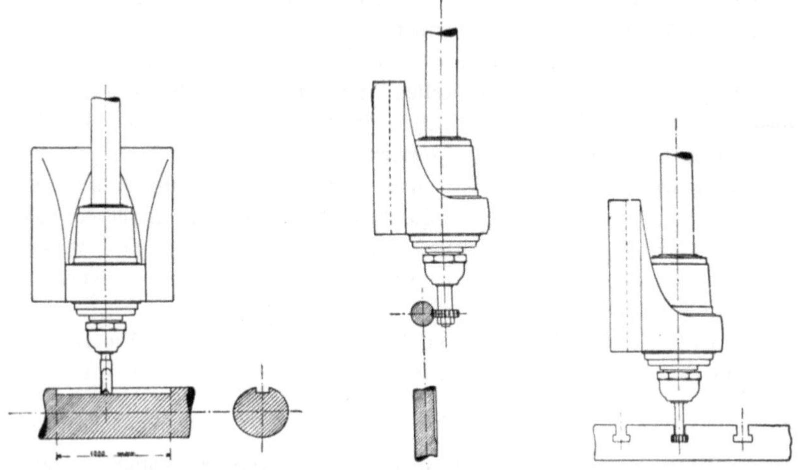

Fig. 411. Fräsen von Keilnuten.   Fig. 412. Fräsen von Keilnuten.   Fig. 413. Ausfräsen von Spannuten.

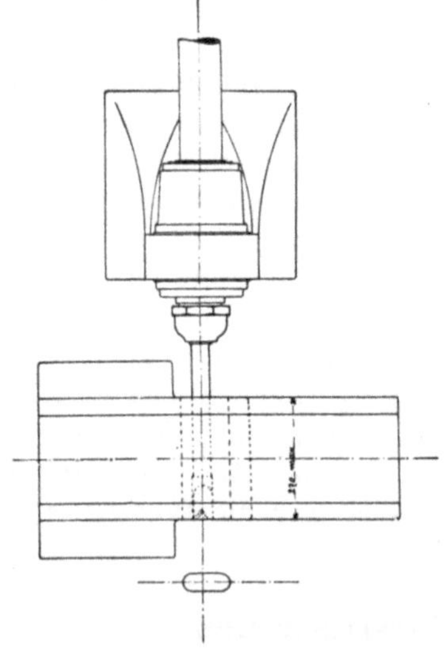

Fig. 414. Fräsen von Schlitzen.

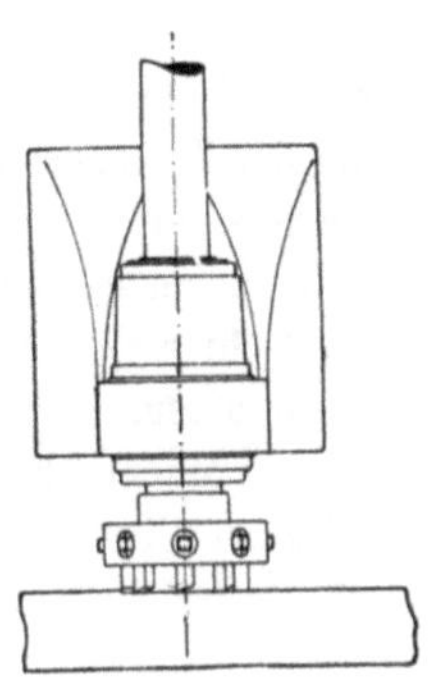

Fig. 415. Planfräsen mit dem Messerkopf.

Fig. 411 bis 415.   Verschiedene Arbeiten der senkrechten Fräsmaschine.

einem verschiebbaren Spindelstock, dem Frässchlitten, gelagert ist. Mit dieser Anordnung ist eine größere Handlichkeit verbunden, da sich die leichte Spindel feiner einstellen läßt als der schwere Tisch.

In dem Frässchlitten läuft die Frässpindel in einem langen, nachstellbaren Lager, das nach den gleichen Grundsätzen gebaut ist, wie bei

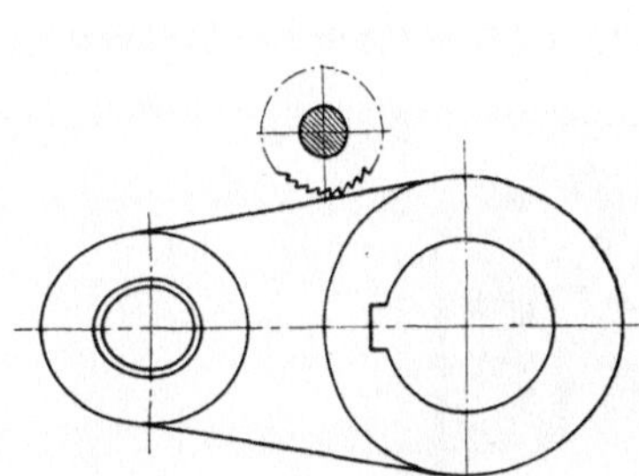

Fig. 416. Fräsen einer Steuerkurbel.

Fig. 417. Rundfräsen einer Rille mit einem kugelförmigen Kopffräser.

der Drehbankspindel. So wird in Fig. 423 der Spindeldruck von dem Kugellager aufgenommen, und durch Anziehen der Ringmuttern läßt sich

Fig. 418. Abfräsen der Nocken mit einem Schaftfräser.

die Spindel ausrichten. Der Fräsdorn wird hier meist mit einer Differentialmutter eingezogen.

Etwas umständlicher gestaltet sich der Antrieb dieser Maschinen, weil die senkrechte Frässpindel nicht die Stufenscheibe aufnehmen kann, wie das bei der wagerechten der Fall ist.

Bei der Gildemeister-Maschine in Fig. 420 und 421 treibt der Stufenriemen die obere Welle mit 4 Geschwindigkeiten, die über die Kegeltriebe auf 3 ausrückbare Vorgelege gelangen. Die Frässpindel erfährt daher 3×4 Geschwindigkeiten.

Die Gildemeister-Fräsmaschine mit Einscheibenantrieb (Fig. 422 bis 430) hat für den Antrieb der Frässpindel das altbewährte Norton-Getriebe mit 4 Schaltungen in Verbindung mit 4 ausrückbaren Vorgelegen. Die Maschine hat daher in dem Hauptantriebe einen 4×4 fachen

Fig. 419. Ausfräsen der Führungen eines Schiebers mit einem Winkelfräser.

Geschwindigkeitswechsel. Die Anordnung zeigt eine gewisse Ähnlichkeit mit der in Fig. 350.

Das breite Ritzel r_1 kann bekanntlich durch das verschiebbare Schwenkrad r_2 auf die Staffelräder r_3 bis r_6 eingeschaltet werden. Hierdurch erfährt die Welle II von I aus 4 Geschwindigkeiten. Wird nun das verschiebbare Blockrad mit r_7 auf r_6 oder mit r_8 auf r_4 eingestellt, so erhält die Welle III 2×4 Geschwindigkeiten. Sie gelangen über die Kegeltriebe $\dfrac{r_9}{r_{10}}$ auf die Welle IV und durch Umschalten der Kupplung k entweder über $\dfrac{r_{11}}{r_{12}}$ oder über $\dfrac{r_{13}}{r_{14}}$ auf die senkrechte Frässpindel.

Der Arbeitstisch der senkrechten Fräsmaschine hat die gleichen Aufgaben, wie der der wagerechten. Er hat also den Vorschub des Werkstückes zu erzeugen und es einzustellen, obschon die Feineinstellung des

Additional information of this book

(Die Werkzeugmaschinen und ihre Konstruktionselemente;

978-3-662-23908-7; 978-3-662-23908-7_OSFO7) is provided:

http://Extras.Springer.com

Spanes mit dem Frässchlitten geschieht. Der Arbeitsbereich der senkrechten Fräsmaschine umfaßt, wie aus den Fig. 411 bis 419 ersichtlich,

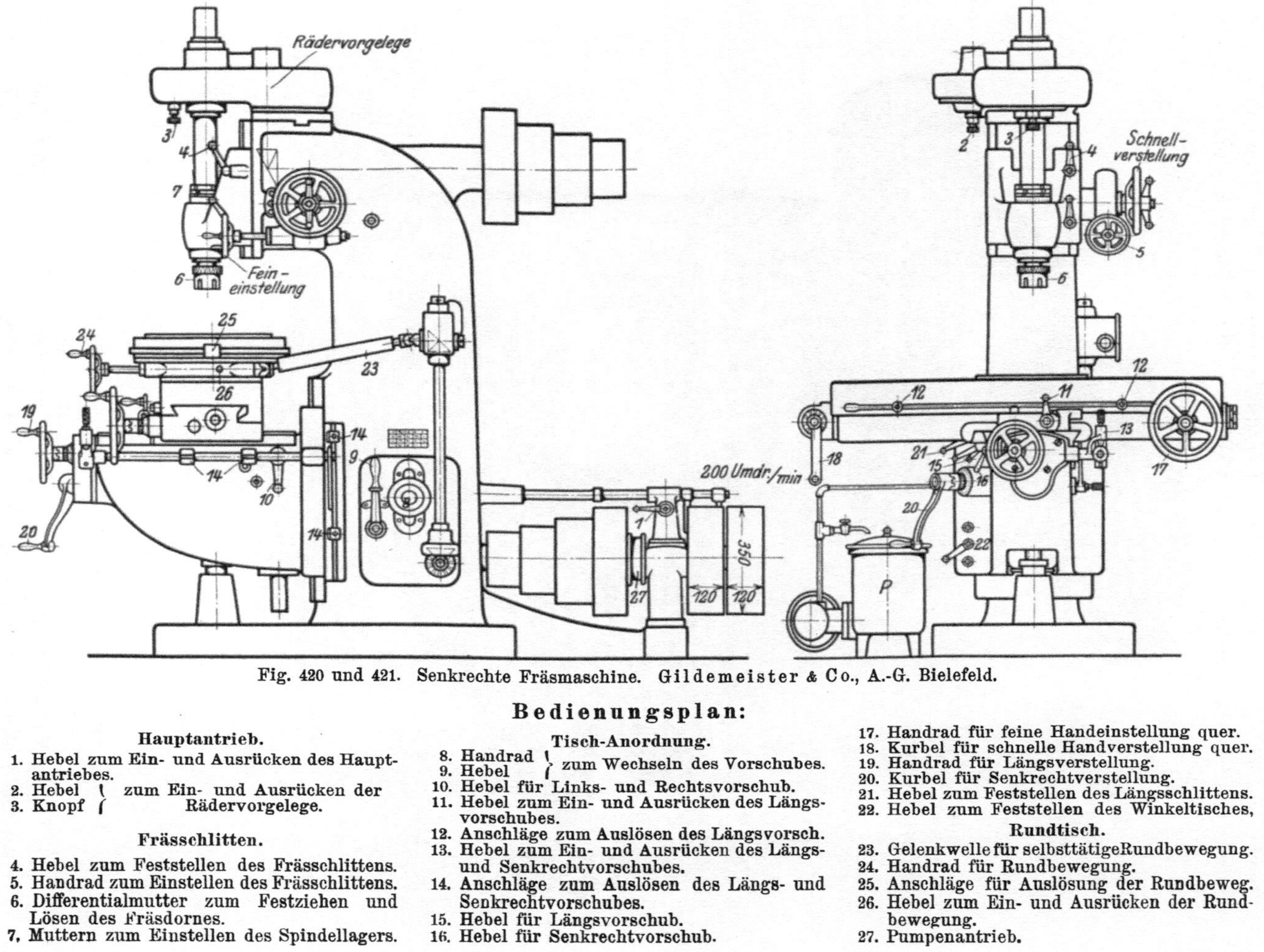

Fig. 420 und 421. Senkrechte Fräsmaschine. Gildemeister & Co., A.-G. Bielefeld.

Bedienungsplan:

Hauptantrieb.

1. Hebel zum Ein- und Ausrücken des Hauptantriebes.
2. Hebel | zum Ein- und Ausrücken der
3. Knopf | Rädervorgelege.

Frässchlitten.

4. Hebel zum Feststellen des Frässchlittens.
5. Handrad zum Einstellen des Frässchlittens.
6. Differentialmutter zum Festziehen und Lösen des Fräsdornes.
7. Muttern zum Einstellen des Spindellagers.

Tisch-Anordnung.

8. Handrad | zum Wechseln des Vorschubes.
9. Hebel |
10. Hebel für Links- und Rechtsvorschub.
11. Hebel zum Ein- und Ausrücken des Längsvorschubes.
12. Anschläge zum Auslösen des Längsvorsch.
13. Hebel zum Ein- und Ausrücken des Längs- und Senkrechtvorschubes.
14. Anschläge zum Auslösen des Längs- und Senkrechtvorschubes.
15. Hebel für Längsvorschub.
16. Hebel für Senkrechtvorschub.

17. Handrad für feine Handeinstellung quer.
18. Kurbel für schnelle Handverstellung quer.
19. Handrad für Längsverstellung.
20. Kurbel für Senkrechtverstellung.
21. Hebel zum Feststellen des Längsschlittens.
22. Hebel zum Feststellen des Winkeltisches,

Rundtisch.

23. Gelenkwelle für selbsttätige Rundbewegung.
24. Handrad für Rundbewegung.
25. Anschläge für Auslösung der Rundbeweg.
26. Hebel zum Ein- und Ausrücken der Rundbewegung.
27. Pumpenantrieb.

nicht nur das Querfräsen, sondern auch das Lang- und Rundfräsen, ja sogar verschiedene Bohrarbeiten und das Fräsen nach Schablonen (Kopieren).

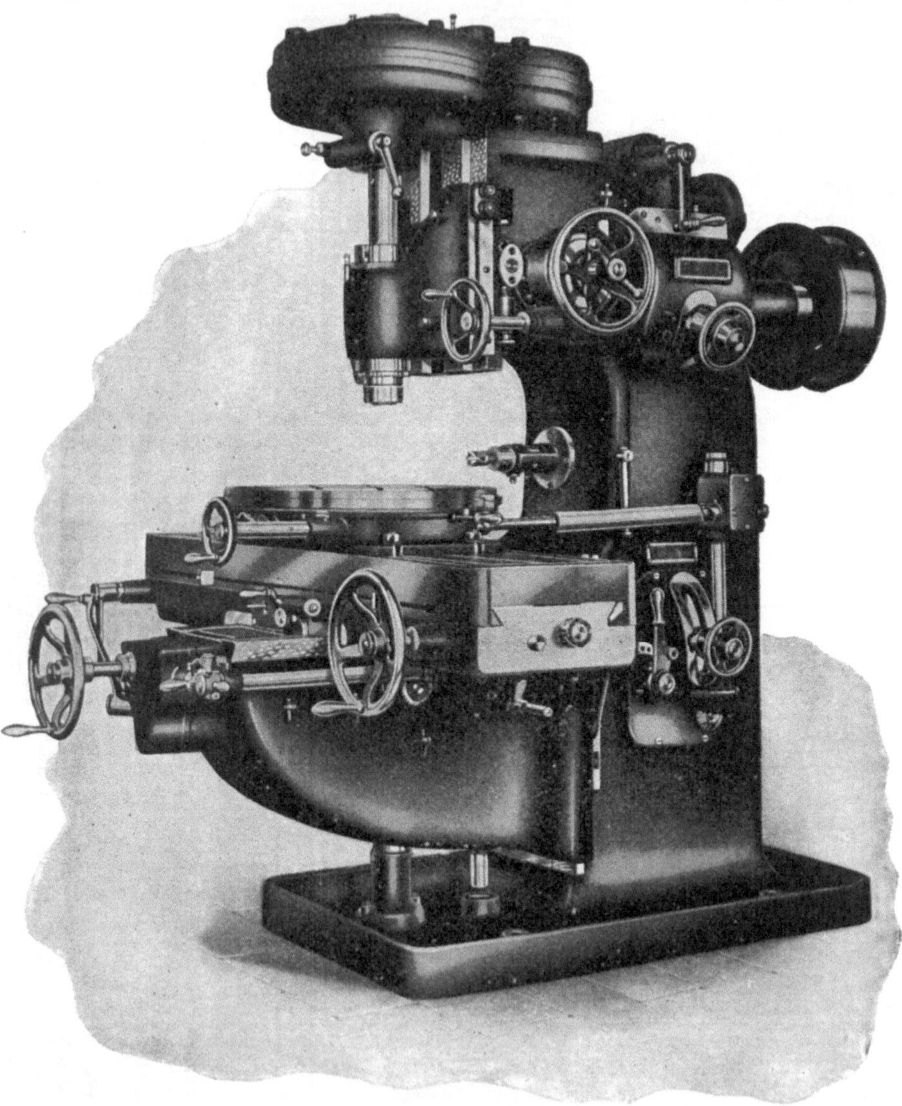

Fig. 422. Senkrechte Fräsmaschine von Gildemeister & Co., A.-G. Bielefeld.

Diese Vielseitigkeit verlangt von dem Arbeitstisch Selbstgang der einzelnen Schlitten nach beiden Seiten, eine Aufgabe, die wie in Fig. 377 gelöst ist. Die Vorschubkette treibt zunächst für den Vorschubwechsel ein Schaltwerk nach Fig. 363 bis 365. Der Arbeitstisch erfährt hierdurch

16 Vorschübe, die durch das Wendegetriebe *14/15* nach beiden Seiten umzuschalten sind. Der Quergang *1* bis *19* wird mit der Kupplung k_4, der Hochgang *1* bis *15, 20* bis *24* mit k_2 und der Längsgang *1* bis *15, 20, 25* mit k_3 eingeschaltet. Die letzten beiden Züge verlangen jedoch, k_5 auf *20* einzurücken. Die Selbstauslösung dieser Vorschübe geschieht durch die in Fig. 420 angegebenen Anschläge, die das Kuppelrad *20* durch k_5 entkuppeln. Alle Schlittenspindeln haben ausrückbare Handräder, um ein unbeabsichtigtes Verstellen des Tisches durch Anstoßen zu verhüten.

Besondere Ausstattungen erfordert das Rundfräsen und Bohren. Für das Rundfräsen sitzt auf dem Querschlitten ein Rundtisch, der mit dem Zapfen *Z* in einem nachstellbaren Lager läuft und am äußeren Umfang durch die Rundbahn *b* geführt ist.

Die Vorschübe für das Rundfräsen werden von dem Kegelrade *26* des Schaltwerkes abgeleitet. Sie gelangen über *27* bis *31* auf die ausziehbare Gelenkwelle und von hier auf das Schneckengetriebe *32, 33* des Rundtisches. Die Selbstauslösung besorgt der Anschlag *a*, der die Schnecke entkuppelt.

Der gleiche Antrieb bewirkt auch den Bohrvorschub der Frässpindel. Hierfür ist die Kupplung k_6 mit h_6 einzuschalten und das Schneckenrad *37* durch Anziehen des Griffes *h* zu kuppeln. Für das Bohren gleicher Tiefen ist auch hier Selbstauslösung durch den sichtbaren Anschlag vorgesehen.

In der Entwicklung der senkrechten Fräsmaschine ist man die gleichen Wege gegangen, wie bei der wagerechten. Um sie auch für schwere Werkstücke und Schnitte auszubauen, mußte auch hier der Winkeltisch durch das Bett ersetzt werden. Der Fräser ist daher mit dem Frässchlitten auf das Werkstück einzustellen. Der Arbeitstisch besteht, wie bei der Planfräsmaschine, aus dem Bett mit dem Kreuzschlitten (Fig. 431).

c) Die Langlochfräsmaschine.

Das Fräsen von Keilnuten ist für viele Betriebe eine alltägliche Arbeit, die wirtschaftlich auf einer Sondermaschine vorgenommen wird. Die Langlochfräsmaschine (Fig. 432) hat hierzu eine senkrechte Frässpindel, die sich bequem auf die Welle einstellen läßt. Der Antrieb der Hauptbewegung erfolgt von der hinteren Stufenscheibenwelle, die durch die schräge Welle und Räder die Frässpindel treibt.

Das Fräsen von Keilnuten setzt außer der kreisenden Hauptbewegung noch 2 Vorschübe voraus: 1. Einen senkrechten Vorschub, durch den der Fräser auf die Tiefe der Nut in die Welle eindringt, 2. einen wagerechten Vorschub von der Länge der Keilnut.

Die beiden Vorschübe vollzieht die Maschine mit der Frässpindel, die auf dem Kastenbette mit einem Ständerschlitten geführt ist. Wird die Maschine eingerückt, so dringt durch die Senkrechtsteuerung der Frässpindel der Fräser zuerst auf die Tiefe der Nut in die Welle ein. Ist die Tiefe erreicht, so wird durch Anschläge die Senkrechtsteuerung

Fig. 431. Senkrechte Fräsmaschine (schwere Bauart). Ludw. Loewe & Co, Berlin.

der Spindel ausgerückt und zugleich die Steuerung des Schlittens eingeschaltet. Sobald die Nut die eingestellte Länge hat, wird durch einen

Fig. 432. Langlochfräsmaschine de Fries & Co., Düsseldorf.

anderen Anschlag der wagerechte Vorschub des Schlittens ausgelöst.
Die Langlochfräsmaschine liefert daher mit einem Schnitt die Nut in
ihrer vollen Länge und Tiefe.

d) Die Langfräsmaschinen.

Die Langfräsmaschinen (Fig. 433 und 434) sind Planfräsmaschinen
von größerem Hub und daher den Hobelmaschinen nachgebaut. Sie sind
Arbeitsmaschinen der Großfräserei, die das Werkstück gleichzeitig mit
mehreren Fräsern oder Messerköpfen anfassen.

So zeigen die Fig. 435 bis 444 einige Arbeitsbeispiele für Langfräsmaschinen. In den Fig. 435 bis 442 werden die Arbeitsflächen a bis d
von Lagern mit 2 Messerköpfen gefräst und in den Fig. 443 und 444 die
Führung eines Kreuzkopfes. Hier ist stets ein Stück neu aufzuspannen,
während das andere bearbeitet wird.

Derartige Fräsarbeiten verlangen in dem Aufbau der Maschine
2 wagerechte Frässpindeln, die sich seitlich und in der Höhe an das
Werkstück anstellen lassen. Um die Fräser auf die Höhe des Werkstücks
einstellen zu können, sind die Frässpindeln F auf Schlitten gelagert, die
sich auf den beiden Ständern S hoch- und tiefstellen lassen. Zum seitlichen Anstellen der Fräser sind die Ständer auf den Führungen der Seiten-
betten quer zum Tisch zu verstellen und festzuklemmen. Diese doppelte
Verstellbarkeit verlangt allerdings, daß sich der Antrieb der Frässpindel
mit den Ständern auf der Querwelle A verschieben läßt.

Der Arbeitstisch erhält die 6 Vorschübe von der Querwelle aus, die
über das Ziehkeil-Schaltwerk und Schneckengetriebe auf die Schneckenzahnstange des Tisches wirkt.

Hülle, Werkzeugmaschinen. 3. Aufl.   16

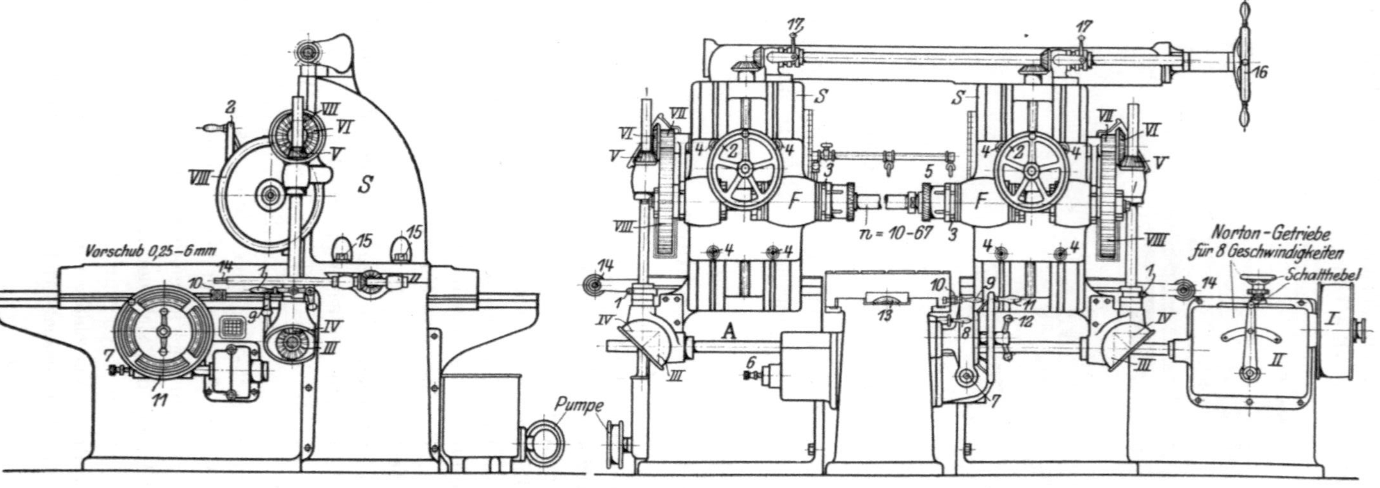

Fig. 433 und 434. Langfräsmaschine. Gildemeister & Co., A.-G. Bielefeld.

Bedienungsplan.

Hauptantrieb I bis VIII.

1. Hebel zum Ein- und Auslösen der Spindelgeschwindigkeiten.

Spindelschlitten.

2. Handrad zum Verstellen des Spindelschlittens.
3. Muttern zum Feineinstellen der Arbeitsspindel.
4. Schrauben zum Festziehen der Spindelschlitten.
5. Schraube zum Festziehen und Lösen des Fräsdornes.

Tisch-Antrieb.

6. Ziehkeil für schnellen und langsamen Vorschub.
7. Ziehkeil zum Wechseln des Vorschubes.
8. Hebel für Vorschub und schnelle Tischverstellung.
9. Hebel für Rechts- und Linksvorschub.
10. Anschläge für Vorschubauslösung.
11. Handrad für Tischverstellung von Hand.
12. Bremshebel zum Ein- und Auslösen des Vorschubes.

13. Schneckenzahnstange zur Tischbewegung.

Fräsständer und -Schlitten.

14. Vierkant zur Verstellung der Fräsständer S.
15. Schrauben zum Festziehen der Fräsständer.
16. Handrad zum gemeinsamen Verstellen der Schlitten.
17. Kupplungshebel zum Ein- und Ausschalten der gemeinsamen Schlittenverstellung.

Größere Fräswerke (Fig. 445) haben vielfach 2 wagerechte und 2 senkrechte Frässpindeln, welche die Leistung dieser Maschinen außerordentlich steigern. Sie können daher gleichzeitig zum Plan- und Parallelfräsen dienen oder Schlitten mit 2 Spannuten (Fig. 329 und 330) mit einem Gang fräsen. Die beiden wagerechten Spindeln sitzen mit ihren Schlitten auf den Seitenständern der Maschine. Auf ihnen ist auch der Querträger geführt, der die beiden Schlitten mit den senkrechten Spindeln

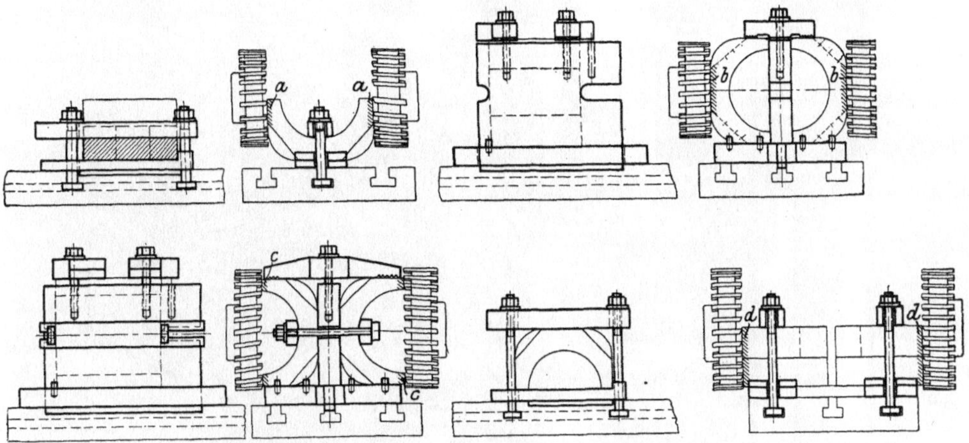

Fig. 435 bis 442. Bearbeitung von Lagern.

trägt. Der Antrieb der wagerechten Spindeln erfolgt von der seitlichen Stufenscheibe aus über die rechts und links sichtbaren Kegel- und Stirn-

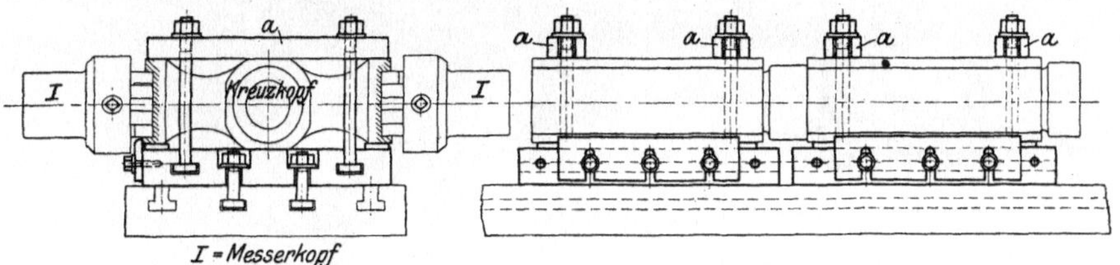

Fig. 443 bis 444. Bearbeitung der Führungen eines Kreuzkopfes.

räder. Die senkrechten Spindeln müssen unter sich entgegengesetzt laufen. Sie werden von der oberen Querwelle angetrieben und können durch das linke Kegelräderwendegetriebe für sich umgesteuert und auch stillgesetzt werden.

e) Die Rundfräsmaschine.

Die Rundfräsmaschine (Fig. 446) ist eine Art Drehbank, die mit einem Formfräser arbeitet (Fig. 447 und 448). Das Werkzeug muß daher bei dieser Drehbank die kreisende Hauptbewegung ausführen und das Werkstück den langsam kreisenden Vorschub.

16*

Das Rundfräsen gleicht dem Fassondrehen mit dem Formstahl. Die
zu fräsende Form ist schon durch den Formstahl festgelegt, so daß der
Dreher sie nicht mit seiner Handgeschicklichkeit herauszuholen braucht.

Er hat die Maschine nur einzustellen und kann daher mehrere zugleich bedienen. Formfräser sind teuere Werkzeuge, die sich nur bei aus-

Fig. 446. Rundfräsmaschine. Ludw. Loewe & Co., Berlin.

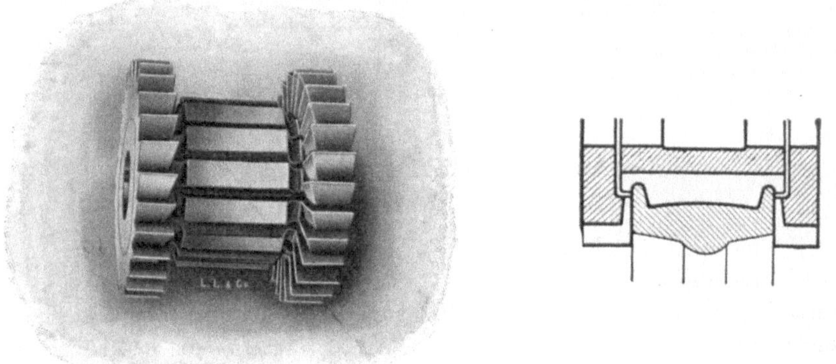

Fig. 447 und 448. Rundfräsen einer Riemscheibe.

reichender Arbeitsgelegenheit lohnen. Infolgedessen ist das Rundfräsen ein Verfahren für Massenarbeiten, dessen Wirtschaftlichkeit aus der Zahlentafel XII hervorgeht.

Die Rundfräsmaschine ist für die kreisende Hauptbewegung des Fräsers mit dem bekannten Spindelstock ausgestattet. In die Frässpindel wird der Fräser mit einem Dorn eingespannt, der auf der Gegenseite durch ein abnehmbares Lager abgestützt wird. Der Spannschlitten trägt für die kreisende Vorschubbewegung einen Spannkopf zur Aufnahme des Aufspanndornes, der auf der Gegenseite in dem Lager des Bockwinkels läuft. Der Antrieb des Dornes mit dem Werkstück geschieht von der Frässpindel aus über die Mitnehmerscheibe.

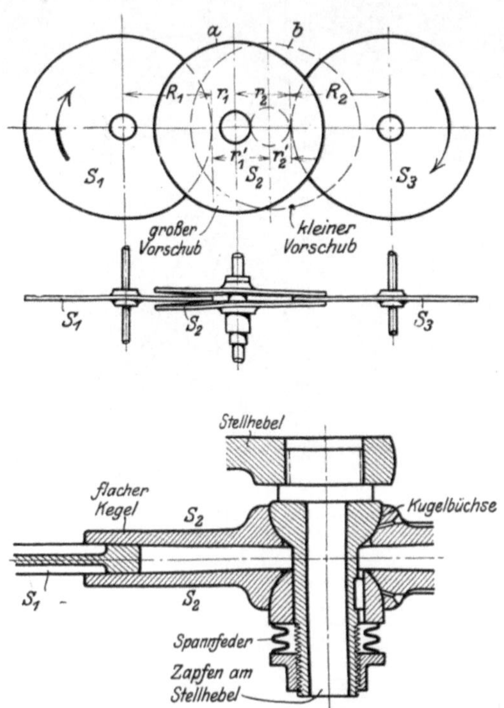

Fig. 449 bis 451. Vorschubantrieb der Rundfräsmaschine.

Interessant ist das linke Vorschubgetriebe, das aus 3 Reibscheiben S_1 bis S_3 besteht (Fig. 449 bis 451). Die mittlere Doppelscheibe S_2 sitzt auf einem Zapfen des Stellhebels, mit dem sie auf verschiedene Übersetzungen eingestellt werden kann. Gegenüber den Wechselrädern besitzt dieser Antrieb einen bequemen Vorschubwechsel. In der Stellung a ist $\varphi_a = \dfrac{R_1}{r_1} \cdot \dfrac{r_2}{R_2}$ (großer Vorschub) und bei b ist $\varphi_b = \dfrac{R_1}{r_1'} \cdot \dfrac{r_2'}{R_2}$ (kleiner Vorschub).

Zahlentafel XII. [1])

Vergleich zwischen Rundfräsen und Drehen.

Gegenstand mit Hauptmassen	Stoff	Herstellungszeit bei 10 Stück auf der Drehbank Min.	Herstellungszeit bei 10 Stück auf der Rundfräsmaschine Min.	Zeitgewinn beim Rundfräsen $^0/_0$	Bemerkung
Leitrolle	Gußeisen	110	38	65	
Schnurscheibe	Gußeisen	105	35	67	Bei der Berechnung der Löhne ist zu berücksichtigen, daß 1 Mann 4 bis 6 Maschinen bedient.
Handrad	Gußeisen	110	34	69	
Zahnrad	Gußeisen	170	103	39	
Exzenterscheibe	Gußeisen	150	46	69	
Exzenterbügel	Rotguß	200	42	80	

f) Die Kopierfräsmaschinen.

Die Kopierfräsmaschinen sind Sondermaschinen für Massenarbeiten. Ihre Anwendung erstreckt sich, wie schon der Name sagt, auf das Fräsen gleichartig geformter Werkstücke. Die Maschinen müssen daher grundsätzlich mit der Fassondrehbank übereinstimmen. Bei beiden Maschinen dient auch zur Formgebung eine Schablone, die den wechselseitigen Vorschub des Werkzeuges hervorbringt. Durch diese Arbeitsweise erhält die Kopier-

---

[1]) Nach Angaben von Ludw. Loewe & Co., Berlin.

fräsmaschine folgenden Aufbau (Fig. 452 und 453). Der Frässchlitten trägt neben der eigentlichen Frässpindel noch eine Kopier- oder Führungsspindel. Sie hat die Aufgabe, dem Fräser den Quervorschub II zu erteilen und zwar nach Maßgabe der Schablone. Hierzu sitzt auf dem Arbeits-

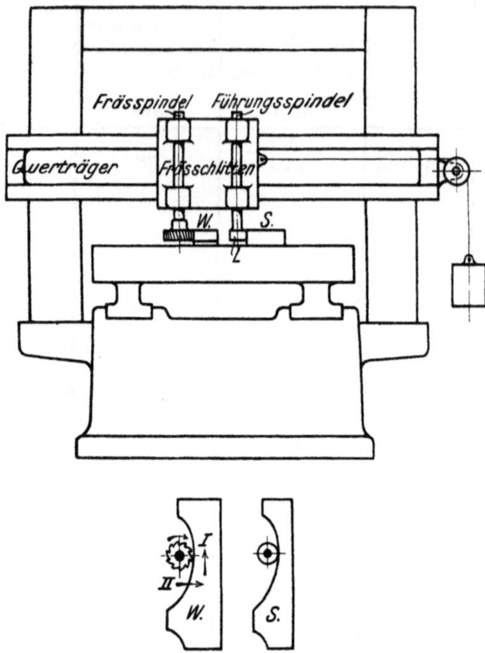

Fig. 452 und 453. Plan der Kopierfräsmaschine.

tisch neben dem Werkstück W die Schablone S, gegen die durch ein Spanngewicht oder durch Federdruck die Leitrolle L der Führungsspindel

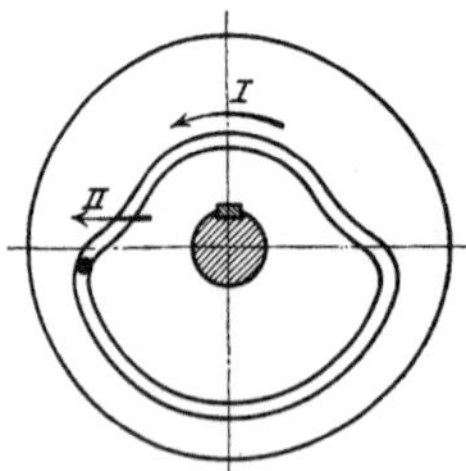

Fig. 454. Fräsen von un-
runden Nuten.

gedrückt wird. Auf Grund dieser Bauart arbeiten die Kopierfräsmaschinen, wie die Fassonbänke, gleichzeitig mit zwei senkrecht zueinander gerichteten Vorschüben. Von ihnen hat das Werkstück W den Hauptvorschub I, der vom Arbeitstisch vollzogen wird, der Fräser dagegen erhält außer der Hauptbewegung noch den Quervorschub II, den die Schablone S erzeugt.

Nach denselben Grundzügen sind auch die Kopierfräsmaschinen zum Fräsen unrunder Steuernuten (Fig. 454) zu entwerfen. Hierbei ist allerdings der gerade Vorschub durch eine langsame Drehbewegung des Werkstückes im Sinne des Pfeiles I zu ersetzen. Diese Arbeitsweise versinnbildlicht Fig. 455. Der Fräser hat hier nur die Hauptbewegung, das Werkstück hingegen beide Vorschübe. Von ihnen wird der Hauptvor-

schub *I* von dem Querschlitten erzeugt. Er ist nämlich zum Rundfräsen mit einer Spindel ausgestattet, die die zu fräsende Nutenscheibe
langsam in Richtung *I* dreht. Ihr Antrieb erfolgt von der Maschine durch
den Riemen *1* und das Schneckengetriebe *2, 3*. Den Quervorschub *II*

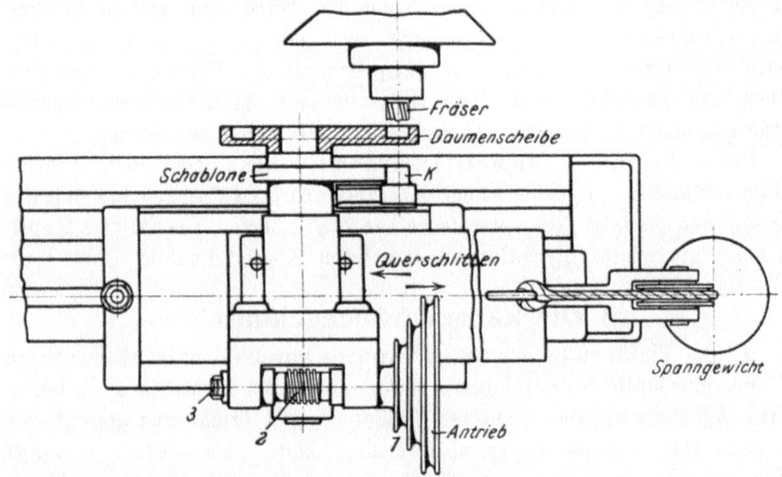

Fig. 455. Nutenfräsmaschine.

besorgt ebenfalls der Schlitten und zwar mit einer Schablone. Sie dreht
sich mit dem Werkstück und besitzt außen die Form der zu fräsenden Nut.

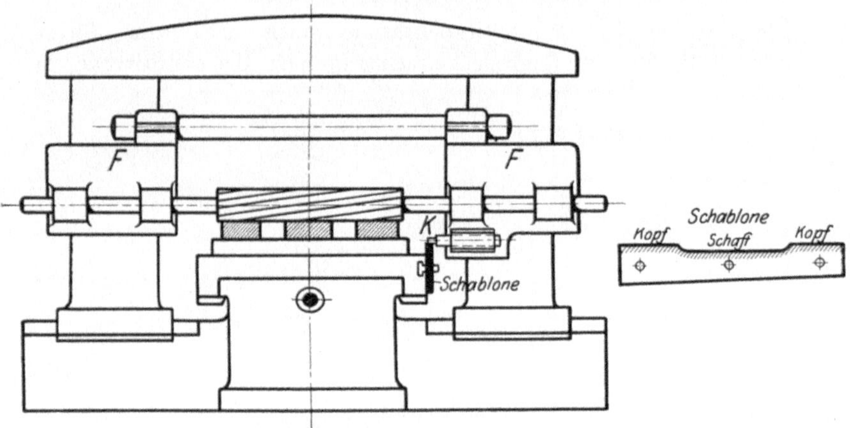

Fig. 456. Fräswerk für Schablonarbeiten.

Durch den Querschlitten, der durch das Spanngewicht ständig nach rechts
gezogen wird, legt sich daher die langsam kreisende Schablone gegen den
Leitstift *K*. Auf diese Weise vollzieht das Werkstück zugleich beide
Vorschübe zwangläufig, so daß der Fräser die Nut nach Maßgabe der
Schablone herausfräsen muß.

Auch die Fräswerke (Fig. 456) werden viel zum Fräsen nach Schablone benutzt. Hierzu sind in Fig. 434 einige kleine Abänderungen nötig. Die beiden Frässchlitten F sind zunächst durch einen Querarm zu verbinden, die Muttern der Stellspindeln auszurücken. und an einem der Schlitten ist ein Kopierstift K anzubringen. Wird nun seitlich an dem Tisch die Schablone stehend festgespannt, so werden beim Fräsen die beiden Frässchlitten durch den Kopierstift entsprechend der Form der Schablone gehoben und gesenkt. Auf diese Weise werden z. B. mehrere nebeneinandergespannte Lokomotiv Schubstangen nach Schablone gefräst.

Die senkrechte Gildemeister-Fräsmaschine kann auch Kopierarbeiten verrichten. Hierzu ist nur die Hülse auf b zu lösen, so daß sich die Längsschlittenspindel b frei verschieben kann (Fig. 426). Die auf dem Rundtisch befestigte Schablone wälzt sich dann beim Kopieren auf der Rolle c ab.

g) Die Zahnradfräsmaschinen.

Mit der Einführung des Schnellbetriebes hat die Zahnradfräsmaschine eine außergewöhnliche Bedeutung gewonnen. Bei den hohen Arbeitsgeschwindigkeiten unserer heutigen Maschinen und Triebwerke genügt der rohe Zahn für ruhigen Gang nicht mehr. Der Schnellbetrieb verlangt hierfür genau geschnittene Zähne, die auf den Zahnradfräsmaschinen herzustellen sind. Sie arbeiten entweder nach dem Teilverfahren oder nach dem Wälzverfahren.

Die Stirnradfräsmaschinen.

Die Arbeitsweise der Stirnradfräsmaschinen nach dem Teilverfahren baut sich auf folgende Betrachtung auf: Um ein Stirnrad zu

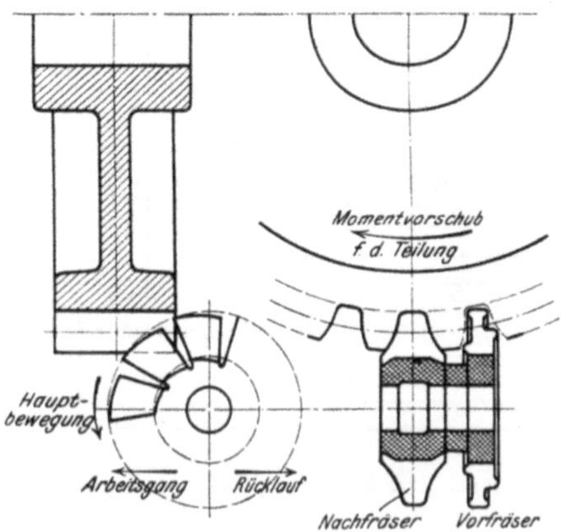

Fig. 457 und 458. Stirnradfräsen nach dem Teilverfahren.

fräsen, muß der Fräser außer der kreisenden Hauptbewegung noch einen geraden Vorschub ausführen. Durch diese Schaltung wird der Fräser allmählich durch den Radkranz hindurchgeschoben und so die Zahnlücke

herausgeschnitten. Für jeden weiteren Schnitt muß der Fräser erst schnell
in seine Anfangsstellung zurücklaufen und hierauf das zu fräsende Rad
um die Teilung gedreht werden (Fig. 457 und 458). Diese Teilschaltung
darf aber erst einsetzen, wenn der zurücklaufende Fräser das Zahnrad
freigegeben hat, und muß beendet sein, bevor der neue Schnitt beginnt.

Will man diesen Grundgedanken praktisch ausnutzen, so ist die Frässpindel auf einem Schlitten zu lagern (Fig. 459 und 460), der durch Schraube
und Mutter langsam vorgeschoben und nach jedem Schnitt mit beschleunigtem
Rücklauf umgesteuert wird (Fig. 167). Der Fräser erhält hierbei seine
Hauptbewegung durch den Riemen *1* und durch die Getriebe *2* und *3, 4*
und *5, 6* und *7*. Das zu fräsende Stirnrad sitzt auf einem Dorn, der von

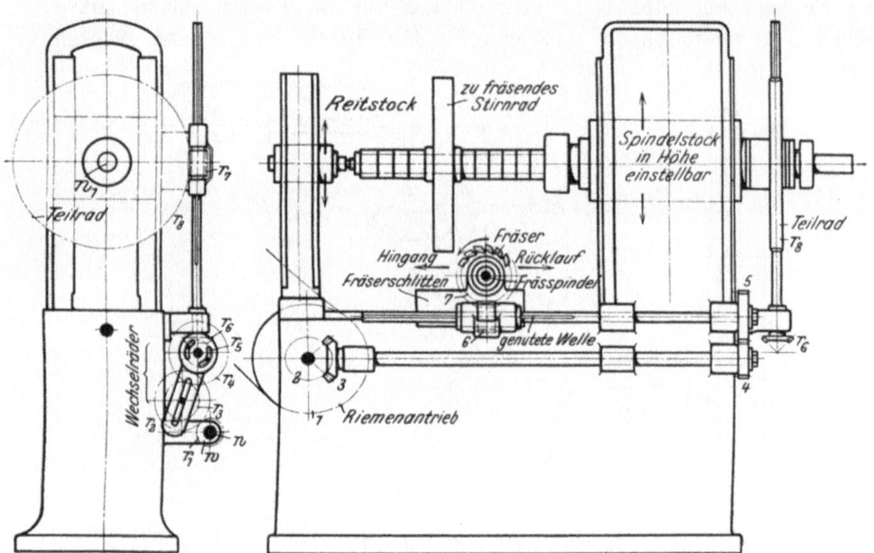

Fig. 459. Seitenansicht.   Fig. 460. Plan einer Zahnradfräsmaschine.

dem Spindelstock und dem Reitstock getragen wird. Mit dieser Einspannvorrichtung läßt sich auch das Stirnrad auf den Fräser genau einstellen.

Eine der wichtigsten Aufgaben ist hier das genaue Einteilen des Rades,
was bei den neuzeitlichen Maschinen selbsttätig geschieht. Das selbsttätige Teilen erfordert eine Teilvorrichtung, wie sie Fig. 459 darstellt. Die
Welle *w* treibt hier durch die Wechselräder $\dfrac{r_1}{r_2} \cdot \dfrac{r_3}{r_4}$, die Kegelräder $\dfrac{r_5}{r_6}$
und durch die Schnecke r_7 das Teilrad r_8 des Spindelstockes. Sie macht, um
die Teilung des zu fräsenden Rades einzustellen, jedesmal z. B. eine volle
Umdrehung und steht dann wieder still. Unter dieser Voraussetzung sind
demnach die Wechselräder der Teilvorrichtung zu berechnen.

Der zeitweise Antrieb der Welle *w* ist daher von einem Getriebe
abzuleiten, das während des Schnittes gesperrt ist. Am Ende des Rücklaufs

muß der Frässchlitten die Sperre auslösen, so daß die Welle *w* die zum Teilen notwendige Umdrehung machen kann, bevor das Getriebe von neuem gesperrt wird, und der Fräser den nächsten Schnitt beginnt. Dieser Grundgedanke ist in Fig. 461 verkörpert. Auf der Welle *I* sitzt hier ein Schneckenrad, das zum Einteilen des zu fräsenden Rades jedesmal eine volle Umdrehung macht und dann wieder stillsteht. Hierzu sitzt auf der Schneckenwelle neben der losen eine feste Scheibe *d*, auf der der Riemen mit etwa 10 bis 20 mm Breite schleift. Er würde das Schneckengetriebe mitnehmen, wenn es nicht verriegelt wäre. Diese Verriegelung ist durch das Sperrad *c* geschaffen, dessen Sperrzahn vor der Sperrklinke *e* liegt. Soll nun geteilt werden, so ist die Sperre auszulösen. Dies besorgt der Frässchlitten selbst. Er stößt nämlich am Ende des Rücklaufs mit *a* gegen den verstellbaren Anschlag *b*. Hierdurch legt er den rechten

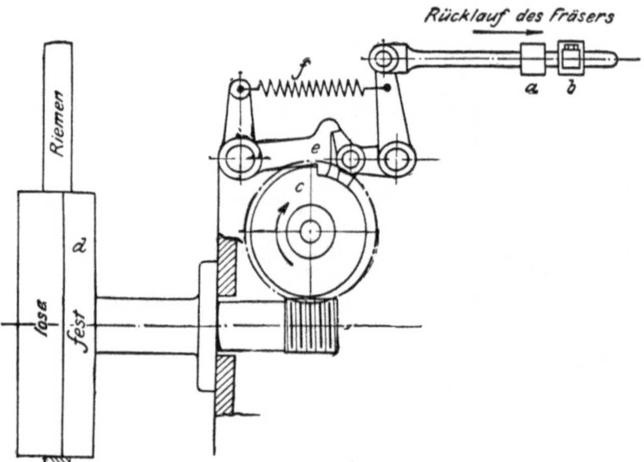

Fig. 461. Antrieb der Teilvorrichtung.

Winkelhebel herum, der die Klinke *e* aushebt. Von jetzt ab zieht der Riemen auf *d* durch, und das Schneckengetriebe läuft in der Pfeilrichtung, bis es nach einer Umdrehung wieder gesperrt wird. Denn die Feder *f* zieht die Sperre wieder zusammen, sobald der Frässchlitten in den Arbeitsgang umgesteuert hat. Die Klinke *e* legt sich daher wieder vor das Sperrad *c* und hält es genau nach einem Umlauf fest. Diese volle Umdrehung von *I* gelangt durch ein passendes Vorgelege auf die Welle *w*, die das zu fräsende Rad um die Teilung augenblicklich weiter dreht.

Von theoretischer Seite könnte dieser Schaltung vorgeworfen werden, daß das Schleifen des Riemens Arbeitsverluste verursacht. Sie sind aber infolge der kleinen Riemenbreite nur gering.

Als Werkzeug verlangt das Teilverfahren einen hinterdrehten, scheibenförmigen Stirnradfräser, dessen Zähne die Form der Zahnlücke haben. Da sich die Zahnform bekanntlich mit der Zähnezahl des Rades ändert, so verlangt, streng genommen, jede andere Zähnezahl desselben Moduls einen neuen Fräser. Für die praktische Genauigkeit genügt es jedoch, wenn der für eine bestimmte Zähnezahl entworfene Fräser auch die benachbarten Zähnezahlen mitfräst. So erfordert das Teilverfahren, je nach der gewünschten Genauigkeit, für jeden Modul einen ganzen Satz von 8 oder 14 Fräsern.

Um den Stirnradfräser zu entlasten und das Verfahren leistungsfähiger zu gestalten, ist die Lücke mit einem Vorfräser aus dem Vollen vorzuschneiden (Fig. 458).

Aufgabe: Auf der vorstehenden Fräsmaschine soll ein Zahnrad mit $z = 50$ Zähnen gefräst werden; das Teilrad r_8 habe $z_8 = 180$ Zähne. Wie groß ist die Übersetzung φ der Wechselräder zu nehmen?

Lösung:

Nach Fig. 459 ist $\dfrac{n_1}{n} = \left(\dfrac{r_1}{r_2} \cdot \dfrac{r_3}{r_4}\right) \cdot \dfrac{r_5}{r_6} \cdot \dfrac{m}{z_8} = \varphi \, \dfrac{r_5}{r_6} \cdot \dfrac{m}{z_8}.$

Es sei:

$$r_5 = r_6, \qquad m = 1, \qquad z_8 = 180, \qquad n_1 = \frac{1}{z} = \frac{1}{50}, \qquad n = 1,$$

also:

$$\frac{1}{50} = \varphi \, \frac{1}{180},$$

$$\varphi = \frac{180}{50} = \frac{18}{5},$$

$$\varphi = \frac{18}{5} = \frac{36}{10} = \frac{6}{2} \cdot \frac{6}{5} = \frac{42}{14} \cdot \frac{24}{20}.$$

Die Zahnradfräsmaschinen nach dem Wälzverfahren arbeiten mit einem schneckenförmigen Fräser, der sich auf dem Kranze des langsam kreisenden Rades abwälzt. Das Teilen geschieht infolgedessen stetig und nicht mehr ruckweise (Fig. 462 und 466). Eine obige Teilvorrichtung ist daher bei diesen Maschinen nicht mehr erforderlich. Da die Zahnflanken durch Abwälzen des schneckenförmigen Fräsers geschnitten werden, so genügt für alle Zähnezahlen desselben Moduls der gleiche Fräser.

Das Fräsen nach dem Wälzverfahren ist dem Zusammenarbeiten von Schnecke und Rad nachgebildet. Dreht sich nämlich die eingängige Schnecke z mal, so macht das Rad eine volle Umdrehung. Denkt man sich hierbei die Schnecke als Fräser ausgebildet, so müßte er die Zahnlücken herausschneiden.

Dieser Gedanke wird zum Fräsen von Stirnrädern in der Weise ausgenutzt, daß bei einer Umdrehung des zu fräsenden Rades (in Richtung II) der schneckenförmige Fräser z Umdrehungen macht und dabei in Richtung 1 etwas vorgeschoben wird. Infolgedessen schneidet er bei der ersten Umdrehung des Rades sämtliche Zähne an, und bei jeder weiteren führt er den vorhin begonnenen Schnitt weiter. Dieses Spiel wiederholt sich so lange, bis das Rad fertig gefräst ist (Fig. 463 bis 466). Damit hierbei die Zähne des Stirnrades parallel zur Achse verlaufen, ist der schneckenförmige Fräser auf seinen Steigungswinkel schrägzustellen (Fig. 464).

Das Fräsen von Schraubenrädern.

Das Fräsen von Schraubenrädern läßt sich nach dem Wälzverfahren in der Weise bewirken, daß der Fräser nicht mehr gerade vorgeschoben

Fig. 462. Zahnradfräsmaschine der Maschinenfabrik „Rhenania", Cöln.

wird, sondern auf einer Schraubenlinie, die um den Radkörper gelegt ist. Dies wird praktisch möglich, sobald der Schraubenweg AB des Fräsers in die Teilwege a und b zerlegt wird (Fig. 467). Soll daher der Fräser die Schraubenlücke AB schneiden, so muß das Rad oder auch der Fräser um a voreilen, während er um b vorgeschoben wird. Der Fräser ist auch hier, wie beim Spiralfräsen, schräg einzustellen und zwar auf die Summe

Fig. 463. Fräsen von Stirnrädern nach dem Wälzverfahren.

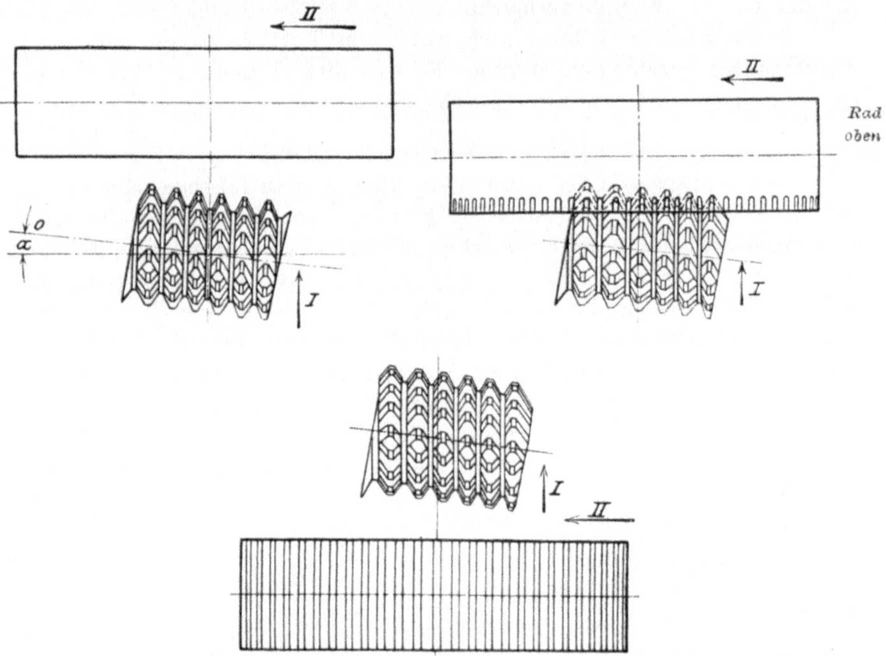

Fig. 464 bis 466. Fräsen von Stirnrädern nach dem Wälzverfahren.

des Steigungswinkels α und des Spiralwinkels α_1, damit die Fräserzähne in die Ebene des Schraubenganges kommen.

Aufgabe: Wäre z. B. der Fräser eingängig, seine Steigung $t = 20$ mm und ein Rad von 20 mm Breite, 30 Zähnen und 45^0 Spiralsteigung zu fräsen, so wäre $b = 20$, $a = 20$.

Wird der Vorschub nach I durch eine Spindel von 5 mm Steigung erzeugt, so hat sie bei $b = 20$ mm 4 Umdrehungen zu machen. Während dieser 4 Umdrehungen hat der Fräser um $a = 20$ mm, also gerade um

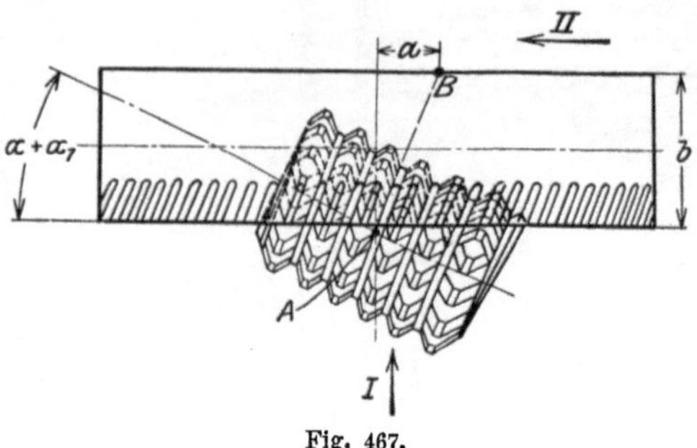

Fig. 467.

die Teilung des Rades vorzueilen, d. h. er müßte bei 30 Zähnen des Schneckenrades 31 Umdrehungen machen, damit er auf dem Wege $b = 20$ mm das Rad um $a = 20$ mm nachdreht.

Schraubenräder können auch nach dem Teilverfahren mit dem Scheibenfräser geschnitten werden. Es hat dies in ähnlicher Weise wie auf der Universalfräsmaschine zu erfolgen.

Das Fräsen von Schneckenrädern.

Beim Fräsen von Schneckenrädern wird das zu fräsende Schneckenrad mit einem Dorn eingespannt (Fig. 468). Der Frässchlitten ist auf 0^0 einzustellen, so daß die Fräserachse, wie beim Schneckengetriebe, rechtwinklig zur Radachse steht. Hierauf ist die Mitte des Fräsers genau auf die Mitte des Rades auszurichten. Beim Fräsen selbst muß der Fräser z Umdrehungen machen, während das Rad sich einmal dreht. Dabei geht das Rad allmählich auf den zylindrischen Schneckenfräser zu, bis die hohle Zahnform in ihrer richtigen Tiefe fertig ist.

Bei dem Reinecker-Verfahren dient als Werkzeug ein kegeliger Schneckenfräser nach Art eines Gewindebohrers. Soll er beim Abwälzen auf dem Zahnkranz die richtige Zahntiefe schaffen, so muß er in seiner Achsenrichtung langsam auf das Rad zugehen, damit die vollen Fräserzähne zum Schnitt kommen.

Die wirtschaftliche Herstellung von Zahnrädern ist für viele Fabrikbetriebe eine Frage von weittragender Bedeutung. Brauchte doch eine unserer ersten Werkzeugmaschinenfabriken im Jahre 1906 nicht weniger als 32300 Stirnräder und 6900 Kegel-Schrauben- und Schneckenräder. Es dürfte sich daher wohl lohnen, die Vorzüge beider Verfahren gegenüberzustellen, um daraus Schlüsse für die wirtschaftliche Verwendbarkeit zu ziehen.

Das Teilverfahren verursacht bei selten gebrauchten Zähnezahlen und bei ungewöhnlichen Zahnformen geringere Werkzeugkosten, da für diese Einzelräder ein Scheibenfräser billiger ist als ein schneckenförmiger. Bei großen Zahnbreiten und großen Zähnezahlen ist auch die Leistung des Teilverfahrens größer als die des Wälzverfahrens, hingegen nicht bei kleinen und mittleren Zähnezahlen und Zahnbreiten. Bei Satzrädern ist das Wälzverfahren mit geringeren Werkzeugkosten verbunden, da für alle Zähnezahlen nur ein Fräser erforderlich ist. Zieht man hieraus die Schlüsse auf die Wirtschaftlichkeit im Betriebe, so wären häufig vor-

Fig. 468. Fräsen von Schneckenrädern.

kommende Teilungen, d. h. Satzräder, sowie kleinere und mittlere Zähnezahlen und Zahnbreiten nach dem Wälzverfahren zu fräsen, hingegen seltene Zähnezahlen und Zahnformen, sowie große Zahnbreiten und Zähnezahlen nach dem Teilverfahren. Doch ist zu beachten, daß das Wälzverfahren bei Rädern mit weniger als 25 Zähnen unterschnittene Zahnfüße liefert. Über die Genauigkeit der beiden Verfahren ist zu bemerken, daß der Scheibenfräser nur bei einer Zähnezahl theoretisch genaue Arbeit liefert, dagegen der schneckenförmige Zahnradfräser bei allen; jedoch bietet seine genaue Herstellung größere Schwierigkeiten. So kommt es auch, daß Räder, nach beiden Verfahren geschnitten, selten gut arbeiten. (Siehe die Zahlentafel XIII auf S. 258.)

Die Kammwalzen- und Pfeilräder-Fräsmaschinen.

Das Fräsen von Kammwalzen mit Winkelzähnen ist nichts anderes als ein Spiralfräsen, nur muß die Kammwalze umgesteuert werden, sobald der Fräser die halbe Zahnbreite gefräst hat. Als Werkzeug ist ein Kopffräser oder Fingerfräser von der Form der normalen Zahnlücke zu benutzen.

Zahlentafel XIII. [1]

Vergleich des Wälzverfahrens mit dem Teilverfahren.

Fräszeiten für 1 Zahn in Minuten.

Stoff des Rades	Flußeisen und weicher Flußstahl		Gußeisen		Stahlguß		Be-merkung
Stoff des Fräsers	Schnellstahl		Werkzeugstahl oder Schnellstahl		Werkzeugstahl oder Schnellstahl		
	Wälz-verfahren	Teil-verfahren	Wälz-verfahren	Teil-verfahren	Wälz-verfahren	Teil verfahren	
Modul 3	0,8	0,87	0,9	1,0	1,65	1,92	Radbreite = 3 *t.*
„ 5	1,54	1,72	1,88	1,95	3,24	3,82	
„ 10	4,9	5,8	6,1	6,6	11,0	12,4	
„ 15	12,3	12,1	14,9	14,6	23,3	25,7	
„ 20	23,4	23,1	26,8	26,4	43,0	42,3	
„ 25	42,0	41,0	45,0	45,0	76,0	75,0	

Bei der Lorenzschen Kammwalzen-Fräsmaschine (Fig. 469) wird die Frässpindel von der Einscheibe aus über das Stufenrädergetriebe mit 8 Schaltungen und die Schrägwelle angetrieben. Die Kammwalze ist einerseits in einen Teilkopf gespannt und andererseits durch den Reitstock gehalten. Schwere Walzen werden noch durch Rollenlager abgestützt.

Die Arbeitsweise beim Schneiden von Winkelzähnen ist folgende: Der Fräser bohrt sich zunächst auf die eingestellte Zahntiefe in die Walze ein. Hierauf wird er selbsttätig in den Längsgang umgesteuert. Mit dem Längsgang des Frässchlittens wird zugleich der Wechselräderantrieb des Teilkopfes eingeschaltet, so daß durch den Längsvorschub des Fräsers und den gleichzeitigen Drehvorschub der Walze der Schraubenzahn gesetzmäßig herausgeschnitten wird. Hat der Frässchlitten den Fräser bis auf die halbe Zahnbreite durchgeführt, so wird der Teilkopf und mit ihm die Kammwalze zwangläufig umgesteuert und hierdurch der Winkelzahn erzeugt. Ist der Fräser durch die Walze durch, so wird er schnell aus der Lücke herausgezogen, der Frässchlitten läuft beschleunigt in die Anfangsstellung zurück, und die Walze wird für den neuen Schnitt geteilt.

Das Fräsen von Pfeilrädern geschieht in gleicher Weise, weil das Pfeilrad nichts anderes als eine Kammwalze von größerem Durchmesser ist. In Fig. 470 muß allerdings das Rad 2 mal umgesteuert werden, während der Frässchlitten den Fräser durch die Radbreite führt.

Die Kegelräderfräsmaschine.

Die Kegelräderfräsmaschine von Warren (Ludw. Loewe & Co., Berlin) arbeitet auch nach dem Wälzverfahren. Ihre Werkzeuge sind

---

[1] Z. d. V. d. Ing. 1911, S. 2182.

Fig. 469. Selbsttätige Kammwalzen-Fräsmaschine. Maschinenfabrik Lorenz, Ettlingen.

zwei Scheibenfräser S von 120 mm Durchmesser, die die Außenflanken zweier Nachbarzähne bearbeiten (Fig. 471 und 472).   Die Fräser greifen aber nur auf einen Teil der Zahnbreite an, so daß sie einen Vorschub nach der Kegelspitze A erfahren müssen. Bei dieser Vorschubbewegung wälzen sich die

Fig. 470. Selbsttätige Pfeilrad-Fräsmaschine. Maschinenfabrik Lorenz, Ettlingen.

Fräser ständig auf der zu fräsenden Zahnflanke hin und her, so daß mit einem Durchgang die Gegenflanken zweier Nachbarzähne geschnitten werden. Der Fräserrücklauf kann zum Nachschlichten benutzt werden.

h) Die Gewindefräsmaschine.

Das Gewindefräsen ist ein Gewindeschneiden, bei dem der Gewindeschneidstahl der Drehbank durch den Gewindefräser ersetzt wird (Fig. 473). Es ist dies ein Fräser mit gefrästen und versetzten Zähnen, die nur mit einer Seitenkante schneiden. Nur der Kontrollzahn A hat 2 Schneiden, die der Gewindelücke genau entsprechen.

Beim Gewindefräsen vollzieht der Fräser als mehrschneidiges Werkzeug die Hauptbewegung. Wie beim Spiralfräsen, so sind auch hier 2 Vorschübe erforderlich. Den Vorschub in der Längsrichtung vollzieht der Fräser mit dem Frässchlitten, während der kreisende Vorschub vom

Werkstück ausgeführt wird. Dabei muß der Fräser schrägstehen und zwar unter dem Steigungswinkel des zu schneidenden Gewindes.

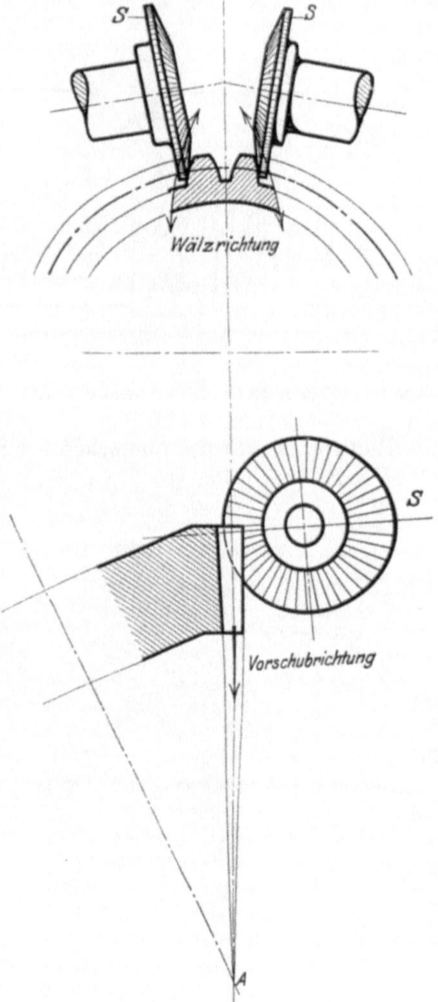

Fig. 471 und 472. Kegelräderfräsen nach dem Wälzverfahren.

Fig. 473. Gewindefräser.

Der grundsätzliche Zusammenhang zwischen dem Gewindefräsen und dem Gewindeschneiden auf der Drehbank zeigt sich auch in dem Aufbau der Gewindefräsmaschine (Fig. 474 und 475). Zum Festspannen der

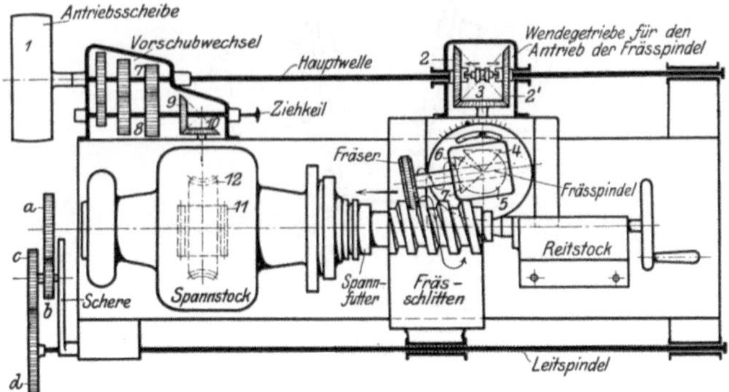

Fig. 474.   Plan einer Gewindefräsmaschine.

Werkstücke trägt die Hohlspindel des Spannstockes ein Spannfutter, und zum Abstützen der Gegenseite ist ein Reitstock vorgesehen. Den langsam

Fig. 475.   Gewindefräsmaschine der Wanderer-Werke, Chemnitz.

kreisenden Vorschub erfährt das Werkstück von der Hauptwelle über das Ziehkeilgetriebe *7, 8* durch die Kegelräder *9, 10* und das Schneckengetriebe *11, 12.* Der mit der Schnittgeschwindigkeit kreisende Fräser ist in der Frässpindel eingespannt, die zum Schrägstellen auf einer Drehscheibe des Frässchlittens sitzt. Die Hauptbewegung empfängt der Fräser von

. dem Antriebe *1* bis *7* und den Längsvorschub von der Leitspindel, die durch die Wechselräder *a*, *b*, *c*, *d* von der Hohlspindel des Spannstockes angetrieben wird. Der Fräser muß auch hier mit dem Schlitten bei jedem Umlauf des Werkstückes um die zu schneidende Steigung vorgeschoben werden. Die Berechnung der Wechselräder $\frac{a}{b}\,\frac{c}{d}$ ist daher in gleicher Weise wie bei der Drehbank vorzunehmen.

Zum Unterschied von der Drehbank liefert die Gewindefräsmaschine mit einem Schnitt fertiges Gewinde, dessen Form bereits durch den Formfräser festgelegt ist. Die Genauigkeit der Drehbank wird wegen des Werfens der Spindeln selten erreicht, doch wird der Genauigkeitsgrad durch sauber vorgeschliffene Spindeln wesentlich erhöht.

Für die Bedienung der Maschine genügt das Einstellen und Anlassen; ein Dreher kann daher eine Gewindefräsmaschine nebenbei bedienen oder auch mehrere zugleich.

Die Fräszeit wächst mit dem Umfang πd und der Länge L des Werkstückes, sie nimmt dagegen mit wachsender Steigung S und Vorschubgeschwindigkeit, d. h. Umfangsgeschwindigkeit u der Spindel ab Sie beträgt 80 bis 120 mm i. d. Min.

$$\text{Fräszeit} = \frac{\pi\, d\,.\, L}{u\,.\,S}\,.$$

Aufgabe: Es ist eine Spindel von 30 mm Außendurchmesser und 200 mm Länge und 5 mm Steigung zu fräsen bei einer Vorschubgeschwindigkeit von 120 mm.

$$\text{Fräszeit} = \frac{\pi\,.\,30\,.\,200}{120\,.\,5} = 31 \text{ Min.}$$

Hat nun der Dreher die Gewindefräsmaschine nebenbei bedient, und wird hierfür $^1/_5$ seines Stundenlohnes von 60 Pf. gerechnet, so kostet das Fräsen der Spindel 6,2 Pfg. Zum Schneiden derselben Spindel gebraucht die Drehbank etwa 1 Std. und 30 Min., so daß sich die Kosten auf 90 Pfg. stellen würden.

3. Die Bohrmaschinen.

Die Bohrmaschinen sind Arbeitsmaschinen, die, wie schon der Name sagt, in erster Linie für das Bohren eingerichtet sind. Die Drehbank kann zwar auch zum Bohren benutzt werden, jedoch ist sie mehr dem Bearbeiten kreisender Werkstücke angepaßt und daher für ein rasches Bohren zu unhandlich. Für das Lochbohren liegt die Spindel am besten senkrecht, so daß das Arbeitsstück auf den wagerechten Bohrtisch gelegt und festgehalten werden kann.

Wollte man die Drehbank auch für ein handliches Bohren ausbauen, so würde sie nicht nur erheblich teurer, sondern auch in ihrer Bauart viel zu unübersichtlich. Dieser Umstand hat veranlaßt, für das Bohren Sondermaschinen — Bohrmaschinen — zu bauen.

Die Drehbank soll deshalb nur zum Lochbohren dienen, wenn an demselben Werkstück außer den Dreharbeiten noch Bohrarbeiten vorzunehmen sind, so daß ein Umspannen erspart wird. Die Bohrmaschine arbeitet sonst billiger und ist daher im allgemeinen vorzuziehen.

Es ist jedoch nicht zu verkennen, daß die Drehbank für gewöhnlich genauer bohrt. Sie arbeitet bekanntlich mit getrennter Haupt- und Schaltbewegung, während bei der Bohrmaschine das Werkzeug beide Bewegungen zugleich vollzieht. Diese Doppelbewegung fällt aber nur selten so genau aus wie zwei getrennte Einzelbewegungen. Aus dem Grunde verläuft sich auch der Bohrer bei der Bohrmaschine leichter als bei der Drehbank. Diese Erfahrung hat bekanntlich dem Bohr- und Drehwerk ein großes Arbeitsfeld geschaffen, das sich insbesondere auf das genaue Ausbohren der Radnaben usw. erstreckt (Tafel XI, S. 180).

Ist die Bohrmaschine gut durchgebildet, und führt sich der Bohrer in dem Werkstück selbst (Spiralbohrer), so genügt ihre Arbeit bei nicht zu hohen Ansprüchen und bei kleineren und mittleren Bohrtiefen vollkommen.

Bei größeren Bohrtiefen, bei denen die Gefahr des Verlaufens viel größer ist, ist jedoch die Anwendung einer gewöhnlichen Bohrmaschine ausgeschlossen, sobald es sich um eine gewisse Genauigkeit handelt. Für größere Bohrtiefen ist daher die Hauptbewegung von der Schaltbewegung zu trennen. Wie die Erfahrung lehrt, gibt man zweckmäßig dem Werkstück die Hauptbewegung und dem Bohrer den Vorschub. Bei dieser Arbeitsweise wird nämlich die Bohrerspitze, sobald sie sich nur etwas verläuft, durch das kreisende Werkstück wieder in die Drehachse zurückgeführt. (Ausbohren von Gewehrläufen.)[1]

Das Arbeitsgebiet der Bohrmaschine umfaßt außer den gewöhnlichen Bohrarbeiten noch das Aufreiben und Versenken von Bohrlöchern und das Gewindeschneiden. Diese Verfahren gewinnen erst recht an Bedeutung bei schweren Werkstücken (Panzerplatten), deren Löcher unter derselben Maschine gebohrt, aufgerieben, versenkt und mit Gewinde versehen werden, so daß das mühsame und zeitraubende Umspannen erspart bleibt.

Nach den Bohrarbeiten lassen sich die Bohrmaschinen in Lochbohrmaschinen und in Ausbohrmaschinen einteilen, ohne hierdurch der Anwendung jeder einzelnen Maschine eine feste Grenze zu ziehen. Von beiden dient die Lochbohrmaschine zum Bohren von Löchern aus dem Vollen (Lochbohren). Ihre Werkzeuge sind demnach die Spitzbohrer, Zentrumbohrer und die Spiralbohrer. Die Ausbohrmaschinen sind für das Ausbohren bereits vorhandener Löcher bestimmt. Ihre An-

---

[1] Zeitschr. für Werkzeugmaschinen und Werkzeuge 1906, S. 6. v. Roeßler, Das Herstellen tiefer Bohrlöcher.

wendung erstreckt sich daher auf das Ausbohren größerer Gußstücke (Zylinder). Die Werkzeuge dieser Maschinengattung sind die Bohrmesser, die in eine Bohrstange oder in einen Bohrkopf gespannt werden (Fig. 148).

Aus der Arbeitsweise der Bohrmaschine ergeben sich als wichtigste Einzelteile:

1. Die Bohrspindel, die zum Einspannen des Bohrers dient. Sie hat also dessen Hauptbewegung und auch dessen Vorschub zu erzeugen.

2. Der Bohrtisch, der das Werkstück aufzunehmen und einzustellen hat.

Die Lage der Bohrspindel gibt der Maschine die kennzeichnende Form einer senkrechten oder einer wagerechten Bohrmaschine.

Sie werden als freistehende oder Säulenbohrmaschine (Fig. 476) oder als Decken- oder Wandbohrmaschine (Fig. 548) gebaut.

a) Die senkrechten Bohrmaschinen.

Die senkrechten Bohrmaschinen (Fig. 476 bis 479) haben eine senkrecht gelagerte Bohrspindel, die für das Lochbohren sehr handlich ist; denn der Bohrer kann mit der senkrechten Spindel genau und rasch angestellt werden. Für das Werkstück genügt ein Festhalten oder ein einfaches Festspannen auf dem Bohrtisch, da es ja ständig unter dem Bohrdruck steht. Nur eine Umständlichkeit bringt die senkrechte Spindel mit sich: Der Antrieb erfordert nämlich 2 Riemen (Fig. 476).

Die Bohrspindel.

Die Aufgabe, die der Bohrspindel zufällt, ist eine doppelte. Sie soll, wie schon erwähnt, dem Bohrer die vorschriftsmäßige Schnittgeschwindigkeit erteilen und auch seinen Vorschub erzeugen.

Die erste Aufgabe ist Sache des Antriebes. Um bei den verschiedenen Lochdurchmessern die volle Schnittgeschwindigkeit möglichst ausnutzen zu können, verlangt der Antrieb der Bohrspindel einen weitgehenden Geschwindigkeitswechsel, der durch eine Stufenscheibe mit ausrückbaren Rädervorgelegen erreicht werden kann. Die Anordnung dieses Antriebes ist bekannt. Es wäre nur noch zu erwähnen, daß für senkrechte Bohrmaschinen Spindelstöcke mit Kupplungen nach Fig. 72 besonders geeignet sind, weil sie jede Höhenlage gestatten und auch ohne Fehler bedient werden können. Immerhin ist dieser Antrieb umständlich. Um nämlich den Stufenriemen rasch umlegen zu können, muß er in handlicher Höhe liegen. Die Gegenstufenscheibe kann daher nicht mehr im Deckenvorgelege liegen, sondern sie muß im Fußvorgelege der Maschine untergebracht werden. Dadurch wird für den Antrieb der Maschine ein zweiter Riemen erforderlich, der vom Deckenvorgelege zur Fußscheibe geht und zum Ein- und Ausrücken auf eine Fest- und Losscheibe gebracht werden kann (Fig. 476).

Bei den Bohrmaschinen muß bekanntlich mit dem Bohrer die Umlaufszahl gewechselt werden, so daß sich der Stufenräderantrieb wegen seines bequemen und raschen Geschwindigkeitswechsels lohnt (Fig. 506). Bei größeren Maschinen mit mehr als 5 PS. kommt noch die größere Leistungsfähigkeit hinzu.

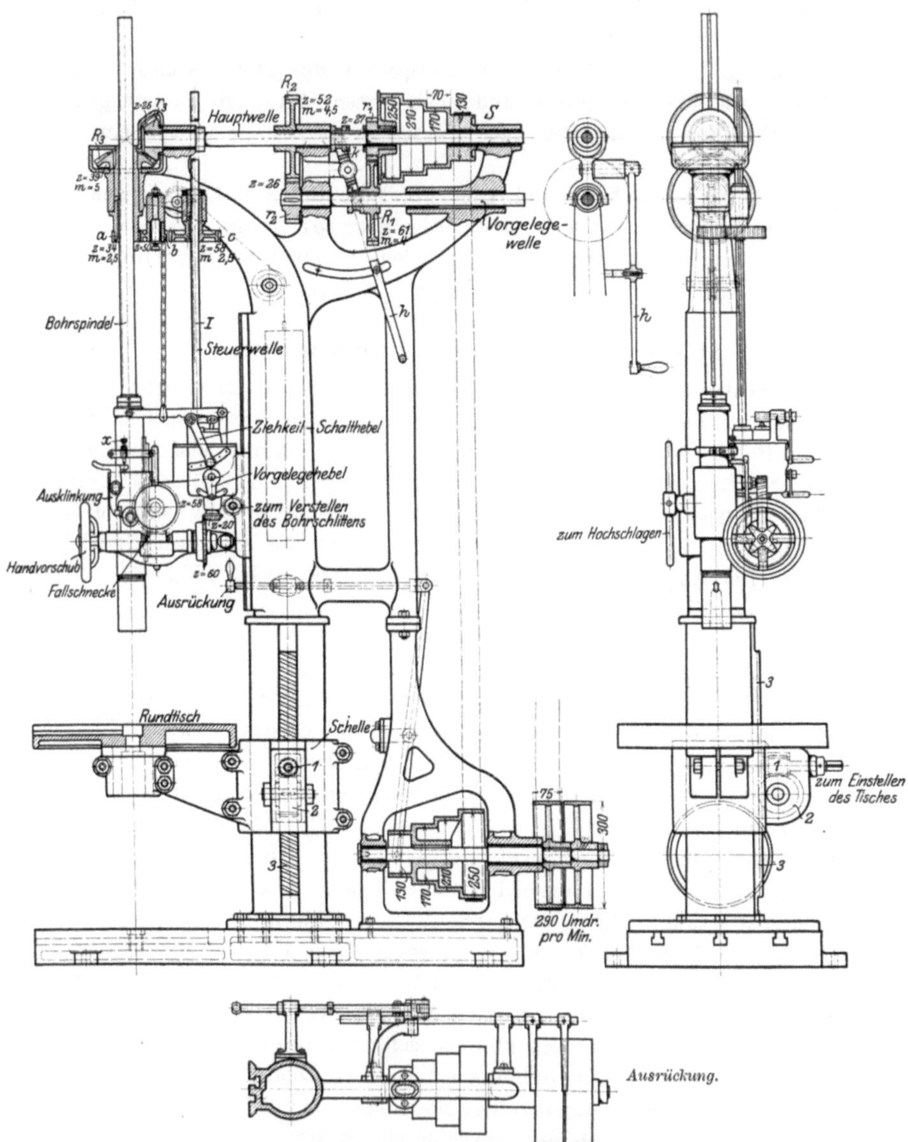

Fig. 476 bis 479. Ständerbohrmaschine der Sächsischen Maschinenfabrik vorm. Rich. Hartmann, Chemnitz.

Die zweite Aufgabe der Bohrspindel ist die Erzeugung des geraden Vorschubes, der entweder durch Schraube und Mutter oder durch Zahnrad und Zahnstange hervorgebracht wird.

Die Schaltschraube gewährt zwar einen gleichmäßigen Vorschub, sie läßt aber für gewöhnlich den Bohrer nicht schnell genug ansetzen und wieder hochziehen. Bohrspindeln mit Schaltschraube werden daher in der heutigen Zeit des Schnellbetriebes nicht mehr ausgeführt, weil die Schaltzahnstange für diese Zwecke viel handlicher ist. Die Zahnstange verlangt aber, da ihr die Selbsthemmung fehlt, die Bohrspindel oder gar den Bohrschlitten durch ein Gegengewicht auszugleichen (Fig. 476).

Eine wichtige Aufgabe ist noch die Führung der Bohrspindel gegen ein Verlaufen des Bohrers. Da die Bohrspindel die Haupt- und Schaltbewegung ausführt, so muß sie zum Unterschiede von der Drehbankspindel in ihren Lagern verschiebbar sein. Durch die Verschiebbarkeit wird aber ihre genaue Führung erschwert und zwar um so mehr, je weiter sich die Spindel aus ihren Lagern herausbewegt. Sie vereinfacht sich allerdings dadurch, daß der Bohrer sich im Werkstück selbst führt.

Die Mittel für eine genaue Spindelführung sind auch hier nachstellbare Lager, die zum Ausrichten der Spindel dienen. Doch wird mit Rücksicht darauf, daß sich Spiralbohrer im Werkstück selbst führen, bei den Lochbohrmaschinen auf die hochgradige Führung der Spindel verzichtet und nur bei den Ausbohrmaschinen davon Gebrauch gemacht.

Die wesentlichste Forderung, welche die Neuzeit an eine Bohrspindel stellt, ist die rasche und handliche Bedienung. Diese Be-

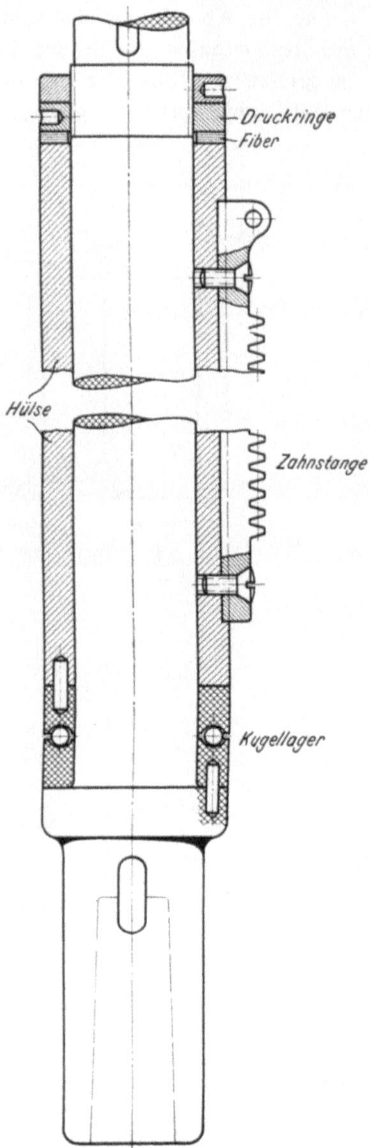

Fig. 480. Deutsch-amerikanische Bohrspindel.

dingung hat zur allgemeinen Einführung der Zahnstangenschaltung geführt. Sie hat den Vorzug, den Bohrer schneller ansetzen und zurückziehen zu können. Für den Größenwechsel des Vorschubes ist sie auch besser geeignet, da sich die geringste Änderung in den Umdrehungen des Zahnstangentriebes im Vorschube viel stärker bemerkbar macht.

Für die Anordnung der Zahnstange gibt es 3 Möglichkeiten: Um die Schaltzahnstange gleich mit dem Schalthebel fassen zu können, muß sie in greifbarer Höhe sitzen, also an der Spindel unmittelbar über dem Spindelkopf oder auch in gleicher Höhe an dem Maschinengestell. Im

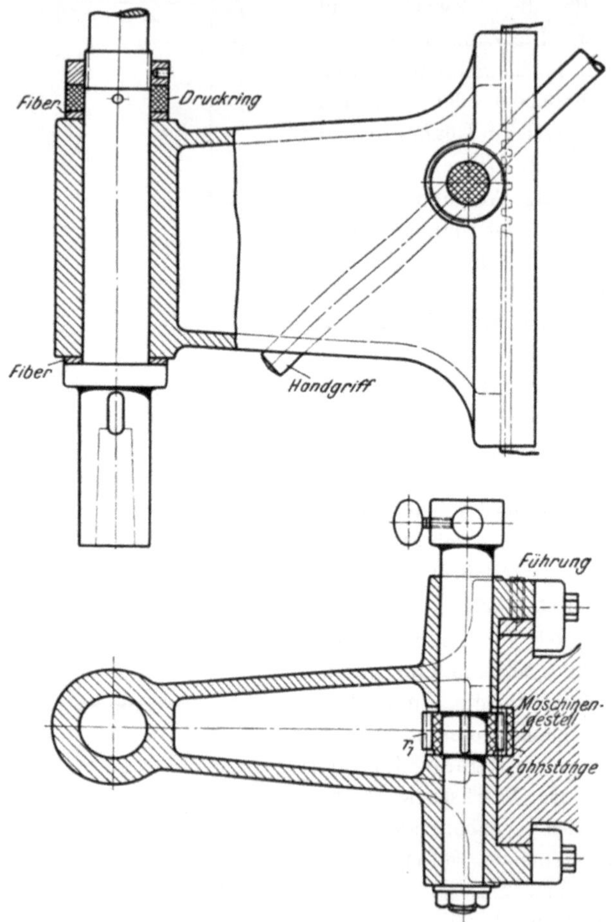

Fig. 481 und 482.   Bohrschlitten.   Ausladung 250 mm, Spindel 36 mm Durchm.

letzten Falle muß allerdings der ganze Bohrschlitten geschaltet werden. Die dritte Anordnung ist, die Zahnstange als Hülse auf das Schwanzende der Bohrspindel zu stecken. Hierbei erfordert allerdings die Handlichkeit der Steuerung längere Steuerwellen (Fig. 509).

Die erste Anordnung ist bei der deutsch-amerikanischen Bohrspindel (Fig. 480) getroffen. Wegen der kreisenden Hauptbewegung ist

die Zahnstange mit einer Hülse verschraubt, in der sich die Bohrspindel
frei drehen kann. Durch sie wird die Spindel noch gegen Verbiegungen geschützt. Der nach oben wirkende Bohrdruck wird durch das untere Kugellager aufgenommen, der abwärts gerichtete durch die oberen Druckringe.
Die Zahnstangenhülse dient hier zugleich als Spindelführung (Fig. 500)
und ist daher in dem langen Lager
des Bohrschlittens sauber geführt.
Kleinere Unebenheiten lassen sich dabei mit der Mantelklemmung (Fig. 501)
des Lagers ausgleichen. Diese Führung ist vollkommen ausreichend, da
der Schaltdruck nahezu in der Mittelachse wirkt, und der Bohrer sich
selbst führt.

Die zweite Anordnung verlangt,
daß die Bohrspindel mit dem Bohrschlitten geschaltet wird (Fig. 481
und 482). Die Zahnstange ist daher
mit dem Maschinengestell verschraubt,
während das zugehörige Schaltrad r_1
auf der Steuerwelle des Bohrschlittens
sitzt. Beim Drehen des Schalthebels
wird sich daher der Bohrschlitten an
dem Gestell auf- oder abwärts bewegen. Die Bohrspindel ist in der Bohrung des Schlittens drehbar gelagert
und nach oben und unten durch
Kugellager und Druckringe festgelegt,
die auch den Bohrdruck aufnehmen.
Die genaue Führung der Bohrspindel
übernimmt der Schlitten, der zu diesem
Zweck an dem Gestell nachstellbare
Führungsleisten besitzt.

Der Bohrschlitten empfiehlt
sich zum Steuern des Bohrers nur bei
leichteren Maschinen, bei größeren
wird er zu unhandlich. Er gewährt
aber den Vorzug, daß der Bohrer
stets bis zum Werkstück gut geführt

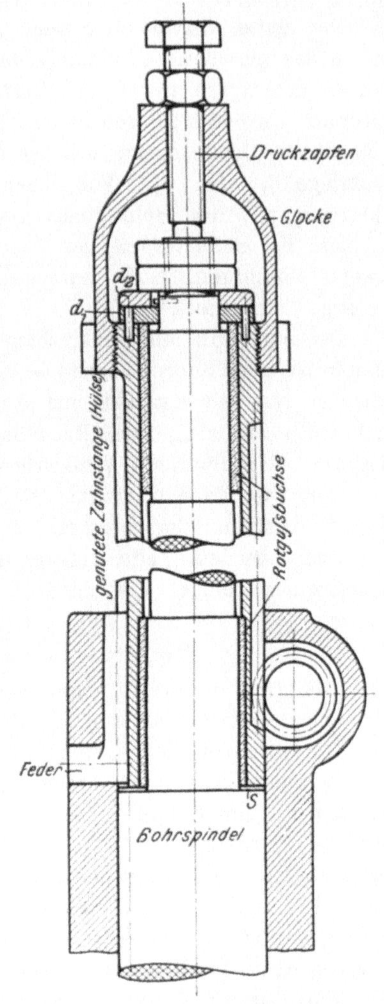

Fig. 483. Bohrspindel.

ist. Die Führung wird allerdings durch den einseitig wirkenden Bohrdruck stark belastet und ist daher recht lang zu halten.

Von der Verschiebbarkeit des Bohrschlittens wird neben der verschiebbaren Bohrspindel heute bei vielen Maschinen Gebrauch gemacht,

einmal zum Einstellen der Bohrspindel auf die Höhe des Werkstückes und zum andern zum Bohren außergewöhnlicher Tiefen (Fig. 504).

Die deutsch-amerikanische Bohrspindel wird heute allgemein bevorzugt, weil sie bei schweren Maschinen handlicher ist als der schwere Bohrschlitten, bei leichten Maschinen kann sie leicht durch eine Feder oder ein Gegengewicht hochgeschlagen werden.

Die dritte Anwendung zeigt Fig. 483. Die Zahnstangenhülse ist hier auf das schwächere Schwanzende der Bohrspindel gesteckt und durch einen Gewindezapfen und Ringmuttern gehalten. Der nach oben gerichtete Bohrdruck wird durch den Druckzapfen aufgenommen, der in einer aufgeschraubten Glocke sitzt, und der nach unten gehende Druck durch die Druckringe d_1 und d_2. Von ihnen sitzt d_1 fest an der Zahnstange, während d_2 mit der Bohrspindel verbunden ist. Durch das Drucklager ist hier die Schulter S der Bohrspindel vollständig entlastet. Bei schweren Maschinen, z. B. Ausbohrmaschinen, wird an dieser Stelle ein Kugellager eingebaut.

Der Antrieb der senkrechten Bohrspindel erfolgt von der Hauptwelle durch zwei obere Kegelräder r_3, R_3 (Fig. 476), von denen R_3 durch Feder und Nut mit der auf- und absteigenden Bohrspindel verbunden und durch einen Stellring oder Bund im Lager gehalten ist. Bei manchen Maschinen wird auch ein Winkelriemen benutzt (Fig. 513).

Eine besondere Bedingung stellt noch das Gewindeschneiden. Hierbei muß nämlich zum Zurückziehen des Gewindebohrers die Bohrspindel umgesteuert werden. Die Aufgabe ist in Fig. 497 durch das Kegelräderwendegetriebe gelöst, das mit dem Hebel h umgeschaltet wird.

Die Steuerung der Bohrmaschine.

Das Grundgesetz für die Steuerung ist, die Maschine in jeder Hinsicht voll ausnutzen zu können. Danach muß die Bohrmaschine für ein selbsttätiges Bohren den Vorschub selbst erzeugen können. Ihre Steuerung verlangt hierzu als Selbststeuerung Selbstgang von der Maschine. Um auch mit der Hand bohren zu können, muß die Maschine durch eine Handsteuerung bedient werden. Die Handsteuerung hat aber nicht nur den Vorschub beim Bohren mit der Hand zu vermitteln, sondern auch den Bohrer schnell hochzuziehen und wieder schnell anzusetzen. Diese drei Bedingungen sind in der Steuerung erfüllt, sobald die Selbst- und Handsteuerung einzeln benutzt werden können.

Ein weiterer Punkt, der bekanntlich bei jeder Steuerung zu beachten ist, ist der Größenwechsel des Vorschubes. Mit ihm ist die Möglichkeit geboten, den Vorschub dem Werkstück und dem Bohrer anzupassen und so stets die volle Leistung der Maschine auszunutzen. Der Arbeiter benutzt hierzu vielfach die Handsteuerung, um den Vorschub nach Gefühl zu regeln. Dieser Weg kommt aber nur in Frage, wenn er nur eine Maschine bedient, andernfalls hat die Selbststeuerung diesem Punkte

Rechnung zu tragen. Die Mittel für den Größenwechsel des Vorschubes sind, wie bereits früher besprochen, Stufenscheiben, Reibscheiben oder Wechselräder, die den Antrieb der Steuerung bewirken.

Eine Vervollkommnung bietet auch hier die Selbstauslösung des Vorschubes für gleiche Bohrtiefen. Sie wird heute von jeder selbsttätigen Bohrmaschine verlangt, zumal wenn es sich um Maschinen für Massenarbeiten handelt. Die Selbstauslösung des Vorschubes wird auch hier wieder durch Anschläge erreicht, die sich auf die vorgeschriebene Bohrtiefe einstellen lassen und an der Arbeitsgrenze ein Getriebe der Steuerung ausrücken.

Eine besondere Berücksichtigung erfordert noch der Umstand, daß die Schneiden des Bohrers bei der Arbeit nicht beobachtet werden können. Tritt bei zu harten Stellen des Werkstückes ein Bohrerbruch ein, so wird die zwangläufige Steuerung überlastet. Als Sicherung gegen Zahnbrüche ist daher irgend ein nachgiebiges Antriebsmittel, z. B. eine Reibkupplung, in die Steuerung einzubauen. Der Vorschub setzt dann aus, sobald der Bohrdruck eine ungewöhnliche Größe erreicht. Doch mit der Aufnahme des Schnellstahlbohrers haben manche Firmen die letzte Bedingung fallen gelassen. Es mag dies einmal mit Rücksicht auf die größere Bruchsicherheit dieser Bohrer geschehen sein, zum andern versagt auch das nachgiebige Antriebsmittel, wenn es sich um eine große Leistungsfähigkeit der Maschine handelt.

Der Bohrschlitten in Fig. 484 bis 486 ist nur mit einer Handsteuerung ausgestattet, die der Arbeiter mit der Hand nach Gefühl zu steuern hat. Die Schaltzahnstange ist mit der Säule des Gestells verschraubt und der Bohrschlitten an ihr mit langen Führungsleisten geführt.

Bei dem Aufbau der Handsteuerung ist zu beachten, daß die Zahnstange für die kleinen Vorschübe des Bohrers eine größere Übersetzung beansprucht. Sie ist in Fig. 484 durch das Schneckengetriebe $1, 2$ mit $\dfrac{m}{Z_2} = \dfrac{1}{48}$ und das Rädervorgelege $3, 4$ mit $\dfrac{Z_3}{Z_4} = \dfrac{24}{44}$ geschaffen. Beim Drehen des Handrades wird daher der Bohrschlitten an der Säule abwärtsgehen und so den Bohrer steuern. Zum schnellen Hochziehen und Ansetzen des Bohrers dient ein Handgriff auf der Rückseite des Schlittens. Um ihn benutzen zu können, muß vorher die Handsteuerung ausgerückt werden. Die Ausrückung ist durch die in A aufgehängte Fallschnecke 1 ermöglicht. Sie fällt aus dem Schneckenrade 2 heraus, sobald die Klinke k mit der Hand ausgelöst wird. Zum Auffangen der Fallschnecke ist das Lager vorn mit einer Schleife versehen, mit der es die Fangschraube auffängt.

Bei jeder Handsteuerung ist die Regelung des Vorschubes dem Gefühl des Arbeiters überlassen, der auch bei harten Stellen des Werkstückes den Bohrer und die Maschine vor Überlastung schützen muß. Von seiner Gewissenhaftigkeit hängt das Wohl und Wehe der Maschine ab, die er bei der Arbeit nicht verlassen darf. Es ist also ausgeschlossen, einem Manne mehrere Maschinen zu überweisen.

Die nächste Entwicklungslinie der Bohrmaschine wäre die Selbststeuerung des Vorschubes.

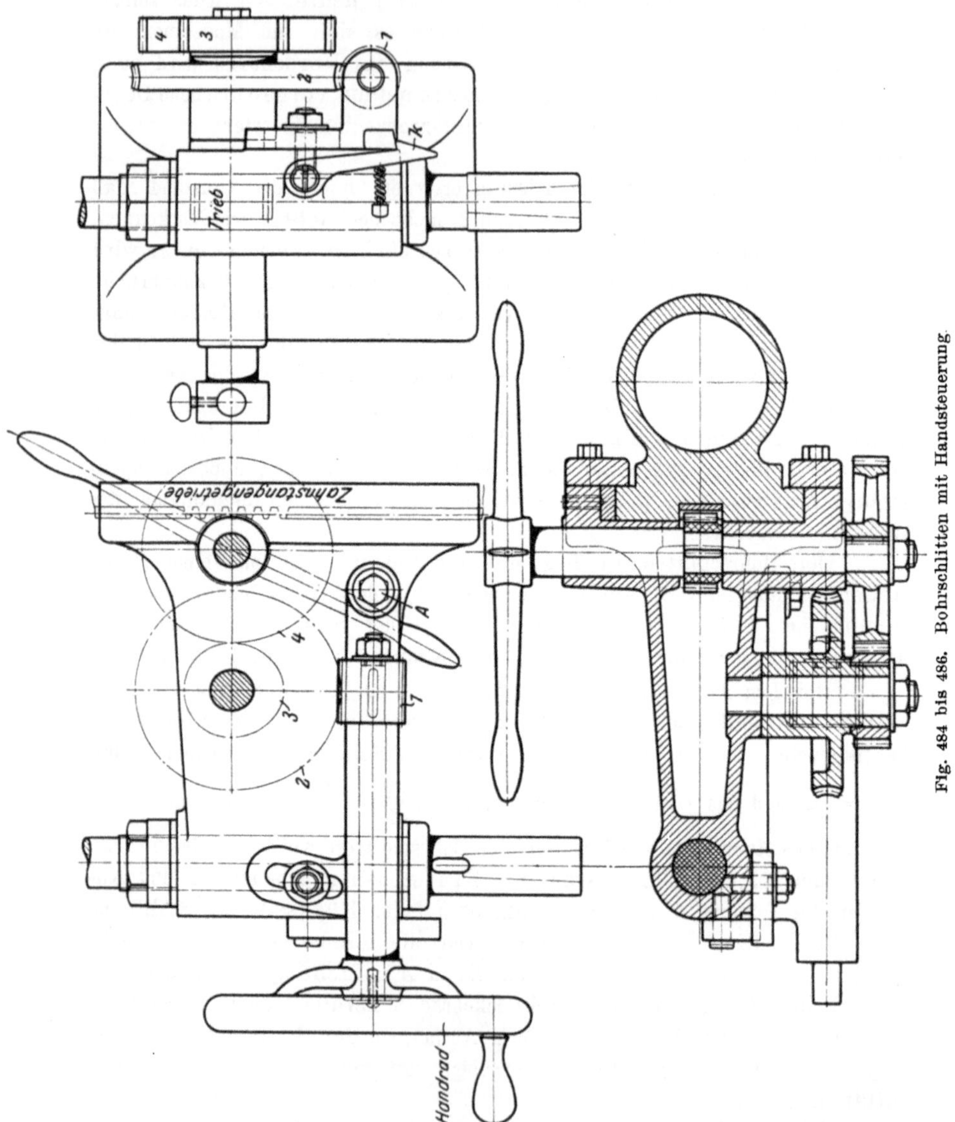

Fig. 484 bis 486. Bohrschlitten mit Handsteuerung.

Bei der Bohrmaschine der Sächsischen Maschinenfabrik vorm. Richard Hartmann, Akt.-Ges. in Chemnitz, wird der Selbstgang der Steuerung von der Bohrspindel abgeleitet und zwar durch die Räder a, b, c

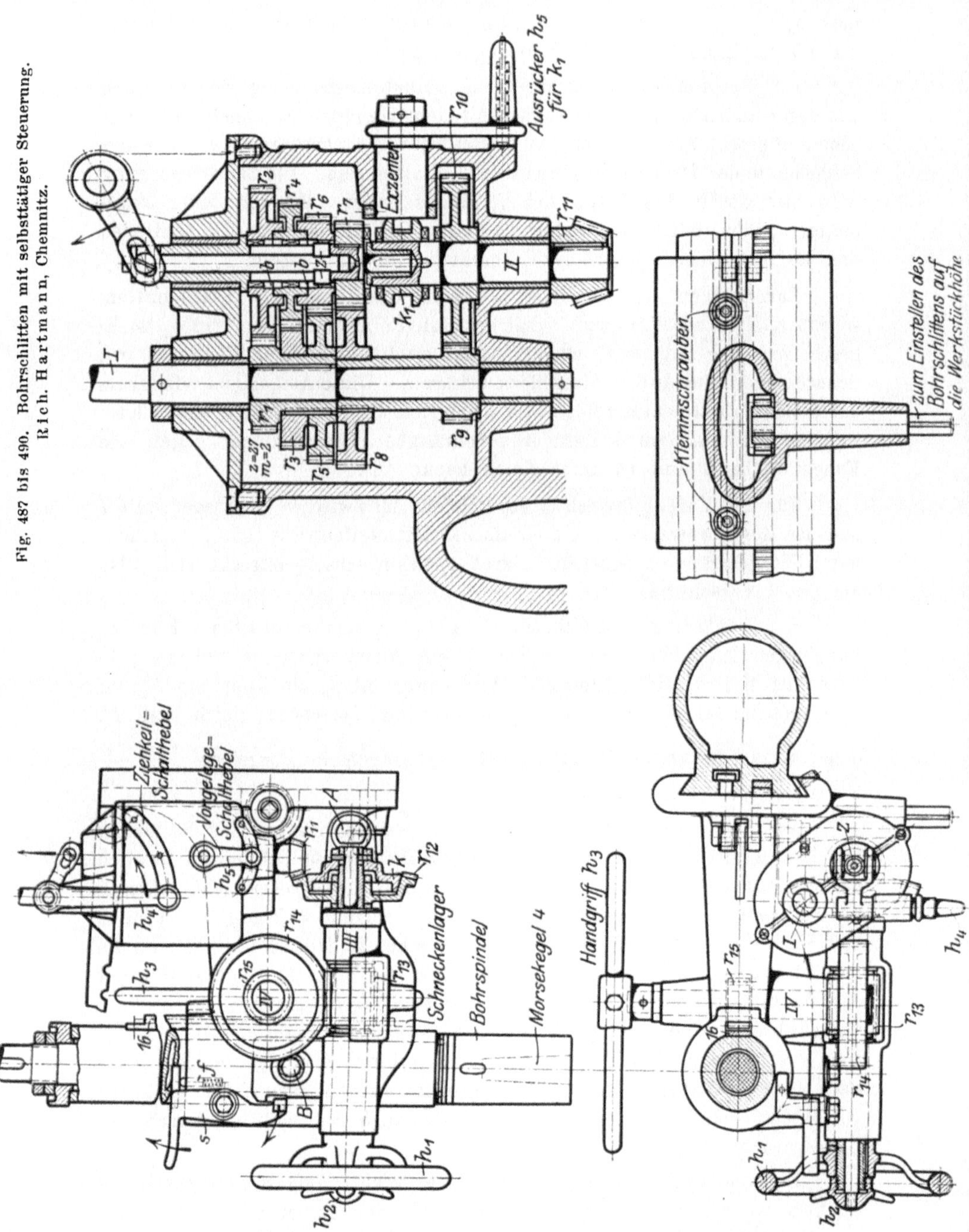

(Fig. 476). Sie treiben die Steuerwelle I, die über das Ziehkeilgetriebe r_1 bis r_{10} (Fig. 487 bis 490) und die Kegelräder r_{11}, r_{12} auf das Schneckengetriebe r_{13}, r_{14} wirkt. Auf der Schneckenradwelle IV sitzt der Trieb r_{15}, der mit der Zahnstange der Bohrspindel kämmt.

Soll bei den Bohrmaschinen mit Selbststeuerung der Bohrer auch mit dem Handrade h_1 gesteuert und mit dem Handgriff h_3 schnell angesetzt oder hochgeschlagen werden, so müssen die 3 Steuerungen, wie bei der Schloßplatte der Drehbank, einzeln einzuschalten sein. Die Selbststeuerung wird hier durch das Kuppelrad r_{12} eingeschaltet. Mit der Differentialmutter h_2 läßt sich, wie in Fig. 240, die Reibungskupplung k schließen und das Kuppelrad r_{12} auf der Schneckenwelle III kuppeln.

Zum Steuern mit dem Handrade h_1 ist die Kupplung k auszuschalten, so daß r_{12} lose auf III läuft. Soll der Bohrer mit dem Handgriff h_3 hochgeschlagen oder angesetzt werden, so ist auch hier, wie in Fig. 484, das Schneckengetriebe außer Eingriff zu bringen. Diese Aufgabe ist wiederum durch eine Fallschnecke gelöst. Wird nämlich die Sperrklinke s ausgerückt, so fällt das an dem Bolzen A aufgehängte Schneckenlager gegen die Fangschraube B und rückt so die Schnecke aus.

Für den Vorschubwechsel des Bohrers ist zwischen der Steuerwelle I und der Kegelradwelle II ein dreifaches Ziehkeilgetriebe mit 2 ausrückbaren Vorgelegen vorgesehen. Der Vorschubwechsel erstreckt sich also auf 3×2 Vorschübe.

Der Ziehkeil z läßt sich mit h_4 auf r_2, r_4 oder r_6 schalten. Für den kupplungsfreien Übergang sind die beiden Ausbohrungen b bestimmt, in denen der Keil z nicht kuppelt. Wird nun mit h_5 die Kupplung k_1 auf r_7 eingeschaltet, so gelangen die 3 größten Vorschübe gleich auf II. Schaltet man hingegen k_1 auf r_{10} um, so bringen die Vorgelege $\dfrac{r_7}{r_8} \cdot \dfrac{r_9}{r_{10}}$ 3 kleinere Vorschübe hervor.

Als Sicherheit gegen Überlastungen des Bohrers und der Räder ist die Reibkupplung k anzusehen, die nachgibt, sobald bei harten Stellen des Werkstückes der Bohrdruck eine ungewöhnliche Größe erreicht. Durch die Fallschnecke r_{13} und den verstellbaren Anschlag x (Fig. 476) ist auch eine Selbstauslösung des Vorschubes für gleiche Bohrtiefen vorgesehen, die im nächsten Abschnitt näher besprochen ist. Der Bohrschlitten läßt sich auf das Werkstück einstellen und an dem Ständer festklemmen. Durch diese Verschiebbarkeit ist die Möglichkeit geboten, mehr als die doppelte Lochtiefe des feststehenden Bohrschlittens zu bohren, weil der verschiebbare nach einer gewissen Bohrtiefe nachgestellt werden kann. Zur größeren Handlichkeit sind sowohl Bohrspindel als auch Bohrschlitten durch ein Gegengewicht ausgeglichen.

Prüft man diese Maschine nach den vorhin aufgestellten Gesichtspunkten, so erfüllt sie alle. Nur eine Forderung des neueren Werkzeugmaschinenbaues ist nicht erfüllt, das ist die Einkapselung der Räder des Hauptantriebes.

Die Selbstauslösung des Vorschubes.

Die Selbstauslösung des Vorschubes ist bekanntlich das dankbarste Mittel, eine Maschine sowie die Arbeitskräfte eines Betriebes bei Massenarbeiten wirtschaftlich auszunutzen und zugleich die erforderlichen gleichen Bohrtiefen zu sichern. Sie erfolgt, wie schon mehrfach erwähnt, durch verstellbare Anschläge, die an Hand eines Maßstabes auf die vorgeschriebene Bohrtiefe eingestellt werden. Sie sitzen an der Bohrspindel, die beim Niedergehen ein Getriebe in der Steuerung ausrückt. Die Mittel für die Selbstauslösung des Vorschubes sind wieder Kuppelräder oder Fallschnecken.

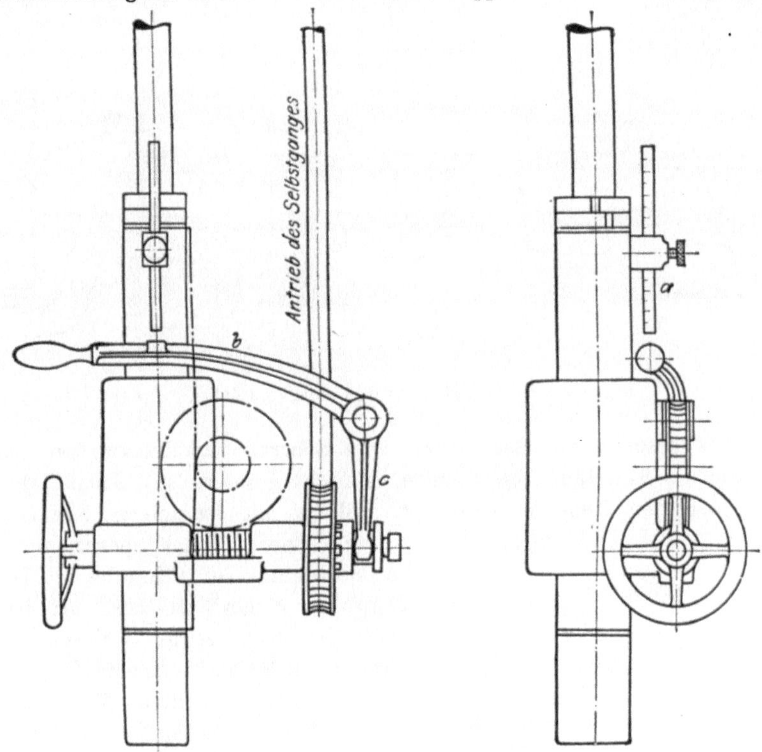

Fig. 491 und 492.[1]) Selbstauslösung des Bohrvorschubes.

Die Selbstausrückung des Vorschubes mit einem Kuppelrade ist in Fig. 491 und 492 durchgeführt. Das Schneckenrad der Steuerung wird hier entkuppelt, sobald der einstellbare Anschlag a den Winkelhebel b herumlegt, dessen Arm c die Zahnkupplung zurückzieht.

Auch die Reibkupplung K, die in Fig. 493 das lose Kuppelrad 2 mit der Schneckenwelle kuppelt, kann für die Selbstauslösung des Vorschubes benutzt werden. Die Kupplung wird in das Rad 2 eingerückt durch die innen liegende Schraube s, die den Kupplungskegel K als Mutter

---

[1]) Ruppert, Werkzeugmaschinen. Z. Ver. deutsch. Ing. 1902, S. 456.

faßt. Zieht man die Schraube *s* mit dem vorderen Handgriff an, so schraubt sich *K* in *2* fest und kuppelt so den Selbstgang. Für die Selbstauslösung des Vorschubes an der Arbeitsgrenze müßte die Schraube festgehalten werden, so daß sich *K* selbst wieder aus *2* herausschrauben

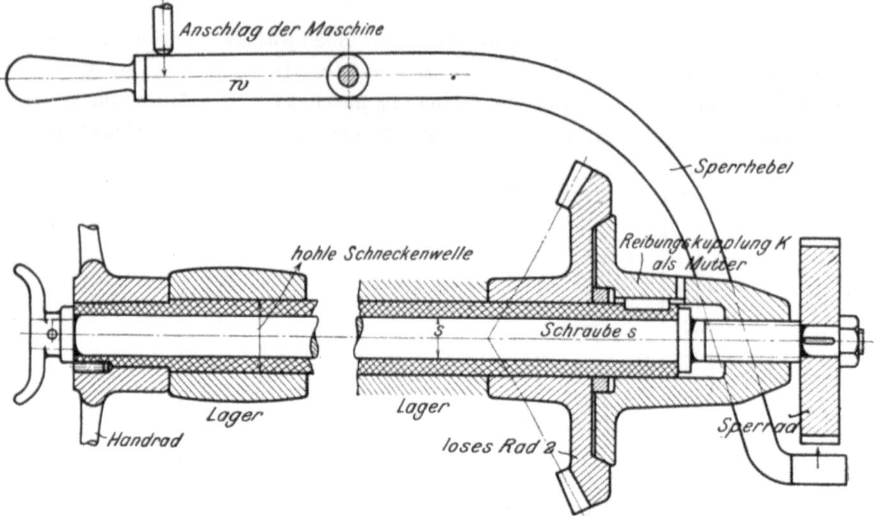

Fig. 493. Selbstausrückung des Bohrvorschubes.

kann. Dies besorgt ein Sperrwerk. Das Sperrad sitzt hierzu fest auf der Schraube *s* und läuft mit, solange es nicht gesperrt ist. Sobald aber der Anschlag den Hebel *w* herumlegt, faßt *w* mit der unteren Schneide in das Sperrad und sperrt somit die Bewegung der Schraube *s*. Die Kupplung *K* läuft zunächst mit dem Rade *2* noch etwas weiter und schraubt sich dabei aus dem Kuppelrade heraus. Auf diese Weise löst die Maschine selbst den Vorschub aus, wenn die Bohrtiefe erreicht ist.

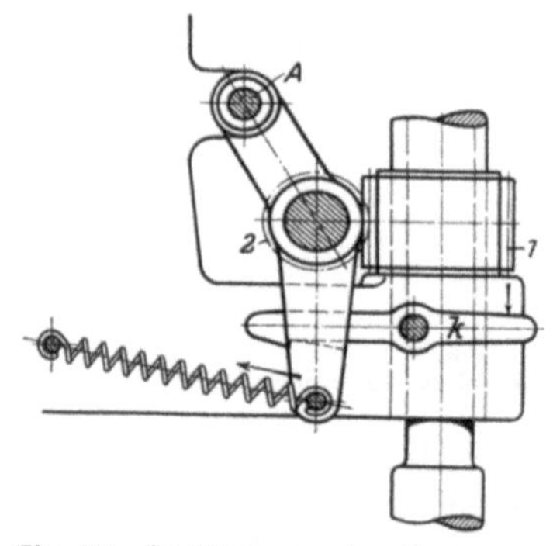

Fig. 494. Ausklinkung der Steuerung.
Dresdener Bohrmaschinenfabrik.

Der zweite Weg für die Selbstauslösung des Vorschubes ist, durch den Anschlag ein Getriebe der Steuerung auszuklinken, wie dies in Fig. 494 angegeben ist. Der Selbstgang der Steuerung wird hier von der Bohrspindel durch das Schneckengetriebe *1*, *2* vermittelt. Zum Ausrücken ist der Antrieb in *A* drehbar aufgehängt und durch eine Klinke *k* in Eingriff gehalten. Sobald der Anschlag die Klinke *k* auslöst, zieht die Feder das Schneckenrad *2* zurück, so daß der Vorschub ausgelöst ist.

Bei der Säulenbohrmaschine der Sächsischen Maschinenfabrik wird die Selbstauslösung des Vorschubes mit einer Fallschnecke vollzogen (Fig. 476 und 477). Die Stellschraube x, die mit einem Ring auf der Zahnstangenhülse festgeklemmt ist, rückt beim Bohren die Sperrklinke s aus (Fig. 487). Infolgedessen fällt das Schneckenlager gegen die Fangschraube B und bringt so die Schnecke außer Eingriff. Gegen unbeabsichtigtes Ausrücken ist der Federriegel f vorgesehen.

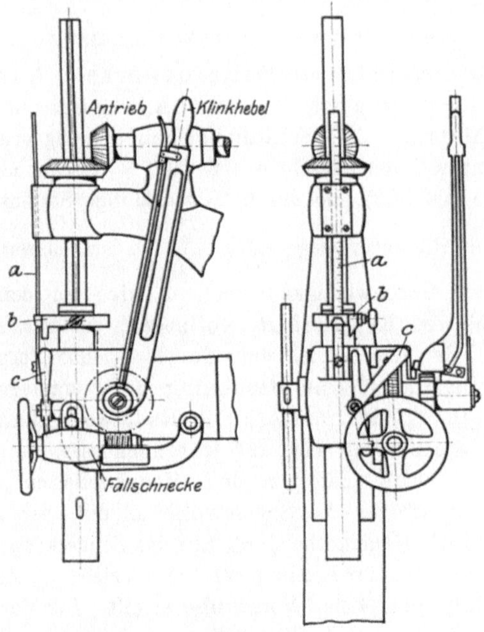

Fig. 495 und 496. Selbstausrücker mit Tiefenanzeiger. A. H. Schütte, Cöln-Deutz.

Mit der selbsttätigen Auslösung des Bohrvorschubes läßt sich sehr hübsch ein Tiefenanzeiger verbinden. In Fig. 495 ist der Maßstab a an dem Spindellagerkopf befestigt und auf der Zahnstangenhülse der verstellbare Anschlag b festgeklemmt, der die Fallschnecke c auslöst, sobald er beim Bohren auf Null zeigt. Soll demnach ein 30 mm tiefes Loch gebohrt werden, so ist der Anschlag b auf 30 mm einzustellen.

Der Bohrtisch.

Der Bohrtisch hat die Aufgabe, das Werkstück aufzunehmen. Für ihn ist Bedingung, daß jede Stelle des Werkstückes ohne Umspannen unter den Bohrer gebracht werden kann. Eine praktische Lösung dieser Aufgabe zeigt die Bohrmaschine von Rich. Hartmann in Fig. 476 bis 479. Der Bohrtisch ist hier als Rundtisch ausgebildet, der sich sowohl um seine eigene Achse als auch um die Säule der Maschine drehen läßt. Durch diese Doppelbewegung des Tisches kann die ganze Oberfläche des Arbeitsstückes unter den Bohrer kommen. Er kann daher Löcher auf allen Lochkreisen bohren und auch parallele Lochreihen herstellen. Bei Benutzung der Grundplatte kann der Bohrtisch, ohne hinderlich zu sein, seitlich ausgeschwenkt werden. Das Einstellen des Tisches in der Höhe erfolgt durch eine Handkurbel, die durch das Schneckengetriebe *1, 2* auf die Zahnstange *3* wirkt, die sich mit dem Tisch um die Säule dreht. In jeder Lage läßt sich der Rundtisch durch die Schelle festklemmen.

Neue Ständerbohrmaschinen.

Die Ständerbohrmaschine der **Mammutwerke in Nürnberg** zeigt in ihrem Aufbau sehr gefällige Formen. Alle Räder sind in Kästen staubdicht eingeschlossen und die Schalthebel handlich angeordnet (Fig. 497 bis 499). Der Antrieb der Maschine ist für 8 Geschwindigkeiten eingerichtet (Fig. 500 bis 503), die durch 2 vierläufige Stufenscheiben $S_1 S_2$ und 2 ausrückbare Rädervorgelege $\dfrac{r_1}{R_1} \cdot \dfrac{r_2}{R_2}$ in dem oberen Räderkasten geboten sind. Der Geschwindigkeitswechsel wird bei den Vorgelegen mit dem verschiebbaren Kuppelrad R_2 vollzogen, das mit dem Hebel h_1 eingestellt wird. Für den Betrieb der Maschine ohne Vorgelege ist R_2 auf r_1 einzukuppeln und für die Benutzung der Vorgelege ist R_2 mit seinem Zahnkranz in r_2 einzurücken. Die Hauptwelle läuft in 3 Ringschmierlagern und die Stufenscheibe auf Rotgußbüchsen.

Der Vorschub wird hier von der Hauptwelle entnommen. Die Schraubenräder a, b treiben die Steuerwelle I, die über das Ziehkeilgetriebe r_1 bis r_8 und die Kegeltriebe r_9, r_{10} auf das Schneckengetriebe r_{11}, r_{12} wirkt. Auf der Schneckenradwelle sitzt der Trieb r_{13}, der durch die Zahnstange Z der Bohrspindel die 4 Vorschübe erteilt. Der Vorschubwechsel wird durch die 4 Schaltungen des Ziehkeiles erreicht, der mit dem oberen Knopf eingestellt wird.

Zum Hochschlagen des Bohrers mit dem Handkreuz H_2 ist die Fallschnecke r_{11} durch einen Druck auf den Winkel w auszurücken. Sie wird beim Bohren gleicher Tiefen durch den Anschlag x ausgelöst. Für das Bohren größerer Löcher mit der Hand ist das Handrad H_1 einzukuppeln, kleinere Löcher können auch mit dem Handkreuz H_2 gebohrt werden. Das Steuern mit dem Handrade H_1 verlangt den Selbstgang mit dem Ziehkeil auszuschalten. Der Bohrschlitten ist auch hier für außergewöhnliche Bohrtiefen auf den Führungen der Säule verstellbar.

Prüft man diese Maschine nach den früher aufgestellten Bedingungen, so sind alle erfüllt. Der Vorschub ist vollkommen zwangläufig mit Rücksicht auf den Charakter der Maschine als Schnellbohrmaschine von hoher Leistung.

Ähnliche Einrichtungen hat auch die Bohrmaschine der **Dresdener Bohrmaschinenfabrik** in Fig. 504 aufzuweisen. Die Bohrspindel erhält 8 Geschwindigkeiten durch die vierläufigen Stufenscheiben und die

Additional information of this book

(Die Werkzeugmaschinen und ihre Konstruktionselemente;

978-3-662-23908-7; 978-3-662-23908-7_OSFO9) is provided:

http://Extras.Springer.com

beiden Rädervorgelege im Kasten. Der Vorschub erfolgt zwangläufig und wird von der Bohrspindel über ein doppeltes Ziehkeilgetriebe mit 6 Schaltungen auf die Bohrspindel übertragen. Für gleiche Bohrtiefen

Fig. 506. Ständerbohrmaschine. Ludw. Loewe & Co., A.-G. Berlin.

wird auch hier die Fallschneke durch den Anschlag der Bohrspindel ausgelöst.

Besonderes Interesse verdient die Sicherung gegen Bohrerbrüche (Fig. 505). Das Antriebskegelrad r_{12} der Schneckenwelle wird nämlich durch eine Reibkupplung k gekuppelt, die nach einer Teilscheibe T entsprechend der Festigkeit des Bohrers eingerückt wird. Hierzu dient die Griffmutter m, die nach Teilstrichen auf T angezogen wird und so durch die Blattfedern f die Durchzugskraft der Kupplung regelt. Wird der Null- strich der Griffmutter m z. B. auf 20 der Teilscheibe T eingestellt, so ist damit die Kupplung für den 20 mm-Bohrer angezogen. Der Vorschub wird dabei aussetzen, sobald der Bohrdruck bei harten Stellen zu groß wird.

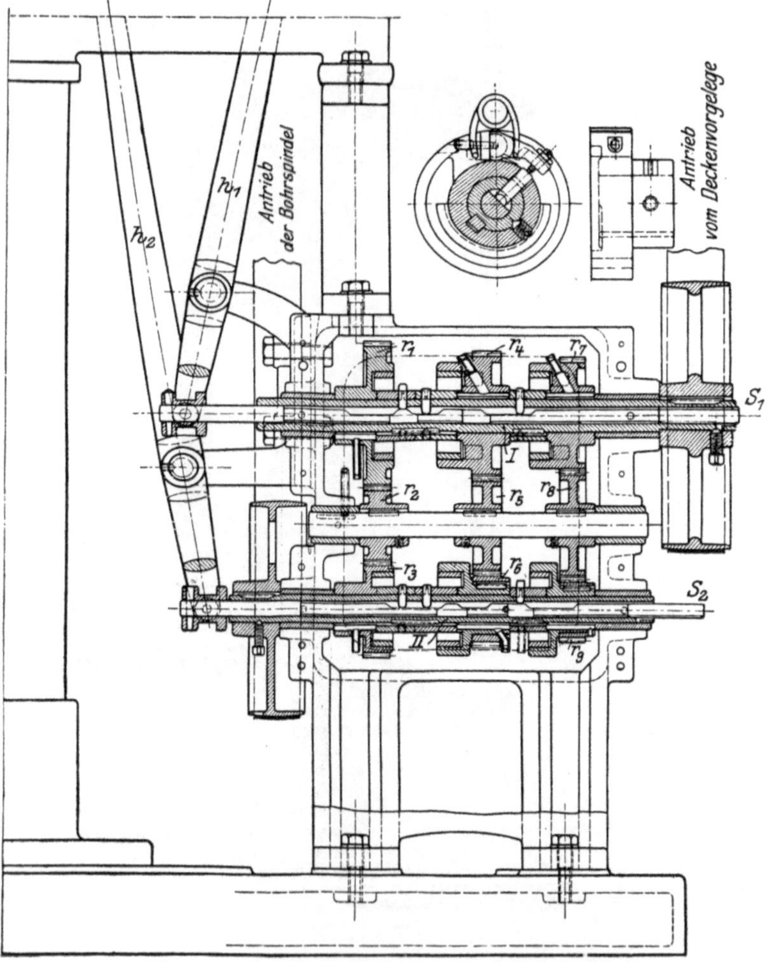

Fig. 507. Antrieb der Loeweschen Bohrmaschine.

Das Einregeln der Reibkupplung soll, wie folgt, geschehen: Steht die Mutter m auf Null, so soll das Kegelrad die Schneckenwelle III noch gerade mitnehmen. Die geringste Hemmung des Handrades soll jedoch den Selbstgang zum Stillstand bringen. Stimmen die Nullstriche in dieser Weise nicht mehr überein, so löst man die Schraube und drückt die Teil- scheibe T ab. Während des Ganges wird jetzt die Griffmutter m so weit angezogen, bis das Handrad mitläuft und sich mit der Hand leicht anhalten läßt. Die Maschine wird wieder stillgesetzt und die Nullmarke der Teilscheibe T auf die der Griffmutter eingestellt und jetzt die Schraube fest angezogen.

Die nächste Entwicklungsstufe würde ein Stufenrädergetriebe für die Hauptbewegung sein. Bei Bohrmaschinen wird nämlich die Schnittgeschwindigkeit häufiger gewechselt, so daß der Stufenräderantrieb mit seinem raschen Geschwindigkeitswechsel große Zeitersparnisse erzielen läßt.

Diesem Grundsatz folgend hat die Bohrmaschine von Ludw. Loewe & Co., Berlin (Fig. 506), als Hauptantrieb ein Stufenrädergetriebe für 9 Schaltungen und dazu auf der Hauptwelle 2 ausrückbare Vorgelege, so daß die Maschine über 2×9 Spindelgeschwindigkeiten verfügt.

Das Stufenrädergetriebe (Fig. 507) hat auf 3 Wellen 9 Räder in 3 Reihen geordnet, von denen die 3 oberen und die 3 unteren Räder durch je eine Reibkupplung zu kuppeln sind. Mit den Stellhebeln h_1 und h_2 lassen sich nämlich in den hohlen Wellen I und II die Nockenstangen S_1 und S_2 verschieben, die mit ihren Nocken Druckstäbe hochdrücken und dadurch die entsprechende Bremsringkupplung schließen.

Schaltplan zu Fig. 507.

Lfd. Nr.	Schaltungen	Kuppelräder	Lfd. Nr.	Schaltungen	Kuppelräder
1.	$\dfrac{r_1}{r_2} \cdot \dfrac{r_2}{r_3} = \dfrac{r_1}{r_3}$	$r_1,\ r_3$	6.	$\dfrac{r_4}{r_5} \cdot \dfrac{r_8}{r_9}$	$r_4,\ r_9$
2.	$\dfrac{r_1}{r_2} \cdot \dfrac{r_5}{r_6}$	$r_1,\ r_6$	7.	$\dfrac{r_7}{r_8} \cdot \dfrac{r_8}{r_9} = \dfrac{r_7}{r_9}$	$r_7,\ r_9$
3.	$\dfrac{r_1}{r_2} \cdot \dfrac{r_8}{r_9}$	$r_1,\ r_9$	8.	$\dfrac{r_7}{r_8} \cdot \dfrac{r_2}{r_3}$	$r_7,\ r_3$
4.	$\dfrac{r_4}{r_5} \cdot \dfrac{r_5}{r_6} = \dfrac{r_4}{r_6}$	$r_4,\ r_6$	9.	$\dfrac{r_7}{r_8} \cdot \dfrac{r_5}{r_6}$	$r_7,\ r_6$
5.	$\dfrac{r_4}{r_5} \cdot \dfrac{r_2}{r_3}$	$r_4,\ r_3$			

Die Neuerungen des Haupt- und Vorschubantriebes sind auch bei der Ständerbohrmaschine von Heyligenstaedt & Co., Gießen, durchgeführt (Fig. 508 und 509). Das Stufenrädergetriebe ist hier in den kastenförmig ausgebildeten Ständer eingebaut und für 5 Geschwindigkeiten eingerichtet. Der Antrieb erfolgt von einem Motor von 8 PS., dessen Umläufe zwischen 1500 und 1800 geregelt werden können. Die Bohrspindel s hat die Zahnstangenhülse 23 auf dem Schwanzende und wird durch die lange Triebhülse r von dem Druck der Kegelräder entlastet.

Die 3 Vorschübe werden durch die Räder $1, 2$ von der Triebhülse r abgeleitet. Sie gelangen über das Ziehkeilgetriebe 4 bis 9 (Fig. 510), die Kegelräder $11, 12$ und die Steuerungsgetriebe 15 bis 23 auf die Bohrspindel. Der Selbstgang der Steuerung wird mit der Reibkupplung 14 eingeschaltet,

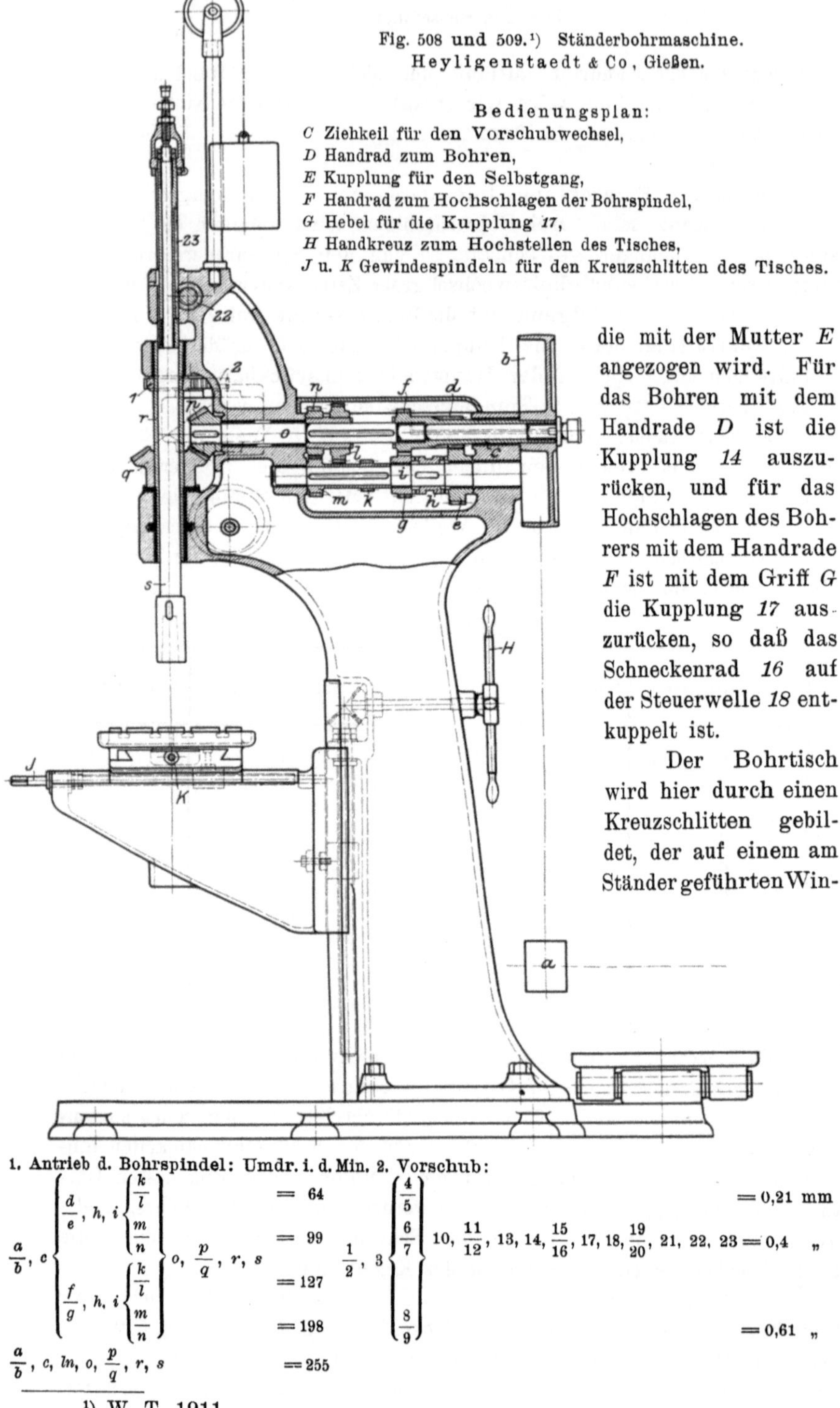

die mit der Mutter E angezogen wird. Für das Bohren mit dem Handrade D ist die Kupplung 14 auszurücken, und für das Hochschlagen des Bohrers mit dem Handrade F ist mit dem Griff G die Kupplung 17 auszurücken, so daß das Schneckenrad 16 auf der Steuerwelle 18 entkuppelt ist.

Der Bohrtisch wird hier durch einen Kreuzschlitten gebildet, der auf einem am Ständer geführten Win-

1. Antrieb d. Bohrspindel: Umdr. i. d. Min.   2. Vorschub:

$$\frac{a}{b},\, c \begin{cases} \dfrac{d}{e},\, h,\, i \begin{cases} \dfrac{k}{l} \\[4pt] \dfrac{m}{n} \end{cases} \\[20pt] \dfrac{f}{g},\, h,\, i \begin{cases} \dfrac{k}{l} \\[4pt] \dfrac{m}{n} \end{cases} \end{cases} o,\, \frac{p}{q},\, r,\, s \quad \begin{matrix} = 64 \\[14pt] = 99 \\[14pt] = 127 \\[14pt] = 198 \end{matrix}$$

$$\frac{a}{b},\, c,\, ln,\, o,\, \frac{p}{q},\, r,\, s \qquad = 255$$

$$\frac{1}{2},\, 3 \begin{cases} \dfrac{4}{5} \\[6pt] \dfrac{6}{7} \\[30pt] \dfrac{8}{9} \end{cases}$$

$$10,\, \frac{11}{12},\, 13,\, 14,\, \frac{15}{16},\, 17,\, 18,\, \frac{19}{20},\, 21,\, 22,\, 23 \quad \begin{matrix} = 0{,}21 \text{ mm} \\[14pt] = 0{,}4 \quad \text{\textquotedbl} \\[28pt] = 0{,}61 \quad \text{\textquotedbl} \end{matrix}$$

¹) W. T. 1911.

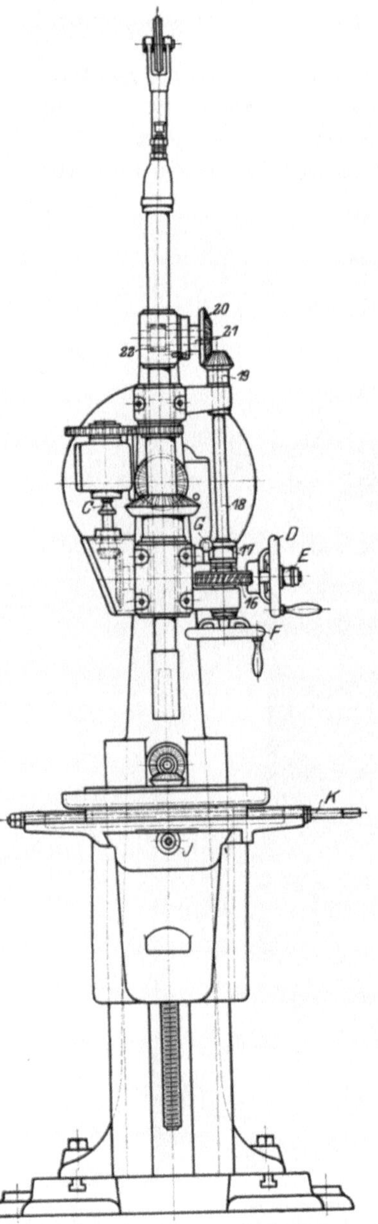

keltisch sitzt. Mit ihm ist die gleiche
Aufgabe gelöst, wie mit dem schwenkbaren und drehbaren Rundtisch.

Welch großzügige Entwicklung die
Bohrmaschinen erfahren haben, zeigt die
Gegenüberstellung der beiden Maschinen
in Fig. 511 und 512. Die ältere Maschine
hat einen Arbeitsbedarf von etwa 3 bis 5
PS., die neue, eine Waldrich-Schnell-

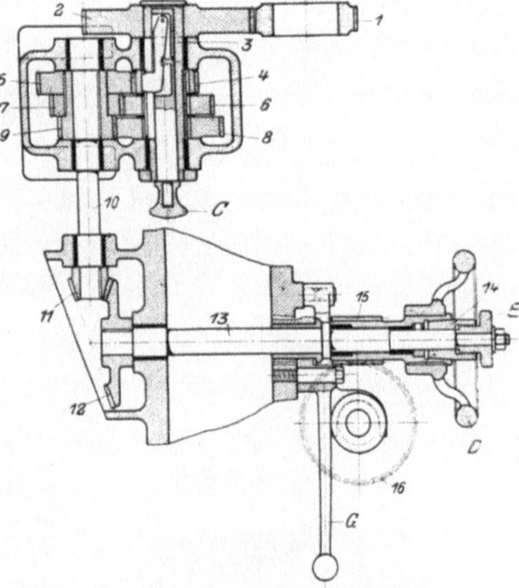

Fig. 510. Vorschubsteuerung.

bohrmaschine, ist mit einem 100 PS.-
Motor und allen neuesten Errungenschaften der Technik ausgestattet. So
zeigt die Uhr *o* die jedesmalige Schnittgeschwindigkeit an, der Zeiger *f* die
jeweilige Lochtiefe auf einer Zahlentafel, und die Tafel *q* gibt den Bohrvorschub an.

b) Die Schnellaufbohrmaschinen.

Die Schnellaufbohrmaschinen sollen den gesteigerten Ansprüchen
der Massenherstellung gerecht werden und leichtere Bohrarbeiten, wie
Lochbohren, Aufreiben, Versenken und Gewindeschneiden mit größter
Schnelligkeit erledigen. Sie sind daher in erster Linie für die Werkstätten der Feinmechanik, Elektrotechnik und des Kleinmaschinenbaues
gebaut.

Die Schnellaufbohrmaschinen stellen an ihren Aufbau vorzugsweise zwei Bedingungen: Als erste Forderung muß der Antrieb die hohen Umläufe der Bohrspindel hervorbringen, wie sie die Schnittgeschwindigkeiten bei den kleinen Lochdurchmessern vorschreiben. Hierzu tritt als

Fig. 511.   Alte Bohrmaschine mit 3 bis 5 PS. Arbeitsbedarf.

zweite Forderung die rasche Bedienung, wie sie ja die Massenherstellung von ihren Arbeitsmaschinen fordert.

Die erste Bedingung macht die Schnellaufbohrmaschinen für den elektrischen Einzel- und Gruppenantrieb besonders geeignet (Fig. 518). Der Geschwindigkeitswechsel wird meist mit einem Stufenriemen vollzogen. Auf geräuschlosen Gang ist bei den hohen Umläufen besonders

Wert zu legen. Kegelräder, die selten geräuschlos laufen, sind daher möglichst zu vermeiden. Diese Erfahrung hat selbst zu dem für den

Fig. 512. Neue Waldrich-Bohrmaschine mit 100 PS.-Motor.

a Handrad zum Ein- und Ausrücken der Rädervorgelege.
b Handrad für Ziehkeil.
c   „   „   „
q Vorschubtafel.
d Hebel zum Ausrücken des Vorschubes.
m Antriebskette für den Vorschub-Räderkasten.
o Geschwindigkeitsmesser zum Anzeigen der Schnittgeschwindigkeit.
n Antriebsriemen für *o*.
e Handrad zum Einstellen der Bohrspindel bei großen Werkstücken.
h Handkreuz zum Einstellen der Bohrspindel bei kleinen Werkstücken.
g Ausrückhebel für den Selbstgang des Vorschubes nach dem Durchbohren.
i Handrad zum Bohren von Hand.
k Handrad zum Einrücken des selbsttätigen Bohrvorschubes.
p Handhebel zum Einschalten von Rädervorgelegen.
f Zeiger zum Anzeigen der Lochtiefe.

Geschwindigkeitswechsel so umständlichen Winkelriemen greifen lassen (Fig. 519). Allerdings hat er bei den Schnellaufbohrmaschinen eine weit-

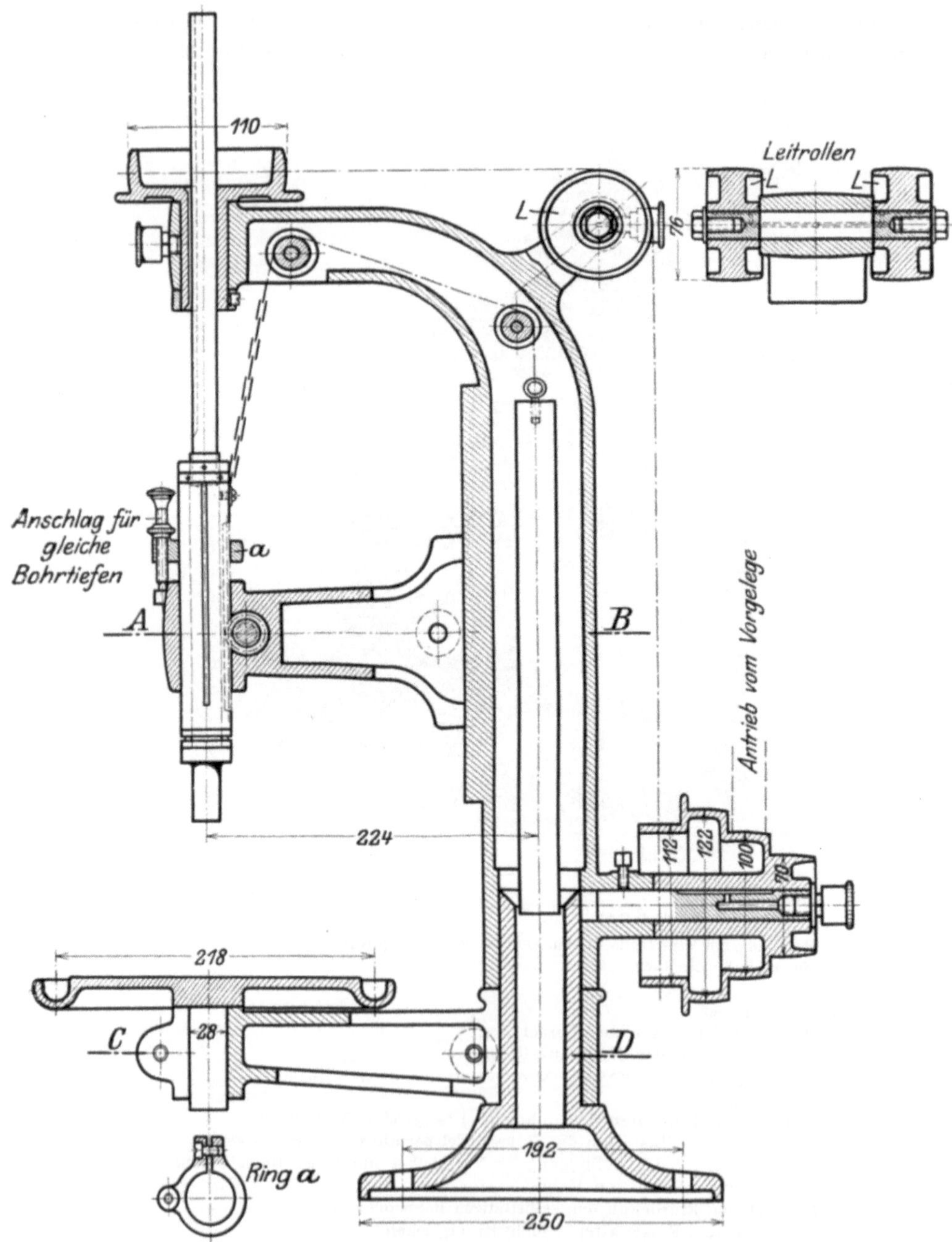

Fig. 513 bis 515. Tischbohrmaschine.
Bohrmaschinenfabrik C. Schwemann, Gevelsberg i. W.

gehende Verbesserung erfahren. Zum Umlegen wird er nämlich durch Zurückziehen der Leitrollen entspannt und nach dem Verlegen wieder durch Vorschieben der Leitrollen angespannt (Fig. 519 und 520). Hierzu sind die Leitrollen auf einem Schlitten S des hinteren Armes A gelagert (Fig. 521 bis 523). Sie laufen hier auf 2 Zapfen Z, die um B drehbar sind und mit je einer Nase n in das Mittelstück C fassen. Die mit dem Arm A verschraubte Zahnstange Z_1 ist ein wenig stärker geneigt als der Arm selbst. Dies hat den Zweck, die Leitrollen richtig auf die jeweilige Lage des Riemens einstellen zu können. Wird nämlich der Schlitten S mit dem Griff nach der Säule zu bewegt, so zieht die stärker geneigte

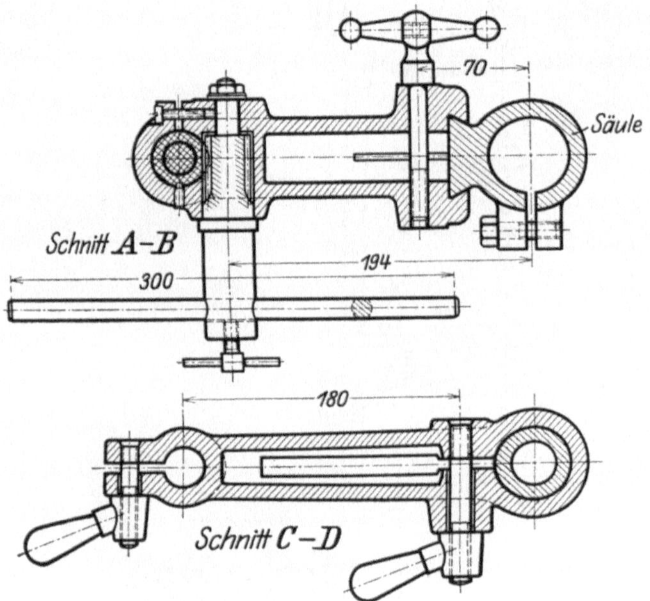

Fig. 516 und 517. Schnitte zu Fig. 513.

Zahnstange Z_1 das Mittelstück C etwas tiefer in den Schlitten S hinein, so daß sich die Zapfen Z um B auf die neue Riemenlage einstellen. In Fig. 519 liegt die Zahnstange über dem Arm.

Die rasche Bedienung, die zweite Hauptforderung, hängt von der Einrichtung der Steuerung ab. Sie beschränkt sich meist auf eine einfache Handsteuerung. Mit einem Handgriff wird nämlich die Bohrspindel beim Bohren vorgeschoben und nachher hochgeschlagen. Dabei soll der Steuerhebel unbenutzt außer dem Gesichtskreis des Arbeiters stehen, d. h. aufrecht stehen.

Die letzte Bedingung wird in Fig. 524 und 525 durch die Spiralfeder erfüllt, die beim Niederdrücken des Steuerhebels gespannt wird und dadurch die Bohrspindel hochzieht, sobald der Arbeiter den Hebel losläßt. Es kann hier auch die Kette mit dem Gegengewicht fehlen. In Fig. 526 bis 530 erfüllt das Gegengewicht des ausklinkbaren Steuerhebels die gleiche Aufgabe. Die Bohrspindel ist hier durch ein besonderes Gewicht ausgeglichen.

Das Bohren größerer Tiefen verlangt noch von dem Steuerhebel, daß er nachklinkbar ist. Hierzu faßt der Hebel in Fig. 526 bis 530 mit einem Vierkant in ein verzahntes Schaltrad. Nach dem ersten Hub kann er daher seitlich ausgeklinkt und hierauf für einen weiteren Hub

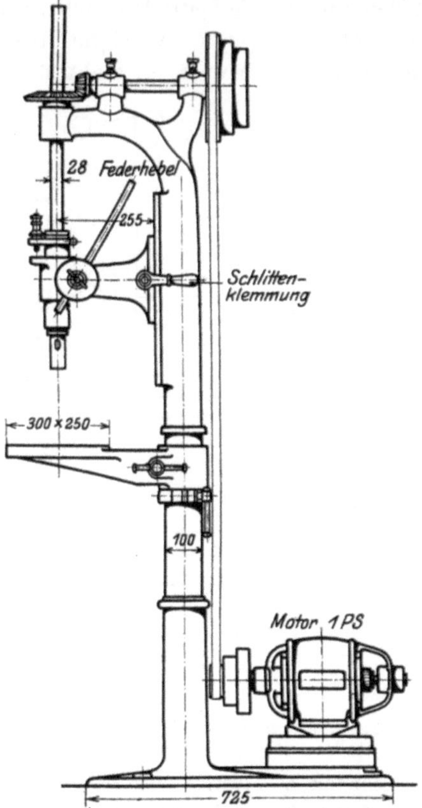

Fig. 518. Schnellaufbohrmaschine mit elektrischem Antrieb. A. E.-G., Berlin.

in eine andere zurückstehende Lücke eingeklinkt werden. In gleicher Weise läßt sich auch in Fig. 519 der Gewichtshebel nachklinken.

Eine kleine Erweiterung hat noch die Steuerung in Fig. 519 erfahren. Die größeren Löcher können hier bei ausgeklinktem Hebel mit dem Handrade H gebohrt werden, das über ein Schneckengetriebe auf das Zahnstangengetriebe wirkt. Für die Benutzung des Klinkhebels ist die außerachsig gelagerte Schnecke mit dem Griff h auszurücken.

Eine wichtige Aufgabe bildet noch bei den Schnelläufern die Führung der Bohrspindel gegen ein Verlaufen der dünnen Bohrer. Diese Aufgabe übernimmt die Zahnstangenhülse, die in dem Lagerarm aufs sauberste geführt ist und die Spindel auch gegen Verbiegungen schützt.

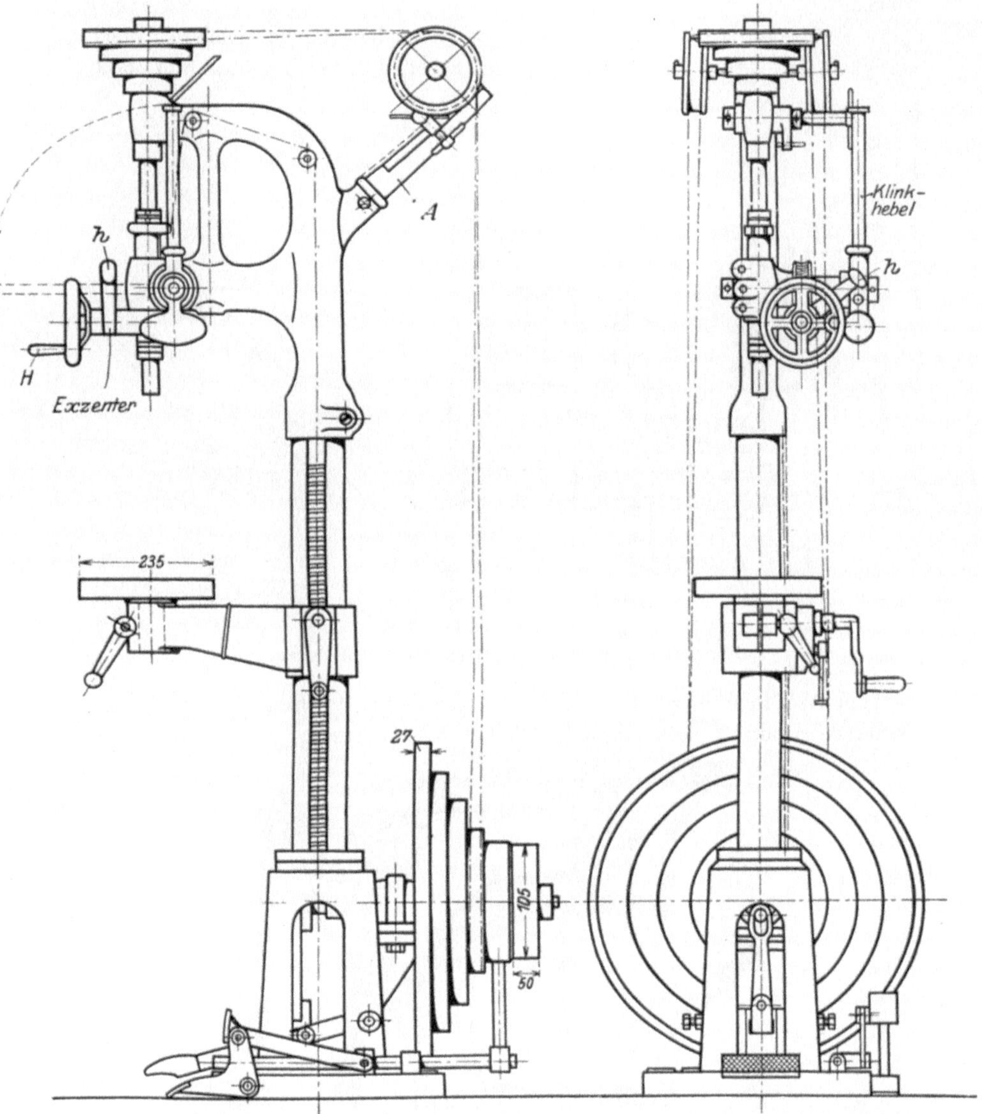

Fig. 519 und 520. Schnellaufbohrmaschine. Dresdener Bohrmaschinenfabrik, Dresden.

Um die dünne Spindel auch vom Riemenzug zu entlasten, ist die Antriebsscheibe in Fig. 526 auf einer besonderen Büchse befestigt, die durch 2 Federn die Spindel treibt.

Der Bohrtisch der Schnellaufbohrmaschinen ist meist eine runde oder viereckige Tischplatte, die um die Säule ausschwenkbar ist. Die

runden Tische sind noch um einen Zapfen drehbar (Fig. 513). Bei den
Säulenbohrmaschinen (Fig. 519) lassen sie sich noch hochstellen und festklemmen.

Größere Schnellaufbohrmaschinen haben eine größere Vielseitigkeit in ihrer Steuerung. So gestattet die in Fig. 531 und 532

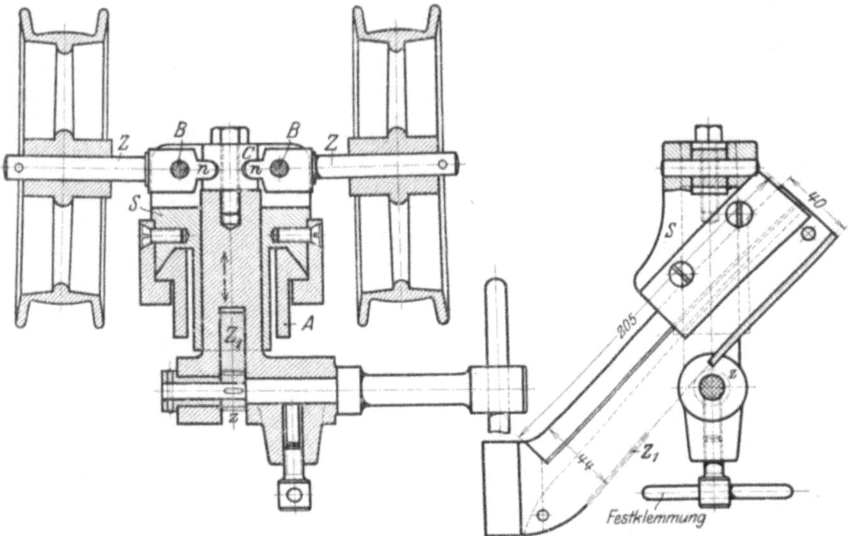

Fig. 521 bis 522. Spannschlitten für die Leitrollen.

dargestellte Steuerung, den Bohrer 1. durch die Maschine, 2. mit einem
Handrade r und 3. mit einem Handhebel h_1 zu steuern.

Fig. 523. Spannschlitten für die Leitrollen.

Das Selbststeuern besorgt die Schnecke s_1, die in bekannter Weise vom
Spindelstock angetrieben wird. Zum Steuern mit dem Handrade r ist die
Schnecke s_1 durch Ausklinken des Handgriffes g_1 auszurücken. Hierzu sitzen
die Lager l_1, l_2, l_3 der Steuerwelle w auf einer Platte p, die oben um m
schwingt und sich unten gegen die Nase n von g_1 stützt. Sobald g_1 aus-

geklinkt ist, schnellt die **Feder** f die Schnecke zurück. Um mit dem Handrade r bohren zu können, muß noch die Schnecke s_2 mit dem gemeinsamen Schneckenrade kämmen. Hierzu ist s_2 in der Büchse e außerachsig gelagert und mit dem Handgriff g_3 einzuschwenken. Zum Auslösen des selbsttätigen Vorschubes hat der Anschlag l nur den Klinkhebel g_1 auszuklinken. Hierzu drückt l an der Arbeitsgrenze auf den zweiten Arm g des Hebels g_1, so daß die Nase n die Antriebsschnecke s_1 freigibt, die jetzt durch die Feder f zurückschnellt.

Die Handhebelsteuerung muß, sobald die Maschine selbst steuert oder mit dem Handrade r gesteuert wird, in Ruhe bleiben. Hierzu sitzt

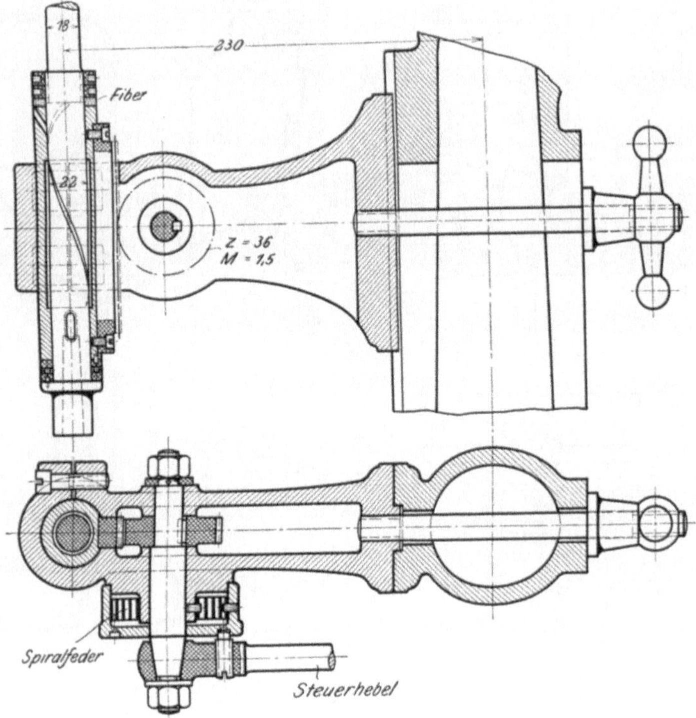

Fig. 524 und 525. Handsteuerung einer Schnellaufbohrmaschine.

der Steuerhebel h_1 lose auf der Schneckenradwelle und ist durch den Sperrhebel h_2 in seiner Lage festgehalten. Die Steuerung selbst ist dem früheren Schaltwerk, bestehend aus Schaltrad und Klinke, nachgebaut. Das Schaltrad d sitzt hier fest auf der Schneckenradwelle, während die Klinke, um sie zugleich mit dem Griff h_1 fassen zu können, als Zugstange c ausgebildet ist. Sind beide Schnecken s_1 und s_2 ausgerückt, so ist zum Steuern mit dem Hebel der Griff h_1 zu fassen und durch Drücken auf h_2 zu entriegeln. Die Stange c springt dann durch Federdruck in das Sperrad d ein, sobald man h_2 etwas losläßt. Ein derartiger Steuerhebel kann auch bequem zum Nachklinken beim Bohren größerer Tiefen benutzt

werden. Hierzu ist er nur auszuklinken und in eine andere Lücke ein-
zuklinken.   Bei kleinen Bohrtiefen kann der Bohrer direkt mit dem Handhebel h_1 hochgezogen werden, wobei natürlich c und d in Eingriff bleiben.

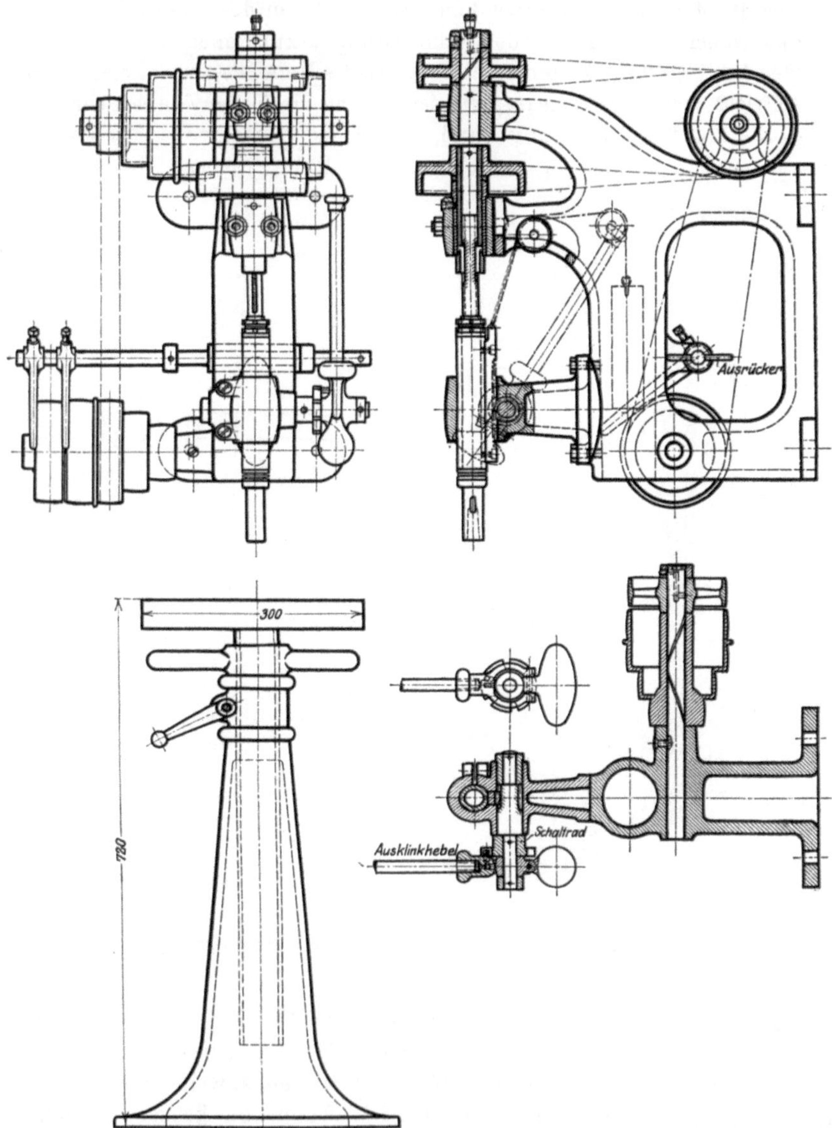

Fig. 526 bis 530.   Wandbohrmaschine.   Dresdener Bohrmaschinenfabrik, Dresden.

Die gleiche Steuerung hat die Bohrmaschine in Fig. 533 und 534
aufzuweisen.   Ihre Steuerung gestattet, mit 3 verschiedenen Vorschüben
selbsttätig zu bohren und durch Entkuppeln des Kegelrades 4 den Selbst-

gang stillzusetzen. Zum Bohren von Hand kann mit dem Handrade H_1 gesteuert werden. Bei kleinen Bohrern soll der Handhebel H_2 benutzt werden, der in das Schaltrad einschnappt. Das Steuern mit H_2 verlangt aber, vorher das Schneckenrad *6* zu entkuppeln. Zum schnellen Zurückziehen des Bohrers ist der Handgriff H_3 vorgesehen, der die Bohrspindel mit dem Zahnstangengetriebe faßt.

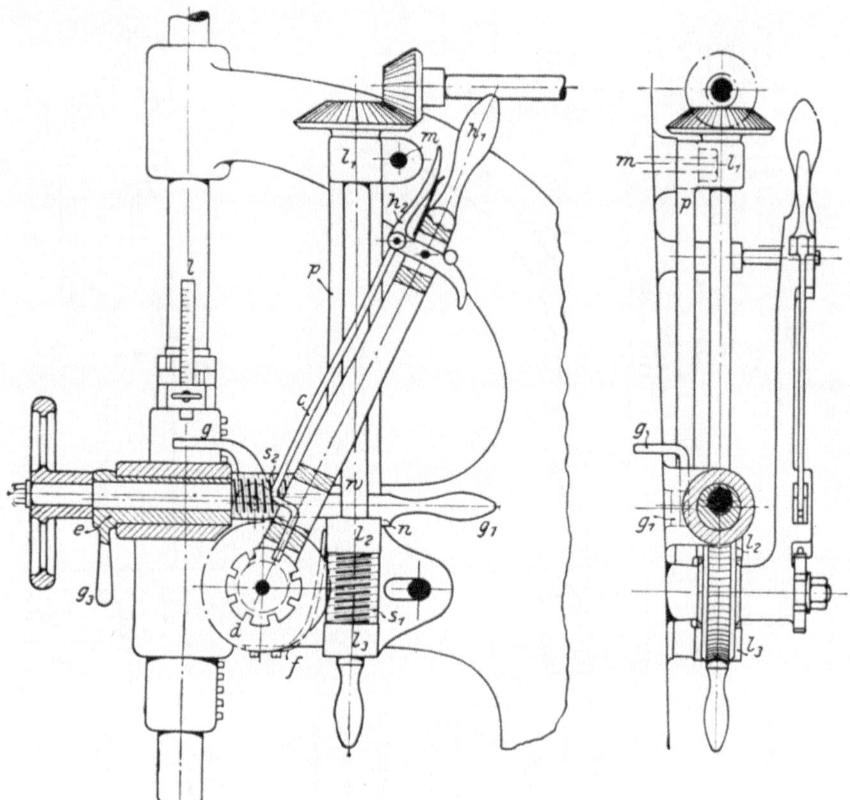

Fig. 531 und 532.[1]) Steuerung für mittlere und größere Schnellbohrmaschinen.

Die mehrspindeligen Bohrmaschinen.

Die mehrspindeligen Bohrmaschinen verfolgen in ihrer Bauart zwei Gesichtspunkte: Sie sollen entweder die sich bei Massenerzeugnissen stets wiederholenden Arbeiten nacheinander erledigen oder mit einem Gang eine Reihe von Löchern bohren, wodurch die Leistung sehr gesteigert wird.

Die erste Aufgabe verlangt eine Reihe nebeneinander liegender Bohrspindeln, die zum Bohren, Versenken, Aufreiben und Gewindeschneiden nacheinander benutzt werden können (Fig. 535).

---

[1]) Ruppert, Z. Ver. deutsch. Ing. 1905, S. 1508. Aufgaben und Fortschritte des deutschen Werkzeugmaschinenbaues, S. 213.

Die gleiche Aufgabe kann auch im Sinne der Revolverbank gelöst werden. Nach ihrem Grundgedanken wäre die Bohrmaschine mit einem Revolverkopf auszustatten, der mehrere Bohrspindeln trägt, die beim Umlegen des Kopfes einzeln arbeiten können. (Z. Ver. deutsch. Ing. 1892, S. 1260.)

Die nächste Entwicklungsstufe der Revolver-Bohrmaschine wäre der Bohrautomat (Fig. 536), der in ähnlicher Weise wie der Drehbank-

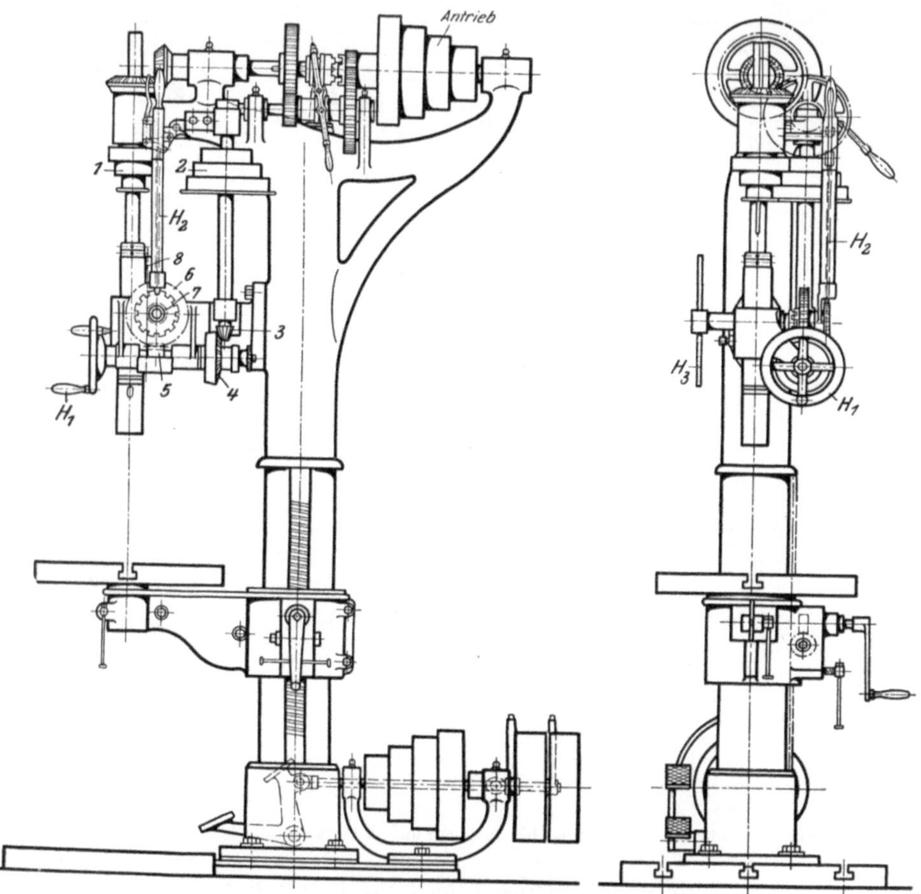

Fig. 533 und 534.   Größere Schnellaufbohrmaschine.

Automat, alle Bewegungen durch Schaltkurven selbsttätig vollzieht. Diese Bohrautomaten leisten beim Bohren der Grundplatten von Nähmaschinen, Schreibmaschinen große Dienste. Sie fassen bis 152 Spindeln. So kann eine Nähmaschinen-Grundplatte in $2^1/_4$ Minuten mit allen Löchern versehen werden.

Die Lochreihen-Bohrmaschinen.

Für das Bohren ganzer Lochreihen bietet die Praxis zahlreiche Fälle, die sich nach der Lage der Bohrlöcher in zwei Gruppen scheiden lassen. Die Bohrlöcher liegen entweder, wie bei Flanschen, auf einem Kreise oder auf einer Geraden, wie die Nietlöcher der Längsnaht eines Kessels.

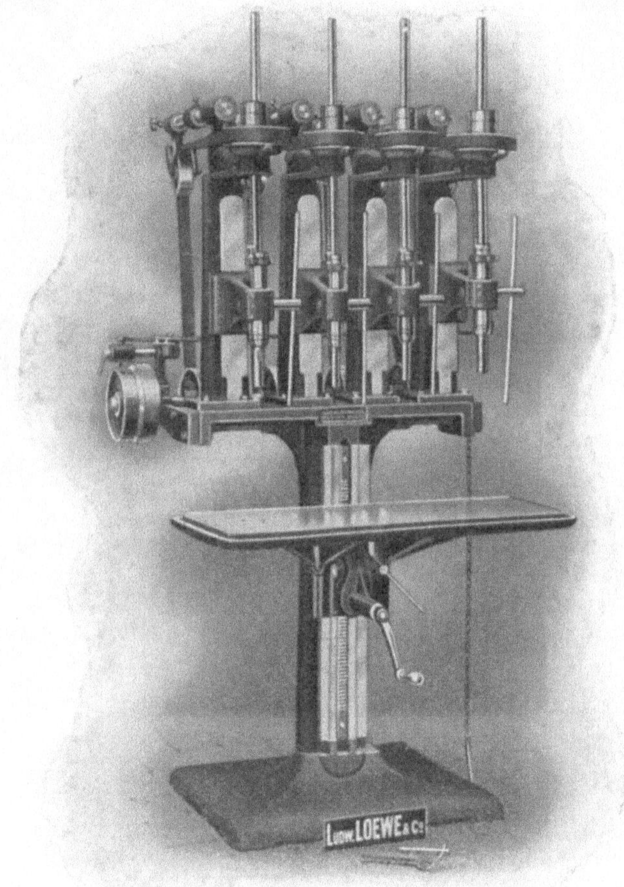

Fig. 535. Mehrspindelige Bohrmaschine. Ludw. Loewe & Co., A.-G. Berlin.

Will man alle Schraubenlöcher eines Flanschen gleichzeitig bohren, so erfordert das Verfahren eine entsprechende Anzahl von Bohrspindeln, die sich auf den Lochkreis einstellen lassen. Eine derartige Anordnung zeigt die Fig. 537 in vereinfachter Darstellung. Die einzelnen Bohrspindeln laufen hier in radial verschiebbaren Spindellagern, durch die sie auf den betreffenden Lochkreis auszurichten sind. Ihr Antrieb erfolgt durch das Hauptrad 5, mit dem der Trieb jeder Spindel (6, 7, 8

Fig. 536. Natco-Bohrautomat. Heinr. Dreyer, Berlin C.

und *9)* in Eingriff steht. Die Verbindung dieser verstellbaren Bohrspindeln mit dem festliegenden Antrieb erfordert natürlich ausziehbare Gelenkwellen nach Fig. 537 und 538.

Der Vorschub des Bohrers wird hier durch den Bohrschlitten erzeugt, der durch Schraube und Mutter von der Maschine gesteuert wird, und sich an der Arbeitsgrenze selbst auslöst. Um die einzelnen Bohrer jedesmal genau einstellen zu können, sind Schablonen mit den betreffenden Lochkreisen vorgesehen.

Das Bohren gerader Lochreihen verlangt eine Reihe nebeneinander liegender Bohrspindeln, die auf die vorgeschriebene Teilung oder auf ein Vielfaches derselben einzustellen sind. Die Lochreihenbohrmaschine in Fig. 539 bis 542 hat 10 Bohrspindeln zum Bohren der Löcher gerader Rohr- und Kondensatorplatten, sowie der Längsnähte an Kesselschüssen. Der Auf-

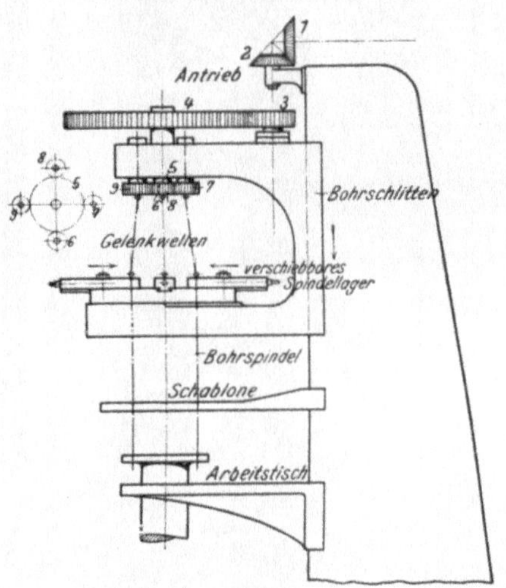

Fig. 537. Plan einer Flanschenbohrmaschine.

spanntisch hat hierzu eine Einrichtung zum parallelen Verschieben der Blechplatten und ist ausschwenkbar für das Bohren von Kesselschüssen.

Das Bohren zusammengesetzter Kesselschüsse erfordert für die Nietlöcher der Längs- und Rundnähte beide Maschinenarten (Fig. 543 und 544). Die linke Bohrmaschine bohrt mit 5 Spindeln die Löcher der Rundnaht und die rechte mit 9 Spindeln die der Längsnaht. Die zusammengesetzten Schüsse werden auf einem Rundtisch durch die 4 Druckleisten *b* gehalten. Die beiden Maschinen stehen auf je einer Grundplatte P_1 und P_2, mit denen sie sich auf dem Bett einzeln einstellen lassen.

c) Die Ausleger- oder Radialbohrmaschinen.

Der Grundgedanke der Auslegerbohrmaschinen ist, schwere Werkstücke an verschiedenen Stellen bohren zu können, ohne sie umspannen

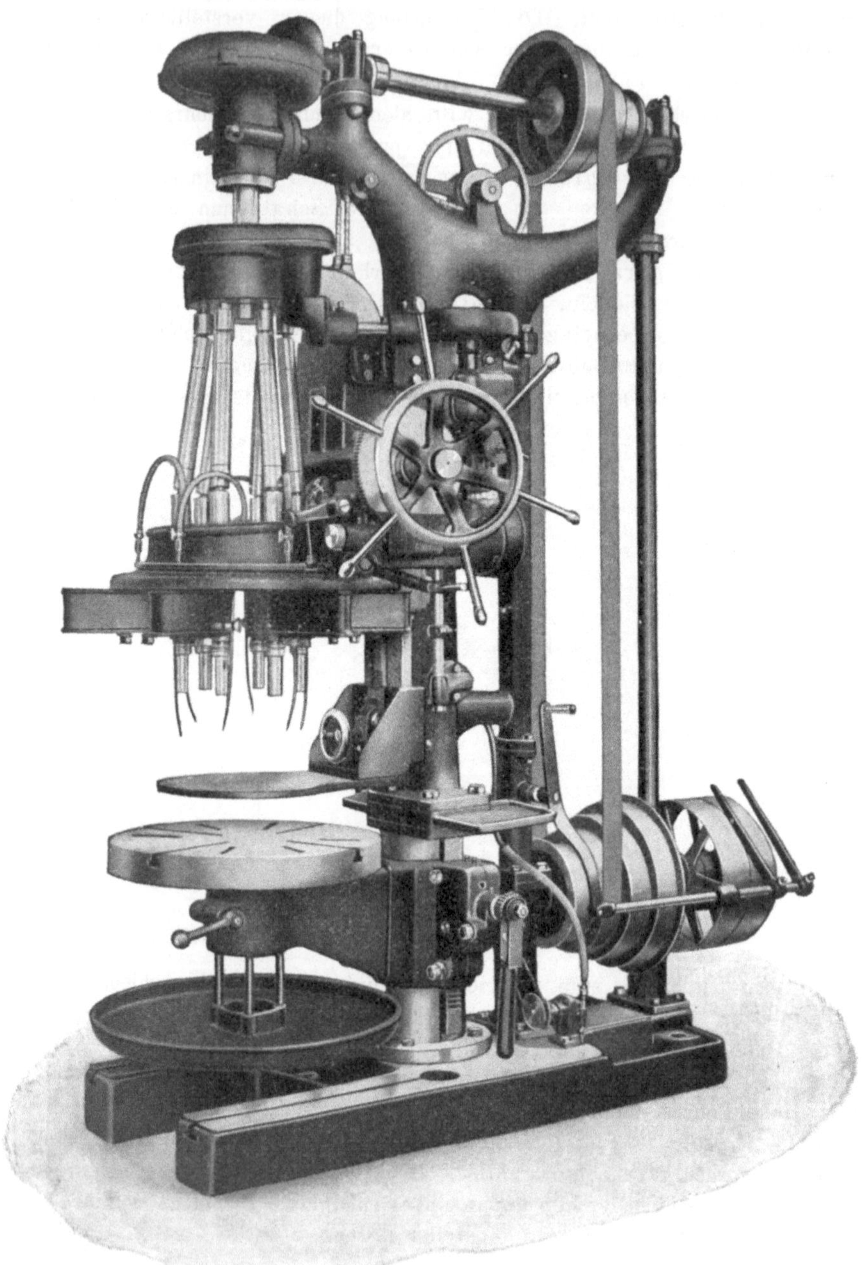

Fig. 538. Flanschenbohrmaschine. Dresdener Bohrmaschinenfabrik, Dresden.

zu müssen. Mit dieser Vereinfachung ist naturgemäß eine größere Arbeitsleistung verbunden, die noch erhöht wird, sobald die Maschine auch für verwandte Arbeiten, wie Gewindeschneiden, eingerichtet wird. Die Auslegerbohrmaschine bietet daher ein unersetzliches Hilfsmittel für Schiffswerften, Kesselschmieden und ähnliche Betriebe zum Bohren der Panzerplatten und schwerer Kesselbleche.

Um den Grundgedanken der Maschine praktisch durchzuführen, muß die Bohrspindel die ganze Oberfläche des Werkstückes bestreichen können (Fig. 545). Die Spindel muß daher, um die Breite B zu fassen, durch die Maschine in Richtung *1* seitlich auszuschwenken und für die Länge L in Richtung *2* einzustellen sein. Zu dieser doppelten Einstellbarkeit kommt

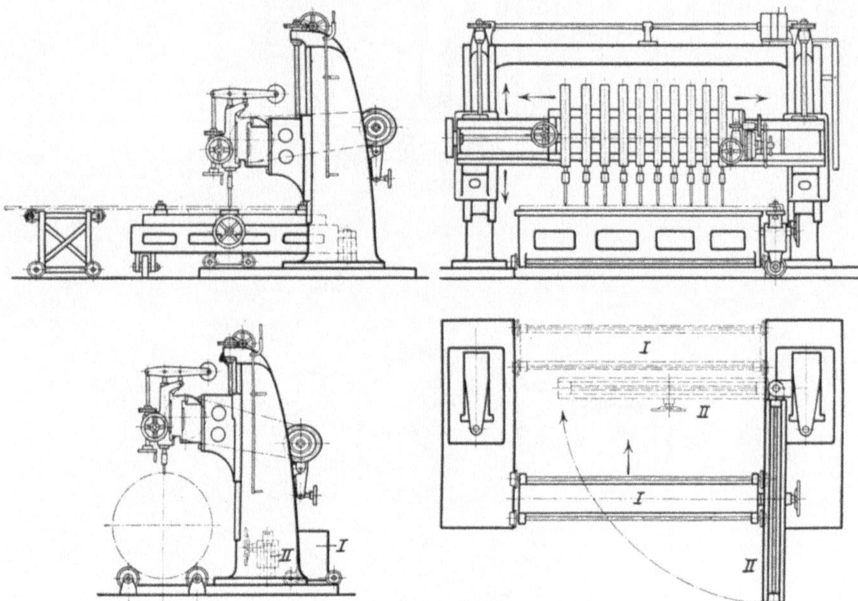

Fig. 539 bis 542. Plan einer Lochreihenbohrmaschine.

noch eine dritte, durch die die Bohrspindel auf die Höhe des Werkstückes gebracht wird.

Eine praktische Lösung der in drei Richtungen verstellbaren Maschine ist in Fig. 546 dargestellt. Der Ausleger A ist hier mit den Zapfen Z in den Lagern des Schlittens S drehbar aufgehängt. Die Drehbarkeit des Auslegers A gestattet daher, den Bohrer in Richtung *1* über das Werkstück zu schwenken. Das Einstellen des Bohrers in Richtung *2* geschieht mit dem Bohrschlitten B, der sich mit dem Handrade H auf dem Ausleger A verschieben läßt. Um die Maschine auf die Höhe des Werkstückes zu bringen, wird der Ausleger A mit dem Schlitten S an dem Ständer hoch und tief gestellt. Das Einstellen auf die Werkstückhöhe erfolgt selbsttätig, indem man mit einem in der Figur nicht angegebenen

Hebel das obere Räderwerk einschaltet, das die Schraubenwinde nach beiden Richtungen treiben kann.

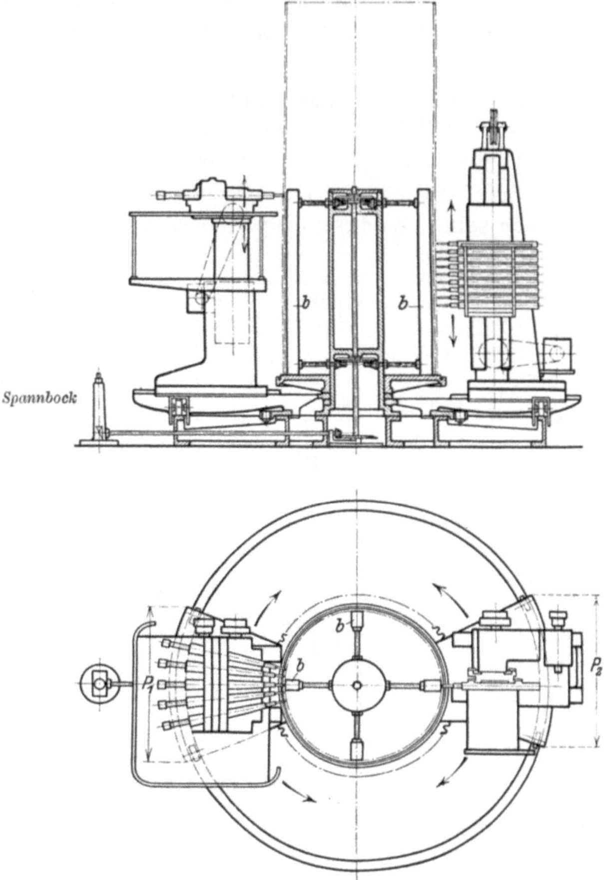

Fig. 543 und 544. Plan einer Kesselbohrmaschine.

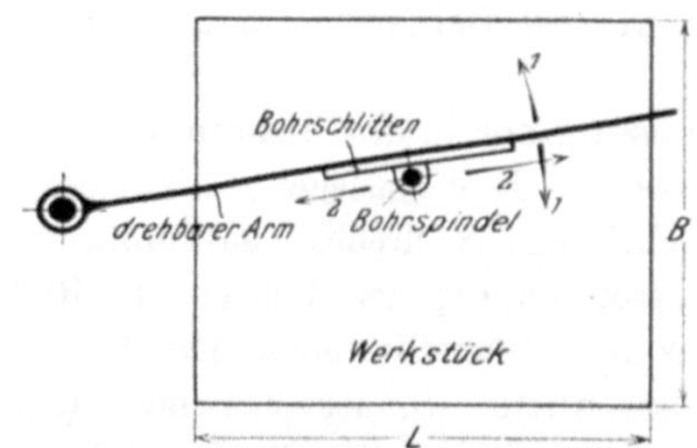

Fig. 545. Einstellbarkeit der Auslegerbohrmaschine.

Eine gewisse Schwierigkeit bietet bei den drehbaren und verschiebbaren Einzelteilen der Maschine der Antrieb der Bohrspindel. Er ist nur möglich, wenn die Triebwelle II auf Mitte der Zapfen Z liegt.

Die Hauptbewegung wird von dem Wagner-Stufenrädergetriebe (Fig. 52) mit 12 Geschwindigkeiten abgeleitet und durch die Triebe *3* bis *10* auf die Bohrspindel übertragen.

Ähnliche Einrichtungen hat auch die **Wand-Auslegerbohrmaschine** von E. Hettner, nur ist der freistehende Ständer durch die Wandplatte ersetzt (Fig. 547 und 548). Der Antrieb erfolgt von dem an dem Bohrschlitten festgeschraubten Motor. Zum Hoch- und Tiefstellen und zum Schwenken ist der Ausleger mit einer Säule *z* in den Lagern der Wandplatte geführt. Der Vorschub wird von der Bohrspindel entnommen. Zum

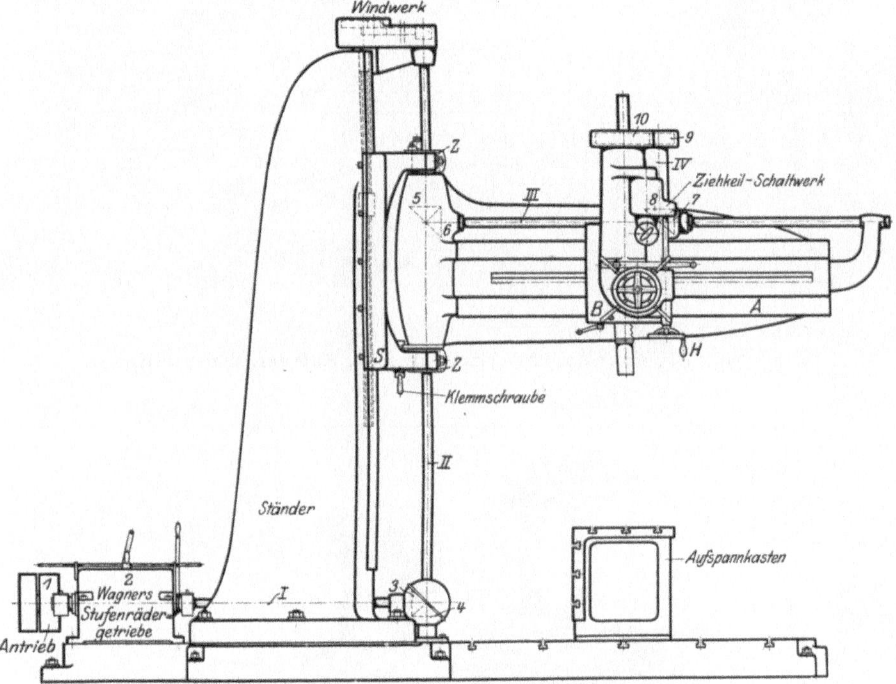

Fig. 546. Auslegerbohrmaschine. E. Hettner, Münstereifel.

Bohren mit H_1 ist der Selbstgang auszurücken und zum Hochschlagen des Bohrers mit H_2 ist das Schneckenrad zu entkuppeln.

Mit der Aufnahme des Rundschleifens hat die Auslegerbohrmaschine vielfach an Stelle des kastenförmigen Ständers eine Säule erhalten. Diese Bauart (Fig. 549) des Ständers läßt vorzügliche Führungen für die Einstellbewegungen des Auslegers zu.

Der Säulenständer besteht aus der Außensäule S_2 und der Innensäule S_1 (Fig. 550), die mit ihrem Fuß auf der Grundplatte verschraubt wird. Die Drehbarkeit des Auslegers in Richtung *1* ist durch die Außensäule S_2 geboten, die sich zur leichteren Beweglichkeit unten auf ein Kugellager stützt und durch den Klemmring K festzustellen ist. Die Hochstellung wird mit dem Ausleger A vorgenommen, der hierzu mit einer

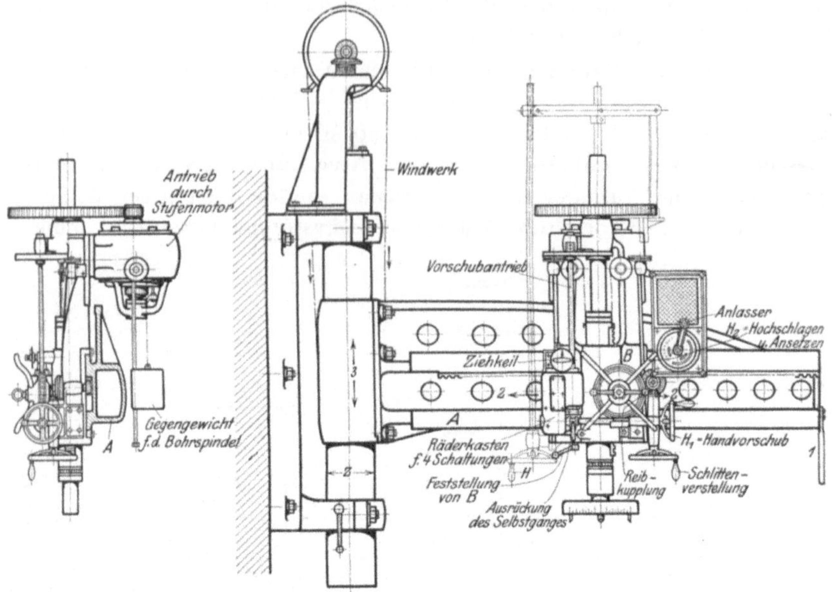

Fig. 547 und 548. Wand-Auslegerbohrmaschine. E. Hettner, Münstereifel.

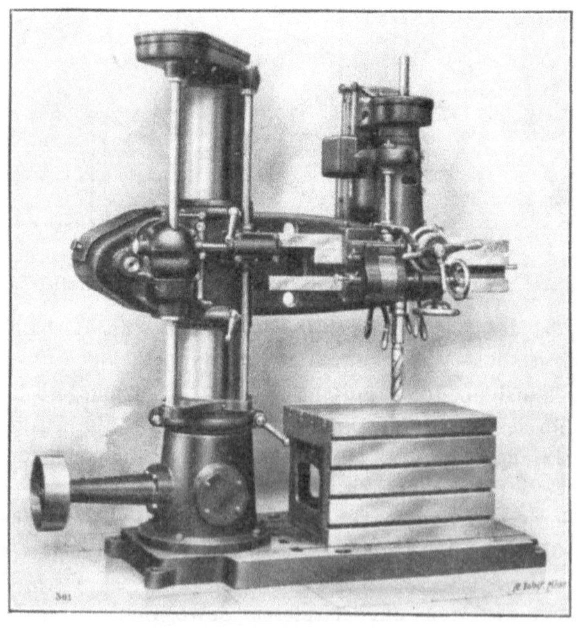

Fig. 549. Auslegerbohrmaschine. H. Hessenmüller, Ludwigshafen.

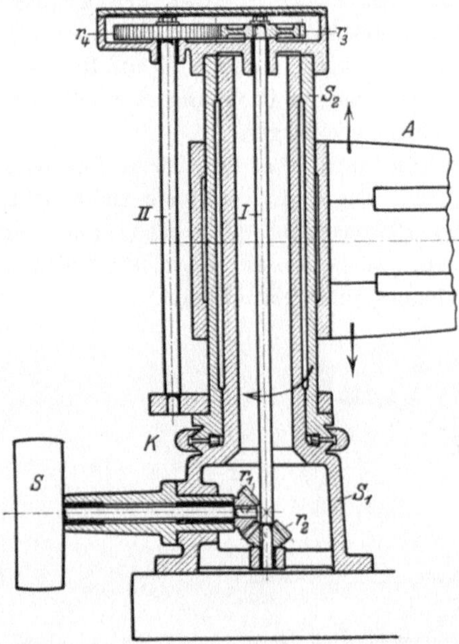

Fig. 550. Säule der Hessenmüllerschen Auslegerbohrmaschine.

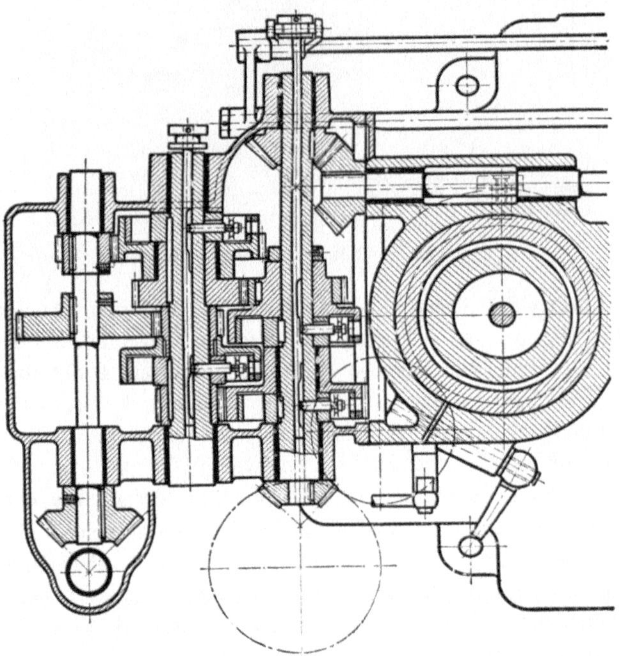

Fig. 551. Antriebsräderwerk.

langen Schelle auf der Außensäule S_2 sitzt und auf ihr festzuklemmen ist. Die Schraubenwinde des Auslegers wird von einer senkrechten Außenwelle angetrieben und mit einem Handgriff auf Rechts- oder Linksgang eingeschaltet. Die Einstellung in Richtung 2 wird auch hier mit dem verschiebbaren Bohrschlitten vollzogen.

Auch der Stufenräderantrieb hat bei den Auslegerbohrmaschinen Aufnahme gefunden und dies mit Recht, weil sie meist mehr als 5 PS. verlangen. So wird die Bohrmaschine von Hessenmüller von der Einscheibe S angetrieben, während der Geschwindigkeitswechsel in dem Räderkasten des Auslegers untergebracht ist.

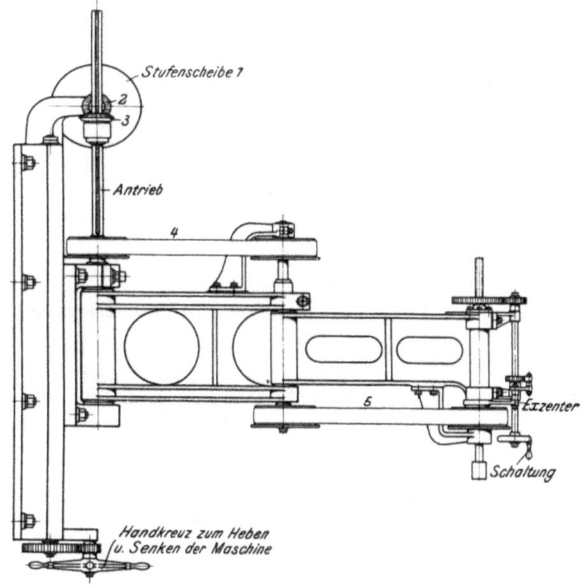

Fig. 552. Wand-Auslegerbohrmaschine.

Die Hauptwelle I muß hier wegen des drehbaren Auslegers auf Mitte Säule liegen, so daß der Räderkasten von der Welle II angetrieben wird. Er läßt mit den 4 Reibkupplungen 4 Schaltungen zu (Fig. 551). Die hintere Welle III treibt also mit 4 Geschwindigkeiten auf ein Räderwerk des Bohrschlittens, das nochmals 3 Schaltungen gestattet, so daß die Bohrspindel über 12 Geschwindigkeiten verfügt. Die 6 Vorschübe werden durch ein Ziehkeil-Wechselrädergetriebe erreicht.

Der Grundgedanke der Auslegerbohrmaschine läßt noch eine andere Lösung zu, wie sie bei der Wandbohrmaschine (Fig. 552) durchgeführt ist. Der als Doppelgelenk ausgebildete Rahmen gestattet dem Bohrer, die ganze Oberfläche des Werkstückes zu fassen. Mit dem Handkreuz, das durch ein Vorgelege auf eine Schraube wirkt, ist der Schlitten auf dem Wandbett zu verschieben und so die Maschine auf die Arbeits-

höhe einzustellen. Der Antrieb der
Bohrspindel vereinfacht sich auf
zwei Riementriebe, deren Scheiben
in den Gelenkpunkten sitzen müssen.
Die Maschine ist durch das Ein-
und Ausschwenken des Rahmens
leicht zu bedienen und besonders
für leichtere Arbeiten geeignet.

Eine Vervollkommnung der
Ausleger-Bohrmaschine für die
Kesselschmieden wäre, sie mit
einer Reihe von Spindeln für das
gleichzeitige Bohren der Längsnähte und der Quernähte auszustatten.

Nach diesem Grundgedanken
ist die Kesselbohrmaschine in Fig.
553 bis 555 eingerichtet. Die
Bohrmaschine *I* bohrt mit 8 gleichzeitig einstellbaren Spindeln die
Längsnaht und die Maschine *II*
mit 3 gleichen Spindeln die Quer-
naht. Beide Maschinen lassen sich
auf dem Bett nach Bedarf verschieben, dabei werden alle Einstellungen selbsttätig ausgeführt. Der
Kessel kann also erst vollständig
zusammengesetzt und dann gebohrt
werden.

Die Ausleger-Bohrmaschine
kann auch zum Lochausschneiden
und Flachfräsen benutzt werden.
Für das Lochausschneiden haben
die Maschinen von E. Hettner,
Münstereifel, eine besondere
Vorrichtung (Fig. 547). In der
hohlen Bohrspindel steckt eine Körnerstange, deren Körner mit dem
Handrade auf Lochmitte angesetzt wird. Der an der Bohrspindel
sitzende Messerkopf schneidet unter
Führung der Körnerstange die
Scheibe heraus, die durch den Körner
herausgedrückt werden kann.

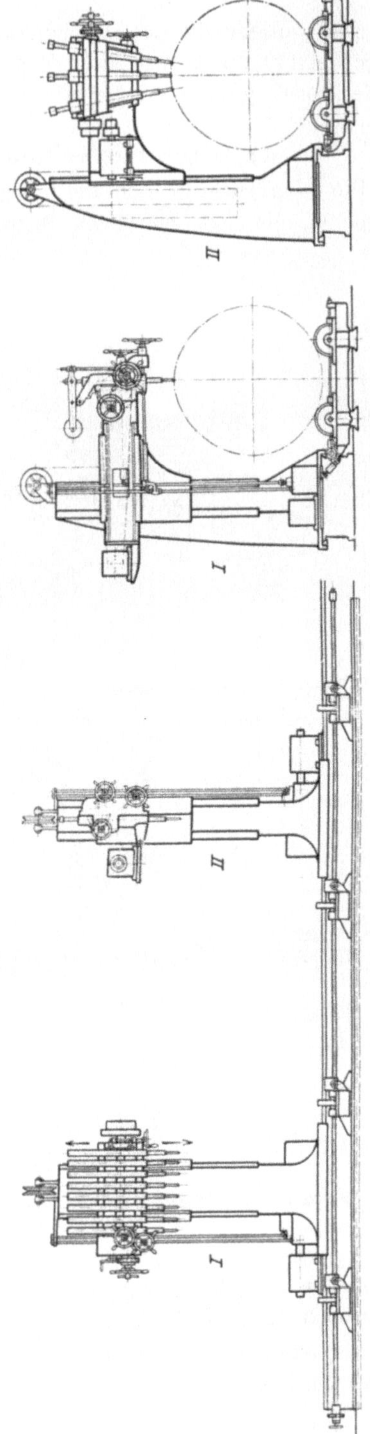

Fig. 553 bis 555. Plan einer Kesselbohrmaschine.

Eine weitere Ausstattung der Ausleger-Bohrmaschine ist eine zweite Bohrspindel für das Gewindeschneiden.   Es kann daher ohne Auswechseln der Werkzeuge gebohrt und Gewinde geschnitten werden.

d) Die wagerechten Bohrmaschinen.

Die wagerechten Bohrmaschinen haben eine wagerecht gelagerte Bohrspindel, die den bekannten Bauregeln unterworfen ist.   Die Zahn-

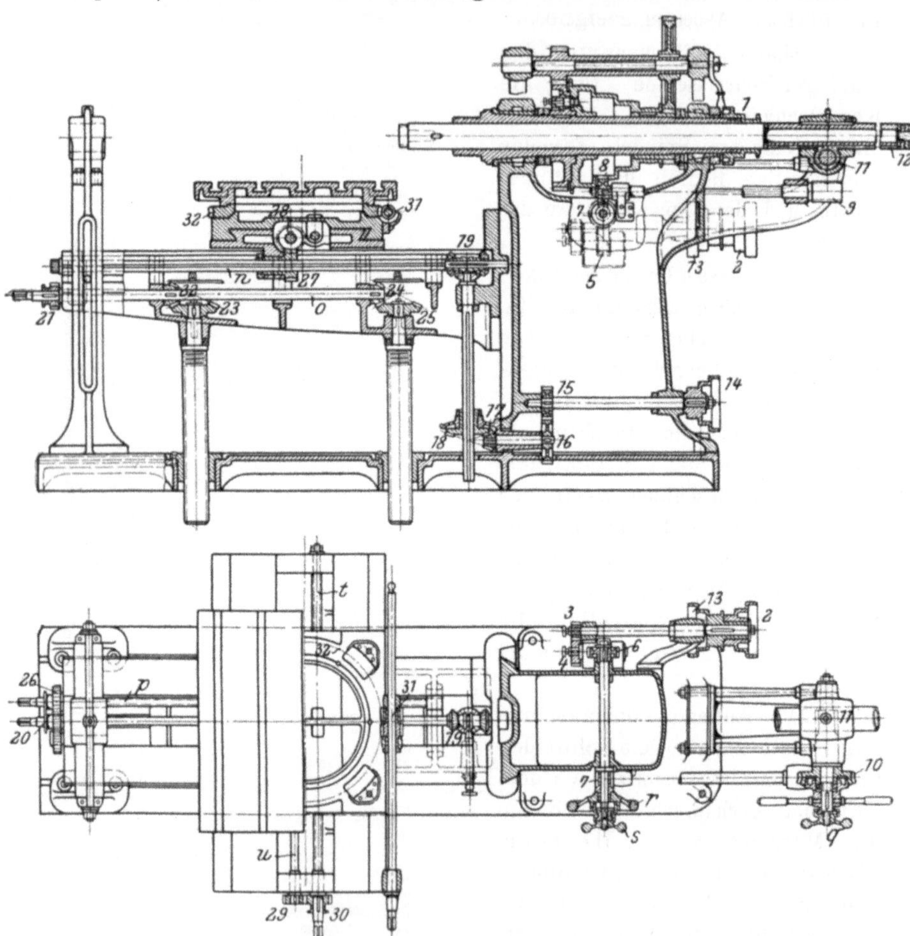

Fig. 556 und 557.   Wagerechte Bohr- und Fräsmaschine mit festliegender Spindel.
Mammutwerke, Nürnberg.

stangenhülse sitzt bei der wagerechten Spindel am handlichsten auf dem Schwanzende (Fig. 483).

Die wagerechten Maschinen sind für gewöhnlich Ausbohrmaschinen, die aber auch zum Lochbohren benutzt werden.   Ihr Arbeitsbereich umfaßt das Bohren, Ausbohren und Fräsen mittelschwerer und schwerer Werkstücke, wie Lager, Zylinder und Maschinengehäuse von den kleinsten bis zu den größten Abmessungen.

Je nach der Größe und dem Gewicht der Werkstücke werden die wagerechten Bohrmaschinen mit einem festliegenden (Fig. 556 und 557) oder einem verschiebbaren Spindelstock (Fig. 559) ausgeführt. Die Maschinen mit festliegendem Spindelstock müssen daher das Werkstück mit dem Arbeitstisch anstellen, so daß sich ihre Anwendung vorwiegend auf mittelschwere Maschinenteile erstreckt. Schwere Werkstücke werden vorteilhaft auf einem Schlitten der Grundplatte festgespannt, so daß die Bohrspindel an das Arbeitsstück anzusetzen ist. Hierzu verlangt die Maschine einen verschiebbaren Spindelstock, der sich als Bohrschlitten heben und senken läßt.

In ihren Hauptteilen stimmen jedoch beide Maschinen mit den Lochbohrmaschinen grundsätzlich überein. Allerdings verlangen die schwereren Schnitte einer Ausbohrmaschine eine überaus kräftige Bauart.

Die wagerechten Bohrmaschinen mit festliegendem Spindelstock.

Der Antrieb der wagerechten Bohrmaschine mit festliegendem Spindelstock vereinfacht sich dadurch, daß sich Stufenscheibe und Rädervorgelege, wie bei einer Drehbank, anordnen lassen. Der Vorschub der Bohrspindel verlangt allerdings als Antriebswelle eine Hohlwelle, die Bohrhülse, die, wie die Drehbankspindel, in nachstellbaren Lagern läuft. Die Bohrhülse treibt durch Feder und Nut die verschiebbare Bohrspindel, die durch die Hülse hochgradig geführt und gut versteift wird.

Den Bohrvorschub erzeugt ein Zahnstangengetriebe, dessen Rundstange auf dem Schwanzende der Bohrspindel sitzt. Die für den Vorschub erforderliche Schaltsteuerung wird sachgemäß so eingerichtet, daß die Handsteuerung und alle sonstigen Handgriffe auf der Vorderseite der Maschine liegen und die Selbststeuerung auf der Rückseite. Diese Anordnung ist zwar kostspieliger, dafür bietet sie aber dem Arbeiter eine größere Sicherheit und Bequemlichkeit.

Der Gedanke ist auch in Fig. 556 und 557 vertreten. Der selbsttätige Bohrvorschub wird hier durch die Getriebe *1* bis *12* von der Bohrhülse aus vermittelt und durch die Kupplung *S* eingerückt. Zum Bohren von Hand dient das lose Handrad *r*, das die Triebe *7* bis *12* betätigt, und zum Ansetzen und Zurückziehen des Bohrers das gezeichnete Handkreuz. Um es benutzen zu können, ist vorher das Schneckenrad *10* mit der Handmutter *q* zu entkuppeln.

Die schweren Schnitte der Maschine haben auch hier in dem Antriebe die bekannten Neuerungen gezeitigt. So hat die Maschine in Fig. 558 ein Stufenrädergetriebe mit 8 Schaltungen für den Antrieb der Bohrspindel und ein Wechselräderschaltwerk für 8 Vorschübe zum Bohren und Fräsen.

Der Bohrtisch hat bei den Maschinen mit festem Spindelstock das
Werkstück anzusetzen und auch beim Fräsen den Vorschub zu erzeugen.

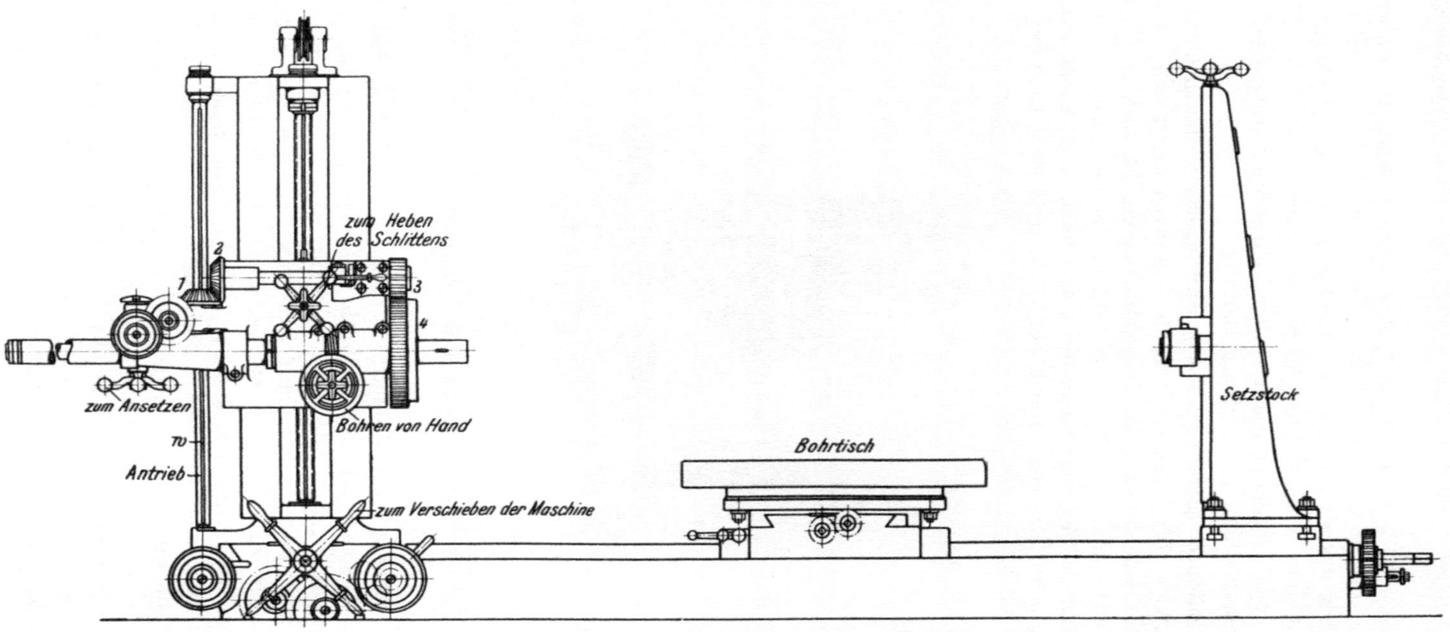

Fig. 559. Wagerechtes Bohr- und Fräswerk mit verschiebbarer Spindel.

Zu dem Zweck ist, wie bei der einfachen Fräsmaschine, der Untertisch als Winkeltisch ausgeführt und der Obertisch als Kreuzschlitten. Der Arbeitstisch gestattet daher, das Werkstück mit dem Winkeltisch zu heben und mit dem Kreuzschlitten längs und quer einzustellen. Er gewährt durch den vorderen Klemmrahmen ein erschütterungsfreies Arbeiten als Grundbedingung für glatten Schnitt.

Durchgebildete Maschinen haben zur größeren Handlichkeit und Leistungsfähigkeit für sämtliche Tischbewegungen Selbstgang, der die Bedienung sehr erleichtert. Die Vervollkommnung ist auch in Fig. 556 und 557 aufgenommen. Die Spindel n bildet hier den Ausgang für alle Züge des Tisches. Sie wird durch die Getriebe *1*, *2*, *13* bis *19* von dem Spindelstock aus angetrieben. Durch das Wendegetriebe *19* kann der Tisch

Fig. 560. Bohr- und Fräswerk mit verschiebbarer und schrägstellbarer Spindel.
de Fries & Co., A.-G. Düsseldorf.

vor- und rückwärts gesteuert werden. Um z. B. den Tisch zu heben, ist das Rad *21* auf *0* einzurücken, wodurch das Windwerk *20* bis *25* des Tisches in Tätigkeit tritt. Für den Längsgang ist n mit der Leitspindel p zu kuppeln und zwar durch Einrücken von *26*. Den Quergang des Tisches, der auch zum Fräsen dient, vermittelt die Spindel t. Sie wird von n aus über die Schraubenräder *27*, *28*, die glatte Spindel u und die Räder *29*, *30* angetrieben. Diese Umleitung ist nötig, um das Rad *30* mit der Hand ein- und ausrücken zu können. Vielfach sind derartige Bohrtische noch mit einem Rundgang ausgestattet. Für ihn sitzt auf dem Querschlitten ein Rundschlitten, der durch das Schneckengetriebe *31*, *32* mit der Hand gesteuert wird. Beim Bohren mit der Stange dient das vordere Lager zugleich als Unterstützung der Bohrstange.

Die wagerechten Bohrmaschinen mit verschiebbarem Spindelstock.

Die wagerechten Bohrmaschinen mit verschiebbarem Spindelstock (Fig. 559) erhalten ihren Antrieb von einer senkrechten Welle w und zwar durch die verschiebbaren Kegelräder *1*, *2*, die über *3*, *4* die Bohrspindel treiben. Spindelantrieb und Steuerung sind ähnlich gebaut wie bei den früheren Maschinen. Sämtliche Teile sind jedoch auf dem verschiebbaren Schlitten angeordnet. Der Bohrtisch hat Längs- und Quergang und einen drehbaren Rundtisch.

Auch diese Maschine hat ihre Neuerungen erfahren. So geschieht der Antrieb in Fig. 560 von der Einscheibe über einen Räderkasten mit 18 Schaltungen. Die Spindel sitzt mit einer Drehscheibe auf dem Bohrschlitten, so daß sie auch in jeder Schrägstellung bohren kann.

e) Die Zylinderbohrmaschinen.

Die Zylinderbohrmaschinen sind Sondermaschinen für den Großmaschinenbau. Sie dienen, wie schon der Name sagt, zum Ausbohren größerer Dampf-, Pumpen- und Gebläsezylinder. Ihre Werkzeuge sind die Bohrmesser, die in einen Bohrkopf der Bohrspindel gespannt werden. Liegt die Bohrspindel wagerecht, so ist die Maschine eine liegende Zylinderbohrmaschine und bei senkrechter Bohrspindel eine stehende.

Die liegenden Zylinderbohrmaschinen.

Für den Aufbau der liegenden Zylinderbohrmaschinen gibt es zunächst zwei Wege: Erteilt man dem Bohrkopf mit den Bohrmessern beide Bewegungen (Fig. 561), so wird die Maschine verhältnismäßig kurz und ihre Lagerentfernung $a > L$. Die Kennzeichnung dieser Bauart liegt in dem wandernden Bohrkopf.

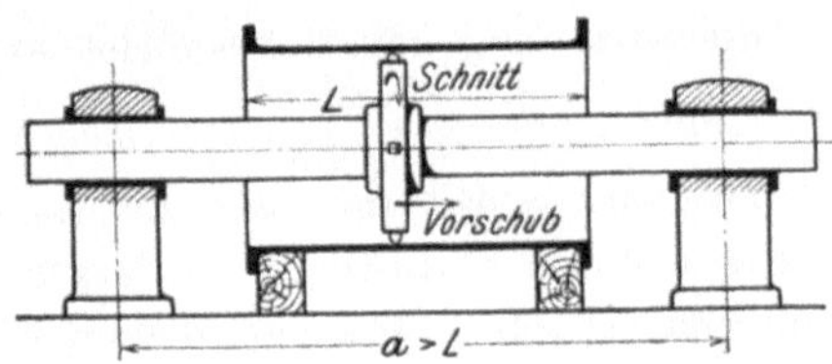

Fig. 561. Plan einer Ausbohrmaschine mit wanderndem Bohrkopf.

Trennt man Hauptbewegung und Vorschub (Fig. 562), so daß der Arbeitstisch mit dem Zylinder den Vorschub bekommt, so wird $a > 2L$. Diese Arbeitsweise wäre zwar nach dem früher Gesagten für die Güte der Arbeit vorteilhafter, für den Bau und Betrieb der Maschine aber unzweckmäßig. Sie würde nämlich für den Vorschub des schweren Zylinders einen größeren Arbeitsbedarf beanspruchen und in ihrer Bauart viel schwerer ausfallen. Die Maschine, deren Kennzeichnung in dem wandernden Arbeitstisch liegt, würde also wirtschaftlich ungünstig arbeiten.

Die Bauart der Zylinderbohrmaschine hängt demnach von ihrer besonderen Arbeitsweise ab. Sollen die Werkzeuge beide Bewegungen vollziehen, so verlangt die Maschine einen wandernden Bohrkopf, der die Haupt- und die Schaltbewegung zugleich ausführt. Beide Bewegungen werden ihm von der Bohrspindel erteilt. Der Bohrkopf sitzt hierzu auf der äußeren Bohrhülse (Fig. 563), mit der er durch Feder und Nut verbunden ist. Die Hülse wird durch die Stufenscheibe *1*, die Kegelräder *2*, *3* und das Schneckengetriebe *4*, *5* angetrieben, so daß sie den im Bohrkopf eingespannten Messern die vorgeschriebene Schnittgeschwindigkeit erteilt.

Der Vorschub des Bohrkopfes wird durch Schraube und Mutter erzeugt. Die Schaltschraube liegt hier als Leitspindel in der Bohrhülse. Sie faßt den Bohrkopf mit der Mutter *m* und schiebt ihn bei jedem Umlauf der Bohrhülse um den Vorschub vor (Fig. 564).

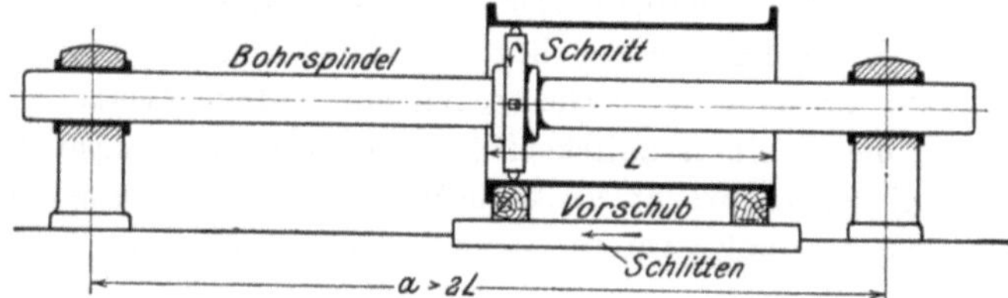

Fig. 562. Plan einer Ausbohrmaschine mit wanderndem Arbeitstisch.

Der Schwerpunkt liegt auch bei diesen Maschinen in der Ausbildung der Bohrspindel. Soll nämlich die Maschine bei ihren schweren Schnitten gute Arbeit liefern, so darf die Spindel unter der Last ihres Eigengewichtes, des Bohrkopfes und des Stahldruckes nicht zu stark federn. Nur unter dieser Voraussetzung werden genau runde Zylinder entstehen.

Die Gesetze für die Gestaltung der Bohrspindel lassen sich aus der Gleichung für die Durchbiegung $f = \dfrac{P \cdot a^3}{C \cdot E \cdot J}$ entwickeln. Sie besagt, daß die Federung der Spindel naturgemäß mit der Belastung P wächst, die durch das Eigengewicht und den Stahldruck hervorgebracht wird. Der Erbauer muß daher die Spindel von diesen auf Biegung wirkenden Kräften möglichst zu entlasten suchen.

Ein dankbares Mittel für diese Entlastung bietet die senkrechte Bohrspindel, die unter ihrem Belastungsgewicht bedeutend weniger federt als die wagerechte. Von dem Gesichtspunkte betrachtet, müßte die stehende Zylinderbohrmaschine empfehlenswerter sein, als die liegende. Man sollte sie daher vorzugsweise bei den größten Zylindern anwenden, weil sie hier verhältnismäßig leicht ausfällt.

Ein weiteres Mittel, die Spindel zu entlasten, wären mehrere gleichzeitig arbeitende Werkzeuge. Sitzen sie im Bohrkopf entsprechend verteilt, so gleichen sie den auf die Spindel biegend wirkenden Bohrdruck ziemlich aus.

Der wichtigste Faktor ist, wie die Gleichung lehrt, eine kurze und dicke Spindel, weil die Durchbiegung mit a^3 wächst und mit J also d^4 abnimmt. In dieser Hinsicht verdient die Maschine in Fig. 561 entschieden den Vorzug. Ihre Spindel wird bei gleichen Abmessungen wie in Fig. 562 bedeutend widerstandsfähiger sein und infolgedessen auch einen glatteren Schnitt liefern. Nur eins ist

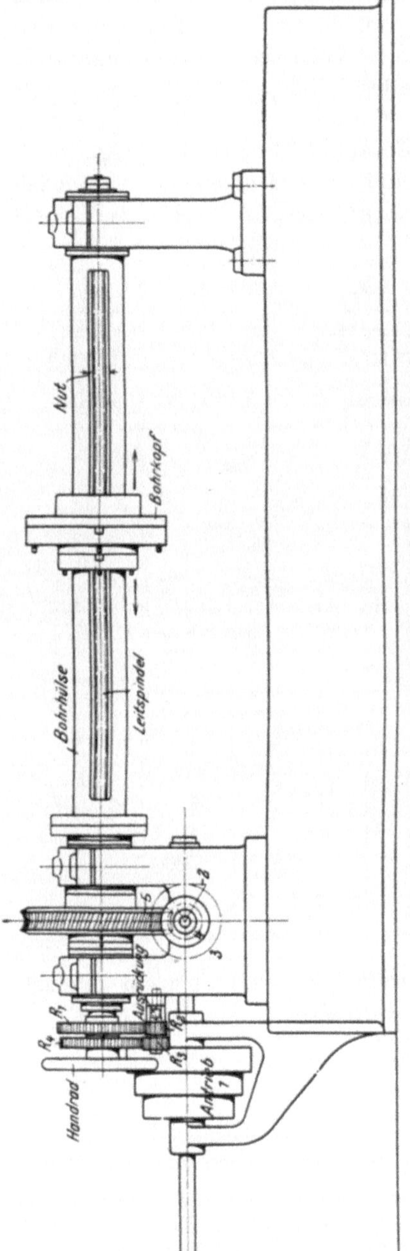

Fig. 563. Liegende Zylinderbohrmaschine mit wanderndem Bohrkopf.

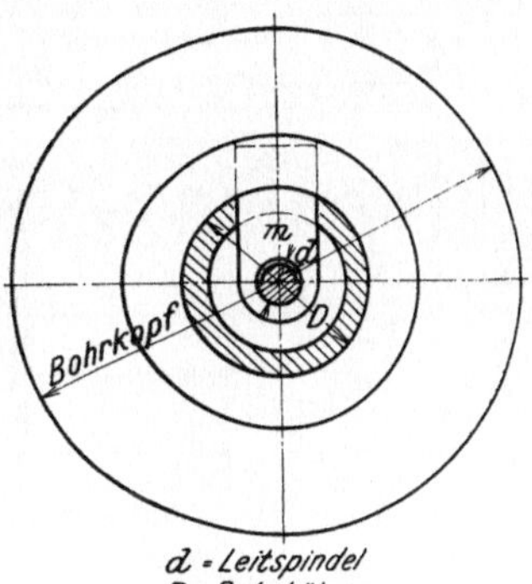

Fig. 564. Bohrspindel mit gleichachsiger Leitspindel.

zu bemängeln. Die im Innern gleichachsig liegende Leitspindel verursacht eine hohle Bohrspindel mit breiter Nut, die stark geschwächt ist ($J\,min$). — Zu praktisch brauchbaren Werten gelangt man, wenn die durch den Stahldruck verursachte Durchbiegung der Spindel kleiner als $^1/_{100}$ mm gehalten wird. — Günstiger erweist sich schon die außerachsig gelagerte Leitspindel, die die Widerstandsfähigkeit der Hülse weniger beeinflußt (Fig. 568 und 569).

Eine interessante Aufgabe bietet die Selbststeuerung der Zylinderbohrmaschine mit wanderndem Bohrkopf. Sie richtet sich nach der Lage

der Leitspindel. Soll die gleichachsige Leitspindel den Bohrkopf selbsttätig vorschieben, so ist sie von der Bohrhülse anzutreiben. Ein Vorschub
wird dabei aber nur zustande kommen, sobald ein Unterschied in den Umdrehungen beider Spindeln vorhanden ist. Denn bei gleicher Umlaufszahl
würde der Bohrkopf auf derselben Stelle kreisen, ohne sich nach rechts
oder links zu verschieben.

Jener Aufgabe dient das Differentialrädergetriebe (Fig. 563).
Von ihm sitzen die Räder R_1 auf der Bohrhülse und R_4 auf der Leitspindel.
Die Räder R_2 und R_3 laufen mit einer gemeinsamen Büchse auf einem

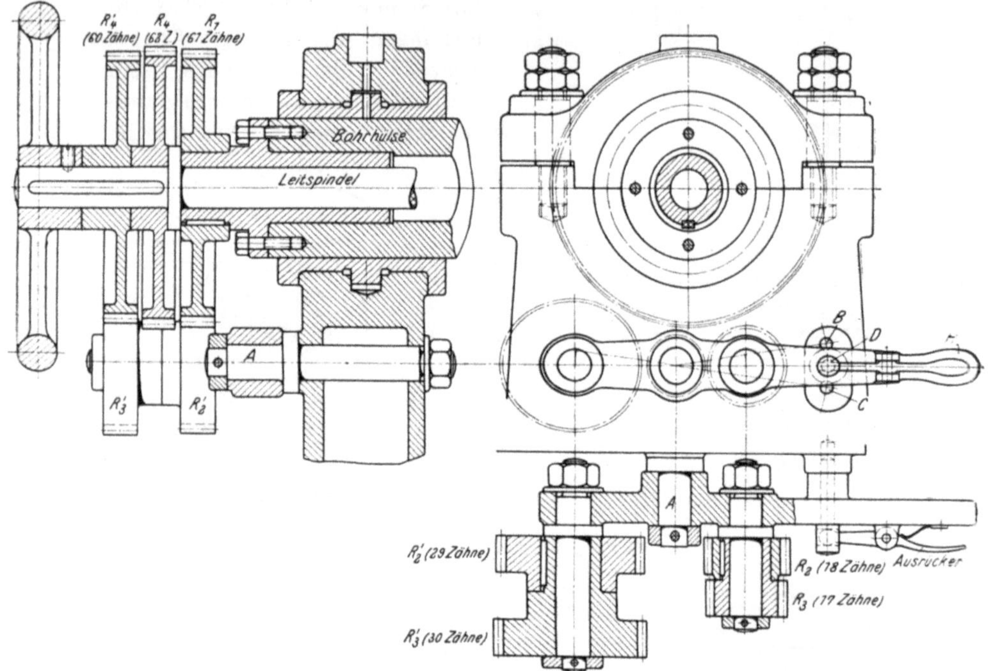

Fig. 565 bis 567. Differentialrädergetriebe. W. Wohlenberg, Hannover.

Zapfen. Sollen nun verschiedene Umdrehungen beider Spindeln erzeugt
werden, so muß die Übersetzung dieses Getriebes

$$\varphi = \frac{R_1}{R_2} \cdot \frac{R_3}{R_4} \gtrless 1$$

sein. Ist z. B. die Übersetzung $\varphi > 1$, so wird die Leitspindel gegenüber
der Bohrhülse jedesmal um $\varphi - 1$ Umdrehungen voreilen und den Bohrkopf bei jeder Umdrehung der Maschine um $(\varphi - 1)s$ mm vorschieben,
wenn s die Steigung der Leitspindel ist. Ist demnach die Leitspindel
rechtsgängig, so wandert der Bohrkopf bei Rechtsdrehung der Maschine
nach links. Wäre $\varphi < 1$, so eilt die Bohrhülse vor und schiebt den
Bohrkopf bei jeder Umdrehung um $(1 - \varphi) s$ mm nach rechts. Um den

Bohrkopf von Hand einstellen zu können, sind die Räder R_2 und R_3 durch Umlegen eines Hebels auszurücken, so daß die Leitspindel mit dem Handrade gedreht werden kann.

Das Differentialrädergetriebe bietet noch ein einfaches Mittel, die Maschine nach beiden Richtungen arbeiten zu lassen. Zu dem Zwecke wären zwei derartige Getriebe einzubauen, deren Übersetzungen $\varphi_1 > 1$ und $\varphi_2 < 1$ sind. Werden diese Getriebe abwechselnd eingerückt, so wird die Maschine mit φ_1 den Bohrkopf vorschieben und mit φ_2 zurückziehen. Der Gedanke ist in Fig. 565 bis 567 durchgeführt. Auf der Bohrhülse sitzt hier das treibende Rad R_1 und auf der Leitspindel die Räder R_4 und R'_4. Auf dem um A drehbaren Hebel H sitzt links das Räderpaar $R'_2\,R'_3$ und rechts $R_2\,R_3$. Beide Räderpaare laufen lose auf einem Zapfen. Rückt man den Steuerhebel H mit seinem Schnäpper auf B ein, so arbeitet das rechte Räderpaar $R_2\,R_3$. Die Übersetzung ist dabei

$$\varphi_2 = \frac{R_1}{R_2} \cdot \frac{R_3}{R_4} = \frac{61}{18} \cdot \frac{17}{62} = 0{,}93,$$

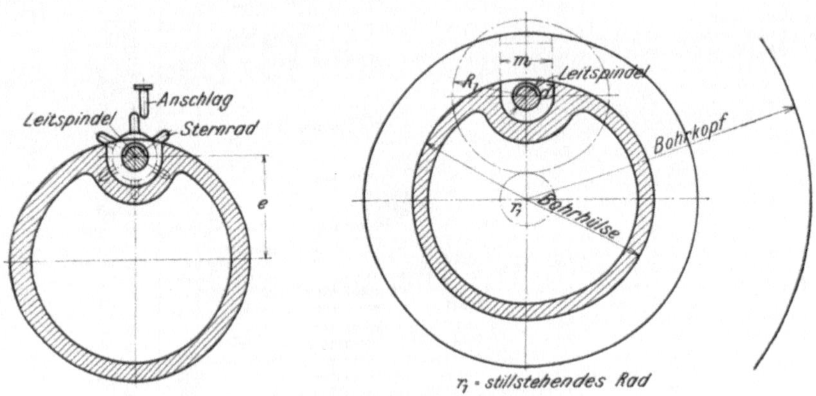

Fig. 568 und 569. Steuerung der außerachsig liegenden Leitspindel.

so daß die Maschine den Bohrkopf zurückschiebt. Als Vorschub ergibt sich bei 10 mm Steigung der Leitspindel $\delta_2 = (1 - 0{,}93) \cdot 10 = 0{,}7$ mm. Legt man den Hebel H auf C, so kommt das linke Räderpaar zum Eingriff, und es arbeitet die Übersetzung

$$\varphi_1 = \frac{R_1}{R'_2} \cdot \frac{R'_3}{R'_4} = \frac{61}{29} \cdot \frac{30}{60} = 1{,}05.$$

Die Leitspindel wird also voreilen und den Bohrkopf verschieben mit einem Vorschub $\delta_1 = (\varphi_1 - 1)\,s = (1{,}05 - 1)\,10 = 0{,}5$ mm.

In seiner Mittelstellung D würde der Hebel H sämtliche Räder ausrücken, so daß der Bohrkopf mit dem Handrad eingestellt werden kann.

Bei der außerachsig liegenden Leitspindel findet man vielfach für den Vorschub eine Rucksteuerung (Fig. 568). Auf der Leitspindel sitzt

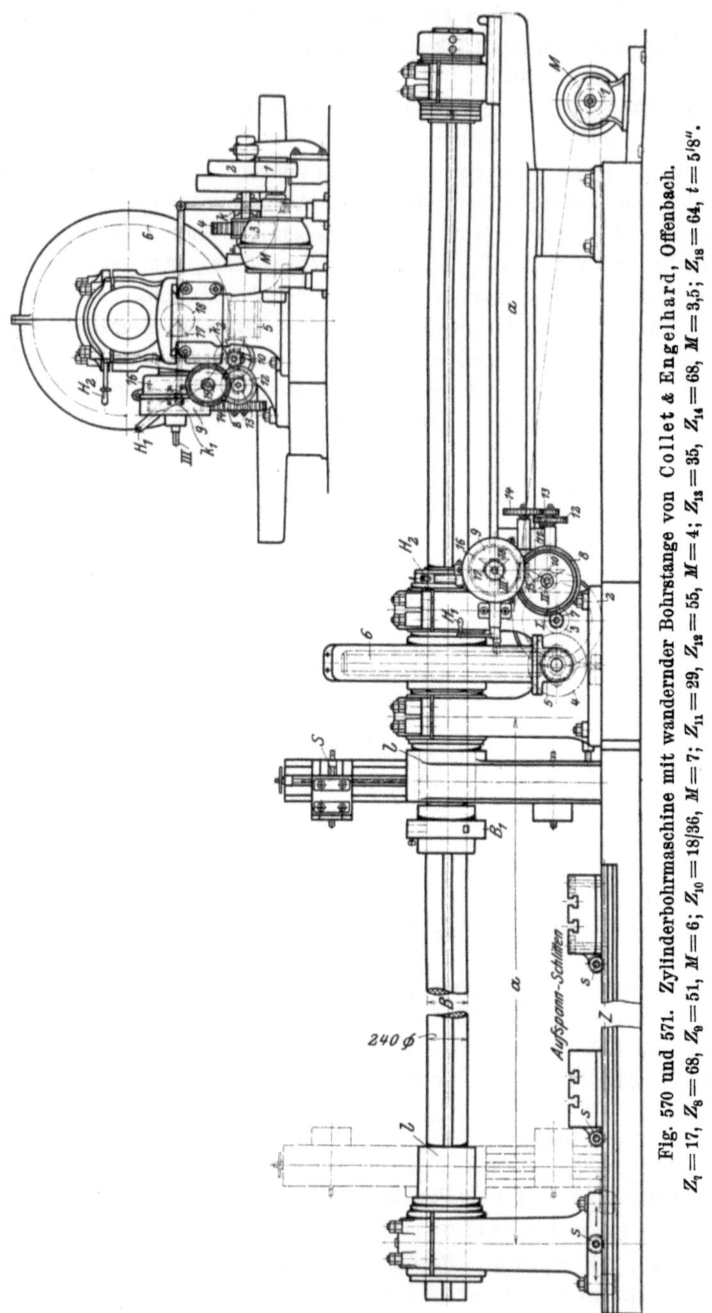

Fig. 570 und 571. Zylinderbohrmaschine mit wandernder Bohrstange von Collet & Engelhard, Offenbach.
$Z_7 = 17,\ Z_8 = 68,\ Z_9 = 51,\ M = 6;\ Z_{10} = 18/36,\ M = 7;\ Z_{11} = 29,\ Z_{12} = 55,\ M = 4;\ Z_{13} = 35,\ Z_{14} = 68,\ M = 3{,}5;\ Z_{18} = 64,\ t = 5/8''$.

ein Sternrad, das auf seiner kreisenden Bahn durch einen festen Anschlag gedreht wird und so die Maschine ruckweise steuert. Ein Dauervorschub

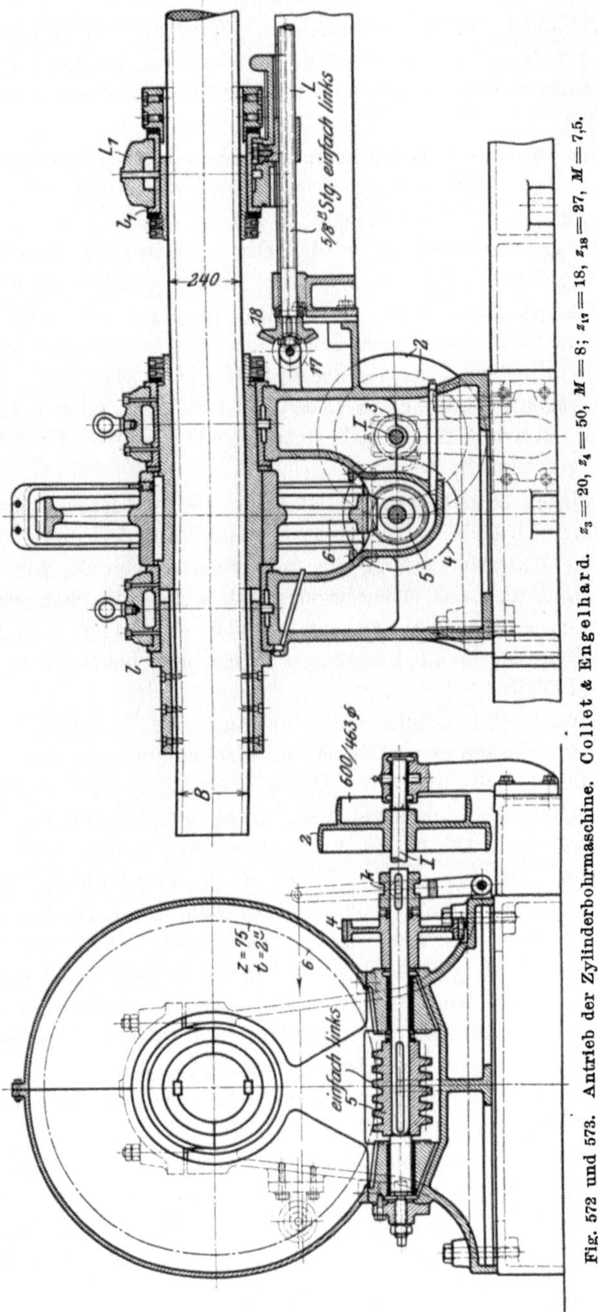

Fig. 572 und 573. Antrieb der Zylinderbohrmaschine. Collet & Engelhard.

ist auch hier nicht schwer zu erreichen. Wird nämlich in Fig. 569 das Rad r_1 an der Maschine verschraubt, so muß das Leitspindelrad R_1 um das stillstehende Rad r_1 wandern, wobei die Leitspindel selbst gleichmäßig gesteuert wird.

Für ein ruhiges Arbeiten besonders empfehlenswert ist die Maschine mit wandernder Bohrstange (Fig. 571). Sie erteilt dem Bohrkopf die Haupt- und die Schaltbewegung dadurch, daß sie sich selbst dreht und gleichzeitig vorgeschoben wird. Die Arbeitsweise verlangt zwar eine Bohrstange von mehr als doppelter Hublänge und eine ebensolange Maschine. Sie gestattet aber, die Stange in der Entfernung $a > L$ zu lagern und das freie Ende noch durch ein drittes verschiebbares Lager zu führen. Vor allem kann die Bohrspindel jetzt aus Schmiedestahl aus dem Vollen geschmiedet werden ($J\,max$). Die Leitspindel liegt nämlich außerhalb der Bohrspindel, so daß diese höchstens durch die beiden Keilnuten etwas geschwächt wird.

Nach diesen Gesichtspunkten ist auch die Zylinderbohrmaschine von Collet & Engelhard, Offenbach, gebaut (Fig. 570 und 571). Der Antrieb dieser Maschine erfolgt von dem Elektromotor M, der durch den Riementrieb *1, 2* und das Rädervorgelege *3, 4* das Schneckengetriebe *5, 6* treibt. Das Schneckenrad *6* sitzt auf der doppelt gelagerten Laufbüchse l, die durch 2 Federkeile die Bohrstange B mit dem Bohrkopf B_1 mitnimmt (Fig. 572 und 573).

Eine praktische Lösung hat hier auch die Vorschubsteuerung gefunden. Der Vorschub der Maschine wird nämlich von der Vorgelegewelle I abgeleitet. Sie treibt durch die Räder *7, 8* über das Kegelräderwendegetriebe *10*, die Vorgelege *11/12, 13/14*, das Schneckengetriebe *15/16* und die Kegelräder *17, 18* die Leitspindel L. L verschiebt das Gleitlager L_1, das auf der langen Bahn a in nachstellbaren Führungen gleitet. Das Gleitlager soll die wandernde Bohrstange B verschieben und zugleich gestatten, daß sie sich in ihm dreht. Diese Aufgabe wird durch die Laufbüchse l_1 gelöst. Sie ist durch die beiden Federkeile auf B festgeklemmt, so daß sie sich mit der Bohrstange dreht und auch verschiebt. Zum Verschieben ist außerdem die Büchse l_1 in dem Gleitlager beiderseits durch Druckringe festgelegt. Durch diese Lagerung wird daher der Vorschub einwandfrei von der Leitspindel L auf die Bohrstange B übertragen.

Die Steuerung der Maschine ist sowohl für das Arbeiten nach beiden Richtungen als auch für das schnelle Zurückziehen des Bohrkopfes eingerichtet. Die erste Aufgabe ist durch das Kegelräderwendegetriebe *10* gelöst, das auf der Welle II sitzt. Es steuert durch Umlegen des Handhebels H_2 die Leitspindel um, so daß die Bohrstange nach rechts und links wandern kann.

Das schnelle Zurückziehen des Bohrkopfes erfolgt ebenfalls durch die Maschine. Es verlangt aber, vorher den Bohrkopf stillzusetzen. Hierzu dient der Handhebel H_1. Mit ihm wird gleichzeitig der Antrieb der Bohrstange ausgerückt und der schnelle Rückzug eingeschaltet. Der Hebel H_1 zieht nämlich beim Umlegen die Kupplung k aus dem Antriebsrade *4* zurück, so daß der Bohrkopf augenblicklich stillsteht. Gleichzeitig entkuppelt H_1 auf *III* das Schneckenrad *16* der Vorschubsteuerung, schaltet aber k_1 auf der Gegenseite auf das Rad *9* ein. Hierdurch tritt der Rückzug *7, 8, 9, 17, 18* in Kraft, so daß die Maschine von der Vorgelegewelle *I* aus die Bohrstange schnell zurückzieht.

Um auch von Hand den Bohrkopf einstellen zu können, ist die Welle *III* mit einem Vierkant zum Aufstecken einer Kurbel versehen und die Kupplung k_1 auszurücken. Sämtliche Handgriffe liegen auch hier auf der Vorderseite der Maschine, so daß sie vom Stande des Arbeiters bequem zu fassen sind.

Eine dankbare Erweiterung erfahren diese Maschinen noch durch fliegende Stirnschlitten oder Schwärmer *S*, die zum Abdrehen der Zylinderflanschen dienen. Um sie anbringen zu können, sind die Laufbüchsen *l* der beiden Lager nach innen verlängert. Auf dieser Verlängerung wird der Schwärmer mit einer Schelle festgeklemmt, so daß er sich mit *l* dreht. Zum Anstellen und Schalten des Werkzeuges sitzt auf dem Schwärmer ein Kreuzschlitten (Fig. 574 und 575).

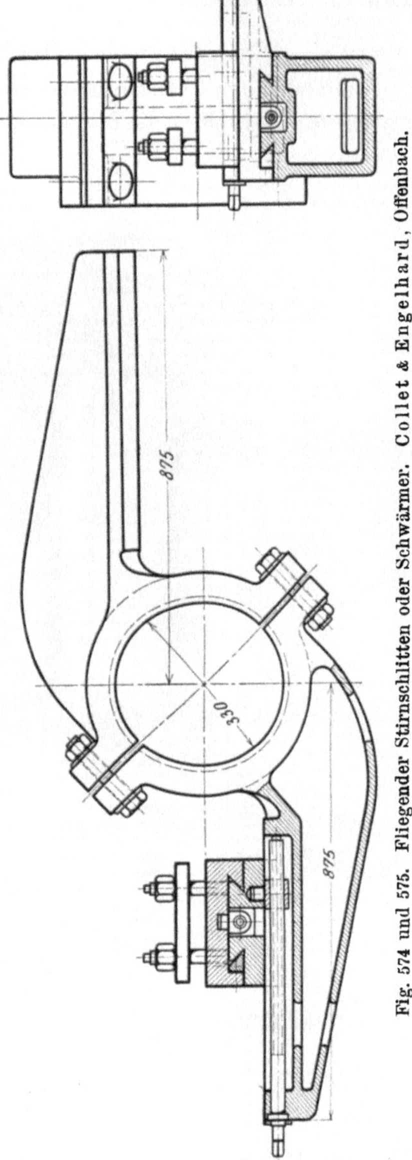

Fig. 574 und 575. Fliegender Stirnschlitten oder Schwärmer. Collet & Engelhard, Offenbach.

Das Einspannen des Werkstückes geschieht auf zwei Aufspannschlitten, die durch die Zahnstange *Z* und die Triebe *s* einzustellen sind. Ebenso läßt sich das linke Lager auf die passende Entfernung einstellen. Bei

der Maschine sind daher alle Bedingungen erfüllt, die zum wirtschaftlichen Arbeiten notwendig sind. Sie läßt sich durch zwei einfache Handgriffe augenblicklich stillsetzen und umsteuern und auch den Bohrkopf
schnell zurückziehen.

Die stehenden Zylinderbohrmaschinen.

Die stehenden Zylinderbohrmaschinen (Fig. 576) verlangen, daß zum
Einsetzen des Zylinders die Bohrspindel mit einem Kran hochgezogen und

Fig. 576. Stehende Zylinderbohrmaschine mit elektrischem Antrieb.
Sächs. Maschinenfabrik vorm. R. Hartmann, Chemnitz.

der untere Arbeitstisch aus- und eingefahren werden kann. Der Antrieb
und die Steuerung für den wandernden Bohrkopf der Maschine liegen oben
und sind durch eine Plattform zugänglich. Muß man auch theoretisch der
stehenden Spindel den vorhin erwähnten Vorzug einräumen, so bietet doch

ihre erschütterungsfreie Lagerung praktische Schwierigkeiten. Sie erfordert, wie das Bild zeigt, ein kräftiges und massiges Bauwerk.

Im allgemeinen werden die stehenden Zylinderbohrmaschinen für das Ausbohren der Zylinder stehender Maschinen benutzt, weil sich diese Zylinder beim liegenden Bearbeiten zu stark verbiegen würden. Dies gilt im besonderen von dünnwandigen Zylindern. Sie werden also unter der stehenden Maschine besser für ihren Zweck vorgearbeitet.

4. Die Schleifmaschinen.

Mit der Entwicklung der Schleifverfahren ist den Schleifmaschinen eine doppelte Aufgabe zugefallen:

1. Das Schärfen von Werkzeugen — Werkzeugschleifmaschinen.
2. Das Schleifen von Flächen — Flächenschleifmaschinen.

a) Die Werkzeugschleifmaschinen.

Eine wesentliche Vorbedingung für gute Arbeit ist ein scharfes Werkzeug. Um es arbeitsfähig zu halten, ist es rechtzeitig nachzuschleifen. Dieser Aufgabe dient die Werkzeugschleifmaschine.

Das rechtzeitige Nachschleifen hat auf die Werkzeuge einen unverkennbaren Einfluß. Es erhöht nicht nur ihre Schneidwirkung und die Güte ihrer Arbeit, sondern beseitigt auch die starken Schwankungen in dem Arbeitsbedarf der Maschine. Eine besondere Bedeutung gewinnt die Schleifmaschine bei den mehrschneidigen Werkzeugen, insbesondere bei den Fräsern. Bei keinem anderen Werkzeug ist eine gute Instandhaltung so lohnend, wie gerade beim Fräser, der, gut geschliffen, sich stets als preiswürdig erwiesen hat. Von dem Gesichtspunkte betrachtet, bildet die Werkzeugschleifmaschine ein unentbehrliches Hilfsmittel für eine nach zeitgemäßen Grundsätzen arbeitende Werkstatt.

Eine Maschine, die den Aufgaben der Werkzeugschleiferei angepaßt ist, ist die Werkzeugschleifmaschine von J. E. Reinecker, Chemnitz (Fig. 577 und 578).

In ihrem Aufbau und ihrer Arbeitsweise zeigt sie eine grundsätzliche Übereinstimmung mit der Universalfräsmaschine; denn diese hat bekanntlich die Schneidwerkzeuge zu fräsen, während jene sie schärfen soll. Beide Maschinen müssen daher die gleichen Arbeitsstellungen und Bewegungen zwischen Werkzeug und Werkstück zulassen. Hieraus erklärt sich auch die Ähnlichkeit in ihrer Bauart.

Als kennzeichnende Unterschiede sind die höhere Schnittgeschwindigkeit und die geringere Spanstärke der Schleifmaschine hervorzuheben, sowie der gefährliche Schleifstaub, der Zapfen und Lager anfrißt. Sie verdienen daher die besondere Beachtung des Erbauers.

Die hohe Schnittgeschwindigkeit erheischt zunächst lange Spindellager, welche die Wärme gut ableiten und gegen den schädlichen Schleifstaub abgedichtet sind.   Hierzu sind in Fig. 579 die Ringmuttern *m* als Schutzkappen ausgebildet.   Das Lager selbst ist durch Filz- oder Gummischeiben staubdicht gehalten, weil die schnellaufende Spindel den feinen

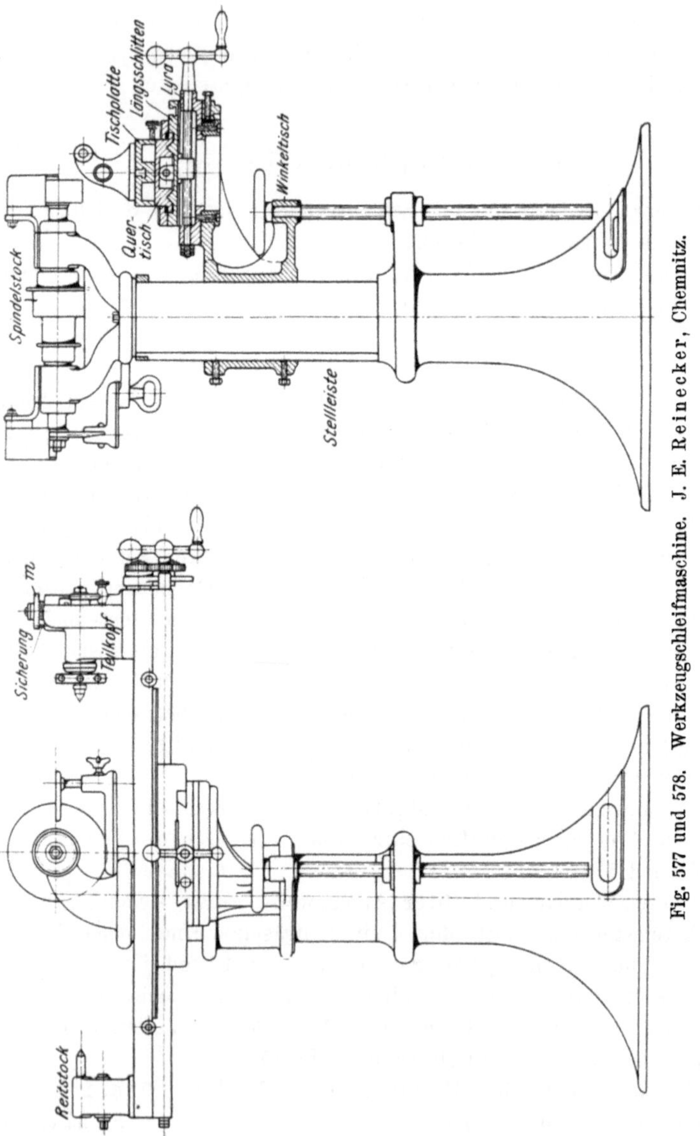

Fig. 577 und 578.   Werkzeugschleifmaschine.   J. E. Reinecker, Chemnitz.

Schleifstaub förmlich ansaugt.   Die Schleifspindel wird sich bei den hohen Umläufen erwärmen und ausdehnen.   Die Lagerung muß daher eine Ausdehnung der Spindel in einer Richtung zulassen.

Die geringe Spanstärke und die hohen Ansprüche, die man an gute
Schleifarbeiten stellt, verlangen einen besonders ruhigen Gang der Maschine.
Selbst die geringste Ungleichförmigkeit und die kleinste Federung der
Schleifspindel machen sich schon am Schliff bemerkbar. Es sind daher
alle Mittel für einen gleichmäßigen und ruhigen Gang zu benutzen.
Hierzu sind, um Erschütterungen durch die Fliehkraft möglichst fern
zu halten, die kreisenden Massen genau auszugleichen. In besonderem
Maße gilt dies von dem fliegend angebrachten Schleifstein. Für den Antrieb der Maschine soll stets ein dünner und geschmeidiger Riemen dienen,
der gleichmäßig durchzieht. Um selbst die geringste Ungleichförmigkeit,
die vielleicht das Riemenschloß in dem Lauf des Schleifrades verursachen
könnte, zu beseitigen, haben Mayer & Schmidt, Offenbach, den
Riemen durch eine Anzahl Lederschnüre mit versetzten Stoßstellen ersetzt.
Ein wesentlicher Punkt ist auch eine kurze und kräftige Schleifspindel,
die genau läuft und nicht federt.

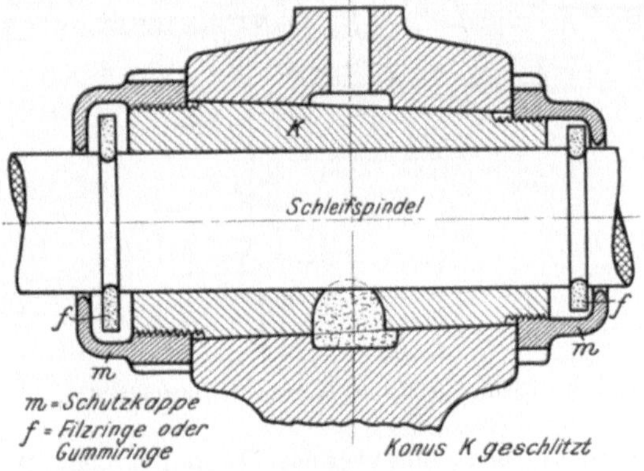

Fig. 579. Spindellager.

Das Werkzeug der Schleifmaschine ist eine Schmirgelscheibe, die
die kreisende Hauptbewegung auszuführen hat. Für ihren Antrieb ist,
wie bei der Fräsmaschine, ein Spindelstock erforderlich, in dem die
kurze Schleifspindel beiderseits in nachstellbaren Lagern laufen soll.

Ein treffendes Beispiel für die Lagerung der Schleifspindel bietet
die Norton-Schleifmaschine (Fig. 580). Die Schleifspindel S läuft
hier in langen Bronzeschalen, die, um den Verschleiß ausgleichen zu
können, mit Ringmuttern nachzustellen sind. Eigenartig ist die Festlegung der Spindel gegen Längsverschiebungen. Sie ist mit der Riemenrolle r und der Stange s durchgeführt. Zum Einstellen der Spindel wird
nämlich die Stellschraube s_1 angezogen. Sie schiebt durch die Stange s
zuerst die Riemenrolle r gegen den Fiberring F und zieht dann die
Spindel S nach links. Die Stellschraube s_1 ist durch eine Gegenmutter
gesichert und die Riemenrolle durch die punktierte Setzschraube s_2. Die

Spindel liegt also gegen Längsverschiebungen fest, rechts durch den Bund und links durch die Rolle r. Bei einer Erwärmung kann sie sich nach links ausdehnen.

Das Werkstück wird entweder mit der Hand an den Schleifstein gehalten oder mit dem Arbeitstisch angestellt und vorgeschoben.

Der Arbeitstisch der Schleifmaschine muß daher alle Arbeitsstellungen und Vorschübe gestatten, die zum Schärfen gerader und spiraliger Schneidzähne notwendig sind. Er stimmt daher grundsätzlich

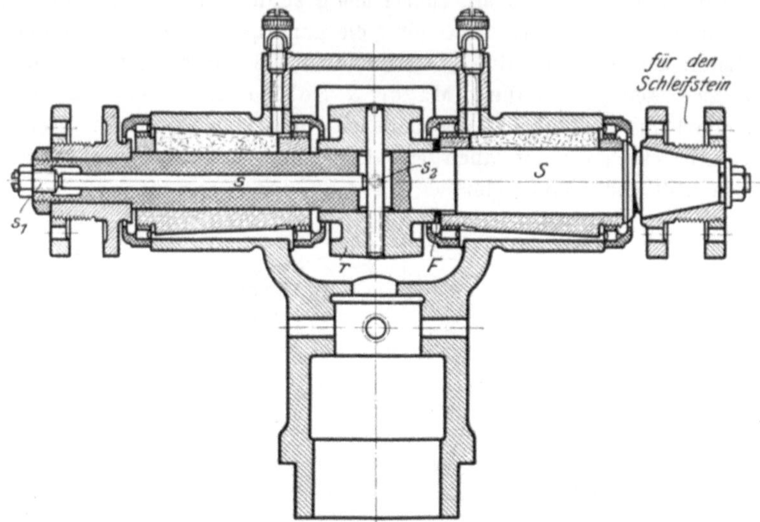

Fig. 580. Spindelstock der Norton-Schleifmaschine.

mit dem der Universalfräsmaschine überein. Danach besteht der Arbeitstisch aus dem Winkeltisch, der hier unmittelbar die Drehscheibe oder Lyra trägt (Fig. 577 und 578). Auf ihr ist der Längsschlitten mit dem Aufspanntisch oder Quertisch geführt. Der Querschlitten besitzt noch eine weitere drehbare Tischplatte zum Anstellen kegelförmiger Werkstücke.

Für das Vorhalten des Werkstückes ist auf der Rückseite der Maschine ein kleiner verschiebbarer Bock mit einer einstellbaren Platte vorgesehen.

Das Schleifen der Werkzeuge.

Zum Schleifen spitzer Fräser kann als zweckmäßiges Werkzeug die Tellerscheibe benutzt werden. Sie darf jedoch nur mit einer Planseite schleifen, wenn sie ebene und ungeschwächte Zähne liefern soll. Diese Bedingung erfordert aber, die Tellerscheibe nach Fig. 581 anzusetzen. Das Schleifen mit der Rundseite erzeugt hohle Schneidflächen, welche die Zähne schwächen. Doch nimmt der Hohlschliff mit der Größe des Schleifrades ab, so daß auch große Flachscheiben gute Dienste leisten. Wesentlich für guten Schliff ist eine wirksame Abstützung des Werkzeuges, die möglichst an demselben Zahn stattfinden soll (Fig. 582).

Zum Schärfen hinterdrehter Fräser sind die Kegelscheiben zu benutzen, die gegen Ausglühen des Fräsers nach Fig. 583 mit der kleinsten Fläche, also mit der hohlen Seite, schleifen sollen. Auch hier ist möglichst der zu schärfende Zahn durch einen Stellfinger abzustützen.

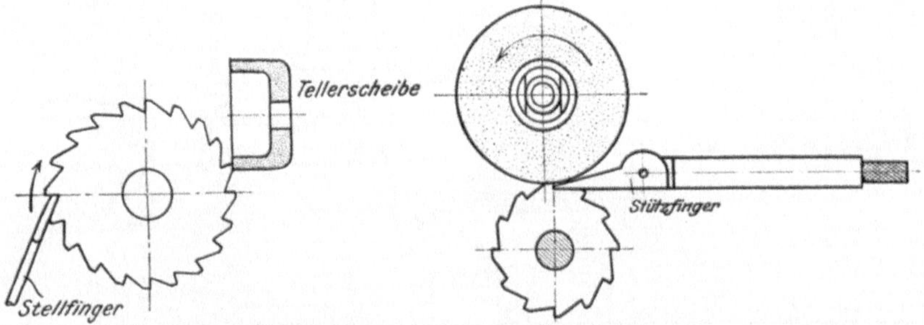

Fig. 581. Zweckmäßige Anstellung der Tellerscheibe.

Fig. 582. Zweckmäßige Anstellung der Flachscheibe.

Im allgemeinen ist die Schmirgelscheibe der Form der zu schleifenden Fläche oder Nut anzupassen. So ist zum Nachschleifen eines Gewindebohrers die Scheibe nach den Rundungen der Nut abzudrehen (Fig. 584).

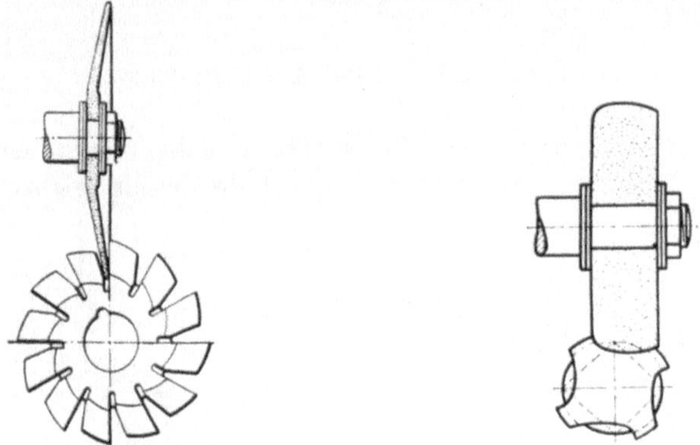

Fig. 583. Schleifen mit der Kegelscheibe.

Fig. 584. Schleifscheibe für Gewindebohrer.

Die Bedienung einer derartigen Werkzeugschleifmaschine ist daher folgende:

Die Walzenfräser mit geraden, spitzen Zähnen sind nach Fig. 581 oder 582 anzustellen und mit dem Arbeitstisch allmählich vorzuschieben.

Mehr Geschick erfordert das Schärfen von Spiralfräsern. Hierbei ist die Spirale genau einzuhalten, wenn das Profil nicht verletzt werden soll. Der zu schärfende Fräser muß daher, wie beim Spiralfräsen (Fig. 370),

zugleich vorgeschoben und langsam gedreht werden. Das Drehen besorgt
ein feststehender Finger, der sich gegen den spiraligen Fräserzahn

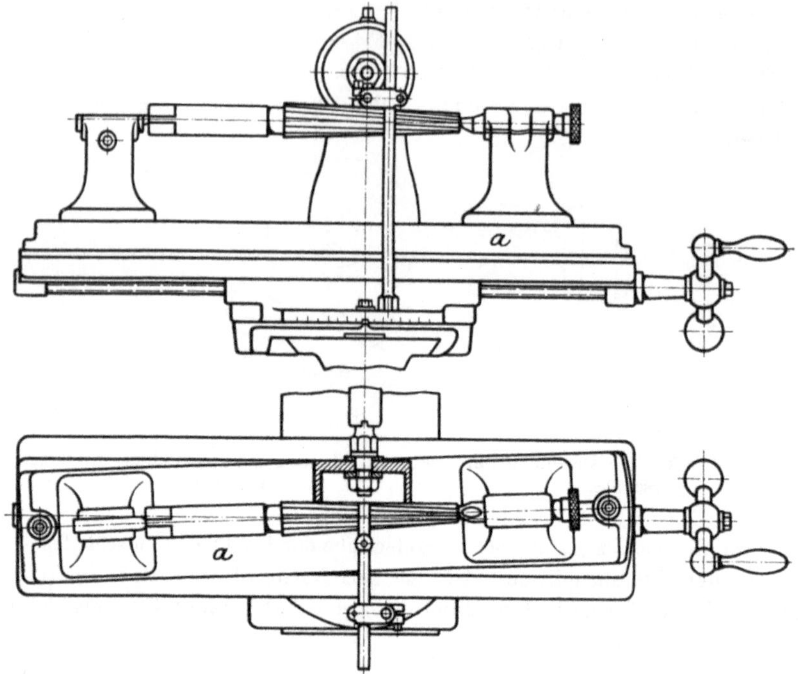

Fig. 585 und 586. Schleifen einer Reibahle.

stemmt (Fig. 581 und 582). Der Fräser stellt daher selbst den Spiral-
zahn nach und nach an das Schleifrad an, sobald er mit dem Arbeitstisch

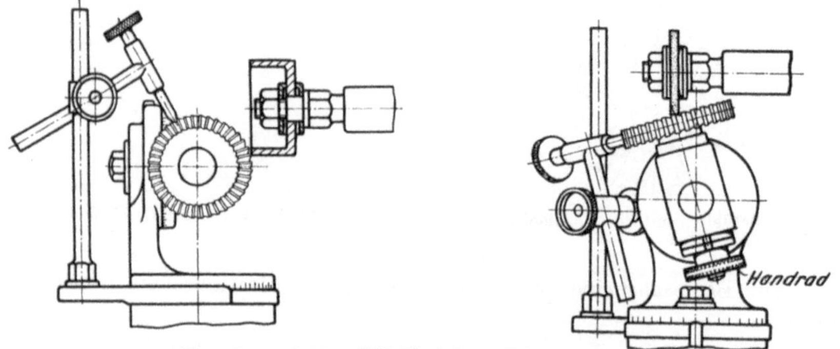

Fig. 587 und 588. Schleifen eines Scheibenfräsers.

vorgeschoben wird. Das Verfahren verlangt für einen guten Schliff
ziemlich viel Geschick. Mängel sind hierbei nicht ausgeschlossen, da die
Stellfinger federn und die Zähne ungenau angesetzt werden können.

Kegelförmige Werkzeuge sind so anzustellen, daß der zu schärfende Zahn senkrecht zur Schleifspindel steht und in dieser Richtung vorgeschoben werden kann. Hierzu ist die Tischplatte *a* (Fig. 585 und 586) drehbar und nach einer Gradteilung auf die Neigung des Kegels einzustellen.

Fig. 589. Schleifen eines hinterdrehten Fräsers.

Scheibenfräser werden mit einem Böckchen angestellt. Es besitzt eine schräg einstellbare Spindel, die zum Ansetzen der einzelnen Zähne

Fig. 590. Prüflehre für hinterdrehte Fräser.

durch ein Handrädchen gedreht wird. Fig. 587 zeigt das Schärfen der äußeren Schneiden, Fig. 588 das Schärfen der Seitenschneiden.

Hinterdrehte Fräser werden nach Fig. 589 angestellt und mit einer Teilscheibe und einem Schnäpper Zahn für Zahn geschaltet. Durch eine Prüflehre nach Fig. 590 werden sie auf genauen Rundlauf und die genaue Stellung der Schneidfläche geprüft.

Der Teilkopf für das Schleifen von Spiralfräsern.

Die Mängel, die beim Schärfen spiralig gewundener Zähne entstehen, hat J. E. Reinecker, Chemnitz, durch einen Teilkopf zu beseitigen versucht. Der Teilkopf führt die zu schärfende Spirale zwangläufig, beseitigt eine ungleiche Teilung, die federnden Stellfinger und erleichtert auch den gleichmäßigen Schliff der einzelnen Zähne. Er bedeutet daher einen wesentlichen Fortschritt für das genaue Schärfen der bewährten Spiralfräser.

Der Grundgedanke dieses Teilkopfes ist naturgemäß dem Teilkopf der Fräsmaschine entnommen. Er hat, wie dieser, eine Teilspindel, die das Werkstück trägt und mit einer Teilkurbel eingestellt wird (Fig. 591 und 592). Für das Spiralschleifen wird der Teilkopf, wie beim Spiralfräsen, durch die Wechselräder *1* bis *4*, die Kegelräder *5*, *6* und das Schneckengetriebe *7*, *8* von der Tischspindel angetrieben. Infolgedessen wird der zu schärfende Fräserzahn durch die Tischspindel gleichzeitig vorgeschoben und auch der Steigung der Spirale entsprechend an den Schleifstein herangedreht (Fig. 370). Das Anstellen der einzelnen Fräserzähne geschieht auch hier mit einer Teilkurbel und einer auswechselbaren Teilscheibe. In diesen Punkten stimmen also Schleif- und Frästeilkopf vollständig überein, nur kann der Schleifkopf nicht aufgerichtet werden. Die Schrägstellung darf aber fehlen, da der Schleifstein das kegelförmige Werkzeug ja seitlich faßt (Fig. 586).

Eine Neuerung bietet bei diesem Teilkopf die Feineinstellung des zu schärfenden Zahnes. Sie ist besonders wichtig bei hinterdrehten Fräsern, die ja genau radial zu schleifen sind. Die Feineinstellung liegt hier in der Schnecke *7*, die verschiebbar auf ihrer Spindel sitzt. Durch die obere Mutter *m* kann sie nämlich ein wenig nachgeschoben werden, wobei sich der Fräserzahn genau auf den Schliff einstellt. Mit dieser Einrichtung läßt sich daher ein gleichmäßiger Schliff bei allen Zähnen erreichen. Hiermit sind die Hauptaufgaben der Werkzeugschleiferei erschöpft.

Das Rundschleifen gehärteter Werkstücke auf der Werkzeugschleifmaschine.

Die Werkzeugschleifmaschine läßt sich auch zum Rundschleifen gehärteter Voll- und Hohlkörper benutzen. Sie ist somit als allgemeine oder Universalschleifmaschine auch für die allgemeinen Bedürfnisse eines Werkstättenbetriebes ausgebaut.

Für das Rundschleifen einer Spindel ist die Maschine nach Fig. 593 anzustellen. Diese Anstellung erfordert, daß der Tisch um die Säule geschwenkt werden kann, bis Werkstück und Schleifspindel parallel liegen.

Kegelige Zapfen werden durch Drehen der Oberplatte *a* (Fig. 594) angestellt und Hohlkörper, wie Büchsen u. dergl., nach Fig. 595 ausgeschliffen.

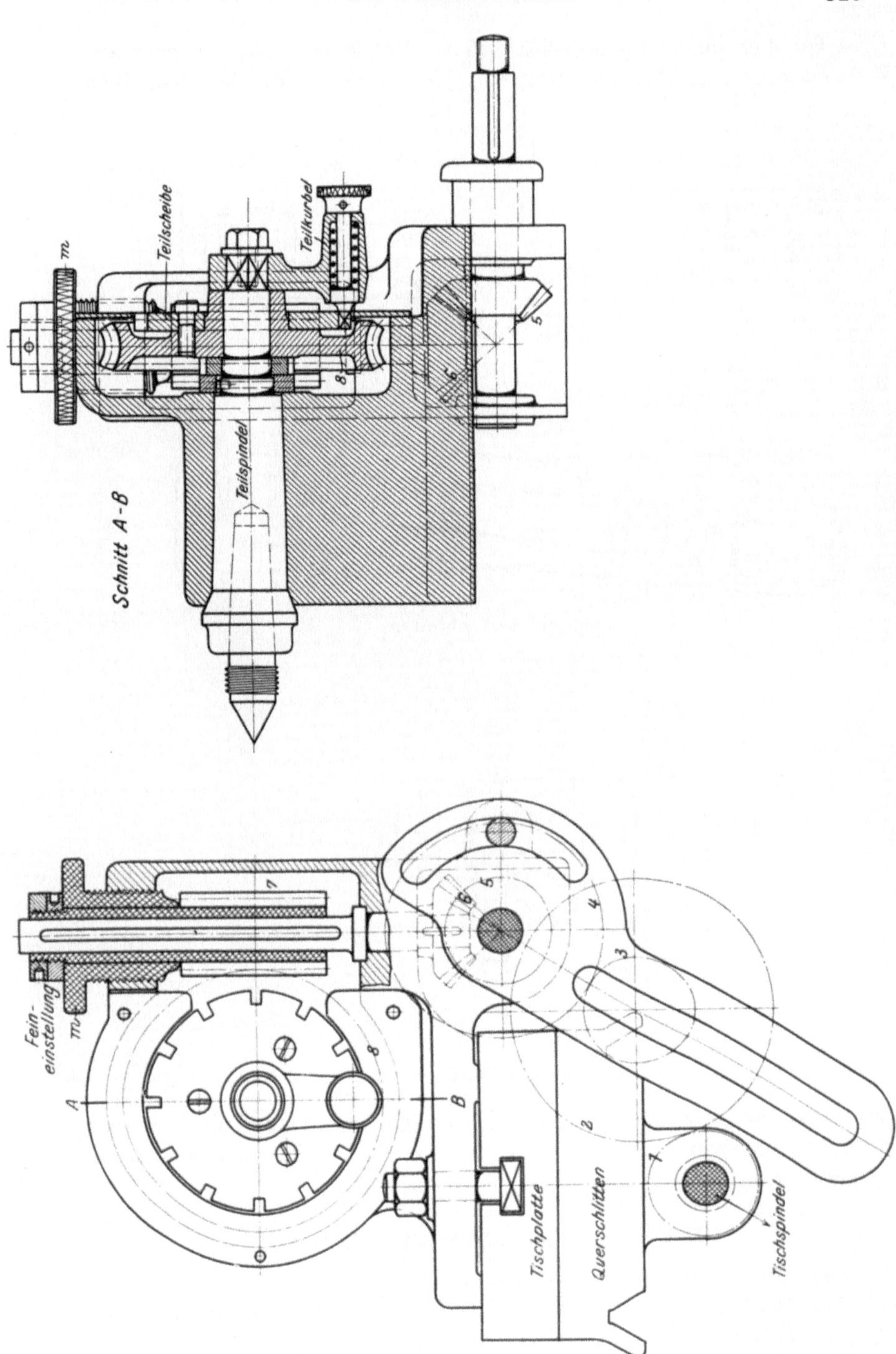

Fig. 591 und 592. Teilkopf zum Schärfen spiraliger Zähne.

Bei allen Rundschleifarbeiten muß das Werkstück außer dem geraden Vorschub noch eine Drehung erfahren. Hierzu besitzt das Böckchen eine

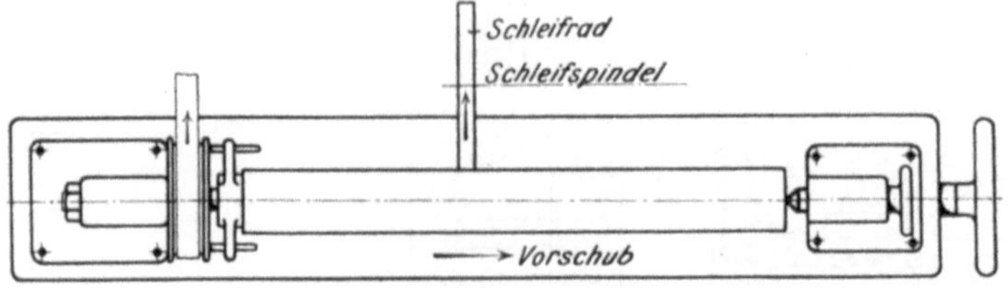

Fig. 593. Rundschleifen.

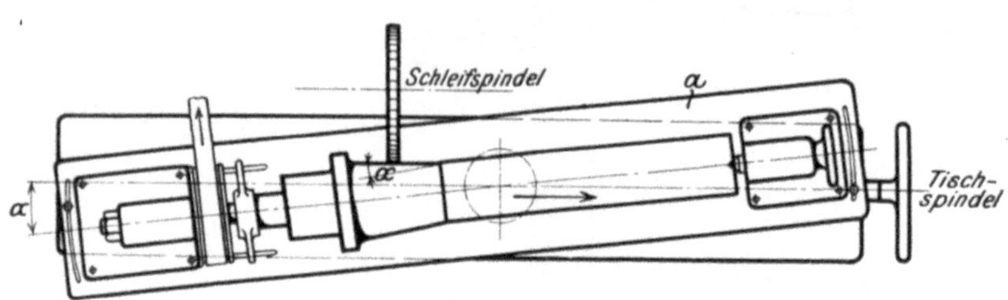

Fig. 594. Kegelschleifen.

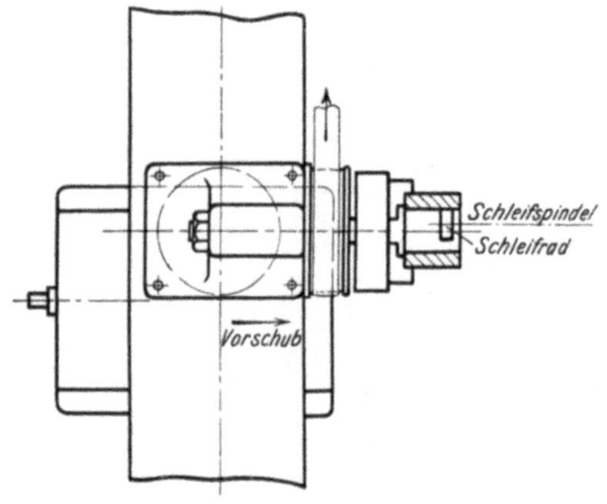

Fig. 595. Ausschleifen einer Büchse.

Riemenrolle, die von einem Vorgelege mit langer Trommel und wanderndem Riemen angetrieben wird. Das Zuschieben des Werkstückes geschieht mit der Tischspindel.

b) Die Flächenschleifmaschinen.

Der Ruf nach größerer Genauigkeit, wie sie die Austauschbarkeit der Einzelteile im Maschinenbau fordert, hat eine großzügige Entwicklung der Schleifmaschine zur Folge gehabt. Aus der Werkzeugschleifmaschine, die ja auch für das Rundschleifen kleiner, gehärteter Teile

Additional information of this book

(Die Werkzeugmaschinen und ihre Konstruktionselemente;

978-3-662-23908-7; 978-3-662-23908-7_OSFO12) is provided:

http://Extras.Springer.com

benutzt wird, ist eine Reihe Sondermaschinen entstanden, die den Bedürfnissen der Praxis in vollendetem Maße angepaßt sind, sei es für den Feinschliff oder auch für den Grobschliff. Die wichtigsten Sonderschleifmaschinen sind je nach der Form der zu schleifenden Flächen die Rundschleifmaschinen und die Planschleifmaschinen.

1. Die Rundschleifmaschinen für kreisende Werkstücke.

Die Rundschleifmaschinen sind für den Rundschliff von Außenflächen und Innenflächen kreisender Werkstücke bestimmt. Seit der Einführung des Schnellstahles ist die Rundschleifmaschine ein wichtiges Ergänzungsstück zur Drehbank geworden. Sie hat für viele Betriebe eine neue Arbeitsteilung gebracht: Schruppen auf der Drehbank und Schlichten auf der Schleifmaschine. Sie ist somit eine spanabhebende Werkzeugmaschine für die Bearbeitung ungehärteter Maschinenteile geworden. Ja, einfache, glatte Stücke lassen sich sogar aus rohen Stangen ohne Vordrehen vorteilhaft herausschleifen. Geht jedoch die zu zerspanende Stoffschicht über 2 mm hinaus, so ist das Schruppen mit dem Stahl vorzuziehen. Die Stoffzugabe für das Fertigschleifen soll zwischen 0,5 bis 0,8 mm betragen.

Das Rundschleifen verlangt, wie aus Fig. 593 bekannt, von der Arbeitsweise der Maschine, daß das Schleifrad die kreisende Hauptbewegung erfährt und das Werkstück eine langsame Drehbewegung und dazu den geraden Vorschub. Diese Arbeitsweise ist bei Rundschleifmaschinen fast allgemein, weil sie die größte Gewähr für sauberen Schliff bietet. Von der geraden Bewegung des mit etwa 30 m/sek kreisenden schweren Schleifrades wird nur noch bei doppelten Schleifmaschinen Gebrauch gemacht, um die beiden Schleifscheiben voneinander unabhängig zu machen.

Nach obigem Grundgedanken ist auch die Rundschleifmaschine von Fr. Schmaltz in Offenbach gebaut (Fig 596 bis 599). Lange Werkstücke für den Außenschliff, wie Wellen, werden zwischen die Spitzen des Spindelstockes und Reitstockes gespannt. Als Sicherheit gegen Verbiegen werden sie durch zahlreiche Brillen abgestützt. Der Reitstock bietet noch eine besondere Sicherheit durch die Feder, die nachgibt, sobald sich das Werkstück durch Erwärmung ausdehnen sollte. Werkstücke für den Innenschliff spannt man in eine Planscheibe oder in ein Spannfutter.

Der Antrieb des Werkstückes geschieht von der langen Deckentrommel T, die durch die Stufenscheiben c, d 4 Geschwindigkeiten erfährt. Durch den Riemen I empfängt der Spindelstock 4 Geschwindigkeiten und ebensoviel durch den Riemen II über das Rädervorgelege, so daß für das Werkstück 8 Geschwindigkeiten zur Verfügung stehen. Die Riemen wandern beim Schleifen auf der langen Deckentrommel hin und her.

Der gerade Vorschub wird dem Werkstück durch den Arbeitstisch W erteilt. Er wird von der Stufenscheibe III aus durch das Räderwerk 1 bis 10 mit 5 Geschwindigkeiten angetrieben und mit

Fig. 600. Große Rundschleifmaschine. Mayer & Schmidt, Offenbach a. M.

dem Wendegetriebe *3, 3, 4* umgesteuert. Die Aufspannplatte *A* ist für das Schleifen von Kegeln mit der Stellschraube *s* schräg zu stellen. Sie ist gegen das Schleifrad abfallend und zugleich als Wasserschutz ausgebildet. Ihre Oberfläche ist mit den Führungen für den Spindelstock, Reitstock und die Stützbrillen versehen.

Der Schleifschlitten trägt eine Schleifspindel S_1 mit fliegendem Schleifrade von 350 mm Durchmesser und 40 mm Breite für den Außenschliff und eine Schleifspindel S_2, dreifach gelagert, für den Innenschliff. Mit einer Drehscheibe können sie nach Bedarf angestellt werden, dabei behält der offen oder gekreuzt laufende Antriebsriemen *IV* seine Spannung. Die Spindel S_2 wird für den Innenschliff durch den Riemen *V* von S_1 angetrieben.

Eine besondere Aufgabe bietet hier noch das selbsttätige Umsteuern des Tisches für die einzelnen Schnitte und das damit verbundene selbsttätige Zustellen des Schleifrades. Beide Bewegungen werden von den Tischanschlägen *a* eingeleitet, die durch den Schalthebel *h* und das Gestänge *u, v* die Kupplung des Wendegetriebes *3, 3, 4* umschalten und zugleich durch das vordere Schaltwerk das Schleifrad dem Werkstück zustellen.

Die Maschine ist besonders geeignet für den Rundschliff von Heißdampfschieberbüchsen und den zugehörigen Ringen, von Luftpumpen- und Bremszylindern der Westinghouse-Bremsen, von Wellen, Bolzen u. dergl.

2. Die Kolbenstangen- und Schieberstangen-Schleifmaschinen.

Ein sehr dankbares Arbeitsfeld für die Rundschleifmaschine ist das Schleifen von Achsen, Lokomotivkolbenstangen und Schieberstangen. Die Stangen können bei der Maschine in Fig. 599, ohne den Kolbenkörper oder den Schieberrahmen abnehmen zu müssen, zwischen die Spitzen gespannt werden. Der Längsvorschub des Tisches wird mit einem Stufenrädergetriebe eingestellt. Er ist augenblicklich auslösbar, so daß der Tisch mit dem Kolben oder Rahmen an der Schleifscheibe vorbeigekurbelt werden kann. Für den Antrieb des kreisenden Werkstückes sind am Spindelstock ein Motor und ein Stufenrädergetriebe vorgesehen, das sich mit zwei Hebeln schalten läst. Das Schleifrad wird durch einen Riemen vom Deckenvorgelege angetrieben. Durch eine besondere Vorrichtung mit entsprechend kleiner Schmirgelscheibe können auch die Nuten des Kolbenkörpers ausgeschliffen werden.

Die Genauigkeit des Schliffs verlangt längere und namentlich dünnere Werkstücke durch möglichst viele Brillen zu unterstützen, damit jede Federung ausgeschlossen ist. Die Wirtschaftlichkeit des Rundschleifens ist aus der Zahlentafel XIV, S. 334, zu ersehen.

3. Die Rundschleifmaschinen für sperrige Werkstücke.

Die Rundschleifmaschinen in Fig. 596 bis 599 lassen sich nur für Schleifarbeiten an kreisenden Werkstücken benutzen, nicht aber an

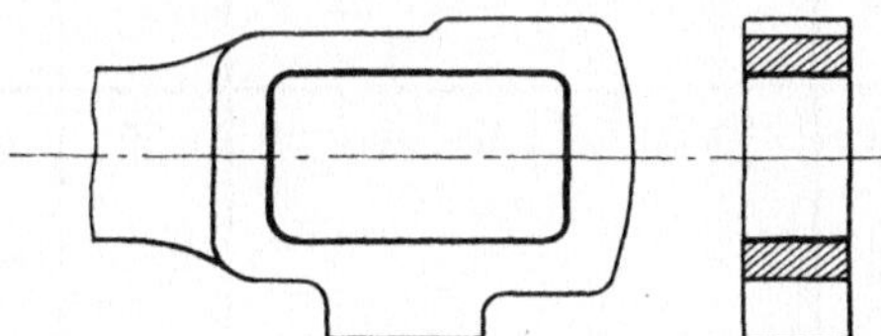

Fig. 601 und 602. Steuerstange. Schleifflächen gerändert.

Fig. 603 und 604. Schubstangenkopf. Schleifflächen gerändert.

sperrigen Maschinenteilen, die keine Drehbewegung zulassen. Zahlreiche Fälle dieser Art bietet der Lokomotivbau, sei es bei dem Ausschleifen von Büchsen, dem Rundschleifen von Zapfen oder sei es bei dem Planschleifen von Gleitflächen an sperrigen Steuerungsteilen (Fig. 601 bis 604).

Zahlentafel XIV.[1])

| Nummer | Gegenstand: | Zeit | | | | | | Zeitersparnis durch Schleifen in | Materialzugabe für das Schleifen | Bemerkungen. |
| | | für das Schleifen | | für Vordrehen u. Fertigschleifen | | für vollständ. Bearbeitung auf der Drehbank | | | | |
		Std.	Min.	Std.	Min.	Std.	Min	%	mm	
1	Kolbenstange aus Stahl	—	20	—	55	2	15	59	0,45	
2	Welle aus weichem Stahl	—	34	2	24	4	40	49	0,50	
3	Wagenachse	1	5	—	—	4	30	76	0,80	Nur Schlichtarbeit. Ohne die Abrundungen in 45 Min. geschliffen.
4	Lokomotivachse	1	—	—	—	5	10	81	—	Nur Schlichtarbeit. Ohne die Abrundungen in 45 Min. geschliffen.
5	Fräsmaschinenspindel aus Maschinenstahl	—	50	7	15	10	20	30	0,50	
6	Hartgußwalze	3	—	—	—	8	—	63	0,60	Nur Schlichtarbeit. Lichtdicht geschliff.
7	Gasmaschinenkolben	—	30	3	5	5	10	40	1,00	Einschließl. Einpassen.

Schleifmaschinen für derartige Zwecke müssen daher dem Schleifrade die Hauptbewegung und beide Schaltbewegungen erteilen, weil das sperrige Werkstück stillsteht. Sie haben deshalb das Schleifrad nicht nur anzustellen, sondern auch in allen Arbeitsstellungen nach den er-

[1]) Ludw. Löwe & Co., Berlin: Daten aus der Praxis des Rundschleifens.

forderlichen Richtungen selbsttätig zu schalten. So ist bei dem Rundschleifen eines Zapfens das Schleifrad S auf den Halbmesser R einzustellen und auf dem Zapfenmantel in Richtung I und II zu schalten (Fig. 605 und 606). Zum Ausschleifen einer Büchse ist der Schleifstein S auf den

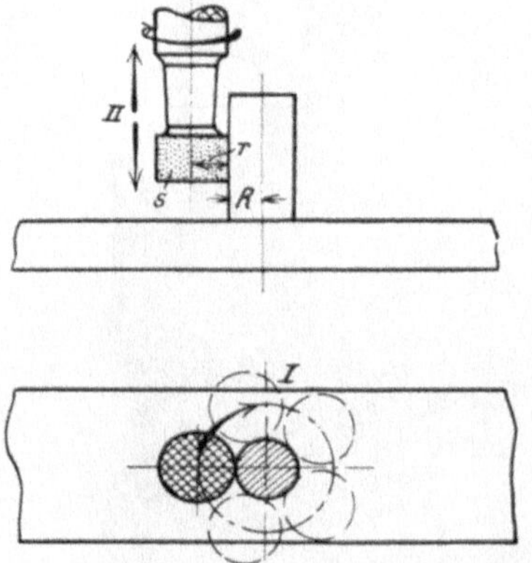

Fig. 605 und 606. Rundschleifen eines Zapfens.

inneren Halbmesser R einzustellen und in gleicher Weise auf dem inneren Mantel nach I und II durch die Maschine zu führen (Fig. 607 und 608).

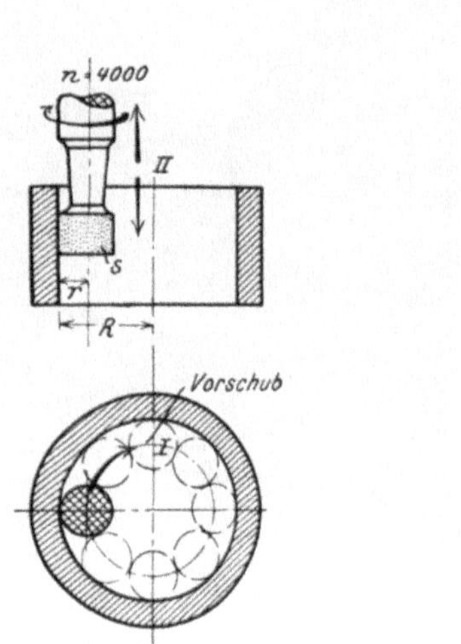

Fig. 607 und 608. Ausschleifen
einer Büchse.

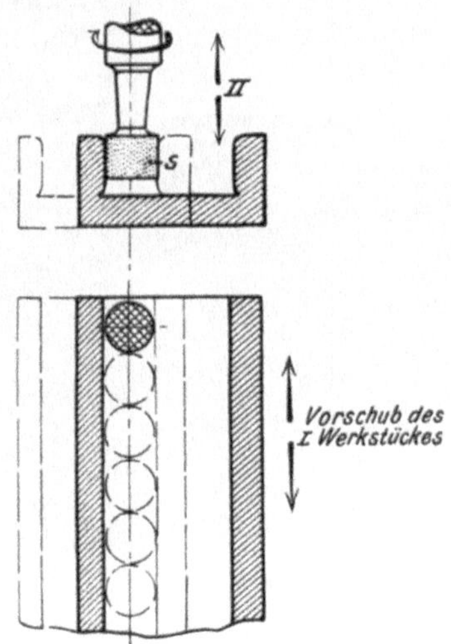

Fig. 609 und 610. Planschleifen.

Beim Planschleifen muß hingegen das Schleifrad S eine ebene Fläche bestreichen (Fig. 609 und 610). Es hat daher nur den Vorschub II zu vollziehen, während das Werkstück selbst in Richtung I mit dem Arbeitstisch zu schalten ist.

Diese verschiedenen Aufgaben sind in sinnreicher Weise an der allgemeinen Schleifmaschine der Firma Fr. Schmaltz, Offenbach a. M. (Fig. 611), gelöst.

Fig. 611. Allgemeine oder Universal-Schleifmaschine für sperrige Werkstücke.
Fr. Schmaltz, G. m. b. H., Offenbach a. M.

Die Eigenart der Maschine liegt naturgemäß in der Bauart der Schleifspindel, die für die Vorschübe des Schleifrades und seine verschiedenen Arbeitsstellungen als dreifache Planetenspindel (Fig. 612) ausgebildet ist. Sie besteht aus der eigentlichen Schleifspindel a, die um

e_1 außerachsig in der hohlen Spindel b sitzt und in ihr mit etwa 4000 Umdrehungen läuft. Die Hohlspindel b ist wiederum außerachsig in der

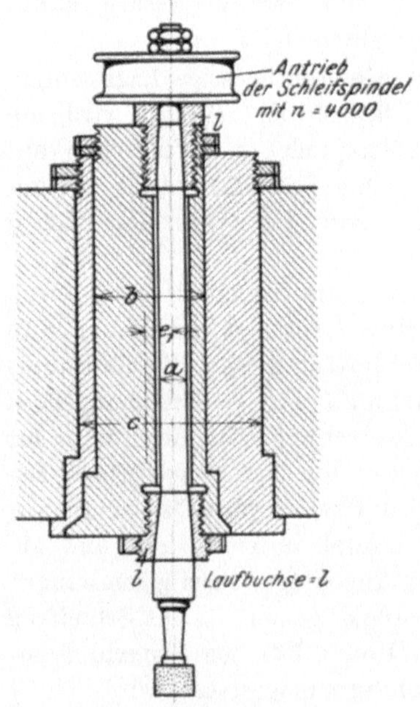

Fig. 612. Plan der Planetenspindel.

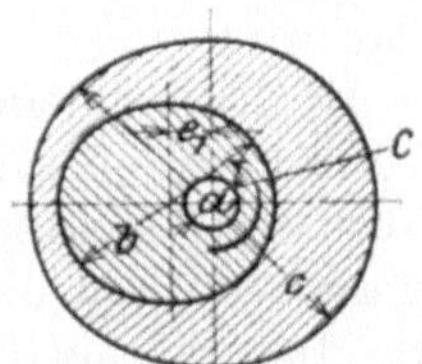

Fig. 613. Anstellung fürs Planschleifen.

Außenspindel c untergebracht. Der Grundgedanke dieser doppelt außerachsigen Lagerung ist, die Schleifspindel a sowohl gleichachsig als auch

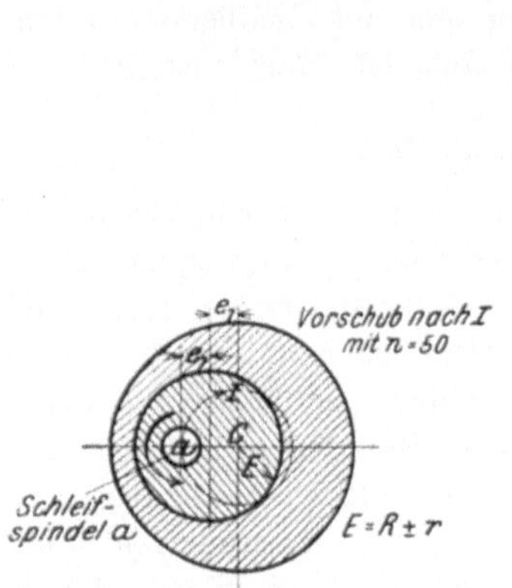

Fig. 614. Anstellung fürs Rundschleifen.

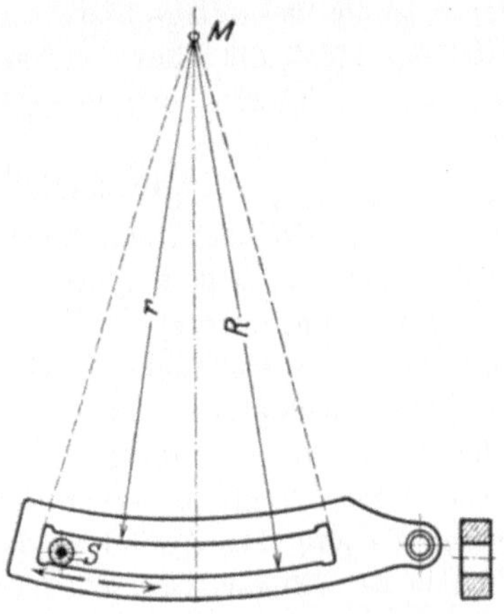

Fig. 615. Ausschleifen einer Bogen-
schleife.

außerachsig zur Außenspindel c einstellen zu können und zwar durch Verstellen von b in c. Dies geschieht mit einem Handrade, mit dem auch die Stärke des Schliffs während des Ganges geregelt wird. Da die

Hülle, Werkzeugmaschinen. 3. Aufl. 22

Außenspindel c in Richtung I etwa 50 Umläufe in der Minute vollführt, so wird das schnellaufende Schleifrad auf einem Kreise wandern müssen, dessen Halbmesser von O bis E mm geregelt werden kann, wie dies beim Plan- und Rundschleifen erforderlich ist.

Auf Grund dieser Einrichtung bietet die gleichachsige Lage von a und c (Fig. 613) die Arbeitsstellung des Planschliffs. Hierbei wird die Schleifspindel a in der Achse C der Außenspindel c laufen, ohne auf einem Kreise zu wandern, da $E = O$ ist. Das Schleifrad bleibt infolgedessen stets an der ebenen Schleiffläche, wenn das Werkstück nach I vorgeschoben wird.

Für das Rundschleifen von Zapfen ist die Schleifspindel a durch Drehen von b in c außerachsig auf das Maß $E = r + R$ einzustellen. In dieser Einstellung (Fig. 614) vollzieht das Schleifrad gleichzeitig die Hauptbewegung mit 4000 und den Planetenvorschub I mit 50 Umdrehungen in der Minute. Das gleiche findet statt beim Ausschleifen von Büchsen in der außerachsigen Anstellung $E = R - r$. Außer den beiden kreisenden Bewegungen hat das Schleifrad s noch eine dritte zu vollziehen und zwar in Richtung II. Für sie ist die Schleifspindel in einem auf- und abspielenden Schlitten gelagert, der durch Anschläge ständig umsteuert. Der Arbeitstisch läßt sich, um das Werkstück genau an das Schleifrad anstellen zu können, längs und quer verstellen. Für den Planschliff hat er selbsttätigen Quergang, der durch Anschläge umgesteuert wird.

Eine besondere Vorrichtung ist noch für das Ausschleifen von Steuerungsschleifen (Fig. 615) vorgesehen. Derartige Steuerkörper müssen durch den Arbeitstisch auf Kreisbogen von R und r geschaltet werden. Hierzu ist die rückseitige Schwinge auf den Mittelpunkt M der Schleife einzustellen, so daß die obere Aufspannplatte bei dem hin- und herspielenden Quergang des Tisches den Schleifenbogen an das Schleifrad anstellt.

4. Die Zylinderschleifmaschinen.

Die Zylinderschleifmaschinen (Fig. 616 und 617) sind Sondermaschinen für das Ausschleifen von Zylindern, die keine kreisende Bewegung zulassen.

Der Zylinder wird auf dem Arbeitstisch festgespannt, der sich zum Einstellen des Werkstückes hoch und quer verstellen läßt.

Die Schleifspindel der Zylinderschleifmaschinen muß daher eine dreifache Bewegung ausführen: 1. die kreisende Hauptbewegung um die eigene Achse, 2. einen kreisenden Vorschub, die Planetenbewegung, am inneren Umfang des Zylinders und 3. einen hin- und herspielenden Vorschub in der Längsrichtung. Diese 3 Bewegungen müssen wieder durch eine Planetenspindel hervorgebracht werden.

Die Zylinderschleifmaschinen haben daher eine Planetenspindel, die das kreisende Schleifrad an den inneren Zylindermantel anstellen läßt und für jeden Schleifgang von neuem zustellt. Sie erteilt auch dem Schleifrade die Planetenbewegung im Sinne des Pfeiles I in Fig. 608,

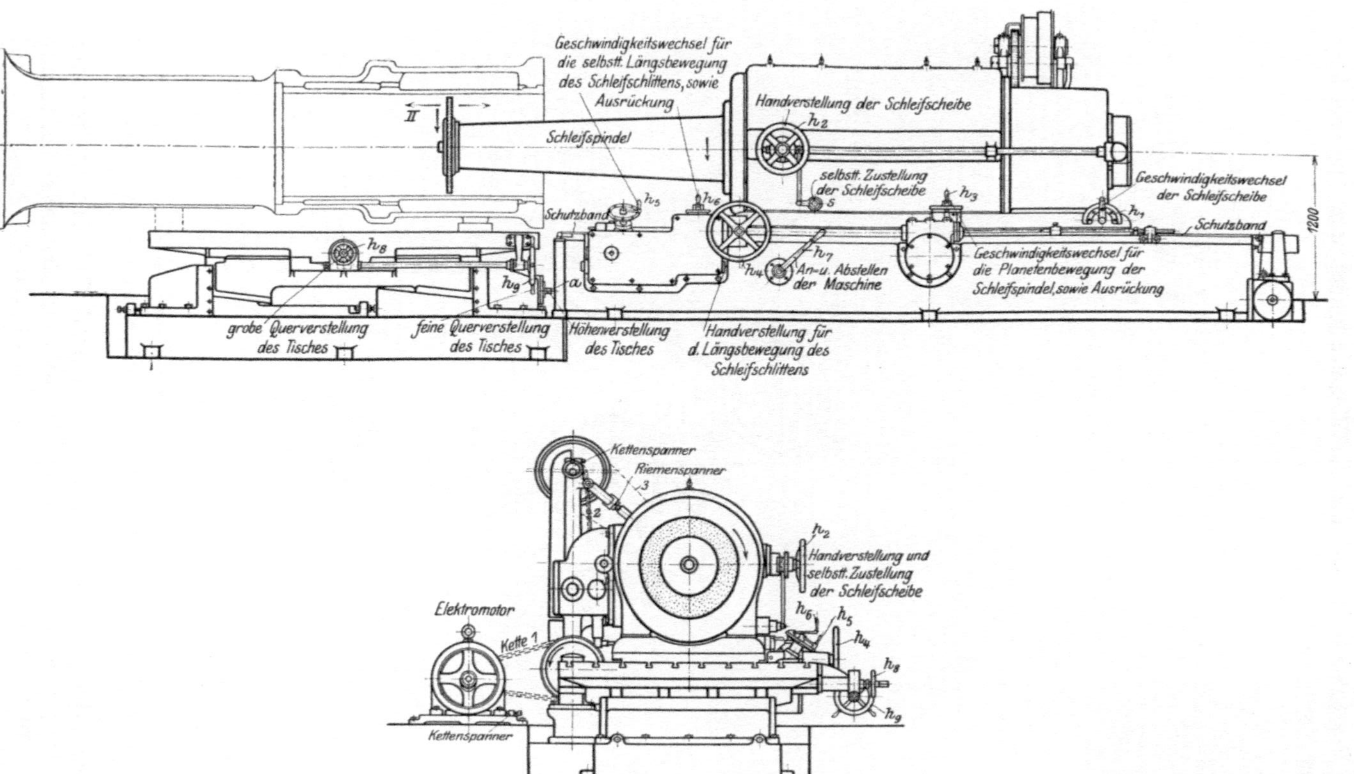

Fig. 616 und 617. Zylinderschleifmaschine. Mayer & Schmidt, Offenbach.

während der Schleifschlitten mit der Planetenspindel den hin- und herspielenden Vorschub *II* ausführt.

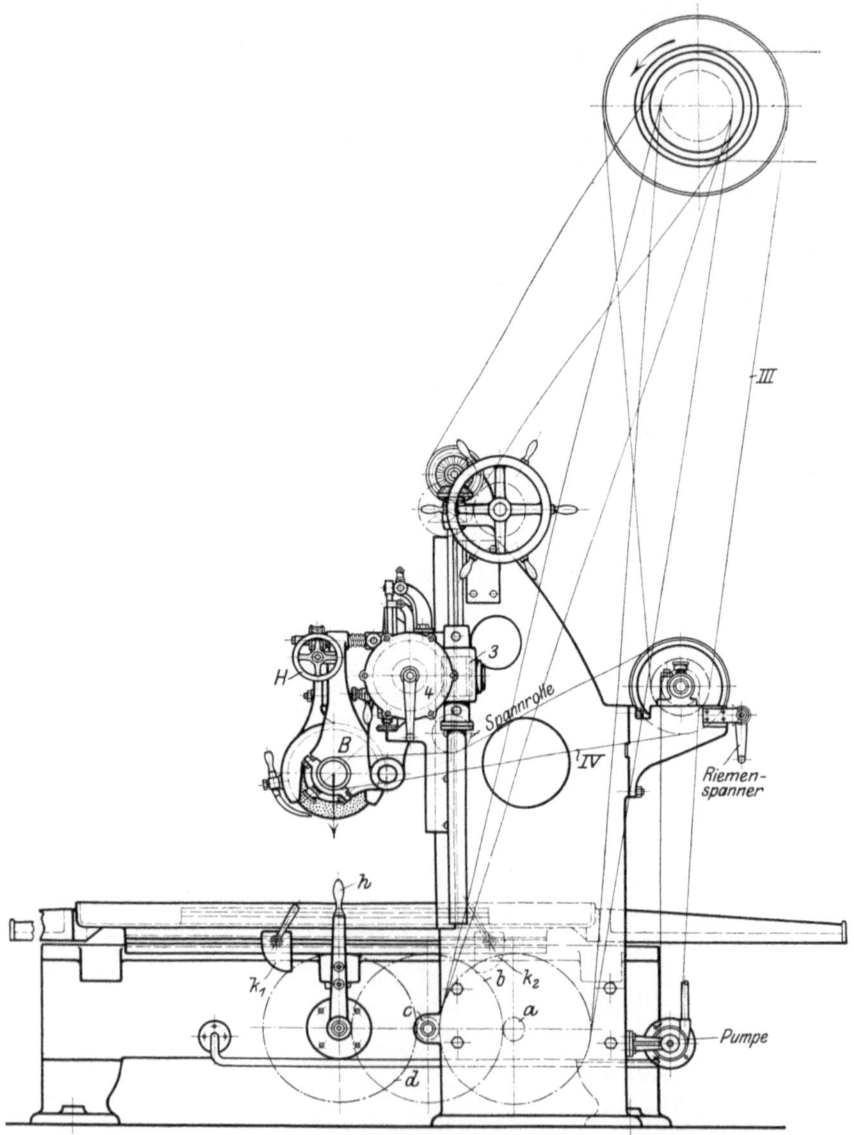

Fig. 618. Planschleifmaschine. Fr. Schmaltz, G. m. b. H., Offenbach.

Die Zylinderschleifmaschine von Mayer & Schmidt, Offenbach
a. Main (Fig. 616 und 617), ist mit den neuesten Errungenschaften ausgerüstet. Die Schleifspindel wird vom Motor durch die Ketten *1, 2* und
den Riemen *3* angetrieben. Mit dem Hebel h_1 lassen sich 6 Geschwindig-

keiten der Schleifscheibe einstellen. Das Einstellen des Schleifrades auf
den Zylindermantel geschieht mit dem Handrade h_2 und die selbsttätige
Zustellung für den nächsten Schliff durch das Schaltwerk s. Für die

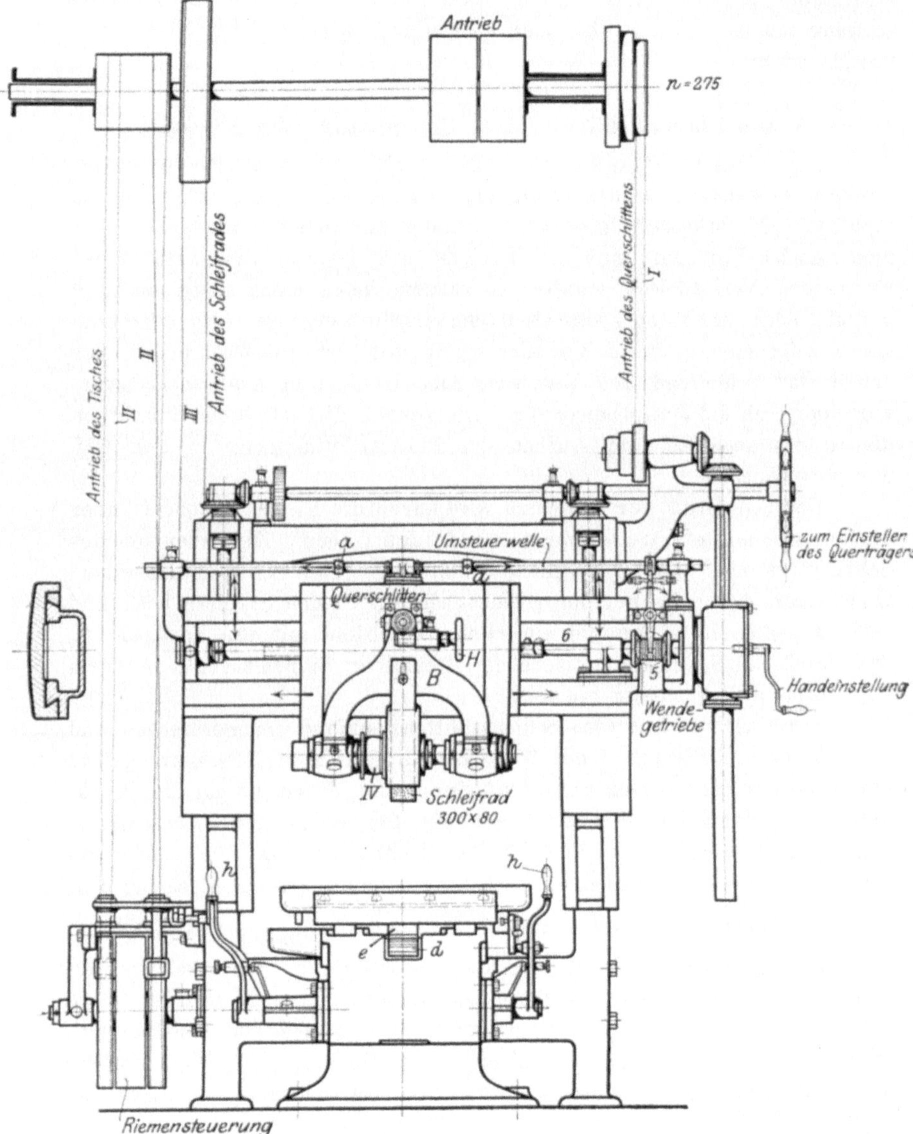

Fig. 619. Ansicht der Planschleifmaschine.

Planetenbewegung des Schleifrades sind 2 Geschwindigkeiten vorgesehen,
die sich mit dem Griff h_3 wechseln lassen. Der Schleifschlitten wird mit
dem Handrade h_4 auf das Werkstück eingestellt und die 8 Längsvorschübe

mit der Kurbel h_5 gewechselt. Mit h_6 kann der Längsvorschub und mit h_7 die ganze Maschine stillgesetzt werden.

Der Arbeitstisch hat ebenfalls handliche Vorrichtungen. Die Grobeinstellung in der Querrichtung geschieht mit h_8 und die Feineinstellung mit h_9. Die Hoch- oder Tiefstellung wird mit dem Vierkant a vorgenommen.

5. Die Planschleifmaschinen für gerade Werkstücke.

Die Planschleifmaschinen müssen sich auf folgenden Grundgedanken aufbauen: Soll das Schleifrad eine ebene Fläche schleifen, so muß ihm das Werkstück in gerader Richtung zugeschoben werden. Außer dem geraden Vorschub muß die Maschine, um das Schleifrad auch in der Breite des Werkstückes schalten zu können, noch einen stetig hin- und herspielenden oder einen ruckweisen Quervorschub erzeugen. Diese Arbeitsweise zeigt eine gewisse Verwandtschaft mit der Hobelmaschine. Nur erhält das Schleifrad im Vergleich zum Hobelstahl außer dem Quervorschub noch die Hauptbewegung. Die Verwandtschaft beider Maschinen macht sich auch in dem Aufbau der Planschleifmaschine in Fig. 618 und 619 bemerkbar.

Das Schleifrad der Maschine wird durch die Riemen *III* und *IV* über die hintere, einstellbare Riementrommel angetrieben. Zum Anstellen des Schleifrades und zum Querschalten sitzt der Schleifschlitten auf einem Querträger, der, wie bei der Hobelmaschine, an den Ständern hoch und tief zu stellen ist. Die Feineinstellung geschieht mit dem Handrade *H*, das durch ein Schneckengetriebe den drehbaren Spindelbügel *B* mit dem Schleifrade aufs genauste einstellt.

Der Quervorschub des Schleifschlittens erfolgt ununterbrochen und kann durch den Riemen *I* mit 3 Geschwindigkeiten vom Deckenvorgelege entnommen werden. Der Schlitten wird dabei durch die auf die Werkstückbreite einstellbaren Anschläge a, die das Wendegetriebe *5* schalten, ständig umgesteuert. Das Schleifrad bestreicht also die Arbeitsfläche ununterbrochen wellenförmig und schafft so sehr saubere Flächen. Der Arbeitstisch wird durch die Riemen *II*, die Vorgelege $\dfrac{a}{b} \cdot \dfrac{c}{d}$ und die Zahnstange e angetrieben. Durch eine Riemenumsteuerung, die durch die Anschläge k_1 und k_2, sowie den Steuerhebel h betätigt wird, wird der Tisch mit gleicher Geschwindigkeit umgesteuert, so daß beim Vor- und Rücklauf geschliffen wird. Hierdurch wird nicht nur die Leistung größer, sondern es fallen auch die erschütternd wirkenden Massendrücke des stark beschleunigten Leerlaufs fort.

6. Die Planschleifmaschine für ringförmige Werkstücke.

Der Planschliff ringförmiger Werkstücke verlangt von der Maschine einen Drehtisch, der in Fig. 620 von dem hinteren Motor durch den

Stufenriemen über das Norton-Getriebe vor der Säule angetrieben wird.

Fig. 620. Planschleifmaschine. Naxos-Union. Frankfurt a. M.

In dieser Einrichtung stimmt die Maschine mit der Karusselldrehbank überein. Nur muß der Tisch der Planschleifmaschine für das Schleifen von Ringstücken durch Anschläge umsteuerbar sein.

Die Schleifspindel wird von dem oberen Motor angetrieben und der hin- und herspielende Quervorschub des Schlittens von dem Antrieb des Tisches hergeleitet. Durch den Räderkasten am Querträger läßt sich die Größe der Vorschübe regeln. Die senkrechte Verstellung des Schleifspindelstockes kann selbsttätig und mit der Hand erfolgen.

Eine besondere Einrichtung ist noch für das Schleifen schräger Flächen getroffen. Hierfür ist mit dem rechten Handrade die Vorderplatte mit Schlitten und Räderkasten auf dem Querträger um einen Zapfen schrägzustellen.

7. Die Kolbenring-Schleifmaschine.

Eine im Kraftmaschinenbau häufig wiederkehrende Arbeit ist das Planschleifen der Kolbenringe. Hierfür hat die Naxos-Union mit ihrer Kolbenring-Schleifmaschine[1]) eine hübsche Lösung gefunden. Einer derartigen Schleifmaschine wäre folgende Arbeitsweise zugrunde zu legen: Der Kolbenring müßte durch eine langsame Drehung dem schnellaufenden Schleifrade stetig zugeschoben werden. Dabei hätte das Schleifrad, um den Ring auch in der Breite schleifen zu können, ständig hin- und herzuspielen. Dieser Grundgedanke ist auch in Fig. 620 verkörpert und in Fig. 621 und 622 den besonderen Verhältnissen angepaßt.

Der Kolbenring wird magnetisch festgespannt. Hierdurch ist schon einem Verspannen des Ringes von vornherein vorgebeugt. Das magnetische Spannfutter sitzt auf der Planscheibe h und erhält durch Schleifkontakte Strom (Fig. 623).

Eine wichtige Aufgabe ist, die langsam laufende Planscheibe h gegen Schwankungen zu schützen, die sich am Rande des Spannfutters besonders stark bemerkbar machen würden. Diese Bedingung ist hier in vorzüglicher Weise erfüllt. Die Tischspindel II läuft nämlich in zwei außergewöhnlich langen, nachstellbaren Lagern, die jedes seitliche Schwanken ausschließen. Dazu ist die Spindel durch Druckringe an der Überwurfmutter 21 gegen Auf- und Abwärtsbewegungen festgelegt. Die Lagerung sichert daher einen vollkommen ruhigen Gang der Planscheibe als Vorbedingung für gute Schleifarbeit. Für den kreisenden Vorschub des Kolbenringes bedarf die Planscheibe noch eines Antriebes. Er wird durch die Stufenscheibe a eingeleitet. Sie treibt durch I über b, c (Fig. 622) die Kegeltriebe d, e und schließlich durch das Vorgelege f, g den Aufspanntisch h (Fig. 623).

Das Schleifrad erhält seine Hauptbewegung, wie bekannt, durch eine Riemenrolle K auf der Schleifspindel III. Neu hinzu kommt hier der hin- und herspielende Vorschub des Schleifrades. Er wird ebenfalls von der Welle I entnommen und zwar durch Kuppeln der Stufenscheibe 1.

---

[1]) Z. Ver. deutsch. Ing. 1906, S. 2017. Gg. Schlesinger, Die Werkzeugmaschinen auf der Bayer. Jubiläums-Ausstellung zu Nürnberg.

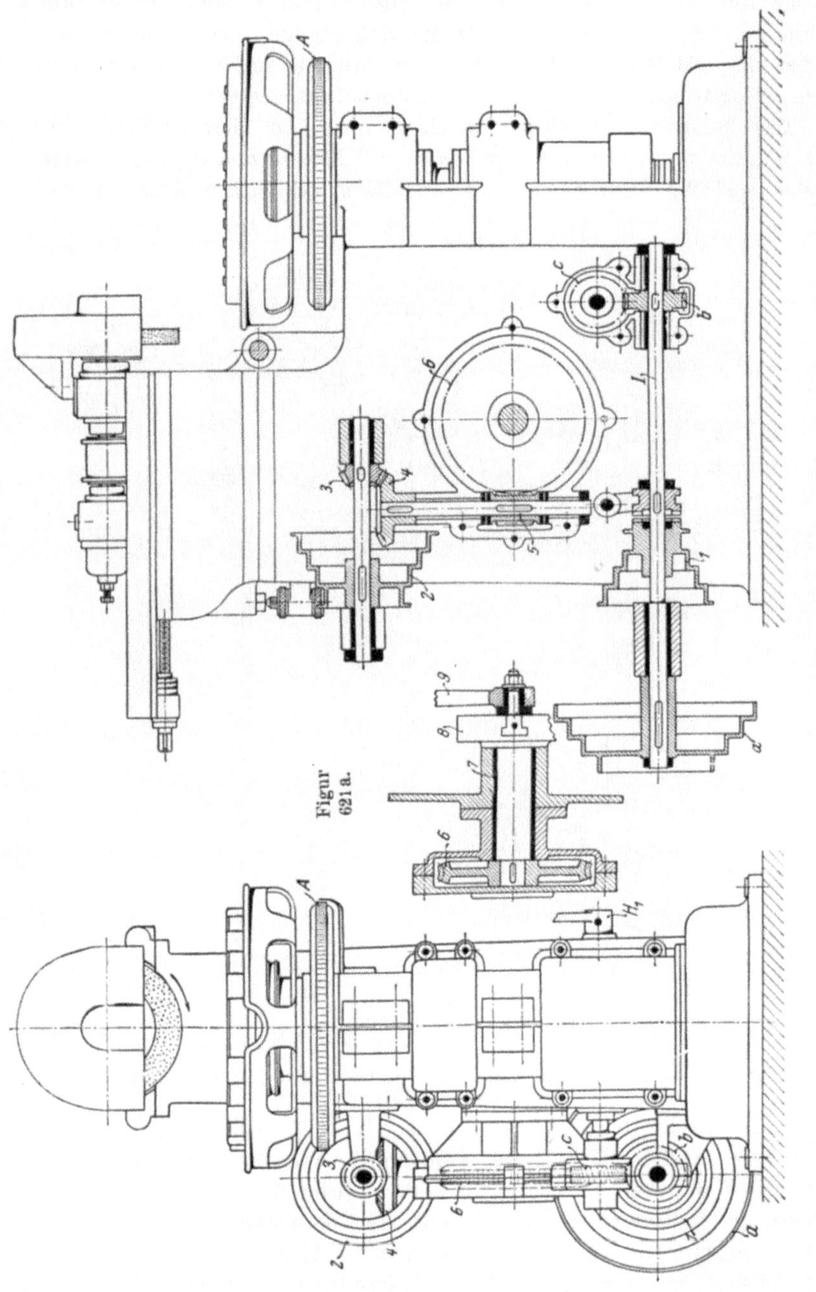

Fig. 621 und 622. Kolbenring-Schleifmaschine. Naxos-Union, Frankfurt a. M.

Es arbeiten alsdann *1* auf *2*, *3* auf *4* und *5* auf *6*. Das Schneckenrad *6* sitzt auf der im Gehäuse gelagerten Welle *7*, die im Innern der Maschine auch die Kurbel *8* trägt (Fig. 621a). Die Kurbel *8* bewegt durch die Schubstange *9* den Zahnbogen *10*, der die Zahnstange *11* mit dem Schleifschlitten hin- und herschiebt. Durch diese Antriebe sind alle Bewegungen für ein selbsttätiges Planschleifen der Kolbenringe gegeben.

Eine besondere Beachtung verdient noch die Einstellbarkeit der Maschine. Sie muß sich für gewöhnlich auf drei Richtungen erstrecken. Zunächst muß die Planscheibe zum Anstellen des Kolbenringes an das

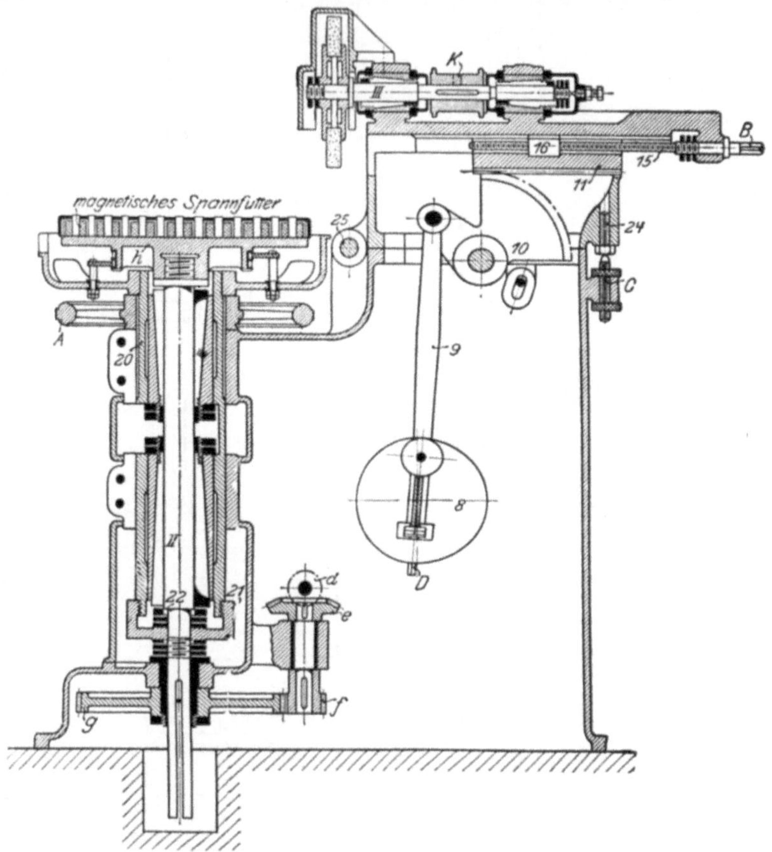

Fig. 623. Kolbenring-Schleifmaschine.   Naxos-Union, Frankfurt a. M.

Schleifrad hochzustellen sein. Diese Einstellung ist durch die lange Lagerbüchse *20* gegeben. Durch das Handrad *A* kann sie nämlich in dem Gestell der Maschine hochgeschraubt und in jeder Stellung durch Klemmschrauben festgeklemmt werden. Durch die Übermutter *21* und die Druckringe *22* nimmt sie *II* und die Planscheibe *h* mit hoch. Die zweite Einstellbarkeit erstreckt sich auf das Einstellen des Schleifrades auf den Durchmesser des Kolbenringes. Hierzu muß der Schleifschlitten quer zum Ring zu verschieben sein, eine Bedingung, die durch die Stellschraube *15* mit dem Vierkant *B* erfüllt ist. Die dritte Einstellung hat den hin- und herspielenden Vorschub des Schleifrades der Breite des Ringes anzupassen. Nach der Ringbreite ist der Ausschlag des Zahnsegmentes *10* zu bemessen. Es geschieht durch Verstellen des Zapfens der Kurbel *8* mit der Stellschraube *D*.

Auch auf dieser Maschine lassen sich Ringe mit schrägen Stirnflächen schleifen. Dies verlangt bekanntlich nichts anderes, als den Schleifschlitten schrägstellen zu können. Dieser Schrägeinstellung ist dadurch Rechnung getragen, daß sich das Bett des Schlittens um den Zapfen *25* drehen läßt. Durch die Stellschraube *C* und den Anschlag *24* kann daher das Schleifrad auf die Schräge der Stirnflächen des Ringes eingestellt werden.

8. Die Zahnräder-Schleifmaschine.

Für Kraftfahrzeuge von großer Bedeutung ist die Zahnräder-Schleifmaschine (Fig. 624). Die gehärteten Zahnräder, wie sie bei Kraftfahrzeugen angewandt werden, verursachen einen geräuschvollen Gang, weil die Zähne sich beim Härten verziehen. Das Geräusch nimmt natürlich mit der Geschwindigkeit der Räder zu.

Mit dem Aufschwung der Kraftfahrzeuge entstand somit für den Werkzeugmaschinenbau die Aufgabe, durch eine Schleifmaschine die Ungenauigkeiten in der Verzahnung der schnellaufenden Getrieberäder zu beseitigen. Hierzu verlangt die Schleifmaschine ein Schleifrad, dessen Umfang nach der Form der Zahnlücke abgedreht ist. Mit dieser Scheibe, die vor jedem Schliff genau auf die Lückenform nachzudrehen ist, müssen die Zähne aufs genauste nachgeschliffen werden.

Das vorgeschruppte, gehärtete Rad mit der nötigen Stoffzugabe an den Flanken wird, wie bei der Zahnradfräsmaschine, einzeln oder zu mehreren auf den Dorn des Teilkopfes gespannt. Die Formscheibe sitzt auf der kreisenden Spindel des Schleifschlittens, der, wie der Stößel einer Shapingmaschine, eine hin- und hergehende Bewegung macht. Hierdurch geht das Schleifrad zwischen den Zähnen des zu schleifenden Rades hin und her und schleift sowohl die beiden Flanken, als auch den Zahngrund. Nach jedem Rücklauf wird nach dem Teilverfahren eine andere Zahnlücke selbsttätig vor die Schleifscheibe gestellt.

Um Zähne von größter Genauigkeit schleifen zu können, wird die Scheibe vor jedem Schliff durch ein Schaltwerk tiefer gestellt und auf die genaue Lückenform nachgedreht. Zu Beginn des Vorlaufs hält nämlich der Stößel kurze Zeit an. Die Scheibe kreist zwischen 3 Diamanten, die sie nach Schablonen aufs genauste nachdrehen. Sind so alle Zähne vorgeschliffen, so wird die Scheibe nochmals genau nachgedreht und das Zahnrad fertig geschlichtet.

9. Die Kugelschleifmaschine.

Die Güte der Kugellager hängt sehr von der Genauigkeit der einzelnen Kugeln ab, die in ihren Durchmessern um höchstens 0,001 bis 0,002 mm abweichen sollen. Die neuzeitliche Massenherstellung ist bestrebt, die Kugeln mit größter Genauigkeit bei geringstem Abfall herzustellen. Hierzu werden von der Chromstahl-Stange kleine Zylinder von passender Länge abgestochen, kalt oder warm zu Kugeln gepreßt, vor-

Fig. 624. Zahnräder Schleifmaschine. Mayer & Schmidt, Offenbach a. M.

geschliffen, gehärtet, fertig geschliffen und poliert. Das Schleifen der Kugeln fällt der Kugelschleifmaschine zu.

Eine sinnreiche Lösung dieser Aufgabe ist mit der Kugelschleifmaschine von Hirth und Hoffmann in Cannstatt gefunden (Fig. 625). Die Maschine hat eine Schleifscheibe a, die um eine wagerechte Achse kreist. Als Kugelspeicher dient die Metallscheibe *b* mit gleichlaufenden Rillen. Die Kreisrillen werden mit Kugeln gefüllt, die zwischen den zusammengeschobenen Scheiben *a*, *b* gehalten werden. Beim Schleifen wird die Kugel nach jedem Umlauf der Maschine von dem Finger *c* aufgefangen,

Fig. 625. Kugelschleifmaschine der Norma Compagnie, Cannstatt.

in einen Kugelmischer und von hier bei *d* in die nächste Rille geleitet. Jede Kugel muß daher sämtliche Rillen durchlaufen, dabei wird sie allmählich auf die vorgeschriebene Größe heruntergeschliffen. Das Polieren erfolgt in Trommeln.

10. Die Grobschleifmaschinen.

Die ausgesprochenen Grobschleifmaschinen (Fig. 626) haben ein Schleifrad von etwa 600 mm Durchmesser, das aus einzelnen Ringstücken besteht. Diese Segmenträder haben eine große Schleifkraft, die die der Vollräder bei weitem übersteigt, sie erfordern allerdings auch einen größeren Arbeitsaufwand. Mit dem durch eine Stellspindel verschiebbaren Schleifbock wird das Schleifrad an das Werkstück angestellt. Um beim Schleifen eine möglichst große Leistung zu erzielen, muß man dem Segmentrade seitliche Schwankungen geben können. Hierzu läßt sich der Schleifbock durch einen Schneckenantrieb um einen Zapfen drehen.

Das Werkstück wird auf dem Tisch festgespannt und durch ihn an dem Schleifrade selbsttätig vorbeigeführt. Die Grobschleifmaschinen dienen vorzugsweise zum Glattschleifen von Schieberflächen, Gleitbahnen, Motorfüßen, Schubstangen u. dergl.

Die Auswahl der Schleifräder.[1)]

Zum Schluß noch einige Worte über die Wahl der Schleifräder. Als Grundregel gilt: Je fester die Korundkörnchen in die Scheibe eingebunden sind, um so länger bleiben sie haften und um so stumpfer

Fig. 626. Grobschleifmaschine. Fr. Schmaltz, G. m. b. H., Offenbach a. M.

werden sie. Harte Scheiben werden daher mit ihren stumpfen Körnern leicht reißen und nie saubere Flächen liefern. Weiche Scheiben stoßen die Körnchen vor dem Stumpfwerden ab, so daß stets scharfe arbeitsbereit stehen. Hieraus folgt, daß weiche Scheiben stets scharf und rund bleiben und daher auch genauer schleifen als harte Scheiben. Sehr wesentlich ist auch die Korngröße. Je gröber das Schleifrad in der Körnung ist, um so tiefer kann im allgemeinen der Span genommen werden. Grobkörnige Scheiben sind daher mehr fürs Grobschleifen und feinkörnige mehr fürs Schlichten geeignet. Je zarter die Schlichtfläche sein soll, um so feiner muß das Rad angestellt werden und um so schneller muß es laufen. Dabei ist noch zu beachten, daß härtere Werkstücke weiche Scheiben erfordern, weil die Körnchen früher stumpf werden und

---

[1)] Pockrandt, Z. d. Ver. deutsch. Ing. 1910. S. 1775.

infolgedessen auch schneller abzustoßen sind. Besonders stark werden die Scheiben von Schmiedeeisen und Stahl angegriffen, weniger von Gußeisen. Schmiede- und Stahlgußstücke verlangen daher besonders weiche Scheiben, Gußeisen weniger.

Die Leistung eines Schleifrades wächst natürlich mit der Umfangsgeschwindigkeit, weil mit ihr die scharfen Körnchen schneller zum Eingriff und die stumpfen rascher ausgestoßen werden. Dies gilt insbesondere für Schmiedeeisen und Stahl, bei Gußeisen hat die Geschwindigkeit weniger Einfluß. Die beste Leistung erzielt man mit 30 m Umfangsgeschwindigkeit i. d. Sekd.

Die Umfangsgeschwindigkeit des Werkstückes soll nicht zu groß sein, weil sonst die Flächeneinheit des Schleifrades zu sehr belastet wird. Sie ist vom Tischvorschub abhängig. Für Werkstücke von etwa 150 mm Durchmesser aus Schmiedeeisen und Stahl sei die Umfangsgeschwindigkeit 12 bis 15 m i. d. Min., bei schwächeren Stücken, z. B. 50 mm Durchmesser, nur 9 bis 12 m i. d. Min., bei Gußeisen ist eine etwas höhere Geschwindigkeit zulässig.

Der Vorschub bei einer Umdrehung des Werkstückes soll nicht zu klein sein, für Schmiedeeisen und Stahl etwa $^2/_3$ bis $^3/_4$ der Schleifradbreite, für Gußeisen $^3/_4$ bis $^5/_6$ der Radbreite. Wirtschaftlicher ist es, das Werkstück etwas langsamer laufen zu lassen und den Vorschub größer zu nehmen.

5. Die Gewindeschneidmaschinen

Die Gewindeschneidmaschinen dienen zur massenweisen Herstellung der Gewinde an Schrauben und Muttern.

Die Gewindedrehbank.

Die Drehbank kann auch für das Gewindeschneiden benutzt werden (S. 152), sie ist jedoch für Massenarbeit nicht genügend durchgebildet und zu wenig leistungsfähig. Sie ist eine vorzügliche Gewindeschneidmaschine für Einzelarbeit, sie verlangt aber die volle Geschicklichkeit eines gelernten Drehers, der das Gewinde mit mehreren Schnitten herauszuholen hat. Aber auch auf diesem Gebiete hat die Technik Fortschritte gemacht. Wie bereits bekannt, vollzieht die Gewindedrehbank (S. 157) alle Bewegungen des Werkstückes und des Stahles selbsttätig und setzt sich nach dem letzten Schnitt auch von selbst still.

Die Revolverbank.

Die Revolverbank mit Patronen-Werkzeughalter ist für das massenweise Gewindeschneiden schon weit praktischer als die Drehbank; sie bietet in dieser Ausstattung eine große Vervollkommnung.

Der Grundgedanke des Patronen-Werkzeughalters ist dem Gewindeschneiden auf der Drehbank entnommen. Bei diesem Verfahren wird
bekanntlich der Gewindeschneidstahl bei jeder Umdrehung des Schrauben-
bolzens um die Steigung des Gewindes vorgeschoben. Den betreffenden
Vorschub erzeugt der Patronen-Werkzeughalter (Fig. 627 und 628) unmittelbar durch Schraube und
Mutter also ohne Wechselräder.

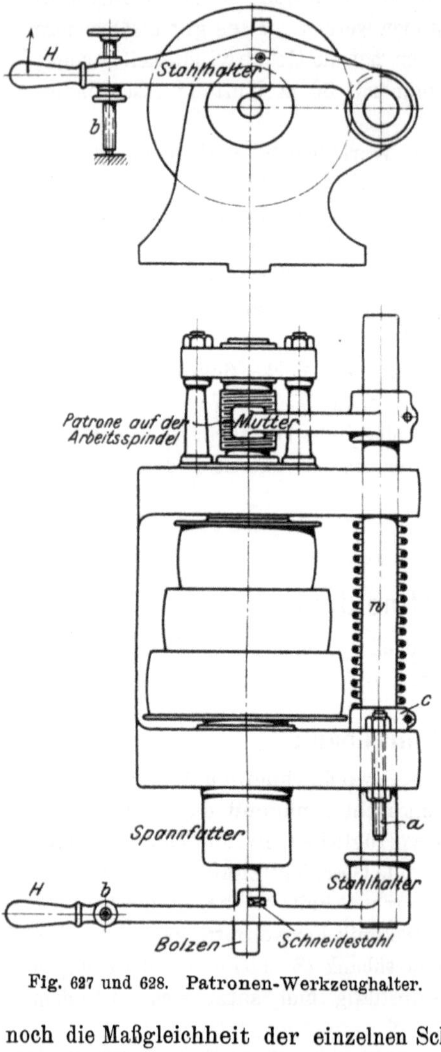

Die Schraube sitzt hierzu
als Patrone auf dem Schwanzende der Arbeitsspindel und
die Mutter an dem hinteren Arm
des Werkzeughalters. Beide
müssen daher für die verschiedenen Gewindesteigungen auszu-
wechseln sein. Der Schneidstahl ist in den vorderen Stahlhalter gespannt, der an dem
Kopf der verschiebbaren Welle w
sitzt. Durch diese handliche
Anordnung von Patrone, Mutter
und Stahl entsteht folgende
Arbeitsweise: Sobald die Bank
läuft, erteilt die Mutter dem
Werkzeughalter und hiermit
dem Schneidstahl einen Vorschub von der Steigung ihres
Gewindes. Der Schraubenbolzen
sitzt in einem Spannfutter am
Spindelkopf und vollzieht mit
ihm die kreisende Hauptbewegung. Auf Grund dieser Arbeitsweise muß durch die Drehbewegung des Werkstückes und
den gleichzeitigen geraden Vorschub des Werkzeuges Gewinde
entstehen.

Fig. 627 und 628. Patronen-Werkzeughalter.

Nach dem Grundsatz der
Massenherstellung bliebe nur
noch die Maßgleichheit der einzelnen Schrauben festzulegen und die Bedienung des Werkzeughalters zu vereinfachen. Die Bedienung soll sich nur auf
das Vorschieben der Rohstange und das Ansetzen des Stahles erstrecken
und höchstens zwei Handgriffe erfordern. Diese Aufgabe ist dadurch gelöst,
daß die Patronenmutter und der Schneidstahl mit dem einzigen Handgriff H
zu fassen sind. Die verschiebbare Welle w ist nämlich in ihren Lagern

drehbar, so daß sie beim Umlegen des Stahlhalters Mutter und Stahl zugleich ansetzt oder zurückzieht. Die Maßgleichheit der einzelnen Arbeitsstücke wird durch verstellbare Anschläge gesichert. So soll der Anschlag a, je nachdem die Bank arbeitet, die Anfangs- oder Endstellung des Schnittes festlegen und die Stellschraube b die Gewindetiefe. Arbeitet die Bank z. B. nach dem Spindelstock hin, so wird sie so lange Gewinde schneiden, bis der Stahlhalter gegen a stößt. In dem Augenblick muß der Werkzeughalter ausgeschwenkt werden. Für jeden neuen Schnitt ist er wieder vorzuschieben. Um dies selbsttätig zu gestalten, wird er, ähnlich wie der Ausrücker in Fig. 149, durch eine kräftige Spiralfeder zurückgeschnellt. Dabei hält der Ring c die Anfangsstellung des Schnittes fest.

Soll der Stahl vorn frei auslaufen, so muß die Bank verkehrt laufen. Der Anschlag a wird dann die Anfangsstellung des Schnittes angeben, und für das Zurückschnellen des Werkzeughalters muß c gegen das hintere Lager stoßen. Hierzu ist der Stellring c vor dem hinteren Lager festzuklemmen. Um dies zu vereinfachen, ist meist an beiden Lagern ein Stellring vorgesehen. Von ihnen ist, sobald die Maschine vom Spindelstock weg arbeitet, der vordere Ring zu lösen und der hintere auf w festzuklemmen.

Für das vorherrschende Arbeiten von der Stange besitzt die Revolverbank einen ausgebildeten Stangenvorschub. Er ist derart eingerichtet, daß die Rohstange mit einem Handrade vorgeschoben und wieder festgeklemmt werden kann, wobei die gleichen Arbeitslängen durch einen Anschlag am Revolverkopf einzustellen sind (Fig. 292).

Kürzere Gewinde können auch mit der im Revolverkopf eingespannten Kluppe geschnitten werden (Fig. 307).

Die selbsttätige Revolverbank.

Die selbsttätige Revolverbank hat als Schraubendrehbank und Gewindeschneidmaschine ein großes Arbeitsfeld in der Massenherstellung erobert. Sie vollzieht bekanntlich alle Bewegungen selbsttätig, die nötig sind, um aus der Rohstange eine Formschraube herzustellen (S. 171).

Die Schraubenschneidmaschinen.

Die Schraubenschneidmaschinen sind entweder für Bolzengewinde oder für Muttergewinde eingerichtet. Die Werkzeuge der ersteren sind die Gewindeschneidbacken einer Schneidkluppe, die der letzteren die Gewindebohrer.

Die Benutzung einer Schneidkluppe gestattet bei den Bolzenschneidmaschinen zwei Arbeitsweisen. Bei ihnen kann entweder das Werkzeug die Hauptbewegung vollziehen und das Werkstück den Vorschub oder auch umgekehrt. Für die erste Arbeitsweise ist die Schneidkluppe an dem Spindelstock unterzubringen, für die letzte in dem Spannstock. In gleicher Weise ist auch die Mutternschneidmaschine einzurichten, nur ist die Schneidkluppe durch den Gewindebohrer zu ersetzen.

Die erste Arbeitsweise ist in Fig. 629 gewählt. Die Schneidbacken sitzen hier in dem **kreisenden Schneidkopf** des Spindelstockes. Der Schraubenbolzen wird in den schraubstockartig ausgebildeten Spannstock gespannt. Der Betrieb einer derartigen Maschine erfordert demnach, daß man den Spannstock mit dem Bolzen so lange dem Schneidkopf zuschiebt, bis die kreisenden Schneidbacken das weitere Vorschieben selbst übernehmen. Nach vollendetem Schnitt ist der Spindelstock umzusteuern, damit die Maschine den Spannstock so weit zurückschiebt, bis der Schneidkopf den Bolzen freigibt. Dieser Rücklauf verursacht nicht nur Zeitverluste, sondern auch eine starke Abnutzung der Schneidbacken. Bessere Maschinen haben daher einen sich **selbst auslösenden** Schneidkopf.

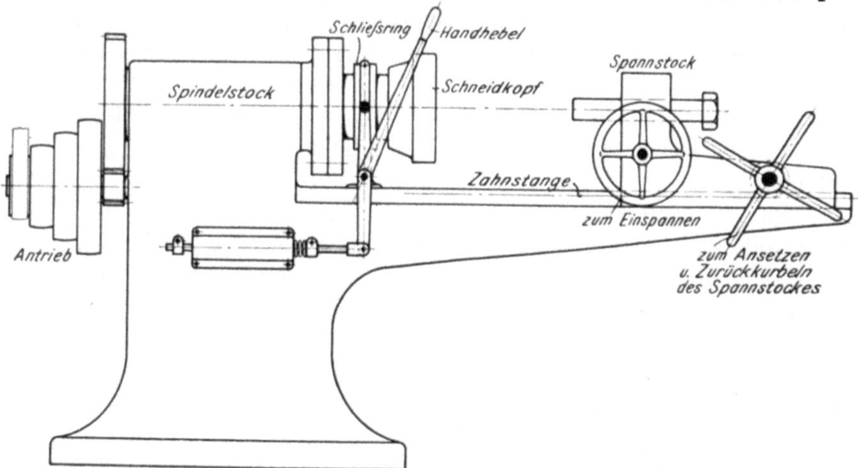

Fig. 629. Plan einer Schraubenschneidmaschine.

Durch die Selbstauslösung geben die Schneidbacken den Bolzen nach beendetem Schnitt zwangläufig frei, so daß der Spannstock von Hand zurückgezogen werden kann.

Ein weiteres Bestreben zielt bei den Schraubenschneidmaschinen auf genauere Arbeit hin, indem der Schneidkopf von dem Vorschieben des Spannstockes entlastet wird. Diese Aufgabe ist bei größeren Maschinen durch eine Leitspindel gelöst, die den Spannstock vorschiebt. Hierdurch wird nicht nur genaueres Gewinde erreicht, sondern auch die Schneidbacken werden entlastet. Der Schneidkopf hat daher nur den Schnitt, nicht aber den Vorschub zu übernehmen. Das Zurückkurbeln des Spannstockes ist hierbei durch ein Mutterschloß ermöglicht, das mit dem Schneidkopf geöffnet wird.

Neuere Schraubenschneidmaschinen sind noch weiter durchgebildet. Sie lösen nicht nur den Schneidkopf, sondern auch die Leitspindelmutter selbsttätig aus und lassen beide durch einen Handhebel gleichzeitig wieder schließen (Fig. 630).

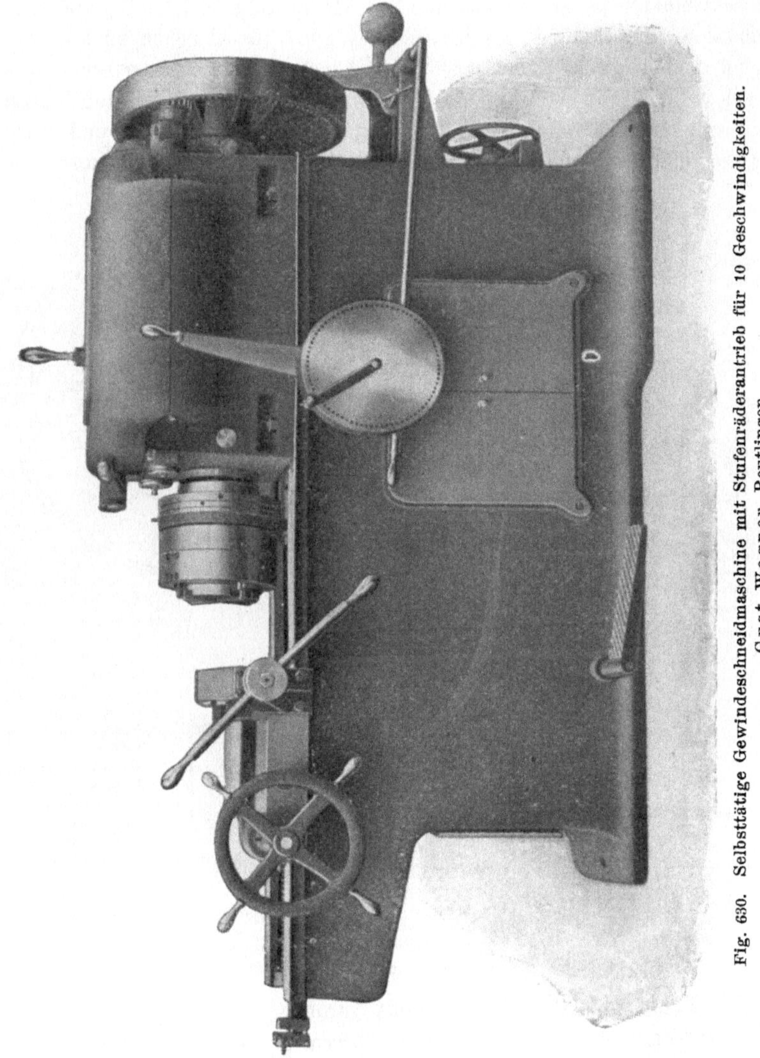

Fig. 630. Selbsttätige Gewindeschneidmaschine mit Stufenräderantrieb für 10 Geschwindigkeiten. Gust. Wagner, Reutlingen.

Die Gewindeschneidköpfe.

Der wichtigste Einzelteil der Schraubenschneidmaschine ist der bereits erwähnte Schneidkopf. Er ist entweder mit dem Spindelstock verschraubt — kreisender Schneidkopf — oder im Spannstock untergebracht — feststehender Schneidkopf.

Ein kreisender Schneidkopf ist in Fig. 631 bis 633 dargestellt. Seine Werkzeuge sind die vier Schneidbacken m, die von vorn in den

23*

rohrförmigen Grundkörper eingesetzt und in ihm durch die Stirnscheibe *a*
gehalten werden. Diese Verbindung ermöglicht, das Gewinde bis dicht
an den Schraubenkopf zu schneiden. Die Hauptaufgabe ist nun, die vier
Schneidbacken gleichzeitig ansetzen und wieder zurückziehen zu können.
Sie ist bei dem gezeichneten Schneidkopf durch den verschiebbaren Stellring *b* gelöst, der vier schräglaufende Führungsnuten hat. In den Nuten
sind die vier Messer mit gehärteten Stahlkappen *k* (Fig. 634 und 635)
geführt, so daß zum Öffnen und Schließen des Schneidkopfes nur der

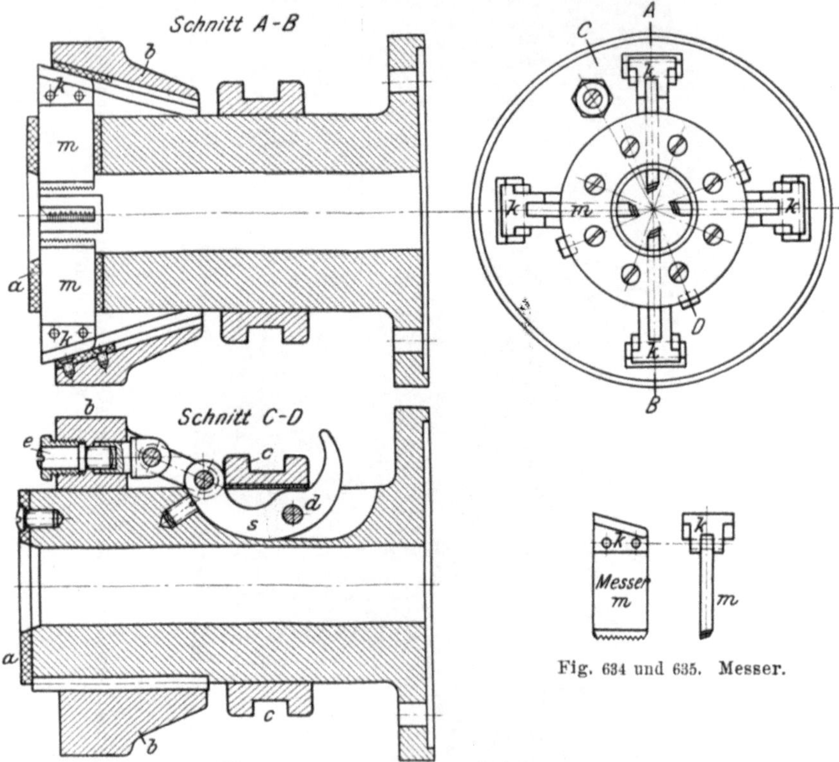

Fig. 631 bis 633. Kreisender Schneidkopf.

Fig. 634 und 635. Messer.

Stellring *b* zu verschieben ist. Schiebt man *b* nach links, so werden
sämtliche Backen durch ihre schräge Führung zugleich angesetzt und
beim Zurückziehen von *b* wieder ausgelöst. Der Arbeitsdruck der einzelnen
Messer wird durch die Stahlkappe und das gehärtete Futter der Führung
aufgenommen.

Zu seiner Vollendung bedarf der Schneidkopf noch einer Vorrichtung,
den Stellring *b* handlich verschieben und in der Arbeitsstellung festhalten
zu können. Diese Schließvorrichtung ist ähnlich wie das Kuppelschloß
in Fig. 77 gebaut. Sie besteht aus dem Schließring *c*, der durch einen
Handhebel gefaßt wird. Der Ring *c* legt die um *d* drehbare Sichel *s*

herum, die gelenkig mit dem Stellring *b* verbunden ist. Schiebt man in Fig. 631 bis 633 diesen Schließring nach rechts, so zieht die Sichel den Stellring zurück, der den Schneidkopf zwangläufig öffnet. Beim Verschieben nach links drückt die Sichel den Stellring wieder vor, der den Kopf wieder schließt. Die Verriegelung des Schneidkopfes bewirkt ebenfalls die Sichel *s*. Sie ist in ihrer Form so gehalten, daß der Kopf sich nicht aus-

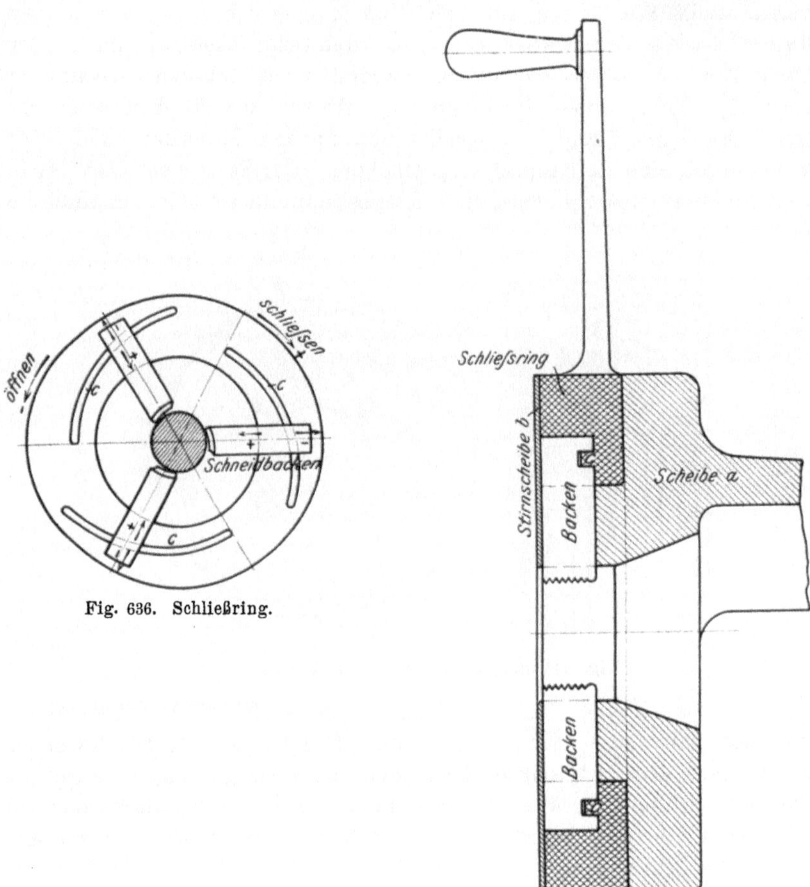

Fig. 636. Schließring.

Fig. 637. Plan eines feststehenden Schneidkopfes.

lösen kann, bevor der Schließring verschoben wird. Die Tiefe des Schnittes kann durch die Regulierschraube *e* eingestellt werden, wobei sich die Endstellungen des Stellringes etwas ändern.

Die Selbstausrückung eines derartigen Schneidkopfes läßt sich durch verstellbare Anschläge erreichen. Sie legen gegen Hubende ein Hebelwerk herum, durch das die Maschine den Schneidkopf selbst auslöst und beim Zurückziehen des Spannstockes wieder schließt.

Für das Öffnen und Schließen des feststehenden Schneidkopfes
kann ein Schließring mit außerachsigen Führungsleisten benutzt
werden, wie es in Fig. 636 und 637 durchgeführt und bereits in ähnlicher
Weise bei dem Mutterschloß (Fig. 226) besprochen worden ist.   Bei dem
feststehenden Schneidkopf sitzen in den nach dem Mittelpunkt verlaufenden
Nuten der Scheibe *a* drei Schneidbacken, die durch die Stirnscheibe *b*
gehalten sind.   Sie fassen mit einer Nut je eine der drei außerachsigen
Führungsleisten *c* des Schließringes.   Um den Schneidkopf zu öffnen oder
zu schließen, ist daher nur der Schließring nach links oder rechts zu
drehen (Fig. 636), wobei die Leisten die Messer zurückziehen oder ansetzen.   Der Schneidkopf sitzt bekanntlich an dem Spannstock und wird
mit ihm durch eine Leitspindel vorgeschoben.   Der Schraubenbolzen ist in
dem Spannfutter des Spindelstockes festgespannt und erhält von ihm die
Hauptbewegung.

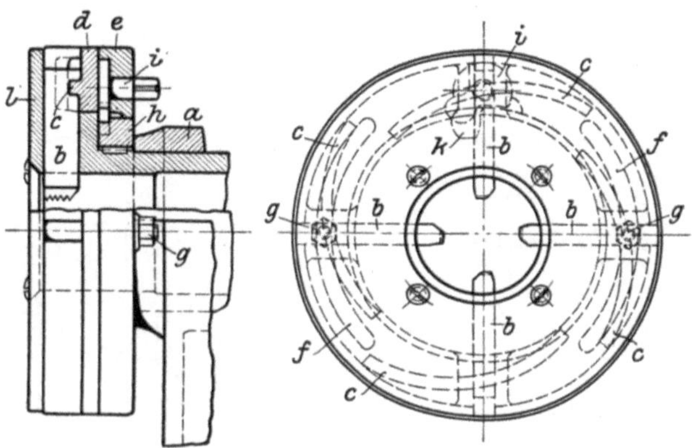

Fig. 638 und 639.   Kreisender Schneidkopf.

Der vorstehende Schließring läßt sich auch bei dem kreisenden
Schneidkopf verwenden (Fig. 638 und 639).   Die 4 Gewindebacken *b* werden
auch hier von dem Schließring *d* mit den außerachsigen Leisten *c* gefaßt.
Neben dem Schließring *d* sitzt der Klemmring *e* mit den Bogennuten *f*,
durch die die beiden Schrauben *g* des Schließringes fassen.   Durch Anziehen dieser Schrauben *g* lassen sich daher die Ringe *d* und *e* festklemmen.
Innerhalb des Klemmringes *e* sitzt fest auf dem Schneidkopf der Ring *h*
und zwar so, daß sich *e* um *h* drehen läßt.   Das Einstellen der Gewindebacken wird mit dem Daumen *i* vorgenommen, der in eine Zahnlücke *k*
des feststehenden Ringes *h* greift.   Die Form des Daumens und der Lücke
ist so gewählt, daß der Daumen in den Endstellungen als Sperre zwischen
den Ringen *e* und *h* wirkt.   Ist nun der Ring *d* eingestellt und der Klemmring *e* mit *g* festgeklemmt, so kann durch Drehen des Daumens *i* der
Schneidkopf immer auf denselben Schnittdurchmesser eingerückt werden.

Eine gewisse Bequemlichkeit bietet der Schneidkopf noch beim Auswechseln der Gewindebacken *b*.   Werden nämlich die Klemmschrauben *g*

gelöst und der Schließring d so weit gedreht, daß die Backen b hinter den höchsten Stellen der Leisten c stehen, so können sie nach Lüften der Stirnscheibe l nach außen herausgezogen werden, ohne l ganz abnehmen zu müssen.

Eine bemerkenswerte Bauart hat auch der Landis-Gewindeschneidkopf, der 4 lange Schneidbacken nach Art der Gewindestrehler hat

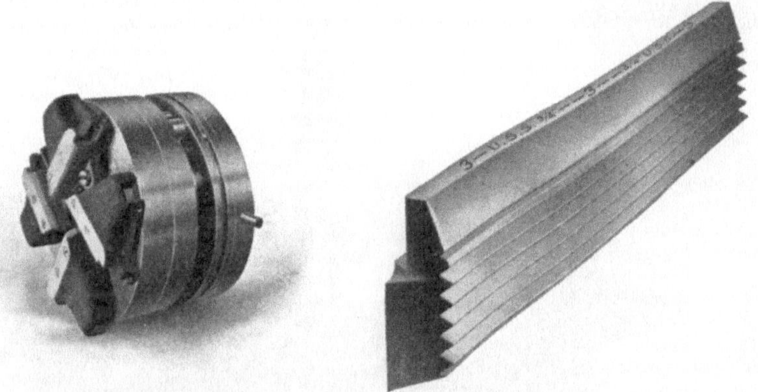

Fig. 640 und 641. Landis-Gewindeschneidkopf.

(Fig. 640 und 641). Die Backen werden an der vorderen Stirnseite nachgeschliffen und können daher bis auf einen kurzen Rest verbraucht werden. Gegenüber den anderen Schneidköpfen mit ihren schmalen Messern gewährt

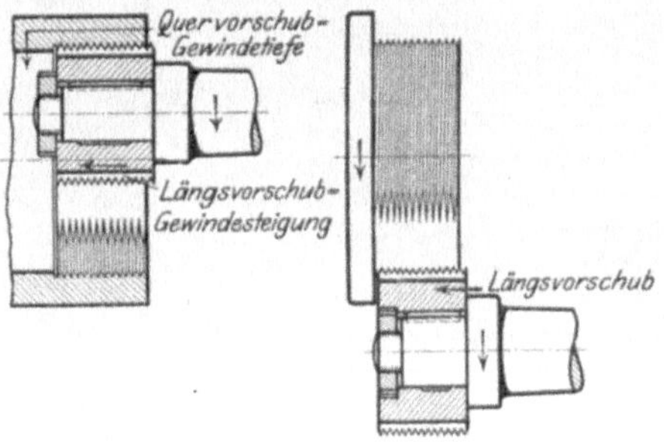

Fig. 642 und 643. Gewindefräsen mit einem Rillenfräser.

der Landis-Schneidkopf eine größere Lebensdauer der Schneidbacken. Da die Messer vor dem Kopf sitzen, so fließen auch die Späne gut ab.

Die Schraubenschneidmaschinen besitzen gegenüber der Drehbank den Vorzug, daß sie mit einem Schnitt fertiges Gewinde liefern und infolge ihrer einfachen Handhabung viel leistungsfähiger sind. Höheren Ansprüchen auf Genauigkeit genügen ihre Erzeugnisse allerdings nicht.

Die Gewindefräsmaschinen.

Die Gewindefräsmaschinen arbeiten bekanntlich mit einem Formfräser und schneiden mit einem Gang der Maschine fertiges Gewinde. Sie sind ebenfalls für Massenarbeit bestimmt und können zu mehreren Maschinen von einem Arbeiter bestellt werden (S. 260).

Eine besondere Art ist das Gewindefräsen mit dem Rillenfräser (Fig. 642 und 643).   Dieses Werkzeug hat Rillen, die in ihrer Zahl der

Fig. 644. Gewindefräsmaschine. Karl Hasse & Wrede, Berlin N.

Gangzahl und in ihrer Form dem Querschnitt des zu fräsenden Gewindes entsprechen, aber ohne Steigung verlaufen.   Man kann den Rillenfräser gewissermaßen als kreisenden Gewindestrehler auffassen.   Er kann Außen- und Innengewinde schneiden und ist nur entsprechend an das Werkstück anzustellen.

Das Gewindefräsen mit dem Rillenfräser verlangt von der Arbeitsweise der Maschine (Fig. 644), daß das Werkzeug die kreisende Hauptbewegung erfährt.   Hierzu sitzt es auf der Frässpindel, die mit dem linken Frässchlitten angestellt wird. Das Werkstück muß entgegengesetzt dem Fräser kreisen und auf ihm seinen inneren oder äußeren Mantel abwälzen. Diese

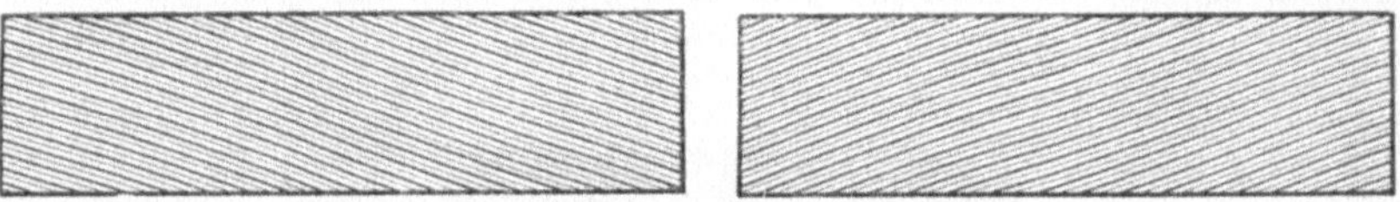

Fig. 645. Gewindebacken für Linksgewinde. Fig. 646. Gewindebacken für Rechtsgewinde.

Bewegung wird dem Werkstück von dem rechten Spannstock erteilt. Soll nun die Maschine mit einem Umlauf fertiges Gewinde fräsen, so muß der

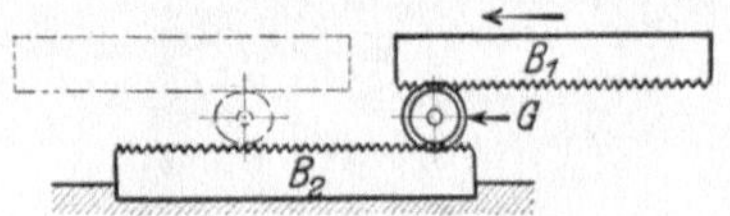

Fig. 647. Gewinderollen.

Frässchlitten den Fräser um die Gewindesteigung in der Längsrichtung verschieben und der Spannstock das Werkstück um die Gewindetiefe quer.

Fig. 648. Gewinderollmaschine. A. H. Schütte, Cöln-Deutz.

Das Verfahren liefert praktisch brauchbares Gewinde für Geschosse u. dergl.

Die Gewinderollmaschinen.

Beim Gewinderollen wird das Gewinde unter Druck auf den Bolzen aufgerollt, der daher aus dehnbarem Stoff bestehen muß. Das Verfahren

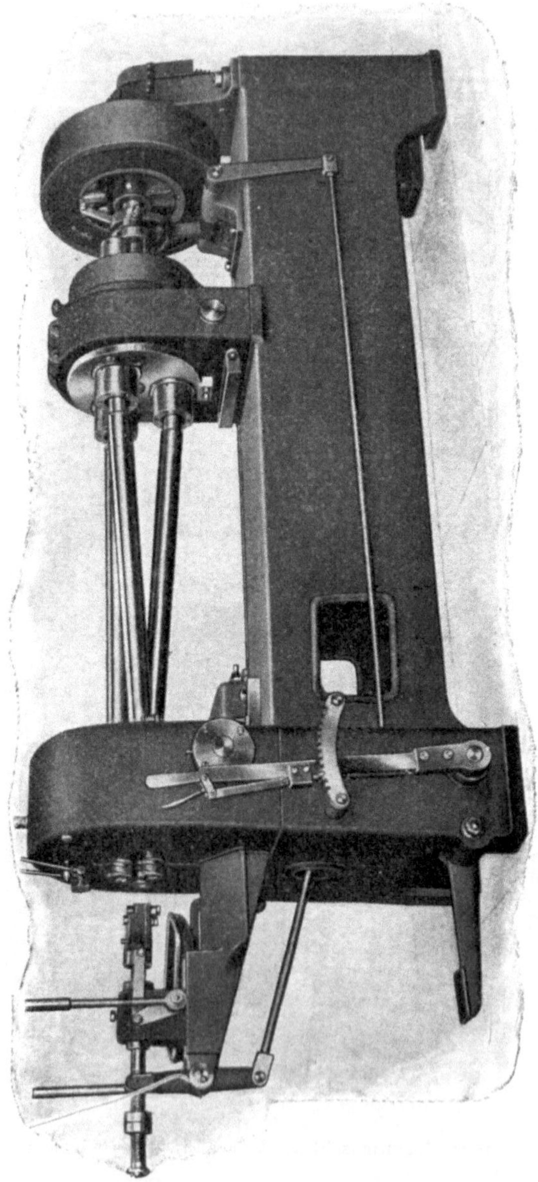

Fig. 649.   Gewindewalzmaschine.   A. H. Schütte, Cöln-Deutz.

ist also kein Gewindeschneiden, sondern ein Druckverfahren, das auf der Dehnbarkeit beruht und keine Späne erzeugt. Als Werkzeuge dienen

2 Gewindebacken aus gehärtetem Stahl, die mit Rillen von dem Querschnitt und der Steigung des zu schneidenden Gewindes versehen sind (Fig. 645 und 646). Die beiden Backen B_1 und B_2 (Fig. 647) werden unter Druck übereinander gerollt, so daß sich die Zähne in den zwischen den Platten rollenden Bolzen G eindrücken und so das Gewinde aufrollen.

Diese Arbeitsweise ist in der Gewinderollmaschine (Fig. 648) dadurch verkörpert, daß der Backen B_2 festgespannt ist. Der bewegliche Backen B_1 sitzt in einem Schlitten, der von der Maschine durch eine Schwinge vor der festen Gewindeplatte hin- und herbewegt wird. Zwischen beide Backen steckt der Arbeiter die Bolzen, die selbsttätig hindurchgerollt werden und als fertige Schrauben in einen Sammelkasten fallen.

Die wichtigste Bedingung für genaues Gewinde ist, daß die Bolzen in dem Augenblick eingesteckt werden, in dem die Gewindespitze von B_1 dem Gewindegrund von B_2 gegenübersteht, damit nach einer halben Umdrehung des Bolzens die von B_1 erzeugten Gänge mit den von B_2 herrührenden zusammentreffen.

Da der Stoff durch die Backen in die Rillen hochgewalzt wird, so muß der Bolzendurchmesser gleich dem mittleren Gewindedurchmesser sein. Für das Gewinderollen sind Bolzen aus weichem, gebeiztem Stahl am besten geeignet. Höheren Ansprüchen auf Genauigkeit genügt das Gewinderollen nicht, dagegen ist es sehr leistungsfähig.

Die Gewindewalzmaschinen.

Bei dem Gewindewalzen wird der Bolzen durch 3 Kaliberwalzen gefaßt (Fig. 649) und in ihrer Längsrichtung durch die Maschine hindurchgezogen. Die Kaliber entsprechen dem Gewindequerschnitt und walzen dadurch das Gewinde auf den Bolzen auf. Bei dem Gewindewalzen wird daher der Bolzen in seinem Gefüge verdichtet und in seiner Länge gestreckt, so daß er entsprechend kürzer sein muß.

Das Einführen des rotwarmen Bolzens in die Maschine geschieht mit dem linken Halter, der zugleich mit einem Anschlage die Gewindelänge festlegt. Die Walzen haben spitzen Einlauf, so daß sie den Bolzen rasch fassen und hindurchziehen. Ist der Anschlag erreicht, so werden durch Hebelübertragung die Walzen geöffnet und die fertigen Gewindebolzen freigegeben. Beim Zurückziehen des Handhebels schließen sich die Gewindewalzen wieder zur Aufnahme des nächsten Bolzens.

Das Gewindewalzen eignet sich am besten für das grobe Holzgewinde der Schwellenschrauben, Isolatorstützen usw. und ist sehr leistungsfähig.

Viertes Kapitel

Die Werkzeugmaschinen mit gerader Hauptbewegung.

In dem Wettbewerb mit der leistungsfähigen Fräsmaschine haben die Werkzeugmaschinen mit gerader Hauptbewegung, wie die Hobelmaschine, Feil- und Stoßmaschine, ein großes Arbeitsfeld eingebüßt.

Diese Tatsache findet ihre Begründung in dem weniger leistungsfähigen, einschneidigen Werkzeug und der geraden hin- und hergehenden Hauptbewegung selbst. Mit ihr ist stets ein leerer Rücklauf verbunden, der für die Ausnutzung der Maschine tote Arbeitszeit bedeutet. Durch den beschleunigten Rücklauf läßt sich der Zeitverlust zwar abkürzen, doch sind der Beschleunigung Grenzen gesetzt, um den ruhigen Gang der Maschine nicht zu gefährden. Die stark zu beschleunigenden Massen erfordern nämlich nicht nur einen größeren Arbeitsaufwand der Maschine, sondern sie erzeugen auch bei jedem Hubwechsel Massenwirkungen $\left(\frac{M v^2}{2}\right)$, welche mit dem Quadrate der Geschwindigkeit wachsen. Diese Arbeitswucht der bewegten Massen, welche die Maschine bei jedem Auslauf des Hobeltisches abzubremsen und im nächsten Augenblick in entgegengesetzter Richtung wieder aufzubringen hat, verursacht in ihrem Gange Erschütterungen, die besonders bei dem beschleunigten Rücklauf stark auftreten und nur durch eine schwere Bauart zu bekämpfen sind (s. Tafel VIII, S. 104). Sie setzen sowohl der Schnittgeschwindigkeit eine Grenze als auch vor allem der Beschleunigung des Rücklaufs.

Die größte Beschleunigung, die bisher für den Rücklauf der Hobelmaschine ausgeführt wurde, ist die achtfache Schnittgeschwindigkeit. Unter gewöhnlichen Verhältnissen bildet jedoch die vierfache Beschleunigung die Grenze, so daß von zehn Arbeitsstunden immer noch zwei Stunden verloren sind. Aus diesen Gründen erklärt sich auch das jüngste Bestreben der Technik, die Arbeitsmaschinen der geraden Hauptbewegung, wo angängig, durch solche mit kreisender zu ersetzen.

Trotz dieser Anbahnung sind und bleiben die Werkzeugmaschinen mit geradem Schnitt für viele Bedürfnisse der Metallbearbeitung noch unentbehrlich. In besonderem Maße gilt dies von der Hobelmaschine, sobald es sich um eine höhere Genauigkeit der Arbeitsflächen handelt. Für viele Betriebe hat bekanntlich der Kampf zwischen Hobeln und Fräsen nur eine neue Arbeitsteilung gebracht: Schruppen auf der Fräsmaschine und Schlichten auf der Hobelmaschine. Auf dem letzten Arbeitsgebiet tritt noch die Schleifmaschine mit bestem Erfolg in den Wettbewerb.

Die Hobelmaschinen.

Nach dem allgemeinen Grundgedanken arbeiten die Hobelmaschinen mit hin- und hergehender Hauptbewegung und mit geradem, ruckweisem Vorschub. Die Ausführung dieser beiden Bewegungen steht in einem wirtschaftlichen Zusammenhang mit der Größe des zu bearbeitenden Werkstückes.

Lange und schwere Werkstücke erfordern nämlich für den Hauptweg einen großen Arbeitsaufwand und ein Maschinenbett von mehr als der doppelten Länge des größten Arbeitsstückes. In den Gleitbahnen des Hobeltisches verursachen sie große Reibungswiderstände und bei dem beschleunigten Rücklauf übergroße Massendrücke. Die sich bewegenden, schweren Massen verlangen aber als Vorbedingung für ruhigen Gang Maschinen von schwerer und kostspieliger Bauart. Es wäre daher unwirtschaftlich, schweren Arbeitsstücken die Hauptbewegung zu geben.

Mit diesem Grundsatz steht die Arbeitsweise der Blechkanten- und Grubenhobelmaschinen (Fig. 796 und 799) in engster Beziehung. Bei ihnen hat das Werkzeug die Haupt- und Schaltbewegung, während das schwere Werkstück auf dem Bett festgespannt ist und keine Bewegung ausführt. Neuzeitlich eingerichtete Betriebe gehen sogar so weit, daß sie schwere Werkstücke auf eine ausgerichtete Grundplatte legen und die elektrisch betriebenen Werkzeugmaschinen heranfahren.

Getrennte Bewegungen sind daher nur wirtschaftlich bei Hobelmaschinen für Werkstücke bis Mittelgröße. Auf Grund dieser Erkenntnis vollzieht auch bei der Tischhobelmaschine das Werkstück die Hauptbewegung und der Hobelstahl den Vorschub. Hierzu wird das Arbeitsstück auf den beweglichen Hobeltisch gespannt und der Stahl in den steuerbaren Hobelschlitten. Der Hobeltisch erfährt durch sein Eigengewicht und durch die Belastung des Werkstückes einen ruhigen und sicheren Gang. Dieser Einfluß der Gewichte ist von besonderer Bedeutung bei dem Zahnstangenantrieb, bei dem der schräge Zahndruck den Tisch zu heben sucht. Auf diese Weise sichert die Hauptbewegung mittlerer Werkstücke jederzeit einen ruhigen Gang und demzufolge einen glatten Schnitt.

Bei kleineren Werkstücken gibt man am besten dem Stahl die Hauptbewegung und dem Arbeitsstück den Vorschub, weil diese Arbeitsweise einen einfacheren Aufbau der Maschine zuläßt, wie dies das Kastenbett der Stößel-Hobelmaschine zeigt.

1. Die Tischhobelmaschine.

Die Kennzeichnung der Tischhobelmaschine (Fig. 650 bis 654) liegt in dem beweglichen Hobeltisch, der durch seinen Hin- und Hergang die einzelnen Schnitte verursacht.

Der Arbeitsbereich der Tischhobelmaschine erstreckt sich auf das Hobeln wagerechter, senkrechter und schräger Flächen.

Durch den Aufschwung der Fräserei hat jedoch die Anwendung der Tischhobelmaschine in neuzeitlich eingerichteten Werkstätten vielfach eine Änderung erfahren. Die Erfahrungen auf dem Gebiete der Metallbearbeitung lehren nämlich, größere Werkstücke vorzufräsen und für eine hochgradige Genauigkeit, wie sie bei Gleitflächen gefordert wird, auf der Hobelmaschine zu schlichten. Unter dem starken Arbeitsdruck des Fräsers erwärmt und verzieht sich das Werkstück, weil sich die Gußspannungen ausgleichen. Für diesen Spannungsausgleich läßt man das Werkstück zweckmäßig eine Zeitlang stehen, bevor es geschlichtet wird. Für das Schlichten erscheint die Hobelmaschine mit ihrem einschneidigen Werkzeug und ihrem ruhigen Gange besonders geeignet.

Der Aufbau der Tischhobelmaschine läßt sich aus der Bedingung entwickeln, daß der Stahl beim Hobeln wagerechter Flächen über dem Werkstück quergeschaltet werden muß (Fig. 655). Das Querschalten des Stahles verlangt demnach einen Hobelschlitten, der sich auf einer Querbahn, dem Querträger, verschieben und mit ihm auf die Werkstückhöhe einstellen läßt. Zur Aufnahme und zum Einstellen des Querträgers sind 2 Ständer erforderlich, die mit dem Bett zu einem geschlossenen Rahmen verbunden sind. Die Hauptbewegung des Werkstückes verlangt einen Schlitten, den Hobeltisch, der in den langen Bahnen des Bettes unter dem Stahl hin- und herläuft. Hierzu ist der Hobeltisch mit einem Antrieb für die gerade Hauptbewegung und für den ständigen Hubwechsel. mit einer selbsttätigen Umsteuerung auszustatten. Soll das Querschalten des Hobelschlittens selbsttätig vor sich gehen, so beansprucht die Maschine noch eine Augenblicksschaltsteuerung.

Die wichtigsten Einzelteile der Tischhobelmaschine sind daher: der Hobelschlitten mit der Schaltsteuerung, der Hobeltisch mit seinem Antrieb und seiner Umsteuerung und das Bett mit dem Ständerrahmen.

Der Hobelschlitten.

Der Hobelschlitten ist die Einspannvorrichtung für den zu schaltenden Hobelstahl. Hieraus ergibt sich auch seine Bauart. Wie der Werkzeugschlitten der Drehbank, so muß auch der Hobelschlitten alle Arbeitsstellungen und alle Vorschübe des Werkzeuges hervorbringen, die für die einzelnen Hobelarbeiten nötig sind. Da es sich hierbei vorzugsweise um wagerechte und senkrechte Vorschübe handelt, deren Richtungen sich also kreuzen, (Fig. 655), so muß die Grundform des Hobelschlittens, wie bei der Drehbank, ein Kreuzschlitten sein. Er wird gebildet durch den Querschlitten Q

Additional information of this book

(Die Werkzeugmaschinen und ihre Konstruktionselemente;

978-3-662-23908-7; 978-3-662-23908-7_OSFO13) is provided:

http://Extras.Springer.com

und den Senkrechtschlitten V (Fig. 656 bis 659). Von ihnen ist der Querschlitten Q für die wagerechten Vorschübe bestimmt, die also quer zum
Tisch gerichtet sind. Hierzu ist Q unmittelbar auf den Bahnen des Querträgers geführt. Der Senkrechtschlitten V dient zum Hobeln senkrechter
und schräger Flächen. Er ist für diese Arbeiten mit der Lyraspindel
senkrecht zu schalten.

Das Schräghobeln verlangt noch eine kleine Abänderung des gewöhnlichen Kreuzschlittens. Beim Hobeln schräger Flächen muß nämlich
der Senkrechtschlitten auf den Neigungswinkel der Arbeitsfläche eingestellt
und in der schrägen Richtung gesteuert werden (Fig. 655). Diese Gradstellungen des Hobelschlittens erfordern als Zwischenglied des Kreuzschlittens eine Drehscheibe (Lyra) D, die auf der Vorderseite den Senkrechtschlitten V führt und auf der Rückseite mit einem Zapfen Z auf dem
Querschlitten Q drehbar sitzt. Die Drehscheibe gestattet daher, den
Senkrechtschlitten V schräg zu stellen, wobei sie gegenüber dem Arbeitsdruck durch eine Kreisnut und Klemmschrauben auf Q festzuklemmen ist.

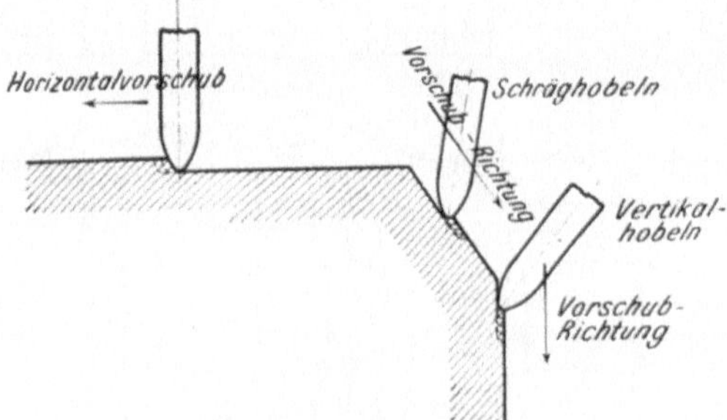

Fig. 655. Die Vorschübe und Schnittstellungen des Hobelstahles bei den verschiedenen
Hobelarbeiten.

Zu dieser Grundform des Hobelschlittens treten noch einige Einzel-
heiten für das Einstellen und Abheben des Stahles. Um nämlich die Schneide
zu schonen, muß sich der Hobelstahl beim Rücklauf der Maschine von dem
Werkstück abheben können. Dieser Forderung ist durch die Klappe K
genügt, die die Stahlhalter trägt und zwischen den Wangen des Klappen-
trägers K_1 gelenkig aufgehängt ist. Die Klappe gestattet daher, daß sich
der Stahl beim Rücklauf lose an die bestrichene Fläche legt (Fig. 660
bis 661). Neuere Hobelschlitten sind noch weiter vervollkommnet. Sie
besitzen eine selbsttätige Meißelabhebung, die vor Beginn des Rücklaufes
den Stahl abhebt und vor jedem Schnitt wieder ansetzt.

Die richtige Schnittstellung des Hobelstahles beim Bearbeiten senkrechter und schräger Flächen verlangt noch ein Schrägstellen des Klappen-
trägers K_1. Hierzu ist er um den Zapfen z auf dem Senkrechtschlitten V
drehbar und durch Schrauben und Bogennut festzuklemmen.

Der Stahlhalter ist als Bügel ausgebildet, der in die Spannuten
der Klappe eingeschoben wird. Durch Anziehen der Druckschrauben
werden Bügel und Stahl zugleich festgeklemmt.

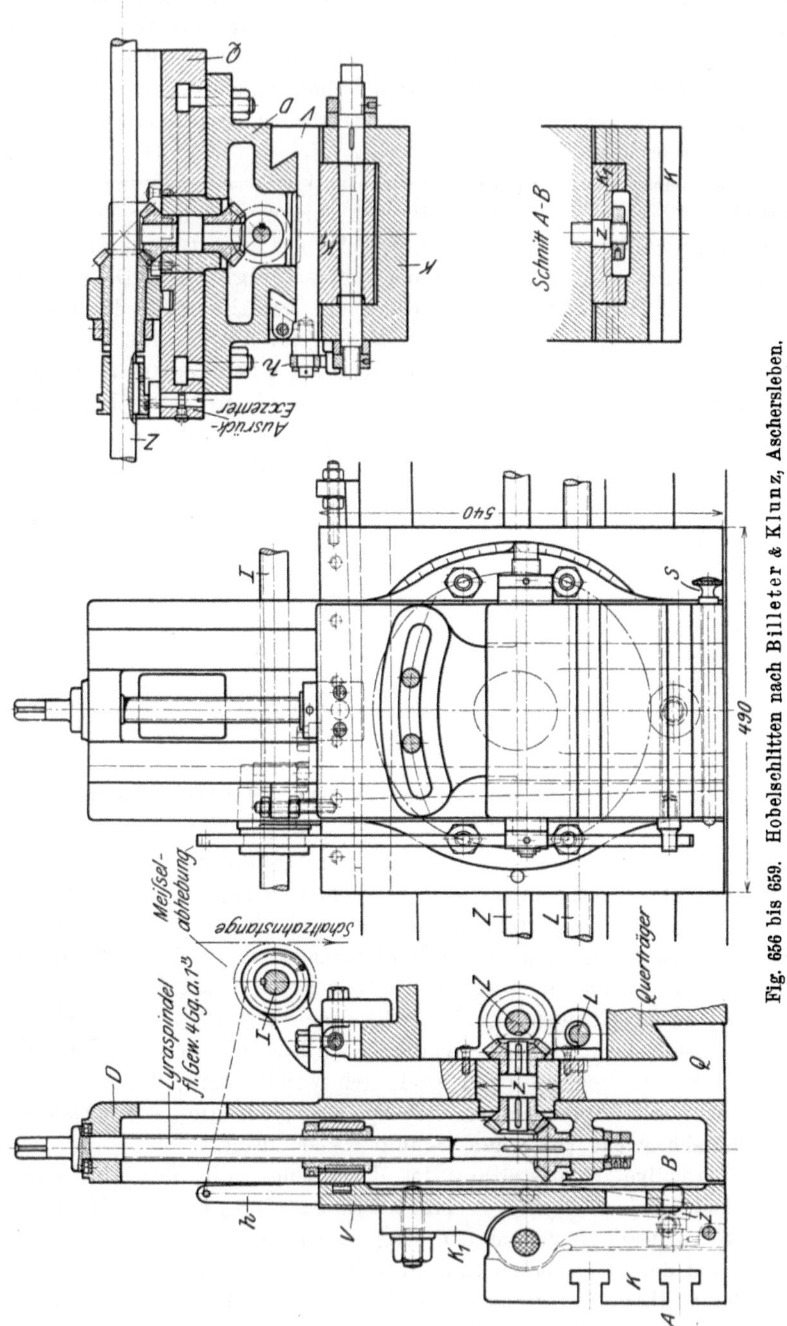

Fig. 656 bis 659.   Hobelschlitten nach Billeter & Klunz, Aschersleben.

　　　Soll die Hobelmaschine selbsttätig arbeiten, so muß der Hobelschlitten für alle Vorschübe Selbstgang haben. Die hierzu erforderlichen Züge sind in allen Arbeitsstellungen des Schlittens von der Steuerung der Maschine anzutreiben. Hierzu liegen in dem Querträger eine Leitspindel und eine Zugspindel. Die Leitspindel steuert den Querschlitten beim Hobeln wagerechter Flächen und die Zugspindel den Senkrechtschlitten beim Senkrecht- und Schräghobeln, indem sie durch die im Drehpunkt von D liegenden Kegeltriebe die Lyraspindel treibt.

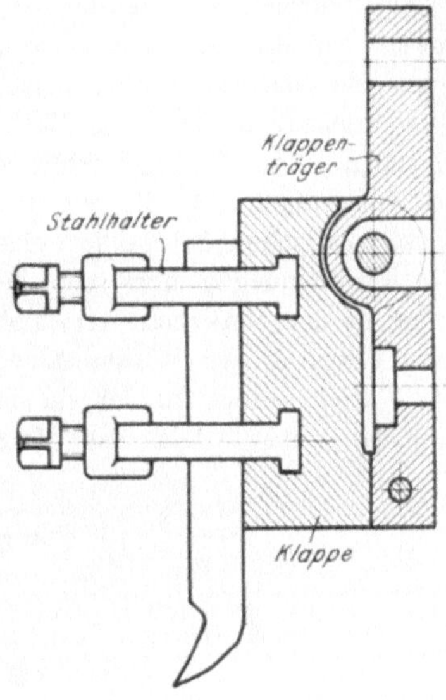

　　　Das Einstellen des Hobelschlittens ist, wie folgt, vorzunehmen. Um ihn auf die Höhe des Werkstückes zu bringen, ist der Querträger zu heben oder zu senken. Die hierzu erforderliche Vorrichtung wird zweckmäßig durch Schraube und Mutter gebildet. Bei kleineren Maschinen (Fig. 650) wird sie von dem Arbeiter bedient, bei größeren durch die Maschine selbst (Fig. 695). Zum seitlichen Anstellen ist der Hobelschlitten mit der Leitspindel auf dem Querträger zu verschieben.

　　　Das Einstellen des Spanes ist bei wagerechten Flächen mit der Lyraspindel oder mit der Zugspindel selbst vorzunehmen, bei senkrechten Flächen dagegen mit der Leitspindel. Sämtliche Spindeln besitzen daher einen Vierkant zum Aufstecken einer Kurbel und zwar die Leit- und Zugspindel auf beiden Seiten.

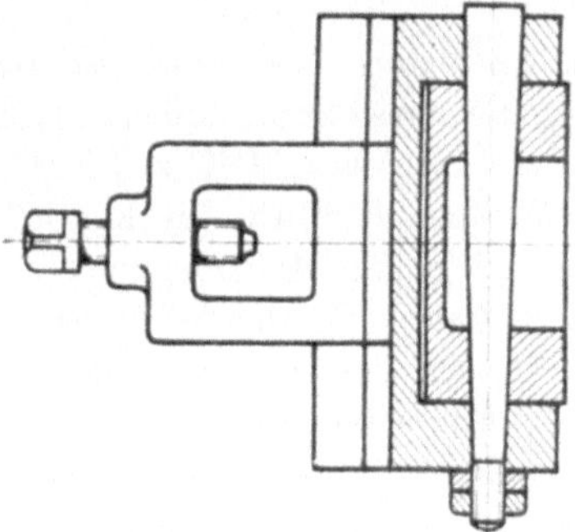

Fig. 660 und 661. Vorderschlitten.

　　　Das Einstellen des Hobelschlittens mit der Lyraspindel verlangt noch, bei größeren Maschinen den Selbstgang auszuschalten. Hierzu ist das Kegelrad der Zugspindel Z durch Umlegen eines Exzenters zu entkuppeln (Fig. 659).

　　　Beim Schlichten ist noch eine Vorsicht zu beachten. Damit beim Rücklauf der Maschine der Stahl die Flächen nicht verletzt, ist die Klappe durch Einstecken eines Stiftes S in dem Klappenträger festzuhalten. Durch diese Verbindung steht der Stahl vollkommen fest, so daß er nicht auf die gehobelten Flächen aufschlagen kann.

Die Bestrebungen, die Hobelmaschine immer mehr als Genauigkeitsmaschine auszubilden, haben dazu geführt, in den Schlittenführungen
jeden toten Gang auszugleichen. So besitzt der Billeter-Hobelschlitten
in seinen Führungen schräge Stelleisten, die sich jederzeit durch Anziehen einer Stellschraube nachstellen lassen.

Auch für die Lyramutter ist eine einfache und praktische Lösung
gefunden. Sie ist der nachstellbaren Mutter in Fig. 113 nachgebaut, indem man die dortigen Stellschrauben durch eine Spiralfeder ersetzte, die
den verschiebbaren Teil der Mutter nachdrückt. Fig. 662 zeigt diese
Einrichtung. Der Senkrechtschlitten besitzt eine feste Mutter c und eine
nachstellbare Mutter b, die mit einem glatten Fuß an dem Schlitten geführt ist. Zwischen beiden liegt eine Feder gespannt, die jeden toten Gang
in der Mutter ausgleichen soll. Die Spannkraft der Feder muß hierzu
das Gewicht der senkrecht verschiebbaren Teile des Hobelschlittens über-
treffen. Unter dieser Voraussetzung drückt die Feder die verschiebbare
Mutter b nach unten, so daß sie sich gegen die obere Gewindefläche der
Lyraspindel stützt. Die feste Mutter c wird hingegen nach oben, also

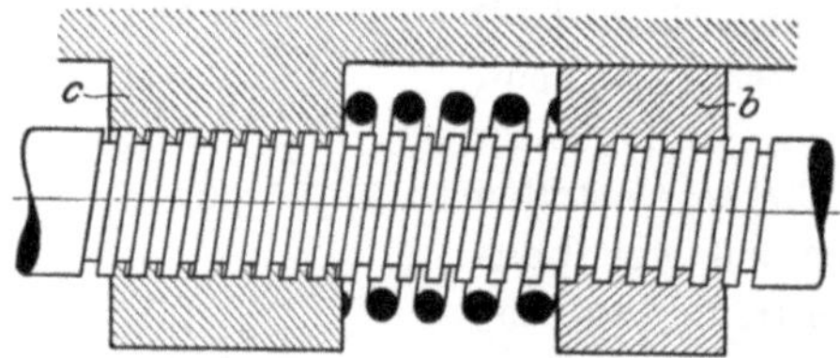

Fig. 662. Lyramutter mit selbsttätiger Nachstellung.

gegen die untere Gewindefläche der Spindel gedrückt, wodurch an der
oberen, wie gezeichnet, Spiel entsteht. Das Spiel vergrößert sich in dem
Maße, wie der Verschleiß zunimmt.

Welchen Einfluß der Kampf zwischen Hobeln und Fräsen auf die
Durchbildung der Hobelmaschine ausgeübt hat, zeigt sich schon an dem
Hobelschlitten. Er hatte früher für das Hobeln senkrechter Flächen
einen kurzen Senkrechtschlitten, der nur für schwache Schnitte aus-
reichte. Für schwere Schnitte mußte das Werkstück umgespannt werden.
Um die hiermit verbundenen Zeitverluste zu umgehen, sind neuere Hobelschlitten selbst bei leichteren Maschinen schon für höhere Werkstücke
ausgebaut (Fig. 656 bis 659). Sie besitzen eine auffallend hohe Drehscheibe
mit einem kräftigen und langen Senkrechtschlitten. Der Hobelschlitten
ist dadurch imstande, schwere senkrechte Schnitte aufzunehmen, selbst
wenn der Schlitten V zum Teil freihängt.

In noch ausdrucksvoller Weise zeigt sich diese Verbesserung bei
dem Hobelschlitten in Fig. 663 und 664. Hier ist der Senkrechtschlitten V
außergewöhnlich lang und stark gehalten, so daß er stets auf der ganzen
Drehscheibe geführt bleibt. Mit dieser Form des Schlittens V wird in
Vergleich zu Fig. 656 eine kleine Änderung der Senkrechtsteuerung not-

wendig. Die Lyraspindel muß jetzt für den Vorschub des Senkrechtschlittens die Drehbewegung und die auf- und absteigende Bewegung aus-

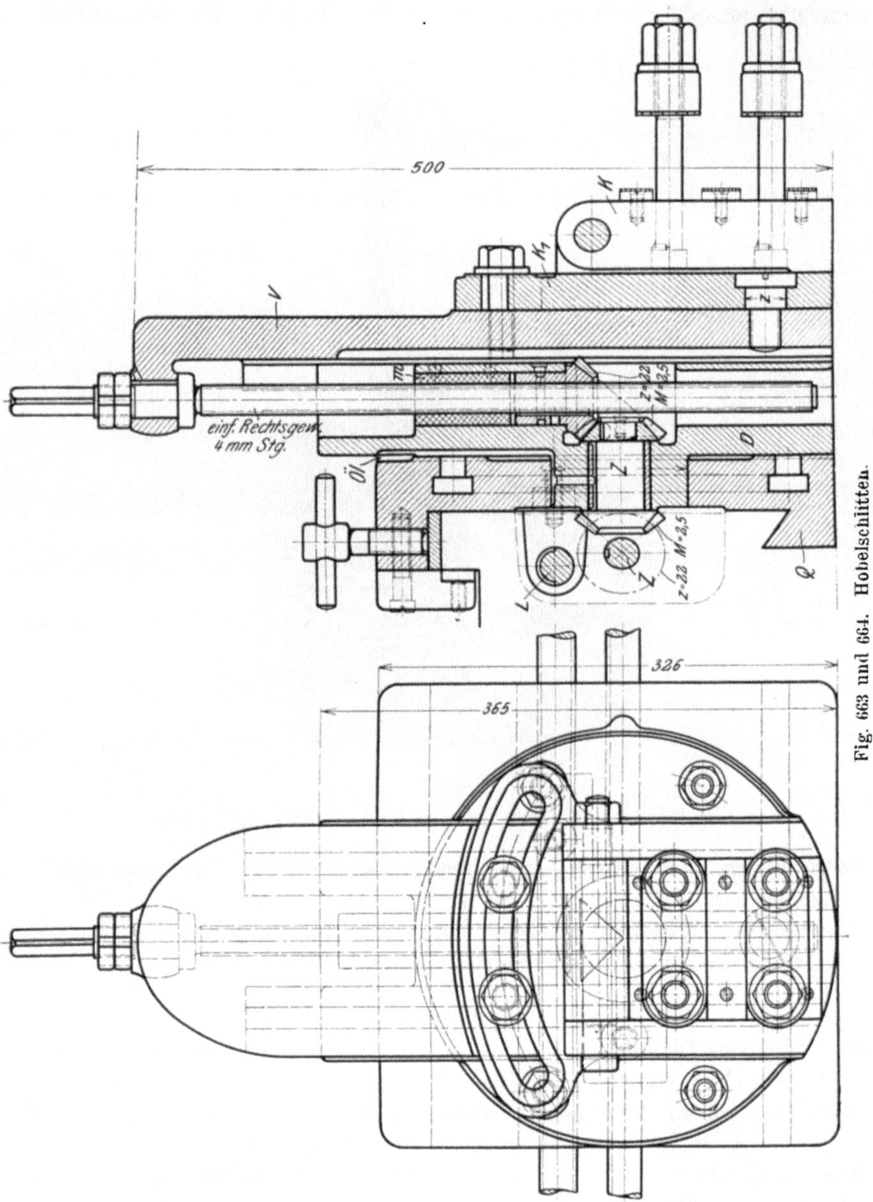

Fig. 663 und 664. Hobelschlitten.

führen, während die Mutter m fest in der Drehscheibe D sitzt. Wird
nun die Lyraspindel von der Zugspindel Z aus angetrieben, so schraubt
sie sich mit V hoch oder tief.

Bei großen Maschinen verlangt die Handlichkeit noch einige Sondervorrichtungen für das Einstellen des Hobelschlittens.   So wird das Schrägstellen des Senkrechtschlittens in Fig. 665 mit der Schnecke a

Fig. 665. Großer Hobelschlitten. Billeter & Klunz, Aschersleben.

vorgenommen, die die verzahnte Drehscheibe verstellt.   Der hohe stößelartige Senkrechtschlitten läßt die Kurbel der Lyraspindel schwer fassen. Zur größeren Handlichkeit kann daher die Feineinstellung des Spanes mit der Kurbel b vollzogen werden.

Das Hobeln nach Lehre oder Schablone.

Eine Erweiterung hat noch die Hobelmaschine durch das Hobeln nach Schablonen oder Lehren erfahren (Fig. 666).   Um beliebige Flächen selbsttätig hobeln zu können, muß, wie beim Formdrehen, der Stahl zugleich mit einem wagerechten und einem senkrechten Vorschub arbeiten. Die Lösung dieser Aufgabe kann auch hier nur in der Schlittensteuerung liegen.   Sie müßte den Querschlitten und zugleich den Senkrechtschlitten steuern.   Die letzte Bewegung wird, wie bei den Formdrehbänken, durch eine Lehre S erzeugt, die an den Armen l des Querträgers gehalten ist. Das Arbeiten nach Lehre verlangt aber bei dem gewöhnlichen Schlitten noch eine kleine Änderung. Die Lyramutter muß nämlich für das Hobeln nach Lehre ausrückbar sein, und dazu der Senkrechtschlitten mit einer Rolle in der Nut der Lehre S laufen. Die Folge dieser Bauart wird sein, daß, sobald der Hobelschlitten durch die Leitspindel L quergeschaltet wird, die Lehre S gleichzeitig den Senkrechtschlitten steuert.

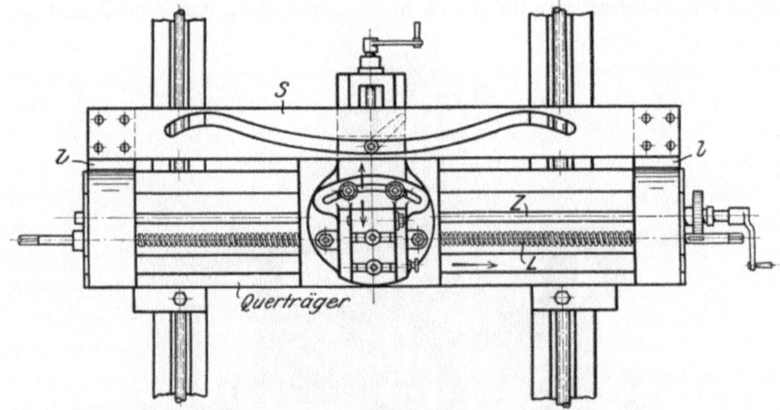

Fig. 666. Hobelschlitten mit Lehre. Brune, G. m. b. H., Köln.

Von dem Hobeln nach Lehre wird in neuerer Zeit viel Gebrauch gemacht, so beim Hobeln vielgestalteter Schlitten- und Bettformen. Die Lehre wird hierbei vor dem Werkstücke aufgespannt, und nach ihr werden die einzelnen Schlittenstellungen und Spantiefen genommen.

Das Rundhobeln.

Für das Hobeln gewölbter Flächen von 300 bis 1200 mm Durchmesser ist der Hobelschlitten in Fig. 667 eingerichtet. Der Vorderschlitten dreht sich hierzu um einen Zapfen, der mit dem Handrade nach einem Maßstab auf den vorgeschriebenen Halbmesser einzustellen ist. Der Stahlhalter läßt sich mit der Kurbel verstellen.

Der Hobeltisch.

Der bewegliche Hobeltisch hat bei der Tischhobelmaschine das Werkstück aufzunehmen und ihm die Hauptbewegung zu erteilen. Soll auch durch den Tisch saubere Arbeit gesichert werden, so darf er sich nicht verziehen, weder beim Festspannen des Werkstückes noch beim größten Hub, bei dem er am weitesten über dem Bett überhängt. Der Tisch muß daher besonders schwer gehalten und stark verrippt werden. Zum Festspannen muß er die genügende Zahl von ⊥-Spannuten und Spannlöchern haben.

Die Führung des Hobeltisches.

Als Vorbedingung für ruhigen Gang muß der Hobeltisch in dem Maschinenbett gut geführt werden, so daß er selbst beim Umsteuern keine Querbewegungen noch Stöße erfährt. Die Führung darf weder ein Kippen noch ein Entgleisen des Tisches zulassen. Um den Gang und Hubwechsel stoßfrei zu gestalten, muß sich der Tisch schon bei der geringsten Abnutzung in seinen Führungen entweder selbst nachstellen oder durch Stelleisten nachstellen lassen. In derartig nachstellbaren Führungen kann daher der Hobeltisch ohne toten Gang laufen und seinen

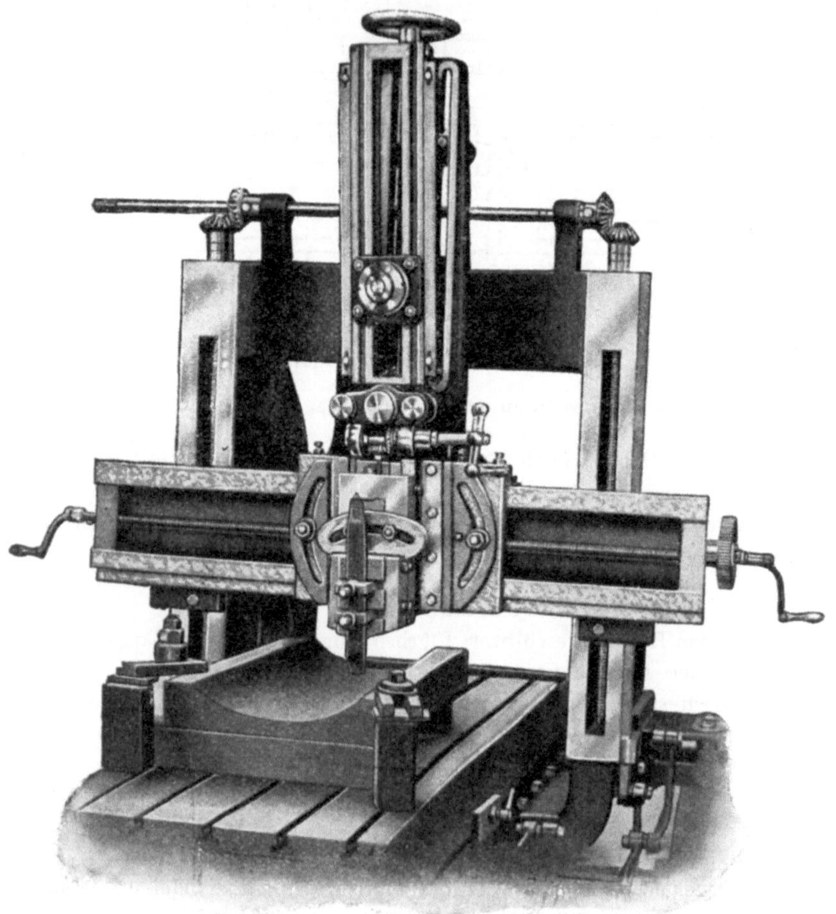

Fig. 667. Rundhobelschlitten. Gebr. Böhringer, Göppingen.

Hubwechsel stoßfrei vollziehen. Der Gang des Hobeltisches läßt sich mit dem Fühlhebel prüfen, den man in den Hobelschlitten spannt und mit dem Taster an den Tisch ansetzt.

Das Kippen des Hobeltisches findet für gewöhnlich seine Ursache in der falschen Lage des Werkstückes (Fig. 668). Der Stahldruck M erzeugt nämlich durch die Seitenkraft M_h ein rechtsdrehendes Kippmoment

$M_h \cdot a$, das den Tisch um die rechte Führungskante zu kippen sucht. Ihm entgegen wirken die Eigengewichte Q des Tisches und W des Werkstückes, sowie der Seitendruck M_v. Sie erzeugen ein Gegenmoment von der Größe $Q \cdot b + W \cdot c + M_v \cdot d$. Soll nun der Tisch nicht kippen, so muß sein:

$$Q \cdot b + W \cdot c + M_v \cdot d = M_h \cdot a.$$

Dieser theoretische Grenzfall erhebt aber praktische Bedenken. In der obigen Gleichgewichtslage würde nämlich die rechte Führung außer

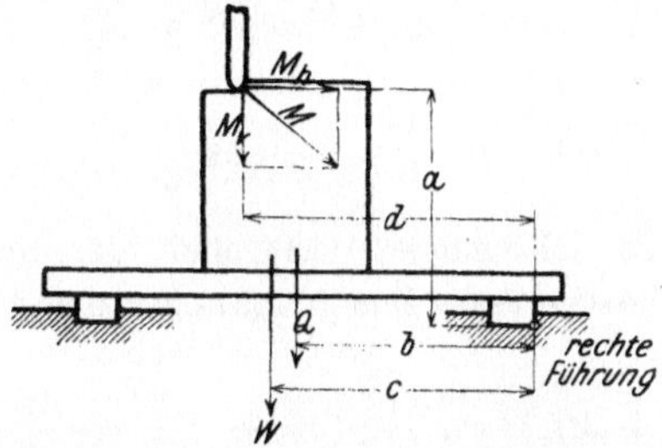

Fig. 668. Das Kippen des Hobeltisches.

der Schubkraft M_h noch den ganzen Senkrechtdruck $Q + W + M_v$ aufzunehmen haben, während die linke Bahn ganz entlastet ist. Sollen aber beide Gleitbahnen gleichmäßig tragen, so muß das linksdrehende Moment größer sein als das rechtsdrehende. Die Bedingung ist nur er-

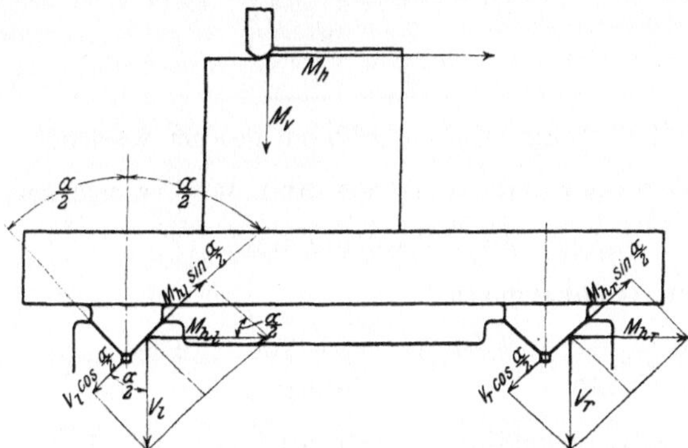

Fig. 669. Das Entgleisen des Hobeltisches.

füllt, sobald das Werkstück beim Hobeln nach rechts in entsprechender Entfernung von der rechten Gleitbahn aufgespannt wird, so daß die Hebelarme d und c entsprechend größer ausfallen.

Das Entgleisen des Hobeltisches wird meist durch die Dachform der Gleitbahn verursacht (Fig. 669). Denn die vom Stahldruck herrührende, wagerechte Seitenkraft M_h erzeugt rechts und links eine Kraft M_{h_r} und M_{h_l}. Diese Kräfte drücken den Tisch gegen die nach rechts aufsteigenden Gleitbahnen, und ihre Schrägkräfte $M_{h_r} \cdot \sin\dfrac{\alpha}{2}$ und $M_{h_l} \cdot \sin\dfrac{\alpha}{2}$ versuchen, den Tisch zu entgleisen. Ihnen entgegen wirken aber die Senkrecht-kräfte V_r und V_l, die sich aus dem Eigengewicht des Tisches, sowie des Werkstückes und aus dem Stahldruck ergänzen. Sie erzeugen beiderseits die Seitenkräfte $V_l \cdot \cos\dfrac{\alpha}{2}$ und $V_r \cdot \cos\dfrac{\alpha}{2}$. Soll nun das Entgleisen des Tisches durch die Form der Führung verhindert werden, so ist Bedingung, daß abgesehen von der Reibung an jeder Gleitbahn

$$M_{h_l} \cdot \sin\frac{\alpha}{2} < V_l \cdot \cos\frac{\alpha}{2}$$

und

$$M_{h_r} \cdot \sin\frac{\alpha}{2} < V_r \cdot \cos\frac{\alpha}{2}$$

ist. Aus diesen beiden Gleichungen läßt sich der Neigungswinkel der Gleitbahn, wie folgt, bestimmen. Das Zusammenziehen der Gleichungen ergibt:

$$\left(M_{h_r} + M_{h_l}\right) \cdot \sin\frac{\alpha}{2} < (V_r + V_l) \cdot \cos\frac{\alpha}{2}.$$

Da nun $M_{h_r} + M_{h_l} = M_h$ und $V_r + V_l = V$ ist, so muß

$$M_h \cdot \sin\frac{\alpha}{2} < V \cdot \cos\frac{\alpha}{2} \quad \text{sein.}$$

Folglich ist **der Neigungswinkel der Führung:**

$$\operatorname{tg}\frac{\alpha}{2} < \frac{V}{M_h}.$$

In dieser Gleichung kann angenähert gesetzt werden:

$V =$ Eigengewicht des Tisches und des Werkstückes,

$$M_h \sim M \ \text{(Stahldruck)}.$$

Mit diesen Annäherungen ist:

$$\operatorname{tg}\frac{\alpha}{2} < \frac{V}{M} = \frac{\text{Tischgewicht} + \text{Werkstückgewicht}}{\text{Stahldruck}}.$$

Die praktisch ausgeführten Werte sind $\alpha = 90^0$ bis 100^0.

Die in der Praxis vielfach angewandte **Flachführung** (Fig. 670) verlangt genau geschabte, ebene Gleitbahnen. Die Schmierung bewirken Ölrollen, die durch Blattfedern gegen die Gleitbahn gedrückt werden. Die Rollen laufen mit dem Tisch und führen, wie bei der Ringschmierung, das Öl ständig den Gleitbahnen zu. Um toten Gang auszugleichen, ist die Stelleiste s vorgesehen, die sich durch Stellschrauben andrücken läßt.

Die **Dachführung** (Fig. 671) hat im Vergleich zur Flachführung den Vorzug, daß sie sich sehr sauber hält, vor allem, wenn sie mit einem Schutzdach (Fig. 672) versehen ist. Allerdings halten die schrägen Dach-flächen das Öl nicht so gut. Es ist daher eine reichliche Zahl Öl-

rollen einzubauen. Die Dachführung läuft sich gut ein und stellt sich unter
der Last des Tisches selbst nach, so daß das zeitraubende Anziehen der
Stelleisten fortfällt. Ein Übelstand, der den Dachführungen anhaftet und

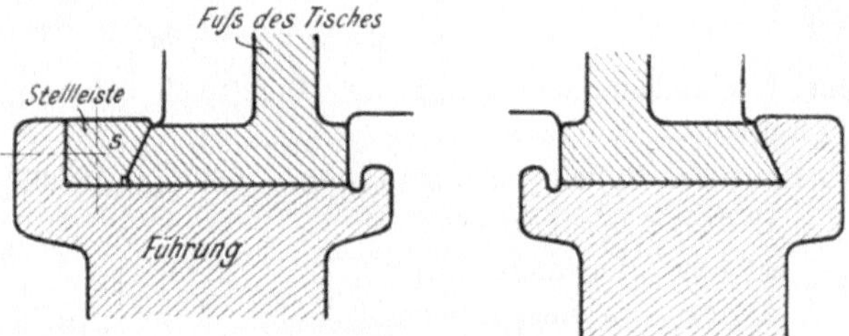

Fig. 670. Flache Tischführung.

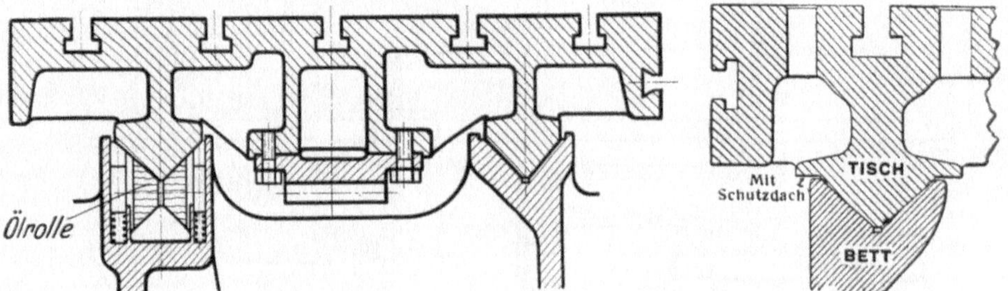

Fig. 671. Dachförmige Tischführung.　　Fig. 672. Tischführung mit Schutzdach.

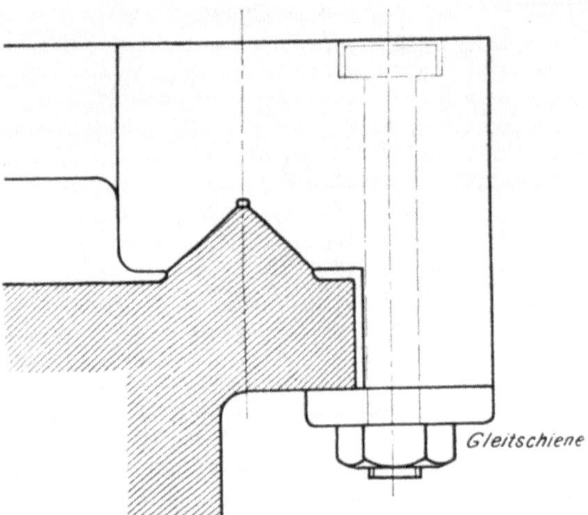

Fig. 673. Geschlossene Dachführung.

besondere Beachtung verdient, ist, daß der Hobeltisch entgleisen kann.
Doch ist die Gefahr des Entgleisens bei Dachwinkeln von 90 bis 100°
unbedeutend.

Die geschlossene Dachführung (Fig. 673) bietet die größte Sicherheit gegen Kippen und Entgleisen des Tisches. Sie empfiehlt sich daher bei schweren Maschinen mit großem Kippmoment.

Der Antrieb des Hobeltisches.

Bei der Tischhobelmaschine hat der Hobeltisch bekanntlich die gerade Hauptbewegung auszuführen.

Die Antriebe des Hobeltisches sind daher bekannt (S. 67). Es sind:

    1. das Kurbelgetriebe,
    2. der Zahnstangenantrieb,
    3. der Schraubenantrieb,
    4. der Seilantrieb.

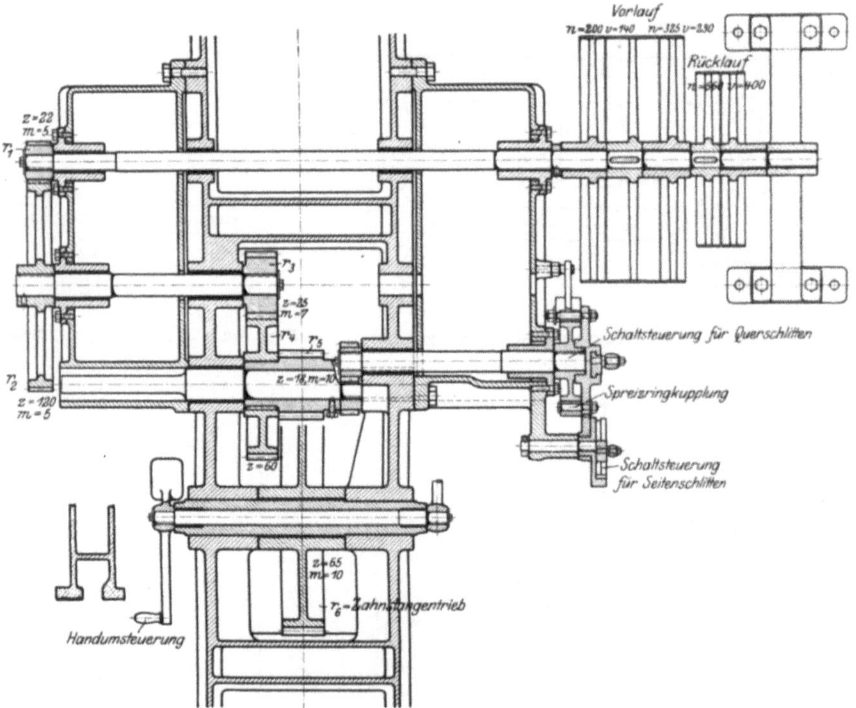

Fig. 674. Antrieb des Hobeltisches. Gebr. Böhringer, Göppingen.

Das Kurbelgetriebe kommt wegen seiner Unvollkommenheit bei größeren Hüben und Arbeitswiderständen für schwere Maschinen nicht in Frage. Selbst bei leichten Hobelmaschinen kommt es nur selten noch vor.

Der Schrauben- und Zahnstangenantrieb findet hingegen ausgedehnte Anwendung. Die jüngsten Verbesserungen dieser beiden Antriebe gehen darauf hinaus, ihre Grundbedingungen, d. h. den ruhigen Gang und die stoßfreie Bewegungsumkehr des Tisches, möglichst zu vervollkommnen. Aus dem Grunde ist, wie bereits erwähnt, jeder tote Gang in den einzelnen Getrieben möglichst zu vermeiden. Die gefrästen Räder laufen daher in ihrer Verzahnung fast ohne Spiel, und die Riemen zum schnellen und sanften Umsteuern mit der 40 bis 50 fachen Tischgeschwindigkeit. Das Triebrad der Zahnstange muß für gute Eingriffsverhältnisse groß sein, damit möglichst viel Zähne zugleich kämmen. Mit dem großen Triebrade ist allerdings ein Nachteil in Kauf zu nehmen. Bei den hohen Riemengeschwindigkeiten wird nämlich eine große Über-

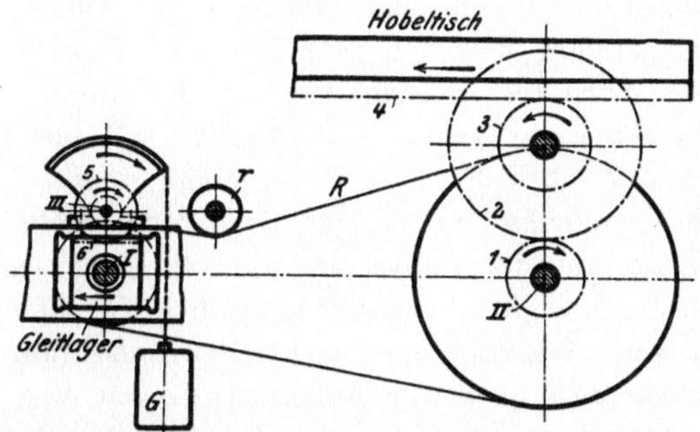

Fig. 675. Tischantrieb der Whitcomb-Hobelmaschine.

setzung in dem Tischantriebe (Fig. 674) erforderlich, damit die Schnittgeschwindigkeit nicht überschritten wird. Diese Rädervorgelege verteuern den Antrieb und vermindern seinen Wirkungsgrad.

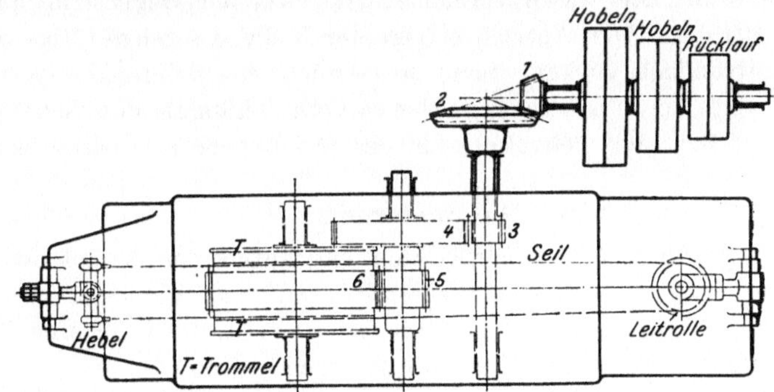

Fig. 676. Seilantrieb. Kirchner & Co., Leipzig.

Auch hiergegen hat der Werkzeugmaschinenbau siegreich gekämpft, indem er die ersten Räder, die meist durch ihren schnellen Lauf viel Geräusch verursachen, durch einen Riementrieb ersetzte.

Die Whitcomb-Hobelmaschine (Fig. 675) hat diese Eigenart in ihrem Antriebe. Die Welle I, die durch einen offenen und einen gekreuzten Riemen vom Deckenvorgelege angetrieben und umgesteuert wird, treibt durch den neu eingeschalteten Riemen R die Welle II. Durch das Rädervorgelege 1, 2 und das Zahnstangengetriebe 3, 4 gelangt der Antrieb auf den Tisch. Besondere Sorgfalt hat der Erfinder auf das gleichmäßige

Durchziehen des Riemens gelegt. Um bei der kleinen Antriebsscheibe eine größere Umspannung des Riemens zu bekommen, ist die Spannrolle *r* eingebaut. Bemerkenswert ist, wie der Riemen bei leichten und starken Schnitten gleichmäßig in Spannung gehalten wird. Hierzu läuft die Antriebswelle *I* beiderseits in Gleitlagern, mit denen sie sich etwas verschieben läßt. Dies erfolgt selbsttätig durch ein Spanngewicht *G*. Es hängt an einem Bogen, der fest auf der Welle *III* sitzt. Die Welle *III* trägt 2 Triebe *5*, die mit den Zahnstangen *6* der Gleitlager kämmen. Sobald die Riemenspannung nachläßt, tritt daher das Gewicht in Wirkung. Es zieht den Bogen nach rechts herum, so daß die Gleitlager nach links gehen und den Riemen nachspannen. Der Antrieb soll sich gut bewähren, ohne jeden Stoß und Zischen der Riemen arbeiten.

Eine Vervollkommnung für ruhigen Gang des Tisches bieten auch die Doppelzahnstange und das Doppelrad, die sich gegenseitig verstellen lassen, sobald sich der Verschleiß bemerkbar macht. Die Leitspindelmutter ist, um den toten Gang auszugleichen, nachstellbar auszuführen (Fig. 113).

Der Schneckenantrieb der Zahnstange hat eine Verbesserung durch die Schraubenzahnstange erfahren. Sie gewährt bekanntlich ein größeres Eingriffsfeld in der Verzahnung. (Fig. 110 und 111.)

Der Seilantrieb (Fig. 676) hat nur vereinzelt Anwendung gefunden. Bei ihm ist ein Drahtseil um eine zweiseitige Trommel gewickelt. Links ist das Seil mit beiden Enden an einem gelenkigen Hebel befestigt, der mit dem Tisch verbunden ist. Auf der Gegenseite läuft es um eine Leitrolle. Der Antrieb erfolgt durch die Vorgelege *1* bis *6*, die auf die Seiltrommel wirken, deren Mittelstück das Zahnrad *6* ist. Umgesteuert wird der Tisch mit 2 Riemen. Das Längen des Seiles kann durch Nachstellen der Leitrolle oder des Gelenkhebels beseitigt werden.

Die Steuerung.

Die Steuerung der Hobelmaschine hat durch den Kampf zwischen Hobeln und Fräsen vielfache Umgestaltungen und Verbesserungen erfahren, weil sie in ihrer alten Form bei den heutigen höheren Tischgeschwindigkeiten zu starke Stöße verursachen würde.

Die Steuerung der Hobelmaschine hat die Aufgabe, den Hobeltisch umzusteuern und den Vorschub des Werkzeuges hervorzubringen. Sie besteht daher aus einer Umsteuerung für den Hobeltisch und einer Schaltsteuerung für den Hobelschlitten.

Die Umsteuerung des Hobeltisches.

Die Riemenumsteuerung: Die Umsteuerung des Hobeltisches muß als Vorbedingung für ruhigen Gang einen stoßfreien Hubwechsel sichern. Die bereits bekannten Räderwendegetriebe (Fig. 132 bis 138) sind für höhere Ansprüche weniger geeignet, weil sich toter Gang in ihrer Verzahnung nie ganz vermeiden läßt. Aus dem Grunde wird seit langem die Riemenumsteuerung allgemein bevorzugt. In ihrer verbesserten Form laufen die Riemenwendegetriebe mit höheren Riemengeschwindigkeiten, durch welche die Riemen ohne zu großen Kraftaufwand schnell und sanft umsteuern.

Die Riemenumsteuerung muß, sobald der Hubwechsel selbsttätig erfolgen soll, von der Maschine selbst bedient werden. Den hierzu erforderlichen Selbstgang der Umsteuerung leitet man praktisch von dem umzusteuernden Hobeltisch ab. Der Tisch hat hierzu zwei verstellbare Anschläge, Frösche oder Knaggen (Fig. 677), die sich auf den jedesmaligen Hub der Maschine einstellen lassen. Sie legen vor jedem Hubwechsel den Steuerhebel w herum, der die Riemen verschiebt. Soll dieser Steuerungsantrieb eine bestimmte Hubgröße zulassen, so müssen die Steuerknaggen F_1, F_2 und die Klauen K_1, K_2 paarweise in verschiedenen Ebenen sitzen. Beim Rücklauf stößt daher die Knagge F_1 auf K_1. Hierdurch legt sie den Steuerhebel w nach links herum, so daß er in die punktierte Lage kommt. F_1 selbst läuft über K_1 hinweg, bis der Tisch ausgelaufen

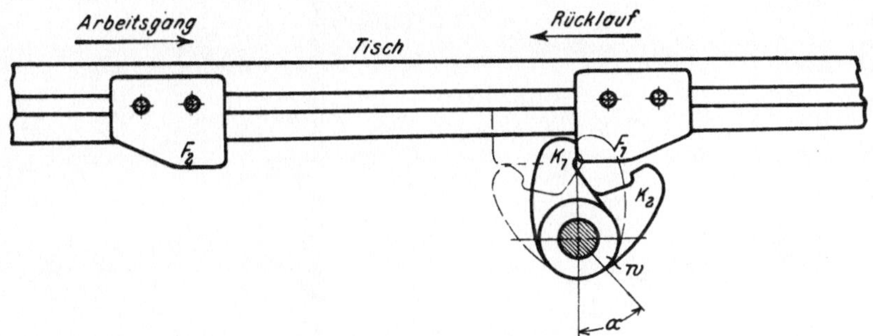

Fig. 677. Steuerungsantrieb.

und umgesteuert ist. Beim Arbeitsgang stößt jetzt die Knagge F_2 gegen die Klaue K_2, wodurch der Steuerhebel w wieder in seine Anfangsstellung zurückgeworfen wird. Der Ausschlag α des Steuerhebels w hat nun die zum Umsteuern des Tisches nötige Riemenverschiebung zu bewirken, bei der die Riemen zweckmäßig nacheinander verschoben werden. Dieser Aufgabe dient ein Steuerschieber S mit $\sqsubset$ Nut (Fig. 679), der durch den Steuerhebel w und die Stange a (Fig. 678) abwechselnd nach rechts und links gezogen wird. Hierbei bringt die Steuernut die Riemen nacheinander auf die betreffenden Los- und Festscheiben.

Beim Umsteuern in den Rücklauf stößt in Fig. 678 die Knagge F_2 auf K_2, so daß der Steuerhebel w den Steuerschieber S nach links zieht (Fig. 679). Hierbei wird zuerst die Gabel a zurückgezogen, die den offenen Riemen auf die Losscheibe führt. Der gekreuzte Riemen bleibt noch liegen, so daß der Tisch ruhig auslaufen kann. Kurz darauf zieht der Schieber S auch die zweite Gabel zurück, so daß erst jetzt der gekreuzte Riemen auf die feste Scheibe gelangt, und der Rücklauf eintritt. Soll das Umsteuern stoßfrei vor sich gehen, so muß zwischen dem Durchziehen der beiden Riemen genügend Zeit für den Auslauf des Tisches sein, andernfalls zischen die Riemen durch das Gleiten auf den Scheiben. Man kann bei manchen Maschinen beobachten, daß dann die Riemen erst nach 6 bis 12 Umläufen durchziehen.

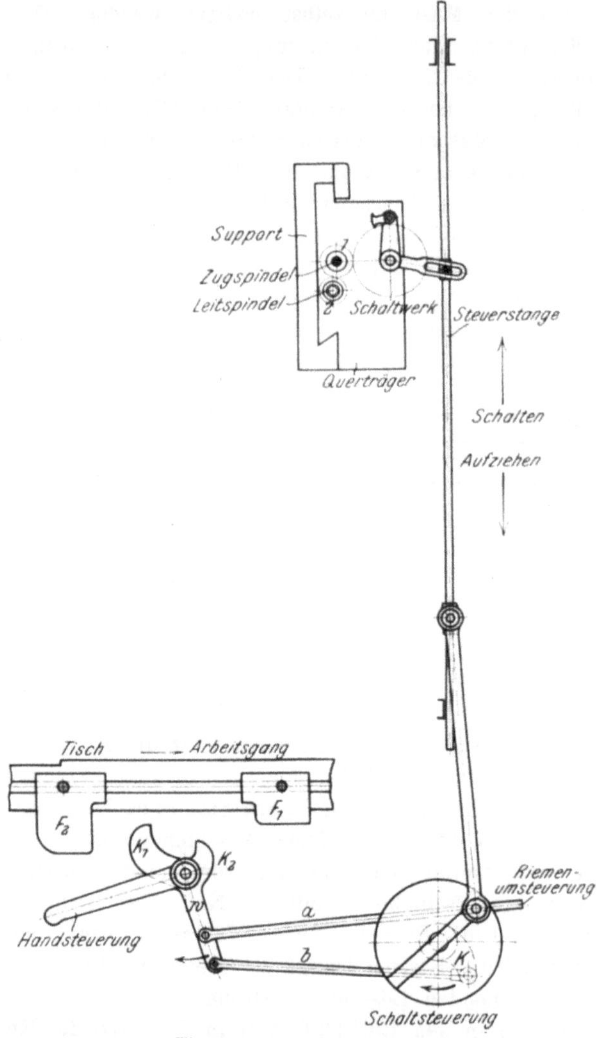

Fig. 678. Plan der Steuerung.

Der obigen Umsteuerung könnte man vorhalten, daß der Schieber S für den Riemenwechsel einen zu großen Weg beansprucht, so daß die Maschine für das Umsteuern zu viel Arbeit aufwenden muß. Der Übelstand ist aber leicht beseitigt, sobald man die Riemengabeln als umlegbare Hebel mit den zwei teils runden und teils unrunden Steuernuten einbaut. Der Gedanke ist in Fig. 680 verkörpert. Der Drehschieber S wird hier durch die Steuerstange a abwechselnd nach rechts oder links gedreht, während die Riemengabeln g_1 und g_2 als Hebel um die Zapfen A und B ausschlagen und hierdurch die Riemen nacheinander verschieben. Stößt z. B. beim Rücklauf der Anschlag a_1 gegen die Klaue K, so geht der Schieber S nach rechts. Hierbei bringt die Gabel g_2 durch den unrunden Teil der Nut zuerst den Rücklaufriemen auf die Losscheibe, währenddessen befindet sich g_1 noch in der runden Nut. Nach dieser Verschiebung führt schließlich die Gabel g_1 durch den unrunden Teil ihrer Nut den Arbeitsriemen auf die Festscheibe, so daß die Maschine zum Arbeiten umsteuert. Steuert der Schieber in den Rücklauf um, so führt die Gabel g_1 zuerst den offenen Riemen wieder auf die Losscheibe zurück, und hierauf zieht g_2 den gekreuzten Riemen auf die feste Scheibe.

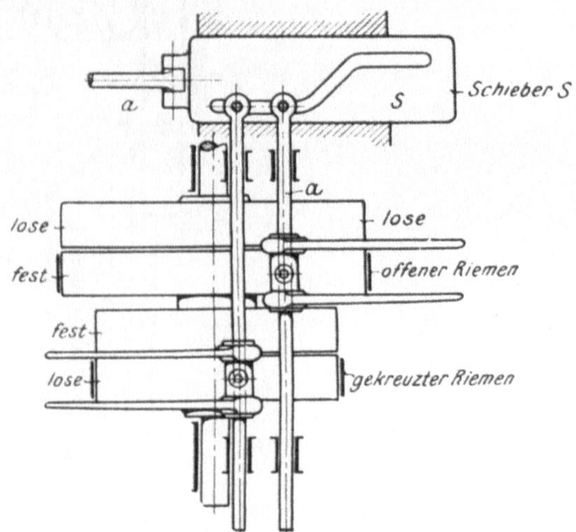

Fig. 679. Umsteuerung des Hobeltisches.

Ein wichtiger Punkt bei der Riemenumsteuerung ist auch die Geschwindigkeit, mit der die Riemenverschiebung erfolgt. Werden z. B. die Riemen bei einem stark beschleunigten Rücklauf allzuschnell verschoben, so muß der Tisch vor jedem Hubwechsel stark gebremst werden. Hierzu gebraucht die Maschine zu viel Kraft und erfährt zu starke Erschütterungen. Aus dem Grunde werden neuerdings bei den erhöhten Tischgeschwindigkeiten an Stelle der gleichschenkligen Frösche (Fig. 677) ungleichschenklige angewandt (Fig. 678). Der schnell zurücklaufende Tisch hat hierbei den größeren Hebel K_1 herumzulegen. Er wirkt also bei demselben Ausschlag des Steuerhebels auf einem größeren Wege auf die Umsteuerung ein. Hierdurch gewinnt der Tisch mehr Zeit, ruhig auslaufen zu können, bevor der Arbeitsriemen wieder durchzieht. Beide Schenkel stehen nahezu in einem Verhältnis, wie die Tischgeschwindigkeiten beim Vor- und Rücklauf.

Die Handlichkeit der Steuerung verlangt noch einige Zutaten. Der Rücklaufhebel wird mit einer umlegbaren Klaue K versehen (Fig. 680). Schlägt man sie zurück, so läuft der Tisch über seine gewöhnliche

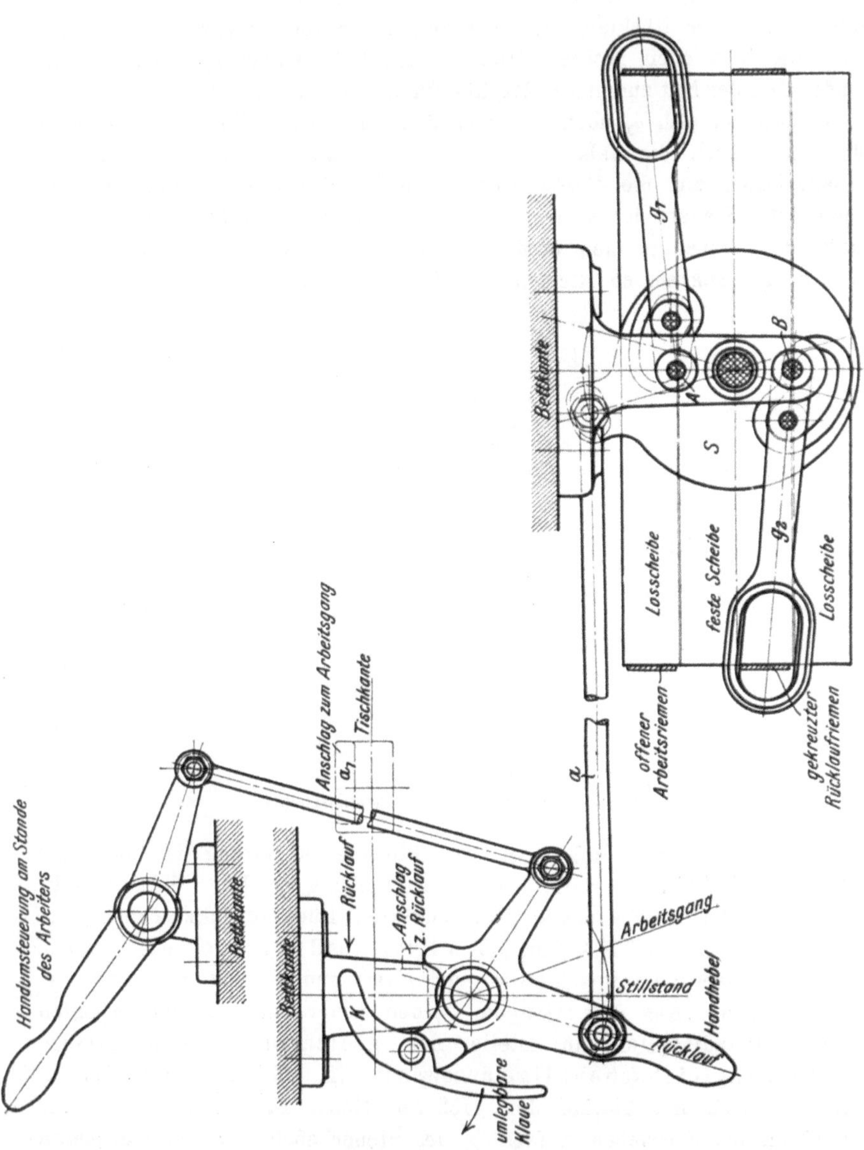

Fig. 680. Umsteuerung des Tisches.

Grenze hinaus. Kleine Zwischenarbeiten können daher leicht erledigt werden, ohne die Maschine jedesmal ausrücken zu müssen.

Außer der Umlegklaue K erhält die Riemenumsteuerung zweckmäßig noch einen Handhebel. Mit ihm ist die Möglichkeit geboten, die

Maschine auch mit der Hand umsteuern zu können, sobald der Arbeiter durch irgend welche Umstände gezwungen ist, den Tisch bei bereits angefangenem Span wieder zurücklaufen zu lassen.

Die Kupplungs-Umsteuerung: Neuerdings hat man auch die Riemenverschiebung beseitigt, weil sich die Riemen bei dem häufigen Hubwechsel stark abnutzen und das Gegeneinanderarbeiten mit beträchtlichen Arbeitsverlusten verknüpft ist.

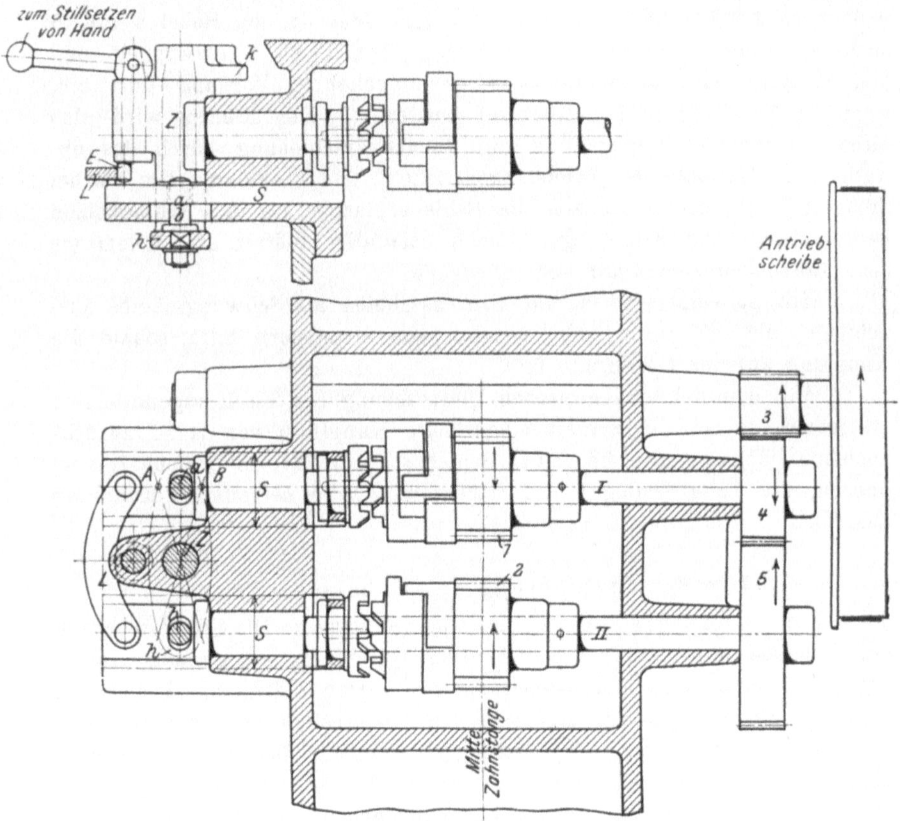

Fig. 681 und 682. Umsteuerung. Patent Haas.
Ausführung: Gebr. Heinemann, St. Georgen i. Schwarzwald.

Diese Aufgabe ist in Fig. 681 und 682 durch eine Kupplungs-Umsteuerung gelöst. Der Hobeltisch besitzt hier als Antrieb eine Zahnstange mit zwei getrennten Trieben 1 und 2. Von ihnen soll der Trieb 1 den schnellen Rücklauf der Maschine vermitteln und 2 den langsamen Arbeitsgang. Dies bedingt, daß beide Räder auf zwei entgegengesetzt laufenden Wellen sitzen und mit ihnen abwechselnd zu kuppeln sind. Hierzu treibt der einzige Riemen durch die Räder 3, 4 und 5 die beiden Wellen 1 und II, die demnach entgegengesetzt laufen. Auf ihnen

Hülle, Werkzeugmaschinen. 3. Aufl.   25

sitzen lose die Zahnstangentriebe *1* und *2*, die für den Hubwechsel durch den Hobeltisch selbst abwechselnd gekuppelt werden.

Die Kupplungsvorrichtung besteht aus dem Zapfen Z mit zwei oberen Anschlägen *k*. Auf dem unteren Ende von Z sitzt ein zweiarmiger Steuerhebel *h*, der mit zwei Schlagbolzen *a* und *b* die beiden Schieber S betätigt. Die Schieber fassen die Kupplungen von *1* und *2* und rücken sie nacheinander aus und ein. Wird z. B. in den Arbeitsgang umgesteuert, so stößt der Steuerknaggen des Tisches gegen einen der Anschläge *k*, drückt ihn nach links und legt hiermit den Hebel *h* von B nach A herum. Es wird daher zuerst der Trieb *1* entkuppelt und hierauf der Trieb *2* gekuppelt. Der umgekehrte Vorgang tritt ein, wenn die Maschine in den Rücklauf umsteuert. Der Riemen wird also nicht verschoben, hingegen ist die Riemenverschiebung durch das abwechselnde Kuppeln der Zahnstangentriebe *1* und *2* ersetzt. Um hierbei Stöße zu vermeiden, besitzen die Schieberplatten für die Schlagbolzen Federpuffer. Die Kupplungen setzen ebenfalls stoßfrei ein, indem sie beim Einrücken zuerst auf Federn wirken.

Sehr zu empfehlen ist die Antriebsscheibe als Schwungscheibe auszubilden, die mit ihrer Arbeitswucht beim Umsteuern hilft, sobald die Kupplung auf der Gegenseite faßt.

Will man bei der Haasschen Umsteuerung den Tisch augenblicklich stillsetzen, so ist die zurzeit eingerückte Kupplung von Hand zurückzuziehen. Hierzu sind die beiden Schieber S durch eine Schiene L verbunden, die beim Umlegen des Exzenters E die betreffende Kupplung ausrückt.

Die Schaltsteuerung des Hobelschlittens.

Die vereinigte Schalt- und Umsteuerung: Die Schaltsteuerung der Hobelmaschine muß, wie bei allen Maschinen mit gerader Hauptbewegung, eine Augenblickssteuerung sein. Der Zeitraum, in dem der Vorschub zu erzeugen ist, erstreckt sich bekanntlich auf Ende Rücklauf und Anfang Arbeitsgang. Um nämlich die Schneide des Hobelstahles nach Möglichkeit zu schonen, darf der Vorschub erst beginnen, wenn das zurücklaufende Werkstück den Stahl freigegeben hat, und er muß beendet sein, bevor der neue Schnitt beginnt. Dieser Zeitpunkt fällt also mit dem Umsteuern in den Arbeitsgang zusammen. Aus dem Grunde benutzt man auch vielfach den Antrieb der Umsteuerung zugleich für die Schaltsteuerung (Fig. 678).

Für den Antrieb der Schaltsteuerung ist daher der Ausschlag des Steuerhebels *w* auf die Leitspindel oder die Zugspindel des Hobelschlittens in entsprechender Größe zu übertragen. Bei dieser Bewegungsübertragung ist jedoch Voraussetzung, daß der Steuerhebel *w* die Schaltspindeln nur in einer Richtung betätigt und nicht wieder zurückdreht. Hierzu dient, wie bereits aus Fig. 150 bekannt, ein Schaltwerk, das hier lose auf einem

Zapfen des Querträgers sitzt. Stößt demnach beim Arbeitsgang der Maschine der Knaggen F_2 gegen K_2, so wird der Steuerhebel w unten nach links ausschlagen. Die Kurbel K zieht daher das senkrechte Gestänge nach unten, das die Steuerung aufzieht. Beim Rücklauf stößt der Tisch den Hebel w wieder zurück. Hierbei schlägt das Steuergestänge nach oben aus, so daß die Steuerung den Vorschub vollzieht.

Um den mit dem Aufziehen und Schalten der Steuerung verbundenen Stoß zu mildern, ist das Steuergestänge durch ein Gegengewicht auszugleichen. Da Leit- und Zugspindel einzeln arbeiten sollen, so sind ihre Triebe *1* und *2* lose anzuordnen und durch Zahnkupplungen zu kuppeln. Soll quer gehobelt werden, so ist deshalb die Leitspindel zu kuppeln und das Triebrad *1* zu entkuppeln, während für das Senkrechthobeln die Triebe umgekehrt einzuschalten sind.

Bei der praktischen Ausführung wird die senkrechte Steuerstange durch eine Zahnstange z_1 ersetzt (Fig. 650), die das Schaltwerk in der beabsichtigten Weise betätigt. Das Kuppeln und Entkuppeln der Leit- und Zugspindelräder wird meist durch ein Umstecken eines Rades bewirkt. So zeigen Fig. 683 und 684 den ruckweise arbeitenden Antrieb der beiden Schlittenspindeln. Die Zahnstange z geht beim Umsteuern in den Arbeitsgang nach oben. Sie dreht durch das Rad r den Zapfen I, auf dessen Kopfende das Schaltrad s festsitzt. Hinter s ist freilaufend das Zahnrad r_1 angebracht. Um es durch das Schaltrad s ruckweise antreiben zu können, trägt es eine Klinke k, die in s einzurücken ist. Wird die Klinke z. B. oben eingestellt, so nimmt die aufwärtssteigende Zahnstange für einen Augenblick das Rad r_1 mit. Diese ruckweise Drehung von r_1 ist nun auf die Leitspindel L oder die Zugspindel Z zu übertragen. Hierzu ist das Rad r_2 auf eine der beiden Schaltspindeln L oder Z zu stecken. Das Verfahren verlangt jedoch, daß die Schaltspindeln Z und L im Abstande R von I angeordnet sind.

Die getrennte Schalt- und Umsteuerung: Die bisher besprochene Steuerung (Fig. 678) war lange vorherrschend und wird auch heute noch bei den gewöhnlichen Tischhobelmaschinen ausgeführt. Seitdem aber die Fräsmaschine mit der Hobelmaschine in den Wettbewerb trat, versuchte man mit allen Mitteln, die Leistung dieser Maschine zu heben. Die zunächst liegenden Versuche erstreckten sich auf die Anwendung einer höheren Schnittgeschwindigkeit und eines schnelleren Rücklaufes der Maschine. Soll aber die Hobelmaschine bei der hohen Tischgeschwindigkeit und den größeren Arbeitswiderständen den Charakter einer Genauigkeitsmaschine wahren, so darf sie vor allem den ruhigen Gang nicht einbüßen. Der Erbauer hat daher alle Mittel anzuwenden, die zur Stoßmilderung beitragen können. Dieser Gedanke diente als Gundlage für die Umgestaltung der Steuerung.

Die Steuerknaggen des Hobeltisches werden nämlich einen um so stärkeren Stoß verursachen, je größer die Tischgeschwindigkeit und je

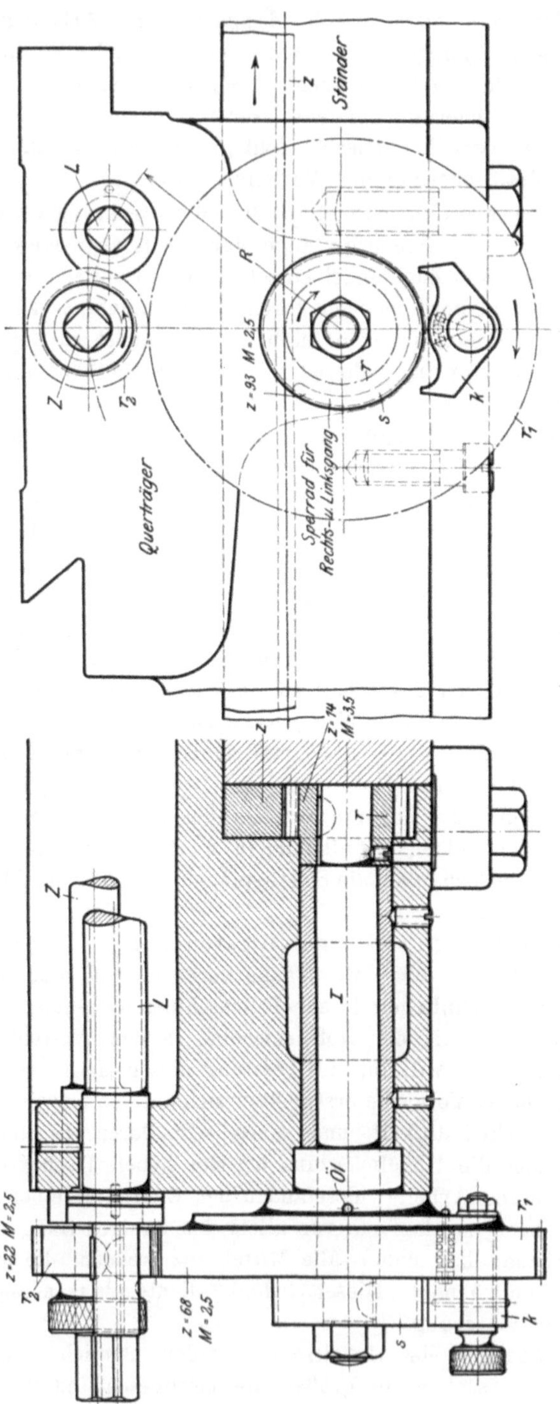

Fig. 683 und 684. Schaltwerk des Hobelschlittens.

größer der Widerstand der anzutreibenden Steuerung ist. Man baute daher, um den Stoß zu mildern, in die Frösche Federpuffer ein, ohne allerdings besondere Erfolge zu erzielen.

Die Hauptbedingung für einen sanften Hubwechsel ist jedenfalls, bei höheren Tischgeschwindigkeiten die viel Kraft erfordernde Schaltsteuerung von der Umsteuerung zu trennen. Mit diesen getrennten Steuerungen ist noch der Vorzug verbunden, daß selbst schwere Maschinen mit einem Handhebel nach Bedarf umzusteuern und auch ohne Benutzung des Deckenvorgeleges augenblicklich stillzusetzen sind. Die Umsteuerung wird bei neueren Hobelmaschinen nach wie vor von dem Hobeltisch bedient. Die Schaltsteuerung kann ebenfalls von dem Tisch betätigt werden oder auch von einer Vorgelegewelle des Tischantriebes. Im ersten Falle ist es aber notwendig, um einen milderen Stoß zu bekommen, die beiden

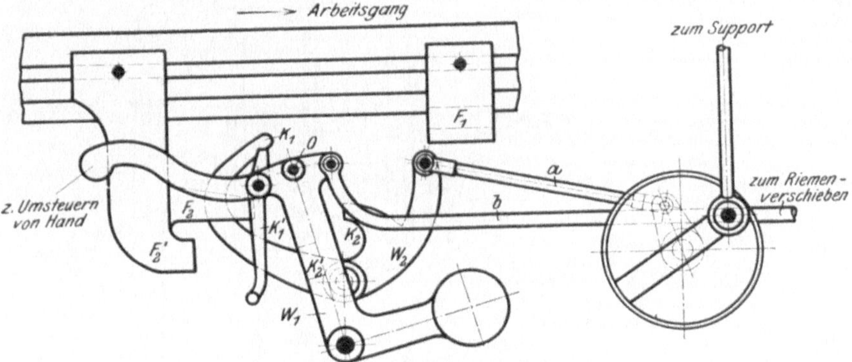

Fig. 685. Getrennte Schalt- und Umsteuerung. Billeter & Klunz.

Steuerungen zu verschiedenen Zeiten durch die Steuerknaggen des Tisches zu betätigen.

Werden beide Steuerungen von den Knaggen des Tisches bedient, so kann der Tisch zuerst die Umsteuerung herumlegen und dann die Schaltsteuerung. Hierdurch wird ein Teil der lebendigen Kraft des Tisches durch die Schaltsteuerung verbraucht, so daß der Tisch schneller ausläuft und umgesteuert werden kann. Dieser Weg ist aber nur möglich bei großen Tischgeschwindigkeiten und genügend großen Überwegen, damit vor jedem neuen Schnitt der Stahl rechtzeitig zur Ruhe kommt.

Bei den gewöhnlichen Geschwindigkeiten ist wohl der umgekehrte Weg einzuschlagen, d. h. die Steuerung schaltet zuerst den Stahl in die nächste Schnittstellung und steuert hierauf den Tisch um.

Bei den Billeter-Hobelmaschinen wird nach obigem Gedankengang zuerst die Schaltsteuerung von dem Tisch herumgelegt und hierauf die Umsteuerung (Fig. 686 und 687). Hierzu sitzen zwei lose Steuerhebel W_1 und W_2 auf je einem Zapfen des Bettes (Fig. 685). Der vordere W_1 bedient die Umsteuerung, der hintere W_2 die Schaltsteuerung. Beide

Hebel müssen aber, wenn sie obige Bedingung erfüllen sollen, um einige Grade versetzt sein. Beim Arbeitsgang muß daher der Steuerknaggen F_2 zuerst gegen den Anschlag K_2 an W_2 stoßen und hierdurch die Schaltsteuerung herumlegen. Hierauf kommt F'_2 gegen die hintere Klaue K'_2 und legt den vorderen Hebel W_1 herum, wodurch die Umsteuerung bewirkt wird. Beim Rücklauf stößt der Frosch F_1 mit dem punktierten Anschlag zuerst gegen die soeben höher gerückte Klaue K_1, wodurch der Hobelschlitten geschaltet wird. Kurz darauf kommt der Frosch F_1 gegen K'_1

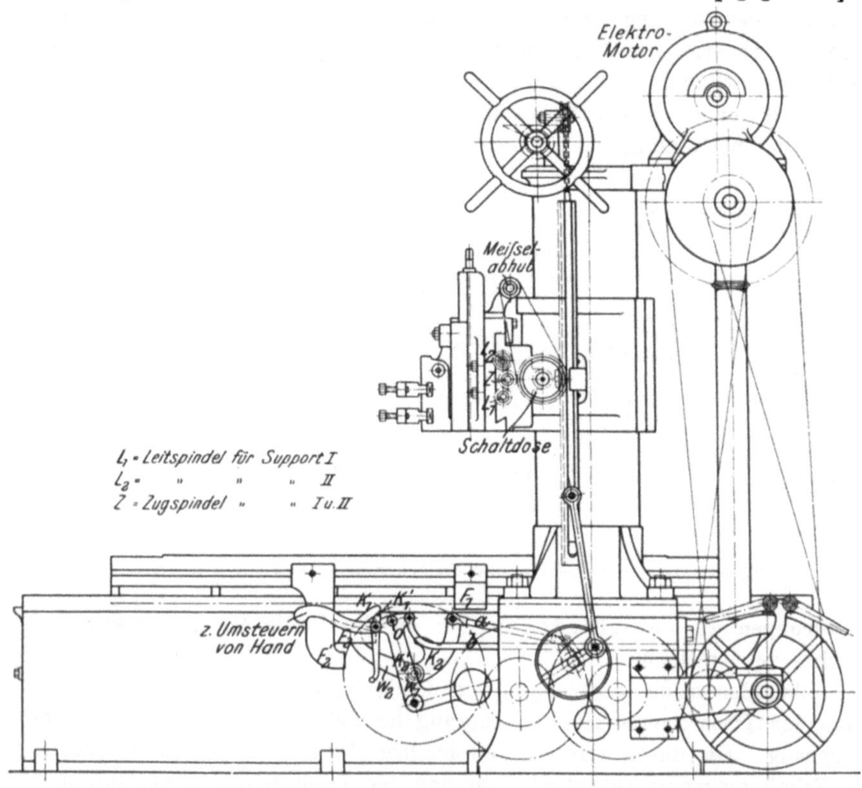

Fig. 686. Einständerhobelmaschine. Billeter & Klunz, Aschersleben.

und steuert den Tisch um. Der Stahl kommt also vor jedem Schnitt rechtzeitig zur Ruhe. Die beiden Steuerungen werden daher einzeln und zu verschiedenen Zeiten bedient. Der Tisch erfährt daher nacheinander 2 leichtere Stöße, so daß sich der Hubwechsel sanfter vollzieht. Um bei dem schnellen Rücklauf ein zu starkes Bremsen des Tisches zu umgehen, sind auch hier die Frösche stark ungleichschenklig gehalten.

Für das Umsteuern des Tisches von Hand sind die getrennten Steuerungen ebenfalls bequemer. Verbindet man nämlich mit dem vorderen Steuerhebel W_1 einen Handgriff, so kann hiermit die Umsteuerung augenblicklich von Hand bewerkstelligt werden, ohne die Schaltsteuerung zu beeinflussen. Auch läßt sich die Maschine mit diesem Handgriff augenblicklich stillsetzen. Diese Einrichtung ist besonders wertvoll bei kurzen Unterbrechungen zum Nachmessen oder Ausrichten des Werkstückes. Dabei kann der Tisch durch Einstecken eines Stiftes bei O noch besonders gesichert werden, so daß er sich nicht durch zufälliges Verschieben der Riemen in Bewegung setzen kann. Wie in Fig. 680, so kann auch hier die Klaue K'_1 zurückgeschlagen werden, so daß für kleinere Zwischenarbeiten der Tisch mal über seine gewöhnliche Hubgrenze hinaus läuft.

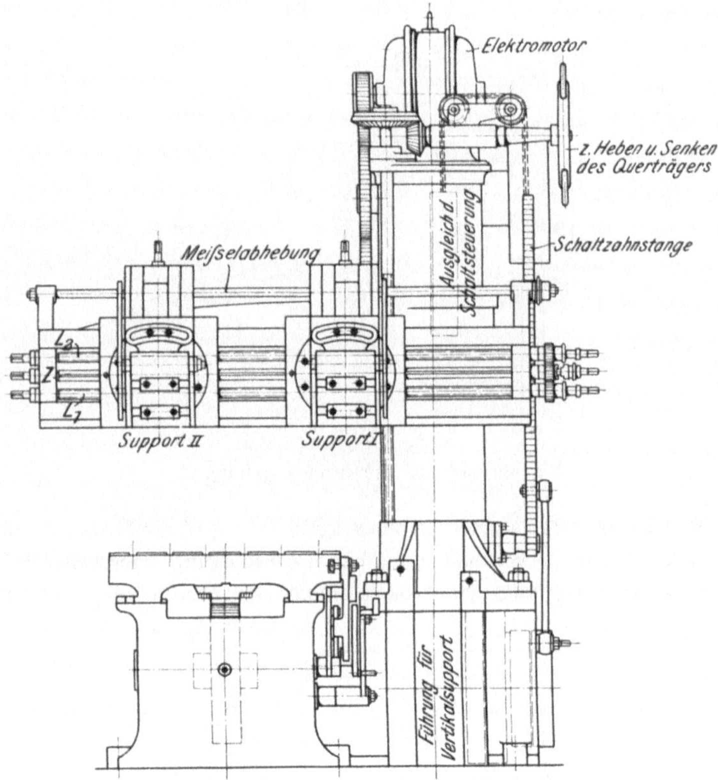

Fig. 687. Einständerhobelmaschine. Billeter & Klunz, Aschersleben.

Soll der zweite Stoß vom Tisch ferngehalten werden, so ist die Schaltsteuerung von einer Welle des Tischantriebes zu betätigen. Dadurch entsteht die Aufgabe, durch den jedesmaligen Richtungswechsel dieser Welle die Steuerung abwechselnd aufzuziehen und zu schalten. Hierzu dient die in Fig. 688 und 689 dargestellte Spreizringkupplung. Sie hat also, sobald die Vorgelegewelle umgesteuert wird, die Kurbelscheibe k der Schaltsteuerung für einen Augenblick mitzunehmen und gleich darauf wieder freizugeben. Diese Bedingung erfüllt die Kupplung durch einen Bremsring b, der die ständig kreisende Scheibe d mit der Kurbel k kuppelt und kurz darauf wieder losläßt.

Die Schaltsteuerung ist, wie folgt, eingerichtet: Auf einer Vorgelegewelle des Tischantriebes sitzt ein Zahnrad R_1 (Fig. 690). Es arbeitet auf
r_1, das mit der Scheibe d verbunden ist. Neben d sitzt die Schaltkurbel k
mit dem Bremsring b, der mit der Kurbel k verbunden ist. Der Ring
wird durch eine kräftige Feder gegen den äußeren Umfang der Scheibe d

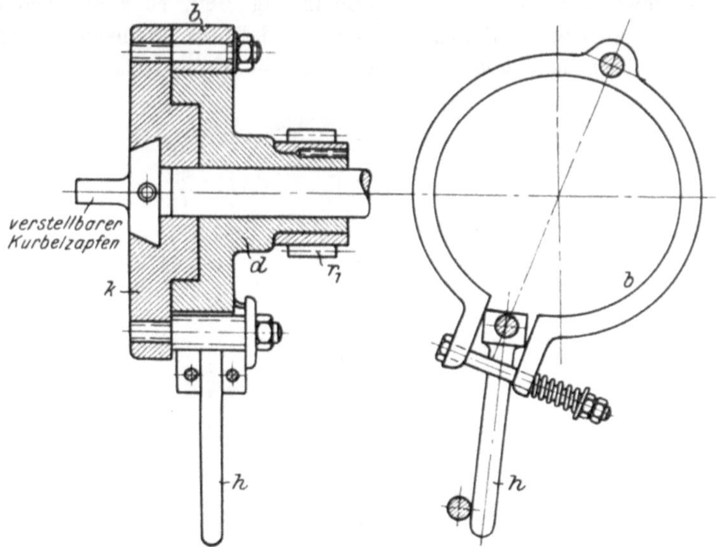

Fig. 688 und 689. Spreizringkupplung.

gepreßt, so daß er beide durch Reibung kuppelt. Auf diese Weise würde
die Steuerung ständig arbeiten. Um aber die Schaltung ruckweise zu gestalten, wird die Kupplung schon nach einem Bruchteil einer Umdrehung

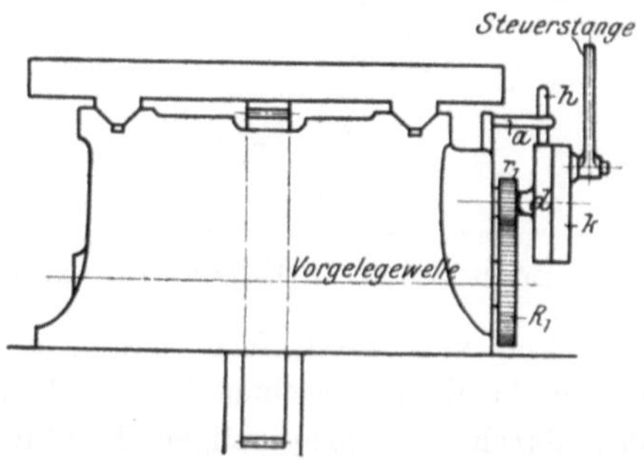

Fig. 690. Antrieb der Schaltsteuerung.

zwangläufig ausgelöst. Hierzu dient der an der Kurbel drehbar befestigte
Hebel h. Er stößt gegen den Anschlag a der Maschine, stellt sich übereck
und spreizt hierdurch den Bremsring b auf. Bis zu diesem Zeitpunkt
wird die Schaltung aufgezogen oder vollzogen, denn von jetzt ab steht
die Kurbel still, während die Scheibe d weiterläuft. Wird nun um-

gesteuert, so gibt zunächst der Hebel h nach. Die Feder f schließt infolgedessen den Bremsring von neuem, so daß die Kurbel entgegengesetzt mitgenommen wird, bis ein zweiter Anschlag a die Kupplung wieder auslöst. Die Spreizringkupplung besitzt den Vorzug, daß durch den Reibungsschluß die Schaltung des Hobelschlittens fast stoßfrei erfolgt. Der Tisch bekommt nur den Stoß der Riemenumsteuerung.

Eine ähnliche Augenblickskupplung bringt die Fig. 691. Die Kupplung besteht aus der losen Steuerkurbel K und einer Mitnehmerscheibe B, die auf der betreffenden Vorgelegewelle sitzt. Soll die Kurbel den Hobelschlitten augenblicklich steuern, so muß sie bei jedem Hubwechsel

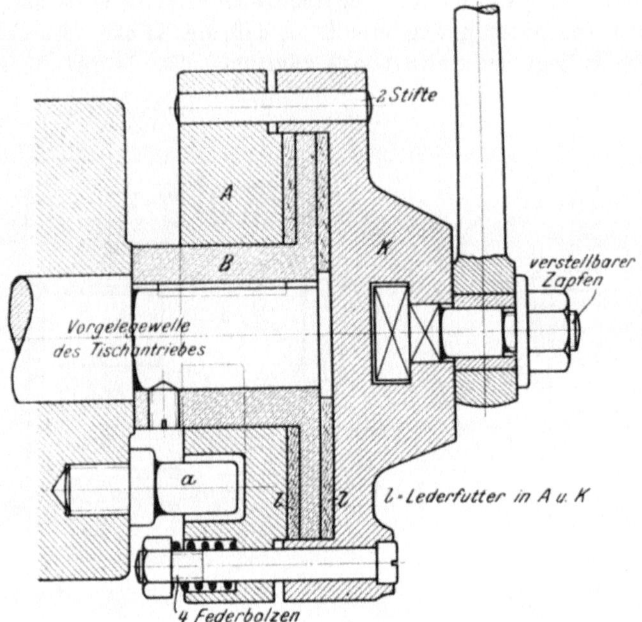

Fig. 691. Augenblickskupplung. $M = 1 : 3$.

von der umgesteuerten Scheibe B mitgenommen werden und kurz darauf wieder stillstehen. Um diese Bedingung zu erfüllen, schließt die Kupplung wiederum durch Reibung, so daß sie ziemlich stoßfrei arbeitet. Die vier kräftigen Federbolzen drücken nämlich die losen Scheiben A und K, die mit einem Lederfutter ausgestattet sind, beiderseits fest gegen die ständig kreisende Mitnehmerscheibe B, so daß die beiden Scheiben durch Reibung mitgenommen werden. Die Steuerkurbel wird daher im Sinne von B laufen und die Schaltsteuerung betätigen, bis sie ausgelöst wird. Die Ausrückung besorgt die Sperrscheibe A, die eine Nut für einen Ausschlag von etwa 120° hat. In die Nut faßt nämlich der feste Anschlag a, der die Scheiben A und K festhält, weil beide außer durch die Federbolzen noch durch zwei Stifte verbunden sind, die die Bolzen entlasten. Die

Steuerkurbel K wird daher bei jedem Hubwechsel um 120^0 nach rechts oder links ausschlagen und dadurch den Hobelschlitten steuern. Jede dieser Kupplungen leidet an dem Übel, daß sie bremst und sich ziemlich abnutzt. Allerdings haben diese Mängel keine größere praktische Bedeutung.

Mit der Ableitung des Vorschubes von einer Antriebswelle ist ein Nachteil verbunden: Wird mal bei angefangenem Span von Hand umgesteuert, so wird auch gleich der Stahl geschaltet.

Die Schaltdose: Das Schaltwerk der Hobelmaschine hat ebenfalls eine verbesserte Form erhalten. Das offene Schaltwerk (Fig. 678) ist gegen Schmutz wenig geschützt. Der Übelstand verschwindet aber, sobald das Schaltrad Innenverzahnung erhält, so daß die Klinke verdeckt liegt. Dieser Gedanke liegt der Schaltdose zugrunde, die als geschlossenes

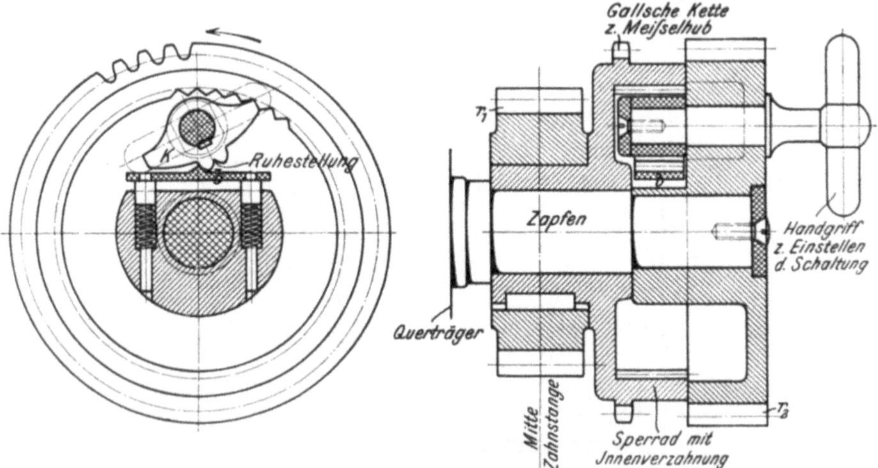

Fig. 692 und 693. Schaltdose. Billeter & Klunz, Aschersleben. $M = 1:3$.

Schaltwerk ausgebildet ist (Fig. 692 und 693). Sie wirkt in der Weise, daß die auf- und absteigende Zahnstange das Zahnrad r_1 ruckweise betätigt und mit ihm auch das innen verzahnte Schaltrad. Um von ihm beim Umsteuern in den Arbeitsgang den Vorschub zu erhalten, ist die an dem Rade r_2 sitzende Sperrklinke K durch den Handschlüssel auf die Innenverzahnung einzurücken. Hierdurch wird in der gezeichneten Klinkenstellung die aufsteigende Zahnstange (vergl. Fig. 686 und 687) die Schaltung vollziehen, indem das Sperrad das Zahnrad r_2 mitnimmt. Mit r_2 stehen die Räder der Zug- und Leitspindel in Eingriff.

Soll mit der Steuerung senkrecht geschaltet werden, so ist daher das Rad auf der Zugspindel Z zu kuppeln, die Räder auf L_1 und L_2 sind hingegen zurückzuziehen. Für das Querhobeln mit beiden Hobelschlitten ist das Rad auf Z zu entkuppeln, während die auf L_1 und L_2 in das lose Zugspindelrad einzurücken sind. Für den Richtungswechsel des Vorschubes ist die Klinke K auf die Gegenseite einzurücken. Damit aber gegen Ende Rücklauf geschaltet wird, ist vorher der Kurbelzapfen an der Scheibe K auf die Gegenseite einzustellen (Fig. 678). Zum Ausschalten der Steuerung ist die Klinke auf die Mittelbrust zu bringen. In allen drei Stellungen ist die Klinke durch die Stahlplatte b verriegelt.

Die selbsttätige Meißelabhebung.

Die selbsttätige Meißelabhebung muß, um den Stahl beim Rücklauf der Maschine zu schonen, beim Umsteuern in den Rücklauf in Kraft treten. Sie wird daher gleich mit dem Aufziehen der Schaltung vereinigt, indem die nach unten gehende Zahnstange den Stahl abhebt und nachher beim Aufsteigen wieder ansetzt. Dies wird erreicht durch einen Hebel h (Fig. 656), der die Meißelklappe faßt und durch einen Ketten- oder Seilzug von der Welle l aus herumgelegt wird. Auf l sitzen nämlich das verschiebbare Kettenrad und am vorderen Ende ein Zahnrad, das mit der Schaltzahnstange in Eingriff steht. Infolgedessen wird die abwärts gehende Zahnstange den Stahl zwangläufig abheben und bei dem folgenden Hubwechsel wieder ansetzen.

Die vorhin erwähnte Schaltdose läßt sich leicht mit einer selbsttätigen Meißelabhebung ausrüsten. Für sie ist das Schaltrad außen nur noch als Kettenrad auszubilden, das beim Aufziehen der Schaltung, wie vorhin, den Stahl abhebt.

Der Hauptvorzug der Schaltdose tritt jedoch erst zutage, wenn die Maschine mit mehreren Schlitten zugleich hobelt. An ihre Steuerung tritt dann die Forderung, daß die einzelnen Schlitten nach allen Richtungen unabhängig arbeiten sollen. Diese Bedingung erfüllen die einfachen Schaltdosen (ohne r_1 und Kettenrad), die sich leicht auf die betreffenden Schaltspindeln stecken lassen. Die Steuerung gestattet dann, zugleich quer und senkrecht zu hobeln und durch entsprechendes Einstellen der Klinken K auch gleichzeitig nach rechts und links zu schalten.

2. Die Einständer-Hobelmaschinen.

Das Bestreben des Werkzeugmaschinenbaues, die Hobelmaschine auf dem Weltmarkt wettbewerbsfähig zu halten, ließ zu manchen Mitteln greifen. Durch den äußeren Aufbau versuchte man, die Hobelmaschine auch für sperrige Werkstücke einzurichten.

Unerläßliche Vorbedingung für ruhigen Gang ist eine kräftige und gut versteifte Bauart der Maschine. Mit Rücksicht hierauf wird auch die Hobelmaschine meist als Zweiständermaschine (Zweipilaster-Hobelmaschine) (Fig. 650) gebaut. In dieser Ausführung bietet sie aber in der Breite nur einen beschränkten Arbeitsraum, der das Aufspannen und Bearbeiten sperriger Werkstücke erschwert oder gar ausschließt. Je mehr Fortschritte der Großmaschinenbau machte, um so mehr trat dieser Mangel der Zweiständermaschine zutage. Er führte, den Bedürfnissen der Praxis

folgend, zu den Einständer-Hobelmaschinen (Fig. 686 und 687). Ihr Grundgedanke ist, durch die freie Längsseite einen Arbeitsraum für sperrige
Werkstücke zu schaffen und das Auf- und Abbringen der schweren Arbeitsstücke zu erleichtern (Fig. 694). Sollen die Einständer-Hobelmaschinen
genaue Arbeit liefern, so verlangen sie eine äußerst kräftige Säule oder
einen Kastenständer und einen starken und gut verrippten Querträger.

Führend auf dem Gebiete der Einständer-Hobelmaschinen war die
Firma Billeter & Klunz, Aschersleben. Ein treffendes Bild von der

Fig. 694. Einständer-Hobelmaschine. H. Hessenmüller, Ludwigshafen.

Entwicklung der Einständermaschinen zeigt die Billeter-Maschine in
Fig. 695. Sie ist für besonders schwere Schnitte und außergewöhnlich
breite Werkstücke gebaut. Um diese gegen Durchbiegen und Durchhängen zu schützen, besitzt die Maschine bei b noch eine Hilfslaufbahn
mit einem Rolltisch. Auf ihm wird die freie Seite des Werkstückes
befestigt. Zum Einstellen des Rolltisches auf die jeweilige Breite des
Arbeitsstückes liegt neben dem Hobelmaschinenbett noch eine Grundplatte,
auf der sich die Laufbahn seitlich verschieben läßt.

Auch das Bild in Fig. 696 spricht von der Vielseitigkeit der Ein-
ständermaschine. Sie ist hier mit einer Sondervorrichtung für das Hobeln
von Schwungrädern ausgestattet.

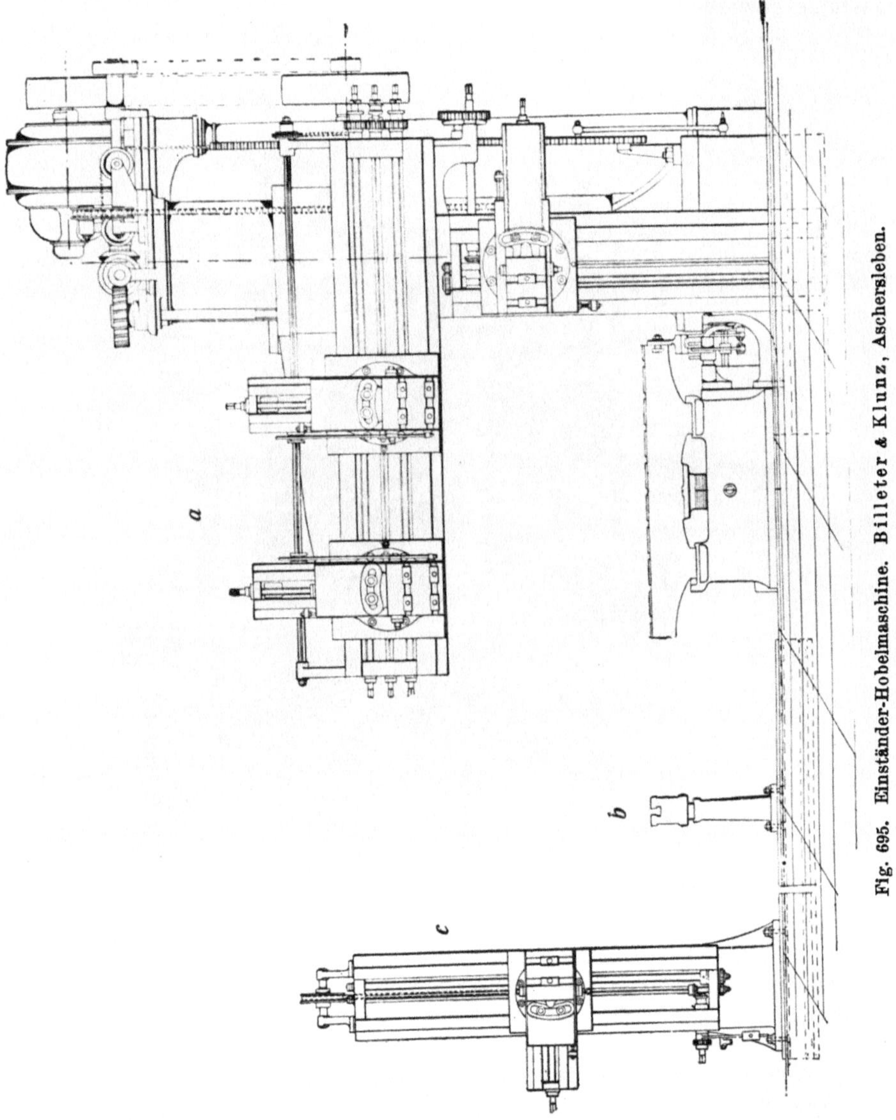

Fig. 695. Einständer-Hobelmaschine. Billeter & Klunz, Aschersleben.

Die Radhälften werden in einer Grube an der seitlichen Spannfläche
des Bettes festgespannt, weil das Aufspannen auf dem Tisch zu schwierig
ist. Hierdurch ist man gezwungen, dem Stahl die Hauptbewegung und
den Vorschub zu geben. Auf dem Hobeltisch ist daher ein Winkel mit
einem Ausleger festgespannt, auf dem der Hobelschlitten geschaltet wird.

Der Hobeltisch führt infolgedessen den Stahl über die Arbeitsflächen des Rades, während er durch ein Klinkwerk quergeschaltet wird.   Die Einständer-Hobelmaschine ist durch diese Einrichtung zu einer Grubenhobelmaschine geworden.

Fig. 696. Einständer-Hobelmaschine mit Sondervorrichtung für das Hobeln von Schwungrädern. Billeter & Klunz, Aschersleben.

3. Die Schnellhobelmaschinen.

Die Schnellhobelmaschinen sind in dem Zeitalter des Schnellstahles entstanden. Während früher die Schnittgeschwindigkeit selten über 5,4 m i. d. Min. hinausging, ist sie nach Einführung des Schnellstahles bis auf 18 oder gar 20 m i. d. Min. gesteigert worden. Was aber eine hohe Schnittgeschwindigkeit für die Leistung einer Hobelmaschine bedeutet, lehrt eine einfache Rechnung:

Hat eine Hobelmaschine z. B. einen Hub von 3,60 m bei einer Geschwindigkeit von nur 9 m i. d. Min. zurückzulegen und ist der Rücklauf nur auf das Doppelte beschleunigt, so gebraucht sie für den Arbeitsgang 0,4 Minuten und für den Rücklauf 0,2 Minuten. Sie kann also in der Stunde 100 Arbeitshübe machen und dadurch bei 1 mm Vorschub eine Fläche von etwa 0,33 qm und in 10 Std. 3,3 qm bestreichen.

Ist hingegen die Schnittgeschwindigkeit nur 5 m i. d. Min., dagegen der Rücklauf auf 1 : 4 beschleunigt, so erfordert jeder Arbeitsgang 0,72 Minuten und jeder Rücklauf 0,18 Minuten. Die Maschine würde bei diesen Geschwindigkeitsverhältnissen in der Stunde 66 Hübe ausüben können. Bei 1 mm Vorschub würde sich demnach die bestrichene Fläche auf 0,22 qm und in 10 Stunden auf 2,2 qm stellen, mithin 1,1 qm weniger betragen. Die Einführung des Schnellhobelstahles bedeutet daher einen gewaltigen Sprung in der Leistung der Hobelmaschinen.

Mit dem Bestreben, eine größere Leistung der Hobelmaschine zu schaffen, eng verknüpft ist auch das Hobeln mit mehreren Schnittgeschwindigkeiten. In der Praxis war es schon längst zu einem Bedürfnis geworden, die Maschine mit verschiedenen Geschwindigkeiten schruppen und schlichten zu lassen. Seitdem aber der Schnellhobelstahl seinen Einzug gehalten, wurde das Bedürfnis zur Notwendigkeit. Die Lösung dieser Frage liegt natürlich in dem Antriebe des Hobeltisches. Hat er mehrere Übersetzungen, so kann die Schnittgeschwindigkeit der Maschine besser der Härte des Werkstückes, der Güte des Stahles und dem Hobelverfahren selbst angepaßt werden. Die Schnellhobelmaschinen arbeiten daher beim Schruppen mit dem Schnellstahl mit 12 bis 20 m Schnittgeschwindigkeit i. d. Min. und schlichten mit 8 bis 12 m, während die gleichbleibende Rücklaufgeschwindigkeit zwischen 18 und 30 m/Min und höher liegt.

Eine größere Zahl Schnittgeschwindigkeiten läßt sich mit einem Deckenvorgelege erreichen, das verschiedene Umlaufszahlen hat. Doch ist hiermit ein Nachteil verbunden: Die Rücklaufgeschwindigkeit ändert sich nämlich mit der Schnittgeschwindigkeit, so daß mit der kleinsten Schnittgeschwindigkeit auch die geringste Beschleunigung des Rücklaufs verbunden ist. Dadurch wird aber die Ausnutzung der Maschine stark beeinträchtigt. Die Grundbedingung für den wirtschaftlichen Betrieb einer Hobelmaschine mit mehreren Schnittgeschwindigkeiten ist daher eine gleichbleibende, hohe Rücklaufgeschwindigkeit.

Die Bedingung ist erfüllt, sobald man zwischen Deckenvorgelege und Maschine mehrere Arbeitsriemen von verschiedenen Übersetzungen einbaut. Demnach würde das Hobeln mit 2 Schnittgeschwindigkeiten zwei Arbeitsriemen und einen Rücklaufriemen erfordern.

Nach diesem Grundsatz hat die Schnellhobelmaschine von Gebr. Böhringer 2 Riemen fürs Hobeln mit 8,4 m und 15 m i. d. Min. und einen Rücklaufriemen für 27 m Geschwindigkeit i. d. Min. (Fig. 650).

Von den beiden Arbeitsriemen darf natürlich nur einer die Maschine treiben, der andere muß auf seiner Losscheibe festgestellt werden.　Hierzu

Fig. 697.　Antrieb der Gray-Hobelmaschine.

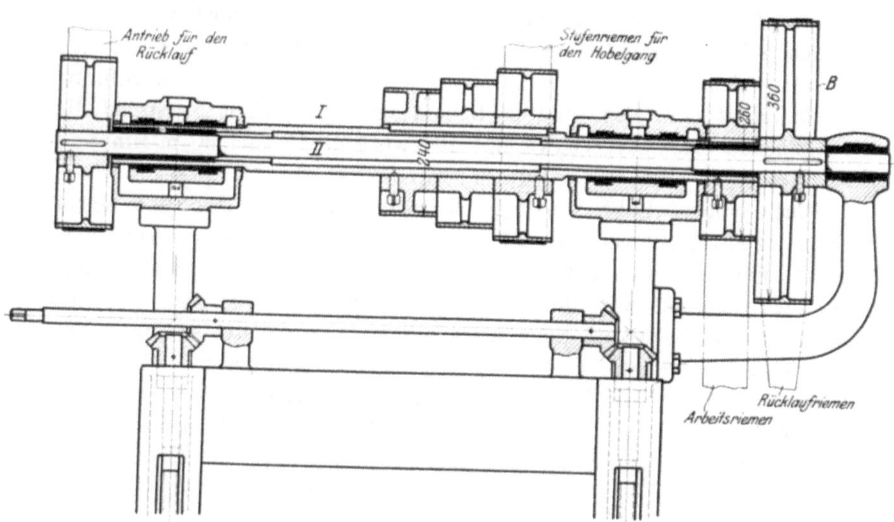

Fig. 698. Ständervorgelege mit mehreren Geschwindigkeiten. Brune, G. m. b. H., Köln-Deutz.

ist beim Hobeln mit 8,4 m die Rolle r auf die Gabel g_1 einzustellen und die Gabel g_2 mit dem Einsteckstift s festzuhalten.　Infolgedessen wird der Hobeltisch mit den beiden äußeren Riemen gesteuert.

Der Geschwindigkeitswechsel mit mehreren Arbeitsriemen läßt sich praktisch nicht gut weiter als bis zu 2 Schnittgeschwindigkeiten durchführen. Darüber hinaus muß man schon zum Stufenriemen greifen.

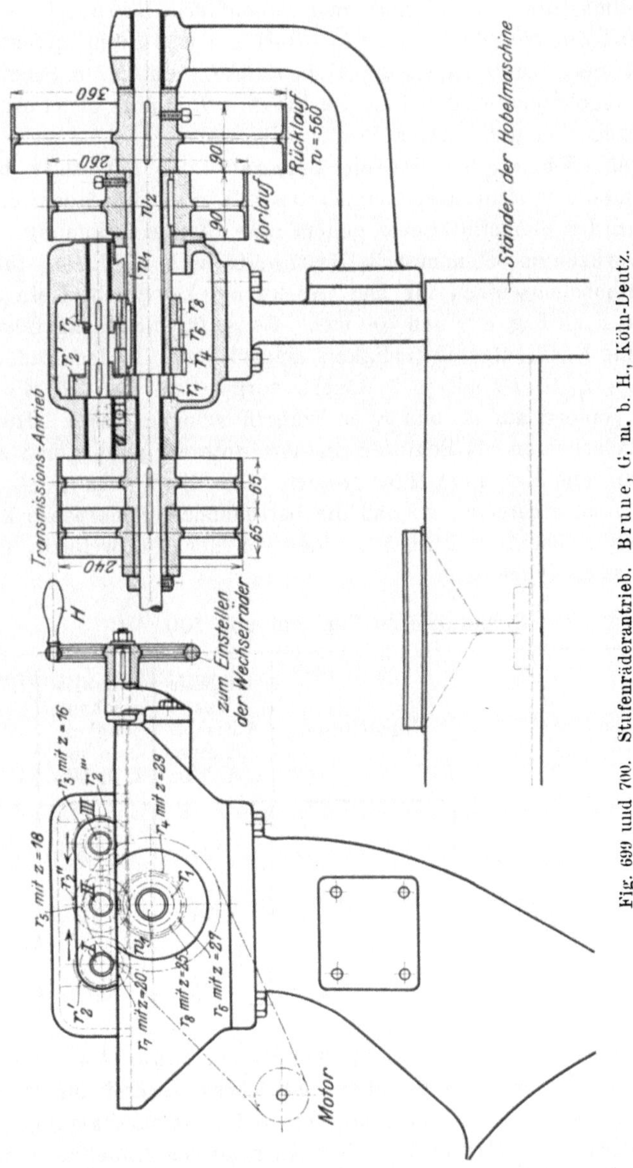

Fig. 699 und 700. Stufenräderantrieb. Brune, G. m. b. H., Köln-Deutz.

Die Gray-Hobelmaschine (Fig. 697) vollzieht den Geschwindigkeitswechsel mit einem Stufenriemen für 4 Geschwindigkeiten. Wie bei dem

Hülle, Werkzeugmaschinen. 3. Aufl.   26

Deckenvorgelege in Fig. 51, so wird auch hier der Riemen zum raschen Verschieben zuerst durch einen leichten Hebeldruck gelüftet und dann mit dem Handrade von Stufe zu Stufe gebracht.

Ein besonderes Ständer-Vorgelege für den Geschwindigkeitswechsel hat die Hobelmaschine der Werkzeugmaschinenfabrik Brune, G. m. b. H., Köln-Ehrenfeld (Fig. 698). Für das Hobeln mit 3 Schnittgeschwindigkeiten treibt der Stufenriemen die Hohlwelle I, von deren Scheibe der Hobelgang abgeleitet wird. Der Rücklauf wird mit gleichbleibender Geschwindigkeit von der inneren Welle II betrieben.

Mit dem Einzug der Stufenrädergetriebe hat auch bei der Hobelmaschine der Stufenriemen vielfach das Feld räumen müssen, denn zur Durchführung des Schnellbetriebes gehört eine rasche Bedienung.

Die Werkzeugmaschinenfabrik Brune, G. m. b. H., Köln, führt bei ihren Schnellhobelmaschinen für den Geschwindigkeitswechsel ein Stufenrädergetriebe nach Fig. 699 und 700 aus. Es ist für 3 Schnittgeschwindigkeiten und eine Rücklaufgeschwindigkeit eingerichtet. In dem Räderkasten sind 3 Wellen I, II, III mit je 2 Rädern vorgesehen, die sich mit 2 entsprechenden Rädern auf w_1 und w_2 in Eingriff bringen lassen. Hierzu ist der obere Räderkasten als Schlitten in dem unteren geführt und zu verschieben. Mit dem Handrade H lassen sich daher die Wellen I, II, III genau über w_1, w_2 einstellen, so daß die betreffenden Räderpaare kämmen können. Der Hobelgang wird auch hier von der Hohlwelle w_1 und der Rücklauf von w_2 abgeleitet.

Schalttafel zu Fig. 699 und 700.

Lfd. Nr.	Räderpaare	Einstellung	Umläufe der Antriebsscheibe i. d. Min.	Schnittgeschwindigkeit in m i. d. Min.	Rücklaufgeschwindigkeit in m i. d. Min.
1	$\dfrac{r_1}{r_2{}'''} \cdot \dfrac{r_3}{r_4} = \dfrac{19}{26} \cdot \dfrac{16}{29}$	III auf w_1, w_2	225	7,5	27
2	$\dfrac{r_1}{r_2{}''} \cdot \dfrac{r_5}{r_6} = \dfrac{19}{26} \cdot \dfrac{18}{27}$	II auf w_1, w_2	273	9,0	27
3	$\dfrac{r_1}{r_2{}'} \cdot \dfrac{r_7}{r_8} = \dfrac{19}{26} \cdot \dfrac{20}{25}$	I auf w_1, w_2	327	10,8	27

Der Schnellbetrieb hat nicht nur den elektrischen Antrieb, wie er in Fig. 701 mit einem 9 PS.-Motor und Riemenwechsel für 2 Schnittgeschwindigkeiten und eine Rücklaufgeschwindigkeit durchgeführt ist, allgemein begünstigt, sondern auch in dem Antriebe der Schnellhobelmaschine eine neue Entwicklungsstufe gebracht, die mit dem Stufenmotor verknüpft ist. Seine Umläufe lassen sich innerhalb eines Bereiches von $1:3$ regeln, was für das Hobeln mit mehreren Schnittgeschwindigkeiten äußerst wichtig geworden ist. Dazu ist der Motor umkehrbar, so daß die Maschine durch ihn umgesteuert werden kann (Fig. 702 und 703).

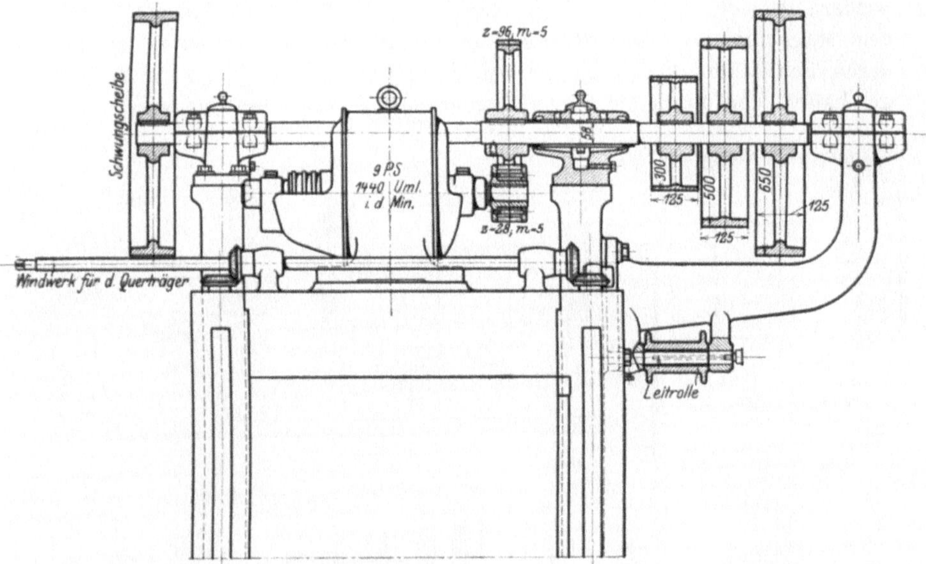

Fig. 701. Elektrischer Hobelmaschinenantrieb. Gebr. Böhringer, Göppingen.

Die elektromagnetische Umsteuerung.

Auch auf die Umsteuerungen hat der Schnellbetrieb seinen Einfluß gehabt. Da bei den erhöhten Schnittgeschwindigkeiten die Hubwechsel schneller folgen und infolgedessen die Riemen häufiger verschoben werden müssen, so galt es in erster Linie, den starken Riemenverschleiß zu beseitigen. Dies führte bei den Schnellhobelmaschinen zu den Kupplungs-Umsteuerungen (S. 86).

Einen erfreulichen Vorsprung brachte s. Zt. die elektromagnetische Umsteuerung von Billeter & Klunz, bei der durch 2 Elektromagnete abwechselnd die Arbeitsscheibe A und die Rücklaufscheibe R gekuppelt werden (Fig. 704). Durch die vierläufige Stufenscheibe A ist die Maschine mit 4 Schnittgeschwindigkeiten ausgestattet.

Die Einrichtung der elektromagnetischen Umsteuerung ist folgende: Die beiden Riemenscheiben A und R sitzen als die äußeren Kupplungsteile lose auf der Antriebswelle I. Zwischen beiden sitzt auf Federn geführt der Doppelkegel einer Reibungskupplung K. Soll nun in den Rücklauf umgesteuert werden, so ist die Kupplung K in die Scheibe R des gekreuzten Riemens einzurücken und für den Arbeitsgang in die Stufenscheibe A des offenen Riemens. Diese Einrückung vollziehen die 2 Elektromagnete m_2 und m_1, die in einem besonderen Gehäuse eingeschlossen sind. Wird z. B. dem Magneten m_1 Strom zugeführt, so zieht er den Eisenkern E an. Der Kern faßt den um C schwingenden

Ausrückhebel H der Kupplung. Die Folge ist also, daß der Kegel K die Stufenscheibe A kuppelt, und die Maschine arbeitet. Das Spiel wiederholt sich beim nächsten Hubwechsel auf der Gegenseite durch den Magneten m_2. Die Stromzuführung zu den Magnetspulen erfolgt durch Schleifkontakte. Sie werden durch einen Hebel ein- und ausgeschaltet, der durch die Steuerknaggen des Tisches betätigt wird. Mit

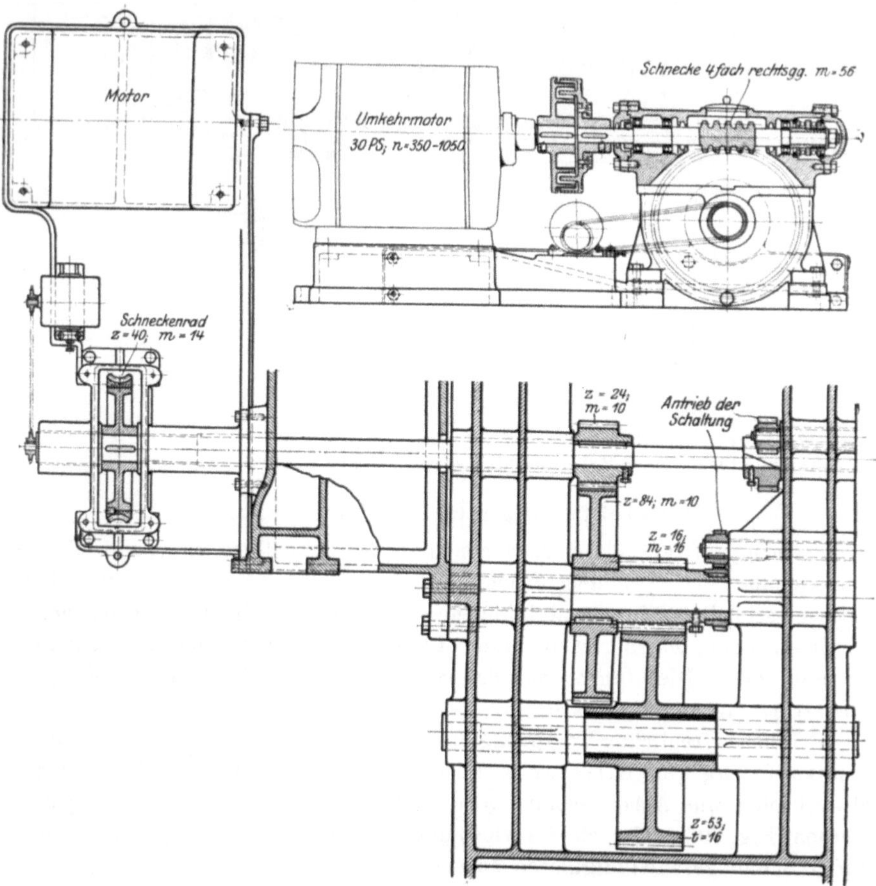

Fig. 702 und 703. Antrieb mit regelbarem Umkehrmotor. Gebr. Böhringer, Göppingen.

der Umsteuerung ist eine scharfe Begrenzung des Hubes verbunden. Allerdings ist die Reibkupplung starken Abnutzungen unterworfen. Diesem Umstande ist es wohl zuzuschreiben, daß die Vulkan-Kupplung heute das Feld behauptet (Fig. 142).

Bei Maschinen mit elektrischem Antriebe ist mit dem Umsteuern stets eine starke Belastung des Motors verbunden. Denn gegen Ende des Hubes muß der Tisch abgebremst und gleich darauf in entgegengesetzter Richtung beschleunigt werden. Hierdurch steigt bei stark beschleunigten

Rückläufen die Belastung des Motors etwa aufs doppelte. Sehr gute
Dienste gegen die starken Belastungen des Motors leistet ein Schwungrad,
das beim Umsteuern durch seine Arbeitswucht mitwirkt (Fig. 701).

Bemerkenswert ist auch das Abbremsen und Beschleunigen des
Tisches mit einer Feder. Hierzu ist unter dem Tisch eine Stange mit
einer kräftigen Spiralfeder gelagert. Gegen Ende des Hobelganges stößt
der Tisch mit einem Anschlag gegen die Feder, die zusammengedrückt
wird und so den Tisch abbremst. Bei dem kurz darauf folgenden Umsteuern in den Rücklauf hilft die Spannkraft der Feder, den Tisch beschleunigen. Diese Einrichtung zeigt eine gewisse Verwandtschaft mit
Selbstausrückung der Zugspindel in Fig. 264.

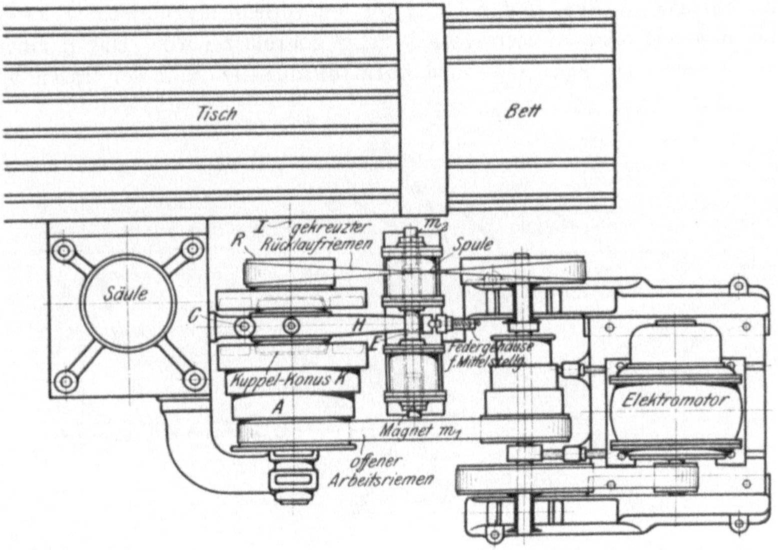

Fig. 704. Elektromagnetische Umsteuerung. Billeter & Klunz, Aschersleben.

Die elektrische Umsteuerung.

Bei schweren Maschinen verursacht das Umsteuern mit Kupplungen
eine zu starke Erwärmung der Kupplungsteile. Sie hat deshalb veranlaßt,
Ventilatoren zum Kühlhalten der Kupplungsscheiben einzubauen. Derartige vielgestaltete Vorrichtungen sind zwar technisch höchst bemerkenswert, doch für den Werkstättenbetrieb zu weitgehend.

Die beste und einfachste Umsteuerung für schwere Maschinen ist
der regelbare Umkehrmotor, der die jüngste Entwickelungslinie im Hobelmaschinenbau darstellt. Der Motor ist zum Abhalten der Stöße durch
eine nachgiebige Kupplung mit dem Tischantriebe zu kuppeln. Er läßt
bei seiner hohen Umlaufszahl ein Schneckengetriebe zu, so daß die Rädervorgelege beschränkt werden können (Fig. 702 und 703).

Bei der elektrischen Umsteuerung haben sich zwei Verfahren her-
ausgebildet:

1. Das Umsteuern mit dem regelbaren Umkehrmotor.

2. Das Umsteuern mit dem gewöhnlichen Motor und Umformer.

Bei dem Umsteuern mit dem regelbaren Umkehrmotor sind ein Umschalter und ein Anlasser erforderlich, die in einem Steuerkasten untergebracht sind (Fig. 705). Die Umsteuerung wird auch hier durch die Tischknaggen eingeleitet, die durch das Umlegen des Steuerhebels die Umkehrwalze des Selbstanlassers betätigen und so den Motor umsteuern. Eine besondere Bedeutung hat hierbei das Abbremsen des Motors für einen ruhigen Auslauf des Tisches. Dies wird ebenfalls elektrisch durchgeführt. Vor Hubende stößt nämlich die abgesetzte Knagge gegen den Steuerhebel und dreht den Anlasser um etwa 10° zurück. In dieser Stellung wird ein Feldkontakt kurzgeschlossen, so daß der Motor bei vollem, magnetischem Felde arbeitet und auf dem Bremswege b kräftig gebremst wird. Durch einen zweiten Absatz der Knaggen wird kurz darauf der Anlasser rasch um

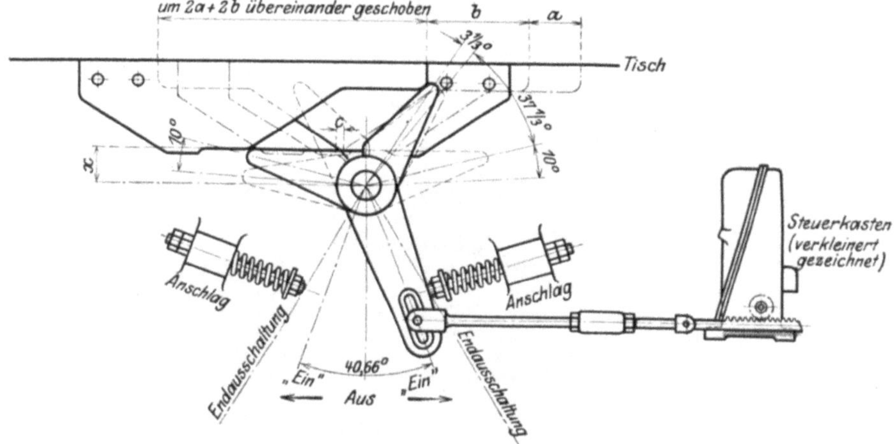

Fig. 705. Elektrische Umsteuerung ohne Feldverstärker. A. E.-G., Berlin.

geschaltet. Der Gegenstrom setzt dabei erst am Ende des Umsteuerweges a ein. Sollte der Tisch übers Ziel laufen, so führt ein dritter Absatz die Endausschaltung herbei, in der durch ein Bremsschütz der Motor stillgesetzt wird.

Das Abbremsen des Motors kann auch mit besonderen Feldverstärkern geschehen, die in entsprechenden Entfernungen vor dem Steuerhebel w sitzen (Fig. 706). Auf dem Bremswege b werden die Hebel der Feldverstärker durch Schleifschienen der Knaggen mitgenommen, wodurch der Stromschluß und das Bremsen des Motors erfolgt. Die Hebel fallen nachher durch das Gegengewicht in die Ausschaltstellung zurück.

Bei dem zweiten Verfahren (Fig. 707) ist der Antriebsmotor nicht gleich an das Hauptnetz angeschlossen, sondern er erhält seinen Strom von einer Anlaßdynamo. Die Dynamo wird von einem an das Hauptnetz angeschlossenen Motor angetrieben und läuft mit gleichbleibender Umlaufszahl. Zum Umsteuern und Regeln der Schnittgeschwindigkeit ist daher nur der

Erregerstrom der Anlaßdynamo umzuschalten und zu regeln. Die ganze Regelbarkeit liegt also in dem Motor, der hierdurch außergewöhnlich groß wird. Das Umschalten geschieht auch hier durch die Knaggensteuerung, die auf den Umschalter wirkt. Die Umläufe des Motors sind

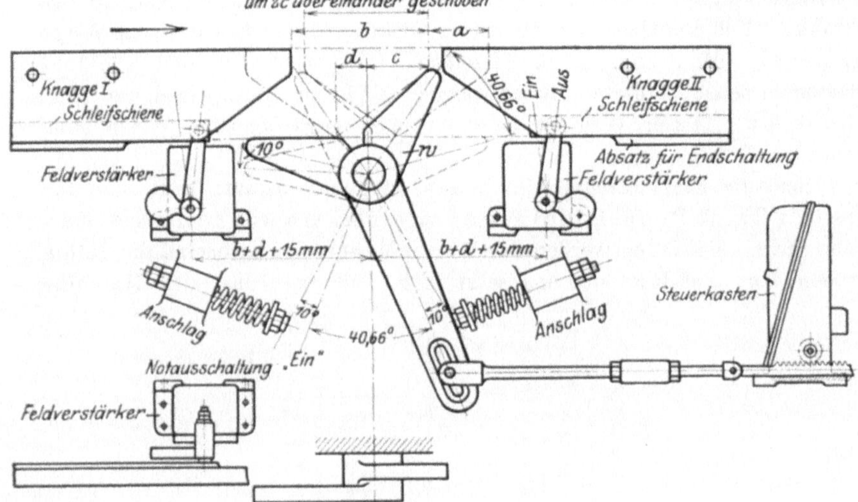

Fig. 706. Elektrische Umsteuerung mit Feldverstärkern. A. E.-G., Berlin.

hierbei von der Stellung des Regulators abhängig. Für den Rücklauf wird der Nebenschlußregulator durch einen mit dem Umschalter verbundenen Hilfskontakt außer Wirkung gesetzt, so daß der Motor mit der

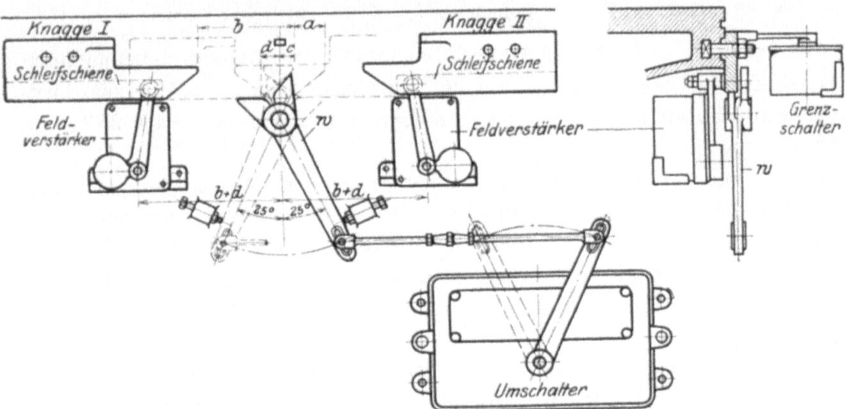

Fig. 707. Umsteuerung mit Anlaßdynamo. A. E.-G., Berlin.

größten Umlaufszahl läuft. Die Feldverstärker haben auch hier kurz vor dem Hubwechsel den Motor abzubremsen.

Die weiteren Bestrebungen in dem Bau von Schnellhobelmaschinen sind darauf gerichtet, 1. die Zeitverluste, die der Rücklauf verursacht, möglichst zu kürzen und 2. das Einstellen der Maschine durch Schnellverstellungen zu erleichtern und zu beschleunigen, denn der Schnellbetrieb verlangt Maschinen, die viel leisten und sich rasch einstellen lassen.

Ein sehr dankbares Mittel, die Hobelmaschine leistungsfähiger zu gestalten, ist das Hobeln beim Vor- und Rücklauf. Damit wären die Massendrücke und zugleich die tote Arbeitszeit auf das Mindestmaß beschränkt. Um den Gedanken zu verwirklichen, lassen sich mehrere Wege beschreiten. Man kann z. B. denselben Stahl beim Vor- und Rücklauf arbeiten lassen. Zu diesem Zweck wäre er mit jedem Hubwechsel um 180° umzusteuern. Dieser Weg ist bereits von Sellers benutzt, jedoch ohne dauernden Erfolg.

Seit die Elektrotechnik ihren Einzug gehalten hat, baut man für denselben Zweck Doppelstahlhalter mit elektromagnetischer Umsteuerung. Bei ihnen werden durch zwei Magnete abwechselnd die Stähle für den Vor- und Rücklauf angesetzt (Fig. 708 und 709). Die Maschine

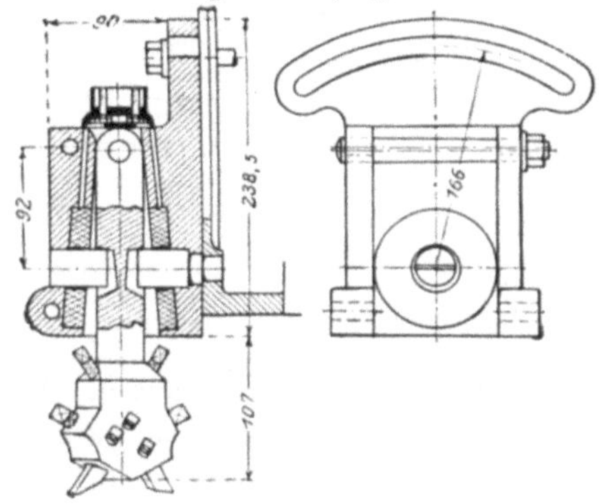

Fig. 708 und 709.[1]) Doppelstahlhalter mit elektromagnetischer Umsteuerung.

wird daher vor- und rückwärts arbeiten. Sie besitzt einen gleichmäßigen Arbeitsaufwand, der besonders auf den Antriebsmotor günstig wirkt. Mit dieser Einrichtung lassen sich bei größeren Maschinen mehr als 25 % an Leistung gewinnen.

Ein anderer Weg ist, auf beiden Seiten des Querträgers je einen oder zwei Hobelschlitten für den Vor- und den Rückgang anzuordnen. An derartigen Versuchen hat es auch nicht gefehlt. Sie haben aber bei Tischhobelmaschinen keinen durchgreifenden Erfolg gezeitigt, wohl aber bei langhubigen Blechkanten-Hobelmaschinen seit der Einführung des regelbaren Umkehrmotors.

Vor einiger Zeit ist der Firma Billeter & Klunz eine Erfindung geschützt worden (D. R.-P. 146076), durch die die Hobelmaschine an Leistungsfähigkeit gewinnen muß. Der Grundgedanke dieser Erfindung ist, den Hobelstahl und den Hobeltisch gleichzeitig anzutreiben und zwar derart, daß sich Werkstück und Werkzeug beim Arbeitsgang aufeinander zu bewegen, während sie sich beim Rücklauf wieder voneinander entfernen.

---

[1]) Schlesinger. Z. Ver. deutsch. Ing. 1904, S. 1383.

Bei dieser Arbeitsweise wäre die Schnitt- und Rücklaufgeschwindigkeit gleich der Summe der einzelnen Geschwindigkeiten. Hobelmaschinen, nach diesem Grundsatz gebaut, würden besonders für die Ausnutzung des Schnellhobelstahles geeignet sein. In ihrer Baulänge fallen sie kürzer aus, und die Massendrücke bleiben innerhalb der zulässigen Grenzen.

Will man den obigen Gedanken praktisch ausführen, so müßten die Seitenständer am Bett geführt und durch je eine Leitspindel L_1 und L_2 angetrieben werden (Fig. 710), während der Hobeltisch, durch L_3 betätigt, entgegengesetzt laufen müßte. Wenn auch diese Erfindung vielleicht nur einen wissenschaftlichen Wert behalten wird, so zeigt sie doch, wie die

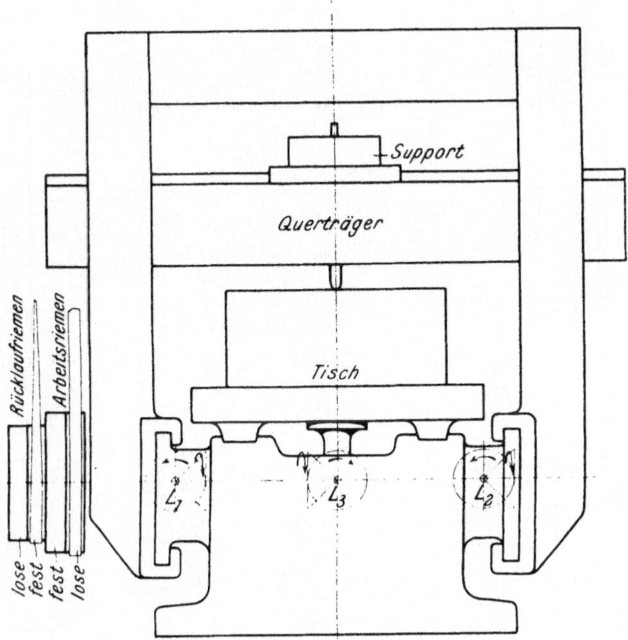

Fig. 710. Hobelmaschine mit beweglichem Tisch und beweglichen Ständern. D. R.-P. Billeter & Klunz.

Technik jede Möglichkeit untersucht, wirtschaftlich arbeitende Maschinen schaffen zu wollen.

Der beste Weg dürfte nach den bisherigen Erfahrungen bei Tischhobelmaschinen wohl der sein, sobald die Massendrücke zu bewältigen sind, den Rückgang zu beschleunigen und beim Arbeitsgang mehrere Werkzeuge arbeiten zu lassen. Ein treffendes Beispiel zeigt auch hier die Billeter-Maschine (Fig. 695). Sie besitzt am Querträger a 2 Hobelschlitten, die zum Querhobeln nach beiden Richtungen arbeiten. Zum Hobeln senkrechter Flächen ist am Ständer der Maschine ein dritter Hobelschlitten mit senkrechter Schaltung angebracht. Außerdem hat die Maschine noch eine Erweiterung durch den Ständer c erfahren. Um nämlich sehr breite Stücke auch von außen hobeln zu können, sitzt auf ihm ein vierter Schlitten mit selbsttätiger Schaltung.

Die weitere Entwicklung der Hobelmaschine steuert darauf hinaus, sie auch für andere Arbeitsverfahren einzurichten. Hierzu stattete man sie mit einer Bohr-, Fräs- oder Schleifspindel aus, so daß die Werk-

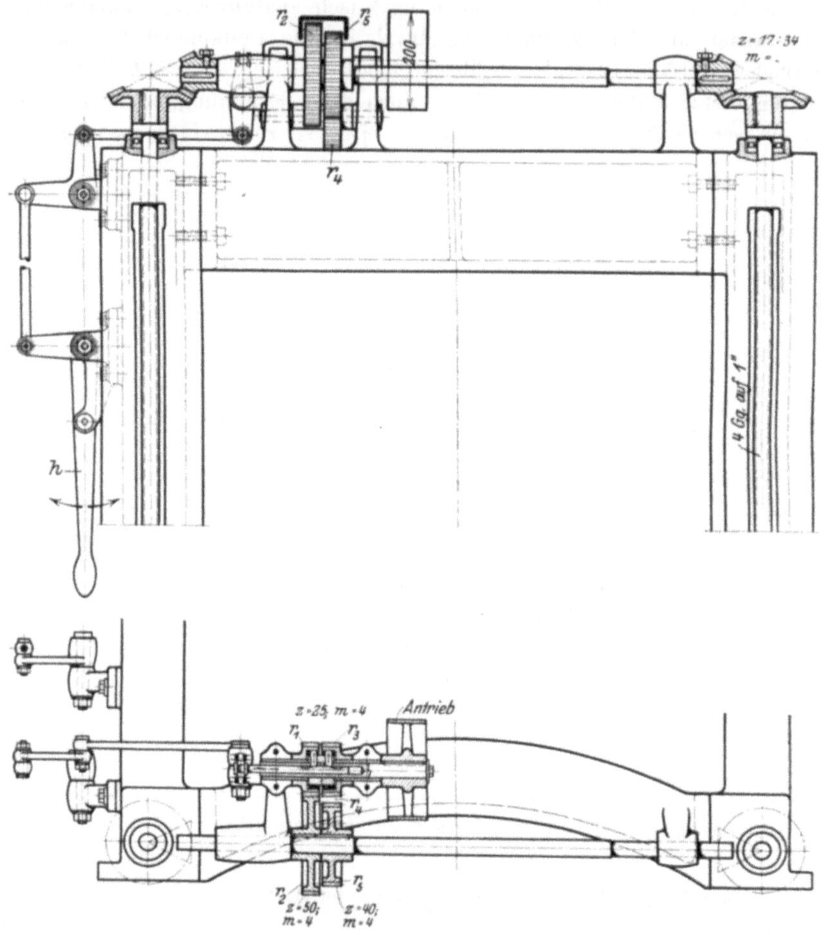

Fig. 711 und 712.   Selbsttätige Einstellvorrichtung für den Querträger.
Gebr. Böhringer, Göppingen.

stücke ohne Umspannen gehobelt, gebohrt, gefräst oder geschliffen werden konnten.

Auch auf die Einstellvorrichtung der Hobelschlitten erstrecken sich, wie bereits erwähnt, die Vervollkommnungen der Hobelmaschine. Das große Gewicht des Querträgers erfordert vor allem eine selbsttätige Vorrichtung zum Einstellen der Schlitten auf die Höhe des Arbeitsstückes. Das Windwerk des Querträgers wird hierzu in Fig. 711

und 712 von dem Deckenvorgelege nach beiden Richtungen angetrieben.
Dies wird durch einen Antriebsriemen erreicht, der über ein Stirnräderwendegetriebe auf die Stellspindeln des Querträgers arbeitet. Mit dem
Handhebel h kann entweder die Reibkupplung von r_1 eingerückt und damit
durch $\dfrac{r_1}{r_2}$ das Windwerk betrieben werden oder es wird mit h das Rad r_3
gekuppelt, so daß das Zwischenrad r_4 die Richtung umsteuert. Auf diese
Weise ist es möglich, den schweren Querträger durch Umlegen des Handhebels h zu heben und zu senken.

Fig. 713. Schnellverstellung für die Hobelschlitten.

Selbst die Zeit für das Einstellen der Schlitten in wagerechter und
senkrechter Richtung versucht man zu kürzen. So führt die Firma
Billeter & Klunz auch hierfür eine selbsttätige Schnellverstellung
(Fig. 713) aus. Sie kann, sobald der Vorschub ausgerückt ist, eingeschaltet
werden, so daß der Hobelschlitten schneller nach der nächsten Arbeits-
stelle befördert wird.

Die Schnellverstellung besteht aus einem kleinen Elektromotor, der
auf einem Lager des Auslegers sitzt. Er arbeitet durch eine Kette auf
die Schalträder der Schlittenspindeln und kann durch einen Umschalter

auf Rechts- und Linksgang eingestellt werden. Auf diese Weise ist es
ermöglicht, die Schlitten wagerecht nach zwei gleichen und entgegen-
gesetzten Richtungen und auch senkrecht schnell einstellen zu können.

Die Schnellhobelmaschine von Gebr. Böhringer, Göppingen.

Nach diesen Erörterungen über die Entwickelungslinien im Hobelmaschinenbau soll hier die Hobelmaschine von Gebr. Böhringer,
Göppingen, besprochen werden.

Die Maschine (Fig. 650 bis 654) hobelt mit 2 Schnittgeschwindig-
heiten von 140 mm und 250 mm i. d. Sek., und der Rücklauf erfolgt mit
450 mm i. d. Sek. Der Geschwindigkeitswechsel wird, wie bekannt, mit
2 Arbeitsriemen vollzogen, von denen stets einer festzustellen ist. Den

Fig. 714.[1]) Älteste Metallhobelmaschine von Rich. Roberts aus dem Jahre 1817.

Tischantrieb vollziehen die Scheiben $\dfrac{a}{c}$ oder $\dfrac{b}{c}$ und die Vorgelege $\dfrac{r_1}{R_1} \cdot \dfrac{r_2}{R_2}$,
von denen R_2 mit der Zahnstange Z kämmt. Das Umsteuern besorgen die
Tischknaggen F_1 und F_2, die den Steuerhebel w herumlegen. Durch das
Gestänge s, s_1, s_2 wird der Steuerschieber S verstellt, der in der bekannten
Weise die Riemen nacheinander verschiebt und dadurch umsteuert. Um den
Tisch nach Bedarf übers Ziel laufen lassen zu können, sind für beide
Richtungen umlegbare Klauen k_1, k_2 vorgesehen und zum Umsteuern von
Hand die Handhebel H zu beiden Seiten der Maschine.

Die Schaltsteuerung wird durch eine Spreizringkupplung nach
Fig. 688 und 689 von der Vorgelegewelle II angetrieben. Die Schalt-

<hr>

[1]) Z. des Ver. deutsch. Ing 1912.

Additional information of this book

(Die Werkzeugmaschinen und ihre Konstruktionselemente;

978-3-662-23908-7; 978-3-662-23908-7_OSFO16) is provided:

http://Extras.Springer.com

kurbel K ist durch die Stange g mit der Schaltzahnstange z_1 verbunden, die auf r_3 des Schaltwerkes wirkt. Mit den umsteckbaren Schaltdosen d kann der Vorschub von r_4 nach jeder Richtung entnommen werden. Die Meißelabhebung wird ebenfalls von der Zahnstange z_1 über r_3, r_5, r_6 und die Hubscheiben bewirkt.

Welch riesenhafte Entwicklung der Hobelmaschinenbau in einem fast 100jährigen Lebensalter durchgemacht hat, beweist ein Blick auf die Fig. 714 bis 716.

Hier die erste Metallhobelmaschine von Richard Roberts mit einem Tisch von 32 Zoll Länge und 11 Zoll Breite, erbaut 1817, und dort ein Meisterstück deutschen Fleißes, eine Tischhobelmaschine von 5 m Hobelbreite, 4 m Hobelhöhe, 10,5 m Hobellänge mit allen Neuerungen der Technik, erbaut 1911 für die Schichau-Werft von der Firma Wagner & Comp., G. m. b. H. in Dortmund.

Die Stösselhobelmaschine oder Feilmaschine.

Die Stößelhobelmaschine oder Shapingmaschine (Fig. 717 bis 720) ist eine Kurzhobelmaschine von höchstens 600 bis 800 mm Hub, die das

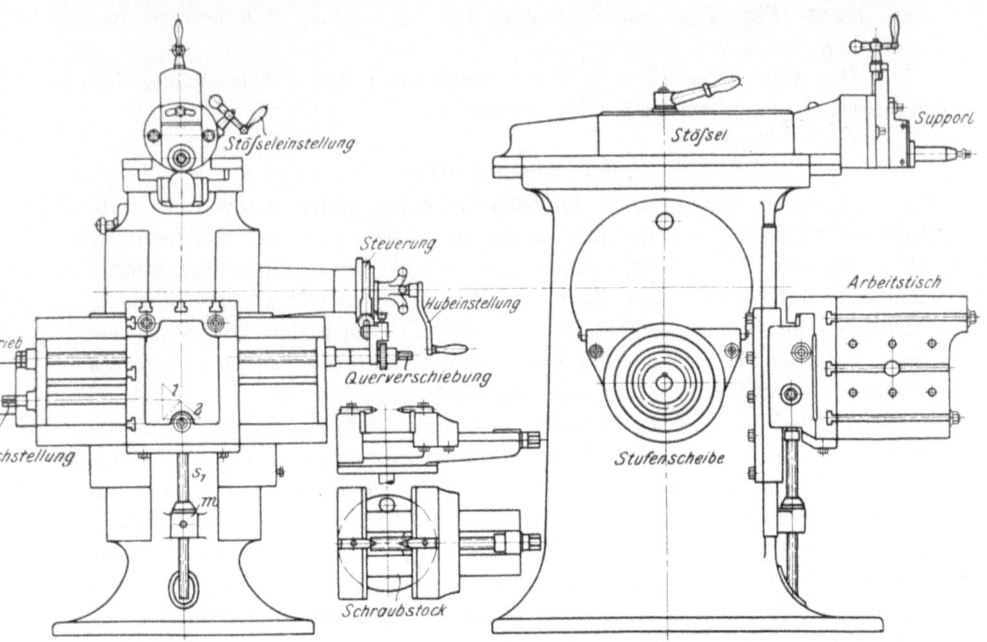

Fig. 717 bis 720. Stößelhobelmaschine.

Feilen von Hand durch ein selbsttätiges Arbeitsverfahren ersetzen soll — Feilmaschine. Für ihren Arbeitsbereich kommen daher nur kleinere Werkstücke oder auch kurze Flächen an sperrigen Werkstücken in Frage, für deren Bearbeitung die Maschine große Bequemlichkeit bietet. Nach der Form und Größe der zu bearbeitenden Werkstücke gibt es Stößelhobelmaschinen für kleine Werkstücke und solche für sperrige Werkstücke.

Die Stößelhobelmaschinen für kleine Werkstücke.

Die Stößelhobelmaschinen für kleine Werkstücke arbeiten, wie die Tischhobelmaschine, mit getrennten Bewegungen, allerdings mit dem Unterschiede, daß das Werkzeug die Hauptbewegung ausführt und das Werkstück den Vorschub. Für die Hauptbewegung beansprucht die Maschine einen Stößel, der das Werkzeug über die Arbeitsflächen führt. In diesem beweglichen Stößel liegt die Kennzeichnung der Kurzhobelmaschinen. Ihre Arbeitsweise ist begründet durch die geringen Arbeitswiderstände beim Feilen und durch den kurzen Hub der Maschine. Sie besitzt den Vorzug, daß die hin- und hergehende Bewegung des Arbeitstisches fortfällt. Die erschütternd wirkenden Massendrücke, die mit der Hauptbewegung des Tisches und Werkstückes verbunden sind, treten bei dem Stößel in geringerem Maße auf und das Schalten des leichten Werkstückes verursacht keine fühlbaren Stöße. Unter diesen Verhältnissen gestattet die Stößelhobelmaschine eine gedrängte und kastenförmige Bauart des Bettes (Fig. 724 und 725) und das Werkstück eine bessere Beobachtung der Arbeitsflächen.

Die wichtigsten Einzelteile sind auch hier: der Hobelschlitten, der Arbeitstisch, der Antrieb und die Steuerung.

Der Hobelschlitten.

Nach der Arbeitsweise der Stößelhobelmaschinen vollzieht bekanntlich das Werkzeug den geraden Hauptweg. Für ihn ist der Hobelschlitten (Fig. 721 und 722) in seiner Eigenschaft als Werkzeugträger auszubilden. Seine Grundform ist daher ein Stößel, der in dem Maschinenbett in nachstellbaren Führungen geführt ist, und der mit dem Hobelschlitten die gerade hin- und hergehende Hauptbewegung ausführt. Für den weiteren Aufbau des Schlittens gelten ähnliche Gesichtspunkte, wie sie bereits bei dem Hobelschlitten der Tischhobelmaschine besprochen sind. Danach hat der Hobelschlitten dem Stahl die richtige Schnittstellung zu geben. Für die Gradstellungen des Stahles beim Schräghobeln ist er daher mit einer Drehscheibe an dem Stößelkopf zu befestigen und für die richtige Schnittstellungen mit einem drehbaren Klappenträger auszurüsten. Durch die gelenkige Klappe ist dem Stahl die Möglichkeit gegeben, beim Rücklauf das Werkstück lose zu streifen. Von der Schrägstellung der Drehscheibe wird besonders Gebrauch gemacht beim Nutenhobeln stärkerer Wellen. Sie werden seitlich vom Stößel in den Schraubstock des Tisches gespannt, so daß der Stahl beim Arbeiten schräg stehen muß. Der Senkrechtschlitten dient hier vorzugsweise zum Einstellen der Spanstärke, weil leichte Werkstücke zum Bearbeiten seitlicher Flächen bequemer umgespannt werden. Die Maschine hobelt daher für gewöhnlich nur quer (Querhobelmaschine).

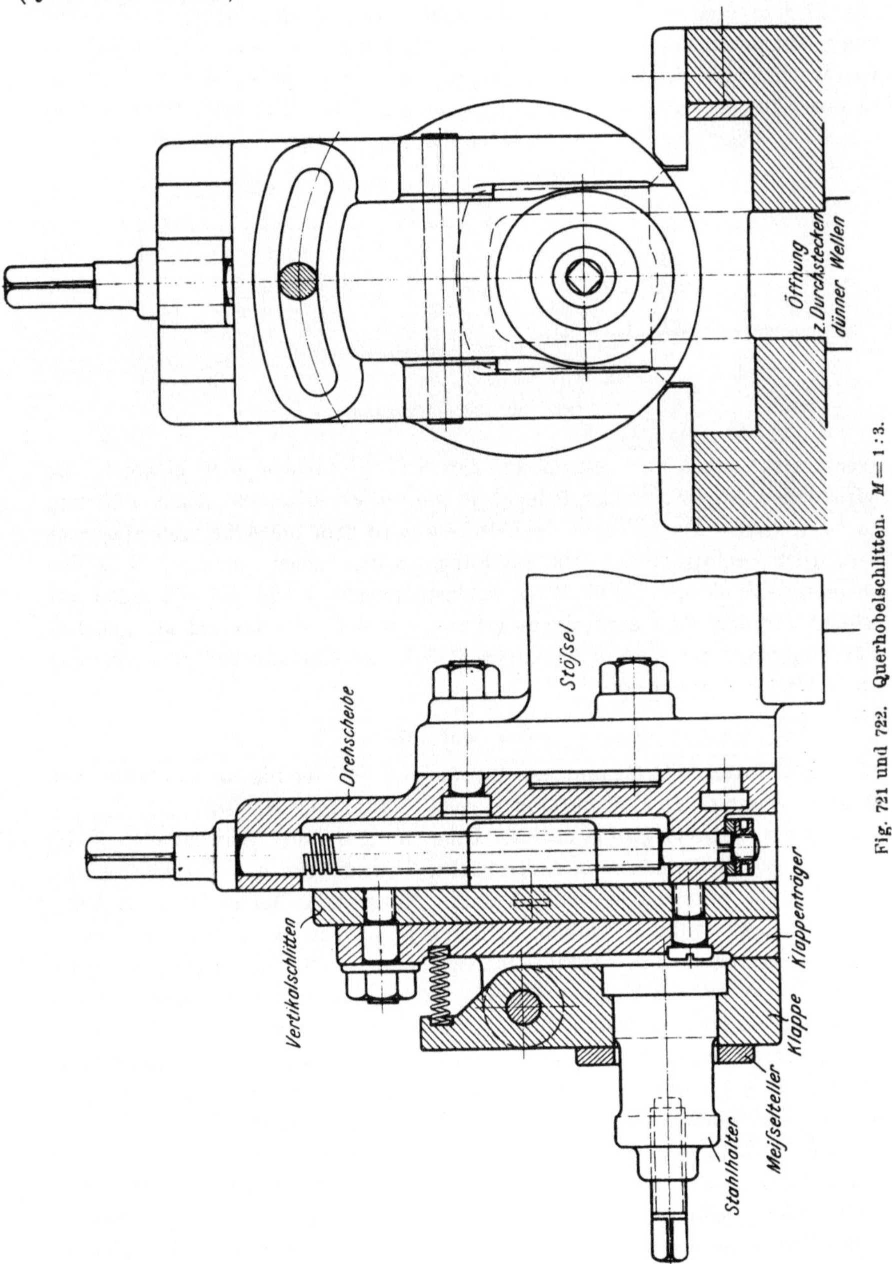

Eine besondere Beachtung verdient bei dieser Maschine noch der Einfluß des einseitig wirkenden Stahldruckes auf die Bewegung und

Führung des Stößels. Nach Fig. 723 erzeugen die Schnittkräfte W_1 und W_2 ein Kippmoment $W_1 . l - W_2 . x$. Solange $W_1 . l \gtreqqless W_2 . x$ ist, sucht das Moment den Stößel um A zu kippen. Die obere Führung muß daher einen entsprechenden Gegendruck G auf den Stößel ausüben. Wird bei weitergehendem Stößel $W_2 . x > W_1 (l + a)$, so kippt er um B, und die untere Führung hat den Gegendruck auszuüben. Mit dem Druckwechsel wächst zugleich die Gefahr eines unruhigen Ganges. Denn der Schnitt-

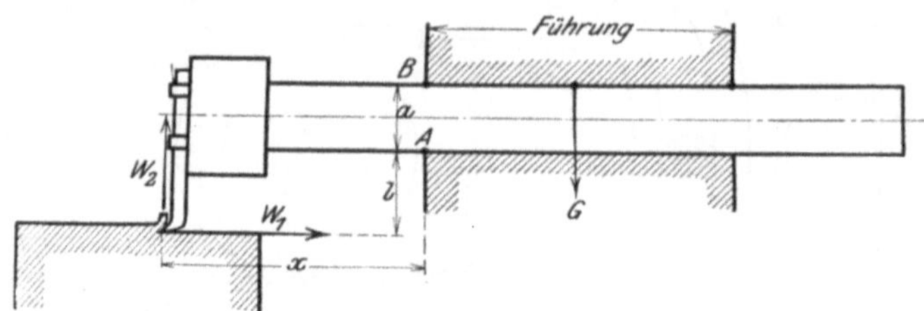

Fig. 723. Stößelführung.

druck wirkt nicht nur eckend auf den Stößel, sondern auch biegend. Er wird daher um so stärker federn, je weiter er sich aus seiner Führung herausbewegt. Durch diese Verhältnisse wird aber die Arbeit der Maschine wesentlich beeinträchtigt und die Führung des Stößels namentlich in den äußersten Punkten A und B stark beansprucht. Aus den Gründen erscheint für den Hub eine Höchstgrenze von 600 bis 800 mm als geboten Für ruhigen Gang ist ein kräftiger Stößel und eine dauernd gute Führung unerläßliche Vorbedingung.

Der Antrieb.

Die Mittel und Grundsätze für den Antrieb der hin- und hergehenden Hauptbewegung des Stößels sind bereits bekannt (s. S. 70).

Der Schwingenantrieb: Eine ausgedehnte Anwendung findet bei den Stößelhobelmaschinen für leichte Werkstücke die Kurbelschwinge. Ihre Mängel erheben bei den kleinen Hüben und den geringen Arbeitswiderständen wenig Bedenken. Hingegen sichert sie durch ihr zwangläufiges Umsteuern eine scharfe Hubbegrenzung. Die Schwinge beansprucht wenig Raum und läßt sich infolgedessen bequem in das Maschinengehäuse einbauen. Ihre Anordnung bringen die Fig. 724 und 725. Der Stufenriemen treibt hier durch das Zahnrad 1 die verzahnte Kurbelscheibe 2, die durch ihren Zapfen z die Schwinge betätigt. Sie schwingt einerseits um die Laufbüchse l und faßt andererseits die Klaue K, durch die sie den Stößel langsam vorschiebt und beschleunigt zurückführt. Der Hub der Maschine läßt sich hierbei von außen regeln und zwar durch Verstellen des Kurbelzapfens z, wie dies bereits in Fig. 129 besprochen ist. Zum Anstellen des Stößels an die Fläche des Werkstückes dient die Stellschraube s. Sie wird mit der Kurbel k gedreht und faßt in das Muttergewinde der Klaue K die mit dem Griff zu lösen ist.

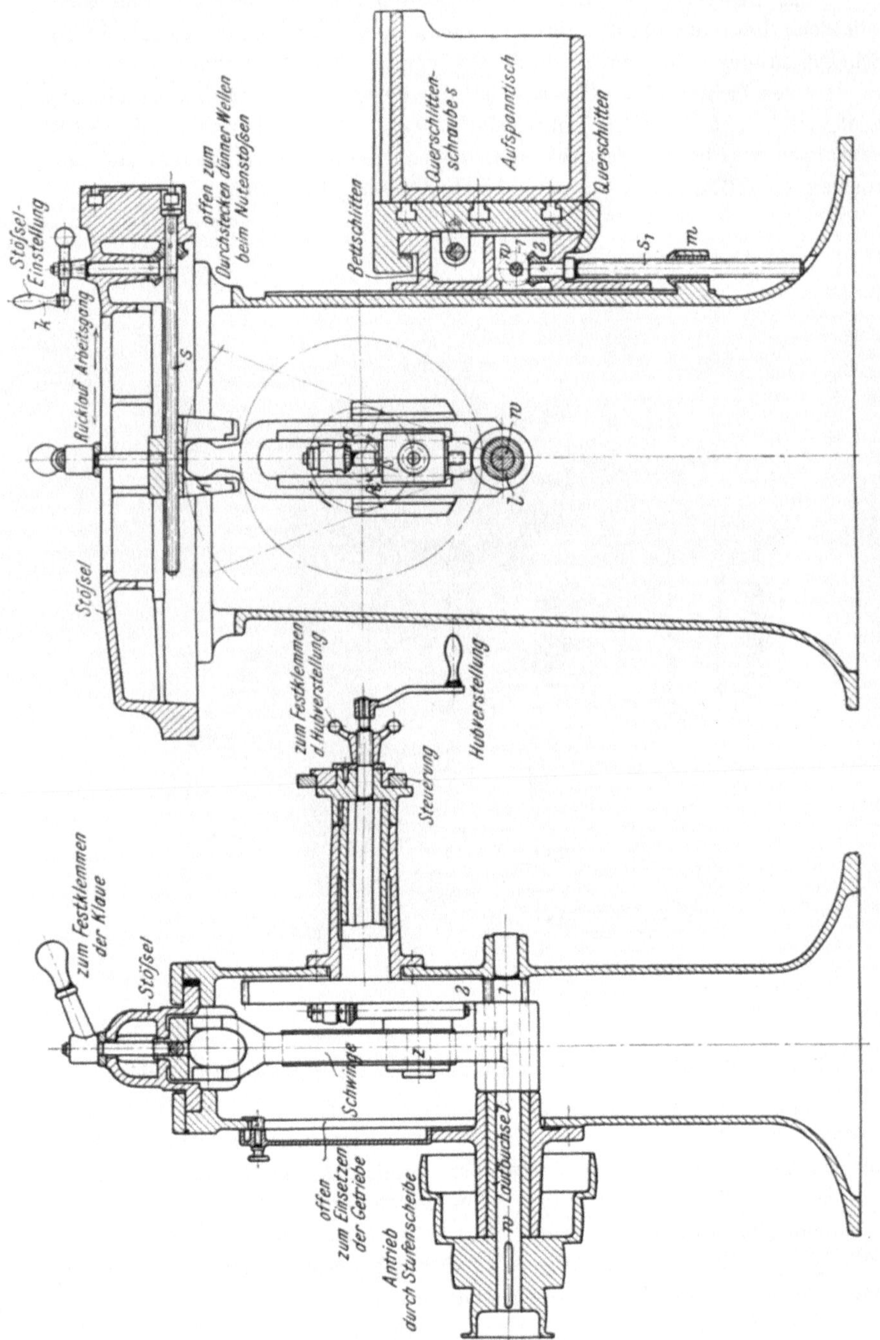

Fig. 724 und 725. Stößelantrieb mit Kurbelschwinge. $M = 1:10$.

Das Bestreben, die Stößelhobelmaschine als Feinhobelmaschine auszubilden, hat veranlaßt, die Stirnräder des Schwingenantriebes durch
Schraubenräder oder auch durch ein ruhig laufendes Schneckengetriebe
zu ersetzen (Fig. 726). Hiermit ist die Gewähr für saubere Arbeit erhöht, ein nicht zu unterschätzender Vorzug für Schlichtarbeiten. Fürs
Schruppen würde das Schneckengetriebe noch den Vorteil bieten, daß der
Riemen schneller laufen kann und daher besser durchzieht.

Fig. 726. Stößelhobelmaschine mit Schwingenantrieb. Wotanwerke, Leipzig.

Der Zahnstangenantrieb: Seitdem durch die erhöhte Riemengeschwindigkeit ein schnelles und sicheres Umsteuern erreicht ist, wird
der Zahnstangenantrieb auch bei den Stößelhobelmaschinen angewandt.
Er gewährt eine gleichmäßige Schnittgeschwindigkeit und einen stark
beschleunigten Rücklauf, verlangt aber eine besondere Umsteuerung. Sie
kann eine Riemenumsteuerung mit verschiebbaren Riemen im Sinne der
Fig. 680 oder eine Kupplungs-Umsteuerung sein.

Die Riemenumsteuerung wird von den Anschlägen des Stößels
betrieben und verschiebt durch den Steuerschieber die Riemen nach-

einander. Bei den kurzen Hüben folgen die Hubwechsel sehr rasch, so

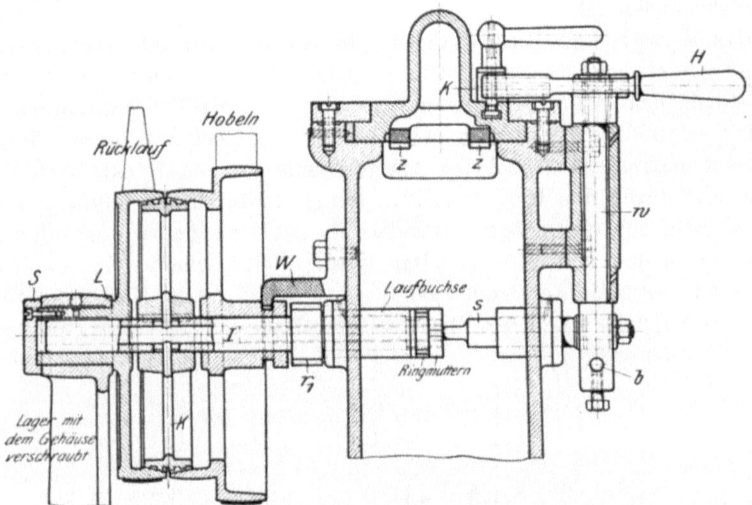

Fig. 727. Umsteuerung für den Zahnstangenantrieb.
Wotanwerke, Leipzig.

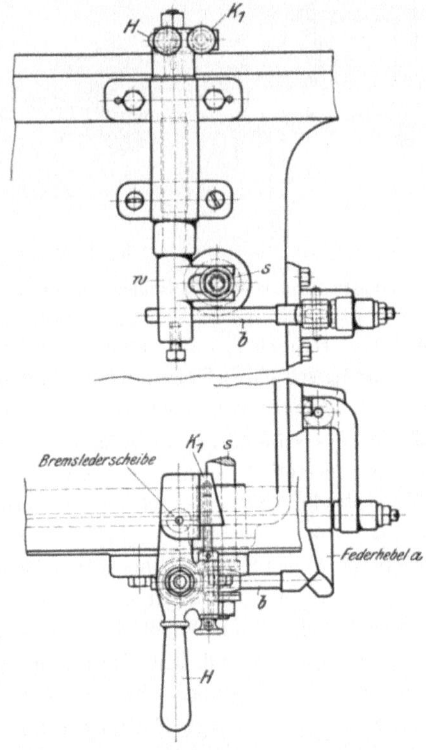

Fig. 728 und 729. Umsteuerung des Zahnstangenantriebes. $M = 1:8$.

27*

daß mit der häufigen Riemenverschiebung ein starker Verschleiß der Riemen verbunden ist.

Die Kupplungs-Umsteuerung des Stößels wird daher bevorzugt, weil sie scharf umsteuert und den starken Riemenverschleiß beseitigt. Sie wird von den Wotan-Werken nach Fig. 727 bis 731 ausgeführt.

Die losen Antriebsscheiben für den Vor- und Rücklauf der Maschine sitzen hier auf der durchbohrten Antriebswelle I. Die Rücklaufscheibe ist einerseits durch den Ring S und andererseits durch die Lauffläche L gegen Verschieben festgelegt, während die Arbeitsscheibe des offenen Riemens durch den Winkel W gehalten wird. Beide Scheiben lassen sich abwechselnd durch die Kegelreibungskupplung K auf I kuppeln, und zwar wird dieses Kuppeln durch den Stößel selbst vollzogen. Hierzu legt er vor

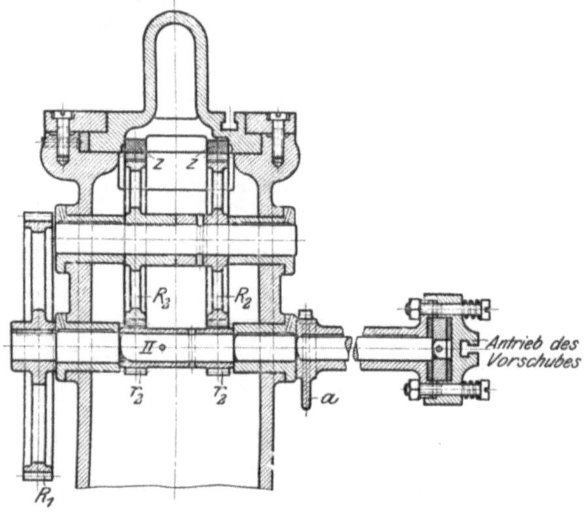

Fig. 730. Zahnstangenantrieb des Stößels. $M = 1:8$.

jedem Hubwechsel den Hebel H herum, der durch die Welle w die Kupplungsspindel s vor- oder zurückschiebt. Die Spindel s faßt die Kupplung K mit einem Stift, so daß K jedesmal mitgenommen wird. Steuert der Stößel z. B. in den Rücklauf um, so schiebt die Spindel s die Kupplung K in die Rücklaufscheibe des gekreuzten Riemens. Um dabei ein Zurückgehen der Kupplung durch den Rückdruck zu verhindern, wird sie zugleich verriegelt. Dieser Aufgabe dient der Federhebel a mit dem Dreikant. Sobald nämlich der Anschlag K des Stößels gegen den Hebel H (Fig. 727 und 731) stößt, wird mit der Spindel w auch der Bolzen b herumgelegt. Der Bolzen b drückt zunächst den Federhebel a etwas zurück, der aber sofort auf die Gegenseite einspringt und die Kupplung, wie gezeichnet, verriegelt. Die Umsteuerung liefert einen scharfen und stoßfreien Hubwechsel, da die Kupplung nur um wenige Millimeter zu verschieben ist. Für das Feineinstellen des Hubes besitzt die Steuerung noch eine erwähnenswerte Einrichtung. Der Umsteuerhebel H ist nämlich mit einem schwalbenschwanzförmig geführten Keil K_1 ausgestattet, der sich mit einer Stellschraube auf den genauen Hub einstellen läßt (Fig. 729).

Die Antriebswelle I wird durch das abwechselnde Arbeiten des offenen und des gekreuzten Riemens vor jedem Hubwechsel umgesteuert. Sie arbeitet durch das Rad r_1 auf R_1 (Fig. 727 und 730), das durch 2 weitere Vorgelege $\dfrac{r_2}{R_2}$ die Zahnstangen Z und hiermit den Stößel treibt. Durch die

Fig. 731. Stößelhobelmaschine mit Zahnstangenantrieb. Wotanwerke, Leipzig.

großen Vorgelege $\dfrac{r_1}{R_1}$, $\dfrac{r_2}{R_2}$ können einmal die Riemen schnell laufen und rasch umsteuern. Zum andern sichern die großen Triebräder R_2 einen guten Eingriff und die doppelte Zahnstange stoßfreien Gang, der noch verbessert werden kann, wenn die Zahnstangen um die halbe Teilung versetzt sind. Mit der Doppelzahnstange ist zugleich Platz geboten für das Durchstecken der Wellen beim Nutenhobeln.

Eine weitere Vervollkommnung der Riemenumsteuerung wäre, den ungünstig beanspruchten, gekreuzten Riemen zu beseitigen. Gelegenheit hierfür bietet der elektrische Einzelantrieb. Soll die Maschine bei dem Vor- und Rücklauf durch je einen offenen Riemen angetrieben werden, so ist der beschleunigte Rücklauf von der schnellaufenden Motorwelle und

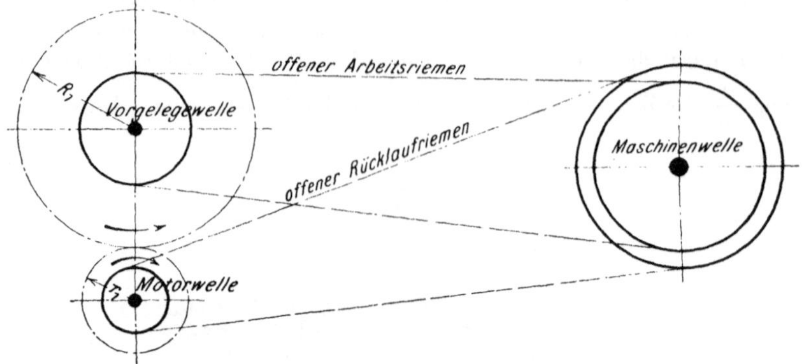

Fig. 732. Umsteuerung durch zwei offene Riemen.

der Arbeitsgang von der entgegengesetzt und langsamer laufenden Vor- gelegewelle abzuleiten (Fig. 732). Die Antriebsscheiben auf der Maschinen- welle müßten dabei nach Fig. 727 abwechselnd zu kuppeln sein.

Der Arbeitstisch.

Der Arbeitstisch der Stößelhobelmaschine (Fig. 717, 718 und 725) hat das Werkstück anzustellen und quer zu schalten. Zum Ansetzen des Werkstückes muß der Arbeitstisch hoch und quer zu verstellen sein.

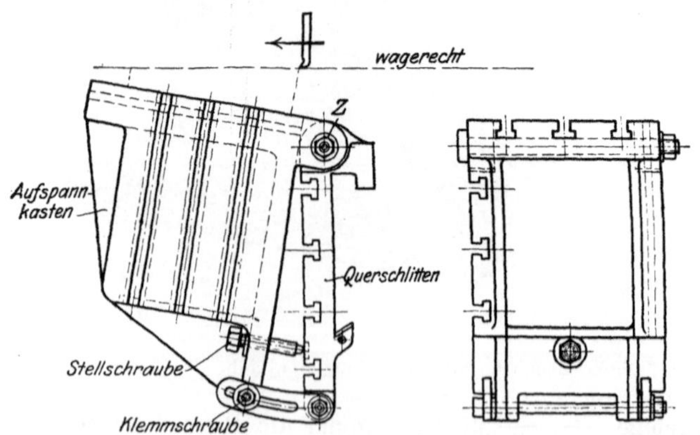

Fig. 733 und 734. Verstellbarer Aufspannkasten. L. Schuler, Göppingen.

Für diese sich kreuzenden Bewegungen ist er als Kreuzschlitten aus- gebildet. Von ihm ist der Bettschlitten an dem Maschinenbett geführt, so daß durch ihn das Werkstück auf die Arbeitshöhe des Stahles gehoben werden kann. Als Windwerk dient die Schraube s_1 mit der festen Mutter m. Mit einer Kurbel wird die Welle w gedreht, die durch die

Kegelräder *1, 2* die Spindel s_1 treibt. Auch hier läßt sich mit der

Fig. 735. Stößelhobelmaschine. Schuchardt & Schütte, Berlin.

Teleskopspindel eine Verbesserung schaffen, so daß die Durchlochung des Fußbodens fortfällt (Fig. 354). Auf dem Bettschlitten ist der Querschlitten geführt, der das Werkstück seitlich ansetzt. Da die Maschine vorwiegend querhobelt, so hat der Querschlitten auch den Vorschub auszuführen. Hierzu erhält seine Schaltspindel s Selbstgang durch die Steuerung. Der kastenförmige Aufspanntisch besitzt praktisch oben und an den Seitenflächen Spannuten, so daß für das Aufspannen des Werkstückes jede Möglichkeit geboten ist.

Eine bemerkenswerte und praktische Einrichtung besitzen manche Maschinen (Fig. 733 und 734) für das Hobeln keilförmiger Werkstücke. Um sie ohne Unterlagen ausrichten zu können, ist der Aufspannkasten an einem Zapfen Z des Querschlittens aufgehängt. Mit einer Stellschraube kann er auf die Neigung der Hobelfläche schräggestellt und mit der langen Klemmschraube festgestellt werden.

Eine ähnliche Einrichtung hat auch der Arbeitstisch in Fig. 735. Der Aufspannwinkel ist hier um einen Zapfen des Querschlittens durch Schnecke und Schneckenrad drehbar und dadurch nach einer Gradteilung einzustellen. Diese Einstellung gestattet also, quer zum Schnitt schräg zu hobeln. Vor allen Dingen können auch beide Aufspannflächen des Winkels durch eine Drehung von 90° ohne weiteres benutzt werden. Um auch in der Schnittrichtung keilförmige Körper einstellen zu können, ist noch die rechte Aufspannplatte in dem Winkel schräg zu stellen. Es ist also jede Möglichkeit geboten, keilförmige Körper und schräge Flächen zu hobeln.

Die Steuerung.

Die Steuerung hat beim Kurbelantrieb der Maschine nur das Werkstück zu schalten. Der zu erzeugende Vorschub ist ein Augenblicksvorschub, der beendet sein muß, bevor der neue Schnitt beginnt. Die Steuerung hat daher den Querschlitten anzutreiben. Dies geschieht meistens durch ein Exzenter, das ein Sperrwerk auf der Querschlittenspindel s betätigt. Hierbei ist Bedingung, daß das Exzenter die Steuerung aufzieht, sobald der Stößel den Arbeitsgang vollzieht, und schaltet, wenn der Stößel zurückläuft. Mit Rücksicht hierauf ist das Exzenter aufzukeilen.

Die in Fig. 736 bis 738 dargestellte Exzentersteuerung zeigt eine Eigenart in dem Vorschubwechsel. Er wird mit einem verstellbaren Exzenter vollzogen, bei dem durch Drehen der Scheibe s der Hub geändert werden kann. Hierzu besteht das Steuerexzenter aus dem Exzenterzapfen z und der Exzenterscheibe s. Die Scheibe s ist um z drehbar und gestattet so, die verschiedenen Mittenentfernungen e_1 bis e_5 einzustellen, mit denen sich auch die Größe des Vorschubes ändert. Zum Einstellen des Exzenters ist nur der Ausrücker b auf die Löcher von 1 bis 5 einzusetzen, so daß viel Zeit gespart wird. Die Hubstange muß ausziehbar sein, da sich beim Heben und Senken des Tisches ihre

Länge ändert. Die Steuerung zeichnet sich daher durch eine einfache
Bedienung aus. Sie wird ausgerückt durch das Zurückziehen der Sperrklinke, die durch den Stift a gehalten wird.

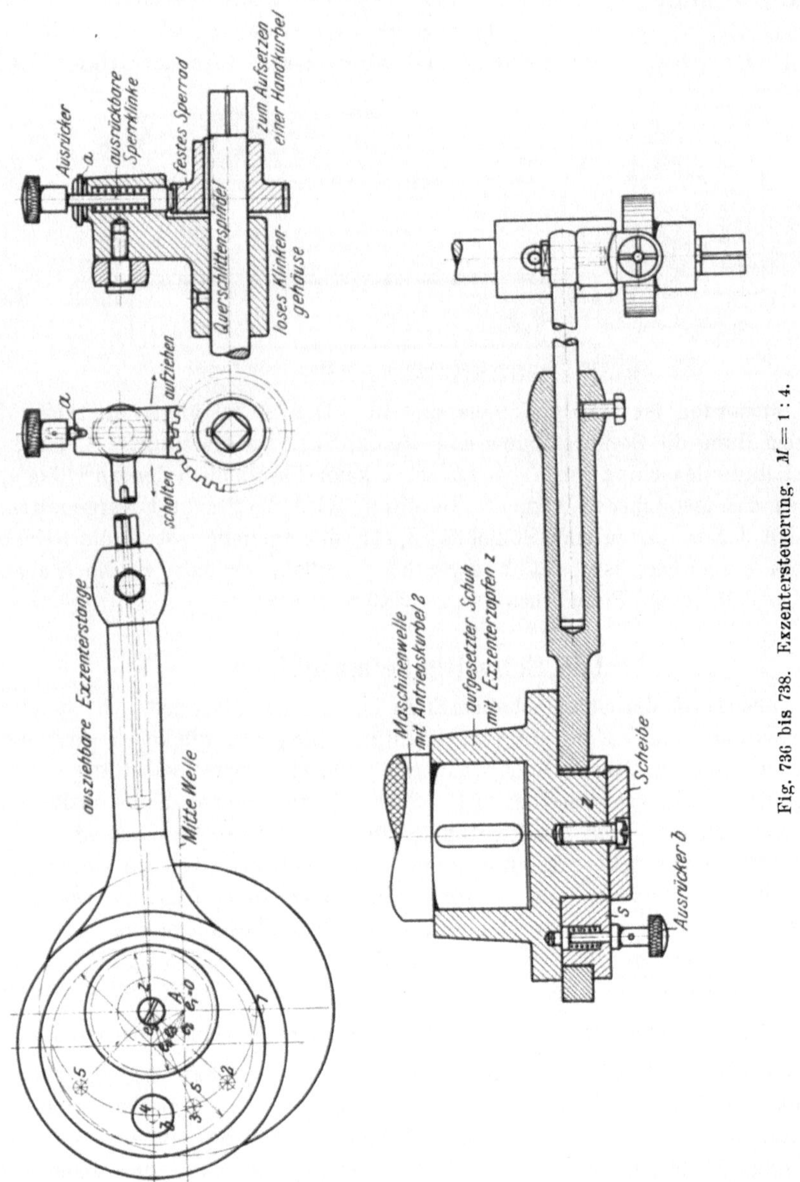

Fig. 736 bis 738. Exzentersteuerung. $M = 1 : 4$.

Die Wotanwerke, Leipzig, leiten bei ihren Maschinen den Vorschub von der Antriebswelle II ab (Fig. 730) und zwar durch eine Augen-

blickskupplung nach Fig. 691, die mit jedem Umsteuern des Stößels schaltet oder aufzieht.

Soll die Maschine auch senkrecht hobeln, so muß die Steuerung den Senkrechtschlitten ruckweise schalten. Hierzu ist das Sperrwerk auf die Lyraspindel zu setzen. Grundgesetz für diese Steuerung ist aber, daß der Stahl erst gegen Ende Rücklauf geschaltet wird. Eine derartige Senk-

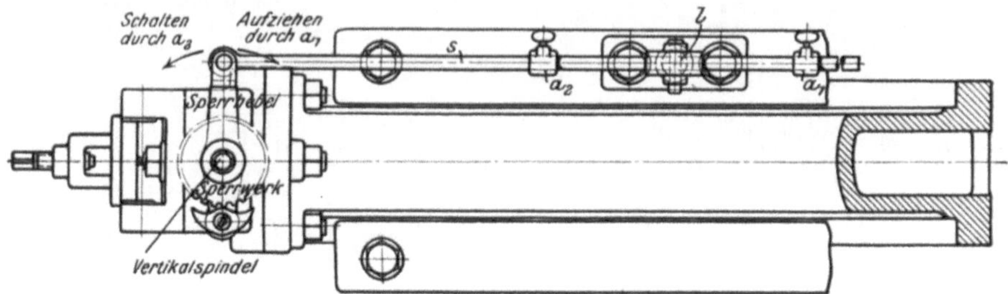

Fig. 739. Senkrechtsteuerung des Hobelschlittens.

rechtsteuerung ist in Fig. 739 dargestellt. Der Stößel nimmt hierbei auf seinem Hube die Steuerstange s mit, die das Sperrwerk betätigt. Vollzieht nämlich die Maschine den Arbeitsgang, so kommt schließlich der Anschlag a_1 gegen das feststehende Auge l. Hierdurch wird die Stange s festgehalten, so daß der weiterlaufende Stößel das Sperrwerk aufzieht, sobald die Klinke rechts eingerückt ist. Läuft der Stößel zurück, so hält a_2 die Stange an, so daß gegen Ende Rücklauf geschaltet wird.

Die Schnellhobelmaschinen.

Auch an der Stößelhobelmaschine ist der Schnellbetrieb nicht spurlos vorübergegangen. Eine stärkere Beschleunigung des Rücklaufs und ein rascher und größerer Geschwindigkeitswechsel, sowie selbsttätige Bewegungen des Arbeitstisches nach beiden Richtungen und Selbstauslösung des Vorschubes waren die Richtlinien für die weitere Entwicklung.

Für eine stärkere Beschleunigung des Rücklaufs haben die Mammutwerke in Nürnberg eine Schwinge mit einer Umlaufschleife vereinigt (Fig. 740 bis 749) und dadurch eine $2^1/_2$ bis 5fache Beschleunigung erreicht.

Der Antrieb geht bei der Maschine in Fig. 741 und 742 von der Stufenscheibe S aus, die von einem Deckenvorgelege mit 130 Umläufen i. d. Min. betrieben wird. Durch das Vorgelege $\dfrac{r_7}{r_8}$ setzt die Scheibe S die beiden Kurbelschleifen in Bewegung. Das Rad r_8, das um M_2 kreist, nimmt nämlich durch den Mitnehmer M die um M_1 kreisende Umlaufscheibe U mit. U setzt durch den Kurbelzapfen Z die Schwinge s in Bewegung, die unten um ein Gelenk schwingt und oben den Kloben R des Stößels faßt.

In dem Plan der Fig. 749 ist der Antrieb für die kleinste Maschine von 400 mm Hub aufgezeichnet. Geht hier der Stößel von B nach A, so läuft der Zapfen Z der Scheibe U von E_1 nach E_2 im Sinne des Pfeiles. Die Schwinge s schwingt infolgedessen aus ihrer rechten Totlage CB in die linke CA. Beim Zurückschwingen von s geht der Zapfen Z von E_2 nach E_1. Der Arbeitsgang vollzieht sich also von E_1 bis E_2 und der Rücklauf von E_2 bis E_1. Der Mitnehmer M vom Rade r_8 faßt die Umlaufscheibe U im Vergleich zu Z um 180^0 versetzt. Er geht also beim Arbeitsgang von D_1 nach D_2 und beim Rücklauf von D_2 nach D_1. Infolgedessen verhalten sich die Zeiten für den Arbeitsgang und den Rücklauf wie die Winkel $\dfrac{\alpha}{\beta} \sim \dfrac{2{,}5}{1}$.

Fig. 740. Stößelhobelmaschine mit Einscheibenantrieb.
Mammutwerke Berner & Cie., Nürnberg.

In der Hubverstellung besitzt die Maschine eine gewisse Bequemlichkeit. Zum Einregeln des Hubes ist hier zum Unterschiede von anderen Ausführungen das Handrad H_1 vorgesehen (Fig. 742). Mit ihm kann der Arbeiter, ohne jedesmal den Schraubenschlüssel zu nehmen, unter ständiger Beobachtung der Arbeitsflächen die Maschine genau einstellen. Beim Drehen des Handrades verschiebt nämlich die Stellschraube s_1 den Kurbelzapfen Z, so daß der Ausschlag der Schwinge geändert wird.

Für das Einstellen des Stößels ist ebenfalls eine eigenartige Vorrichtung getroffen (Fig. 741). An dem Stößel sitzt nämlich eine Zahnstange Z_1, mit der das Schraubenrad s_2 kämmt. Mit dem Handrad H_2 läßt sich daher der Stößel in die richtige Lage zum Werkstück bringen und mit dem Griff H_3 der Kloben R wieder festklemmen.

Der Hobelkopf zeigt in seinen Formen Ähnlichkeit mit den neueren Hobelschlitten: kräftiger und langer Lyraschieber für das Senkrechthobeln. Die Senkrechtsteuerung ist in Fig. 741, 743 bis 747 dargestellt. Sie schaltet gegen Ende Rücklauf durch den Anschlag u tiefer, indem das Schaltwerk über 1 bis 4 auf die Lyraspindel arbeitet.

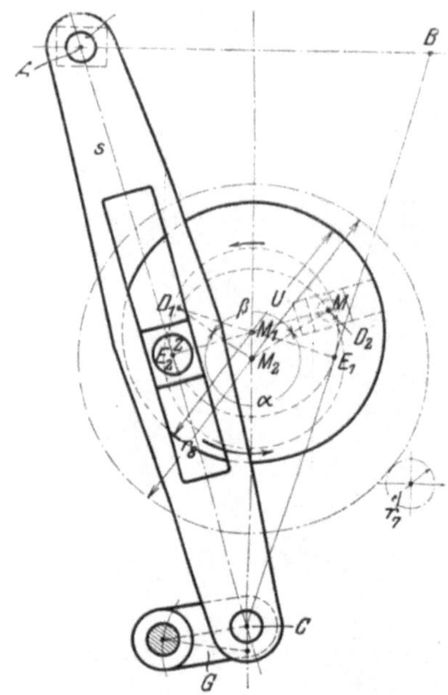

Fig. 749. Plan des Antriebes, bestehend aus Umlaufschleife und Schwinge.

Die Steuerung für das Querhobeln ist an der Welle der Umlaufschleife U aufgehängt (Fig. 742 bis 747). Durch das Rad 1 wird von von ihr aus die verzahnte Kurbel 2 mit dem verstellbaren Zapfen angetrieben, die in der bekannten Weise den Vorschub des Arbeitstisches vollzieht. Durch Umstecken des Rades r (Fig. 742 und 744) von der Gewindespindel x auf die Spindel y zum Hochstellen des Tisches erfolgt die Senkrechtbewegung, so daß die Maschine auch beim Einstellen des Tisches die größte Bequemlichkeit bietet.

Für einen rascheren Geschwindigkeitswechsel kann die Stufenscheibe S durch ein Stufenrädergetriebe ersetzt werden. Dieser Schritt ist zu begrüßen, da namentlich bei kleineren Arbeiten der Arbeiter gern den lästigen Riemenwechsel unterläßt. Durch die Übertragung des Einscheiben-

Additional information of this book

(Die Werkzeugmaschinen und ihre Konstruktionselemente;

978-3-662-23908-7; 978-3-662-23908-7_OSFO17) is provided:

http://Extras.Springer.com

antriebes auf die Stößelhobelmaschine ist jede Unbequemlichkeit beseitigt. Die Maschine läßt sich besser ausnutzen, zumal es jetzt möglich ist, eine größere Zahl von Geschwindigkeiten einzubauen (Fig. 740).

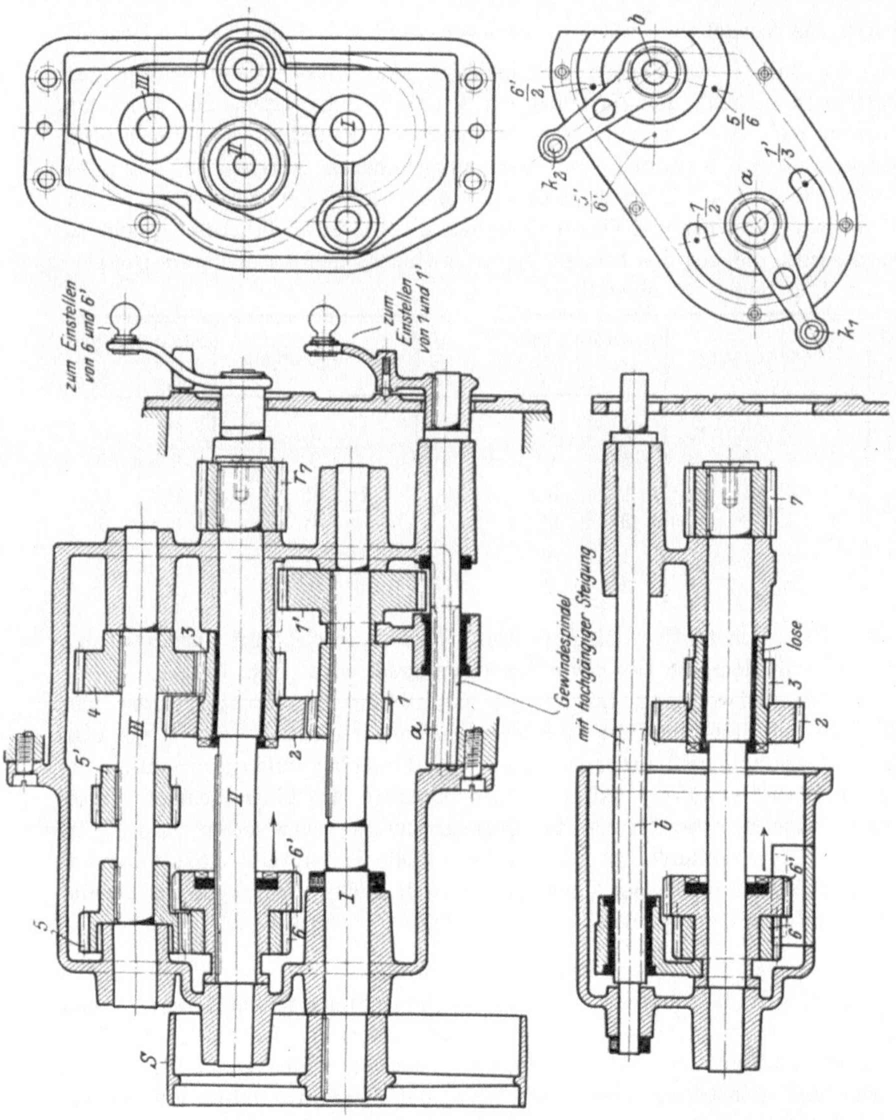

Fig. 750 bis 753. Stufenräderantrieb der Mammut-Stößelhobelmaschine.

Der vorliegende Einscheibenantrieb ist für 6 Geschwindigkeiten eingerichtet (Fig. 750 bis 753). Die Scheibe *S*, die 150 Umläufe in der Minute macht, treibt durch den auf *I* verschiebbaren Räderblock *1, 1'* das Doppelrad *2, 3*, das durch Verschieben von *1, 1'* zwei Geschwindigkeiten erhält. Das Doppelrad kann die Maschine nun über 2 Wege treiben. Für den mittelbaren Antrieb läuft es zunächst lose auf II. Dazu kämmt von ihm das Rad 3 mit dem Rade 4, das die Welle III treibt. Von III aus kann wiederum die Antriebswelle II der Maschine entweder durch das Vorgelege $\frac{5}{6}$ oder $\frac{5'}{6'}$ betrieben werden. Hierzu ist das Doppelrad $6\,6'$ auf II auf Federn verschiebbar. Auf diese Weise erfolgt der mittelbare Antrieb der Maschine mit 4 Geschwindigkeiten, die über das Rad r_7 auf das Rad r_8 in Fig. 741 und 742 gelangen, das die beiden Kurbelschleifen betätigt. Für den unmittelbaren Antrieb ist das lose Doppelrad 2, 3 auf II zu kuppeln, d. h. 6, $6'$ auf 2, 3 einzuschalten. Zum Einstellen der einzelnen Geschwindigkeiten sind 2 Handkurbeln k_1 und k_2 vorgesehen, die mit den hochgängigen Gewindespindeln a und b die Doppelräder 1, $1'$ und 6, $6'$ einstellen.

Lfd. Nr.	Übersetzungen	Einstellungen	
		k_1	k_2
1	$\frac{1}{2} \cdot \frac{3}{4} \cdot \frac{5}{6} \cdot \frac{r_7}{r_8}$	$\frac{1}{2}$	$\frac{5}{6}$
2	$\frac{1}{2} \cdot \frac{3}{4} \cdot \frac{5'}{6'} \cdot \frac{r_7}{r_8}$	$\frac{1}{2}$	$\frac{5'}{6'}$
3	$\frac{1}{2} \cdot \frac{r_7}{r_8}$	$\frac{1}{2}$	$\frac{6'}{2}$

Lfd. Nr.	Übersetzungen	Einstellungen	
		k_1	k_2
4	$\frac{1'}{4} \cdot \frac{5}{6} \cdot \frac{r_7}{r_8}$	$\frac{1'}{3}$	$\frac{5}{6}$
5	$\frac{1'}{4} \cdot \frac{5'}{6'} \cdot \frac{r_7}{r_8}$	$\frac{1'}{3}$	$\frac{5'}{6'}$
6	$\frac{1'}{3} \cdot \frac{r_7}{r_8}$	$\frac{1'}{3}$	$\frac{6'}{2}$

Die nächste Entwickelungslinie ist der Antrieb mit dem Stufenmotor, mit dem die Geschwindigkeit geregelt wird (Fig. 754).

Die Verwendung der Stößelhobelmaschine für Massenarbeiten hat auch in der Steuerung des Querschlittens eine Neuerung gezeigt, die von den Fräsmaschinen übernommen ist. Die Massenherstellung verlangt, wie schon häufig erwähnt, daß ein Mann mehrere Maschinen bedient. Dies würde eine Selbstauslösung des Quervorschubes voraussetzen, wie sie in Fig. 755 durchgeführt ist. Durch die auf die Hobelbreite einzustellenden Anschläge entkuppelt der Querschlitten nach beiden Richtungen das Schaltwerk auf der Querspindel.

Das Rundhobeln.

Wie die Hobelmaschine, so hat auch die Feilmaschine Erweiterungen erfahren. Einen glänzenden Beweis hierfür liefert die Maschine in Fig. 735. Ihr Arbeitstisch läßt sich bekanntlich 1. hoch und niedrig stellen, 2. von Hand und selbsttätig quer verschieben und 3. schräg stellen und drehen bis zu 90°, so daß die Aufspannplatten des Winkels ohne weiteres benutzt werden können. Außerdem ist die rechte Aufspannplatte in dem Winkel schräg zu stellen, so daß auch hiermit schräg gehobelt werden kann.

Die weitere Vervollkommnung der Maschine in Fig. 735 liegt in der Vorrichtung für das Rundhobeln hohler Flächen. Hierzu muß der Hobelstahl auf dem Hohlkreise geschaltet werden, eine Aufgabe, die ebenfalls der Steuerung zufällt. Die Rundhobelkopfbewegung ist wie in Fig. 743 gesteuert. Am Ende des Rücklaufs wird nämlich die Drehscheibe des Hobelschlittens durch Schnecke und Schneckenrad etwas gedreht, so daß der Stahl von neuem zum Schnitt angestellt wird.

Fig. 754. Stößelhobelmaschine mit Stufenmotor.

Die Maschine in Fig. 756 hat einen langen Rundhobelkopf für das Aushobeln von Achslagern. Er wird an den Stößel gespannt und durch die Steuerung rundgeschaltet.

Auch für das Rundhobeln von Büchsen usw. kann die Stößelhobelmaschine benutzt werden. Es erfordert allerdings eine Ergänzung des

Fig. 755. Selbstausrückung des Quervorschubes. Wotanwerke, Leipzig.

Fig. 756. Stößelhobelmaschine mit Rundhobelkopf. A. H. Schütte, Köln-Deutz.

Aufspanntisches. Beim Rundhobeln muß nämlich das Werkstück nach jedem Schnitt eine ruckweise Drehung erfahren. Hierzu ist die Büchse auf einem Dorn festzuspannen, der durch die Steuerung ruckweise gedreht wird.

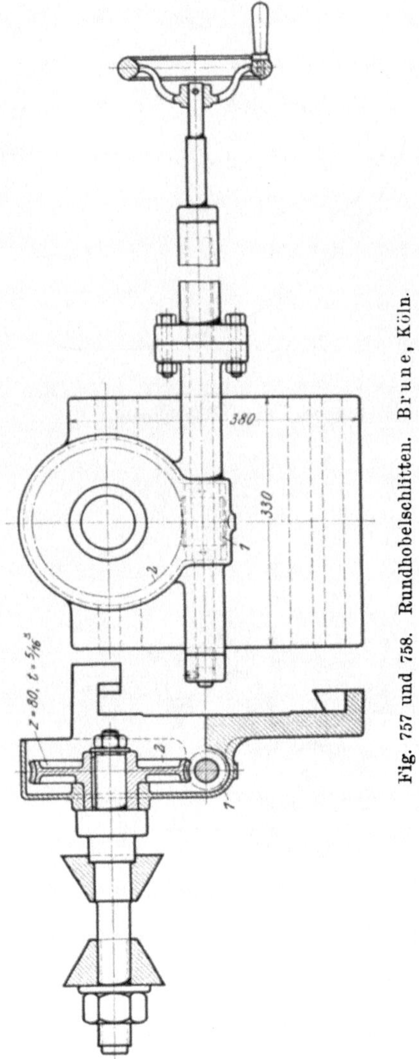

Dieser Gedanke ist in der Rundhobelvorrichtung der Werkzeugmaschinenfabrik Brune, Köln, vertreten (Fig. 757 und 758). Das Werkstück wird mit 2 Kegeln auf dem Dorn festgespannt. Die Steuerung (nach Fig. 736) betätigt die Schnecke *1*, die durch das Schneckenrad *2* das Werkstück augenblicklich rundschaltet. Diese Vorrichtung läßt sich mit dem Schlitten auf den Bettschlitten der Maschine aufschieben.   Für

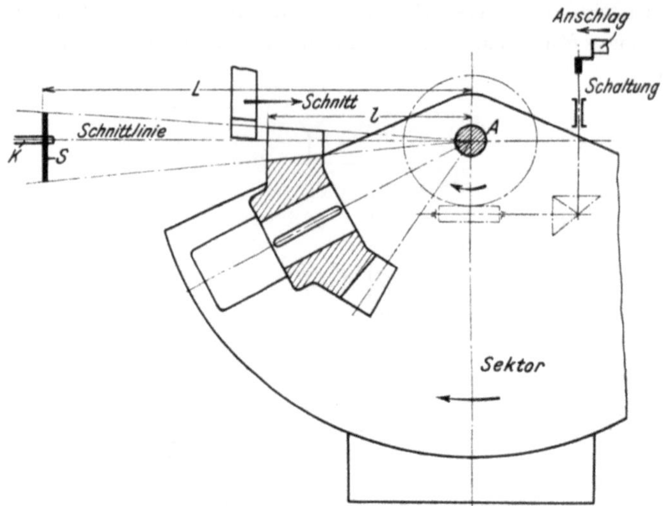

Fig. 759. Kegelräderhobeln.

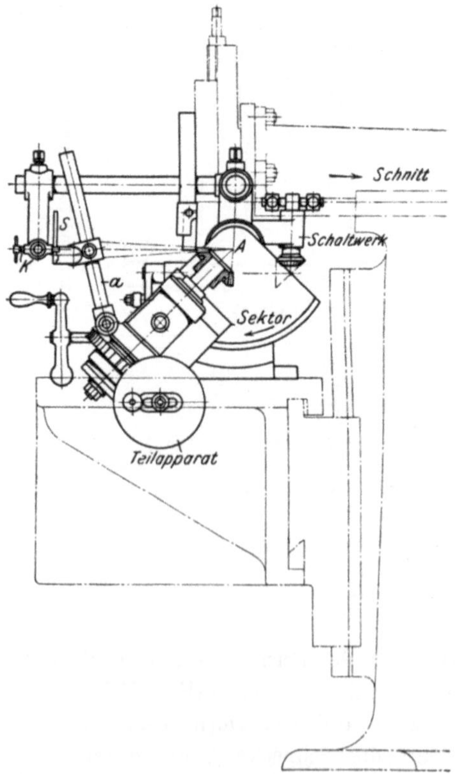

Fig. 760. Kegelräder-Hobelvorrichtung.

das Hobeln von Zähnen und Nuten müßte sie noch eine Teilvorrichtung
haben.

Das Kegelräderhobeln.

Das Anwendungsgebiet der Stößelhobelmaschine hat noch eine Erweiterung erfahren durch das Hobeln von Kegelrädern. Diesem Verfahren
müßte folgendes Gesetz zugrunde liegen: Soll der Hobelstahl den spitz
verlaufenden Zahn gesetzmäßig herausschneiden, so müssen alle Schnitte
durch die Kegelspitze A gerichtet sein (Fig. 759). Hierzu muß die
Einspannvorrichtung des Rades um A schwingen und es für jeden neuen
Schnitt an die Schnittlinie des Stahles anheben. Um hierbei die genaue
Zahnflanke zu erhalten, muß eine der Zahnform entsprechende Lehre S
den zu schneidenden Zahn ständig gegen den Hobelstahl drücken.

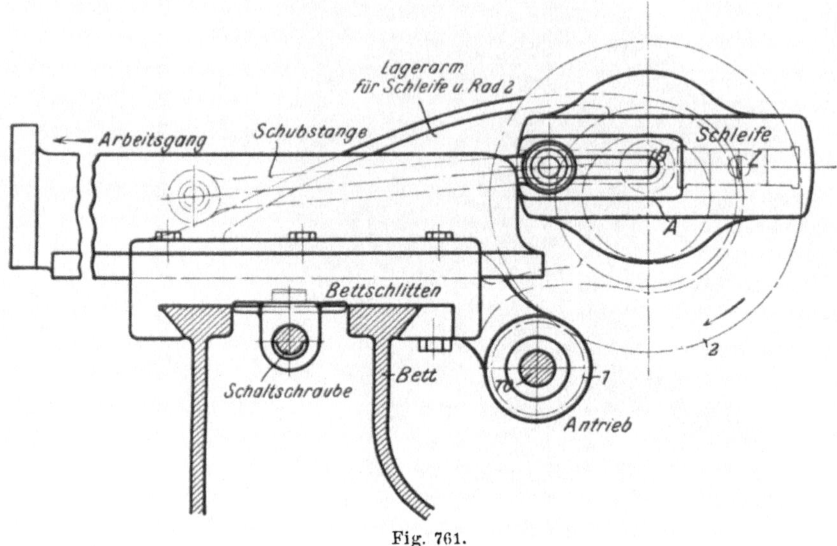

Fig. 761.

Diesen Gedanken hat die Akt.-Ges. für Schmirgel- und
Maschinenfabrikation in Bockenheim bei Frankfurt a. M. als Grundlage für ihre Kegelräder-Hobelvorrichtung benutzt (D. R.-P. 125080), die
sich bequem an Feilmaschinen (Fig. 760) anbringen läßt.

Das zu hobelnde Kegelrad sitzt hierbei in einer Einspannvorrichtung,
die sich um die festgelegte Kegelspitze A bewegt. Zum Ansetzen der
aufeinanderfolgenden Schnitte ist sie als Sektor ausgebildet, der durch ein
Schaltwerk um A gedreht wird. Der Stahl schneidet nur beim Rücklauf
der Maschine. Die Schaltung vollzieht vor jedem Schnitt ein Anschlag
des Stößels, der die aus einem Sperrwerk, 2 Kegelrädern und einem
Schneckengetriebe bestehende Rücksteuerung betätigt. Durch sie wird das
Rad um einen Span nach dem andern in die Schnittlinie des Stahles gehoben, so daß alle Schnitte durch A gerichtet sind. Dies setzt allerdings

voraus, daß auch die schneidende Kante des Stahles durch die Mitte der Hobelvorrichtung geht. Für das Aushobeln der Zahnflanke drückt der Sektor zugleich die an dem Arm a sitzende Lehre S gegen den feststehenden Leitstift K, so daß sich das Kegelrad auch jedesmal seitlich auf die Flanke

Fig. 762. Stößelhobelmaschine für sperrige Werke. Werkzeugmaschinenfabrik Brune, G. m. b. H., Cöln.

einstellt. Durch diese zwangläufige Bewegung hobelt der Stahl theoretisch genau die Zähne heraus, wobei sich das Schaltwerk selbst auslöst, wenn die eingestellte Zahnhöhe erreicht ist. Der zur Verwendung kommende Hobelstahl muß natürlich schmaler sein als die innere Zahnlücke. Die Lehre s ist stets ein genaues Vielfaches der zu hobelnden Zahnform, gewöhnlich ein Zahn von 20 π Teilung, welcher der Zähnezahl entsprechen muß. Soll nun ein Rad von 5 π Teilung geschnitten werden, so ist die Lehre auf $L = 4\,l$ einzustellen. Das Einstellen der Teilung des Rades erfolgt mit einem Teilkopf, der dem der Fräsmaschine nachgebaut ist.

Die Stößelhobelmaschinen für sperrige Werkstücke.

Die Stößelhobelmaschinen für sperrige Werkstücke verlangen, daß der Stahl die Haupt- und die Schaltbewegung ausführt. Hierzu muß der Stößel auf einem Bettschlitten geführt sein (Fig. 761 und 762). Der Stößel vollzieht dann bei jedem Rücklauf den Quervorschub mit dem Bettschlitten, der durch die Steuerung ruckweise geschaltet wird. Das Merkmal dieser Maschine liegt demnach in der Querschaltung des Stößels.

Für den Antrieb des Stößels ist die Umlaufschleife am besten geeignet, weil sie sich auf dem Bettschlitten bequem aufbauen läßt. Sie wird durch die Räder *1, 2* von der durch Stufenriemen angetriebenen Welle *w* in Umlauf gesetzt. Das Rad *2* dreht sich um *A* und nimmt durch den Zapfen *z* die um *B* kreisende Schleife mit. Die Schleife faßt mit der Schubstange den Stößel, den sie langsam vorschiebt und schnell zurückzieht.

Der Arbeitstisch ist ein einfacher Aufspannkasten, der zum Anstellen des Werkstückes am Bett hoch- und tiefgestellt werden kann, oder ein Winkeltisch mit Längsschlitten und Schraubstock.

3. Die Kegelräderhobelmaschinen

Die Kegelräderhobelmaschinen arbeiten entweder nach dem Kopierverfahren oder nach dem Wälzverfahren.

Bei den Maschinen, die nach dem Kopierverfahren arbeiten, hat der Hobelstahl entweder beide Bewegungen oder er führt nur die Hauptbewegung aus und das Kegelrad den Vorschub. Beide Maschinenarten beruhen jedoch auf demselben Grundgedanken, d. h. 1. alle Schnitte des Hobelstahles müssen, wie bekannt, durch die Kegelspitze gerichtet sein und 2. der Vorschub muß nach einer Lehre der vergrößerten Zahnform erfolgen.

Bei der Kegelräderhobelmaschine mit getrennten Bewegungen (Fig. 763) hat der Hobelstahl *A* stets dieselbe Schnittrichtung *EE* durch die Kegelspitze *G*. Infolgedessen muß das Kegelrad *B* für jeden Schnitt nach der Lehre *D* dem Stahl *A* zugeschoben werden. Hierzu sitzt es auf einem Dorn, der, um *G* drehbar, nach jedem Rücklauf des Stahles das Rad vorrückt. Damit hierbei die gewölbte Zahnflanke herausgehobelt wird, drückt ein Gewicht die Lehre *D* ständig gegen einen Leitstift *E*. Der Dorn muß hierzu um die Achse *FF* drehbar sein. Durch diese doppelte Beweglichkeit des Aufspanndornes kann der Vorschub des Rades nach der Zahnlehre erfolgen. Für ein genaues Arbeiten muß noch eine Bedingung sein:

Kegelspitze G, Schneide des Stahles A und der Leitstift E müssen auf einer Erzeugenden der Zahnflanke liegen.

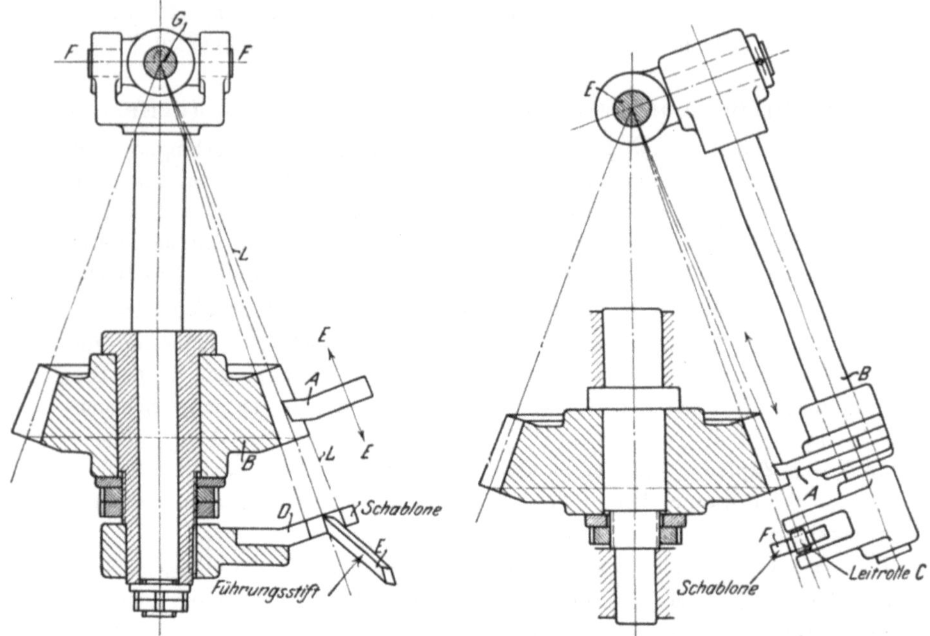

Fig. 763 und 764.[1]) Arbeitsplan der Kegelräderhobelmaschinen nach dem Kopierverfahren.

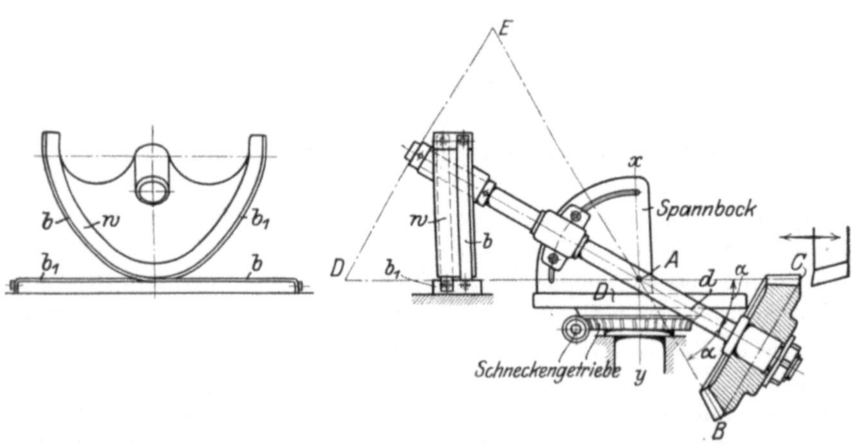

Fig 765 und 766.[1]) Arbeitsplan der Bilgram-Kegelräderhobelmaschine nach dem Wälzverfahren.

Hat der Hobelstahl beide Bewegungen, so wird er nach jedem Rücklauf nach der Lehre tiefer geschaltet. Diese Arbeitsweise ist in Fig. 764 dadurch möglich, daß die Gleitbahn B des Hobelschlittens die doppelte Beweglichkeit hat. Sie ist einmal um E und zum andern um

<hr>

[1]) Barth, Die Grundlagen der Zahnradbearbeitung.

den Zapfen drehbar. Der Hobelschlitten führt daher mit dem Stahl A die durch E gerichteten Schnitte aus. Nach jedem Rücklauf rollt die Bahn B mit der Leitrolle C auf der Lehre F tiefer, so daß alle Schnitte Erzeugende der Zahnlehre sind. Auch bei dieser Maschine müssen Kegelspitze, Schneide und Berührungspunkt der Lehre auf einer Erzeugenden liegen.

Die Lehre muß bei beiden Maschinen die im Verhältnis der Abstände vergrößerte Zahnform haben.

Die neueren Kegelräderhobelmaschinen arbeiten nach dem Wälzverfahren, weil das Hobeln nach Lehren mit Ungenauigkeiten behaftet ist. Die bekannteste Kegelräderhobelmaschine nach dem Wälzverfahren ist die Bilgram-Maschine, die von J. E. Reinecker in Chemnitz ausgeführt wird (Fig. 765 bis 767).

Fig. 767. Bilgram-Kegelräderhobelmaschine. J. E. Reinecker, Chemnitz.

Das Kegelrad wird als Werkstück auf einen Dorn d gesteckt, der zugleich die Achse des Grundkegels ABC ist. Mit dem Dorn d läßt sich der jeweilige Kegelwinkel α einstellen, so daß die Radachse stets durch die Kegelspitze A gerichtet ist.

Der Aufspanndorn d hat nun die Aufgabe, die zu hobelnden Zahnflanken des Kegelrades auf dem Hobelstahle abzuwälzen. Hierzu wird er von dem Wälzbogen w um seine eigene Achse gedreht. Der Wälzbogen ist nichts anderes als ein senkrechter Schnitt des Gegenkegels ADE, d. h. eine Ellipse. Um mit dem Wälzbogen die Wälzbewegung hervorzubringen, laufen über w zwei Stahlbänder b und b_1, die einerseits an w und andererseits am Bett der Maschine befestigt sind. Der Spannbock des Dornes d sitzt auf einer Drehscheibe D, die durch ein Schneckengetriebe ruckweise gedreht wird. Bei einer Drehung des Drehtisches D vollzieht der Aufspanndorn d daher 2 Bewegungen zwangläufig, nämlich: 1. eine Drehung um die Achse xy des Drehtisches D für die radial verlaufende Zahnlücke und 2. eine Wälzbewegung um die eigene Achse, durch die sich die Zahnflanke auf dem Hobelstahl langsam abwälzt. Das Abwälzen wird durch die Stahlbänder und den Wälzbogen w hervorgerufen, der sich ganz langsam dreht.

Die Maschine arbeitet in der Weise, daß nach jedem Schnitt des Stahles das Rad durch den Teilkopf geteilt wird. Nach einer ganzen Umdrehung des Rades trifft daher der Hobelstahl den ersten Zahn wieder und schneidet die neue schmale Flankenfläche, die gegenüber der ersten um den geringen Vorschub versetzt ist. Ist auf diese Weise die rechte Flanke fertiggestellt, so muß für die linke ein anderer Stahl eingespannt und die Drehscheibe nach der Gegenseite gedreht werden. Für jeden anderen Kegelwinkel α ist ein anderer Wälzbogen w nötig, die in Abstufungen von 5 zu 5° vorrätig sind. Die Maschine verlangt für das Wälzen vorgeschnittene Zähne, die mit einem dritten Stahl vorher hergestellt werden.

4. Die Stoßmaschine.

Die Anwendung der Stoßmaschine erstreckt sich auf das Stoßen von geraden und runden Außen- und Innenflächen. Durch die Fräsmaschine ist ihr Arbeitsfeld jedoch stark beschnitten worden, so daß die Stoßmaschine heute nur noch da angewandt wird, wo die Arbeitsflächen dem Fräser nicht zugänglich sind. Ihre Hauptarbeit erstreckt sich also auf das Stoßen versteckter Flächen, wie Keilnuten in Naben, bei denen der Stahl von oben nach unten durchstoßen muß.

Die neueren Bestrebungen sind auch hier nicht ohne Einfluß geblieben. Man hat die Stoßmaschine, um sie vielseitiger zu gestalten, auch für andere Arbeitsverfahren, wie Bohren eingerichtet, so daß mehrere Arbeiten an einem Werkstück vorgenommen werden können, ohne es umspannen zu müssen. Dieser Vorzug kommt aber erst zur Geltung bei der Bearbeitung schwerer Werkstücke, wie Panzerplatten u. dergl.

Die gleiche Arbeitsweise der Stoß- und der Feilmaschine erklärt auch die grundsätzliche Übereinstimmung ihrer wichtigsten Einzelteile (Fig. 768 und 769). Bei beiden Maschinen hat das Werkzeug die gerade Hauptbewegung und das Werkstück den Vorschub. Der einzige Unterschied, der auch für den Aufbau der Stoßmaschine ausschlaggebend ist, liegt in der auf- und absteigenden Bewegung des Stößels. Sie darf weder durch den Stahldruck noch durch den Massendruck Erschütterungen in der Maschine verursachen. Unter dieser Voraussetzung ergibt sich die kennzeichnende Hakenform des Gestelles, das in dem gefährdeten Querschnitt $a\,a$ die Biegungsmomente des Massen- und Stahldruckes aufzunehmen hat.

Der Stößel.

Der Werkzeugträger der Stoßmaschine vereinfacht sich dadurch, daß der Stahl erst gegen Ende Rücklauf vom Werkstück abgehoben werden könnte. Infolgedessen sind im Vergleich zum Hobelschlitten

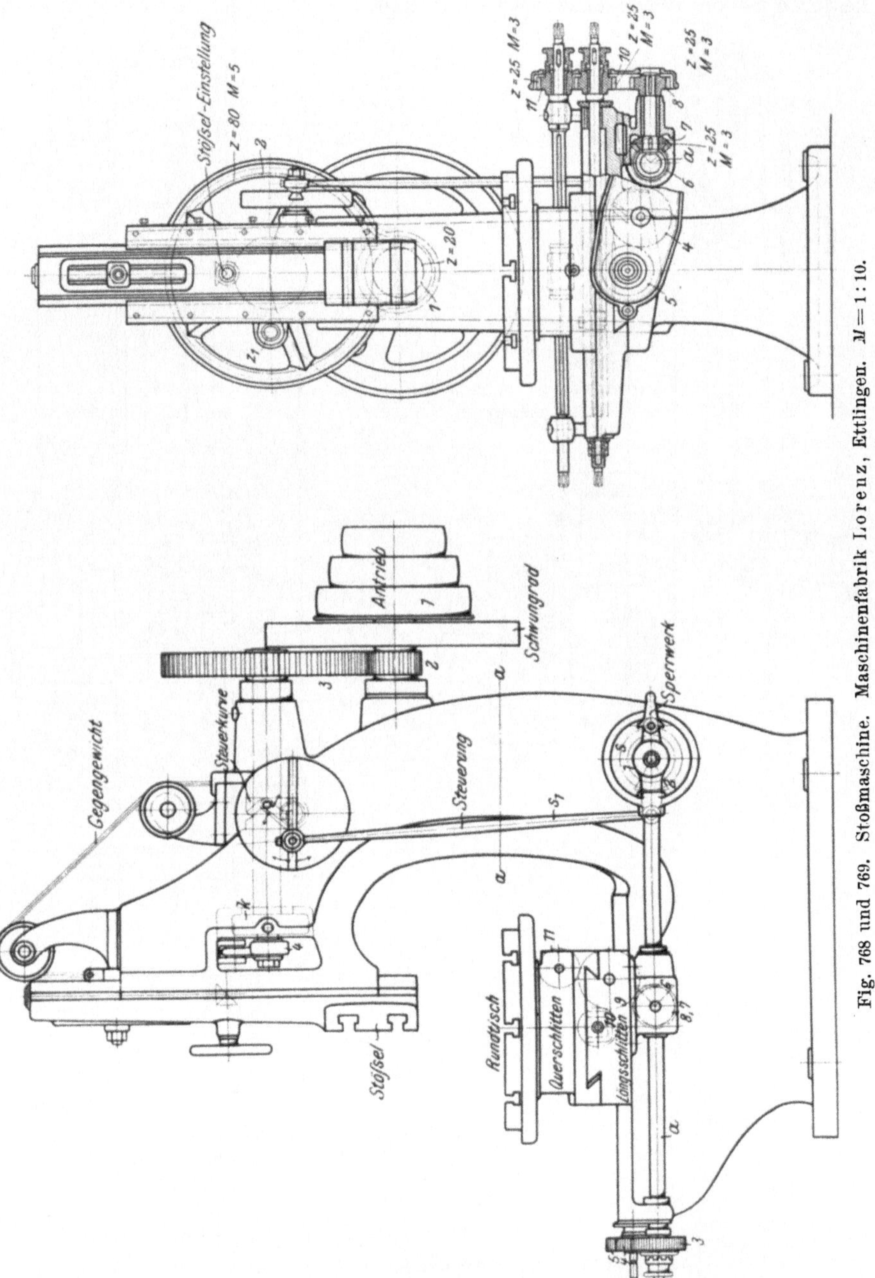

Fig. 768 und 769. Stoßmaschine. Maschinenfabrik Lorenz, Ettlingen. $M = 1:10$.

Klappe, Klappenträger und Drehscheibe für gewöhnlich zwecklos. [Die Stahlhalter sitzen daher in den Spannuten des Stößels (Fig. 770 bis 772).

Sie gestatten dadurch eine gute Befestigung langer Stähle, wie sie zum Bestoßen hoher Werkstücke notwendig sind.

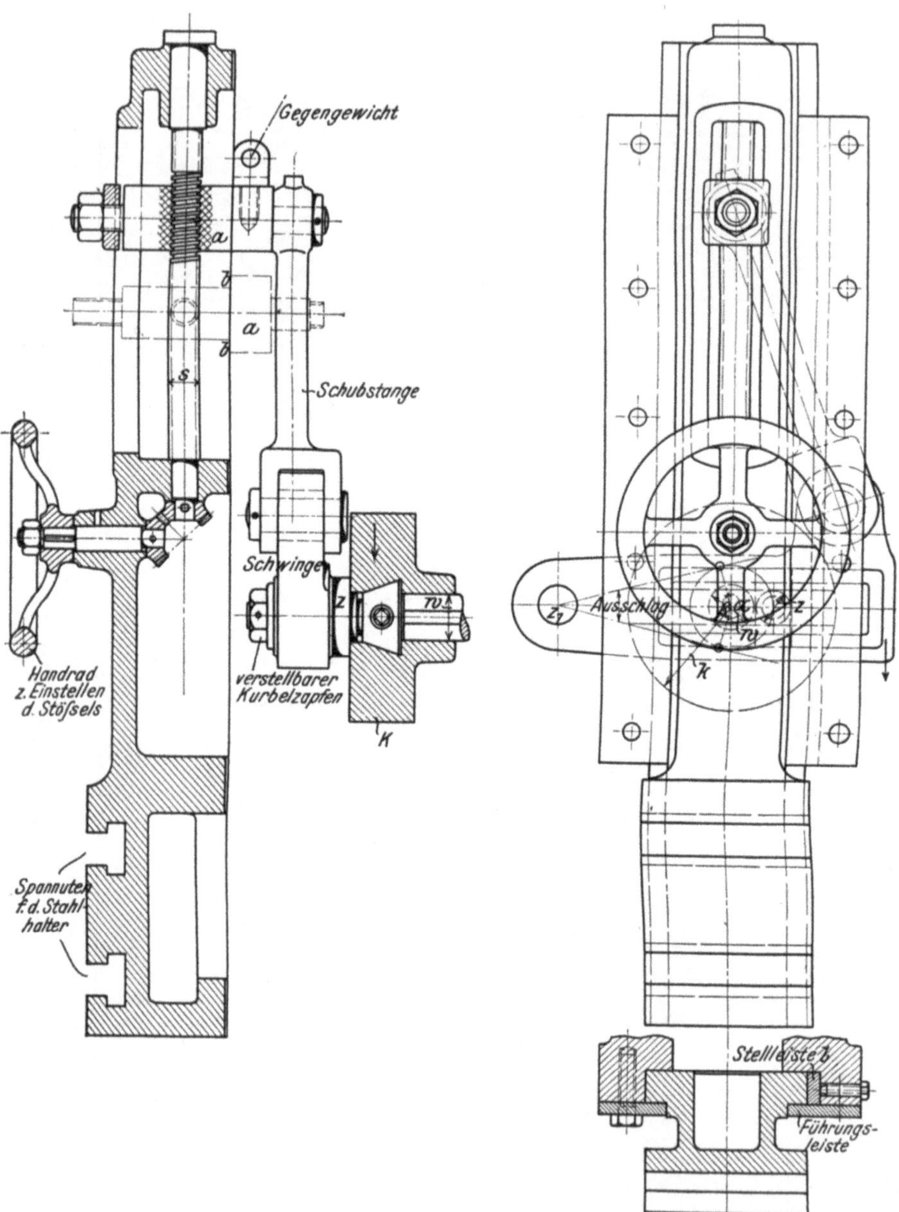

Fig. 770 bis 772. Stößel mit Schwinge. $M = 1:6$.

Die auf- und absteigende Bewegung des Stößels erzeugt unter dem einseitig wirkenden Stahldruck ähnliche Beanspruchungen, wie sie bei der

Feilmaschine auftreten. Sie wachsen auch hier mit der Größe des Hubes und der Stärke des Spanes, so daß auf eine gute Führung des Stößels (Fig. 772) gebührend Rücksicht zu nehmen ist.

Soll die Maschine auch für das Stoßen kegelförmiger Flächen und Keilnuten mit Anzug eingerichtet werden, so muß der Stößel, ähnlich wie beim Schräghobeln, bestimmte Gradstellungen einnehmen. Für sie ist die Führung des Stößels als Drehscheibe (Lyra) auszubilden (Fig. 773), durch die er auf die entsprechende Neigung eingestellt werden kann.

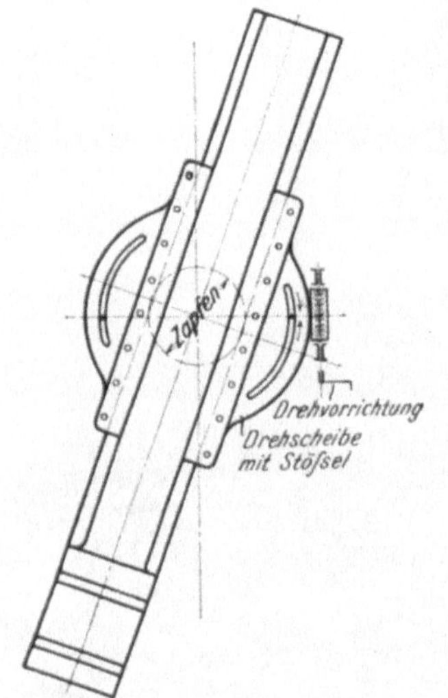

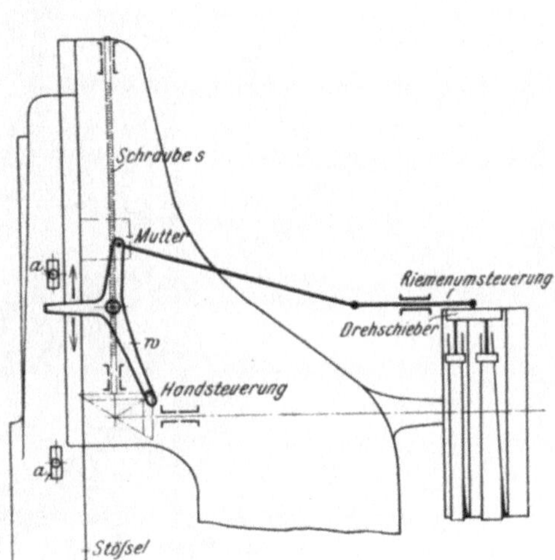

Fig. 773. Schrägstellung des Stößels.

Fig. 774. Plan des Schraubenantriebes nebst Riemen-Umsteuerung.

Der Antrieb.

Der Antrieb des Stößels ist auf Grund der bereits bekannten Gesichtspunkte zu entwerfen. Bei kleineren Hubgrößen von 400 bis 500 mm ist die Kurbelschwinge sehr gebräuchlich.

Einen Stößelantrieb mit einer Kurbelschwinge zeigen die Fig. 768 bis 772. Die von der Scheibe 1 und den Rädern $2, 3$ angetriebene Kurbel K treibt die um Z_1 schwingende Kurbelschleife. Ihre pendelnde Bewegung wird durch die Schubstange auf den Stößel übertragen, der hierdurch den Arbeitsgang langsam und den Rücklauf schnell vollzieht. Das Einstellen des Hubes erfolgt durch den verstellbaren Kurbelzapfen z nach Fig. 121.

Das Ansetzen des Stahles erfordert meist ein Herabsenken des Stößels auf das Werkstück. Hierzu ist die Stellschraube s eingebaut und der Schubstangenzapfen a als Mutter ausgebildet und in dem Stößel geführt. Zum Anstellen des Stahles ist daher nur die Stellschraube s mit dem Handrade zu drehen. Dabei schraubt sie sich in der feststehenden Mutter a weiter und nimmt den Stößel mit. Um die Spindel s im Betriebe von dem Arbeitsdruck zu entlasten, ist der Zapfen *a* in dem Stößel festzuklemmen. Hierzu muß die vordere Mutter angezogen werden, so daß sich der Backen *a* mit den Flächen *b* gegen den Stößel legt.

Fig. 775. Stoßmaschine mit Zahnstangenantrieb des Stößels.
Otto Froriep, G. m. b. H., Rheydt.

Neuere Bestrebungen suchen auch bei der Stoßmaschine die tote Arbeitszeit möglichst abzukürzen und infolgedessen den Rücklauf stark

zu beschleunigen. Durch die vereinigte Umlauf- und Schwingschleife ist
es bereits gelungen, die tote Arbeitszeit auf etwa $^1/_6$ und durch Hinter-
einanderschalten von mehreren Umlaufschleifen auf etwa $^1/_8$ abzukürzen.

Bei schweren Stoßmaschinen bietet der Kurbelantrieb infolge des
Druckwechsels im Gestänge zu wenig Sicherheit für einen glatten Schnitt.
Bei diesen Maschinen wird daher der Schraubenantrieb des Stößels
bevorzugt (Fig. 774). Er gewährt selbst bei starker Inanspruchnahme
einen ruhigen Gang und für die heutigen hohen Riemengeschwindigkeiten
oder für den elektrischen Antrieb eine große Übersetzung. Für den
Hubwechsel erfordert der Schraubenantrieb allerdings eine besondere
Umsteuerung.

In ähnlicher Weise wird auch der Zahnstangenantrieb benutzt.
Allerdings verlangt er für eine ausreichende Übersetzung, daß die Riemen
zunächst auf ein großes Schneckengetriebe wirken (Fig. 775).

Die Steuerung.

Die Umsteuerung der auf- und absteigenden Hauptbewegung des
Stößels erfolgt beim Kurbelantrieb von selbst, beim Zahnstangen- und
Schraubenantrieb (Fig. 774) durch die verstellbaren Anschläge a und a_1
nach Maßgabe der Umsteuerung der Tischhobelmaschine. Die Anschläge

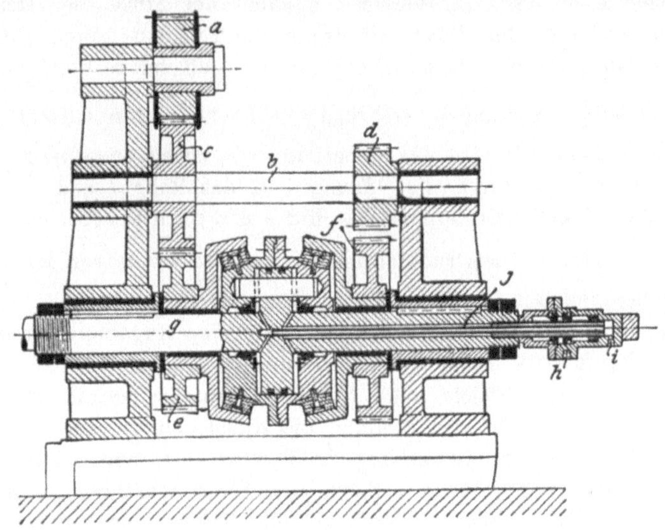

Fig. 776. Druckluft-Umsteuerung von Riddell.

legen vor jedem Hubwechsel den Winkelhebel w herum, der durch einen
Schieber nach Fig. 680 die Riemen nacheinander verschiebt. Der Stößel
wird durch den offenen Riemen den langsamen Arbeitshub vollziehen und
durch den gekreuzten Riemen schnell zurücklaufen. Durch den angefügten
Handhebel ist die Möglichkeit geboten, die Maschine auch mit der Hand

augenblicklich umzusteuern und stillzusetzen. In gleicher Weise ist auch die Maschine von Otto Froriep, G. m. b. H., Rheydt, eingerichtet.

Auch bei schweren Stoßmaschinen hat man versucht, wie bei der Hobel- und der Feilmaschine, das Riemenverschieben zu umgehen, indem man die Antriebswelle oder eine Vorgelegewelle der Maschine mit einem Räderwendegetriebe umsteuerte. Die Vorbedingung hierzu ist, die Rädergetriebe für den Vor- und Rücklauf der Maschine abwechselnd kuppeln zu können und zwar im Sinne der Fig. 727.

Dieser Gedanke ist auch dem Wendegetriebe von Riddell zugrunde gelegt. Seine Kennzeichnung gegenüber Fig. 727 liegt darin, daß die Maschine mit Druckluft umsteuert (Fig. 776). Der Elektromotor treibt nämlich durch das Rohhautrad a zunächst die Vorgelegewelle b, auf der die Räder c und d festgekeilt sind. Auf die Umsteuerwelle g arbeiten daher entweder die Vorgelege $\frac{a}{c} \cdot \frac{c}{e}$ oder $\frac{a}{c} \cdot \frac{d}{f}$. Das Umsteuern bewirkt hierbei ein Zwischenrad, das mit d und f kämmt (in der Figur ist das Zwischenrad nicht gezeichnet). Für das abwechselnde Arbeiten der beiden Antriebe müssen die Räder e und f lose laufen und auf g zeitweise zu kuppeln sein. Diese Aufgabe ist, wie früher, durch eine doppelseitige Kegelkupplung gelöst, die hier allerdings durch Druckluft eingerückt wird. Gegen Ende Rücklauf verstellt nämlich der Stößel der Maschine einen Zweiwegehahn, der Druckluft durch die Eintrittsöffnung h in die Bohrungen von g strömen läßt. Die Folge ist, daß der rechte Kegel das Arbeitsgetriebe $\frac{a}{c} \cdot \frac{d}{f}$ kuppelt, während e von jetzt ab lose mitläuft. Am Ende des Arbeitsganges wird der Steuerhahn von neuem umgestellt. Jetzt strömt die Druckluft durch die Öffnung i in das Rohr J und von hier auf den linken Kegel. Er kuppelt das Rad e und schaltet somit das Rücklaufgetriebe $\frac{a}{e}$ ein. — Die Druckluftumsteuerung ist bereits von den Hobelmaschinen her bekannt (Z. Ver. deutsch. Ing. 1904, S. 1331).

Die Schaltsteuerung muß auch hier eine Augenblickssteuerung sein, die in Kraft tritt, bevor der neue Schnitt beginnt. Sie wird betätigt von dem Antrieb des Stößels aus. Der Kurbelantrieb besitzt hierfür die Eigenart, daß in der höchsten Stellung die Kurbel einem verhältnismäßig großen Kurbelweg nur ein kleiner Stößelweg entspricht. Auf diesem Überwege ist der Vorschub zu vollziehen und die Schaltung wieder aufzuziehen. Als Antrieb dient in der Regel eine Nutenscheibe, die mit Hilfe eines Sperrwerkes während des oberen Hubwechsels schaltet (Fig. 150).

Bei der Stoßmaschine in Fig. 768 sitzt auf der Kurbelwelle eine Steuerrolle. Sie bewirkt durch ihre auskragende Nut beim oberen Hubwechsel des Stößels einen hin- und hergehenden Ausschlag der Stirnkurbel, die ihn auf die vordere Scheibe und das Gestänge überträgt. Das Steuergestänge arbeitet auf ein Sperrwerk, das hier, wie aus Fig. 150 bekannt, die einzelnen Züge des Vorschubes ruckweise betätigt.

Der Arbeitstisch.

Der Arbeitstisch (Fig. 777) hat als Einspannvorrichtung des Werkstückes die verschiedenen Vorschübe auszuführen, die beim Lang-, Quer- und Rundstoßen erforderlich sind. Für die sich kreuzenden Vorschübe beim Lang- und Querstoßen ist der Arbeitstisch als Kreuzschlitten auszubilden. Diese Grundform besteht aus dem Längsschlitten und dem Querschlitten. Soll der Arbeitstisch auch für das Rundstoßen eingerichtet sein, so ist er noch durch einen drehbaren Aufspanntisch zu ergänzen. Der Rundtisch sitzt auf dem Zapfen des Querschlittens und ist noch durch eine Rundführung besonders abgestützt. Mit dem Kreuzschlitten läßt sich das Werkstück längs und quer einstellen und mit dem Rundschlitten drehen.

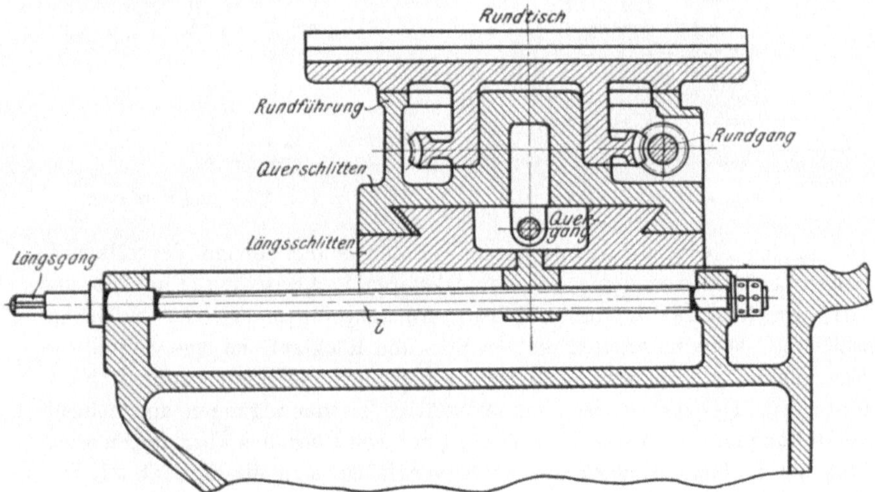

Fig. 777. Plan des Arbeitstisches.

Das selbsttätige Arbeiten der Maschine verlangt auch hier für die einzelnen Vorschübe Selbstgang. Hierzu müssen die Schaltspindeln des Längsschlittens und des Querschlittens, sowie das Schneckengetriebe des Rundschlittens einzeln von der Maschine ruckweise betätigt werden. Sie erhalten ihren Antrieb von der Schaltsteuerung, die in Fig. 150 und 768 klargelegt ist. Diese Steuerung betätigt durch das auf- und absteigende Gestänge s_1 ruckweise das Sperrad s und mit ihm die Kegelräder 1 und 2, von denen 2 fest auf der wagerechten Schaltwelle a sitzt (Fig. 778). Von dieser zeitweise laufenden Welle a sind nun die einzelnen Vorschübe abzuleiten. Den Längsgang des Arbeitstisches vermitteln hier die hintereinander liegenden Stirnräder 3, 4 und 5, von denen 5 auf der Längsschlittenspindel l sitzt. Der Plangang und der Rundgang werden, wie bei dem Drehbankschlitten, bewerkstelligt. Sie haben einen gemeinsamen Antrieb durch die Kegelräder 6 und 7 und die Stirnräder 8 und 9

(Fig. 779 und 768). Mit dem Rade *9* stehen in Eingriff das Planrad *10* und das Triebrad *11* des Rundtisches. Die Unabhängigkeit der einzelnen Vorschübe erfordert auch hier ausrückbare Selbstzüge. So ist beim Langstoßen der Rund- und Quergang auszuschalten und der Längszug zu schließen. Diese Bedingung wird erfüllt durch Entkuppeln von *10* und *11* und durch Kuppeln von *3* auf *a*. In ähnlicher Weise ist auch der Arbeitstisch bei dem Rund- und Querstoßen zu schalten.

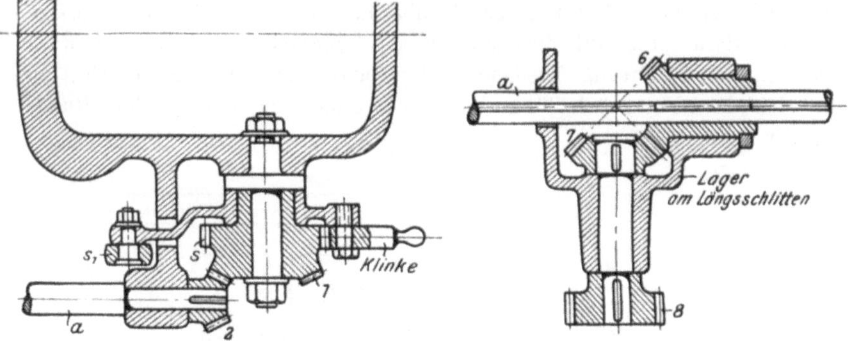

Fig. 778. Schaltwerk.   Fig. 779. Plan- und Rundgang.

Auch die Stoßmaschine hat durch den Schnellbetrieb Vervollkommnungen erfahren, wie sie bei der schweren Stoßmaschine (Fig. 780 und 781) von Wagner & Cie. in Dortmund ausgeführt sind. Der Stößel hat mehrere Geschwindigkeiten für den Vor- und Rücklauf und eine verstellbare Führungsbahn. Er wird elektrisch angetrieben und elektromagnetisch umgesteuert. Der Arbeitstisch hat selbsttätige Tischbewegungen und Schnellverstellungen, die umsteuerbar sind   Um einen Überblick über die Entwicklung der Stoßmaschine zu gewinnen, vergleiche man die Fig. 768 mit 780.

Die Stirnrad-Stoßmaschinen.

Die Stirnrad-Stoßmaschinen arbeiten nach dem Wälzverfahren entweder mit einem Stoßrad oder mit einem Formstahl.

Bei der Fellows Stirnrad-Stoßmaschine (Fig. 782) ist das Werkzeug ein Stoßrad, d. h. ein Stirnrad mit 24 Zähnen, mit dem die Zahnlücken des Werkrades ausgestoßen werden. Ein derartiges Stoßrad verlangt folgendes Verfahren: Da sich die Zahnflanken von zwei in Eingriff stehenden Rädern punktweise aufeinander abwälzen, so müssen Stoßrad und Werkrad mit gleicher Teilkreisgeschwindigkeit ruckweise geschaltet werden. Dabei muß das Stoßrad in den Zwischenpausen die auf- oder abwärtsgehenden Schnitte ausführen (Fig. 783 und 784). Bei der Fellows-Stoßmaschine wird der Arbeitsvorgang in der Weise vollzogen, daß das Stoßrad beim Hoch- oder Niedergang des Stößels (Fig. 785 und 786) die Späne nimmt. Nach beendetem Rückgang wälzen sich beide Räder um den Vorschub aufeinander ab, so daß jedesmal eine schmale Fläche in

Additional information of this book

(Die Werkzeugmaschinen und ihre Konstruktionselemente;

978-3-662-23908-7; 978-3-662-23908-7_OSFO19) is provided:

http://Extras.Springer.com

der Breite der wälzenden Zähne erzeugt wird. Hierzu wird die Spindel
im Stößel und der Drehtisch ruckweise geschaltet. Damit das Stoßrad
beim Rückgang nicht an der bearbeiteten Flanke schleift und seine Schneide
verletzt, wird das Werkrad mit einem Ruck zurückgezogen und für den
nächsten Schnitt wieder angesetzt

Fig. 782. Fellows-Stirnrad-Stoßmaschine.

Mit einem Stoßrad können alle Zähnezahlen derselben Teilung gestoßen werden. Um bei Rädern mit weniger als 24 Zähnen Unter-
schneidungen der Zahnfüße zu vermeiden, wird die Erzeugende der Evol-
vente nicht wie sonst üblich unter 15^0, sondern unter 20^0 gelegt, ohne
Rücksicht auf die verkürzte Eingriffsstrecke. Das Verfahren kann für
Innen- und Außenverzahnung benutzt werden (Fig. 782).

Das Dietel-Stoßverfahren mit dem Zahnstangen-Formstahl[1]
ist dem Abwälzen von Zahnrad und Zahnstange nachgebildet. Dabei sind die

[1] Ausführungsrecht: de Fries & Co., A.-G., Düsseldorf.

Hülle, Werkzeugmaschinen. 3. Aufl.

geraden Flanken der Zahnstange als Werkzeug benutzt, so daß sich das Verfahren durch das einfache Werkzeug, den Formstahl, auszeichnet.

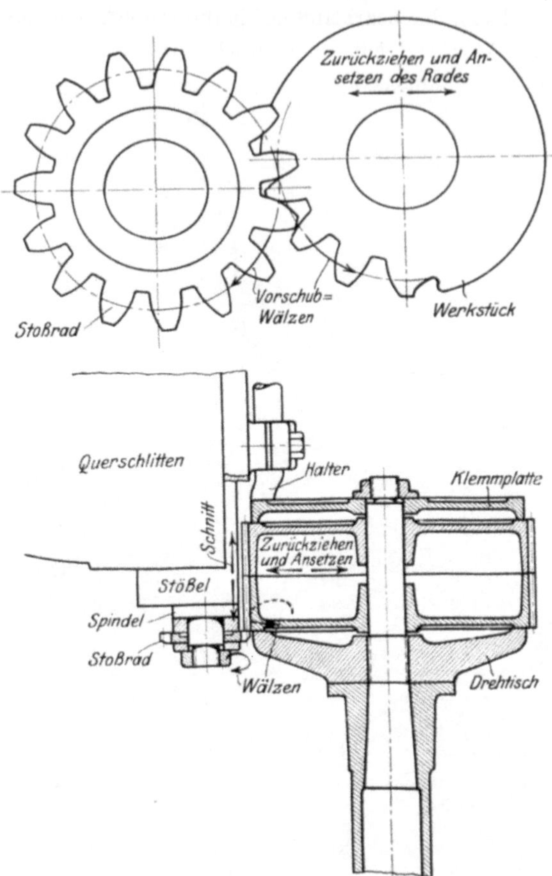

Fig. 783 und 784.   Arbeitsplan für das Stoßwälzverfahren nach Fellows.

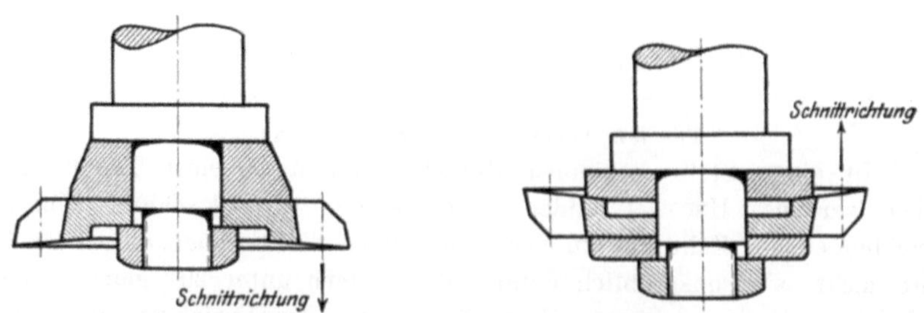

Fig. 785 und 786.   Stoßräder nach Fellows.

Die Grundlage dieses Verfahrens müßte folgende sein (Fig. 787): Soll z. B. die Linie A der Radflanke gestoßen werden, so müßte sich der

Zahnstangenpunkt A_1 mit A in a auf der Eingriffslinie beim Abwälzen berühren. Da aber die Stoßmaschine immer in derselben Ebene stößt, so muß der Querschlitten des Tisches das Rad um das Stück c nach rechts schieben, während der Rundschlitten es um das Bogenstück $a\,A$ dreht. Durch diese Doppelbewegung wälzt die Radflanke Punkt für Punkt auf dem Stahl ab, genau so wie sich die Zahnflanken von Zahnrad und Zahnstange aufeinander abwälzen.

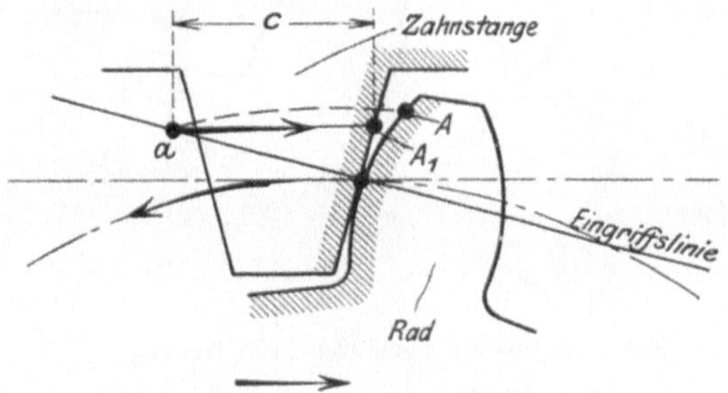

Fig. 787. Wälzen von Zahnrad und Zahnstange.

Bei der praktischen Durchführung des Verfahrens werden durch zwei Einstiche die Lücken großer Räder vorgestoßen, wobei die Keile herausfallen (Fig. 788). Das Fertigstoßen geschieht nach dem Wälzverfahren. Der Stößel der Stoßmaschine führt dabei den Stahl von der Form des

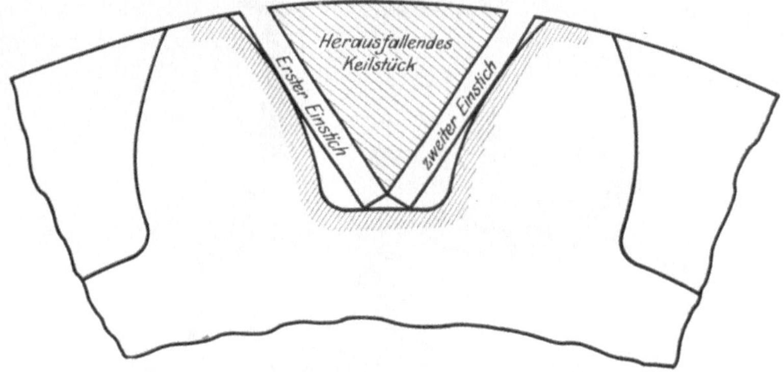

Fig. 788. Vorstoßen großer Zahnlücken.

Stangenzahnes durch die vorgestoßene Lücke. Der Rundtisch dreht nach beendetem Rücklauf das Rad langsam, und der Querschlitten verschiebt es quer im Sinne der Fig. 787 und 789. Das Spiel wiederholt sich, bis die Lücke ausgestoßen ist. Für die nächste Lücke läuft der Tisch schnell zurück, das Rad wird um die Teilung gedreht, und das Spiel wiederholt sich von neuem. Kammwalzen mit versetzten Zähnen können in der Weise gestoßen werden, daß zuerst die eine Hälfte gestoßen wird und dann durch Umstecken die andere.

29*

Die Stoßwälzverfahren liefern alle saubere Flanken und zeichnen
sich gegenüber den Fräswälzverfahren durch die Einfachheit ihrer Werk-

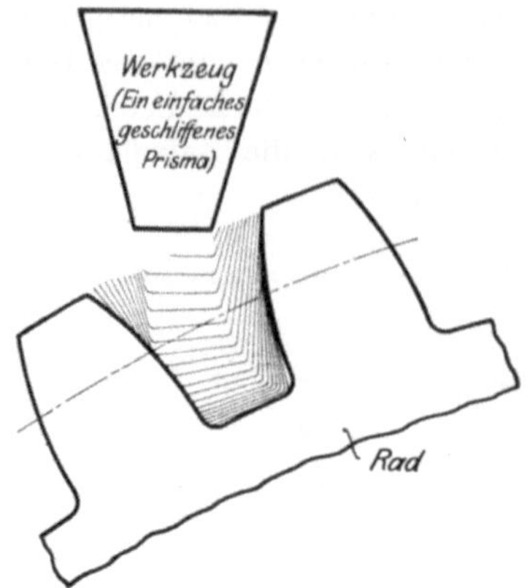

Fig. 789. Stoßwälzverfahren nach Dietel.

Fig. 790. Keilnutennobelmaschine. A. H. Schütte, Köln-Deutz.

zeuge aus. Die Wagner-Stoßmaschine hat die erforderlichen Einrichtungen zum Zahnradstoßen. Bei dem Stoßen ist der Quer- und Rundgang des Tisches einzuschalten und beim Teilen auszuschalten (siehe Bedienungsplan).

5. Die Keilnutenhobelmaschine.

Die Stoßmaschine hat in ihrer Eigenschaft als Nutenstoßmaschine einen scharfen Wettbewerb durch die Keilnutenhobelmaschine (Fig. 790) erhalten. Der Grundgedanke der Keilnutenhobelmaschine liegt darin, daß

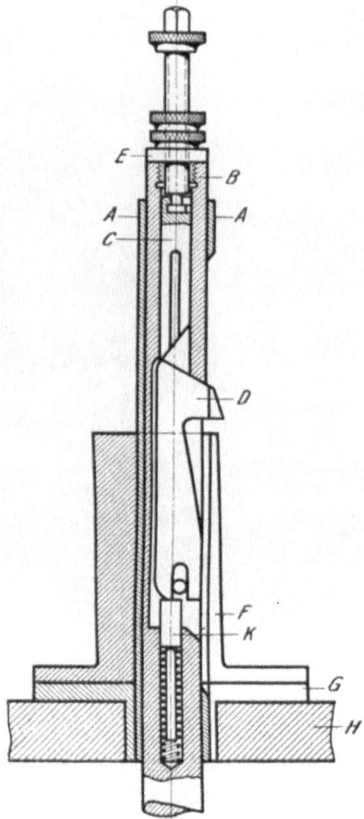

Fig. 791. Schneidvorrichtung.

ein Stahl durch die zu nutende Nabe mehrmals hindurchgezogen und dabei vor jedem neuen Schnitt etwas tiefer gestellt wird. Hierdurch wird der Stahl die Nut herausschneiden.

Die praktische Durchführung dieses Verfahrens verlangt in erster Linie eine Werkzeugstange B (Fig. 791), in deren Aussparung der Nutstahl D sitzt. Soll dieser Stahl die einzelnen Schnitte vollziehen, so muß die Stange B mehrmals auf- und abwärts gehen. Hierzu ist die Werkzeugstange B in einem Stößel befestigt, der unterhalb des Tisches geführt ist. Der Antrieb des Stößels erfolgt durch ein verstellbares Kurbelgetriebe, das durch eine Stufenscheibe und ein Rädervorgelege betrieben wird.

Ein genaues Arbeiten dieser Maschine beansprucht noch einige Feinheiten. Zunächst muß die Stange B gegenüber dem Stahldruck gut geführt sein. Diese Führung übernimmt das Stahlrohr A. Es ist mit dem Flanschen G auf dem Tisch H befestigt und für den Durchtritt des Stahles D vorn genutet. Eine weitere Versteifung bietet die Hülse F, die ebenfalls auf dem Flanschen G befestigt und auf der Vorderseite für den Nutstahl aufgeschnitten ist. Die Hülse F dient zugleich zur Aufnahme der zu nutenden Naben.

Fig. 792. Aushobeln eines Stangenkopfes.

Soll der Nutstahl D die verschiedenen Schnitte nehmen, so ist er, wie bereits erwähnt, vor jedem neuen Schnitt tiefer zu stellen. Diese Schaltung vollzieht der Keil C. Er drückt beim Anziehen der oberen Stellschraube den Stahl gegen das Werkstück etwas weiter vor, so daß er beim Niedergang von neuem schneiden kann. Hierbei zeigt die a schine noch ein einfaches und praktisches Mittel für gleiche Nuttiefen bei Massenarbeiten. Durch die beiden Gegenmuttern E auf der Stellschraube kann nämlich die Einstellung von D auf gleiche Tiefen begrenzt werden.

Eine hübsche Lösung hat auch das Abheben des Stahles beim Rückgang der Maschine gefunden. Der Stahl wird nämlich durch den Gegendruck des Werkstückes zurückgedrückt und nachher wieder selbsttätig angesetzt. Sobald die Stange B hoch geht, spannt der Stahl D durch Niederdrücken des Bolzens K die untere Feder an und hebt sich zugleich von der schiefen Ebene des Keiles C ab. Hierdurch kann der Stahl von der Nutsohle zurückweichen und beim Rückgang seine Schneide schonen. Das Ansetzen des Stahles erfolgt wiederum selbsttätig, sobald ihn das Werkstück freigibt. In dem Augenblick drückt ihn die untere Feder wieder an C hoch, so daß der Stahl mit der Stellschraube von neuem eingestellt werden kann.

Die Anwendung dieser Maschine setzt nicht voraus, daß für jede zu nutende Nabe eine passende Hülse F vorrätig ist. Es genügt viel-

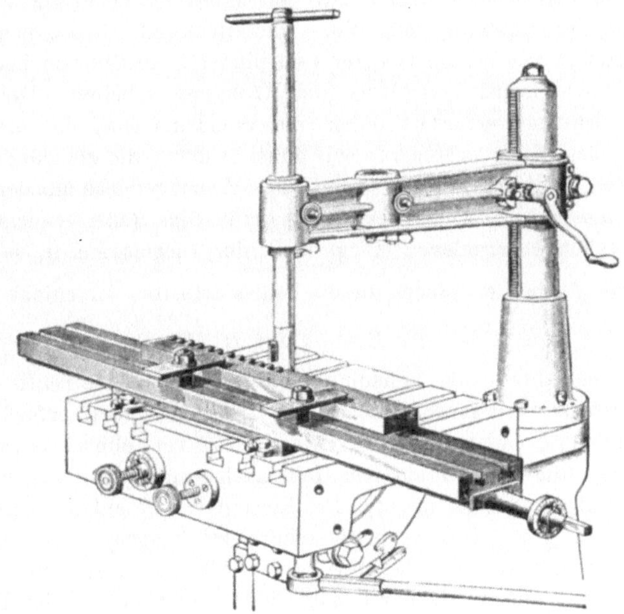

Fig. 793. Hobeln einer Zahnstange.

mehr, wenn zwischen Hülse und Nabe passende Keile gleichmäßig eingefügt werden.

Eine besondere Beachtung verdient noch das Schneiden von Keilnuten mit Anzug. Dies verlangt nichts anderes, als die Hülse F schräg zu bohren (Fig. 791). Auch das Einsetzen des Nutstahles D bietet keine Schwierigkeiten. Er ist nur auf K so weit niederzudrücken, bis er sich bequem in die Aussparung von B legt. Alsdann springt er durch den Gegendruck der Feder von selbst in seine richtige Lage.

Mit der Keilnutenhobelmaschine schwerer Bauart und mit Rundtisch lassen sich auch Schubstangenköpfe aushobeln, wie dies in Fig. 792 dargestellt ist.

Hat der Nutstahl die Form der Zahnlücke, so kann die Keilnutenhobelmaschine auch als Zahnstangenhobelmaschine benutzt werden (Fig. 793).

6. Die Blechkantenhobelmaschinen.

Die Blechkantenhobelmaschinen dienen zum Abhobeln der Blechkanten an Kessel- und Schiffsblechen u. dergl.

Wie bereits erwähnt, arbeiten die Werkzeuge der Blechkantenhobelmaschinen zweckmäßig mit der Haupt- und der Schaltbewegung. Diese Aufgabe läßt sich nach Fig. 794 und 795 in folgender Weise lösen.

Für die hin- und hergehende Hauptbewegung des Hobelstahles ist der Werkzeugträger als Schlitten ausgebildet, der, wie bei der Drehbank, auf dem Maschinenbett geführt und durch die Leitspindel L angetrieben wird. Um bei den großen Hüben den zeitraubenden Leergang zu umgehen, hobelt die Maschine beim Vor- und Rücklauf. Hierzu hat sie 2 Hobelschlitten I und II, die von der Leitspindel L gemeinsam betrieben werden und abwechselnd beim Hin- und Rückgang arbeiten. Der Hubwechsel der Schlitten erfordert daher ein Wendegetriebe, das die Leitspindel nach jedem Hube umsteuert. Soll dabei beidemal die gleiche Schnittgeschwindigkeit gewahrt bleiben, so muß das Wendegetriebe mit derselben Umlaufszahl umsteuern. Diese Bedingung erfüllt das Räderwendegetriebe durch entsprechende Vorgelege. Liegt z. B. der Riemen auf A, so treibt das Vorgelege $\dfrac{r_1}{R_1}$ die Leitspindel, die die beiden Schlitten vorschiebt. Wird umgesteuert, so kommt derselbe Riemen auf B. Die Vorgelege $\dfrac{r_2}{R_2} \cdot \dfrac{r'_1}{R_1}$ kehren die Drehrichtung der Leitspindel um, so daß sie die Schlitten mit gleicher Geschwindigkeit zurückschiebt. Die für das Umsteuern erforderliche Riemenverschiebung besorgt die Maschine durch verstellbare Anschläge. Der Anschlag a stößt nämlich auf dem Hube nach rechts gegen b und nimmt hierdurch die Riemenstange mit, die den Riemen von B auf A zieht. Um hierbei ohne zu große Überwege umsteuern zu können, wird mit der Stange zugleich der Hebel H herumgelegt. Sobald H über seine Mittellage kommt, zieht die Stange durch das Umschlaggewicht G den Riemen schnell auf die Rücklaufscheibe A. Der Hebel H gestattet auch, die Maschine mit der Hand stillzusetzen. Wird er nämlich auf Mitte eingestellt, so kommt der Riemen auf die mittlere Losscheibe, so daß die Maschine ausgerückt ist.

Der Vorschub des Hobelstahles wird durch ein Schaltwerk erzeugt, das, wie alle Augenblickssteuerungen, aus einem Sperrwerk besteht. Da es sich beim Behobeln der Blechkanten um senkrechte Vorschübe handelt, so ist der Senkrechtschlitten zu steuern. Jeder Hobelschlitten besitzt zu diesem Zweck eine Höhensteuerung. Beide werden durch je einen Steuerhebel h betätigt, der gegen die Anschläge c und c_1 stößt. Bei der Schaltsteuerung ist aber zu beachten, daß beim Aufziehen von I der Schlitten II schalten muß. Diese Bedingung ist erfüllt, sobald beide Steuerungen durch eine Schiene zwangläufig verbunden und die Klinken entsprechend eingelegt sind. Arbeitet z. B. Schlitten I nach links, so muß sein Schaltwerk durch c aufgezogen werden, wodurch der Stahl in derselben Schnitt-

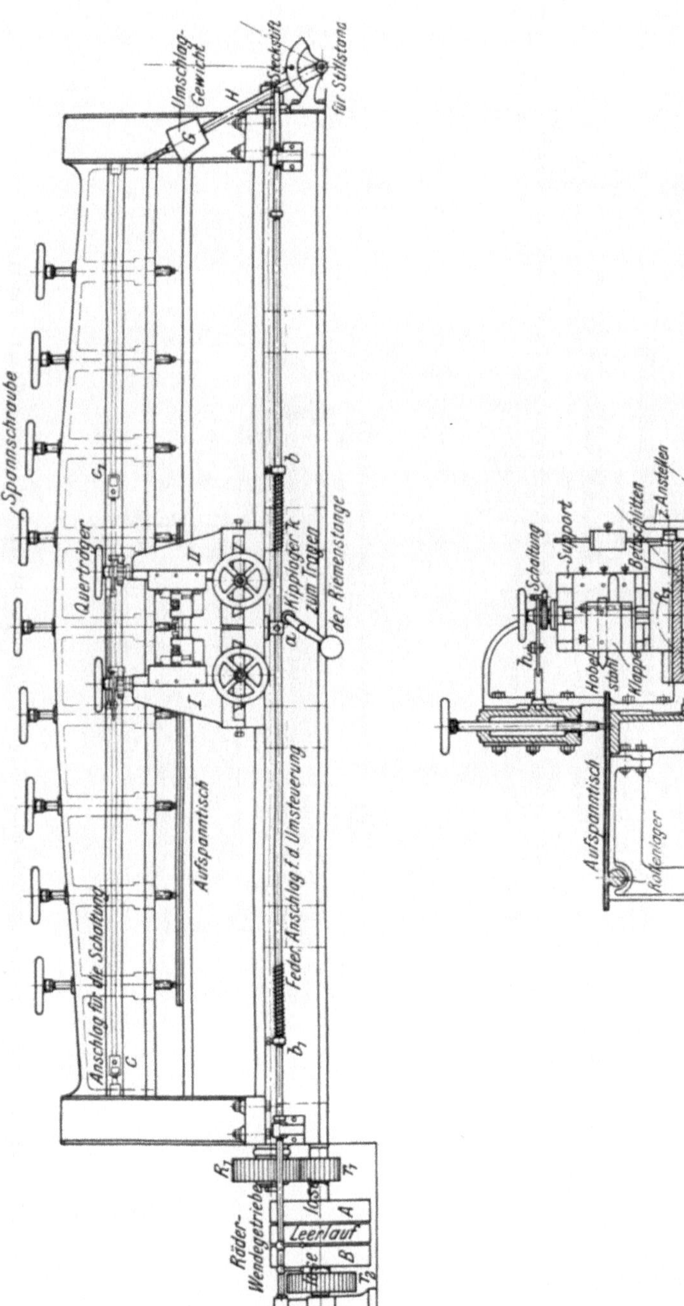

Fig. 794 und 795. Blechkantenhobelmaschine. Kalker Werkzeugmaschinenfabrik, Kalk bei Köln a. Rh.

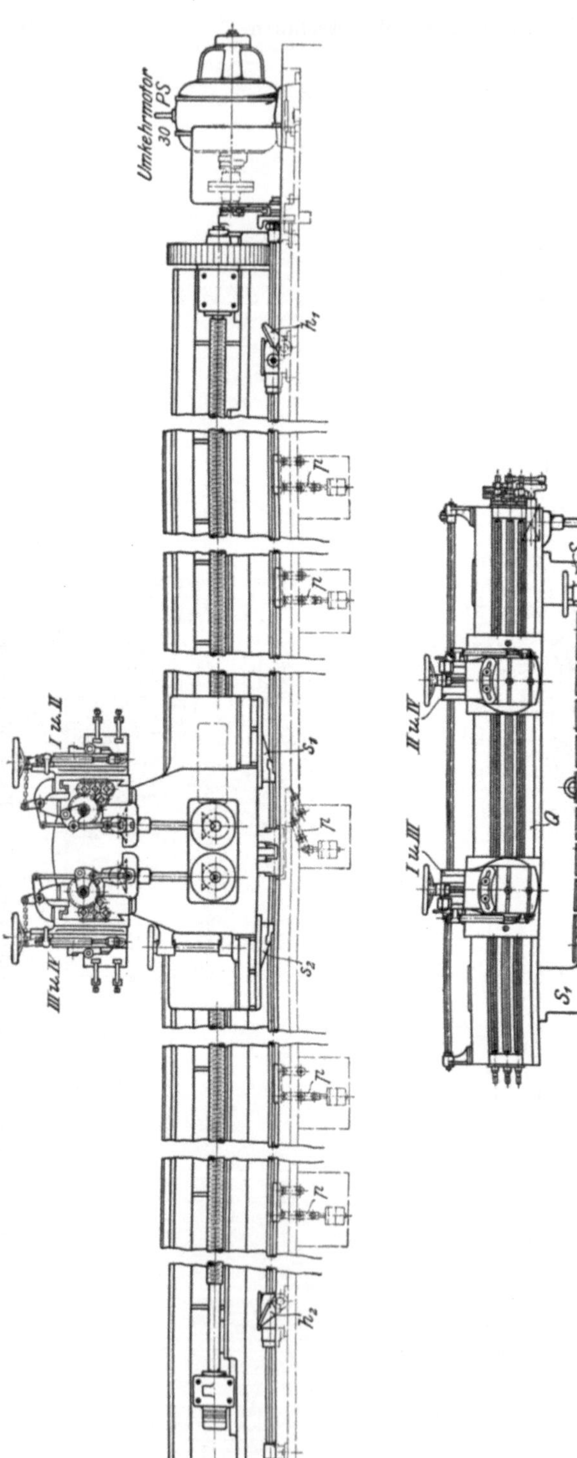

Fig. 796 und 797. Blechkantenhobelmaschine mit 4 Werkzengschlitten. Wagner & Comp., Dortmund.

ebene zurücklaufen kann. Der Schlitten *II* ist aber durch *c* zu schalten, so daß sein Stahl den Span nach rechts nimmt. Die Größe der Schaltung muß hier gleich der doppelten Spanstärke sein.

Für das Aufspannen der Blechtafel dient der Aufspanntisch. Um das Vorschieben der Bleche zu erleichtern, ist er mit Rollen ausgerüstet. Das Festspannen geschieht durch Anziehen einer Reihe Spannschrauben die in einem Querträger sitzen.

Die gleiche Arbeitsweise hat auch die Hobelmaschine (Fig. 796 und 797), die die Firma **Wagner & Co., Dortmund**, für die Gutehoffnungshütte gebaut hat. Die Maschine ist für das Behobeln schwerer Bleche bestimmt und hat hierzu einen **festen Aufspanntisch** und **bewegliche Ständer** $S_1 S_2$ mit einem Querbalken Q, auf dessen Vorder- und Rückseite je 2 Hobelschlitten sitzen. Die Hobellänge ist 15000 mm, die Hobelbreite 2250 mm und die Höhe 250 mm. Das Bett ist bei der erwähnten Hobellänge von 15 m nur 20 m lang, weil ja die Werkzeuge beide Bewegungen haben.

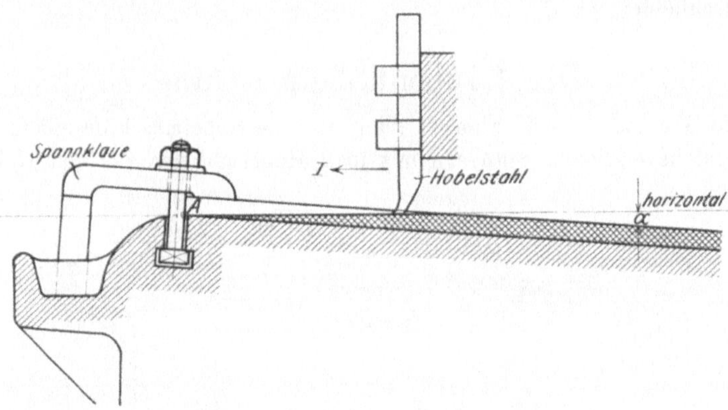

Fig. 798. Arbeitsplan der Zuspitzmaschine.

Die Leistung der Maschine ist dadurch gehoben, daß sie nach beiden Richtungen mit je 2 Stählen bei 100 bis 200 mm Schnittgeschwindigkeit schruppen kann. Zum Schlichten soll sie nur in einer Richtung hobeln und den Rücklauf mit 300 mm i. d. Sek. vollziehen.

Den Antrieb besorgt ein Umkehrmotor von 30 PS., der durch Räder die rechte und linke Leitspindel treibt. Die Steuerknaggen s_1, s_2, die gegen Hubende die Hebel $h_1 h_2$ herumlegen, steuern den Umschalter und Anlasser des Motors und damit auch die Maschine um. Die lange Umsteuerwelle ist durch die Pendellager p unterstützt.

Von den Hobelschlitten arbeiten *I* und *II* nach rechts, *III* und *II* nach links. Ihr Vorschub wird von einer langen Zahnstange, die unter der Leitspindel liegt, abgeleitet. Dies geschieht im Augenblick des jeweiligen Umsteuerns durch eine Augenblickskupplung im Sinne der Fig. 691. Jedes Schlittenpaar hat getrennte Steuerungen, die so einzustellen sind, daß z. B. beim Umsteuern nach rechts die rechten Schlitten um die

doppelte Spantiefe geschaltet werden, während die linke Steuerung aufgezogen wird.

7. Die Blechzungenhobelmaschinen oder Zuspitz-
maschinen.

Zu den Blechhobelmaschinen zählen noch die Hobelmaschinen zum
Bearbeiten der Stoß- und Überlappungsflächen an Kessel- und Schiffsblechen. Bei diesen Zuspitzmaschinen erhält das Werkzeug ebenfalls
beide Bewegungen, von denen die Hauptbewegung die Richtung I hat,
während der Vorschub quer zum Blech gerichtet ist (Fig. 798). Die
Kennzeichnung der Maschine liegt in der schrägen Stellung des Arbeitstisches. Soll nämlich die Blechzunge durch den Hobelstahl zugespitzt
werden, so ist Bedingung, daß der Arbeitstisch um α schräggestellt
wird, und die äußerste Blechkante mit dem höchsten Punkte A der Tisch-
ebene abschneidet.

8. Die Grubenhobelmaschine.

Die Grubenhobelmaschine ist ebenfalls eine Hobelmaschine mit festem
Tische und beweglichen Ständern mit je 2 Hobelschlitten für das Hobeln

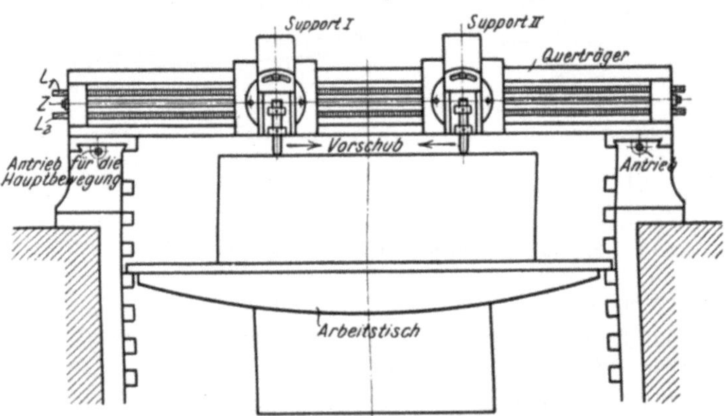

Fig. 799. Plan einer Grubenhobelmaschine.

beim Vor- und Rücklauf (Fig. 799). Der Tisch kann in der Grube auf
Tragleisten hoch und tief eingeführt werden.

Fünftes Kapitel

Die Maschinensägen.

Die Maschinensägen zeigen in ihrer Wirkungsweise eine ziemlich große Verwandtschaft mit den Fräsmaschinen. Sie arbeiten beide mit mehrschneidigen Werkzeugen.

Das Arbeitsgebiet der Sägen umfaßt das Zerschneiden von Walzeisen, wie Träger, Bleche und sonstige Formeisen, sowie das Abtrennen verlorener Köpfe und Eingüsse an Eisen- und Stahlgußstücken. Zur Erzeugung von Einschnitten in geschmiedeten Kurbelwellen, Schubstangen und dergl. werden sie mit Vorliebe angewandt. Die Sägen sind daher sehr dankbare Arbeitsmaschinen für Hüttenwerke, Schiff-, Brücken- und Kesselbauanstalten. Sie bearbeiten vorwiegend sperrige Werkstücke. Infolgedessen besitzt das Sägeblatt meist die Hauptbewegung und den Vorschub.

Nach der Form des Sägeblattes lassen sich die Sägen in Kreis- und Bandsägen einteilen. Die ersteren haben ein ungespanntes, kreisförmiges Sägeblatt, während die letzteren gespannte Sägen sind, die als endloses Band, wie ein offener Riemen, arbeiten.

1. Die Kreissägen.

Um die Bauart einer Kreissäge sachgemäß beurteilen zu können, ist es erforderlich, zunächst ihre Arbeitsweise zu untersuchen. Bei den T-, I-, U-, Z-förmigen Walzeisen wechselt die Größe der zu durchschneidenden Querschnitte stark, so daß bei gleichbleibendem, zwangläufigem Vorschub der Schnittdruck sehr schwanken würde. Dieser starke Wechsel in dem Arbeitsdruck würde nicht nur den Gang der Maschine beeinträchtigen, sondern auch ihre Getriebe übermäßig beanspruchen. Die einzige Möglichkeit, diesem Übel zu begegnen, bietet die Regelung des Vorschubes entsprechend den Schwankungen des Querschnittes, so daß die Maschine mit stets gleichem Druck arbeitet und infolgedessen einen glatten Schnitt erzeugt. Diese Regelung des Vorschubes kann entweder mit der Hand erfolgen oder durch die Maschine selbst.

Bei der Handsteuerung ist der Größenwechsel des Vorschubes dem Gefühl des Arbeiters überlassen, wie dies bei der Pendelsäge

(Fig. 800 und 801) durchgeführt ist.   Der Rahmen dieser Kreissäge
pendelt um die obere Welle, die zugleich den Antrieb trägt.   Für den

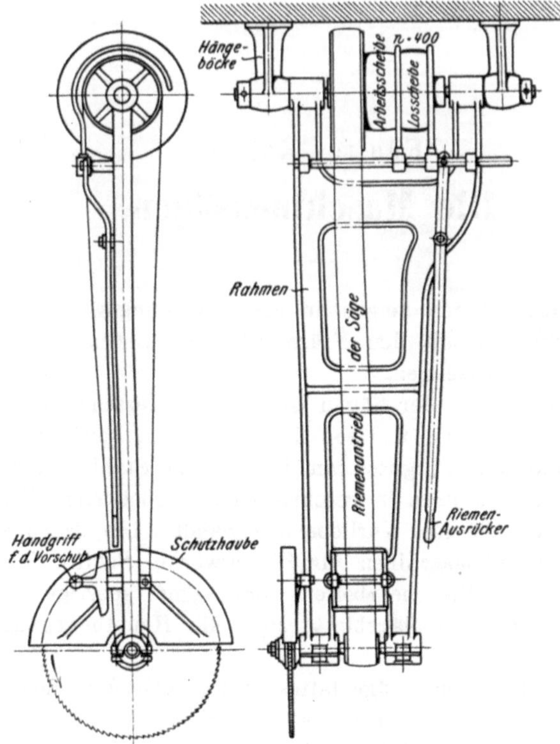

Fig. 800 und 801. Pendelsäge (Warmsäge).

Vorschub ist ein Handgriff vorgesehen, mit dem der Arbeiter die Säge
nach Gefühl durch das Werkstück führt.   Dabei liegt es in seiner Hand,

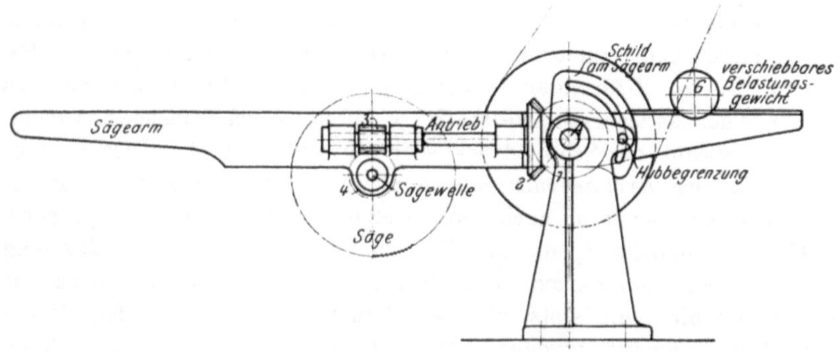

Fig. 802. Kaltsäge mit langem Arm.

den Vorschub der Säge der Härte des Materials und dem jedesmaligen
Querschnitt anzupassen.

Sägen mit Selbststeuerung regeln den Vorschub selbsttätig. Sie bieten den Vorzug, daß die Säge, sobald man ihre Selbstregelung sachgemäß benutzt, nicht zu stark beansprucht wird. Praktisch läßt sich die Selbstregelung des Vorschubes durch einen drehbaren Sägearm erreichen (Fig. 802), der um eine wagerechte Achse A schwingt und das Sägeblatt trägt. Diese Bauart regelt den Vorschub durch das Eigengewicht des Armes und durch das einstellbare Belastungsgewicht G, so daß sich die Maschine selbst dem Schnitt anpassen kann. Der Antrieb der Säge erfolgt durch einen Riemen. Er treibt durch die Kegelräder 1 und 2 und das Schneckengetriebe 3 und 4 die Sägewelle mit dem Sägeblatt.

Die neuzeitliche Selbstregelung des Vorschubes ist auch bei der in Fig. 803 und 804 dargestellten Kaltsäge mit kurzem Arm durchgeführt. Das Sägeblatt sitzt hier an einem um A drehbaren Rahmen. Um mit dieser Maschine einen glatten Schnitt zu erzielen, ist die Sägewelle doppelt gelagert, und der Sägearm an dem Bogen b zweiseitig geführt. Der Antrieb der Säge erfolgt auch hier durch einen Riemen, die Kegelräder 1, 2 und das Schneckengetriebe 3, 4. Seine Übersetzung beträgt etwa $2:25$, so daß die Säge mit 7 Umdrehungen in der Minute schneidet. Der Vorschub der Maschine wird durch das Rahmengewicht erzeugt, das auch die Selbstregelung übernimmt. Hierbei bietet das verschiebbare Belastungsgewicht G noch ein Mittel, den Sägedruck zu ändern.

Um die Bedienung der Maschine handlich zu gestalten, bedarf es noch eines Windwerkes, das die Säge ansetzt und nach jedem Schnitt wieder hochzieht. Es besteht aus dem am Bogen b befestigten Zahnkranz z, mit dem das im Rahmen gelagerte Zahnrad a kämmt. Dreht man die vordere Handkurbel, so wird der Arm durch das Schnecken- und Zahnkranzgetriebe gehoben oder gesenkt. Beim Arbeiten der Säge muß dieses Windwerk durch die Kupplung k ausgerückt werden.

Das Aufspannen des Werkstückes verlangt noch, den Rahmen in passender Höhe über dem Tisch festzuhalten. Hierzu dient eine Bremse. Ihre Bremsscheibe c sitzt neben dem Schneckenrade der Winde. Der Sägearm wird daher schwebend gehalten, sobald man den Bremskegel fest in die Scheibe c drückt. Diese Bremse kann auch den Vorschub regeln. Die Vervollständigung der Maschine bedarf noch einer Hubgrenze gegen das Einschneiden der Säge in den Arbeitstisch. Sie wird von dem verstellbaren Anschlag d gebildet, der auch die Schnittiefe angeben kann.

Zum Aufspannen des Werkstückes dient der Arbeitstisch, der zum Ansetzen der Schnittlinie als Kreuzschlitten ausgeführt und von Hand zu bedienen ist. Durch den kurzen Arm gibt die Säge den Tisch stets frei, so daß das Werkstück bequem nachzuspannen ist.

Eine hübsche Lösung für die selbsttätige Unterbrechung des Vorschubes bei zu starkem Schnittdruck führt die Firma G. Wagner, Reutlingen, bei ihren Kaltsägen aus. Bei dieser Steuerung ist es

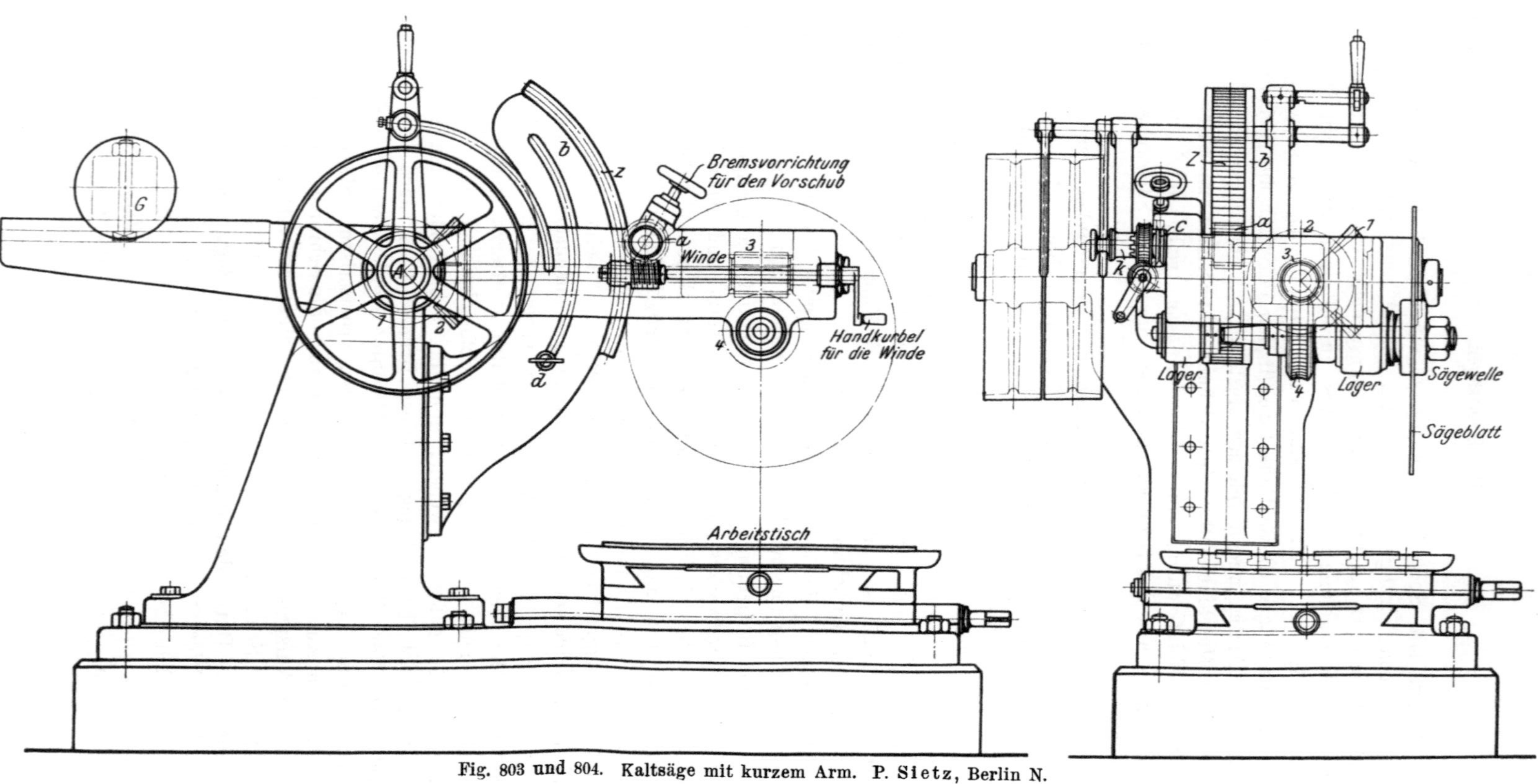

Fig. 803 und 804. Kaltsäge mit kurzem Arm. P. Sietz, Berlin N.

sogar ermöglicht, den Sägeschlitten bei ein- und ausgerücktem Vorschub umzusteuern, so daß die Säge nach Bedarf zurückgezogen werden kann.

Diese Aufgabe ist in Fig. 805 bis 808 gelöst. Für den Antrieb der Säge sind eine Fest- und eine Losscheibe R vorgesehen. Beide Scheiben sitzen auf der im Sägeschlitten S laufenden Antriebswelle, die durch das Schneckengetriebe $1, 2$ die doppelt gelagerte Sägewelle mit dem Sägeblatt treibt. Den Vorschub der Säge besorgt die Leitspindel L mit einer Schaltmutter, die im Gehäuse g untergebracht ist. Den hierzu erforderlichen Selbstgang erhält die Vorschubsteuerung von der Hauptwelle durch den Riemen 3. Er arbeitet über die Laufbüchse l mit dem Triebe 4 auf 2 größere Rädervorgelege $\frac{4}{5} \cdot \frac{6}{7}$. Durch diesen Antrieb wird die Leitspindel L langsam gedreht und vorgeschraubt, und so der Sägeschlitten S mit der Säge dem Werkstück zugeschoben. Durch Zurückziehen des Rades 6 läßt sich die Leitspindel nach Bedarf stillsetzen.

Die Frage der selbsttätigen Unterbrechung des Vorschubes bei zu starkem Schnittwiderstand ist durch die verschiebbare Schaltmutter m gelöst. Solange nämlich der Schnittdruck in gewöhnlichen Grenzen bleibt, hält das Laufgewicht G die Schaltmutter m in der in Fig. 808 gezeichneten Lage. In dieser Stellung wird die in der Zahnstangenbüchse drehbare Mutter m mit dem Bund b so fest gegen den Lagerbock g gedrückt, daß sie durch Reibung gehalten wird. Sobald aber der Schnittdruck zu groß wird, schiebt die Spindel L die Schaltmutter m etwas nach rechts, wobei das Gewicht G stärker ausschlägt. Die Reibfläche der Mutter m wird dadurch von dem Lager g entfernt. Von jetzt ab wird die Leitspindel L mit m zusammen laufen, so daß der Vorschub der Säge unterbrochen wird. Er tritt erst wieder ein, sobald das Gewicht G imstande ist, die Mutter m wieder fest gegen das Lager g zu drücken.

Interessant ist auch die Umsteuerung des Vorschubes zum Zurückziehen des Sägeschlittens S. Sie ist dadurch erreicht, daß man die Schaltmutter m wesentlich schneller laufen lassen kann als die Leitspindel L. Die Folge wird die sein, daß bei entsprechendem Drehsinn von m die Säge wird zurückgehen müssen. Für diesen Antrieb sitzt auf der Schaltmutter m die breite Scheibe r mit einem offenen und einem gekreuzten Riemen. Die Riementriebe werden von der Nebenwelle w einzeln betrieben. Hierzu ist nur der Handhebel h herumzulegen. Er schaltet durch eine Kupplung K entweder den offenen oder den gekreuzten Riemen ein. Die Nebenwelle w wird ebenfalls von der Hauptwelle angetrieben und zwar durch den Riemen 8. Soll nun von w aus ein Zurückgehen der Säge erzielt werden, so muß die Nebenwelle w wesentlich schneller laufen als die Leitspindel L. Bei dieser Einrichtung ist daher für das Zurückziehen der Säge nur der Hebel h herumzulegen. Er schaltet entweder den offenen oder den gekreuzten Riemen auf die Schaltmutter m ein, die hierdurch wesentlich schneller laufen wird als die Leitspindel L. Der

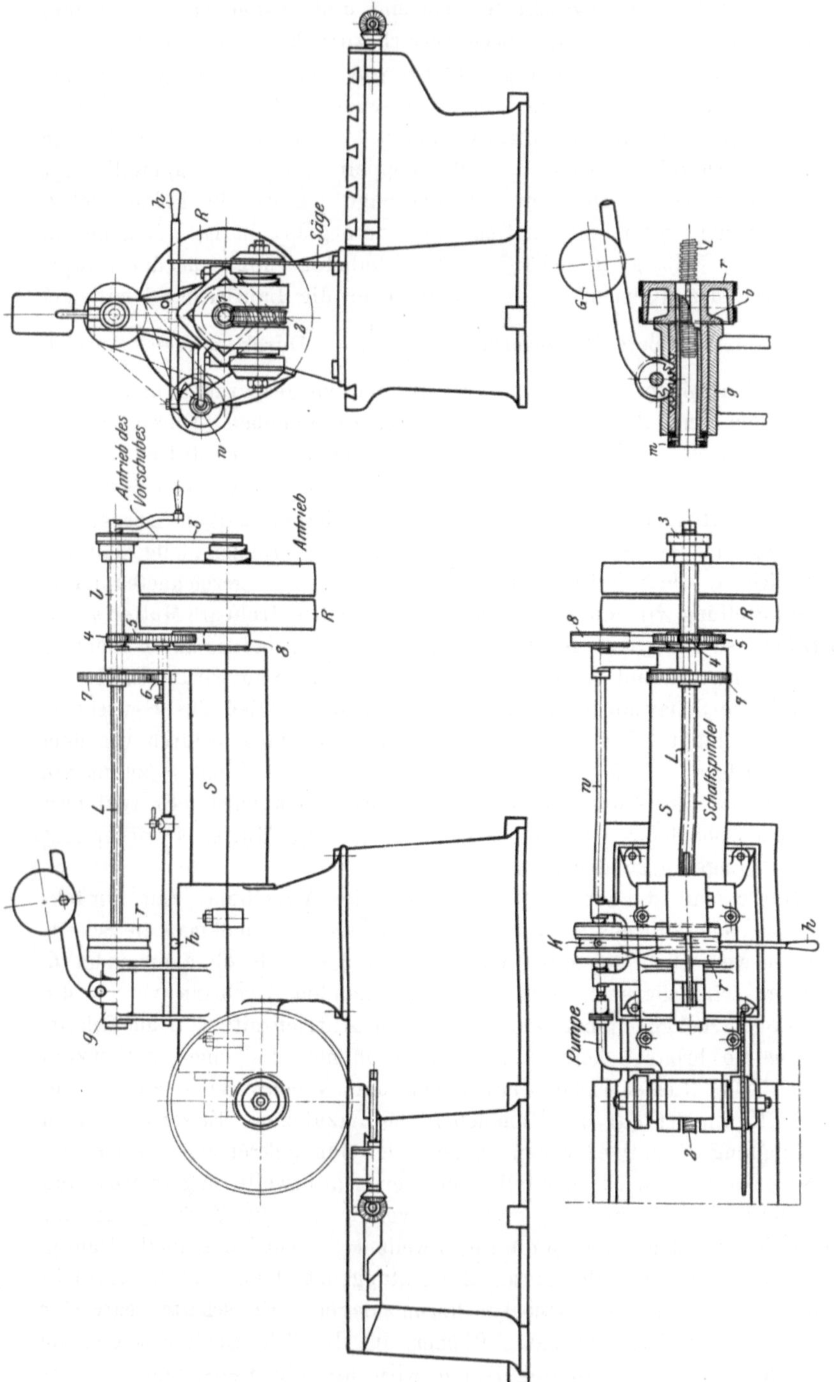

Fig. 805 bis 808. Kaltsäge. G. Wagner, Reutlingen.

Unterschied der Geschwindigkeiten wird bei entsprechendem Drehsinn von m eine Umsteuerung des Sägeschlittens hervorrufen und die Säge zurückziehen, selbst wenn der Vorschub eingerückt ist. Um hierbei die Gewichtswirkung auszuschalten, kann man beim Einrücken der Riemen das Laufgewicht G so einstellen, daß die Schaltmutter etwas verschoben wird und mit ihrer Reibfläche von dem Lager g freikommt.

Auch die Kreissäge hat ihre Wandlung zum Schnellbetriebe vollzogen. Da es praktisch schwierig ist, aus Schnellstahl bruchsichere Sägeblätter von größerem Durchmeser gleichmäßig hart und zu annehmbaren Preisen herzustellen, so hat man der Kreissäge Zähne aus Schnellstahl

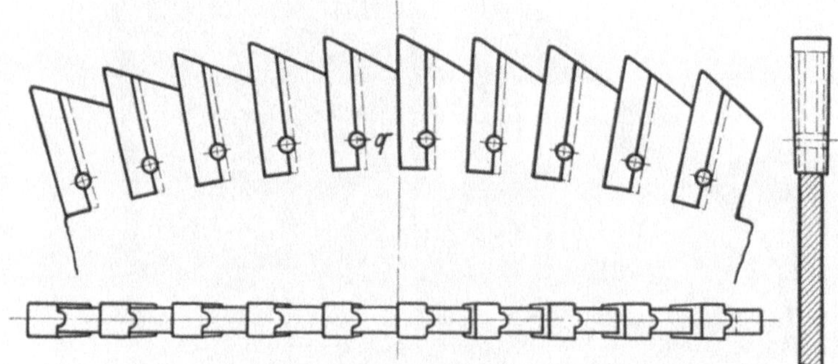

Fig 809 bis 811. Kreissägeblatt mit eingesetzten Schnellstahlzähnen.
G. Wagner, Reutlingen.

eingesetzt. In Fig. 809 bis 811 sind die Schnellstahlzähne mit Feder und Nut in das Sägeblatt eingesetzt und durch Querstifte gesichert.

Auch an der Maschine selbst zeigen sich die Spuren des Schnellbetriebes. So hat die Kreissäge in Fig. 812 elektrischen Einzelantrieb mit Kettenübertragung.

Für das Zertrennen von Trägern und anderen Formeisen hat die Bamag-Schnellsäge (Fig. 813) an Bedeutung gewonnen. Ihre Kennzeichnung liegt in dem am äußeren Umfang aufgerauhten Sägeblatt, das mit hoher Geschwindigkeit kreist. Hierdurch durchschmilzt es förmlich die Träger, so daß eine reichliche Wasserkühlung wesentlich ist. Das Sägeblatt ist nur von Zeit zu Zeit mit einem Meißel aufzurauhen und mal auf der Drehbank abzurichten.

2. Die Bandsägen.

Die Bandsägen werden mit Erfolg im Lokomotiv- und Waggonbau angewandt, und zwar dienen sie hier zum Zerschneiden von Blechen, Winkeln, Trägern und Achsen, sowie zum Ausschneiden von Stahl- und Eisenblechen mit geraden und geschweiften Begrenzungen. In der Schmiede gewährt die Bandsäge große Ersparnisse an Schmiedearbeit durch das Ausschneiden von Stangenköpfen (Fig. 814), Kurbeln (Fig. 815) und sonstigen

Steuerungsteilen.   Hierbei bietet sie einen guten Ersatz oder Ergänzung für die Stoßmaschine.

Der Aufbau einer Bandsäge verlangt ein geschlossenes Sägeband, das, wie ein offener Riemen, auf Rollen geführt ist.   Soll eine der-

Fig. 812.   Kreissäge mit elektrischem Antriebe.   Gust. Wagner, Reutlingen.

artige Säge gleichmäßig durchziehen und einen glatten Schnitt liefern, so muß das Band gespannt laufen und, wie der Riemen, sich selbst leiten. Beide Aufgaben fallen der Rollenlagerung zu.   Sie hat also das Sägeband anzuspannen und auszurichten, damit es nicht abläuft.   Das Anspannen und Ausrichten des Sägebandes verlangt daher nachstellbare Rollenlager.

Ein Mittel, die Lager nachstellen zu können, ist die Stellschraube. In dieser Ausführung würden die Rollenlager die Form eines Transmissionslagers annehmen, das seine Lagerschale zwischen nachstellbaren

Fig. 813. Bamag-Schnellsäge.

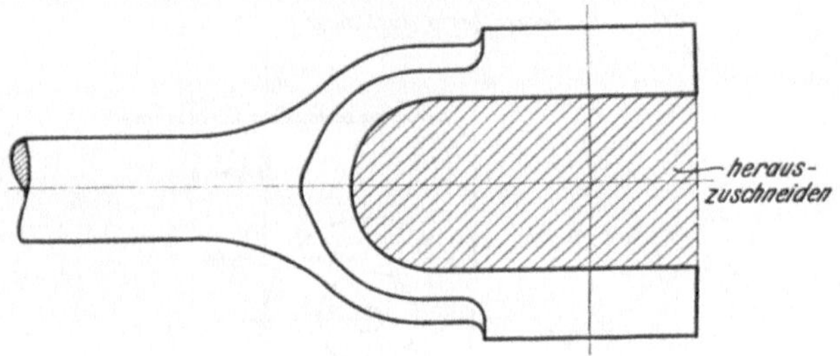

Fig. 814. Ausschneiden eines Stangenkopfes.

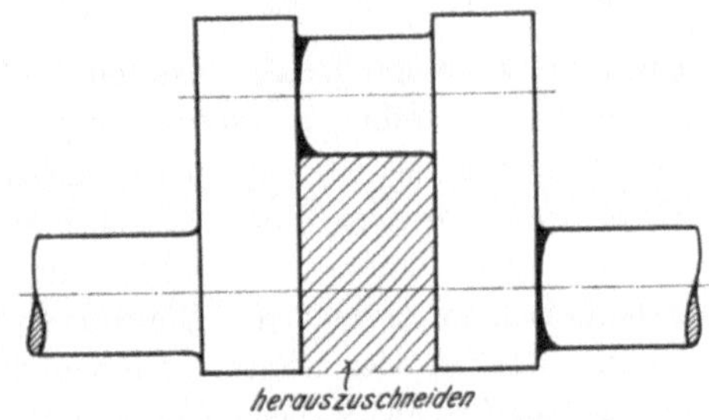

Fig. 815. Ausschneiden einer Kurbel.

Spindeln trägt. Ein derartiges Spindellager läßt das Band durch Anziehen der Spindeln anspannen. Durch seine gelenkigen Schalen können sich die Rollen selbst einstellen, so daß die Säge nicht abspringt.

Die Spannvorrichtung der Säge läßt sich mit einfachen Mitteln sogar selbsttätig gestalten. Eine derartige Lösung bietet ein sich selbst einstellendes Schlittenlager (Fig. 816). Das Lager ist hier als Schlitten an dem Maschinengestell geführt, wobei das Sägeband durch ein Spanngewicht oder durch eine Spannfeder selbsttätig angespannt wird. Es hat den Vorzug, daß das Sägeband sich besser dem Schnitt anzupassen vermag.

Zum Ausrichten der Rollen sitzen die Lager vielfach mit einer Drehscheibe auf dem Spannschlitten, wie dies in Fig. 817 und 818 bei dem mit der Hand nachzustellenden Lager ausgeführt ist. Die Drehscheibe

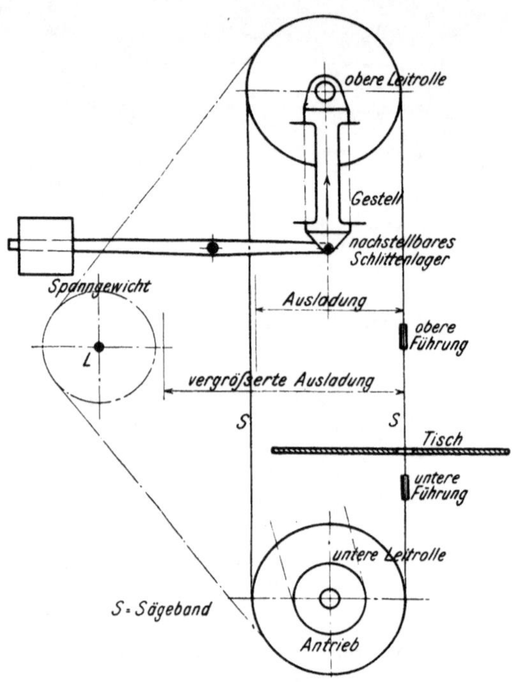

Fig. 816. Plan der Bandsäge.

läßt hier die Rollen mit dem Sägeband genau einstellen und ist in dieser ausgerichteten Lage durch die Schrauben *a* festzuklemmen.

Der glatte Schnitt einer Säge verlangt noch mehr. Er fordert von dem Sägeband, daß es gegenüber dem Werkstück nach keiner Richtung ausbiegt. Dies ist aber nur durch eine allseitige Führung des Sägebandes über und unter dem Arbeitstisch zu erreichen. Die Seitenführung vermitteln meist 2 nachstellbare Backen oder Rollen, zwischen denen das Band ohne Spiel läuft. Die Rückenführung bedarf einer größeren Sorgfalt. Sie hat den Gegendruck der Säge aufzunehmen. Für diesen Druck würde zwar eine gehärtete Stahlscheibe oder eine Rolle genügen, gegen die sich das Band stützt. Will man aber die bei der Scheibe sich bildenden Rillen vermeiden, so muß der Stahlteller mitlaufen. Eine derartige

Rückenführung bringen Fig. 819 und 820 (D. R. G. M. 101506). Der gehärtete Stahlteller läuft hier beiderseits in Kugeln und wird durch das seitlich angreifende Band mitgenommen.

Über die Bauart der Bandsäge ist noch allgemein zu sagen, daß große Triebrollen nicht nur das Sägeband schonen, sondern auch den Arbeitsraum der Maschine vergrößern. Ihr Durchmesser beträgt daher

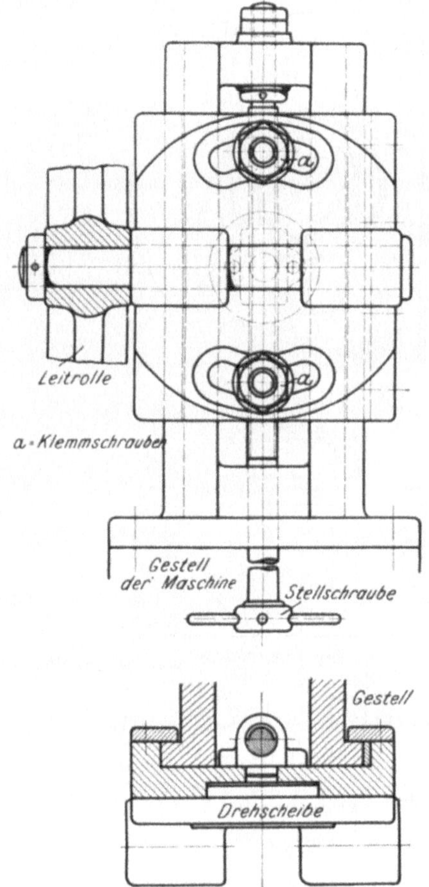

Fig. 817 und 818. Einstellbares Lager.

bis etwa 1,5 m. Ist eine größere Ausladung vorgeschrieben, so läßt sie sich ohne zu große Scheiben durch eine dritte Leitrolle L nach Fig. 816 erreichen. Diese Anordnung gestattet daher, breitere Gegenstände zu zerschneiden. Der Antrieb der Maschine erfolgt zweckmäßig von der unteren Scheibe, weil hier das Vorgelege praktischer liegt.

Eine Bandsäge nach vorstehenden Grundzügen baut das Grusonwerk in Magdeburg-Buckau. Die Maschine (Fig. 821 und 822) erhält

ihren Antrieb durch einen 3 fachen Stufenriemen. Er treibt die Säge durch
ein Vorgelege, das aus dem Rade *1* und der innen verzahnten Leitrolle *2*
besteht.

Die Eigenart der Maschine liegt in der Steuerung des Aufspanntisches. Sie bietet bei 8 Räderpaaren 15 verschiedene Vorschübe. Dieser
Größenwechsel ist in einfacher und sinnreicher Weise durch zwei Gruppen

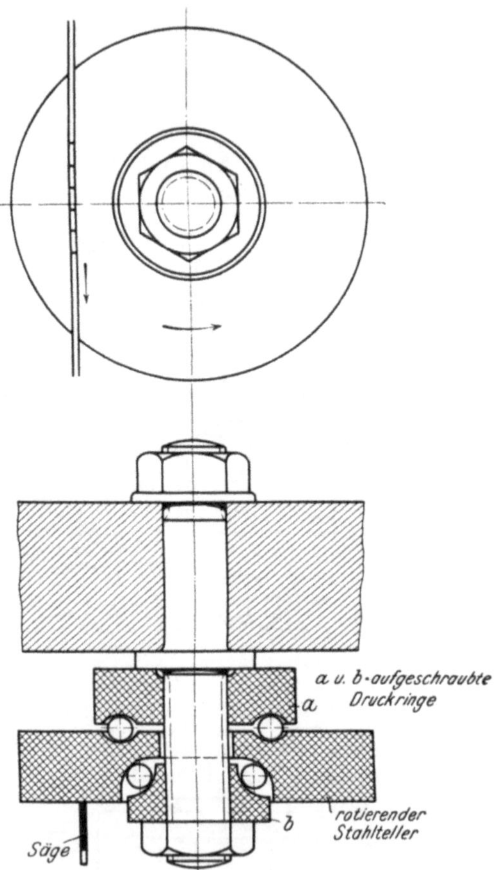

Fig. 819 und 820. Rückenführung.

von festen und losen Rädern geschaffen. Ihre Anordnung ist so getroffen, daß jedes der drei Räderpaare der ersten Gruppe mit sämtlichen
fünf der zweiten einzeln arbeiten kann, so daß der Arbeitstisch 3×5
Vorschübe hat. Die betreffende Steuerung bringt Fig. 822. Sie leitet
den Vorschub des Aufspanntisches von der unteren Leitrolle ab (Fig.
824). Sie treibt durch die Zahnräder *3*, *4* und *5* die Welle *A*.
Auf ihr sitzen links die drei festen Räder *6*, *8* und *10* der Gruppe *I*
und rechts die fünf Räder *13*, *15*, *17*, *19* und *21* der Gruppe *II*, diese

fest auf der Nabe des losen Kegelrades *22*. Die losen Räder beider Gruppen befinden sich auf der unteren Vorgelegewelle *B*. Die drei linken Räder *7*, *9* und *11* sitzen lose auf der Laufbüchse *L* und die fünf rechten

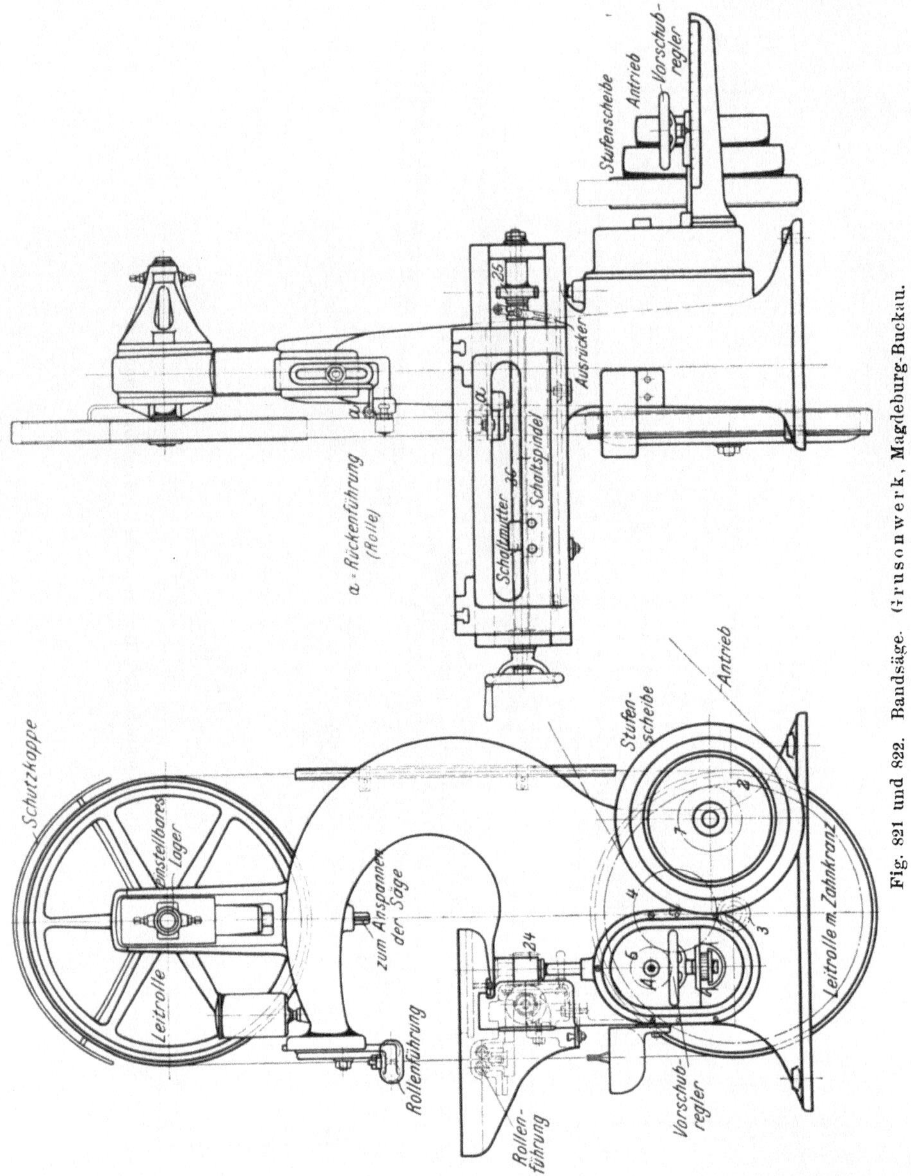

Fig. 821 und 822. Bandsäge. Grusonwerk, Magdeburg-Buckau.

12 bis *20* lose auf *B* selbst. Der Schwerpunkt des Getriebes liegt jetzt darin, jedes linke Räderpaar mit sämtlichen rechts einzeln kuppeln zu können. Dies wird in ähnlicher Weise wie in Fig. 104 durch vier

Springkeile a, b, c und d bewirkt, die in der ausziehbaren Vorgelege-

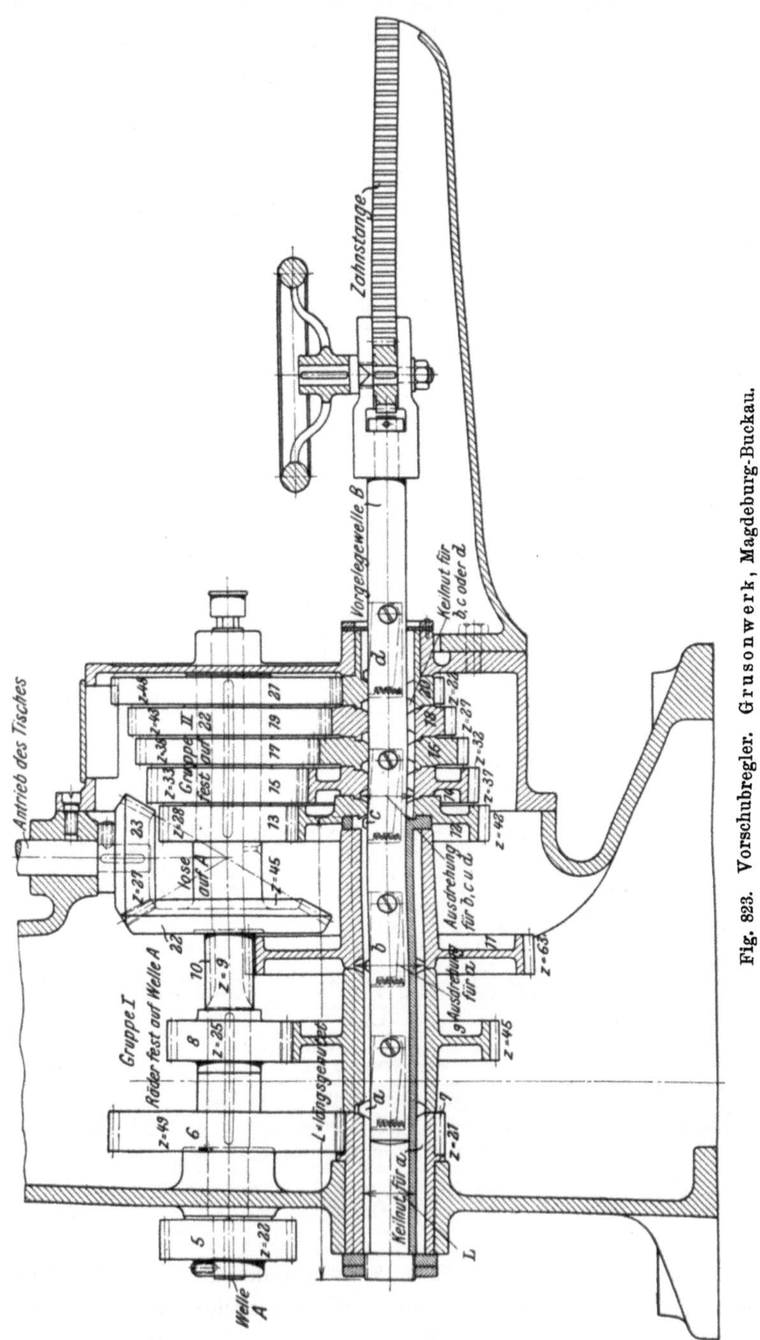

Fig. 823. Vorschubregler. Grusonwerk, Magdeburg-Buckau.

welle *B* in entsprechenden Abständen sitzen. Von den Ziehkeilen hat der größere Keil *a* die drei linken Räderpaare zu kuppeln. Hierzu sind

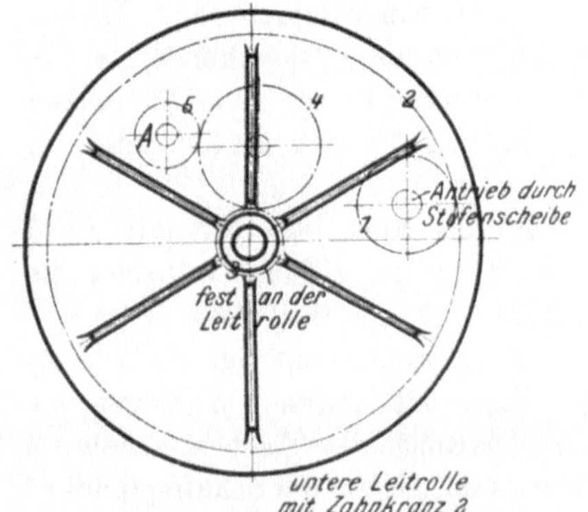

Fig. 824. Antrieb der Steuerung.

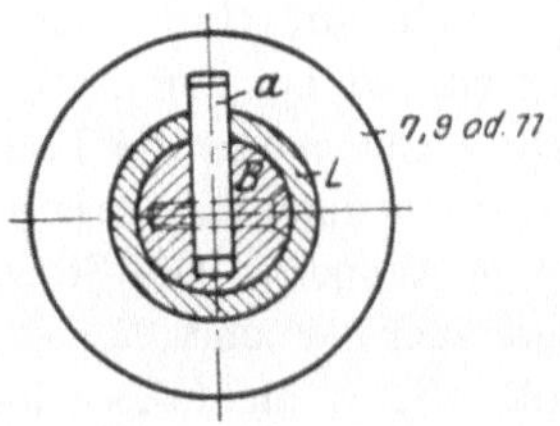

Fig. 825. Schnitt.

die Laufbüchse *L* und die Räder *7*, *9* und *11* genutet (Fig. 825), so daß *a* von einem Rade ins andere gezogen werden kann. Für das Kuppeln der

Fig. 826. Hubsäge. A. H. S c h ü t t e, Köln-Deutz.

rechten Gruppe dienen die kleineren Springkeile *b*, *c* und *d*. Sie lassen sich in dem Schlitz von *L* verschieben, fassen aber nur die rechten Räder

12 bis *20* und kuppeln sie nacheinander durch Ausziehen der Vorgelegewelle *B*. Um nun jedes Vorgelege links mit jedem rechts kuppeln zu
können, besitzen die Räder *7*, *9* und *11* Naben von entsprechender Länge.
In ihnen ist der Keil *a* so lange geführt, wie der entsprechende Keil *b*,
c oder *d* in sämtliche Räder rechts gezogen werden kann. Zum Ausrücken
der Steuerung besitzt jedes lose Rad eine ringförmige Ausdrehung, in
der die Keile nicht kuppeln.

Soll auf Grund dieser Anordnung das Vorgelege *6/7* mit *12/13*
arbeiten, so ist der Keil *a* in *7* und *d* in *12* zu ziehen, während die
Keile *b* und *c* nur die Laufbüchse fassen. Sind die Vorgelege *10/11* und
16/17 zu benutzen, so ist *a* so weit in *11* zu ziehen, bis der Keil *b* das
Rad *16* kuppelt. Die Steuerung treibt dann mit diesen Vorgelegen die
Kegelräder *22* und *23*, von denen die Schaltung des Tisches abgeleitet
wird. Hierzu dient das Schneckengetriebe *24/25*, das auf die Schaltspindel *26*
wirkt. Die Bedienung dieses Vorschubgetriebes ist äußerst einfach.
Sie verlangt nur, die Vorgelegewelle *B* vorzuschieben oder zurückzuziehen.
Dies geschieht mit Hilfe von Zahnrad und Zahnstange an Hand einer
Tafel. Die Maschine gestattet daher, den Vorschub jederzeit dem Schnitt
anzupassen. Sie kann durch Entkuppeln von *25* plötzlich ausgerückt
werden.

Die Hubsägen.

Die Hubsägen arbeiten ebenfalls mit gespanntem Sägeband. Sie
sind der Handsäge nachgebaut und erhalten ihre hin- und hergehende
Bewegung durch ein Kurbelgetriebe. In den Sägebügel können mehrere
Sägeblätter in passenden Abständen gespannt werden (Fig. 826).

Sechstes Kapitel

Die Maschinen für die Blechbearbeitung.

Die Blechbearbeitungsmaschinen haben die Bleche auf ihren Verwendungszweck vorzubereiten. Diese Vorbereitungsarbeiten erstrecken sich auf das Biegen und Richten, Beschneiden und Lochen der Bleche, sowie das Bearbeiten ihrer Stemmkanten. Für das Biegen und Richten der Bleche dienen die Blechbiege- und Richtmaschinen. Das Beschneiden der Bleche auf die vorgeschriebene Plattengröße fällt den Scheren zu und das Lochen den Lochmaschinen, während das Bearbeiten der Stemmkanten Sache der Blechkantenhobelmaschinen ist.

1. Die Blechbiegemaschinen.

Die Blechbiegemaschinen haben den Blechen die genaue technische Form zu geben und bei dieser Formgebung kleinere Unebenheiten auszugleichen, wie sie die hüttenmännische Gewinnung mit sich bringt. Als formgebende Werkzeuge besitzen die Maschinen mehrere Walzen, die in zwei Gruppen gelagert sind. Durch diese Walzenstraße ist das Blech hindurchzuziehen, wobei die Oberwalzen die Formgebung vollziehen, während die Unterwalzen lediglich als Auflage des Bleches dienen. Die Wirkungsweise der Biegemaschinen beruht daher auf einem Durchbiegen der Bleche, wobei die Oberwalzen den biegend wirkenden Druck (Druckwalzen) und die unteren Walzen den Gegendruck ausüben. Das Blech selbst wird durch die am Umfang der Walzen auftretende Reibung durch die Maschine hindurchgezogen.

Nach der herzustellenden Grundform unterscheiden wir Blechbearbeitungsmaschinen für das Biegen von Zylindern oder Blechbiegemaschinen und solche für das Richten ebener Platten oder Blechrichtmaschinen. Die Biegemaschinen verlangen mindestens drei Walzen, die tangential an den Zylinderumfang anzuordnen sind (Fig. 827). Zum Richten von Blechplatten beanspruchen die Richtmaschinen fünf bis sieben Walzen, die das zu streckende Blech tangieren müssen (Fig. 828).

Eine interessante Aufgabe bietet bei diesen Blechbiege- und Richtmaschinen der Antrieb der Walzengruppen. Die Ober- und die Unterwalzen müssen nämlich, um das Blech selbsttätig durch die Walzenstraße zu ziehen, in entgegengesetzter Richtung laufen. Um ferner die Walzen auf den jeweiligen Durchmesser des zu biegenden Zylinders einstellen zu können, müssen sie außerdem einstellbar gelagert sein. Bei kleineren Blechbiegemaschinen erhalten in der Regel nur die Unterwalzen U Kraftantrieb, während die Druckwalze O durch die Reibung mitläuft. Da das

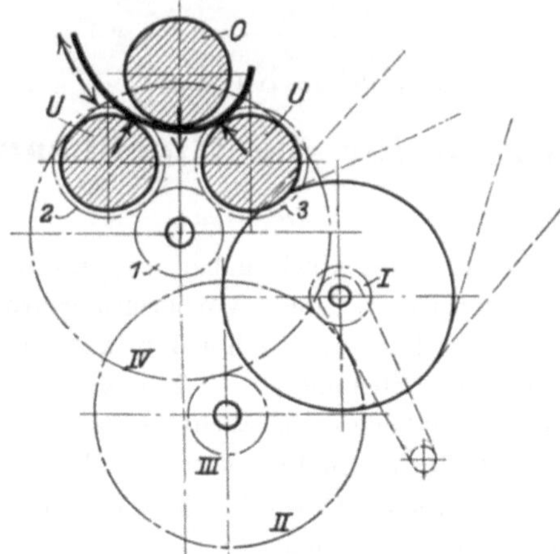

Fig. 827. Anordnung und Antrieb der Walzen fürs Blechbiegen.

Blech bis zum Fertigbiegen mehrmals durch die Maschine hin- und herwandern muß, so beansprucht der Antrieb dieser Walzen ein Wendegetriebe.

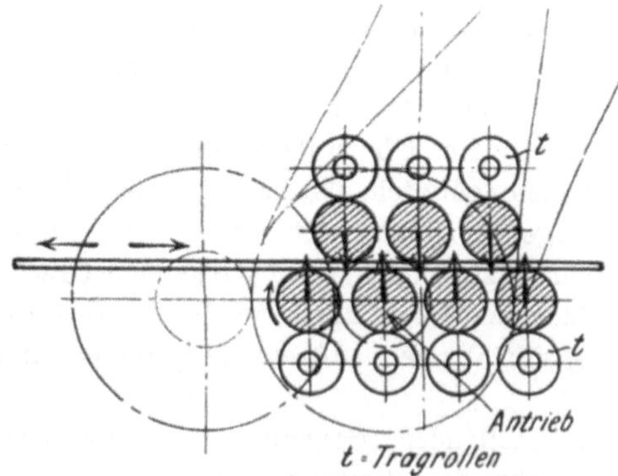

Fig. 828. Anordnung und Antrieb der Walzen fürs Blechrichten.

Diese Gesichtspunkte sind bei der Biegemaschine in Fig. 829 und 830 durch folgende Einrichtungen berücksichtigt: Der Antrieb der beiden Unterwalzen U erfolgt hier durch die Zahnräder 2 und 3. Sie sitzen auf den Laufzapfen der Walzen und werden durch das gemeinsame Treibrad 1 betrieben. Das Rad 1 erhält seinen Antrieb von einem Riemenwendegetriebe mit doppeltem Vorgelege $\frac{I}{II} \cdot \frac{III}{IV}$. Die Einstellbarkeit der Oberwalze ist hier durch das linke Walzenlager gewahrt. Es ist in dem Walzenständer

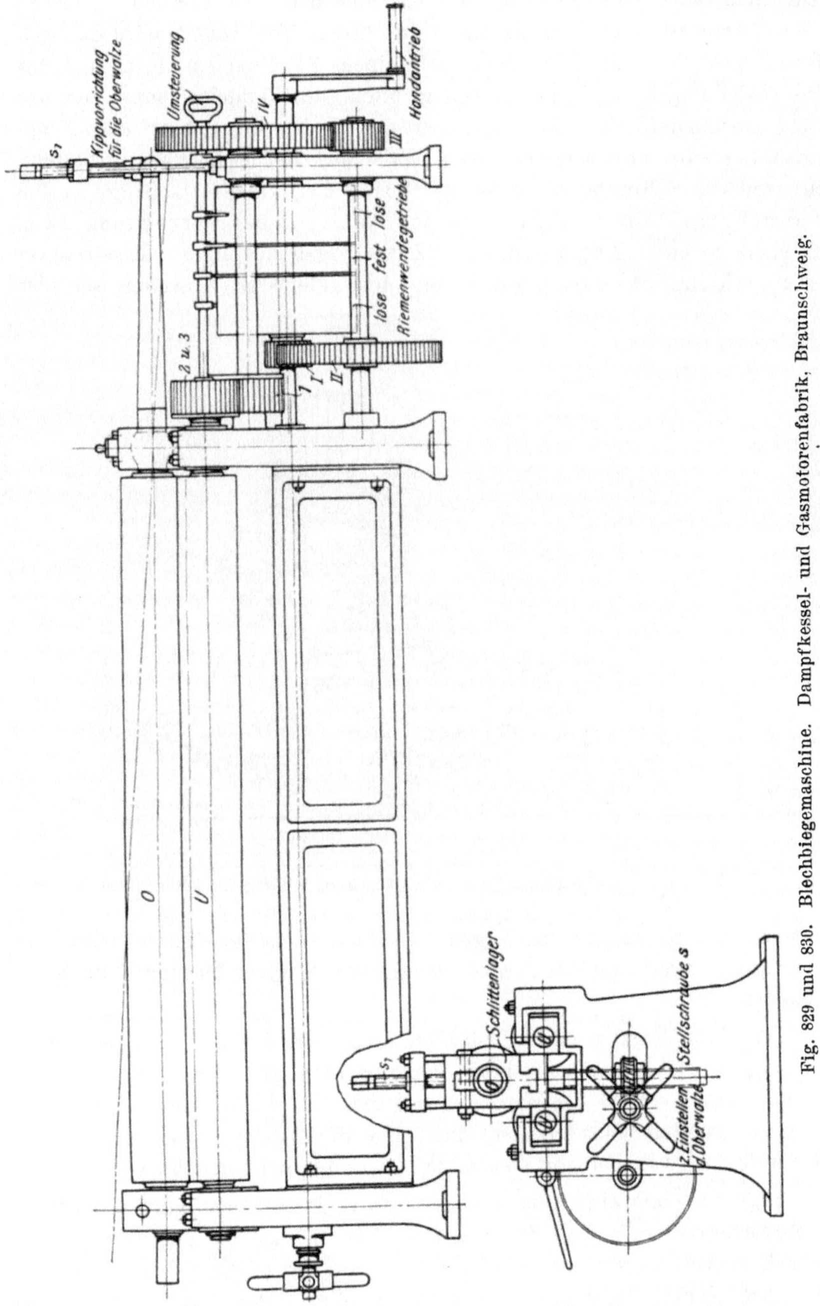

Fig. 829 und 830. Blechbiegemaschine. Dampfkessel- und Gasmotorenfabrik, Braunschweig.

geführt und mit der Stellschraube *s* durch Drehen des Handkreuzes einzustellen.

Ein wichtiger Punkt ist noch bei den Biegemaschinen, den fertig gebogenen Kesselschuß bequem abnehmen zu können. Hierzu müßte die Druckwalze O abzuheben sein. Diese Möglichkeit wird dadurch geboten, daß die Oberwalze rechts mit einem Kugelzapfen läuft, und das linke Walzenlager entweder einseitig offen, aufzuklappen oder von der Walze abzuziehen ist. Zum Abheben der Walze dient hier eine Kippvorrichtung, die aus dem vorderen Hals und der Schraube s_1 besteht. Zieht man die Schraube s_1 an, so stellt sich die Walze O schräg, so daß der Schuß nach links entfernt werden kann. Diese Vorrichtung kann noch einen zweiten Zweck erfüllen. Zum Biegen kegeliger Kesselschüsse müssen bekanntlich die Walzen bei dem kleinsten Durchmesser des

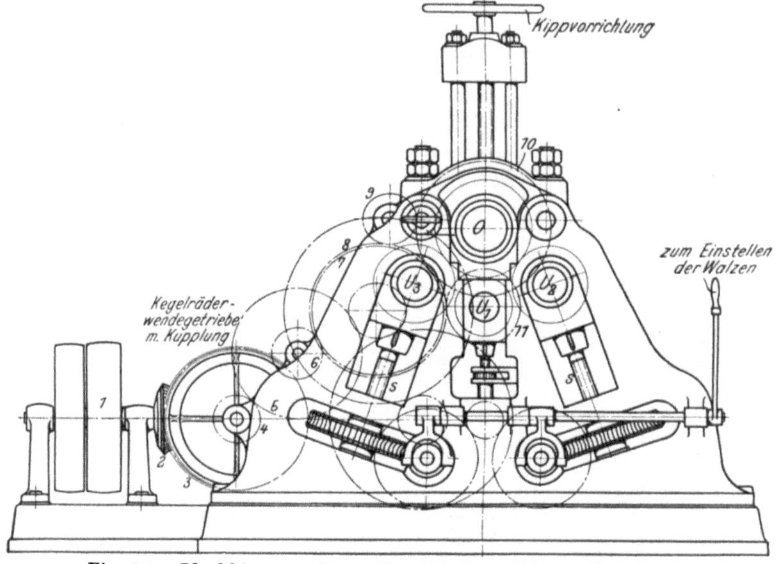

Fig. 831. Blechbiegemaschine. Fr. Mönkemöller & Co., Bonn.

Schusses näher zusammen liegen als bei dem größten. Dies ist nur möglich, wenn die Oberwalze O mit der Kippvorrichtung schräg zu stellen ist.

Das Drei-Walzensystem leidet an dem Übel, daß der vordere Blechrand gerade bleibt und von Hand nachzurichten ist. Dieser Fehler verschwindet aber, sobald die Maschine mit vier Walzen arbeitet. Ein Nachteil der liegenden Maschine ist, daß sich die Bleche leicht überhängen und verbiegen, was bei der stehenden Maschine nicht der Fall ist.

Eine Biegemaschine nach dem Vier-Walzensystem baut die Firma Fr. Mönkemöller & Co., Bonn a. Rh., wie in Fig. 831 angegeben. Bei dieser Maschine werden die Oberwalze O und die mittlere Unterwalze U_1 von einem Kegelräderwendegetriebe angetrieben. Den Antrieb der Oberwalze O bewirken die Triebe 1 bis 10, den der Unterwalze U_1 die Getriebe

1 bis *7*, *8* und *11*. Die Verstellbarkeit liegt hauptsächlich in den Seiten-
walzen U_2 und U_3, die selbsttätig eingestellt werden. Durch Räder- und

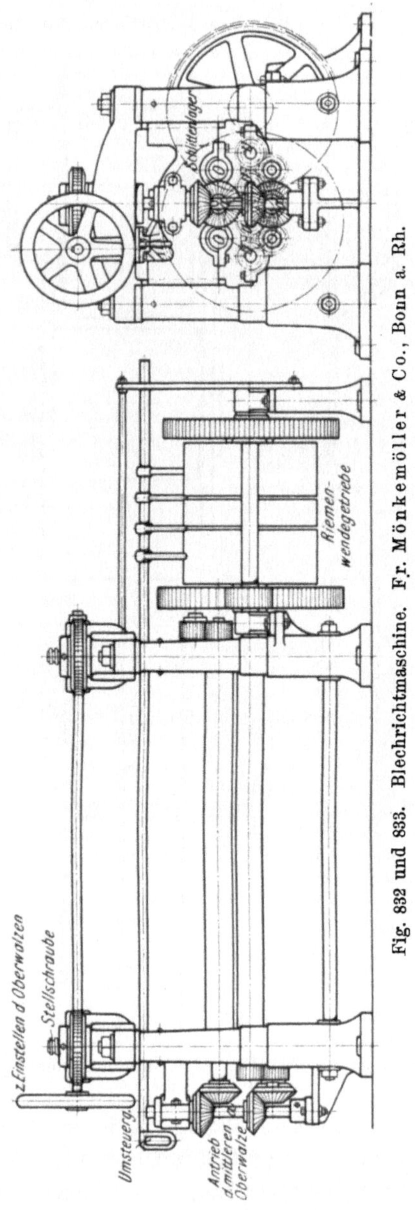

Fig. 832 und 833. Blechrichtmaschine. Fr. Mönkemöller & Co., Bonn a. Rh.

Schneckengetriebe werden nämlich die 2 Stellschrauben *s* betrieben, die die
Walzenlager verschieben. Die Vorrichtung läßt sich durch Umlegen eines
Handhebels ein- und ausrücken.

Die Blechrichtmaschinen (Fig. 832 und 833) dienen zum Ausrichten der Bleche, wobei sie Unebenheiten, wie Beulen, Spannungen u. dergl., zu entfernen haben. Ihr Arbeitsvorgang beruht daher auf einem Strecken der Bleche. Hierzu hat die Richtmaschine bei dünneren, also

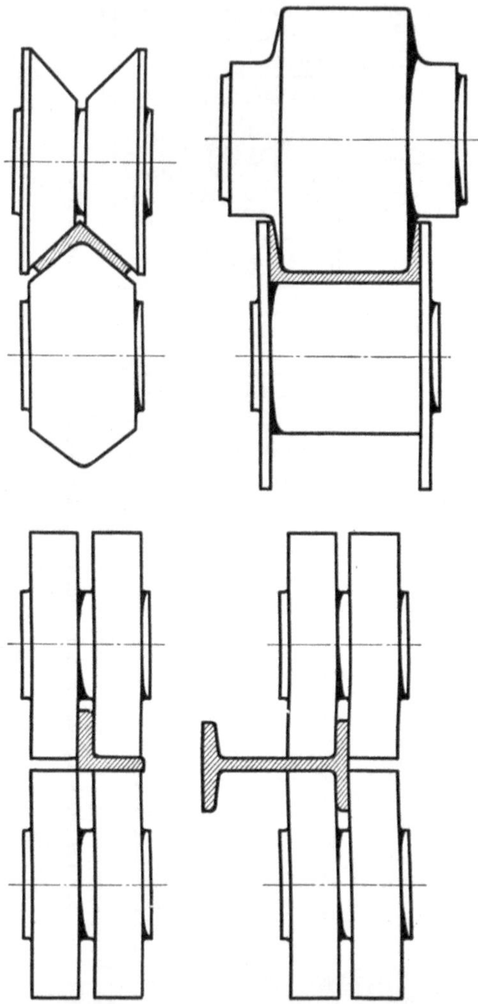

Fig. 834 bis 837. Das Richten von Formeisen.

empfindlicheren Blechen sieben Walzen, die in zwei Gruppen geordnet sind (Fig. 828). Von ihnen enthält die Obergruppe 3 Walzen und die untere 4. Für schwere Bleche genügen 5 Walzen, von denen in der Obergruppe 2 und in der unteren 3 liegen. Um durch den Druck der Walzen das Blech richten zu können, ist Bedingung, daß die Ober- und Unterwalzen gegenseitig versetzt sind.

Der Antrieb der Walzen erfolgt ähnlich wie bei der Biegemaschine. Die untere Walzengruppe liegt fest. Sie wird zum Umsteuern der Maschine durch ein Riemenwendegetriebe angetrieben. Dabei erhalten alle Unterwalzen durch die Zwischentriebe gleiche Drehrichtung. Die stehende Welle a vermittelt den Antrieb der mittleren Oberwalze, die durch das vordere Räderwerk die übrigen Oberwalzen treibt. Die Einstellbarkeit der Maschine liegt ebenfalls in den Oberwalzen, die hier beiderseits in Schlittenlagern laufen, die mit dem Handrade verstellt werden. Für diesen Zweck muß der ganze Antrieb der oberen Walzengruppe an den Schlittenlagern angebracht sein.

Eine wichtige Bedingung für Richtmaschinen ist noch, daß sich die Richtwalzen unter dem Arbeitsdruck der Maschine nicht selbst verbiegen. Aus diesem Grunde sind vielfach die Ober- und Unterwalzen noch durch besondere Tragrollen t unterstützt (Fig. 828).

In ähnlicher Weise sind auch die Richtmaschinen für Träger und Profileisen gebaut. An die Stelle der langen Richtwalzen treten hier kurze Richtrollen (Fig. 834 bis 837), deren Kaliber dem betreffenden Formeisen angepaßt sind.

2. Die Scheren und Lochmaschinen.

Die Wirkung dieser Maschinen beruht auf einem Abscheren der Querschnitte, wobei sich die scherenden Werkzeuge ziemlich rechtwinklig auf das Blech aufsetzen (Fig. 838 und 839). Die Maschine hat demnach

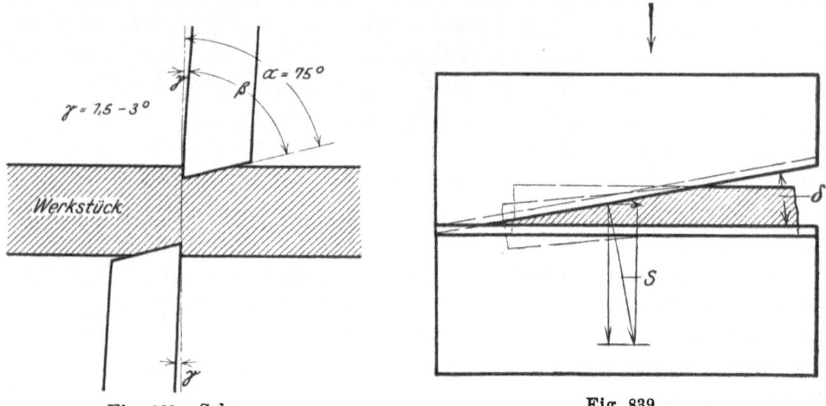

Fig. 838. Schere.　　　　　Fig. 839.

die Scherfestigkeit des Bleches zu überwinden, wodurch der Schnitt herbeigeführt wird.

Als Werkzeuge besitzt die Schere zwei Scherblätter. Soll mit ihnen der Schnitt ausgeführt werden, so ist das eine Blatt als Auflage für die Blechplatte festzuspannen und das zweite Scherblatt kraftschlüssig zu bewegen. Diese Aufgabe ist meist in der Weise gelöst, daß das beweg-

31*

liche Scherblatt an einem Schlitten sitzt, der durch Hebel, Exzenter oder
Wasserdruck bewegt wird. Um in dem Antriebe der Maschine einen mög-
lichst geringen und gleichmäßigen Arbeitsbedarf zu erzielen, muß der
Schnitt in der Breite allmählich fortschreiten. Hierzu stehen die
Schneidkanten der Scherblätter unter einem Winkel δ. Mit der schrägen
Blattkante tritt allerdings die Gefahr auf, daß das Blech durch den
Schnittdruck zurückgeschoben wird. Dies ist jedoch ausgeschlossen, sobald
$\delta < \varrho$, d. h. sobald der Winkel δ kleiner ist als der Reibungswinkel
zwischen Scherblatt und Werkstück. Praktisch wird daher $\delta = 9 - 14^0$
gewählt.

Mit der Schere ist vielfach eine Lochmaschine vereinigt. Ihre
Arbeit besteht darin, die Bleche für das Nieten zu lochen. Hierzu

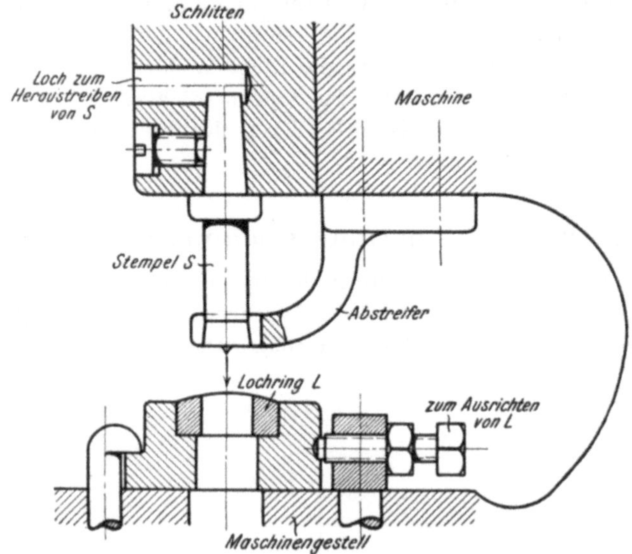

Fig. 840. Lochmaschine.

hat die Maschine als Werkzeuge einen Stempel und einen Lochring
(Matrize) (Fig. 840). Die Matrize dient, wie das feste Scherblatt, als Auflage, während der Stempel durch das Blech hindurchgedrückt wird. Für
diese Kraftäußerung hat die Maschine eine auf- und absteigende Bewegung
des Stempels zu erzeugen, die, wie bei der Schere, durch Hebel, Exzenter
oder Wasserdruck bewirkt wird.

Der Exzenterantrieb ist bei der in Fig. 841 und 842 dargestellten Schere und Lochmaschine ausgeführt. Diese Maschine ist, um
beim Lochen eine gute Übersicht zu haben, unten als Lochmaschine ausgebildet und oben als Schere. Das feste Scherblatt ist mit dem oberen
Ausleger verschraubt, während die auswechselbare Matrize unten in dem
Ständer sitzt. Der Stempel und das bewegliche Scherblatt sind mit dem

auf- und absteigenden Werkzeugschlitten verbunden. Der Antrieb dieses
Schlittens geht von der Exzenterwelle E aus, die durch einen Riemen
und das Vorgelege I/II betrieben wird. Das Exzenter überträgt durch
den auf E sitzenden Stein den Arbeitsdruck auf den Schlitten, so daß die
Maschine beim Hochgehen schneiden oder beim Niedergehen lochen kann.

Besondere Beachtung verdient noch bei diesen Maschinen die Steuerung. Da die Werkzeuge nur kurze Wege zurücklegen, so bleibt nur
wenig Zeit, das Blech nach jedem Schnitt wieder genau aufzulegen.
Für diese Zwecke kann zwar durch eine kleinere Schnittgeschwindigkeit

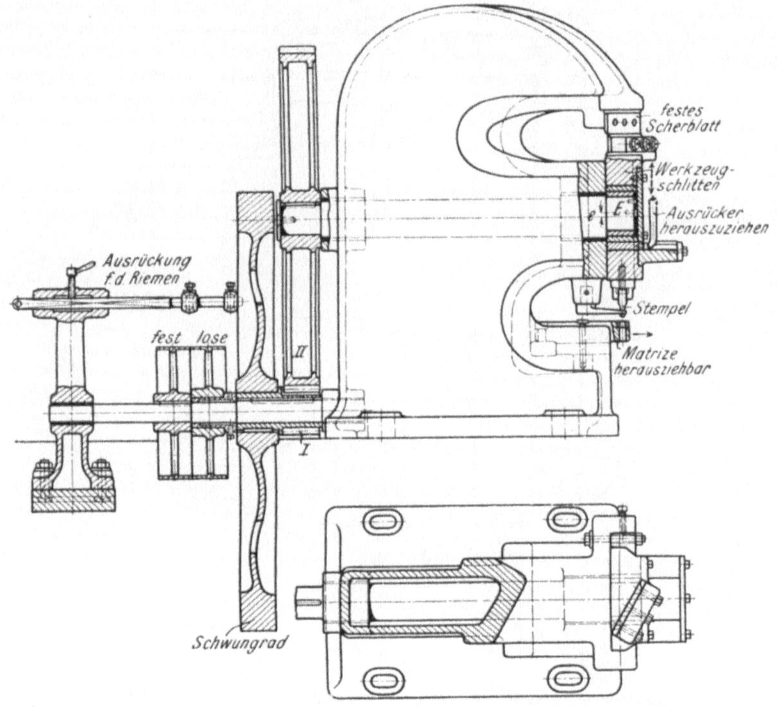

Fig. 841 und 842. Schere und Lochmaschine. E. Schieß, Düsseldorf.

oder auch durch größere Überwege der Werkzeuge Zeit gewonnen werden,
die Bedienung wird jedoch wesentlich einfacher, wenn sich der Antrieb
nach jedem Schnitt selbst auslöst oder auch nach Bedarf von Hand ausgelöst werden kann. Hierdurch hat es der Arbeiter in der Hand, das
Blech vor jedem Schnitt in die richtige Lage zu bringen und die Maschine
wieder anzulassen. Diese Einrichtung wird bei Scheren besonders benutzt, wenn neue Bleche aufgelegt werden, wozu der Arbeiter stets mehr
Zeit gebraucht als zwischen den einzelnen Schnitten. Bei Lochmaschinen
besitzt die Auslösung des Antriebes eine noch größere Bedeutung, da
beim Lochen jedesmal die Nietteilung genau einzuhalten ist.

Für die Selbstauslösung des Antriebes bieten sich verschiedene Lösungen. So kann sich ein Rad auf der langsam laufenden Antriebswelle entkuppeln. Hierzu dient vielfach ein auf den Wellendurchmesser

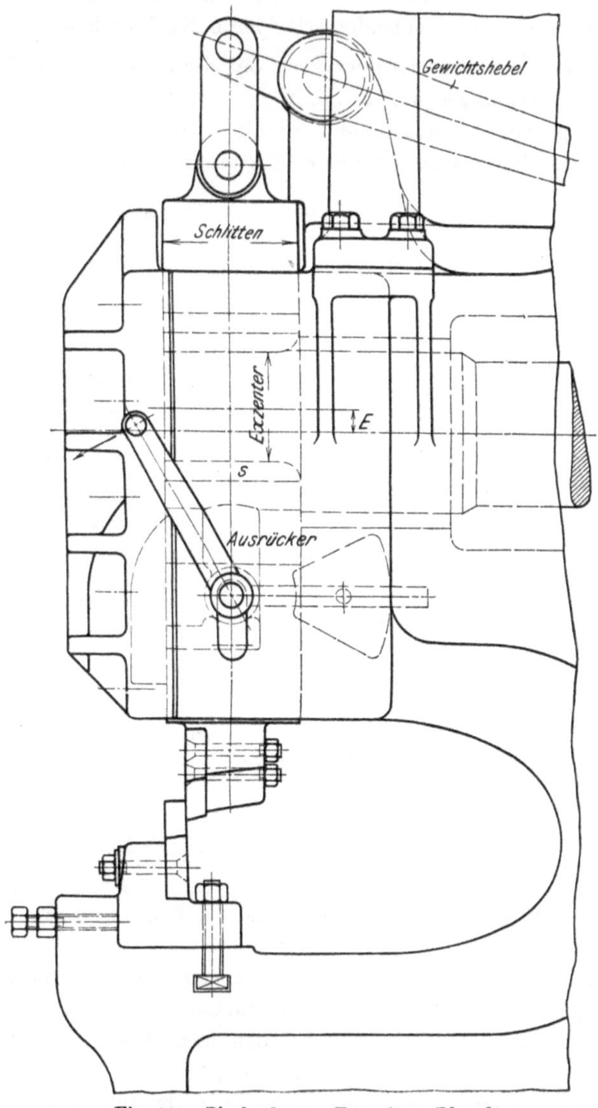

Fig. 843. Blechschere. Froriep, Rheydt.

abgedrehter Drehkeil, der (Fig. 844) Rad und Welle nur so lange kuppelt, bis er in die punktiert dargestellte Lage kommt und das Rad freigibt, so daß die Maschine ausgerückt ist.

Eine sinnreiche Drehkeilkupplung führt L. Schuler in Göppingen aus. Sie ist mit einer Sicherheitsvorrichtung versehen, daß der Stempel

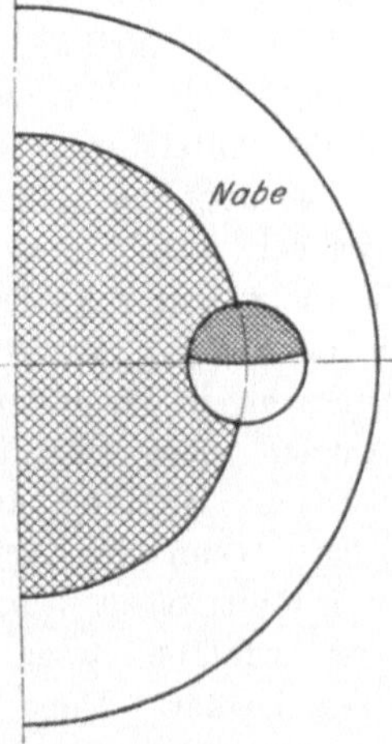

Fig. 844. Auslösung eines Antriebsrades durch einen Drehkeil.

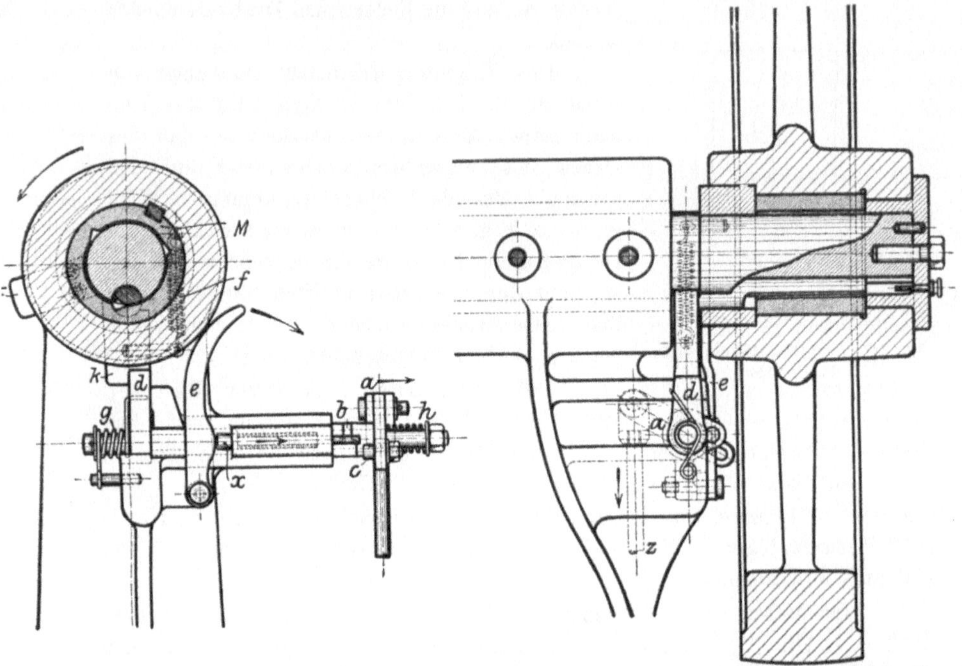

Fig. 845 und 846. Drehkeilkupplung. L. Schuler, Göppingen.

jedesmal in der höchsten Stellung stehen bleibt. Es können daher keine Fingerverletzungen beim Verlegen des Werkstückes vorkommen.

In Fig. 845 und 846 läuft das Antriebsrad mit einer Mitnehmerbüchse M auf der Exzenterwelle. Tritt nun der Arbeiter auf den Fußtritt, so legt die Stange z den Winkel a herum, dessen Arm d den Drehkeil freigibt. Infolgedessen zieht die Feder f den Drehkeil k in eine der Nuten der Mitnehmerbüchse M. Von jetzt ab ist das Antriebsrad gekuppelt und die Maschine eingerückt. Läuft das Antriebsrad weiter, so stößt der Anschlag F gegen den Hebel e, der den Federbolzen x nach rechts drückt. Der Federbolzen x stößt gegen den Anschlag c, der durch das Auftreten vor ihn gekommen ist, und rückt dadurch die Kupplung b aus. Der Daumen d wird jetzt durch die Feder g wieder in die Ausrückstellung

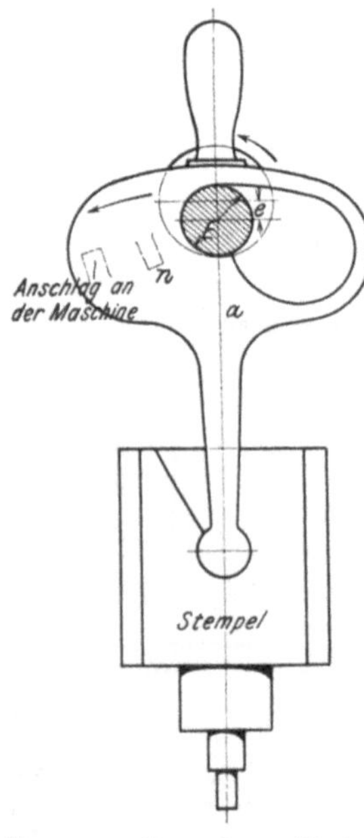

Fig. 847.   Exzenterauslösung.
D. R.-P. 25923.

gebracht, in der er den Drehkeil k anhält. Der Antrieb der Maschine wird daher in der höchsten Stellung des Stempels ausgerückt, selbst wenn der Arbeiter vergißt, den Fuß vom Fußtritt zu nehmen. Ein neuer Hub kann erst erfolgen, wenn der Arbeiter den Fußtritt losläßt. Dann rückt die Feder h die Kupplung b wieder ein. Bei erneutem Auftreten zieht dann die Stange Z den Daumen d zurück, so daß die Feder f den Drehkeil wieder einrückt.

Der Exzenterantrieb läßt sich auch von Hand durch das Zurückziehen oder das Umlegen eines Ausrückers auslösen, so daß der Druck des Exzenters nicht mehr auf den Stempel oder das Scherblatt kommt. Wird z. B. in Fig. 841 der untere Druckklotz zurückgezogen, so steigt das Exzenter auf und ab, und der Werkzeugschlitten hängt lose an ihm. Die Maschine arbeitet erst wieder, wenn der Druckklotz eingeschoben wird.

Bei der zweiten Schere von Froriep (Fig. 843) drückt das Exzenter mit dem Stein s auf einen Schieber, der den Druck durch den unteren Druckklotz auf den Werkzeugschlitten überträgt. Um den Schlitten ausschalten zu können, ist der Druckklotz als Ausrücker mit einem Handgriff herumzulegen. Die Folge ist, daß das Exzenter in dem Schlitten frei auf- und abspielt.

Eine selbsttätige Auslösung des Exzenters bringt Fig. 847 (D. R.-P. 25923). Die Druckstelze a, die den Druck des Exzenters auf den Stempel überträgt, besitzt eine rechts erweiterte Schleife. In ihr kann sich das Exzenter frei bewegen, ohne einen Druck auf das Werkzeug auszuüben. Die Steuerung wirkt daher wie folgt: In der Figur hat die Maschine soeben den Schnitt vollzogen. Das Exzenter

muß daher den Stempel wieder hochziehen. Hierbei wird das links-
laufende Exzenter an der oberen Schleife gleiten und durch Reibung die
gelenkige Druckstelze nach links abwerfen. Der Exzenterzapfen kommt
dabei in die erweiterte Schleife, in der er nach jedem Schnitt frei weiterläuft und die Maschine ausrückt. Um dabei ein Zurückgehen des
Schlittens zu verhindern, wodurch das Vorschieben des Bleches erschwert
würde, ist an der Stelze eine Nase *n* vorgesehen. Sie setzt sich beim
Abwerfen der Stelze auf einen Anschlag der Maschine und hält so den
Schlitten hoch. Zum Einrücken der Druckstelze dient der Handgriff.

Seit einigen Jahren bringt die **Berlin-Erfurter Maschinenfabrik, Berlin**, die **John**schen Blechscheren und Lochmaschinen auf

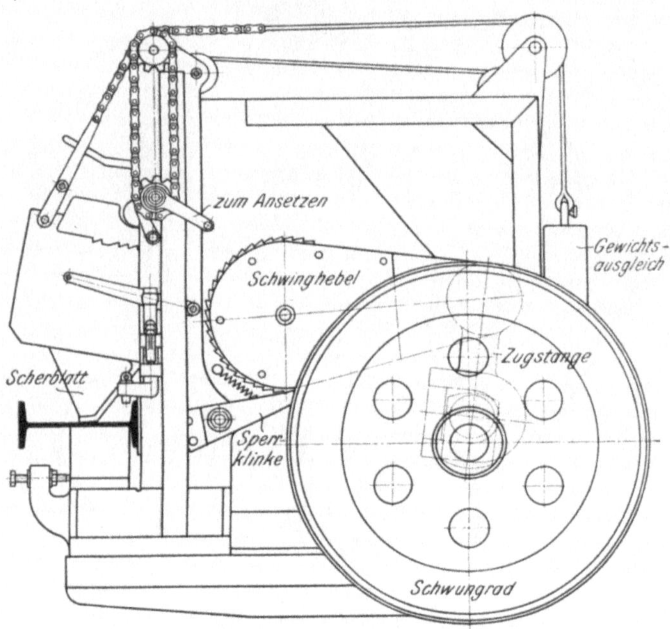

Fig. 848. **John**s Trägerschere. **Berlin-Erfurter Maschinenfabrik, Berlin.**

den Markt, die das Interesse vieler Fachleute gefunden haben. Diese
Maschinen zeichnen sich durch ihre leichte Bauart und durch ihre wirtschaftliche Arbeitsweise aus. Ihr Gestell besteht aus Schmiedeeisen oder
Stahl, wodurch die Maschine eine große Sicherheit gegen Brüche und Verbiegen bietet (Fig. 848).

Bemerkenswert ist der Antrieb dieser Maschinen, der mit dem
Johnschen Schwinghebel (D. R.-P.) erfolgt. Der Hebel betreibt in
Verbindung mit einem Drückerschaltwerk ruckweise die Exzenterwelle,
von der das Scherblatt oder der Stempel betätigt wird. Der Grundgedanke dieses Antriebes ist, den langsam wirkenden Druck der gewöhnlichen Schere durch rasch aufeinanderfolgende kurze Druckwirkungen zu

ersetzen, wobei das Kraft abgebende Schwungrad rasch laufen kann. Die Maschine wird daher einen sehr günstigen Kraftbedarf haben. Die Bauart des Johnschen Antriebes ist aus Fig. 849 ersichtlich.

Die Kurbelwelle a, die zum Antriebe der Maschine dient und auch das Schwungrad trägt, ist durch die Zugstange b mit dem eigentlichen Schwinghebel c verbunden. Der Hebel umgibt lose den auf der Exzenterwelle f festgekeilten Druckring d. Läuft die Maschine, so schwingt der Hebel c um den Ring d hin und her. Um diese Schwingungen in einer Richtung auf das Arbeitsexzenter f zu übertragen, ist in dem Schwinghebel c ein Drücker e eingebaut. Er faßt in die Zähne von d

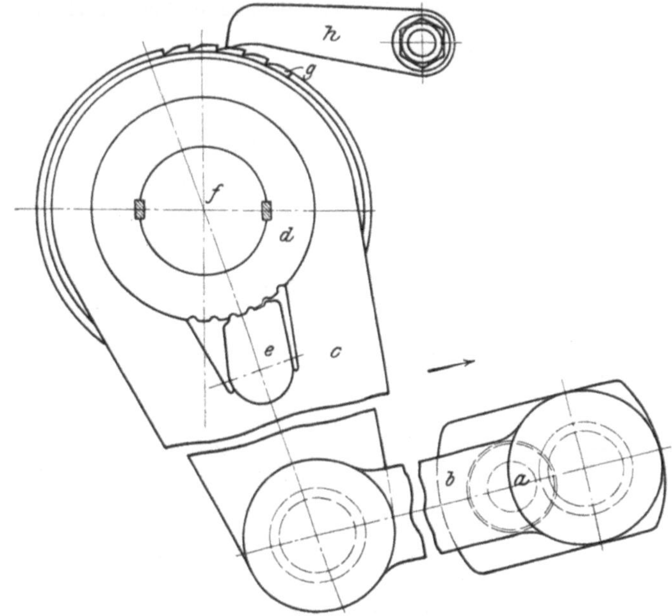

Fig. 849. Johnscher Schwinghebel.

und bildet mit diesem Druckring d ein Sperrwerk. Sobald demnach der Schwinghebel c nach rechts ausschlägt, stemmt sich der Drücker e kniehebelartig gegen den Ring d und kuppelt somit c und f. Durch den Kraftschluß dreht sich das Arbeitsexzenter f nach links etwas weiter. Schwingt c nach links, so gleitet e über die Zähne zurück und springt von neuem ein, sobald c wieder nach rechts ausschlägt. Während dieser Zeit ist das Exzenter durch das Sperrwerk g, h gegen Zurückgehen gehalten. Der Vorgang wiederholt sich so oft, bis der Schnitt vollzogen ist. Durch die kurz aufeinanderfolgenden Druckwirkungen arbeiten die Werkzeuge unterbrochen, wobei das rasch laufende Schwungrad Kraft aufnimmt und wieder abgibt. Um die Maschine augenblicklich stillzusetzen, kann der Drücker e mit einem Handhebel ausgerückt werden.

Die Wirtschaftlichkeit dieses Antriebes beruht darauf, daß keine großen Massen zu bewegen und keine großen Reibungswiderstände in Lagern und Rädern zu überwinden sind. Das Schwungrad sammelt den Kraftüberschuß und gibt ihn in den Arbeitszeiten wieder ab.

Die Berlin-Erfurter Maschinenfabrik Henry Pels & Co., Berlin, führt auch die Wernerschen Träger- und Fassoneisen-Schneid-

Fig. 850. Werners Hebelschere. Berlin-Erfurter Maschinenfabrik.

maschinen aus (Fig. 850). Die Eigenart dieser Maschinen, die für Kraft- und Handantrieb gebaut werden, liegt in der großen Hebelübersetzung. Diese gestattet, I-Träger bis zu N.P. 40 von Hand zu zerschneiden.

Die Arbeitsweise der Maschine ist folgende: Drückt der Arbeiter den Handhebel d nach unten (Fig. 851), so zieht die Zahnstange Z_1 die beiden Exzenterhebel h herum. Hierzu ist die Zahnstange in der oberen

Schnalle *s* geführt. Ihre Zähne wirken dort auf eine Sperrklinke S, die den Druck auf die Exzenterhebel h überträgt. Dieser Druck kann noch durch ein Verstellen von Z_1 auf die 3 Löcher von d geregelt werden. Das Exzenter E drückt beim Herumlegen des Hebels d die Messer in den

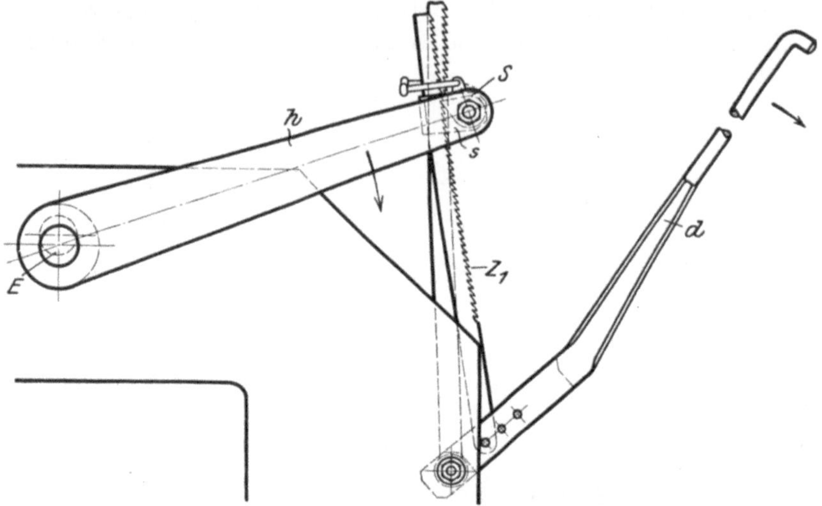

Fig. 851. Werners Hebelantrieb.

Träger hinein, wodurch der Schnitt vollzogen wird. Das Zuschieben und Umkanten der Träger für die folgenden Schnitte wird dadurch erleichtert, daß beim Umlegen des linken Handhebels die vorn sichtbare Rolle den

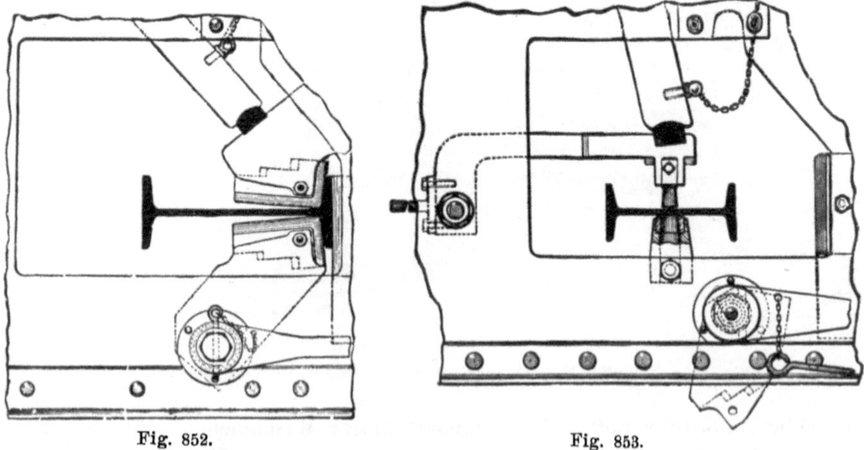

Fig. 852.   Fig. 853.

Träger anhebt (Fig. 850). Vor dem Schneiden muß aber die Rolle wieder gesenkt werden, damit der Druck lediglich auf die Messer wirkt.

Die Wernerschen Maschinen lassen sich auch unter Anwendung von besonderen Werkzeugen für das Zerschneiden aller Träger und

Formeisen verwenden. So zeigt die Fig. 852 die 3 Messer für das Zerschneiden von einem I-Träger. Von ihnen erhält das Obermesser den Exzenterdruck. Auch für das Lochen sind die Maschinen eingerichtet (Fig. 853). Hierbei hat das Exzenter den Druck auf den Stempel zu übertragen.

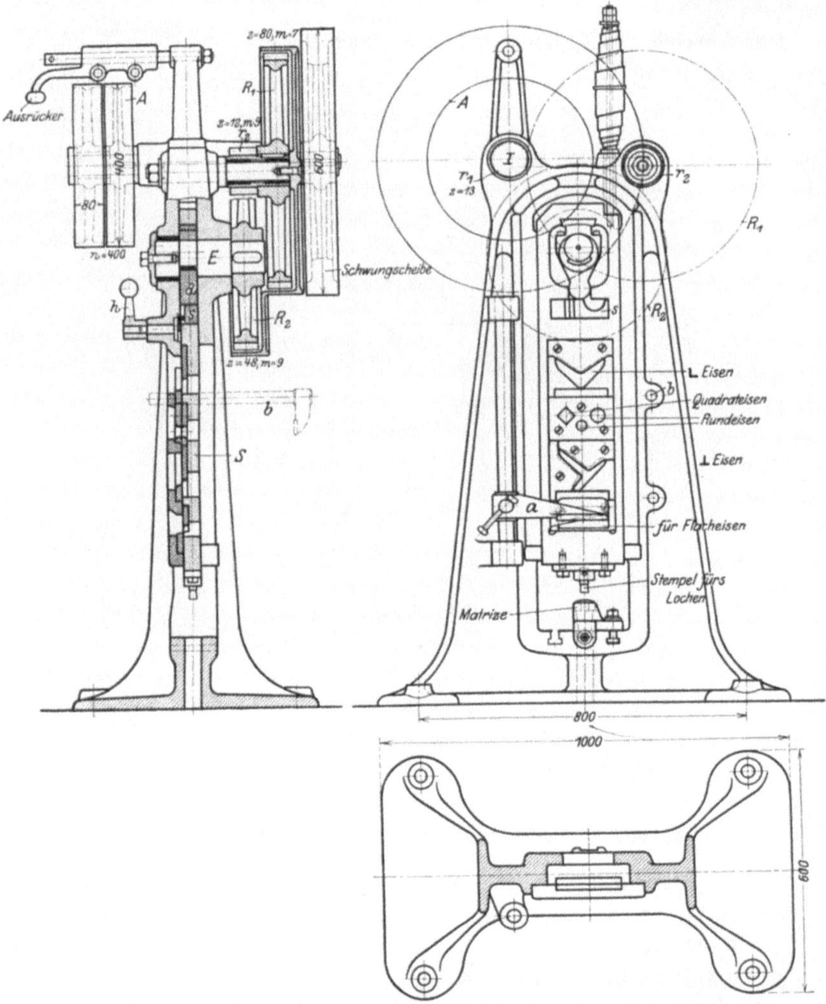

Fig. 854 bis 856. Eisenschneider. Heyligenstaedt & Co., Gießen.

Die stetig wachsende Verwendung von Walzeisen hat dazu geführt, die Scheren für die wichtigsten Formen von Walzeisen einzurichten. Mit dem Eisenschneider (Fig. 854 bis 856) von Heyligenstaedt, Gießen, kann ∟-Eisen bis 80×10, ⌶ bis 80×9, Rundeisen bis zu 35 mm, ☐-Eisen bis 30 mm; Flacheisen 80×16 geschnitten werden. Dazu kann die Maschine

Löcher von 20 mm Durchmesser in 16 mm Eisen lochen. Sie ist also für allgemeine Zwecke ausgebaut. Die einzelnen Schermesser sitzen, soweit sie beweglich sein müssen, an dem langen Schlitten S, während die festen Messer mit dem Gestell verschraubt sind. Zum Niederhalten der Eisenstangen dient der Arm A, der sich auf die Höhe der Messer einstellen läßt. Die Schnittlängen werden mit dem Anschlag b festgelegt.

Der Antrieb des Messerschlittens S geschieht über A, $\dfrac{r_1}{R_1} \cdot \dfrac{r_2}{R_2}$ durch das Exzenter E, das durch den Druckstab d den Schlitten für den Schnitt nach unten drückt. Dabei spannt sich die Pufferfeder, die den Schlitten

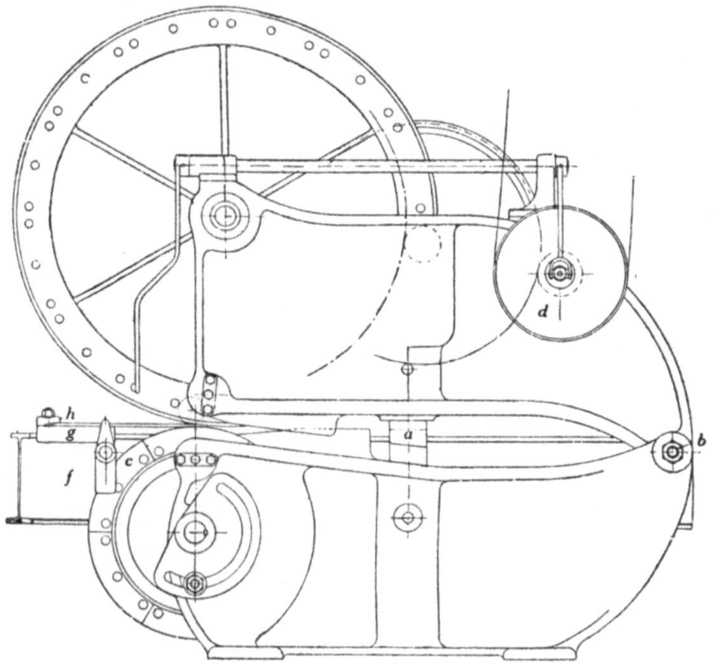

Fig. 857. Kreisschere. Sondermann & Bansa, Berlin.

hochzieht. Ausgerückt wird die Maschine mit dem Griff h, der die ausgehöhlte Stelle des Steines s unter d stellt, so daß das Exzenter frei spielt.

Auch bei den Scheren hat der Kampf zwischen der kreisenden und geraden Hauptbewegung eingesetzt.

Bei der Kreisschere (Fig. 857) von Sondermann & Bansa, Berlin, sind die geraden Scherblätter durch Kreismesser ersetzt, die sich wagerecht und senkrecht gegeneinander verstellen lassen. Das obere Messer ist von der doppelten Größe des unteren. Es wird von der Riemenscheibe d und 2 großen Rädervorgelegen angetrieben. Die Riemenscheibe d läßt sich zum Ein- und Ausschalten der Schere mit einer Reibkupplung kuppeln. Der Seitendruck der Messer wird durch Kugellager aufgefangen, und die Gestellhälften sind durch die Bolzen a und b verbunden. Das grosse Kreismesser zieht, wie die Walzen, das Blech selbsttätig durch die Schere, so daß Tafeln beliebiger Länge ohne das zeitraubende Nachschieben zerschnitten werden können. Um hierbei einen

Fig. 858. Tragbare Bohrmaschine. Collet & Engelhardt, Offenbach.

geraden Schnitt zu sichern, ist ein Führungsbalken f mit Schlitten g und Pratze h zum Festhalten des Bleches vorgebaut.

Die Leistung dieser Kreisschere übersteigt die der Blattscheren bedeutend. Der Schnittweg soll nach den Angaben der Erbauer 10—20 m i. d. Min. sein.

Siebentes Kapitel

Die tragbaren Werkzeugmaschinen.

Die Ausleger-Bohrmaschine verfolgt bekanntlich den Grundgedanken, schwere Werkstücke ohne Umspannen an mehreren Stellen bohren zu können. Hierzu hat die Maschine eine dreifache Einstellbarkeit.

Mit der Entwickelung des Großmaschinenbaues ist der Grundgedanke der Ausleger-Bohrmaschine noch weiter ausgebaut worden. Die schweren Werkstücke werden mit dem Kran auf große Richtplatten oder Stützböcke gelegt und die Bohrmaschinen dorthin getragen oder gefahren, wo sie gerade gebraucht werden (Fig. 858).

Für Brücken- und sonstige Eisenbauten haben die tragbaren Bohrmaschinen besondere Bedeutung.

Fig. 859. Pendelbohrmaschine. Carl Flohr, Berlin.

Hierbei muß die Maschine in alle möglichen Lagen gebracht werden, weshalb sie an der Kette einer Laufkatze pendelnd aufgehängt ist (Fig. 859). Alle tragbaren Werkzeugmaschinen verlangen naturgemäß elektrischen Einzelantrieb.

Achtes Kapitel.

Berechnungen.

1. Allgemeines über Werkzeuge.

Das Material für Werkzeuge muß neben einer gewissen Naturhärte die Eigenschaft der Härtbarkeit besitzen, damit die Schneidhaltigkeit der Stähle den Anforderungen der Praxis genügt und kein zu häufiges Nachschärfen erforderlich wird. Aus diesem Grunde werden die Werkzeuge entweder aus Kohlenstoffstahl oder aus legiertem Stahl hergestellt.

Der Kohlenstoffstahl besteht in seinen Hauptbestandteilen aus Eisen und Kohlenstoff, ferner aus Silizium und Mangan, Phosphor und Schwefel. Je mehr Kohlenstoff er enthält, um so geringer müssen die schädlichen Bestandteile Phosphor und Schwefel sein. Der Kohlenstoffgehalt liegt zwischen 0,4 und 1,6 $^0/_0$, der Mangangehalt zwischen 0,7 und 0,15 $^0/_0$ und der Siliziumgehalt zwischen 0,5 und 0,1 $^0/_0$. Je nach der Güte des Stahles soll sich der Phosphorgehalt zwischen 0,015 und 0,05 $^0/_0$ bewegen und der Schwefelgehalt zwischen 0,015 und 0,04 $^0/_0$. Die Schneidhaltigkeit dieses Stahles hängt von dem Gehalt und der Form des Kohlenstoffes ab, der hauptsächlich als Härtekohle, d. i. hartmachender Kohlenstoff, vertreten sein muß.

Der legierte Stahl enthält besondere Zusätze, die die Härte und Schneidhaltigkeit erhöhen. Als Legierungsmetalle werden verwendet Chrom, Wolfram, Molybdän, Vanadium, die entweder einzeln oder zu mehreren zugesetzt werden, wie z. B. Chrom und Wolfram.

Der älteste Werkzeugstahl dieser Art ist der Mushet-Stahl. Er hatte die Eigenart, daß er beim langsamen Abkühlen an der Luft ganz hart wurde. Man bezeichnete ihn daher als Lufthärter oder Selbsthärter. Diese Eigenschaft war auf den höheren Gehalt an Wolfram und Mangan zurückzuführen. Derartige Selbsthärter gestatten durch ihre größere Schneidhaltigkeit auch höhere Schnittgeschwindigkeiten (vergl. Tafel I und II S. 2 und 3).

Einen großen Siegeslauf machte der Taylor-White-Stahl, der einen ausgeprägten Gehalt an Chrom (7,8 $^0/_0$) und Wolfram (8 $^0/_0$) hat, dagegen einen geringen Gehalt an Silizium (0,15 $^0/_0$) und Mangan (0,3 $^0/_0$).

Dieser Chrom-Wolfram-Stahl mußte zum Härten bis über 900° erhitzt, dann rasch abgekühlt und hierauf bis auf etwa Braunglut wieder erwärmt werden, um ihn schließlich langsam erkalten zu lassen.

Die neueren Schnellstähle zeigen in ihrer Zusammensetzung keine wesentlichen Unterschiede. Sie besitzen alle, wie die Zahlentafel XV zeigt, einen hohen Gehalt an Chrom und Wolfram und sind ziemlich arm an Mangan und Silizium. Der Kohlenstoffgehalt soll mindestens 0,5 % betragen. Bei allen Marken ist das Bestreben zu erkennen, durch einen großen Gehalt an Chrom und Wolfram die Härte und Schneidhaltigkeit zu erhöhen. Diese Stähle besitzen als Kennzeichen die Rotwarmhärte, d. h. sie können beim Arbeiten bis zur dunklen Rotglut erwärmt werden, ohne daß sie merklich an Härte verlieren. Daher erklären sich auch die große Überlegenheit (Tafel II) und die großen Schnittgeschwindigkeiten (Tafel I) dieser Stähle.

Tafel XV. Zusammensetzung der Schnellstähle.

Marke	Cr %	W %	C %	Mn %	Si %	Va %	Bemerkung
Bedel & Cie.	8,10	22,80	0,90	0,47	0,20	—	C = Kohlenstoff
Österreich. Phönixstahl. .	3,70	20,70	0,67	0,14	0,15	—	Mn = Mangan
Englischer Novostahl . .	2,95	18,85	0,76	0,42	0,33	—	Si = Silizium
Österreich. Rapidstahl . .	7,19	24,50	0,93	0,23	0,24	—	Cr = Chrom
Universalstahl	6,50	23,50	0,60	0,14	0,42	—	W = Wolfram
Armstrong, Witworth & Cie.	3,40	12,44	0,78	0,49	0,44	—	Va = Vanadium
Deutscher Stahl	3,70	30,20	0,60	0,24	0,23	—	
Kejsarstahl	1,22	18,77	0,87	0,27	0,11	—	
Schnellstahl 1906. . . .	5,47	18,91	0,67	0,11	0,043	0,29	

Die Herstellung der Werkzeuge erfolgt durch Schmieden. Der Werkzeugstahl wird in Stangen von passendem Querschnitt vom Stahlwerk bezogen. Für die Verarbeitung sind die Vorschriften des Stahlwerkes genau zu beachten, da jeder Stahl anders behandelt sein will.

Das Abschroten oder Absägen der einzelnen Stücke kann bei manchen Marken kalt erfolgen, bei anderen Marken ist warmes Abschroten vorgeschrieben. Zum Schmieden soll der Stahl möglichst gleichmäßig und langsam und ohne Überhitzung angewärmt werden. Dies geschieht am besten in einem Holzkohlenfeuer, damit der Stahl an seiner Oberfläche keinen Schwefel aufnimmt, der beim Schmieden Risse und beim Härten Sprünge verursacht. Ein Steinkohlenfeuer muß gut durchgebrannt sein und innen eine Kokseinlage haben. Die Schmiedetemperatur der verschiedenen Stähle liegt zwischen 750° und 1050° C. Das Schmieden selbst soll flott und kräftig erfolgen und namentlich bei härteren Stahlmarken ohne Stauchen vor sich gehen. Sinkt dabei die Temperatur auf dunkelkirschrot (600 bis 650° C.), so ist der Stahl nachzuwärmen. Da der Stahl durch öfteres

Nachwärmen an seiner Oberfläche leidet, so ist an der Schneide etwas Stoff wegzunehmen.

Die geschmiedeten Werkzeuge haben durch die Art ihrer Bearbeitung Schmiedespannungen aufgenommen, die durch nochmaliges Erwärmen auf Braunröte (500°) zu beseitigen sind. Viele Schneidwerkzeuge werden nach dem Ausglühen abgeschliffen, abgedreht oder abgehobelt, um sie nach dem Härten auf einem nassen Stein abziehen zu können.

Die größte Vorsicht erfordert das Härten. Hierzu sind die Werkzeuge auf die Härtetemperatur vorsichtig zu erwärmen und dann abzuschrecken. Das Erwärmen kann im Muffelofen, Holzkohlenfeuer oder durchgebrannten Steinkohlenfeuer wie auch im Metall- oder Salzbad erfolgen. Doch ist auch hierbei ein Überhitzen zu vermeiden, da überhitzter Stahl sein feines Korn einbüßt und infolgedessen an Güte verliert. Die Härtetemperatur liegt bei Kohlenstoffstahl zwischen 700° und 850° C. oder dunkler und heller Kirschröte, bei legierten Stählen zwischen 1175° und 1300°, also bei heller Weißglut. Das Abschrecken der Kohlenstoffstähle erfolgt durch rasches Eintauchen in reines Wasser von etwa 20° C. Eine tiefer gehende Härte erreicht man in Salzwasser, eine mildere in Öl, Fett oder Wasser mit Ölschicht. Das Härten der legierten Stähle geschieht in Talg, Fischtran, Öl oder einem kräftigen Luftstrom.

Gehärtete Werkzeuge sind durch ihre Glashärte für den Gebrauch zu spröde, sie müssen daher angelassen werden. Durch das Anlassen wird die Festigkeit und Zähigkeit des Stahles wieder erhöht. Es soll möglichst rasch auf das Härten folgen, damit die Spannungen keine Risse mehr verursachen können.

Zum Anlassen sind die Werkzeuge ganz langsam auf 220 bis 330° zu erwärmen, damit sich die Wärme allen Stellen gleichmäßig mitteilen kann. Sobald die gewünschte Anlauffarbe erscheint, wird wieder in Wasser rasch abgekühlt. Das Erwärmen kann über dem Feuer, in heißem Sande, auf einer glühenden Eisenplatte, in einem Blei- oder Zinnbad erfolgen oder durch Auskochen in heißem Ölbade.

Ein anderes Verfahren für das Anlassen ist, den Stahl noch genügend heiß auß dem Wasser zu ziehen, die gewünschte Anlauffarbe abzuwarten und hierauf wieder in Wasser abzukühlen, damit kein weiteres Anlaufen erfolgen kann. Den richtigen Härtegrad erkennt man beim Anlassen an den Anlauffarben, die in nachstehender Reihenfolge auftreten:

gelb   bei etwa 230° C. für ruhig arbeitende, feine Schneidwerkzeuge,
violett   „   „   280°   „   „   Schneidwerkzeuge, die Stößen ausgesetzt sind,
blau   „   „   300°   „   „   Werkzeuge, die größere Zähigkeit verlangen.

Mit diesem Anlassen verbindet man auch zweckmäßig das Richten solcher Werkzeuge, die sich beim Härten verzogen haben. Das Schärfen der Schneiden ist auf einer Werkzeugschleifmaschine vorzunehmen.

Noch ein Wort über die inneren Vorgänge beim Härten. Erhitzt man Kohlenstoffstahl bis über 785° C., so ist der Kohlenstoff im Eisen als Eisenkarbid (Fe_3C) gebunden. Beim langsamen Erkalten scheidet sich jedoch unter 760⁰ Eisenkarbid als freie Karbidkohle aus, die den Stahl weich macht. Will man demnach beim Kohlenstoffstahl Glashärte erzielen, so muß er abgeschreckt werden, damit das Eisenkarbid als Härtekohle verbleibt. Beim Anlassen wird ein Teil der Härtekohle durch das allmähliche Erwärmen oder Erkaltenlassen zwischen 220 und 330⁰ in freie Karbidkohle übergeführt, die den Stahl weicher macht.

Ganz anders verhält sich der Schnellstahl. Bei dem hohen Chrom- und Wolframgehalt liegt die Umwandlungstemperatur des Eisenkarbids nicht bei 760⁰ C., sondern viel tiefer. Der kritische Punkt sinkt sogar bis unter die Lufttemperatur, sobald die Anfangshitze genügend hoch war. Wird nämlich Chrom-Wolfram-Stahl bis auf volle Weißglut erhitzt, so

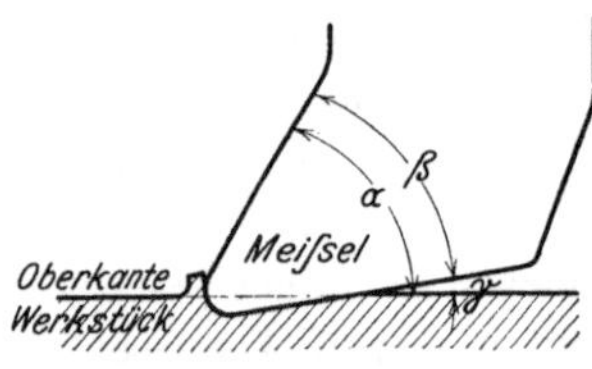

Fig. 860.

tritt die Umwandlnng des Eisenkarbids in freie Karbidkohle erst unterhalb der Lufttemperatur ein. Diese Stähle können daher an der Luft gehärtet werden, da sich beim Erkalten keine freie Karbidkohle ausscheidet. Sie sind also Selbsthärter oder Lufthärter und können daher nach dem Erhitzen an der Luft liegen bleiben oder in einen Luftstrom gehalten werden. Gegen Hitzen bis etwa 700⁰ C. sind sie deshalb auch wenig empfindlich, d. h. sie besitzen Rotwarmhärte.

Die Grundform[1]) aller Schneidwerkzeuge ist ein Keil, bei dem wir drei charakteristische Winkel unterscheiden:

    1. den Schneidwinkel α,
    2. den Keilwinkel β,
    3. den Anstellungswinkel γ.

Zwischen diesen Winkeln besteht die Beziehung: $\alpha = \beta + \gamma$ (Fig. 860).

Tafel XVI. Winkel für Drehstähle.

Rohstoff des Arbeitsstücks	Schneid-winkel α	Keilwinkel β	Anstellungs-Winkel γ
Stahl und Schmiedeeisen	54⁰	51⁰	3⁰
Gußeisen	55⁰	51⁰	4⁰
Bronze	69⁰ und mehr	66⁰	3⁰
Messing	84⁰ und mehr	80⁰	4⁰

[1]) WT 1908, S. 58. E. Simon, Schneidstähle.

Tafel XVII. Schnittgeschwindigkeiten und Vorschübe.[1]

Arbeitsverfahren	Gußeisen				Schmiedeeisen			
	mit gewöhnlichem Werkzeugstahl		mit Schnellstahl		mit gewöhnlichem Werkzeugstahl		mit Schnellstahl	
	Umfangs- oder Schnittgeschwindigkeit m/Min.	Vorschub mm/Umdr.	Umfangs- oder Schnittgeschwindigkeit m/Min.	Vorschub mm/Umdr.	Umfangs- oder Schnittgeschwindigkeit m/Min.	Vorschub mm/Umdr.	Umfangs- oder Schnittgeschwindigkeit m/Min.	Vorschub mm/Umdr.
Drehen	6—12	0,1—3	15—20	0,5—5	10—13	0,1—3	20—30	0,5—5
Gewindeschneiden . .	2—5	—	—	—	2—5	—	15—20	—
Ein- und Abstechen .	5—10	0,05—1,5	15—20	0,05—1,5	6—12	0,02—1	15—20	0,02—1
Bohren { mit Spiralbohrer .	8—12	0,1—0,5	16—20	0,2—2	10—15	0,1—0,5	18—25	0,2—1,5
Bohren { „ Bohrstange .	6—12	0,1—0,3	15—20	0,2—5	8—12	0,1—3	10—20	0,1—2
Bohren { „ Kanonenbohrer	5—10	0,02—0,5	—	—	6—12	0,02—0,5	—	—
Reiben	3—6	0,5—10	—	—	3—6	0,5—10	—	—
		Vorschub mm/Min.		Vorschub mm/Min.		Vorschub mm/Min.		Vorschub mm/Min.
Fräsen { Lang- und Plan-.	10—15	15—150	25—40	25—250	12—18	15—150	30—50	30—300
Fräsen { Rund-	10—15	20—60	—	—	12—15	15—50	—	—
Fräsen { Zahn-.	9—12	15—75	15—20	25—90	10—15	15—50	16—20	25—70
Fräsen { Gewinde- . . .	—	—	—	—	12—15	40—100	—	—
		Vorschub mm/Hub		Vorschub mm/Hub		Vorschub mm/Hub		Vorschub mm/Hub
Hobeln	5—10	wager. 0,1—5 senkr. 0,1—8	10—15	wager. 0,5—10 senkr. 0,6—12	6—12	wager. 0,1—5 senkr. 0,1—8	10—15	wager. 0,5—10 senkr. 0,6—12
Stoßen (senkrecht und wagerecht)	5—10	0,1—2	10—15	0,2—5	6—12	0,1—2	10—15	0,2—5

[1] Hütte II, S. 336.

Tafel XVII. Schnittgeschwindigkeiten und Vorschübe.

| Arbeitsverfahren | Maschinenstahl | | | | Bronze, Rotguß, Messing. | | | |
| | mit gewöhnlichem Werkzeugstahl | | mit Schnellstahl | | mit gewöhnlichem Werkzeugstahl | | mit Schnellstahl | |
	Umfangs- oder Schnittgeschwindigkeit m/Min.	Vorschub mm/Umdr.	Umfangs- oder Schnittgeschwindigkeit m/Min.	Vorschub mm/Umdr.	Umfangs- oder Schnittgeschwindigkeit m/Min.	Vorschub mm/Umdr.	Umfangs- oder Schnittgeschwindigkeit m/Min.	Vorschub mm/Umdr.
Drehen	8—12	0,1—3	15—25	0,5—5	15—30	0,1—3	20—40	0,1—3
Gewindeschneiden . .	2—4	—	—	—	6—15	—	—	—
Ein- und Abstechen .	5—10	0,02—1	12—18	0,02—1	12—20	0,02—1	—	—
Bohren { mit Spiralbohrer .	6—10	0,1—0,5	15—20	0,2—1,5	16—20	0,1—1	25—35	0,1—1
Bohren { „ Bohrstange .	6—10	0,1—3	12—18	0,1—2	15—20	0,1—3	—	—
Bohren { „ Kanonenbohrer	5—10	0,02—0,5	—	—	15—20	0,02—1	—	—
Reiben	3—5	0,5—10	—	—	16—20	0,5—10	—	—
		Vorschub mm/Min.		Vorschub mm/Min.		Vorschub mm/Min.		Vorschub mm/Min.
Fräsen { Lang- und Plan- .	10—15	15—150	25—40	25—250	25—40	25—200	40—70	30—300
Fräsen { Rund-	10—15	12—40	—	—	20—40	15—80	—	—
Fräsen { Zahn-	8—12	12—40	15—18	20—60	20—40	25—100	—	—
Fräsen { Gewinde- . . .	10—12	40—100	—	—	—	—	—	—
		Vorschub mm/Hub		Vorschub mm/Hub		Vorschub mm/Hub		
Hobeln	5—10	wager. 0,1—5 senkr. 0,1—8	10—15	wager. 0,5—10 senkr. 0,6—12	10—20	wager. 0,1—6 senkr. 0,1—10	—	—
Stoßen (senkrecht und wagerecht . .	5—10	0,1—2	10—15	0,2—5	10—20	0,1—2	—	—

| Verfahren | Schmiedeeisen, Stahl und Gußeisen | | | |
| | Umfangsgeschwindigkeit | | Anstellung der Schleifscheibe mm | seitlicher Vorschub der Scheibe mm/Umdr. |
	des Arbeitsstückes m/Min.	der Schleifscheibe m/Sek.		
Schleifen . . .	9—15	25—35 ∼ 30	0,01—0,15	$^2/_3$—$^5/_6$ der Scheibenbreite

Der Schneidwinkel. Von der Größe des Schneidwinkels α ist die Schneidwirkung des Werkzeuges abhängig. Je kleiner er gewählt wird, um so besser ist zwar die Schneidwirkung, um so größer aber auch die Gefahr, daß die Schneidkante abbricht. Bei den Schneidwerkzeugen ist daher α mit Rücksicht auf die Härte des Arbeitsstückes und die Größe des Spanquerschnittes zu wählen (Schrupp- und Schlichtstähle).

Der Keilwinkel oder Zuschärfungswinkel β ist stets so groß zu nehmen, daß ein Abbrechen der Schneide durch den einseitig wirkenden Arbeitsdruck nicht zu befürchten ist.

Der Anstellungswinkel γ hat den Zweck, die Reibung zwischen Werkstück und Werkzeug zu vermindern und der Kühlflüssigkeit und der Luft einen besseren Zutritt zur Schneide zu gestatten. Er beträgt höchstens 3 bis 12° und ist immer nur so groß zu nehmen, daß der Stahl sich noch gut mit der Spitze ansetzen kann und die Schneide nicht abbricht.

2. Die Berechnung des Schnittdruckes und des Arbeitsbedarfs einer Werkzeugmaschine.

a) Der Schnittdruck bei einschneidigen Werkzeugen.

Der an der Schneide des Stahles auftretende Schnittwiderstand oder Schnittdruck W_1 (Fig. 861) wächst mit der Größe des zu nehmenden Spanquerschnittes und der Festigkeit des zu bearbeitenden Stoffes. Der Schnittdruck W_1 steht daher in direktem Verhältnis zum Spanquerschnitt q und zur Zerreißfestigkeit K_z des Stoffes.

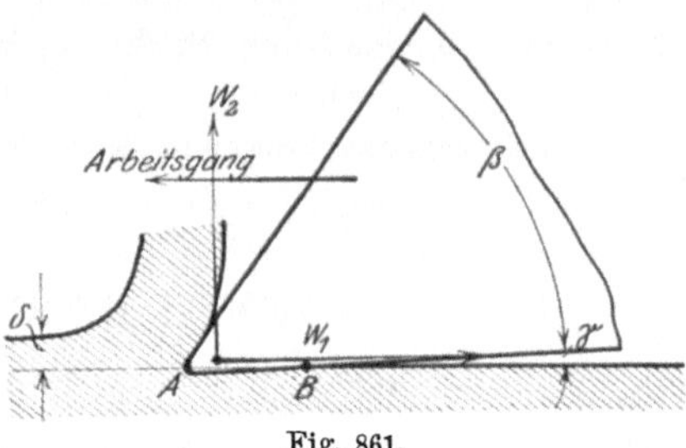

Fig. 861.

Da jedoch beim Spanabnehmen auch größere Reibungswiderstände zu überwinden sind, und auch die Beschaffenheit der Schneide wesentlich mitspielt, so ist bei der Ermittlung des Schnittdruckes an Stelle der Zerreißfestigkeit K_z die Stoffzahl K zu setzen, die ein Vielfaches von K_z ist.

Danach ist der Schnittdruck:

$$W_1 = q \cdot K \ (\text{kg}). \tag{1}$$

Diese Gleichung gilt für alle einschneidigen Werkzeuge, wie Drehstähle, Hobelstähle, Stoßmeißel u. dergl.

Der Spanquerschnitt q läßt sich aus dem Vorschub δ in Millimetern und der Spantiefe s in Millimetern ermitteln:

$$q = \delta \cdot s \text{ qmm.}$$

Die Stoffzahl K ist: $K = a\, K_z \dfrac{\text{kg}}{\text{qmm}}$.

Werte für a:

$a = 2{,}5$ bis $3{,}2$ für das Bearbeiten von Schmiedeeisen und Stahl,
$a = 4$ bis 5 bis 6 „   „   „   „ Gußeisen.

Werte für K_z:

$$K_z = 33 \text{ bis } 40 \ \frac{\text{kg}}{\text{qmm}} \ \text{Schweißeisen,}$$

„ $= 34$ „ 50 „   Flußeisen,
„ $= 45$ „ 100 „   Flußstahl,
„ $= 45$ „ 70 „   Stahlguß,
„ $= 12$ „ 24 „   Gußeisen,
„ $= 20$ „   Rotguß,
„ $= 15$ „   Messing.

Die Stoffzahl K ist nach H. Fischer:

$$K = 70 \text{ bis } 120 \ \frac{\text{kg}}{\text{qmm}} \ \text{Gußeisen,}$$

„ $= 110$ „ 170 „   Schmiedeeisen,
„ $= 160$ „ 240 „   Stahl,
„ ~ 130 „   Stahlguß,
„ $= 50$ „ 100 „   Bronze.

Taylor ermittelte für Gußeisen die Stoffzahl K abhängig vom Vorschub:

$$\text{weiches Gußeisen} \begin{cases} \text{bei großem Vorschub } K = 50 \ \dfrac{\text{kg}}{\text{qmm}} \\ \text{„ kleinem } \quad \text{„} \quad \text{„} = 75 \quad \text{„} \end{cases}$$

$$\text{hartes Gußeisen} \begin{cases} \text{bei großem Vorschub } K = 115 \ \dfrac{\text{kg}}{\text{qmm}} \\ \text{„ kleinem } \quad \text{„} \quad \text{„} = 140 \quad \text{„} \end{cases}$$

Wie die Fig. 861 zeigt, drückt sich die Schneide des Stahles um das Stück $A\,B$ in das Werkstück ein. Infolgedessen muß auf den Stahl

1. der Druck W_1 in der Arbeitsrichtung auf die Brust der Schneide wirken und

2. der Druck W_2 senkrecht zum Rücken der Schneide.

Soll der Stahl beim Arbeiten nicht „hacken“, so muß der Druck gegen den Rücken der Schneide mindestens ebenso groß sein, wie der Druck auf die Schneide. Für die Berechnung der Abmessungen einer Maschine setzt man daher:

$$W_2 = W_1.$$

Ist z. B. der Durchmesser des größten Werkstückes $= D$ mm, so ist das Drehmoment, das auf die Drehbankspindel wirkt:

$$M = W_1 \frac{D}{2} \text{ kgmm.} \tag{2}$$

Außer diesem Drehmoment wirkt auf die Spindel der Rückdruck W_2, der sie auf Biegung beansprucht. In gleicher Weise wirkt auch das Gewicht des Werkstückes. Doch ist hierbei zu beachten, daß der Schnittdruck dem Gewicht des Werkstückes entgegenwirkt und so die Spindel teilweise entlastet.

Beispiel für die Berechnung des Schnittdruckes: Auf einer Drehbank ist eine Welle aus Schmiedeeisen von 40 kg Festigkeit abzudrehen. Die Spantiefe ist 5 mm, der Vorschub 2 mm.

$$\text{Schnittdruck } W_1 = q \cdot K.$$

$$\text{Hierin Spanquerschnitt } q = s \cdot \delta = 5 \cdot 2 = 10 \text{ qmm,}$$

$$\text{Stoffzahl } K = a \, K_z = 3 \cdot 40 = 120 \, \frac{\text{kg}}{\text{qmm}},$$

$$W_1 = 10 \cdot 120 = 1200 \text{ kg,}$$

$$W_2 = 1200 \text{ kg.}$$

Die Vorschubkraft hat Taylor zu $0{,}45 \cdot W_1$ bis $0{,}5 \, W_1$ ermittelt. Sie ist aber bei stumpfen Schneiden viel größer. Taylor empfiehlt daher, die Vorschubgetriebe, insbesondere die der Schruppmaschinen, für den Schnittdruck W_1 zu berechnen.

b) Der Schnittdruck bei Lochbohrern.

Der Bohrer schneidet mit zwei Schneiden. Bei jeder Drehung löst jede Schneide die halbe Metallschicht los (Fig. 862). Ist der Bohrvorschub für jede Umdrehung δ mm und der Durchmesser des Bohrers d mm, so nimmt jede Schneide einen Span von dem Querschnitt $q = \frac{d}{2} \cdot \frac{\delta}{2}$ mm. An jeder Schneide ist daher der Rückdruck gegen den Rücken der Schneide

$$W_2 = q \, K = \frac{d}{2} \cdot \frac{\delta}{2} \cdot K \text{ kg.}$$

Aus dem Rückdruck W_2 läßt sich auch der Schaltdruck P ermitteln, der von der Schaltzahnstange auszuüben ist. Bei dem Spitzenwinkel α ist nämlich nach Fig. 862

$$\sin \frac{\alpha}{2} = \frac{\frac{P}{2}}{W_2},$$

also

$$\frac{P}{2} = W_2 \cdot \sin \frac{\alpha}{2} = \frac{d}{2} \cdot \frac{\delta}{2} \cdot K \cdot \sin \frac{\alpha}{2}$$

und

$$\text{der Schaltdruck } P = 2 \cdot \frac{P}{2} = d \cdot \frac{\delta}{2} \cdot K \cdot \sin \frac{\alpha}{2} \cdot$$

Das Drehmoment, das auf den Bohrer und die Bohrspindel kommt, ist nach Fig. 863

$$M = 2\,W_1 \cdot \frac{d}{4}.$$

Hierin ist

$$W_1 = W_2.$$

Demnach ist das Drehmoment

$$M = 2 \cdot \frac{d}{2} \cdot \frac{\delta}{2} \cdot K \cdot \frac{d}{4} = \frac{d^2}{8} \cdot \delta \cdot K \text{ kgmm.}$$

Bei gewöhnlichen Bohrern (Spiralbohrern) ist $\alpha = 120^0$.

Für $\dfrac{\alpha}{2} = 60^0$ ist:

Schaltdruck $P = d \cdot \dfrac{\delta}{2} \cdot K \cdot \sin\dfrac{\alpha}{2} = 0{,}433\,d \cdot \delta \cdot K.$

Drehmoment $M = \dfrac{d^2}{8} \cdot \delta \cdot K.$

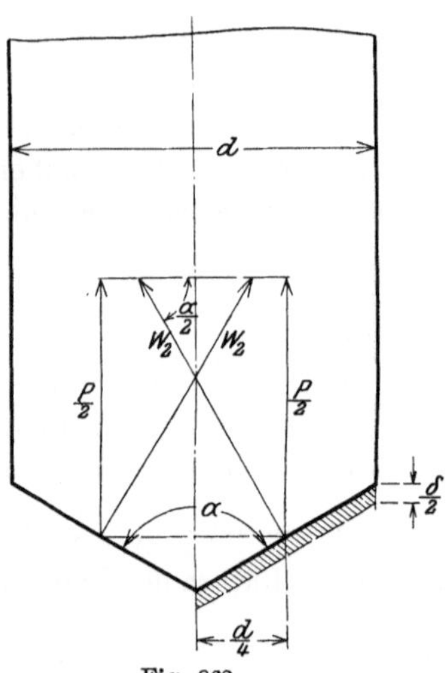

Fig. 862.

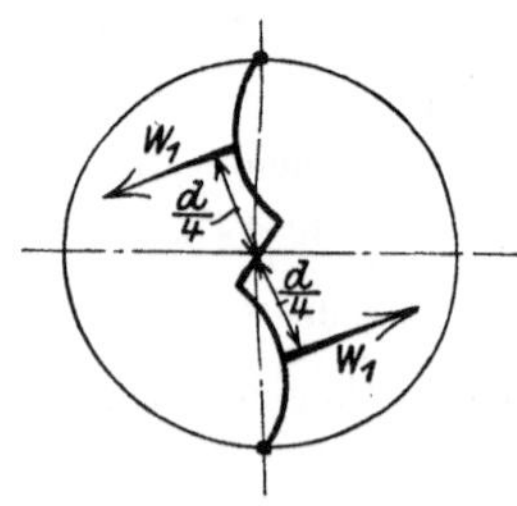

Fig. 863.

Bei Kanonenbohrern ist: $\alpha = 180^0$.

Für $\dfrac{\alpha}{2} = 90^0$ ist:

Schaltdruck $P = d \cdot \dfrac{\delta}{2} \cdot K \cdot \sin\dfrac{\alpha}{2} = d \cdot \dfrac{\delta}{2} \cdot K.$

Drehmoment $M = \dfrac{d^2}{8} \cdot \delta \cdot K.$

Beispiel: Ein Loch von 40 mm Durchmesser ist in Gußeisen von 20 kg Festigkeit bei 0,2 mm Vorschub zu bohren.

Schaltdruck $P = 0{,}433 \cdot d \cdot \delta \cdot K.$

Hierin $d = 40$ mm, $\delta = 0,2$ mm, $K = 5 \cdot K_z = 100$ kg,
$$P = 0,433 \cdot 40 \cdot 0,2 \cdot 100 = 346 \sim 350 \text{ kg}.$$

Drehmoment $M = \dfrac{d^2}{8} \cdot \delta \cdot K = 4000$ kgmm.

c) Der Schnittdruck bei mehrschneidigen Werkzeugen, Fräsern.

Wird das Werkstück dem Fräser (Fig. 864) in jeder Sekunde um den
Vorschub von c mm zugeschoben, so nimmt er in jeder Sekunde eine Span-
menge von $s \cdot c \cdot b$ cbmm. Um diese Stoffmenge zu zerspanen, muß der
Fräser dieselbe Arbeit aufwenden, wie ein einschneidiges Werkzeug, das
den Span vom Querschnitt $q = b \cdot s$ qmm mit der Geschwindigkeit von
$c \dfrac{\text{mm}}{\text{Sek.}}$ nehmen würde. Das einschneidige Werkzeug hätte dabei den
Schnittwiderstand $W_1 = q \cdot K$ mit der Geschwindigkeit von $c \dfrac{\text{mm}}{\text{Sek.}}$ zu
nehmen.

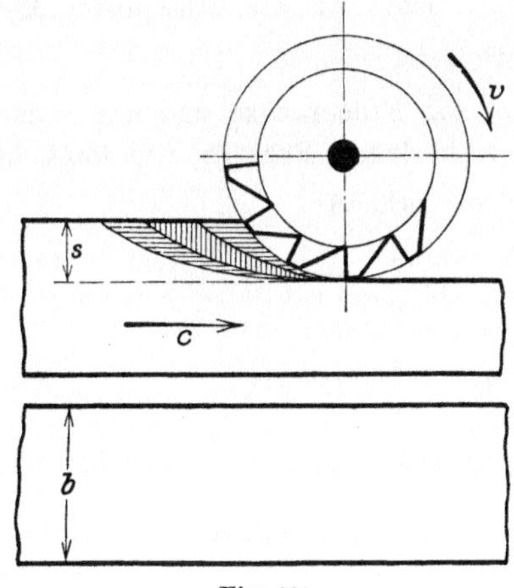

Fig. 864.

Hierfür würde es einen Arbeitsaufwand beanspruchen von
$$A = W_1 \cdot c = b \cdot s \cdot K \cdot c \text{ mmkg}.$$

Der Fräser hat an den arbeitenden Schneiden den Schnittwiderstand W_1
mit der Umfangsgeschwindigkeit v zu nehmen. Hierfür ist der Arbeitsbedarf
$$A = W_1 \cdot v \text{ mmkg}.$$

Da der Arbeitsbedarf beider Werkzeugarten gleich ist, so ist
$$W_1 \cdot v = b \cdot s \cdot K \cdot c$$
und der Schnittdruck des Fräsers:
$$W_1 = b \cdot s \cdot K \cdot \frac{c}{v} \text{ kg}.$$

Hierin ist $b =$ Spanbreite in mm, $s =$ Spantiefe in mm, $c =$ Vorschub in $\dfrac{\text{mm}}{\text{Sek.}} = \dfrac{n \cdot \delta}{60}$, wenn $\delta =$ Vorschub für 1 Umdrehung ist, und $v =$ Schnittgeschwindigkeit in $\dfrac{\text{mm}}{\text{Sek.}}$.

Die Gleichung $W_1 = b \cdot s \cdot K \cdot \dfrac{c}{v}$ lehrt, daß auch beim mehrschneidigen Werkzeug der Schnittdruck mit der Spantiefe und der Spanbreite, sowie der Festigkeit des zu bearbeitenden Stoffes wächst. Er wächst ebenso mit der Größe des Vorschubes c, weil bei großem Vorschub der Fräser in der Sekunde mehr Stoff zu zerspanen hat als bei kleinem Vorschub. Dagegen nimmt der Schnittdruck an den Fräserzähnen mit der Schnittgeschwindigkeit v ab, weil bei großer Umfangsgeschwindigkeit auf die einzelnen Zähne geringere Spanmengen kommen.

Der quer zur Fräserachse gerichtete Druck ist $R = \sqrt{W_1{}^2 + W_2{}^2} = 1{,}4\,W_1$ und das Drehmoment für die Frässpindel $M = W_1 \dfrac{D}{2}$, hierin $D =$ Durchmesser des Fräsers.

Der Querdruck R zur Fräserachse und das widerstehende Moment M läßt sich bei den verschiedenen Fräsern, wie folgt, berechnen:

1. Fräser mit vielen Zähnen:

$$R = 1{,}4 \cdot b \cdot s \cdot \frac{c}{v} \cdot K,$$

$$M = 0{,}5 \cdot b \cdot s \cdot \frac{c}{v} \cdot K \cdot D.$$

2. Fräser mit geringerer Zähnezahl z und bei geringer Spantiefe s:

$$R \leqq \frac{8{,}85}{z} \cdot b \cdot \frac{c}{v} \cdot K \cdot \sqrt{s \cdot D - s^2} \;\text{(kg)},$$

$$M \leqq \frac{3{,}2}{z} \cdot b \cdot \frac{c}{v} \cdot K \cdot D \cdot \sqrt{s \cdot D - s^2} \;\text{(kgmm)}.$$

3. Zweischneidige Langlochbohrer:

$$R \leqq 2{,}2 \cdot b \cdot \frac{c}{v} \cdot K \cdot D \;\text{(kg)},$$

$$M \leqq 1{,}1 \cdot b \cdot \frac{c}{v} \cdot K \cdot D^2.$$

4. Langlochfräser:

$$R = 1{,}1 \cdot b \cdot D \cdot \frac{c}{v} \cdot K,$$

$$M = 0{,}5 \cdot b \cdot D \cdot \frac{c}{v} \cdot K \cdot D = 0{,}5 \cdot b \cdot D^2 \cdot \frac{c}{v} \cdot K.$$

Beispiel: Es ist von einem Gußstück von 300 mm Breite eine Schicht von 5 mm Tiefe bei 300 mm Schnittgeschwindigkeit und 2 mm Vorschub i. d. Sek. abzufräsen.

$$\text{Schnittdruck } W_1 = b \cdot s \cdot K \cdot \frac{c}{v} = 300 \cdot 5 \cdot 100 \cdot \frac{2}{300} = 1000 \text{ kg.}$$

Druck senkrecht zur Fräserachse $R = 1{,}4 \cdot W_1 = 1400$ kg.

d) Der Schnittdruck bei Lochwerkzeugen.

Bei den Lochmaschinen (Fig. 840) nimmt man, um glatte Lochwandungen zu erhalten, den Stempeldurchmesser $d_1 = d - \frac{1}{8} \cdot s$, wenn d die Lochweite und s die Blechstärke in mm ist. Dem Lochring gibt man einen Durchmesser $d_2 = d + \frac{1}{8} \cdot s$ mm oder man wählt auch $d_1 = d$ und $d_2 = d + \frac{1}{4} \cdot s$. Bei Feinblechen muß zur Vermeidung von Grat der Stempel genau in den Lochring passen. Um die Reibungswiderstände beim Lochen zu vermindern, wird der Stempel von der Schneidkante ab nach oben etwas verjüngt und der Lochring schwach kegelförmig gehalten.

Der Schnittwiderstand steht auch hier im direkten Verhältnis zu dem herauszuscherenden Querschnitt:

$$W_1 = d\,\pi \cdot s \cdot K.$$

Die Stoffzahl K ist hier etwa $1{,}7 \times$ Schubfestigkeit

für Stahlblech, weich, ...	$K =$	60	bis	70	$\frac{\text{kg}}{\text{qmm}}$
„ Schmiedeeisen	„ =	40	„	60	„
„ „ , dunkelrot .	„ =	12	„	20	„
„ Kupferblech	„ =	25	„	40	„
„ Zinkblech	„ =	9	„	15	„
„ Zinn	„ =	2	„	3	„
„ Blei	„ =	1,5	„	2,4	„

Der Hub des Stempels ist etwa gleich der 2- bis 3fachen Blechstärke zu nehmen und die Schnittgeschwindigkeit zu 15 bis 20 $\frac{\text{mm}}{\text{Sek.}}$.

e) Der Schnittdruck bei Scheren.

Bei den Scheren (Fig. 838) läßt sich der Schnittdruck in ähnlicher Weise bestimmen.

Bei den gleichlaufenden Scherblättern von der Breite b ist bei der Blechdicke s:

$$W_1 = b \cdot s \cdot K.$$

Bei den um den Winkel δ gegeneinander geneigten Scherblättern ist nach H. Fischer

$$W_1 = \frac{0{,}225\, s^2}{\operatorname{tg} \delta} \cdot K$$

und für $\delta = 9^0$

$$W_1 = 1{,}4\, s^2 \cdot K.$$

Schnittgeschwindigkeit $= 15$ bis $30\, \dfrac{mm}{Sek.}$·

f) Der Arbeitsbedarf der Werkzeugmaschinen.

Der Arbeitsbedarf einer Werkzeugmaschine hängt von so vielen Umständen ab, daß eine genaue Bestimmung nur durch Messungen erfolgen kann. Jede Rechnung ergibt nur Annäherungswerte.

1. Berechnung des Arbeitsbedarfs aus Schnittdruck und Schnittgeschwindigkeit.

Hat die Maschine den Schnitt mit einer Schnittgeschwindigkeit von v m i. d. Sek. zu vollziehen, und ist der Schnittwiderstand an der Schneide des Stahles W_1 kg, so ist

$$\text{die reine Schnittarbeit} = W_1 \cdot v\, \frac{mkg}{Sek.} = \frac{W_1 \cdot v}{75}\ PS.$$

Berücksichtigt man die Reibungswiderstände in der Maschine, die ja im Betriebe überwunden werden müssen, durch den Wirkungsgrad η, so ist

der wirkliche Arbeitsbedarf der Werkzeugmaschine

$$N = \frac{W_1 \cdot v}{75} \cdot \frac{1}{\eta}\ \textbf{(PS.)}. \tag{3}$$

Hierin ist $W_1 =$ Schnittdruck in kg.

$$v = \text{Schnittgeschwindigkeit in } \frac{m}{Sek.}·$$

Wirkungsgrade $\eta \sim 0{,}7$ bei Drehbänken, Bohrmaschinen, Fräsmaschinen gewöhnlicher Bauart.

$\eta = 0{,}6$ bei Hobelmaschinen.

Die Vorschubarbeit, die der Antriebsriemen oder die Antriebsräder des Vorschubes zu leisten haben, ist

$$N_v = \frac{\text{Vorschubkraft} \times \text{Vorschubgeschwindigkeit}}{75}$$

$$N_v = 0{,}5\ W_1 \cdot \frac{n \cdot \delta}{60} \cdot \frac{1}{75} \text{ bis } W_1 \cdot \frac{n \cdot \delta}{75} \cdot \frac{1}{75}\ \text{(PS.)}.$$

Hierin ist $\delta =$ Vorschub in $\dfrac{m}{Umdr.}$ und $n =$ Umläufe/Min.

1. Beispiel: Wie groß ist der Arbeitsbedarf der Drehbank im Beispiel auf S. 505, wenn die Schnittgeschwindigkeit $v = 20\, \dfrac{m}{Min.} = \dfrac{20}{60}\, \dfrac{m}{Sek.}$ ist?

$$N = \frac{W_1 \cdot v}{75} \cdot \frac{1}{\eta} = \frac{1200 \cdot 20}{75 \cdot 60} \cdot \frac{1}{0{,}7} \sim 7{,}6\ PS.$$

Wie groß ist die Arbeit des Vorschubriemens?

Hat die Welle 65 mm Durchmesser, so muß sie bei $v = 20 \dfrac{m}{Min.}$

$$n = \frac{v}{\pi\, d} = \frac{20}{0,204} = 100 \text{ Umläufe machen. Da der Vorschub/Umdr.} = 2 \text{ mm}$$

ist, so ist die Vorschubgeschwindigkeit $= \dfrac{n \cdot \delta}{60} = \dfrac{100 \cdot 0,002}{60} = \dfrac{1}{300} \dfrac{m}{Sek.}$

Demnach ist $N_v = \dfrac{W_1}{300} \cdot \dfrac{1}{75} = \dfrac{1200}{300 \cdot 75} = 0,05$ PS.

2. Beispiel: Wie groß ist der Arbeitsbedarf der Bohrmaschine im Beispiel auf S. 506, wenn die Umfangsgeschwindigkeit des Bohrers $10 \dfrac{m}{Min.}$ ist.

Nach Fig. 863 tritt der Schnittwiderstand W_1 auf Mitte der beiden Schneiden auf.

Infolgedessen ist

$$N = 2\, W_1 \frac{v}{2} \frac{1}{75} \cdot \frac{1}{\eta} = \frac{W_1\, v}{75} \cdot \frac{1}{\eta} \text{ PS.}$$

Der Schnittwiderstand an jeder Schneide ist

$$W_1 = \frac{d}{2} \cdot \frac{\delta}{2} \cdot K = \frac{40}{2} \cdot \frac{0,2}{2} \cdot 100 = 200 \text{ kg.}$$

$$N = \frac{200 \cdot 10}{60 \cdot 75} \cdot \frac{1}{0,7} = 0,64 \text{ PS.}$$

2. Die Berechnung des Arbeitsbedarfs aus Spanleistung und Leergangsarbeit.

Der Arbeitsbedarf N einer Werkzeugmaschine setzt sich zusammen aus der Leergangsarbeit N_1 und der Nutzarbeit N_2. Hiernach wäre

$$N = N_1 + N_2 \text{ (PS.)}$$

Die Leergangsarbeit N_1 wird im wesentlichen von der Größe der Maschine, der Anzahl ihrer Vorgelege und deren Umdrehungen abhängen.

Die Nutzarbeit N_2 hat E. Hartig auf das Gewicht der in einer Stunde abgedrehten Späne bezogen. Leistet die Maschine in 1 Std. G kg Späne, und ist ε der Arbeitsaufwand in PS. für $1 \dfrac{kg}{Std}$, so ist

$$N_2 = \varepsilon\, G.$$

Werte für ε und N_1 nach Hartig.

1. Drehbänke:[1]) Bei einem mittleren Spanquerschnitt $q = 2,8$ qmm ist für

$$\begin{aligned}
\text{Gußeisen} &\;\ldots\ldots\ldots\; \varepsilon = 0,069 \text{ PS.,}\\
\text{Schmiedeeisen} &\;\ldots\ldots\; \text{„} = 0,072 \;\text{„}\\
\text{Stahl} &\;\ldots\ldots\ldots\; \text{„} = 0,104 \;\text{„}
\end{aligned}$$

$$N_1 = 0,1 \text{ bis } 0,7 \text{ PS.}$$

---

[1]) W T 1907, S. 80, 366, 391.

2. **Lochbohrmaschinen** mit Spitzbohrern vom Durchm. $= d_{mm}$:

Gußeisen, trocken . . . . $\varepsilon = 0{,}135 + \dfrac{0{,}135}{d_{mm}}$,

Schmiedeeisen, mit Öl geschmiert . „ $= 0{,}135 + \dfrac{0{,}55}{d_{mm}}$.

$$N_1 = 0{,}05 \text{ bis } 0{,}5 \text{ PS.}$$

3. **Ausbohrmaschinen:**

Gußeisen . . . . . $\varepsilon = 0{,}034 + \dfrac{0{,}13}{q}$,

$$q = \text{Spanquerschnitt in qmm.}$$
$$N_1 = 0{,}05 \text{ bis } 0{,}3 \text{ PS.}$$

4. **Fräsmaschinen:**[1]

Gußeisen . . . . $\varepsilon = 0{,}07$

Gußhaut . . . . „ $= 0{,}24.$

$$N_1 = 0{,}55 \text{ bis } 0{,}1 \text{ PS.}$$

5. **Hobelmaschinen:**

Graues Gußeisen . . . $\varepsilon = 0{,}034 + \dfrac{0{,}13}{q}$,

Schmiedeeisen . . . . „ $= 0{,}114,$

Stahl . . . . „ $= 0{,}246,$

Bronze . . . . „ $= 0{,}028.$

$$q = \text{Spanquerschnitt in qmm,}$$
$$N_1 = 0{,}6 \text{ bis } 0{,}1 \text{ PS.}$$

6. **Lochmaschinen:**

$$N = N_1 + N_2.$$
$$N_1 = 0{,}16 \text{ bis } 0{,}82 \text{ PS.}$$
$$N_2 = 3{,}71 \; \alpha \, F.$$

$\alpha = 0{,}25 + 0{,}0145 \, s$, hierin $F = $ Schnittfläche in $\dfrac{\text{qm}}{\text{Std}}$ und $s_{mm} = $ Blechstärke.

Aufgabe: Auf einer Drehbank soll eine Welle von 120 mm Durchmesser abgedreht werden bei einer Spanstärke von 7 mm und einem Vorschub von 0,4 mm. Die Schnittgeschwindigkeit sei $100 \, \dfrac{\text{mm}}{\text{Sek}}$. Welchen Arbeitsaufwand verlangt die Maschine?

Die Umdrehung der Maschine:

$$v = \frac{\pi \cdot d \cdot n}{60},$$

$$100 = \frac{\pi \cdot 120 \cdot n}{60},$$

$$n = 16.$$

Die Maschine muß also, um die Schnittgeschwindigkeit von 100 mm auszunutzen, in der Minute 16 Umläufe machen. Bei jeder Umdrehung schiebt die Maschine den Stahl um 0,4 mm vor, also ist der Vorschub in der Minute $= 0{,}4 \cdot 16$ mm und in der Stunde $= 0{,}4 \cdot 16 \cdot 60 = 384$ mm $= 3{,}84$ dcm. Es

---

[1] WT 1907, S. 22.

wird also in der Stunde eine Spansäule abgedreht, die 120 mm äußeren Durchmesser und 106 mm inneren Durchmesser hat. Das Gewicht dieser Spansäule wäre demnach:

$$G = \left(\frac{1,2^2\,\pi}{4} - \frac{1,06^2\,\pi}{4}\right) \cdot 3,84 \cdot 7,8 = 7,5 \text{ kg,}$$

wenn 7,8 das Einheitsgewicht ist.

Für dieses stündliche Spangewicht von 7,5 kg wäre eine Nutzarbeit aufzuwenden von:

$$N_2 = \varepsilon \cdot G = 0{,}072 \cdot 7{,}5 = 0{,}54 \text{ PS.}$$
$$N_1 = 0{,}3 \text{ PS.}$$

Arbeitsaufwand: $N = N_1 + N_2 = 0{,}84$ PS.

Für Entwürfe von Werkstätten kann der Arbeitsbedarf der wichtigsten Werkzeugmaschinen aus nachstehender Tafel entnommen werden.

Tafel XVIII.[1])

Der Arbeitsbedarf der Werkzeugmaschinen.

1. Drehbänke.

a) Spitzendrehbänke.

Spitzenhöhe in mm . .	150	200	250	300	350	400	500	600	750
Anzahl der Werkzeugschlitten	1	1	1	1	1	1	1	1	2
Arbeitsbedarf in PS. . .	1,5	2	2,5	3	3,5	4	4,5	5	7

Spitzenhöhe in mm . .	1000	1250	1500	1750	2000
Anzahl der Werkzeugschlitten	2	4	4	6	6
Arbeitsbedarf in PS. . .	10	12	15	20	25—30

mit Doppelbett

$$\text{Arbeitsbedarf} \sim \frac{1}{100} \times \text{Spitzenhöhe in mm.}$$

b) Plandrehbänke mit liegender Spindel.

Drehdurchmesser mm	1000	1250	1500	1750	2000	2500	3000
Arbeitsbedarf in PS. .	2	2,5	3	3,5	4	5	6

Drehdurchmesser mm	4000	5000	6000	8000	10000
Arbeitsbedarf in PS. .	8	10	12	18	25—30

$$\text{Arbeitsbedarf} \sim \frac{1}{500} \times \text{Drehdurchmesser in mm.}$$

c) Plandrehbänke mit stehender Spindel (Karuselldrehbänke).

Drehdurchmesser in mm	750	1000	1250	1500	2000	2500	3000	4000	5000
Arbeitsbedarf in PS. . .	1,5	2	3	4	6	7	9	12	18

Drehdurchmesser in mm	5000/7500	6000/9000	7000/10000	7500/12000
Arbeitsbedarf in PS. . .	20—30	25—40	30—50	40—80

mit verschiebbaren Ständern.

---

[1]) Hütte II, S. 345.

d) Revolverdrehbänke.

Größter Rohstangen-$\varnothing$ in mm.	10	15	20	25	30	40
Arbeitsbedarf in PS.	1	1,5	2	2,5	3	4

$$\text{Arbeitsbedarf} \sim \frac{1}{10} \times \text{Rohstangen-}\varnothing \text{ in mm.}$$

e) Walzendrehbänke.

Walzendurchmesser in mm . .	400	500	600	800	1000	1200	1500
Walzenlänge in mm	2500	3000	3500	4000	5000	5500	6000
Arbeitsbedarf in PS.	5	6	7	8	12	15	16—20

$$\text{Arbeitsbedarf} \sim \frac{1}{80} \text{ bis } \frac{1}{100} \times \text{Walzen-}\varnothing \text{ in mm.}$$

f) Radsatzdrehbänke.

Größter Raddurchmesser in mm .	1000	1250	1500	1750	2000	2250	2500
Arbeitsbedarf in PS.	5	6	8	10	12	14	16—20

$$\text{Arbeitsbedarf} \sim \frac{1}{175} \text{ bis } \frac{1}{200} \times \text{Raddurchmesser in mm.}$$

2. Fräsmaschinen.

a) Einfache und allgemeine Fräsmaschinen.

Tischfläche in mm $\times$ mm .	500 $\times$ 125	750 $\times$ 150	1000 $\times$ 200	1250 $\times$ 250	1500 $\times$ 350
Teilkopf-Spitzenhöhe in mm	100	110	125	150	200
Arbeitsbedarf in PS. . . .	0,6	1	2	3	3,5

$$\text{Arbeitsbedarf} \sim \frac{1}{1000} \times \text{Tischfläche in qcm.}$$

b) Senkrechte Fräsmaschinen.

Tischfläche in mm $\times$ mm	500 $\times$ 125	750 $\times$ 200	1000 $\times$ 300	—	—	—
Durchmesser des Rundtisches mm	—	—	450	650	1000	1500
Ausladung der Spindel mm	150	200	350	500	800	1000
Arbeitsbedarf in PS. . .	1	1,5	2	3	4,5	6

3. Sägen.

a) Kaltkreissägen.

Sägeblatt-$\varnothing$ in mm	500	600	900	1200	1500
Arbeitsbedarf in PS.	5	6	9	12	16

$$\text{Arbeitsbedarf} \sim \frac{1}{100} \times \text{Sägeblatt-}\varnothing \text{ in mm.}$$

b) Warmsägen und Pendelsägen.

Sägeblatt-$\varnothing$ in mm	600	1000	1500
Arbeitsbedarf in PS.	15—20	40—45	60—70

4. Bohrmaschinen.
a) Senkrecht-Bohrmaschinen (Lochbohrmaschinen).

Lochdurchmesser in mm	20	30	40	50	75	100
Kraftbedarf in PS.	1,5	2	3	4	5	7

Arbeitsbedarf $\sim \dfrac{1}{13} \times$ Lochdurchmesser in mm.

b) Wagerecht-Bohrmaschinen (Ausbohrmaschinen) mit festliegender Spindel.

Bohrspindel-$\varnothing$ in mm	50	60	70	80	100	120
Für Bohrungen bis mm	200	250	300	400	500	600
Arbeitsbedarf in PS.	2	2,5	3	4	5	7

Arbeitsbedarf $\sim \dfrac{1}{20}$ bis $\dfrac{1}{25} \times$ Bohrspindel-$\varnothing$ in mm.

c) Wagerecht-Bohrmaschinen mit verschiebbarer Spindel.

Bohrspindel-$\varnothing$ in mm	80	100	120	150	200	250
Für Bohrungen bis mm	400	500	600	1000	1500	2000
Arbeitsbedarf in PS.	6	7	8	10	15	20—25

Arbeitsbedarf $\sim \dfrac{1}{15} \times$ Bohrspindel-$\varnothing$ in mm.

d) Zylinder-Bohrmaschinen.

Bohrstangen-$\varnothing$ in mm	150	200	250	300	350	400	450	500
Für Bohrungen bis mm	700	800	1000	1200	1500	2000	2500	3000
Arbeitsbedarf in PS.	5	6	7	8	10	12	16	20—25

Arbeitsbedarf $\sim \dfrac{1}{35}$ bis $\dfrac{1}{30} \times$ Bohrstangen-$\varnothing$ in mm.

5. Schleifmaschinen.
a) Rundschleifmaschinen.

Scheiben-$\varnothing$ in mm	250	300	500
Arbeitsbedarf in PS.	5—8	6—10	10—15

Arbeitsbedarf $\sim \dfrac{1}{50}$ bis $\dfrac{1}{30} \times$ Scheiben-$\varnothing$ in mm.

b) Werkzeugschleifmaschinen.
Arbeitsbedarf 0,75—1,2 PS.

6. Hobelmaschinen.
a) Tischhobelmaschinen.

Hobelbreite und Höhe in mm	600	800	1000	1250	1500
Hobellänge in mm	1500	2000	2500	3000	4000
Arbeitsbedarf in PS.	3	5	6,5	8	10

Hobelbreite und Höhe in mm	2000	2500	3000	4000
Hobellänge in mm	5000	6000	8000	10000
Arbeitsbedarf in PS.	15	20	25	30—35

Arbeitsbedarf $\sim \dfrac{1}{300}$ bis $\dfrac{1}{500} \times$ Hobellänge in mm.

b) Stößelhobelmaschinen.

Hub in mm	200	300	400	500	600	800	1000
Arbeitsbedarf in PS	1,5	2	3	4,5	6	7,5	9

$$\text{Arbeitsbedarf} \sim \frac{1}{120} \times \text{Hub in mm.}$$

c) Stoßmaschinen.

Hub in mm	175	200	250	300	350	400	500	600	700	800
Ausladung	350	450	550	600	700	800	900	1000	1150	1300
Arbeitsbedarf bei Schwinghebelantrieb	2	3	4	5.5	6	7	8	10	12	14
Arbeitsbedarf bei Schraubenantrieb							7	9	14	17	20

$$\text{Arbeitsbedarf} \sim \frac{1}{60} \times \text{Hub.}$$

d) Blechkantenhobelmaschinen.

Hobellänge in mm	4000	5000	7000—10000		
Spannhöhe in mm	100	120	140	160	200
Arbeitsbedarf in PS	7	8	10	15	20

7. Blechbearbeitungsmaschinen.

a) Blechscheren und Lochmaschinen.
(Doppelständer mit Exzenterantrieb.)

Blechdicke in mm	8	10	15	20	25	30	40
Lochdurchmesser in mm	16	20	22	26	30	35	40
Arbeitsbedarf in PS	3	4	7	10	14	25	40

b) Blechbiegemaschinen.

Blechbreite in mm	3000					6000			
Blechdicke in mm	12	15	20	25	30	15	20	25	30
Arbeitsbedarf in PS	10	12	18	27	40	30	40	55	75

c) Blechrichtmaschinen.

Blechdicke in mm	6	10	15	20	25	30	35	40
Blechbreite in mm	1200	1300	1500	1800	2200	2600	3000	3500
Rollendurchmesser	120	200	250	300	330	350	370	400
Arbeitsbedarf in PS	6	8	12	20	30	55	90	130

3. Die Berechnung der Antriebe von Werkzeugmaschinen.

a) Die Berechnung der Stufenscheibe und Rädervorgelege.

Will man bei einer Werkzeugmaschine die Schnittgeschwindigkeit stets ausnutzen, so muß die Maschine verschiedene Umdrehungen haben. Diese Umdrehungen ordnet man in der Regel nach einer geometrischen

Reihe. Sind z. B. z verschiedene Umdrehungen geplant, so wäre ihre Reihe:

$$n_1, \quad n_2, \quad n_3, \ldots n_z.$$

Nach der geometrischen Reihe ist hierin:

$$n_2 = n_1\,\varphi, \qquad n_3 = n_2\,\varphi = n_1\,\varphi^2, \qquad n_4 = n_1\,\varphi^3, \ldots$$

(1) $$n_z = n_1\,\varphi^{z-1}.$$

Für gewöhnlich sind die größte und die kleinste Umdrehungszahl vorgeschrieben, so daß der Quotient φ der Reihe aus (1) berechnet werden kann auf Grund der Beziehung:

(2) $$\varphi = \sqrt[z-1]{\frac{n_z}{n_1}}.$$

In gleicher Weise läßt sich die Anzahl z der verschiedenen Umdrehungen aus Gleichung (1) bestimmen, sobald φ angenommen wird.

(3) $$z = 1 + \frac{lg\left(\dfrac{n_z}{n_1}\right)}{lg\,\varphi}.$$

In der Regel $\varphi = 1{,}25$ bis 2.

Die Berechnung der Rädervorgelege.

Richtet man in dem Spindelstock ein doppeltes Rädervorgelege ein, so hat man die geometrische Reihe der Umdrehungen in zwei Gruppen von je $\frac{z}{2}$ Gliedern zu zerlegen. Hiernach sind die Umdrehungen:

ohne Vorgelege $\quad n_1\,\varphi^{z-1}, \qquad n_1\,\varphi^{z-2}, \ldots n_1\,\varphi^{z-\frac{z}{2}} = n_1\,\varphi^{\frac{z}{2}},$

mit Vorgelegen $\quad n_1\,\varphi^{\frac{z}{2}-1}, \qquad n_1\,\varphi^{\frac{z}{2}-2}, \ldots n_1.$

Läuft die Maschine mit Vorgelegen, so ist ihre kleinste Umlaufszahl n_1. Werden die Vorgelege von der Übersetzung i ausgerückt, und bleibt der Riemen auf der größten Scheibe liegen, so läuft die Maschine nach der obigen Reihe mit $n_1\,\varphi^{\frac{z}{2}}$ Umdrehungen, also muß

$$n_1\,\varphi^{\frac{z}{2}} \cdot i = n_1 \text{ sein.}$$

Hieraus läßt sich die Übersetzung der Rädervorgelege berechnen:

(4) $$i = \frac{1}{\varphi^{\frac{z}{2}}}.$$

Die Umläufe des Deckenvorgeleges.

Nimmt man für den Spindelstock und das Deckenvorgelege zwei gleiche Stufenscheiben, so lassen sich die Umläufe n des Deckenvorgeleges berechnen aus der Beziehung (Fig. 865):

$$n\,d_1 = n_z \cdot d_{\frac{z}{2}} \qquad \left(\text{Riemen an der Maschine auf } d_{\frac{z}{2}}\right),$$

$$n\,d_{\frac{z}{2}} = n_1\,\varphi^{\frac{z}{2}} \cdot d_1 \qquad (\text{Riemen an der Maschine auf } d_1),$$

$$n^2 = n_z\,n_1\,\varphi^{\frac{z}{2}}.$$

Nach Gleichung (1) ist: $n_1 = \dfrac{n_z}{\varphi^z - 1}$. Dies eingesetzt, ergibt:

$$n^2 = \frac{n_z^2\,\varphi^{\frac{z}{2}}}{\varphi^z - 1},$$

$$n^2 = n_z^2\,\varphi^{-\frac{z}{2}+1} = \frac{n_z^2}{\varphi^{\frac{z}{2}} - 1}.$$

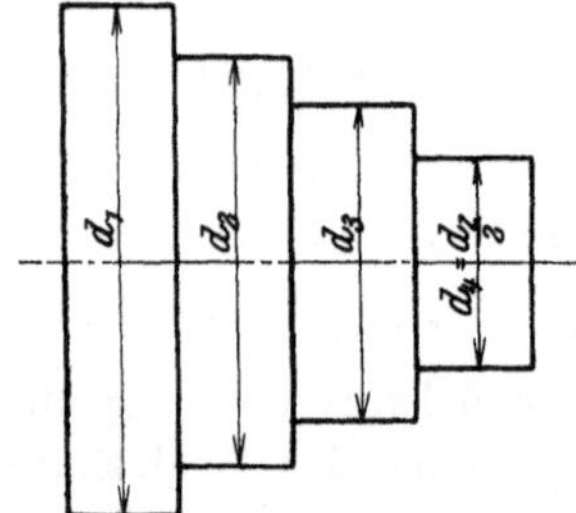

Fig. 865. Stufenscheibe.

Umläufe des Deckenvorgeleges:

(5)
$$n = \frac{n_z}{\sqrt{\varphi^{\frac{z}{2} - 1}}}.$$

Die Berechnung der Scheibendurchmesser.

Nach Fig. 865 ist: $\dfrac{d_1}{d_{\frac{z}{2}}} = \dfrac{n_z}{n}$ und nach Einführung der Gl. 5.

(6)
$$\frac{d_1}{d_{\frac{z}{2}}} = \sqrt{\varphi^{\frac{z}{2} - 1}}.$$

Hierin wird der kleinste Scheibendurchmesser $d_{\frac{z}{2}}$ in der Regel durch den Aufbau gegeben sein (Fig. 64), so daß aus Gleichung (6) der größte Scheibendurchmesser d_1 berechnet werden kann.

Größter Scheibendurchmesser:

$$d_1 = d_{\frac{z}{2}} \cdot \sqrt{\varphi^{\frac{z}{2} - 1}}$$

Für die Zwischenstufen ergeben sich:

$$\frac{d_2}{d_{\frac{z}{2}-1}} = \frac{n_{z-1}}{n} = \frac{n_1\,\varphi^{z-2}}{n_z}\sqrt{\varphi^{\frac{z}{2}-1}} = \frac{\varphi^{z-2}}{\varphi^{z-1}} \cdot \sqrt{\varphi^{\frac{z}{2}-1}} = \frac{\sqrt{\varphi^{\frac{z}{2}-1}}}{\varphi}\,.$$

$$(7)\qquad
\begin{cases}
\dfrac{d_2}{d_{\frac{z}{2}-1}} = \sqrt{\varphi^{\frac{z}{2}-3}}\,, \\[3ex]
\dfrac{d_3}{d_{\frac{z}{2}-2}} = \sqrt{\varphi^{\frac{z}{2}-5}}\,.
\end{cases}$$

In diesen Gleichungen sind die Durchmesser $d_{\frac{z}{2}-1}$ und $d_{\frac{z}{2}-2}$ auf Grund der gleichbleibenden Riemenlänge L zu berechnen. Sind d_1 und $d_{\frac{z}{2}}$ nach Gl. 6 bekannt, und ist e der Achsenabstand, so ergibt sich die Riemenlänge L aus:

$$L \sim \frac{\pi}{2}\left(d_1 + d_{\frac{z}{2}}\right) + 2\,e + \frac{\left(d_1 \mp d_{\frac{z}{2}}\right)^2}{4\,e}\,,$$

worin — für offene und + für gekreuzte Riemen gilt.

Soll nun L bei jedem folgenden Stufenpaar gleich bleiben, so genügt, für den gekreuzten Riemen

$$d_1 + d_{\frac{z}{2}} = d_2 + d_{\frac{z}{2}-1} = d_3 + d_{\frac{z}{2}-2}$$

zu setzen, d. h. die Summe der zusammengehörigen Scheibendurchmesser muß stets gleich bleiben.

Bei einer vierstufigen Scheibe müßte daher sein

$$d_1 + d_4 = d_2 + d_3 \ldots \ldots = \text{konst.}$$

Bei dem offenen Riemen genügt diese Bedingung nur, wenn

$$e \gtreqless 10\left(d_1 - d_{\frac{z}{2}}\right) \gtreqless 10\,(d_{max} - d_{min})\,.$$

Ist der Achsenabstand e kleiner, und wird bei dem folgenden Stufenpaar die Übersetzung $\psi = \dfrac{d_2}{d_{\frac{z}{2}-1}} = \sqrt{\varphi^{\frac{z}{2}-3}}$ (7) verlangt, so ermittelt man $d_{\frac{z}{2}-1}$ aus:

$$\frac{1}{4}\,d^2_{\frac{z}{2}-1}\,(\psi-1)^2 + \pi\,(\psi+1)\,e\cdot\frac{d_{\frac{z}{2}-1}}{2} + 2\,e^2 = e\,L$$

und

$$d_2 = \psi\cdot d_{\frac{z}{2}-1}\,.$$

Bei der vierläufigen Stufenscheibe mit Vorgelegen ergibt sich also d_3 aus:

$$\left(\frac{d_3}{2}\right)^2 (\psi - 1)^2 + \pi\,(\psi + 1)\,e \cdot \frac{d_3}{2} + 2\,e^2 = e\,L$$

und

$$d_2 = \psi \cdot d_3.$$

Sind keine Rädervorgelege vorhanden, so ist in die Gleichungen (5), (6) und die folgenden statt $\frac{z}{2}$ die Größe z einzuführen.

Sind 3 Rädervorgelege einzubauen, so ist in allen Gleichungen statt $\frac{z}{2}$ der Exponent $\frac{z}{3}$ zu setzen. Danach wäre die

(4a) Übersetzung der ersten beiden Rädervorgelege $i_1 = \dfrac{1}{\varphi^{\frac{z}{3}}}$,

$\qquad$ „ $\qquad$ „ drei $\qquad\qquad$ „ $\qquad$ $i_2 = \dfrac{1}{\varphi^{\frac{2}{3}z}}$

(5a) $\qquad$ Umläufe des Deckenvorgeleges $n = \dfrac{n_z}{\sqrt{\varphi^{\frac{z}{3}} - 1}}$,

(6a) $\qquad$ Scheibendurchmesser $\dfrac{d_1}{d_{\frac{z}{3}}} = \sqrt{\varphi^{\frac{z}{3}} - 1}$.

Die Praxis wählt die aufeinanderfolgenden Stufen vielfach nach einer arithmetischen Reihe.

Ist daher der kleinste Stufendurchmesser $d_{\frac{z}{2}}$ angenommen worden und der größte d_1 aus Gleichung (6) bestimmt, so wäre bei einer Stufenzahl $\frac{z}{2}$

$$d_1 = d_{\frac{z}{2}} + \left(\frac{z}{2} - 1\right) d$$

und die Differenz der Reihe

$$d = \frac{d_1 - \dfrac{d_z}{2}}{\left(\dfrac{z}{2} - 1\right)}$$

Demnach

(7a) $\qquad \begin{cases} d_{\frac{z}{2}-1} = d_{\frac{z}{2}} + \\[2mm] d_{\frac{z}{2}-2} = d_{\frac{z}{2}} + d. \end{cases}$

Die Rechnung vereinfacht sich noch etwas, wenn die Umlaufszahl des Deckenvorgeleges gleich angenommen wird.

1. Aufgabe: Es ist eine Drehbank mit Stufenscheibenantrieb zu berechnen. Sie soll 15 Geschwindigkeiten haben, die kleinste Umlaufszahl sei 25,

die größte 600 i. d. Min. Die Bank soll Späne von 1,7 qmm Querschnitt bei 20 m Schnittgeschwindigkeit und Stahl von 50 kg Festigkeit nehmen. (Fig. 866 und 867).

Gegebene Werte: $n_1 = 25$, $n_{15} = 600$, $z = 15$, $q = 1,7$ qmm, $K_z = 50\,\dfrac{\text{kg}}{\text{qmm}}$, $v = 20\,\dfrac{\text{m}}{\text{Min.}}$.

1. Berechnung der fünfläufigen Stufenscheibe.

Quotient der geometrischen Reihe $\varphi = \sqrt[z-1]{\dfrac{n_z}{n_1}} = \sqrt[14]{\dfrac{600}{25}} = 1,255,$

$$\varphi = 1,255.$$

Größter Stufendurchmesser $d_1 = d_5 \sqrt{\varphi^{\frac{z}{3}-1}} = d_5\,\varphi^2.$

Nach Zeichnung erhält die kleinste Stufe $d_5 = 180$ mm $\varnothing$, also

$$d_1 = 180 \cdot 1{,}255^2 = 284 \text{ mm } \varnothing.$$

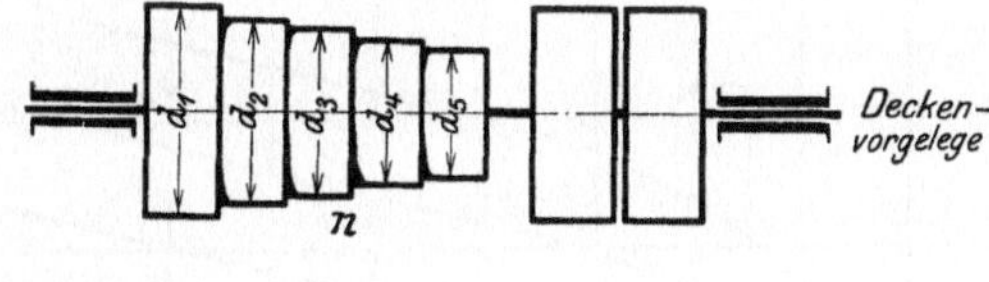

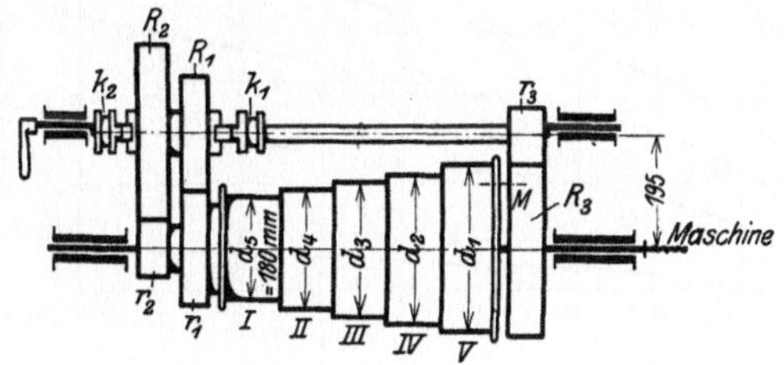

Fig. 866 und 867. Plan des Antriebes.

Sprung der Stufen $d = \dfrac{d_1 - d_5}{\dfrac{z}{3}-1} = \dfrac{284-180}{4} = 26,$

Zwischenstufendurchmesser $d_4 = d_5 + d = 180 + 26 = 206,$
$$d_3 = d_4 + d = 206 + 26 = 232,$$
$$d_2 = d_3 + d = 232 + 26 = 258.$$

Die Stufenbreite ist aus der Riemenbreite zu bestimmen, die sich aus der Durchzugskraft des Riemens ermitteln läßt.

Die Riemenleistung ist $N = \dfrac{Z \cdot v_r}{75}$,

wenn Z die Durchzugskraft des Riemens in kg und v_r die Riemengeschwindigkeit in $\dfrac{\text{m}}{\text{Sek.}}$ ist.

Beim Bearbeiten der schwersten Werkstücke liegt der Riemen im Deckenvorgelege auf der 180er Stufe. Dann ist $v_r = \dfrac{\pi \cdot 0{,}180 \cdot n}{60}$, wenn n die Umläufe des Deckenvorgeleges sind.

Umläufe des Deckenvorgeleges nach Gl. 5a:

$$n = \frac{n_z}{\sqrt{\varphi\frac{z}{3}-1}} = \frac{600}{\sqrt{\varphi^4}} = \frac{600}{1,255^2} = 382.$$

$$n = 382.$$

Die Riemengeschwindigkeit ist daher $v_r = \dfrac{\pi \cdot 0,180 \cdot 382}{60} = 3,6$ m.

Nach Fig. 868 ist bei einem Stufendurchmesser von 180 mm und einer Riemengeschwindigkeit von 3,6 $\dfrac{\text{m}}{\text{Sek.}}$ die Nutzlast auf 1 cm Riemenbreite $p \sim 3,5 \dfrac{\text{kg}}{\text{cm}}$. Wird der Riemen b cm breit, so ist

$$\text{die Durchzugskraft } Z = p \cdot b \text{ kg.}$$

Der Arbeitsbedarf der Bank ist nach Gl. 3, S. 510: $N = \dfrac{W_1\, v}{75} \cdot \dfrac{1}{\eta}$ (PS.).

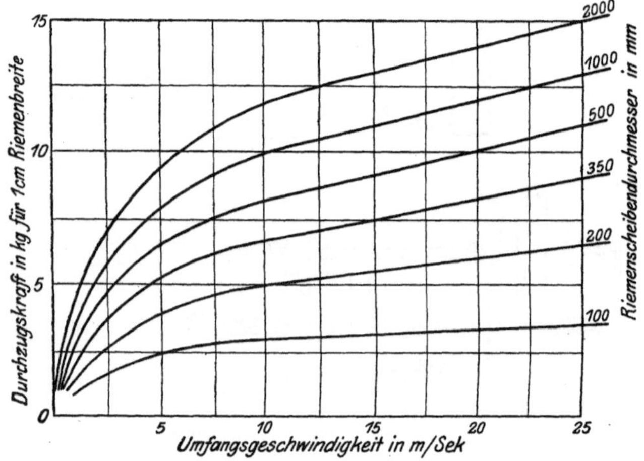

Fig. 868. Tafel über die zulässige Riemenbelastung in $\dfrac{\text{kg}}{\text{cm}}$.

Hierin ist der Schnittwiderstand $W_1 = q \cdot K = 1,7 \cdot 2,5\ 50 \sim 210$ kg und $v = 20\ \dfrac{\text{m}}{\text{Min.}} = \dfrac{20}{60}\ \dfrac{\text{m}}{\text{Sek.}}$; $\eta = 0,7$ angenommen, also:

$$N = \frac{210 \cdot 20}{60 \cdot 75} \cdot \frac{1}{0,7} = 1,4 \text{ PS.}$$

Arbeitsbedarf der Bank $N = 1,4$ PS.

Riemenbreite: Es war

$$N = \frac{Z \cdot v_r}{75} = \frac{p \cdot b \cdot v_r}{75},$$

$$1,4 = \frac{3,5\ b \cdot 3,6}{75}; \text{ hieraus } b = 8 \text{ cm.}$$

Riemenbreite $b = 80$ mm,
Stufenbreite $= 90$ mm,
Durchzugskraft $Z = p \cdot b = 3,5 \cdot 8 = 28$ kg.

2. Berechnung der Rädervorgelege.

Übersetzung der Vorgelege $\dfrac{r_1}{R_1} \cdot \dfrac{r_3}{R_3} = \dfrac{1}{\varphi^{\frac{z}{3}}} = \dfrac{1}{\varphi^5} = \dfrac{1}{1,255^5} = \dfrac{1}{3}$.

Setzt man nach Fig. 866 $r_1 = R_1$, so ist $\dfrac{r_3}{R_3} = \dfrac{1}{3}$.

Übersetzung der Vorgelege $\dfrac{r_2}{R_2} \cdot \dfrac{r_3}{R_3} = \dfrac{1}{\varphi^{\frac{2}{3}z}} = \dfrac{1}{\varphi^{10}} = \dfrac{1}{1,255^{10}} = \dfrac{1}{9,6}$.

Da $\dfrac{r_3}{R_3} = \dfrac{1}{3}$, so ist $\dfrac{r_2}{R_2} \cdot \dfrac{1}{3} = \dfrac{1}{9,6}$ und

$$\frac{r_2}{R_2} = \frac{1}{3,2}.$$

Nach Fig. 866 ist

$$r_1 + R_1 = r_3 + R_3 = r_2 + R_2 = 195 \text{ mm.}$$

Räder r_1, R_1: Da $r_1 = R_1$ ist, so erhält $r_1 = 195$ mm $\emptyset$ und $R_1 = $ $= 195$ mm $\emptyset$.

Räder r_3, R_3: $r_3 + R_3 = 195$.

$$\frac{r_3}{R_3} = \frac{1}{3}$$

$$\overline{r_3 = 98 \text{ mm } \emptyset, \ R_3 = 292 \text{ mm } \emptyset.}$$

Räder r_2, R_2: $r_2 + R_2 = 195$.

$$\frac{r_2}{R_2} = \frac{1}{3,2}$$

$$\overline{r_2 = 93 \text{ mm } \emptyset, \ R_2 = 297 \text{ mm } \emptyset.}$$

Teilung der Räder r_2, R_2.

Moment an r_2: $M = \eta\, Z \dfrac{d_1}{2} = c\,b \cdot t \cdot r_2;$

hierin $c = 0,07 \cdot k_b = 0,07 \cdot 340 = 24$ und $b = 4,5$ cm, ($k_b = 340$ kg Gußeisen).

$$M = 0,95 \cdot 28 \cdot \frac{28,4}{2} = 24 \cdot 4,5\, t \cdot \frac{9,3}{2},$$

hieraus $t = 3\,\pi$, $M = 3$.

$$\text{Zähnezahl von } r_2 = \frac{93}{3} = 31,$$

$$\text{\textquotedbl} \qquad \text{\textquotedbl} \quad R_2 = \frac{297}{3} = 99.$$

Teilung von r_1, R_1 aus praktischen Gründen ebenfalls zu $3\,\pi$, $M = 3$ gewählt.

$$\text{Zähnezahl von } r_1 \text{ und } R_1 = \frac{195}{3} = 65.$$

Teilung von r_3, R_3.

$$M \text{ an } R_3: \eta \cdot Z \cdot \frac{d_1}{2} \cdot \frac{R_2}{r_2} \cdot \frac{R_3}{r_3} = c \cdot b \cdot t \cdot R_3,$$

$$\eta = 0,85, \ b = 6 \text{ cm,}$$

$$0,85 \cdot 28 \cdot \frac{28,4}{2} \cdot 9,6 = 24 \cdot 6 \cdot t \cdot \frac{29,2}{2},$$

$$t = 5\,\pi, \ M = 5.$$

Zähnezahl von $r_3 = \dfrac{98}{5} = 19$ und $r_3 = 95$ mm $\varnothing$,

„ „ $R_3 = \dfrac{292}{5} = 59$ und $R_3 = 295$ mm $\varnothing$.

$r_3 + R_3 = 47,5 + \; + 147,5 = 195$ mm.

3. Theoretische Umläufe der Maschine.

$n_1 = 25$	$n_6 = 77$	$n_{11} = 243$
$n_2 = 25 \cdot 1{,}255 = 31$	$n_7 = 97$	$n_{12} = 303$
$n_3 = 25 \cdot 1{,}255^2 = 39$	$n_8 = 122$	$n_{13} = 382$
$n_4 = 25 \cdot 1{,}255^3 = 49$	$n_9 = 153$	$n_{14} = 477$
$n_5 = 25 \cdot 1{,}255^4 = 61$	$n_{10} = 193$	$n_{15} = 600$

Abmessungen der Stufenscheiben: Stufen-$\varnothing$ 180, 206, 232, 258, 284 mm, Stufenbreite = 90 mm.

Umläufe des Deckenvorgeleges = 382 i. d. Min., Riemenbreite = 80 mm.

Abmessungen der Räder.

Bezeichnung	Zähnezahl	Modul	Teilkreis- $\varnothing$ mm	Kopfkreis- $\varnothing$ mm	Breite mm	Stoff
r_1	65	3	195	201	45	Gußeisen
R_1	65	3	195	201	45	„
r_2	31	3	93	99	45	Bronze
R_2	99	3	297	303	45	Gußeisen
r_3	19	5	95	105	60	„
R_3	59	5	295	305	60	„

(Siehe die Schalttafel auf S. 526.)

b) Die Berechnung der Stufenrädergetriebe.

Die Stufenrädergetriebe werden in gleicher Weise wie die Stufenscheibe nach der geometrischen Reihe berechnet. Man hat nur die Stufen der Scheibe durch entsprechende Räderpaare zu ersetzen.

1. Aufgabe: Es ist der Stufenräderantrieb einer Drehbank zu berechnen (Fig. 869). Die Bank soll zum Schruppen von Material von 50 $\dfrac{\text{kg}}{\text{qmm}}$ Festigkeit dienen und Späne von 14 qmm Querschnitt bei einer Schnittgeschwindigkeit von 20 m i. d. Min. abheben. Die Maschine soll 8 geometrisch abgestufte Umläufe haben, von denen die kleinste Umlaufszahl 12 und die größte 240 ist.

1. Arbeitsbedarf der Maschine.

Der Wirkungsgrad des Stufenrädergetriebes sei zu $\eta = 0{,}65$ geschätzt.

Nach Gl. (3) S. 510: $\eta \cdot N = \dfrac{W_1 v}{75}$,

hierin $v = 20 \dfrac{\text{m}}{\text{Min.}} = \dfrac{20}{60} \dfrac{\text{m}}{\text{Sek.}}$.

Schnittdruck $W_1 = q \cdot K = 14 \cdot 2{,}5 \cdot 50 = 1750$ kg.

$$N = \frac{1750 \cdot 20}{75 \cdot 60 \cdot 0{,}65} \sim 12 \text{ PS.}$$

Arbeitsbedarf der Drehbank = 12 PS.

2. Antriebsriemen und Scheibe.

Die Scheibe möge 400 mm Durchmesser haben und 600 Umläufe i. d. Min. machen (Fig. 869). Der Riemen hat $N = 12$ PS. zu leisten. Die erforderliche Durchzugskraft Z des Riemens ist zu berechnen aus: $\quad N = \dfrac{Z \cdot v_r}{75}$.

$$\text{Riemengeschwindigkeit } v_r = \frac{\pi\, D\, n}{60} = \frac{\pi \cdot 0{,}4 \cdot 600}{60} = 12{,}6 \ \frac{\text{m}}{\text{Sek.}}$$

$$\text{Riemenzug } Z = \frac{75 \cdot 12}{12{,}6} = 72 \text{ kg.}$$

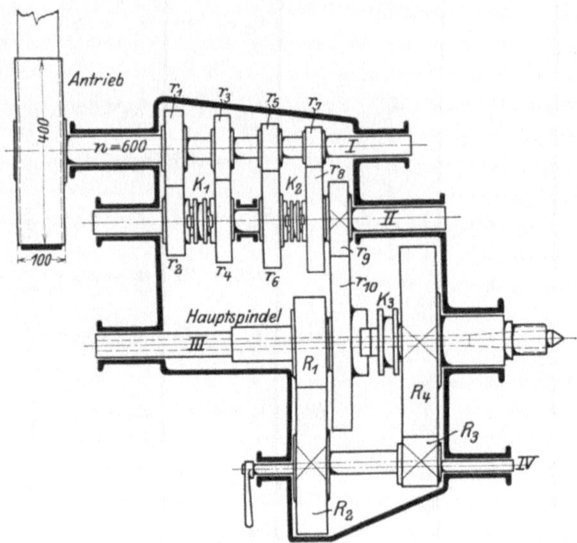

Fig. 869. Plan des Stufenrädergetriebes.

Nach Fig. 868 kann 1 cm Riemenbreite bei 12,6 m Geschwindigkeit und 400 mm Scheibendurchmesser etwa 8 kg übertragen, infolgedessen muß der Riemen $= \dfrac{72}{8} = 9$ cm breit sein und die Scheibe 100 mm.

Antriebsscheibe: 400 mm $\varnothing$, 100 mm Breite, 600 Umläufe i. d. Min. **Antriebsriemen:** 90 mm breit.

3. Umläufe der Maschine n_1 bis n_8.

$$n_1 = 12, \quad n_8 = 240.$$

Nach Gl. (2) ist der Quotient der Reihe:

$$\varphi = \sqrt[z-1]{\frac{n_8}{n_1}} = \sqrt[7]{\frac{240}{12}} = \sqrt[7]{20} = 1{,}535.$$

3. Schalttafel des Spindelstockes in Fig. 866 und 867.

Lage des Riemens	Vorgelege	Schaltung des Mitnehmers M	Schaltung der Kupplungen		Theoretische Umläufe	Wirkliche Umläufe der Maschine
			k_1	k_2		
I	ausgerückt	eingerückt	—	—	$n_{15} = 600$	$n_{15} = 382 \cdot \dfrac{284}{180} = 602$
II	„	„	—	—	$n_{14} = 477$	$n_{14} = 382 \cdot \dfrac{258}{206} = 478$
III	„	„	—	—	$n_{13} = 382$	$n_{13} = 382 \cdot \dfrac{232}{232} = 382$
IV	„	„	—	—	$n_{12} = 303$	$n_{12} = 382 \cdot \dfrac{206}{258} = 305$
V	„	„	—	—	$n_{11} = 243$	$n_{11} = 382 \cdot \dfrac{180}{284} = 242$
I	eingerückt	ausgerückt	R_1	—	$n_{10} = 193$	$n_{10} = n_{15} \cdot \dfrac{r_1}{R_1} \cdot \dfrac{r_3}{R_3} = 194$
II	„	„	„	—	$n_9 = 153$	$n_9 = n_{14} \cdot \dfrac{r_1}{R_1} \cdot \dfrac{r_3}{R_3} = 154$
III	„	„	„	—	$n_8 = 122$	$n_8 = n_{13} \cdot \dfrac{r_1}{R_1} \cdot \dfrac{r_3}{R_3} = 123$
IV	„	„	„	—	$n_7 = 97$	$n_7 = n_{12} \cdot \dfrac{r_1}{R_1} \cdot \dfrac{r_3}{R_3} = 98$
V	„	„	„	—	$n_6 = 77$	$n_6 = n_{11} \cdot \dfrac{r_1}{R_1} \cdot \dfrac{r_3}{R_3} = 78$
I	„	„	—	R_2	$n_5 = 61$	$n_5 = n_{15} \cdot \dfrac{r_2}{R_2} \cdot \dfrac{r_3}{R_3} = 60$
II	„	„	—	„	$n_4 = 49$	$n_4 = n_{14} \cdot \dfrac{r_2}{R_2} \cdot \dfrac{r_3}{R_3} = 48$
III	„	„	—	„	$n_3 = 39$	$n_3 = n_{13} \cdot \dfrac{r_2}{R_2} \cdot \dfrac{r_3}{R_3} = 38$
IV	„	„	—	„	$n_2 = 31$	$n_2 = n_{12} \cdot \dfrac{r_2}{R_2} \cdot \dfrac{r_3}{R_3} = 31$
V	„	„	—	„	$n_1 = 25$	$n_1 = n_{11} \cdot \dfrac{r_2}{R_2} \cdot \dfrac{r_3}{R_3} = 24$

Geometrische Reihe der Umläufe:

Langsam:	Schnell:
$n_1 = 12$	$n_5 = \varphi^4 \cdot n_1 = 66{,}6$
$n_2 = \varphi \cdot n_1 = 18{,}4$	$n_6 = \varphi^5 \cdot n_1 = 102{,}2$
$n_3 = \varphi^2 \cdot n_1 = 28{,}2$	$n_7 = \varphi^6 \cdot n_1 = 157{,}0$
$n_4 = \varphi^3 \cdot n_1 = 43{,}2$	$n_8 = \varphi^7 \cdot n_1 = 240{,}0$

4. Berechnung der Räder.

Würde man die Räder r_2, r_4, r_6 und r_8 (Fig. 869) gleich auf III anbringen, so müßte $\dfrac{r_7}{r_8} = \dfrac{n_5}{n} = \dfrac{66{,}6}{600} = \dfrac{1}{9}$ sein. Diese Übersetzung verlangt zu große Räder, die in dem Räderkasten schwer unterzubringen sind. Aus baulichen Gründen ist daher zwischen *II* und *III* eine Übersetzung $\dfrac{r_9}{r_{10}} = \dfrac{2}{5}$ vorgesehen.

Die Welle *II* muß daher folgende Umläufe in der Minute machen:

$$n_8' = n_8 \cdot \frac{r_{10}}{r_9} = 240{,}0 \cdot \frac{5}{2} = 600{,}0 \quad \text{mit} \quad \frac{r_1}{r_2}$$

$$n_7' = n_7 \cdot \frac{r_{10}}{r_9} = 157{,}0 \cdot \frac{5}{2} = 392{,}5 \quad \text{,,} \quad \frac{r_3}{r_4}$$

$$n_6' = n_6 \cdot \frac{r_{10}}{r_9} = 102{,}2 \cdot \frac{5}{2} = 255{,}5 \quad \text{,,} \quad \frac{r_5}{r_6}$$

$$n_5' = n_5 \cdot \frac{r_{10}}{r_9} = 66{,}6 \cdot \frac{5}{2} = 166{,}5 \quad \text{,,} \quad \frac{r_7}{r_8}$$

a) Die Übersetzungen der 4 ersten Räderpaare sind daher:

$$\frac{r_1}{r_2} = \frac{600}{600} = 1 \qquad\qquad \frac{r_5}{r_6} = \frac{255{,}5}{600} = \frac{17}{40}$$

$$\frac{r_3}{r_4} = \frac{392{,}5}{600} \sim \frac{33}{50} \qquad\qquad \frac{r_7}{r_8} = \frac{166{,}5}{600} = \frac{21}{75}$$

b) **Teilung der Räder r_1 bis r_8:**

Wirkungsgrad der Rädervorgelege $\eta_1 = 0{,}94$ bis $0{,}96$.

Wirkungsgrad für die Wellen $\eta_2 = 0{,}95$ bis $0{,}97$.

Rad r_7: Die Räder auf *I* haben das Moment des Riemenzuges zu übertragen, vermindert um die Lagerreibung. Die größte Belastung erfahren die Zähne vom kleinsten Rade r_7, das aus baulichen Gründen 72 mm Durchmesser erhält.

$$M_{r_7} = \eta_2\, Z \cdot \frac{D}{2} = P \cdot r_7,$$

$$0{,}95 \cdot 72 \cdot 20 = P \cdot 3{,}6,$$

$$P = 380 \text{ kg.}$$

Zahndruck an r_7: $P = 380$ kg.

Rad aus bestem Schmiedestahl $k_b = 1000$ kg.

Teilung aus: $P = c\,b\,t$.

$$c = 0{,}07\ k_b = 0{,}07 \cdot 1000 = 70,$$
$$b = 3{,}5\ t,$$
$$380 = 70 \cdot 3{,}5\ t^2,$$
$$t^2 = 1{,}55,$$
$$t = 1{,}25 \text{ cm} = 12{,}5 \text{ mm.}$$

Teilung von r_7: $M = 4$.

Zähnezahl von r_7: $z_7 = \dfrac{72}{M} = \dfrac{72}{4} = 18$.

Rad r_8: Da $\dfrac{r_7}{r_8} = \dfrac{21}{75}$ ist, so ist $z_8 = \dfrac{75}{21} \cdot 18 = 64$.

Die Räder r_1 bis r_8 können dieselbe Teilung erhalten, also $M = 4$.

Räder r_5, r_6:

Der gleiche Mittenabstand verlangt bei allen 4 Räderpaaren

$$r_5 + r_6 = r_7 + r_8.$$

$$\frac{M}{2}\,(z_5 + z_6) = \frac{M}{2}\,(z_7 + z_8),$$

$$z_5 + z_6 = z_7 + z_8 = 18 + 64 = 82.$$

$$\frac{r_5}{r_6} = \frac{z_5}{z_6} = \frac{17}{40},$$

$$z_5 = 26,$$
$$z_6 = 56.$$

Räder r_3, r_4:

$$z_3 + z_4 = z_7 + z_8 = 82.$$

$$\frac{z_3}{z_4} = \frac{33}{50},$$

$$Z_3 = 32,$$
$$Z_4 = 50.$$

Räder r_1, r_2:

$$z_1 + z_2 = 82,$$

$$\frac{z_1}{z_2} = 1.$$

$$z_1 = 41, \quad z_2 = 41.$$

Vor der Berechnung von r_9 und r_{10} empfiehlt es sich, die Räder R_1 bis R_4 zu bestimmen, weil dann der Abstand der Wellen II und III leichter geschätzt werden kann.

Ausrückbare Vorgelege $\dfrac{R_1}{R_2} \cdot \dfrac{R_3}{R_4}$.

Übersetzung $\dfrac{R_1}{R_2} \cdot \dfrac{R_3}{R_4} = \dfrac{n_4}{n_8} = \dfrac{43,2}{240} = \dfrac{1}{5,55} = \dfrac{3}{5} \cdot \dfrac{3}{10}$,

also $\qquad \dfrac{R_1}{R_2} = \dfrac{3}{5}$ und $\dfrac{R_3}{R_4} = \dfrac{3}{10}$.

Das große Rad R_4 soll 450 mm $\emptyset$ erhalten.

Dann ist $R_3 = \dfrac{3}{10} \cdot R_4 = \dfrac{3}{10} \cdot 450 = 135$ mm $\emptyset$.

Teilung von R_4: Wirkungsgrad für 4 Wellen $\quad = 0{,}95^4$

$$\underline{\qquad \text{„} \qquad\qquad \text{„ 3 Räderpaare} = 0{,}95^3}$$

$$\text{Gesamtwirkungsgrad} = 0{,}68.$$

Moment an R_4:

$$M = 72 \cdot 20 \cdot \frac{64}{18} \cdot \frac{5}{2} \cdot \frac{5}{3} \cdot \frac{10}{3} \cdot 0{,}68 = 48356 \text{ kgcm}.$$

$$M = c \cdot b \cdot t \cdot R_4,$$

$$48356 = 70 \cdot 4\, t^2 \cdot \frac{45}{2},$$

$$t^2 = 7{,}68, \qquad t = 27{,}7 \text{ mm}, \qquad M = 9.$$

Rad R_3
$$Z_4 = \frac{450}{9} = 50,$$
$$Z_3 = \frac{135}{9} = 15.$$

Räder R_1 und R_2 erhalten ebenfalls $M = 9$.

$$Z_1 + Z_2 = Z_3 + Z_4 = 65,$$

$$Z_1 = \frac{3}{5} \cdot Z_2,$$

$$Z_2 = 41, \quad \emptyset = 369,$$
$$Z_1 = 24, \quad \emptyset = 216.$$

Räder r_9 und r_{10}: $\dfrac{r_9}{r_{10}} = \dfrac{2}{5}$ · Rad r_{10} erhält aus baulichen Gründen etwa 420 mm $\varnothing$.

$$M = c \cdot b \cdot t \cdot r_{10}.$$

M am Rade $r_{10} = 72 \cdot 20 \cdot \dfrac{64}{18} \cdot \dfrac{5}{2} \cdot 0{,}95^2 \cdot 0{,}95 = 10\,900$ kgcm.

$$10\,900 = 70{.}4\,t^2 \cdot 21,$$
$$t^2 = 1{,}87,\ t = 13{,}7 \text{ mm } \varnothing,\ M = 5.$$
$$z_{10} = 420 : 5 = 84,\ \text{gewählt } z_{10} = 85,\ \varnothing = 425 \text{ mm.}$$
$$z_9 = \dfrac{2}{5} \cdot 85 = 34,\ \varnothing = 170 \text{ mm,}$$
$$z_{10} = 85,\ z_9 = 34.$$

Abmessungen der Räder.

Bezeichnung	Zähnezahl	Modul	Teilkreis $\varnothing$	Kopfkreis $\varnothing$	Radbreite	Wellenabstand in mm	Material
r_1	41	4	164	172	45	164	Stahl
r_2	41	4	164	172	45	—	„
r_3	32	4	128	136	45	164	„
r_4	50	4	200	208	45	—	„
r_5	25	4	100	108	45	164	„
r_6	57	4	228	236	45	—	„
r_7	18	4	72	80	45	164	„
r_8	64	4	256	264	45	—	„
r_9	34	5	170	180	60	297,5	„
r_{10}	85	5	425	435	60	—	„
R_1	24	9	216	234	110	292,5	„
R_2	41	9	369	387	110	—	„
R_3	15	9	135	153	110	292,5	„
R_4	50	9	450	468	110	—	„

(Siehe die Schalttafel auf Seite 530.)

2. **Aufgabe**: Nach dem in Fig. 870 dargestellten Plan soll der Antrieb einer Fräsmaschine berechnet werden. Die Maschine soll 16 verschiedene Umläufe haben. Die kleinste Umlaufszahl sei 16, die größte 300. Die Antriebsscheibe mache 300 Umläufe, ihr Durchmesser sei 300 mm, die Breite 125 mm.

1. Die geometrisch abgestuften Umläufe.

$$n_1 = 12,\ n_{16} = 300.$$

Nach Gl. (2), S. 510 ist der Quotient der geometrischen Reihe:

$$\varphi = \sqrt[z-1]{\dfrac{n_{16}}{n_1}} = \sqrt[15]{\dfrac{300}{12}} = 1{,}24.$$

$n_1 = 12,$ $\qquad\qquad$ $n_5 = 12 \cdot 1{,}24^4 = 28{,}6,$

$n_2 = 12 \cdot 1{,}24 = 14{,}9,$ $\qquad$ $n_6 = 12 \cdot 1{,}24^5 = 35{,}2,$

$n_3 = 12 \cdot 1{,}24^2 = 18{,}5,$ $\qquad$ $n_7 = 12 \cdot 1{,}24^6 = 43,$

$n_4 = 12 \cdot 1{,}24^3 = 22{,}9,$ $\qquad$ $n_8 = 12 \cdot 1{,}24^7 = 54,$

$$n_9 = 12 \cdot 1{,}24^8 = 67, \qquad n_{13} = 12 \cdot 1{,}24^{12} = 158,$$
$$n_{10} = 12 \cdot 1{,}24^9 = 83, \qquad n_{14} = 12 \cdot 1{,}24^{13} = 196,$$
$$n_{11} = 12 \cdot 1{,}24^{10} = 103, \qquad n_{15} = 12 \cdot 1{,}24^{14} = 242,$$
$$n_{12} = 12 \cdot 1{,}24^{11} = 127, \qquad n_{16} = 12 \cdot 1{,}24^{15} = 300.$$

Schalttafel des Getriebes in Fig. 869.

Lfd. Nr.	Arbeitende Räderpaare	Schaltungen K_1	K_2	K_3	Vorgelege $\dfrac{R_1}{R_2} \cdot \dfrac{R_3}{R_4}$	Theoretische Umläufe	Wirkliche Umläufe der Maschine
1	$\dfrac{r_1}{r_2} \cdot \dfrac{r_9}{r_{10}}$	r_2	—	r_{10}	ausgerückt	$n_8 = 240$	$n_8 = 600 \cdot \dfrac{41}{41} \cdot \dfrac{34}{85} = 240$
2	$\dfrac{r_3}{r_4} \cdot \dfrac{r_9}{r_{10}}$	r_4	—	r_{10}	„	$n_7 = 157$	$n_7 = 600 \cdot \dfrac{32}{50} \cdot \dfrac{34}{85} = 154$
3	$\dfrac{r_5}{r_6} \cdot \dfrac{r_9}{r_{10}}$	—	r_6	r_{10}	„	$n_6 = 102{,}2$	$n_6 = 600 \cdot \dfrac{25}{57} \cdot \dfrac{34}{85} = 105$
4	$\dfrac{r_7}{r_8} \cdot \dfrac{r_9}{r_{10}}$	—	r_8	r_{10}	„	$n_5 = 66{,}6$	$n_5 = 600 \cdot \dfrac{18}{64} \cdot \dfrac{34}{85} = 68$
5	$\dfrac{r_1}{r_2} \cdot \dfrac{r_9}{r_{10}} \cdot \dfrac{R_1}{R_2} \cdot \dfrac{R_3}{R_4}$	r_2	—	—	eingerückt	$n_4 = 43{,}2$	$n_4 = 240 \cdot \dfrac{24}{41} \cdot \dfrac{15}{50} = 42$
6	$\dfrac{r_3}{r_4} \cdot \dfrac{r_9}{r_{10}} \cdot \dfrac{R_1}{R_2} \cdot \dfrac{R_3}{R_4}$	r_4	—	—	„	$n_3 = 28{,}2$	$n_3 = 154 \cdot \dfrac{24}{41} \cdot \dfrac{15}{50} = 27$
7	$\dfrac{r_5}{r_6} \cdot \dfrac{r_9}{r_{10}} \cdot \dfrac{R_1}{R_2} \cdot \dfrac{R_3}{R_4}$	—	r_6	—	„	$n_2 = 18{,}4$	$n_2 = 105 \cdot \dfrac{24}{41} \cdot \dfrac{15}{50} = 18$
8	$\dfrac{r_7}{r_8} \cdot \dfrac{r_9}{r_{10}} \cdot \dfrac{R_1}{R_2} \cdot \dfrac{R_3}{R_4}$	—	r_8	—	„	$n_1 = 12$	$n_1 = 68 \cdot \dfrac{24}{41} \cdot \dfrac{15}{50} = 12$

2. Berechnung der Räder.

a) Übersetzung $\dfrac{r_6}{r_7}$:

Nach Fig. 870 ist für die größte Umlaufszahl der Spindel

$$\frac{n_{16}}{n} = \frac{r_1}{r_3} \cdot \frac{r_6}{r_7} \cdot \frac{r_9}{r_{10}} \cdot \frac{r_{11}}{r_{12}}.$$

In der Ausführung soll genommen werden:

$$r_1 = r_3, \quad r_{11} = r_{12}, \quad \frac{r_9}{r_{10}} = \frac{2}{3}.$$

Mit diesen Annahmen ist:

$$\frac{r_6}{r_7} \cdot \frac{2}{3} = \frac{300}{300}$$

$$\frac{r_6}{r_7} = \frac{3}{2}.$$

b) Norton-Getriebe:

Die Welle *II* des Norton-Getriebes hat bei der Schaltung

$$\frac{r_6}{r_7} \cdot \frac{r_9}{r_{10}} \cdot \frac{r_{11}}{r_{12}} = \frac{3}{2} \cdot \frac{2}{3} \cdot \frac{1}{1} = \frac{1}{1}$$

die gleichen 4 höchsten Umlaufszahlen wie die Frässpindel,

d. h. für II: $n_{16} = 300$, $n_{15} = 242$, $n_{14} = 196$, $n_{13} = 158$.

Hieraus lassen sich die Übersetzungen des Norton-Getriebes berechnen:

$$\frac{r_1}{r_3} = \frac{n_{16}}{n} = \frac{300}{300} = \frac{1}{1},$$

$$\frac{r_1}{r_4} = \frac{n_{15}}{n} = \frac{242}{300} = \frac{121}{150} \sim \frac{4}{5},$$

$$\frac{r_1}{r_5} = \frac{n_{14}}{n} = \frac{196}{300} = \frac{49}{75} \sim \frac{2}{3},$$

$$\frac{r_1}{r_6} = \frac{n_{13}}{n} = \frac{158}{300} = \frac{79}{150} \sim \frac{8}{15}.$$

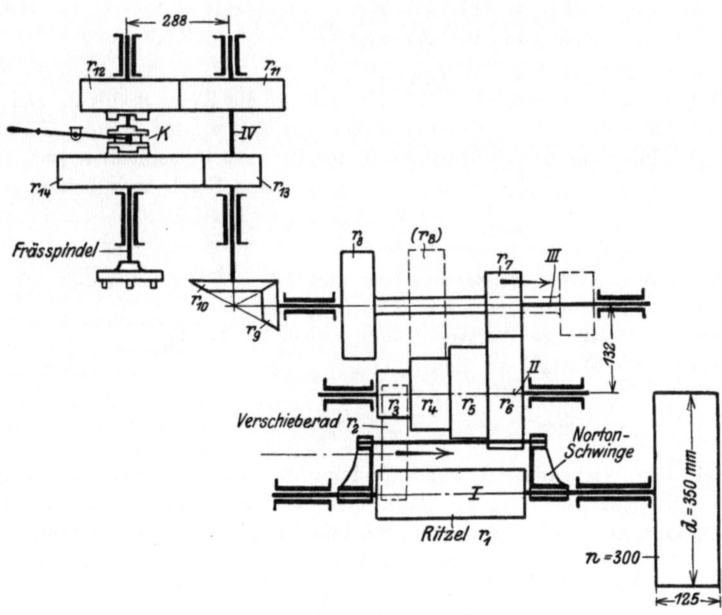

Fig. 870. Plan des Antriebes.

c) Übersetzung $\dfrac{r_4}{r_8}$: Nach Fig. 870 ist:

$$\frac{n_{12}}{n} = \frac{r_1}{r_3} \cdot \frac{r_4}{r_8} \cdot \frac{r_9}{r_{10}} \cdot \frac{r_{11}}{r_{12}},$$

$$\frac{127}{300} = \frac{1}{1} \cdot \frac{r_4}{r_8} \cdot \frac{2}{3} \cdot \frac{1}{1},$$

$$\frac{r_4}{r_8} = \frac{127}{300} \cdot \frac{3}{2} \sim \frac{16}{25}.$$

d) Berechnung der Radgrößen:

Nach Fig. 870 ist $r_4 + r_8 = r_6 + r_7$.

Die baulichen Verhältnisse lassen einen Wellenabstand von 132 mm zu,

d. h. $r_4 + r_8 = r_6 + r_7 = 132$.

Räder r_4 und r_8: $\qquad r_4 + r_8 = 132$ mm,

$$\frac{r_4}{r_8} = \frac{16}{25}$$

$$r_4 = 102 \text{ mm } \varnothing, \quad r_8 = 162 \text{ mm } \varnothing.$$

Räder r_6 und r_7: $\qquad r_6 + r_7 = 132$ mm,

$$\frac{r_6}{r_7} = \frac{3}{2}$$

$$r_6 = 159 \text{ mm } \varnothing, \quad r_7 = 105 \text{ mm } \varnothing.$$

e) Übersetzung $\dfrac{r_{13}}{r_{14}}$:

$$\frac{n_1}{n} = \frac{r_1}{r_6} \cdot \frac{r_4}{r_8} \cdot \frac{r_9}{r_{10}} \cdot \frac{r_{13}}{r_{14}},$$

$$\frac{12}{300} = \frac{8}{15} \cdot \frac{16}{25} \cdot \frac{2}{3} \cdot \frac{r_{13}}{r_{14}}, \text{ demnach } \frac{r_{13}}{r_{14}} = \frac{1}{5,7}.$$

f) Berechnung der Teilungen:

Wegen des abwechselnden Eingriffs müssen die Räder r_1 bis r_8 gleiche Teilung haben. Die größte Belastung erfährt das Rad r_8, für das die Teilung unter Zugrundelegung der Durchzugskraft des Riemens zu berechnen ist.

Der Riemen habe eine Breite von 10 cm, seine Geschwindigkeit ist:

$$v_r = \frac{\pi \cdot 0,35 \cdot 300}{60} = 5,5 \, \frac{\text{m}}{\text{Sek.}}$$

Bei 350 mm Scheibendurchmesser und 5,5 m Geschwindigkeit ist die Nutzlast auf 1 cm Riemenbreite $p = 6$ kg (Fig. 868).

Durchzugskraft des Riemens $Z = p \cdot b = 6 \cdot 10 = 60$ kg.

Das größte Moment am Rad r_8 ist:

$$M_{r_8} = \eta Z \cdot \frac{d}{2} \cdot \frac{r_6}{r_1} \cdot \frac{r_8}{r_4} = c \, b \, t \cdot r_8.$$

Bei dem Wirkungsgrad sind 2 Radeingriffe und 3 Wellen bezw. Lagerreibungen zu berücksichtigen $\eta = 0,95^2 \cdot 0,95^3 = 0,95^5 = 0,77$. Sind die Räder aus Stahl, so kann $c = 70$ genommen werden; Breite der Räder 45 mm.

$$M_{r_8} = 0,77 \cdot 60 \cdot \frac{35}{2} \cdot \frac{15}{8} \cdot \frac{25}{16} = 70 \cdot 4,5 \cdot t \cdot 8,1,$$

$$t = 9,28 \text{ mm,}$$

$$M = 3, \ t = 9,24 \text{ mm.}$$

Das Ritzel r_1 erhält einen Durchmesser von 81 mm und damit $\dfrac{81}{3} = 27$ Zähne und $M = 3$.

Rad r_3: $\qquad \dfrac{r_1}{r_3} = \dfrac{1}{1}$; $r_3 = r_1 = 27$ Zähne, $M = 3$.

Rad r_4: r_4 hatte nach d) 102 mm $\varnothing$, demnach $\dfrac{102}{3} = 34$ Zähne.

Rad r_5 nach b): $\qquad \dfrac{r_1}{r_5} = \dfrac{2}{3}$,

$$r_5 = \frac{3}{2} \cdot r_1 = \frac{3}{2} \cdot 27 = 41 \text{ Zähne.}$$

Rad r_6: r_6 hatte nach d) 159 mm $\emptyset$, demnach $\dfrac{159}{3} = 53$ Zähne.

Rad r_7: r_7 hatte nach d) 105 mm $\emptyset$, $r_7 = \dfrac{105}{3} = 35$ Zähne.

Rad r_8: r_8 hatte nach d) 162 mm $\emptyset$, demnach 54 Zähne. Das Zwischenrad r_2 kann 45 Zähne haben.

Räder r_{11}, r_{12}, r_{13}, r_{14}. Nach Fig. 870 ist

$$r_{11} + r_{12} = r_{13} + r_{14} = 288 \text{ mm,}$$

$$\frac{r_{11}}{r_{12}} = \frac{1}{1} .$$

$$r_{11} = r_{12} = 288 \text{ mm } \emptyset$$
$$r_{13} + r_{14} = 288$$
$$\frac{r_{13}}{r_{14}} = \frac{1}{5.7}$$

$$\overline{r_{13} = 86 \text{ mm } \emptyset, \; r_{14} = 490 \text{ mm } \emptyset.}$$

Teilung von r_{11}:

$$\text{Radbreite} = 50 \text{ mm.}$$

$$M = \eta\, Z \cdot \frac{d}{2} \cdot \frac{r_6}{r_1} \cdot \frac{r_8}{r_4} \cdot \frac{r_{10}}{r_9} = c \cdot b \cdot t \cdot r_{11}.$$

Für $\eta = 5$ Wellen- und Lagerreibungen und 4 Zahneingriffe $= 0{,}95^9 = 0{,}63$

$$M = 0{,}63 \cdot 60 \cdot \frac{35}{2} \cdot \frac{53}{27} \cdot \frac{54}{34} \cdot \frac{3}{2} = 70 \cdot 5 \cdot t \cdot 14{,}4,$$

$$t = 6{,}1 \text{ mm.}$$

Gewählt $M = 3$, $t = 9{,}24$ mm.

Die Räder r_{11} und r_{12} erhalten bei $M = 3$

$$\frac{288}{3} = 96 \text{ Zähne.}$$

Teilung von r_{13}:

$$\text{Radbreite} = 60 \text{ mm.}$$

$$M = \eta \cdot Z \cdot \frac{d}{2} \cdot \frac{r_6}{r_1} \cdot \frac{r_8}{r_4} \cdot \frac{r_{10}}{r_9} = c \cdot b \cdot t \cdot r_{13},$$

$$0{,}63 \cdot 60 \; \frac{35}{2} \cdot \frac{53}{27} \cdot \frac{54}{34} \cdot \frac{3}{2} = 70 \cdot 6 \cdot t \cdot 4{,}3,$$

$$t = 17{,}1 \text{ mm,}$$

$$M = 6, \; t = 18{,}85 \text{ mm.}$$

Rad r_{13} erhält bei 86 mm $\emptyset$ und $M = 6$

$$\frac{86}{6} = 15 \text{ Zähne, also } r_{13} = 90 \; \emptyset$$

und r_{14} bei 490 mm $\emptyset$ und $M = 6$

$$\frac{490}{6} = 81 \text{ Zähne, also } r_{14} = 486 \; \emptyset.$$

Die Kegelräder r_9, r_{10} beanspruchen als Teilung $M = 5$, die Zähnezahlen seien, wie folgt, gewählt.

r_9 erhält 20 und $r_{10} = 30$ Zähne, da $\dfrac{r_9}{r_{10}} = \dfrac{2}{3}$ ist.

Abmessungen der Räder.

Bezeichnung	Zähne zahl	Modul	Teilkreis $\varnothing$ mm	Kopfkreis $\varnothing$ mm	Radbreite mm	Wellen- abstand	Stoff
r_1	27	3	81	87	180	—	Stahl
r_2	45	3	135	141	45	—	"
r_3	27	3	81	87	45	—	"
r_4	34	3	102	108	45	—	"
r_5	41	3	123	129	45	—	"
r_6	53	3	159	165	45	} 132	"
r_7	35	3	105	111	45		"
r_8	54	3	162	168	45	132 v. r_4 u. r_8	"
r_9	20	5	100	—	—	—	"
r_{10}	30	5	150	—	—	—	"
r_{11}	96	3	288	294	50	} 288	"
r_{12}	96	3	288	294	50		"
r_{13}	15	6	90	102	60	} 288	"
r_{14}	81	6	486	498	60		"

(Siehe die Schalttafel auf Seite 535.)

c) Die Berechnung des Vorschubantriebes.

Bei einer Drehbank sollen mit der Zugspindel 6 Vorschübe erreicht werden. Der größte Vorschub sei bei einer Umdrehung der

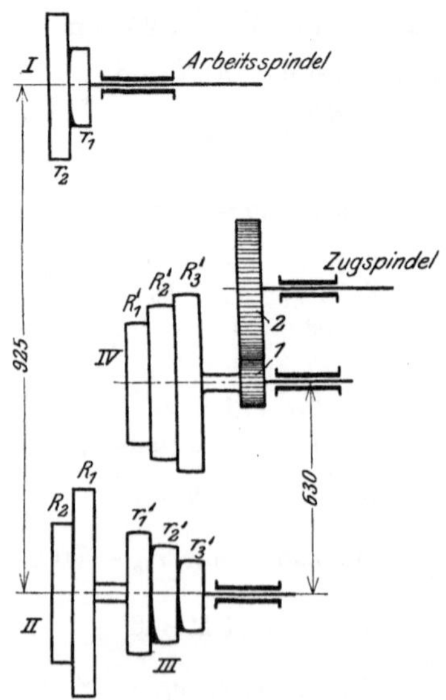

Fig. 871. Riemenantrieb der Zugspindel.

Drehbankspindel 1,5 mm, der kleinste 0,25 mm. Die Schloßplatte (Fig. 243)
habe in ihrem Längszug eine Übersetzung von $\dfrac{3}{100}$ und das Triebrad

der Zahnstange einen Durchmesser $d_8 = 48$ mm. Der Antrieb erfolge nach Fig. 871. Das Rädervorgelege *1, 2* habe die Übersetzung $\frac{1}{3}$. Es wird verlangt, daß die 6 Vorschübe unter sich geometrisch abgestuft sind.

Schalttafel des Getriebes in Fig. 870.

Lfd. Nr.	Arbeitende Räderpaare	Schaltungen				Theoretische Umläufe der Maschine	Wirkliche Umläufe der Maschine
		r_2	r_7	r_8	k		
1	$\frac{r_1}{r_3} \cdot \frac{r_6}{r_7} \cdot \frac{r_9}{r_{10}} \cdot \frac{r_{11}}{r_{12}}$	r_3	r_6	—	r_{12}	300	$n_{16} = 300 \cdot \frac{27}{27} \cdot \frac{53}{35} \cdot \frac{20}{30} \cdot \frac{96}{96} = 302$
2	$\frac{r_1}{r_4} \cdot \frac{r_6}{r_7} \cdot \frac{r_9}{r_{10}} \cdot \frac{r_{11}}{r_{12}}$	r_4	„	—	„	242	$n_{15} = 300 \cdot \frac{27}{34} \cdot \frac{53}{35} \cdot \frac{20}{30} \cdot \frac{96}{96} = 241$
3	$\frac{r_1}{r_5} \cdot \frac{r_6}{r_7} \cdot \frac{r_9}{r_{10}} \cdot \frac{r_{11}}{r_{12}}$	r_5	„	—	„	196	$n_{14} = 300 \cdot \frac{27}{41} \cdot \frac{53}{35} \cdot \frac{20}{30} \cdot \frac{96}{96} = 199$
4	$\frac{r_1}{r_6} \cdot \frac{r_6}{r_7} \cdot \frac{r_9}{r_{10}} \cdot \frac{r_{11}}{r_{12}}$	r_6	„	—	„	158	$n_{13} = 300 \cdot \frac{27}{53} \cdot \frac{53}{35} \cdot \frac{20}{30} \cdot \frac{96}{96} = 155$
5	$\frac{r_1}{r_3} \cdot \frac{r_4}{r_8} \cdot \frac{r_9}{r_{10}} \cdot \frac{r_{11}}{r_{12}}$	r_3	—	r_4	„	127	$n_{12} = 300 \cdot \frac{27}{27} \cdot \frac{34}{54} \cdot \frac{20}{30} \cdot \frac{96}{96} = 126$
6	$\frac{r_1}{r_4} \cdot \frac{r_4}{r_8} \cdot \frac{r_9}{r_{10}} \cdot \frac{r_{11}}{r_{12}}$	r_4	—	„	„	103	$n_{11} = 300 \cdot \frac{27}{34} \cdot \frac{34}{54} \cdot \frac{20}{30} \cdot \frac{96}{96} = 100$
7	$\frac{r_1}{r_5} \cdot \frac{r_4}{r_8} \cdot \frac{r_9}{r_{10}} \cdot \frac{r_{11}}{r_{12}}$	r_5	—	„	„	83	$n_{10} = 300 \cdot \frac{27}{41} \cdot \frac{34}{54} \cdot \frac{20}{30} \cdot \frac{96}{96} = 83$
8	$\frac{r_1}{r_6} \cdot \frac{r_4}{r_8} \cdot \frac{r_9}{r_{10}} \cdot \frac{r_{11}}{r_{12}}$	r_6	—	„	„	67	$n_9 = 300 \cdot \frac{27}{53} \cdot \frac{34}{54} \cdot \frac{20}{30} \cdot \frac{96}{96} = 64$
9	$\frac{r_1}{r_3} \cdot \frac{r_6}{r_7} \cdot \frac{r_9}{r_{10}} \cdot \frac{r_{13}}{r_{14}}$	r_3	r_6	—	r_{14}	54	$n_8 = 300 \cdot \frac{27}{27} \cdot \frac{53}{35} \cdot \frac{20}{30} \cdot \frac{15}{81} = 56$
10	$\frac{r_1}{r_4} \cdot \frac{r_6}{r_7} \cdot \frac{r_9}{r_{10}} \cdot \frac{r_{13}}{r_{14}}$	r_4	„	—	„	43	$n_7 = n_{15} \cdot \frac{15}{81} = 44$
11	$\frac{r_1}{r_5} \cdot \frac{r_6}{r_7} \cdot \frac{r_9}{r_{10}} \cdot \frac{r_{13}}{r_{14}}$	r_5	„	—	..	35,2	$n_6 = n_{14} \cdot \frac{15}{81} = 37$
12	$\frac{r_1}{r_6} \cdot \frac{r_6}{r_7} \cdot \frac{r_9}{r_{10}} \cdot \frac{r_{13}}{r_{14}}$	r_6	„	—	„	28,6	$n_5 = n_{13} \cdot \frac{15}{81} = 29$
13	$\frac{r_1}{r_3} \cdot \frac{r_4}{r_8} \cdot \frac{r_9}{r_{10}} \cdot \frac{r_{13}}{r_{14}}$	r_3	—	r_4	..	22,9	$n_4 = n_{12} \cdot \frac{15}{81} = 23$
14	$\frac{r_1}{r_4} \cdot \frac{r_4}{r_8} \cdot \frac{r_9}{r_{10}} \cdot \frac{r_{13}}{r_{14}}$	r_4	—	„	„	18,5	$n_3 = n_{11} \cdot \frac{15}{81} = 19$
15	$\frac{r_1}{r_5} \cdot \frac{r_4}{r_8} \cdot \frac{r_9}{r_{10}} \cdot \frac{r_{13}}{r_{14}}$	r_5	—	„	„	14,9	$n_2 = n_{10} \cdot \frac{15}{81} = 15$
16	$\frac{r_1}{r_6} \cdot \frac{r_4}{r_8} \cdot \frac{r_9}{r_{10}} \cdot \frac{r_{13}}{r_{14}}$	r_6	—	„	„	12	$n_1 = n_9 \cdot \frac{15}{81} = 12$

Beim größten Vorschub hat das Rad *8* (Fig. 243), das mit der Zahnstange arbeitet, als größte Umdrehungszahl:

$$n_{max} = \frac{\delta_{max}}{\pi\, d_8} = \frac{1,5}{\pi\, 48} = \frac{1,5}{150} = \frac{1}{100},$$

$$n_{max} = \frac{1}{100}.$$

Da der Längszug und das Rädervorgelege *1, 2* bereits die Gesamtübersetzung $\frac{1}{3} \cdot \frac{3}{100} = \frac{1}{100}$ hat, so muß die Scheibe *IV*, um den größten Vorschub zu erzeugen, bei einer Umdrehung der Arbeitsspindel ebenfalls einen ganzen Umlauf machen, d. h. für

Scheibe IV: $n_{max} = 1$.

Die kleinste Umdrehungszahl der Scheibe *IV* ergibt sich in gleicher Weise aus dem kleinsten Vorschub. Das Rad 8 hat hierbei:

$$n_{min} = \frac{\delta_{min}}{\pi\, d_8} = \frac{0,25}{150} = \frac{1}{600}.$$

Da bereits die Übersetzung $\frac{1}{100}$ vorhanden ist, so bleibt für die Scheibe *IV* als kleinste Umdrehung $n_{min} = \frac{1}{6}$ bei einem Umlauf der Drehbankspindel.

Scheibe IV: $n_{min} = \frac{1}{6}$.

Sollen die 6 Vorschübe unter sich nach einer geometrischen Reihe abgestuft sein, so müssen auch die Umläufe der Scheibe *IV* geometrisch geordnet werden,

d. h. $n_1 = n_{min}$, n_2, n_3, n_4, n_5, $n_6 = n_{max}$, hierin $n_6 = n_1\, \varphi^5$.

Nach Gleichung (2) S. 517:

$$\varphi = \sqrt[z-1]{\frac{n_6}{n_1}} = \sqrt[5]{\frac{1}{\frac{1}{6}}} = \sqrt[5]{6} = 1,43.$$

Reihe der Umläufe der Scheibe *IV*:

$$n_1 = \frac{1}{6}, \qquad n_2 = n_1 \cdot \varphi = \frac{1,43}{6}, \quad n_3 = n_1 \cdot \varphi^2 = \frac{1,43^2}{6},$$

$$n_4 = \frac{1,43^3}{6}, \qquad n_5 = \frac{1,43^4}{6}, \qquad n_6 = \frac{1,43^5}{6} = 1.$$

Hieraus ergeben sich die einzelnen Übersetzungen des Riemenantriebes:

$$1.\ \frac{r_1}{R_1} \cdot \frac{r_3{}'}{R_3{}'} = \frac{n_1}{1} = \frac{1}{6}. \qquad\qquad 4.\ \frac{r_2}{R_2} \cdot \frac{r_3{}'}{R_3{}'} = \frac{1,43^3}{6}.$$

$$2.\ \frac{r_1}{R_1} \cdot \frac{r_2{}'}{R_2{}'} = \frac{n_2}{1} = \frac{1,43}{6}. \qquad 5.\ \frac{r_2}{R_2} \cdot \frac{r_2{}'}{R_2{}'} = \frac{1,43^4}{6}.$$

$$3.\ \frac{r_1}{R_1} \cdot \frac{r_1{}'}{R_1{}'} = \frac{n_3}{1} = \frac{1,43^2}{6}. \qquad 6.\ \frac{r_2}{R_2} \cdot \frac{r_1{}'}{R_1{}'} = \frac{1,43^5}{6} = 1.$$

Durch Division von 1. und 4. ergibt sich:

$$\frac{r_1\, r_3'\, R_2\, R_3'}{R_1\, R_3'\, r_2\, r_3'} = \frac{r_1}{R_1} \cdot \frac{R_2}{r_2} = \frac{1}{1{,}43^3} = \frac{1}{2{,}92}.$$

Wählt man als größte Übersetzung für den Riemen:

$$\frac{r_1}{R_1} = \frac{1}{2{,}75},$$

so ergibt sich für $\dfrac{r_2}{R_2} = \dfrac{1 \cdot 2{,}92}{2{,}75} = 1{,}06.$

Die übrigen Scheibenverhältnisse lassen sich jetzt aus den einzelnen Gleichungen bestimmen, z. B.:

$$\frac{r_3'}{R_3'} \text{ aus 1 oder 4:}$$

$$\frac{r_3'}{R_3'} \cdot \frac{r_1}{R_1} = \frac{1}{6},$$

$$\frac{r_3'}{R_3'} = \frac{1 \cdot 2{,}75}{6} = 0{,}46,$$

aus 2 oder 5: $\dfrac{r_2'}{R_2'} = \dfrac{1{,}43}{6} \cdot 2{,}75 = 0{,}65,$

aus 3 oder 6: $\dfrac{r_1'}{R_1'} = \dfrac{1{,}43^2}{6} \cdot 2{,}75 = 0{,}94.$

Die Abmessungen der Scheiben *I* und *II*.

Verlangt die Dicke der Drehbankspindel für r_1 einen Durchmesser von 80 mm, so wäre $R_1 = 2{,}75 \cdot r_1 = 220$ mm Durchmesser.

Die Durchmesser für die Stufen r_2 und R_2 ergeben sich aus $\dfrac{r_2}{R_2} = 1{,}06$ und der Riemenlänge L_1 des 1. Riemens bei einem Wellenabstand $e = 925$ mm nach S. 519.

Riemenlänge $L_1 \sim \dfrac{\pi}{2}(80 + 220) + 2 \cdot 925 + \dfrac{(220 - 80)^2}{4 \cdot 925} = 2326{,}5$ mm.

Aus $\psi = \dfrac{r_2}{R_2} = 1{,}06$ und

$$\frac{1}{4}\, R_2^2\, (\psi - 1)^2 + \pi\, (\psi + 1)\, e \cdot \frac{R_2}{2} + 2\, e^2 = e\, L_1 =$$

$$\frac{1}{4}\, R_2^2\, 0{,}0036 + \pi\, 2{,}06 \cdot 925 \cdot \frac{R_2}{2} + 2 \cdot 925^2 = 925 \cdot 2326{,}5$$

erhält man:

$$R_2 = 145{,}6 \text{ mm Durchmesser.}$$

$$r_2 = 1{,}06 \cdot 145{,}6 = 154{,}3 \text{ mm Durchmesser.}$$

Scheibe *I* $\begin{cases} r_1 = 80 \text{ mm Durchmesser.} \\ r_2 = 154{,}3 \text{ „} \qquad\qquad \text{„} \end{cases}$

„ *II* $\begin{cases} R_1 = 220 \text{ „} \qquad\qquad \text{„} \\ R_2 = 145{,}6 \text{ „} \qquad\qquad \text{„} \end{cases}$

Die Abmessungen der Scheiben III und IV.

Die kleinste Stufe von III sei durch den Aufbau gegeben zu 80 mm Durchmesser;

$$r_3' = 80 \text{ mm Durchmesser.}$$

R_3' ergibt sich aus: $\dfrac{r_3'}{R_3'} = 0{,}46$.

$$R_3' = \frac{r_3'}{0{,}46} = \frac{80}{0{,}46} = 174 \text{ mm.}$$

r_2' und R_2' lassen sich, wie vorhin, aus $\dfrac{r_2'}{R_2'} = 0{,}65$ und der Riemen-länge L_2 berechnen.

Die Länge des 2. Riemens berechnet man für $e = 630$ mm aus:

$$L_2 = \frac{\pi}{2}(80 + 174) + 2 \cdot 630 + \frac{(174 - 80)^2}{4 \cdot 630} = 1662{,}5 \text{ mm}$$

und mit $\psi = \dfrac{r_2'}{R_2'} = 0{,}65$ ergeben sich die Halbmesser in Zentimeter:

$$R{'}_2{}^2\,(0{,}65 - 1)^2 + \pi \cdot 1{,}65 \cdot 63\,R_2' + 2 \cdot 63^2 = 63 \cdot 166{,}25.$$

$$R_2' = -1360{,}7 \pm \sqrt{1851504 + 21131} = 7{,}7 \text{ cm.}$$

$$R_2' = 7{,}7 \text{ cm Halbmesser} = 154 \text{ mm Durchmesser.}$$

$$r_2' = 0{,}65 \cdot 154 = 100 \text{ mm.}$$

In gleicher Weise berechnet man r_1' und R_1' aus L_2 und $\dfrac{r_1'}{R_1'} = 0{,}94$.

$$R{'}_1{}^2\,(0{,}94 - 1)^2 + \pi\,(0{,}94 + 1)\,63\,R_1' + 2 \cdot 63^2 = 63 \cdot 166{,}25.$$

$$R_1' = 130{,}5 \text{ mm Durchmesser.}$$

$$r_1' = 122{,}5 \quad \text{\textit{,,}} \qquad \text{\textit{,,}}$$

<table>
<tr><td align="center">Scheibe III.</td><td align="center">Scheibe IV.</td></tr>
</table>

<table>
<tr><td>$r_1' = 122{,}5$ mm Durchmesser.</td><td>$R_1' = 130{,}5$ mm Durchmesser.</td></tr>
<tr><td>$r_2' = 100{,}0$,, ,,</td><td>$R_2' = 154{,}0$,, ,,</td></tr>
<tr><td>$r_3' = 80{,}0$,, ,,</td><td>$R_3' = 174{,}0$,, ,,</td></tr>
</table>

Vorschübe der Bank:

$$\delta_1 = \frac{r_2}{R_2} \cdot \frac{r_1'}{R_1'} \cdot \frac{1}{100} \cdot 150 = 1{,}06 \cdot 0{,}94 \cdot \frac{1}{100} \cdot 150 = 1{,}5 \text{ mm.}$$

$$\delta_2 = \frac{r_2}{R_2} \cdot \frac{r_2'}{R_2'} \cdot \frac{1}{100} \cdot 150 = 1{,}06 \cdot 0{,}65 \cdot 1{,}5 = 1{,}03 \text{ mm.}$$

$$\delta_3 = \frac{r_2}{R_2} \cdot \frac{r_3'}{R_3'} \cdot \frac{150}{100} = 1{,}06 \cdot 0{,}46 \cdot 1{,}5 = 0{,}73 \text{ mm.}$$

$$\delta_4 = \frac{r_1}{R_1} \cdot \frac{r_1'}{R_1'} \cdot \frac{150}{100} = 0{,}36 \cdot 0{,}94 \cdot 1{,}5 = 0{,}51 \text{ mm.}$$

$$\delta_5 = \frac{r_1}{R_1} \cdot \frac{r_2'}{R_2'} \cdot \frac{150}{100} = 0{,}36 \cdot 0{,}65 \cdot 1{,}5 = 0{,}35 \text{ mm.}$$

$$\delta_6 = \frac{r_1}{R_1} \cdot \frac{r_3'}{R_3'} \cdot \frac{150}{100} = 0{,}36 \cdot 0{,}46 \cdot 1{,}5 = 0{,}25 \text{ mm.}$$

Die Berechnung der Wechselräder für den Antrieb der Leitspindel erfolgt in der auf S. 153 angegebenen Weise, indem man für s die Steigung der zu schneidenden Gewinde oder für g deren Gangzahl auf 1" einsetzt. Um dabei mit einem möglichst kleinen Rädersatz auszukommen, ist die Teilung für alle Räder gleich zu nehmen.

4. Rechnerische Ermittlung
der Geschwindigkeitsverhältnisse und der Leistungsfähigkeit von Werkzeugmaschinen.
a) Drehbank.

1. Aufgabe: Es sollen die Geschwindigkeiten und Vorschübe, sowie die Leistung einer Schnelldrehbank von 200 mm Spitzenhöhe ermittelt werden.

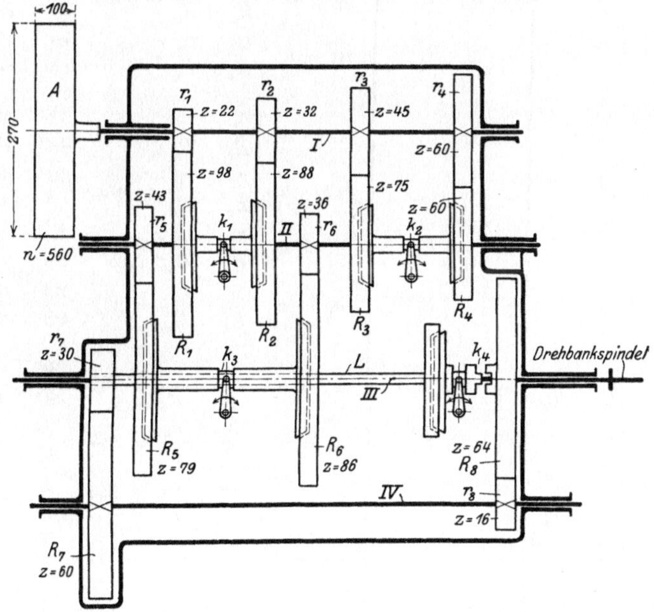

Fig. 872. Plan des Stufenrädergetriebes.

Der Antrieb der Spindel ist nach Fig. 872 und der Vorschubantrieb nach Fig. 873 eingerichtet.

Die Geschwindigkeitsverhältnisse.
1. Umläufe der Maschine.
(Siehe die Tafel auf Seite 540.)

2. Der kleinste und größte Vorschub beim Langdrehen.

Die äußeren Wechselräder *1* und *3* haben z. B. 75 Zähne. Für den kleinsten Vorschub ist das Rad *13* des Mäander-Getriebes auf *12* einzustellen (Fig. 873), die Norton-Schwinge auf das Rad *16* und der Hebel h_2 der Schloßplatte auf L (Tafel VI, Fig. 3). In dem Längszug arbeiten dann folgende Räderpaare:

Schalttafel zu Fig. 872.

Lfd. Nr.	Arbeitende Räderpaare	Schaltung der Kupplungen				Umläufe der Maschine
		k_1	k_2	k_3	k_4	
1	$\dfrac{r_4}{R_4} \cdot \dfrac{r_5}{R_5}$	—	R_4	R_5	L	$n_1 = n \cdot \dfrac{r_4}{R_4} \cdot \dfrac{r_5}{R_5} = 560 \cdot \dfrac{60}{60} \cdot \dfrac{43}{79} = 305$
2	$\dfrac{r_4}{R_4} \cdot \dfrac{r_6}{R_6}$	—	„	R_6	„	$n_2 = n \cdot \dfrac{r_4}{R_4} \cdot \dfrac{r_6}{R_6} = 560 \cdot \dfrac{60}{60} \cdot \dfrac{36}{86} = 234$
3	$\dfrac{r_3}{R_3} \cdot \dfrac{r_5}{R_5}$	—	R_3	R_5	„	$n_3 = n \cdot \dfrac{r_3}{R_3} \cdot \dfrac{r_5}{R_5} = 560 \cdot \dfrac{45}{75} \cdot \dfrac{43}{79} = 183$
4	$\dfrac{r_3}{R_3} \cdot \dfrac{r_6}{R_6}$	—	„	R_6	„	$n_4 = n \cdot \dfrac{r_3}{R_3} \cdot \dfrac{r_6}{R_6} = 560 \cdot \dfrac{45}{75} \cdot \dfrac{36}{86} = 141$
5	$\dfrac{r_2}{R_2} \cdot \dfrac{r_5}{R_5}$	R_2	—	R_5	„	$n_5 = n \cdot \dfrac{r_2}{R_2} \cdot \dfrac{r_5}{R_5} = 560 \cdot \dfrac{32}{88} \cdot \dfrac{43}{79} = 111$
6	$\dfrac{r_2}{R_2} \cdot \dfrac{r_6}{R_6}$	„	—	R_6	„	$n_6 = n \cdot \dfrac{r_2}{R_2} \cdot \dfrac{r_6}{R_6} = 560 \cdot \dfrac{32}{88} \cdot \dfrac{36}{86} = 85$
7	$\dfrac{r_1}{R_1} \cdot \dfrac{r_5}{R_5}$	R_1	—	R_5	„	$n_7 = n \cdot \dfrac{r_1}{R_1} \cdot \dfrac{r_5}{R_5} = 560 \cdot \dfrac{22}{98} \cdot \dfrac{43}{79} = 68$
8	$\dfrac{r_1}{R_1} \cdot \dfrac{r_6}{R_6}$	„	—	R_6	„	$n_8 = n \cdot \dfrac{r_1}{R_1} \cdot \dfrac{r_6}{R_6} = 560 \cdot \dfrac{22}{98} \cdot \dfrac{36}{86} = 53$
9	$\dfrac{r_4}{R_4} \cdot \dfrac{r_5}{R_5} \cdot \dfrac{r_7}{R_7} \cdot \dfrac{r_8}{R_8}$	—	R_4	R_5	R_8	$n_9 = n_1 \cdot \dfrac{r_7}{R_7} \cdot \dfrac{r_8}{R_8} = 305 \cdot \dfrac{30}{60} \cdot \dfrac{16}{64} = 38$
10	$\dfrac{r_4}{R_4} \cdot \dfrac{r_6}{R_6} \cdot \dfrac{r_7}{R_7} \cdot \dfrac{r_8}{R_8}$	—	„	R_6	„	$n_{10} = n_2 \cdot \dfrac{r_7}{R_7} \cdot \dfrac{r_8}{R_8} = 234 \cdot \dfrac{30}{60} \cdot \dfrac{16}{64} = 29$
11	$\dfrac{r_3}{R_3} \cdot \dfrac{r_5}{R_5} \cdot \dfrac{r_7}{R_7} \cdot \dfrac{r_8}{R_8}$	—	R_3	R_5	„	$n_{11} = n_3 \cdot \dfrac{r_7}{R_7} \cdot \dfrac{r_8}{R_8} = 183 \cdot \dfrac{1}{8} = 23$
12	$\dfrac{r_3}{R_3} \cdot \dfrac{r_6}{R_6} \cdot \dfrac{r_7}{R_7} \cdot \dfrac{r_8}{R_8}$	—	„	R_6	„	$n_{12} = n_4 \cdot \dfrac{r_7}{R_7} \cdot \dfrac{r_8}{R_8} = 141 \cdot \dfrac{1}{8} = 17{,}6$
13	$\dfrac{r_2}{R_2} \cdot \dfrac{r_5}{R_5} \cdot \dfrac{r_7}{R_7} \cdot \dfrac{r_8}{R_8}$	R_2	—	R_5	„	$n_{13} = n_5 \cdot \dfrac{r_7}{R_7} \cdot \dfrac{r_8}{R_8} = 111 \cdot \dfrac{1}{8} = 13{,}9$
14	$\dfrac{r_2}{R_2} \cdot \dfrac{r_6}{R_6} \cdot \dfrac{r_7}{R_7} \cdot \dfrac{r_8}{R_8}$	„	—	R_6	„	$n_{14} = n_6 \cdot \dfrac{r_7}{R_7} \cdot \dfrac{r_8}{R_8} = 85 \cdot \dfrac{1}{8} = 10{,}6$
15	$\dfrac{r_1}{R_1} \cdot \dfrac{r_5}{R_5} \cdot \dfrac{r_7}{R_7} \cdot \dfrac{r_8}{R_8}$	R_1	—	R_5	„	$n_{15} = n_7 \cdot \dfrac{r_7}{R_7} \cdot \dfrac{r_8}{R_8} = 68 \cdot \dfrac{1}{8} = 8{,}5$
16	$\dfrac{r_1}{R_1} \cdot \dfrac{r_6}{R_6} \cdot \dfrac{r_7}{R_7} \cdot \dfrac{r_8}{R_8}$	„	—	R_6	„	$n_{16} = n_8 \cdot \dfrac{r_7}{R_7} \cdot \dfrac{r_8}{R_8} = 53 \cdot \dfrac{1}{8} = 6{,}6$

Reihe der Umläufe: 6,6 — 8,5 — 10,6 — 13,9 — 17,6 — 23 — 29 — 38 — — 53 — 68 — 85 — 111 — 141 — 183 — 234 — 305.

$$\text{Längszug:}\ \underbrace{\frac{1}{2}\cdot\frac{2}{3}}_{\text{Schere}}\cdot\underbrace{\left(\frac{7}{8}\cdot\frac{9}{10}\cdot\frac{11}{12}\cdot\frac{12}{13}\right)}_{\text{Mäander}}\cdot\underbrace{\left(\frac{14}{15}\cdot\frac{15}{16}\right)}_{\text{Norton}}\cdot\underbrace{\left(\frac{24}{25}\cdot\frac{27}{28}\right)}_{\text{Vorgelege}}\cdot\underbrace{\left(\frac{r_1}{r_3}\cdot\frac{r_4}{r_5}\cdot\frac{r_6}{r_7}\cdot\frac{r_8}{r_9}\right)}_{\text{Schloßplatte}}.$$

Dieser Längszug hat bei 60 Zähnen des Rades *13* die Übersetzung:

$$\varphi_l=\frac{75}{75}\cdot\left(\frac{30}{60}\cdot\frac{30}{60}\cdot\frac{30}{60}\right)\cdot\left(\frac{40}{75}\right)\cdot\left(\frac{30}{30}\cdot\frac{26}{52}\right)\cdot\left(\frac{29}{29}\cdot\frac{24}{46}\cdot\frac{16}{42}\cdot\frac{14}{68}\right)=\frac{1}{733}.$$

Bei einem Umlauf der Drehbankspindel macht also der Zahnstangen trieb $r_{10}=\dfrac{1}{733}$ Umläufe. Demnach ist der

kleinste Längsvorschub $=\pi\cdot d_{10}\cdot\dfrac{1}{733}=\pi\cdot44\cdot\dfrac{1}{733}=0{,}19\ \text{mm}\sim0{,}2\ \text{mm}.$

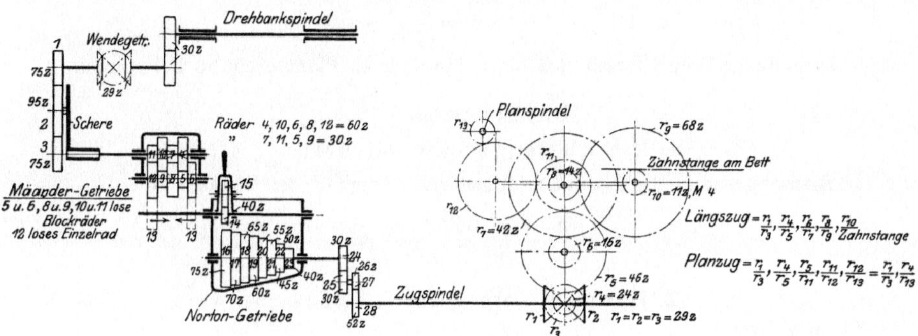

Fig. 873. Vorschubantrieb.

Für den größten Vorschub ist das Rad *13* beim Mäander-Getriebe auf *6* einzuschalten und die Norton-Schwinge auf Rad *23*.

$$\text{Längszug:}\ \underbrace{\left(\frac{1}{3}\right)}_{\text{Schere}}\cdot\underbrace{\left(\frac{4}{5}\cdot\frac{6}{13}\right)}_{\text{Mäander}}\cdot\underbrace{\left(\frac{14}{23}\right)}_{\text{Norton}}\cdot\underbrace{\left(\frac{24}{25}\cdot\frac{27}{28}\right)}_{\text{Vorgelege}}\cdot\underbrace{\left(\frac{r_1}{r_3}\cdot\frac{r_4}{r_5}\cdot\frac{r_6}{r_7}\cdot\frac{r_8}{r_9}\right)}_{\text{Schloßplatte}},$$

Übersetzung $\varphi_l=\left(\dfrac{75}{75}\right)\cdot\left(\dfrac{60}{30}\cdot\dfrac{60}{60}\right)\cdot\left(\dfrac{40}{40}\right)\cdot\left(\dfrac{30}{30}\cdot\dfrac{26}{52}\right)\cdot\left(\dfrac{29}{29}\cdot\dfrac{24}{46}\cdot\dfrac{16}{42}\cdot\dfrac{14}{68}\right)=\dfrac{1}{24{,}4},$

größter Längsvorschub $=\pi\cdot d_{10}\cdot\dfrac{1}{24{,}4}=\pi\cdot44\cdot\dfrac{1}{24{,}4}=5{,}7\ \text{mm}.$

Die zwischenliegenden Vorschübe berechnet man in gleicher Weise aus den Schaltungen des Norton- und Mäander-Getriebes.

3. Der größte und kleinste Vorschub beim Plandrehen.

Für den größten Planvorschub ist am Mäander-Getriebe Rad *13* wieder auf *6*, am Norton-Getriebe ist die Schwinge auf *23* und an der Schloßplatte ist h_2 auf *P* einzustellen.

$$\text{Planzug:}\ \left(\frac{1}{3}\right)\cdot\left(\frac{4}{5}\cdot\frac{6}{13}\right)\cdot\left(\frac{14}{23}\right)\cdot\left(\frac{24}{25}\cdot\frac{27}{28}\right)\cdot\underbrace{\left(\frac{r_1}{r_3}\cdot\frac{r_4}{r_5}\cdot\frac{r_5}{r_{11}}\cdot\frac{r_{11}}{r_{12}}\cdot\frac{r_{12}}{r_{13}}\right)}_{\text{Schloßplatte.}}.$$

Übersetzung $\varphi_p=\left(\dfrac{75}{75}\right)\cdot\left(\dfrac{60}{30}\cdot\dfrac{60}{60}\right)\cdot\left(\dfrac{40}{40}\right)\cdot\left(\dfrac{30}{30}\cdot\dfrac{26}{52}\right)\cdot\left(\dfrac{29}{29}\cdot\dfrac{24}{46}\cdot\dfrac{46}{26}\cdot\dfrac{26}{48}\cdot\dfrac{48}{21}\right)=\dfrac{8}{7}$

Die Planspindel macht also $\frac{8}{7}$ Umläufe bei einem Umlauf der Drehbankspindel. Die Steigung der Planspindel ist 5 mm, folglich

$$\text{größter Planvorschub} = 5 \cdot \frac{8}{7} = \frac{40}{7} = 5{,}7 \text{ mm.}$$

Für den kleinsten Planvorschub ist das Rad *13* am Mäander-Getriebe auf *12* und die Nortonschwinge auf *16* einzustellen.

$$\text{Planzug:} \left(\frac{1}{3}\right) \cdot \left(\frac{7}{8} \cdot \frac{9}{10} \cdot \frac{11}{12} \cdot \frac{12}{13}\right) \cdot \left(\frac{14}{16}\right) \cdot \left(\frac{24}{25} \cdot \frac{27}{28}\right) \cdot \left(\frac{r_1}{r_3} \cdot \frac{r_4}{r_5} \cdot \frac{r_5}{r_{11}} \cdot \frac{r_{11}}{r_{12}} \cdot \frac{r_{12}}{r_{13}}\right)$$

$$\text{Übersetzung } \varphi_p = \left(\frac{75}{75}\right) \cdot \left(\frac{30}{60} \cdot \frac{30}{60} \cdot \frac{30}{60}\right) \cdot \left(\frac{40}{75}\right) \cdot \left(\frac{30}{30} \cdot \frac{26}{52}\right) \cdot \left(\frac{29}{29} \cdot \frac{24}{46} \cdot \frac{46}{26} \cdot \frac{26}{48} \cdot \frac{48}{21}\right) = \frac{4}{105}$$

$$\text{kleinster Planvorschub} = \frac{5 \cdot 4}{105} \sim 0{,}2 \text{ mm.}$$

In gleicher Weise lassen sich auch die anderen Planvorschübe berechnen.

Die Leistung.

1. Die Riemengeschwindigkeit.

Riemengeschwindigkeit = Umfangsgeschwindigkeit der Scheibe *A*

$$v_r = \frac{\pi \cdot 0{,}27 \cdot 560}{60} = 8 \text{ m.}$$

2. Durchzugskraft des Riemens

bei 90 mm Breite:

$$Z = p\,b = 6 \cdot 9 = 54 \text{ kg.}$$

$$p = 6 \frac{\text{kg}}{\text{cm}} \text{ (nach Fig. 868).}$$

3. Riemenleistung.

$$N = \frac{Z \cdot v}{75} = \frac{54 \cdot 8}{75} = 5{,}8 \text{ PS.} \sim 6 \text{ PS.}$$

4. Verfügbarer Schnittdruck

bei Schnittgeschwindigkeiten von $v = 10, 15, 20, 25, 30$ m i. d. Min.

Wirkungsgrad $\eta = 0{,}65$ (siehe 1. Aufgabe).

a) $v = 10$ m i. d. Min. $= \frac{10}{60}$ m i. d. Sek.

$$\eta \cdot N = \frac{W_1 \cdot v}{75},$$

$$0{,}65 \cdot 6 = W_1 \cdot \frac{10}{60} \cdot \frac{1}{75},$$

$$W_1 = 1755 \text{ kg.}$$

b) $v = 15$ m i. d. Min.

$$0{,}65 \cdot 6 = W_1 \cdot \frac{15}{60} \cdot \frac{1}{75},$$

$$W_1 = 1170 \text{ kg.}$$

c) $v = 20$ m i. d. Min.

$$0{,}65 \cdot 6 = W_1 \cdot \frac{20}{60} \cdot \frac{1}{75},$$

$$W_1 = 878 \text{ kg.}$$

d) $v = 25$ m i. d. Min.

$$0{,}65 \cdot 6 = W_1 \cdot \frac{25}{60} \cdot \frac{1}{75},$$

$$W_1 = 702 \text{ kg.}$$

e) $v = 30$ m i. d. Min.

$$0{,}65 \cdot 6 = W_1 \cdot \frac{30}{60} \cdot \frac{1}{75},$$

$$W_1 = 585 \text{ kg.}$$

5. Zulässige Spanquerschnitte.

a) Gußeisen mit $K_z = 18$ kg,

Stoffzahl $K = 5 \cdot K_z = 90$ kg.

Nach $W_1 = q K$ ist:

$$\text{bei } v = 10 \,\frac{\text{m}}{\text{Min.}} \quad q = \frac{W_1}{K} = \frac{1755}{90} = 19{,}5 \text{ qmm,}$$

$$_{\text{„}} \quad v = 15 \quad _{\text{„}} \quad q = \frac{1170}{90} = 13 \text{ qmm,}$$

$$_{\text{„}} \quad v = 20 \quad _{\text{„}} \quad q = \frac{878}{90} = 9{,}8 \quad _{\text{„}}$$

b) Schmiedeeisen mit $K_z = 40$ kg, $K = 3 \cdot K_z = 120$ kg;

$$\text{bei } v = 10 \,\frac{\text{m}}{\text{Min.}} \quad q = \frac{1755}{120} = 14{,}6 \text{ qmm,}$$

$$_{\text{„}} \quad v = 15 \quad _{\text{„}} \quad q = \frac{1170}{120} = 9{,}8 \quad _{\text{„}}$$

$$_{\text{„}} \quad v = 20 \quad _{\text{„}} \quad q = \frac{878}{120} = 7{,}3 \quad _{\text{„}}$$

$$_{\text{„}} \quad v = 25 \quad _{\text{„}} \quad q = \frac{702}{120} = 5{,}9 \quad _{\text{„}}$$

$$_{\text{„}} \quad v = 30 \quad _{\text{„}} \quad q = \frac{585}{120} = 4{,}9 \quad _{\text{„}}$$

c) Stahl mit $K_z = 50 \,\frac{\text{kg}}{\text{qmm}}$, $K = 3 \cdot 50 = 150 \,\frac{\text{kg}}{\text{qmm}}$;

$$\text{bei } v = 10 \,\frac{\text{m}}{\text{Min.}} \quad q = \frac{1755}{150} = 11{,}7 \text{ qmm,}$$

$$_{\text{„}} \quad v = 15 \quad _{\text{„}} \quad q = \frac{1170}{150} = 7{,}8 \quad _{\text{„}}$$

$$_{\text{„}} \quad v = 20 \quad _{\text{„}} \quad q = \frac{878}{150} = 5{,}9 \quad _{\text{„}}$$

$$_{\text{„}} \quad v = 25 \quad _{\text{„}} \quad q = \frac{702}{150} = 4{,}7 \quad _{\text{„}}$$

Zahlentafel über Schnittdruck und Spanquerschnitte.

Schnitt-geschwindigkeit $\dfrac{m}{Min.}$	Verfügbarer Schnittdruck in kg	Spanquerschnitte in qmm		
		Gußeisen $K_z = 18$ kg	Schmiedeeisen $K_z = 40$ kg	Stahl $K_z = 50$ kg
10	1755	19,5	14,6	11,7
15	1170	13,0	9,8	7,8
20	878	9,8	7,3	5,9
25	702	—	5,9	4,7
30	585	—	4,9	—

6. Die Spanleistung der Bank.

Bei einem Werkstück von 300 mm $\varnothing$ und Stahl wären die Umläufe der Maschine bei $v = 20 \dfrac{m}{Min.}$: $v = \pi\, d\, n$,

$$20 = \pi \cdot 0{,}30 \cdot n,$$
$$n = 21,$$
$$\text{gewählt } n = 23.$$

Bei $v = 20$ m ist der zulässige Spanquerschnitt $q = 5{,}9$ qmm. Stellt man den Vorschub auf 1 mm ein, so kann ein Span von ~ 6 mm Tiefe genommen werden.

Macht die Maschine 23 Umläufe i. d. Min., so dreht sie bei 1 mm Vorschub eine Länge von $23 \cdot 60 = 1380$ mm i. d. Std. Der Werkstückdurchmesser vor dem Schnitt ist 300 mm, nach dem Schnitt $300 - 2 \cdot 6 = 288$ mm.

Das Spangewicht ist daher $G = \left(\dfrac{\pi}{4} 3^2 - \dfrac{\pi}{4} 2{,}88^2 \right) 13{,}8 \cdot 7{,}8 = 60$ kg.

b) Hobelmaschine.

Der Antrieb einer Hobelmaschine erfolgt nach Fig. 874. Für das Hobeln mit der kleinsten Schnittgeschwindigkeit ist der Riemen auf Scheibe A zu benutzen, für das Hobeln mit der größten Schnittgeschwindigkeit der Riemen auf Scheibe B. Der Rücklauf geschieht mit dem Riemen auf Scheibe C.

1. Berechnung der Schnittgeschwindigkeiten und der Rücklaufgeschwindigkeit des Hobeltisches.

Riemen auf A.

Umläufe i. d. Min. des Zahnstangentriebes R_4:

$$n_1 = 176 \cdot \frac{r_1}{R_1} \cdot \frac{r_2}{R_2} \cdot \frac{r_3}{R_3} \cdot \frac{r_4}{R_4} = 176 \cdot \frac{17}{49} \cdot \frac{27}{55} \cdot \frac{22}{54} \cdot \frac{24}{50} = 5{,}9,$$

kleinste Schnittgeschwindigkeit $c = \dfrac{\pi \cdot 453 \cdot 5{,}9}{60} \sim 140 \dfrac{mm}{Sek.}$

Riemen auf B.

Umläufe i. d. Min. von R_4:

$$n_2 = 315 \cdot \frac{17}{49} \cdot \frac{27}{55} \cdot \frac{22}{54} \cdot \frac{24}{50} = 10{,}5,$$

größte Schnittgeschwindigkeit $c = \dfrac{\pi \cdot 453 \cdot 10,5}{60} = {\sim}250 \,\dfrac{mm}{Sek.}$

Riemen auf C.

Umläufe i. d. Min. von R_4:

$$n_3 = 505 \cdot \frac{17}{49} \cdot \frac{27}{55} \cdot \frac{22}{54} \cdot \frac{24}{50} = 16,9,$$

Rücklaufgeschwindigkeit $c_r = \dfrac{\pi \cdot 453 \cdot 16,9}{60} \sim 400 \,\dfrac{mm}{Sek.}$

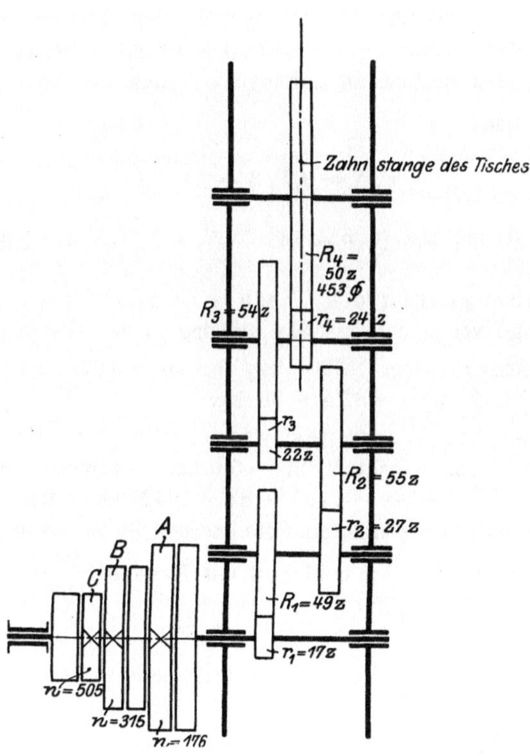

Fig. 874. Plan des Tischantriebes.

2. Leistungsfähigkeit der Maschine bei 140 mm Schnittgeschwindigkeit.

Die Berechnung erfolgt nach dem Grundsatz: Schnittarbeit = Riemenarbeit — Reibungsarbeit.

Der Riemen liegt auf Scheibe A, die 500 mm Durchmesser hat und 176 Umläufe macht.

$$\text{Riemengeschwindigkeit } v_r = \frac{\pi \cdot 0,5 \cdot 176}{60} = 4,6 \text{ m},$$

Riemenbreite $b = 7$ cm,

Durchzugskraft des Riemens auf 500-Scheibe, $p = 7\,\dfrac{kg}{cm}$ (Fig. 868),

$$Z = pb = 7 \cdot 7 = 49 \text{ kg},$$

$$\text{Riemenleistung} \quad N = \frac{Z \cdot v_r}{75} = \frac{49 \cdot 4,6}{75} = 3 \text{ PS}.$$

Die Reibungsarbeit in den Getrieben soll mit dem Wirkungsgrad des Getriebes berechnet werden. Es handelt sich hier um den Wirkungsgrad von 5 Wellen- oder Laufbüchsen $\eta_1 = 0,97^5 = 0,86$ und 5 Zahneingriffen $\eta_2 = 0,96^5 = 0,82$. Der Wirkungsgrad des Getriebes ist daher $\eta = \eta_1 \cdot \eta_2 = 0,86 \cdot 0,82 = 0,70$.

Das vom Riemen an die Zahnstange des Tisches abgegebene Arbeitsvermögen ist demnach $\eta \cdot N = 0,7 \cdot 3 = 2,1$ PS. Hierdurch erfährt die Zahnstange einen bestimmten Zahndruck P und die Geschwindigkeit $c = 0,140 \dfrac{\text{m}}{\text{Sek.}}$, also

$$\frac{Pc}{75} = \eta \cdot N = 0,7 \cdot 3 = 2,1 \text{ PS}.$$

$$\text{Zahndruck an der Stange } P = 75 \cdot \frac{\eta \cdot N}{c} = \frac{2,1 \cdot 75}{0,14} = 1125 \text{ kg}.$$

Die Durchzugskraft des Tisches ist gleich dem Zahndruck P an der Zahnstange vermindert um die Reibung in den Gleitbahnen.

Der Hobeltisch wiegt 1300 kg, bei $\mu = 0,025$ ist daher die Tischreibung $= 0,025 \cdot 1300 = 32,5 \sim 33$ kg.

Das schwerste Werkstück wiege 2000 kg, die zusätzliche Tischreibung ist daher $= 2000 \cdot 0,025 = 50$ kg. Demnach verbleibt als Durchzugskraft des Tisches $= 1125 - 83 = 1042$ kg. Da die Durchzugskraft des Tisches $=$ verfügbarem Schnittdruck W_1 ist, so ergibt sich als zulässiger Spanquerschnitt bei Gußeisen mit $K_z = 18 \dfrac{\text{kg}}{\text{qmm}}$.

$$W_1 = q \cdot K = q \cdot 5 \cdot 18$$

$$q = \frac{1042}{90} = 11,6 \text{ qmm}.$$

Das Werkstück wiege 1500 kg.

Zusätzliche Reibung $= 0,025 \cdot 1500 = 37,5$ kg,
Tischreibung . . . . $\underline{\quad 32,5 \quad _{_{\text{„}}}}$
                       70 kg.

Durchzugskraft des Tisches $W_1 = 1125 - 70 = 1055$ kg,

$$\text{Spanquerschnitt } q = \frac{W_1}{K} = \frac{1055}{90} = 11,7 \text{ qmm}.$$

Das Werkstück wiege 1000 kg.

Zusätzliche Reibung $= 1000 \cdot 0,025 = 25$ kg,
Tischreibung . . . . $\underline{\quad 32,5 \quad _{_{\text{„}}}}$
                     ~ 58 kg.

$$\text{Durchzugskraft des Tisches} = 1125 - 58 = 1067 \text{ kg},$$

$$\text{Spanquerschnitt } q = \frac{W_1}{K} = \frac{1067}{90} = 11{,}9 \text{ qmm} \sim 12 \text{ qmm.}$$

Die Rechnung zeigt, daß das Gewicht des Werkstückes keinen bedeutenden Einfluß auf den Spanquerschnitt hat.

Die Spanleistung i. d. Std. bei einem Arbeitshub von 2500 mm. Bei $c = 140$ mm Schnittgeschwindigkeit gebraucht der Tisch für jeden

$$\text{Hobelgang} = \frac{2500}{140} = 18 \text{ Sek.,} \quad \text{bei der Rücklaufgeschwindigkeit von}$$

$$400 \text{ mm} = \frac{2500}{400} = 6{,}25 \text{ Sek. für jeden Rücklauf.} \quad \text{Jeder Hin- und Rücklauf des Tisches erfordert demnach } 24{,}25 \sim 25 \text{ Sek.}$$

Die Maschine macht daher in der Stunde $\dfrac{3600}{25} \sim 140$ Arbeitshübe. Ist der Überlauf des Tisches je 100 mm, so ist die ausnutzbare Hobellänge 2300 mm. Bei einem Span von $q = 12$ qmm ist das Spangewicht

$$G = q \cdot L \cdot 140 \cdot 7{,}2 = 0{,}0012 \cdot 23 \cdot 140 \cdot 7{,}2 \sim 28 \text{ kg.}$$

3. Leistung der Maschine bei $C = 250 \dfrac{\text{mm}}{\text{Sek.}}$ Schnittgeschwindigkeit.

Der Riemen auf Scheibe B mit 435 mm Durchmesser und 315 Umläufen ist zu benutzen.

$$\text{Riemengeschwindigkeit } v_r = \frac{\pi \cdot 0{,}435 \cdot 315}{60} = 7{,}2 \text{ m,}$$

Nutzlast des Riemens (Fig. 868) $p = 7$ kg,

Durchzugskraft des Riemens $Z = p \cdot b = 7 \cdot 7 \sim 50$ kg,

$$\text{Riemenleistung } N = \frac{Z \cdot v_r}{75} = \frac{50 \cdot 7{,}2}{75} = 4{,}8 \text{ PS.,}$$

$$\text{Zahndruck an der Zahnstange aus: } \frac{Pc}{75} = \eta \cdot N.$$

$$P = \frac{\eta \cdot N \cdot 75}{c} = \frac{0{,}7 \cdot 4{,}8 \cdot 75}{0{,}25} = 1008 \text{ kg.}$$

Durchzugskraft des Tisches bei einem Werkstück

$$\text{von } 2t: \ W_1 = 1008 - 83 = 925 \text{ kg,}$$
$$\text{bei } 1{,}5\,t: \ W_1 = 1008 - 70 = 938 \quad \text{„}$$
$$\text{bei } 1\,t: \ W_1 = 1008 - 58 = 950 \quad \text{„}$$

Zulässiger Spanquerschnitt bei Gußeisen mit $K_z = 18 \dfrac{\text{kg}}{\text{qmm}}$

$$\text{bei } 2t \text{ Werkstück: } q = \frac{W_1}{90} = \frac{925}{90} = 10{,}3 \text{ qmm,}$$

$$\text{„ } 1{,}5\,t \quad \text{„} \quad : q = \frac{938}{90} = 10{,}4 \text{ qmm,}$$

$$\text{„ } 1\,t \quad \text{„} \quad : q = \frac{950}{90} = 10{,}6 \text{ qmm.}$$

Spanleistung bei einem Hobelhub von 2500 mm.

$$\text{Zeit für einen Arbeitshub} = \frac{2500}{250} = 10 \text{ Sek.}$$

$$\text{„ „ „ Rücklauf} = \frac{2500}{400} = 6{,}25 \text{ „}$$

$$16{,}25 \text{ Sek.}$$

Die Maschine braucht daher für jeden Hin- und Rücklauf ~ 17 Sek.

$$\text{Arbeitshübe i. d. Std.} = \frac{3600}{17} \sim 210.$$

Spangewicht i. d. Std. $G = 0{,}0010 \cdot 23 \cdot 210 \cdot 7{,}2 = 35$ kg.

Zahlentafel über den verfügbaren Schnittdruck und den zulässigen Spanquerschnitt.

Werkstück-gewicht	Schnittgeschwindigkeit $c = 140$ mm				Schnittgeschwindigkeit $c = 250$ mm			
	Schnitt-druck	Spanquerschnitte in qmm			Schnitt-druck	Spanquerschnitte in qmm		
		Guß-eisen	Schmiede-eisen	Stahl		Guß-eisen	Schmiede-eisen	Stahl
kg	kg	$K=90$	$K=120$	$K=150$	kg	$K=90$	$K=120$	$K=150$
2000	1042	11,6	8,7	6,9	925	10,3	7,7	6,2
1500	1055	11,7	8,8	7,0	938	10,4	7,8	6,3
1000	1067	11,9	8,9	7,1	950	10,6	7,9	6,3
500	1080	12,0	9	7,2	963	10,7	8,0	6,4
400	1083	12,0	9	7,2	965	10,7	8,0	6,4
300	1085	12,0	9	7,2	968	10,8	8,1	6,5
200	1088	12,1	9,1	7,3	970	10,8	8,1	6,5
100	1090	12,1	9,1	7,3	973	10,8	8,1	6,5
Mittelwerte:	1066	12,0	8,9	7,1	949	10,6	7,9	6,4

c) Stoßmaschine.

Die Stoßmaschine hat einen Schwinghebelantrieb für den Stößel (Fig. 875). Der Schwinghebel wird durch den in Fig. 876 dargestellten Stufenscheibenantrieb betätigt. Der größte Hub der Maschine ist 450 mm, der kleinste 80 mm.

1. Berechnung der Geschwindigkeitsverhältnisse.

a) Umläufe der Antriebskurbel.

$$\text{Riemen auf } I \quad n_1 = 100 \cdot \frac{510}{270} \cdot \frac{16}{96} = 31{,}5 \text{ i. d. Min.}$$

$$\text{„ „ } II \quad n_2 = 100 \cdot \frac{430}{350} \cdot \frac{16}{96} = 20{,}4 \text{ „ „ „}$$

$$\text{„ „ } III \quad n_3 = 100 \cdot \frac{350}{430} \cdot \frac{16}{96} = 13{,}6 \text{ „ „ „}$$

$$\text{„ „ } IV \quad n_4 = 100 \cdot \frac{270}{510} \cdot \frac{16}{96} = 8{,}8 \text{ „ „ „}$$

b) Mittlere Schnittgeschwindigkeiten bei größtem Hub.

Durchläuft die Kurbel den größeren Winkel α, so vollzieht bekanntlich der Stößel den Arbeitshub (Fig. 875). Ist der Stößelhub $H = 450$ mm und nimmt er t_a Sek. in Anspruch, so ist die mittlere Schnittgeschwindigkeit

$$c_a = \frac{H}{t_a} \; \frac{\text{mm}}{\text{Sek.}} \, .$$

Die Zeit t_a für den Arbeitshub des Stößels läßt sich, wie folgt, berechnen: Während der Stößel niedergeht, durchläuft die gleichmäßig kreisende Kurbel den Bogen $A B = 2 R \pi \cdot \dfrac{\alpha}{360}$. Der Kurbelzapfen Z hat die Geschwindigkeit $v = \dfrac{2 R \pi n}{60} \left(\dfrac{\text{m}}{\text{Sek.}} \right)$. Infolgedessen gebraucht die Kurbel für das Durchlaufen des Winkels α

$$t_a = \frac{2 R \pi \alpha}{360} \cdot \frac{1}{v} = \frac{2 R \pi \alpha \,.\, 60}{2 \,.\, R \,.\, \pi \,.\, 360 \,.\, n} = \frac{\alpha}{6 n} \; \text{Sek.}$$

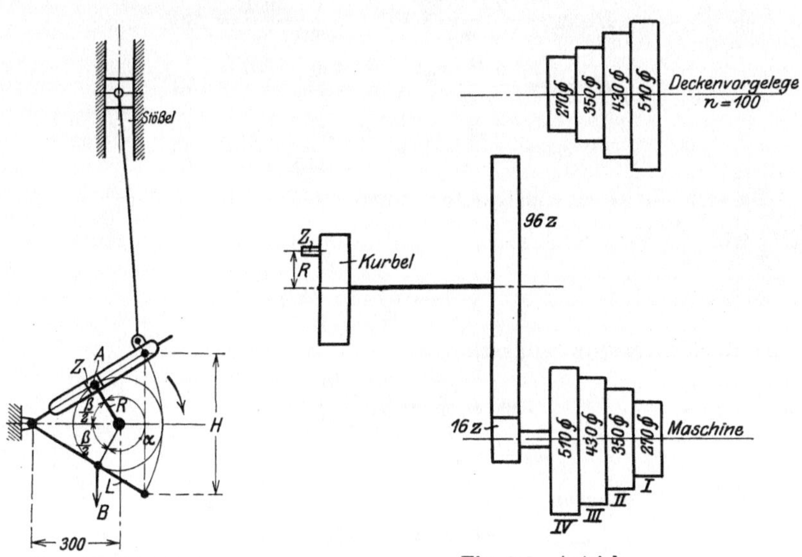

Fig. 875. Schwinge.   Fig. 876. Antrieb.

Es war $\qquad c_a = \dfrac{H}{t_a} = \dfrac{H \, 6 \, n}{\alpha} \, .$

Mittlere Schnittgeschwindigkeit $c_a = \dfrac{6 \, H \,.\, n}{\alpha}$,

hierin $n =$ Umläufe der Kurbel

Da die Kurbel beim Rückgang des Stößels den $\sphericalangle \beta$ durcheilt, so ist

die mittlere Rücklaufgeschwindigkeit $c_r = \dfrac{6 \, H \, n}{\beta} \, .$

Die Winkel α und β lassen sich aus Fig. 875 bestimmen. Hiernach ist

$$\cos \frac{\beta}{2} = \frac{H}{2L},$$

wenn L die angegebene Länge der Schwinge ist und $\alpha = 360 - \beta$.

Die Kurbelschwinge ist bis zum Zapfen 450 mm lang, der größte Hub war 450 mm, demnach

$$\cos \frac{\beta}{2} = \frac{H}{2L} = \frac{450}{2 \cdot 450} = \frac{1}{2},$$

$$\frac{\beta}{2} = 60^0, \quad \beta = 120^0,$$

$$\alpha = 360 - \beta = 240^0.$$

Die mittleren Geschwindigkeiten bei größtem Hub sind daher:

$$\text{Riemen auf } I \quad c_a = \frac{6\,H \cdot n_1}{\alpha} = \frac{6 \cdot 450 \cdot 31{,}5}{240} = 354 \frac{\text{mm}}{\text{Sek.}},$$

$$\text{„ \quad „ } II \quad c_a = \frac{6\,H \cdot n_2}{\alpha} = \frac{6 \cdot 450 \cdot 20{,}4}{240} = 230 \quad \text{„}$$

$$\text{„ \quad „ } III \quad c_a = \frac{6\,H \cdot n_3}{\alpha} = \frac{6 \cdot 450 \cdot 13{,}6}{240} = 153 \quad \text{„}$$

$$\text{„ \quad „ } IV \quad c_a = \frac{6\,H \cdot n_4}{\alpha} = \frac{6 \cdot 450 \cdot 8{,}8}{240} = 99 \quad \text{„}$$

Da sich die Geschwindigkeiten beim Niedergang und Hochgang des Stößels wie $\dfrac{\beta}{\alpha}$ verhalten, so ist

$$\frac{c_a}{c_r} = \frac{\beta}{\alpha}$$

und die Rücklaufgeschwindigkeit:

$$c_r = c_a \frac{\alpha}{\beta} = c_a \frac{240}{120},$$

$$c_r = 2\,c_a.$$

$$\text{Riemen auf } I \quad c_r = 2 \cdot 354 = 708 \text{ mm,}$$

$$\text{„ \quad „ } II \quad c_r = 2 \cdot 230 = 460 \quad \text{„}$$

$$\text{„ \quad „ } III \quad c_r = 2 \cdot 153 = 306 \quad \text{„}$$

$$\text{„ \quad „ } IV \quad c_r = 2 \cdot 99 = 198 \quad \text{„}$$

Mittlere Schnittgeschwindigkeit bei kleinstem Hube.
$H = 80$ mm, Riemen auf Scheibe I:

$$\cos \frac{\beta}{2} = \frac{H}{2L} = \frac{80}{2 \cdot 450} = 0{,}08889,$$

$$\frac{\beta}{2} = 85^0, \quad \beta = 170^0,$$

$$\alpha = 360 - 170^0 = 190^0.$$

Mittlere Schnittgeschwindigkeit

$$c_a = \frac{6\,H\,.\,n_1}{\alpha} = \frac{6\,.\,80\,.\,31,5}{190} = 80 \text{ mm.}$$

Mittlere Rücklaufgeschwindigkeit

$$c_r = c_a \cdot \frac{\alpha}{\beta} = 80 \cdot \frac{190}{170} \sim 90 \text{ mm.}$$

Größter Kurbelhalbmesser, auf den der Kurbelzapfen Z einzustellen ist. Nach (Fig. 875):

$$\cos \frac{\beta}{2} = \frac{r_{max}}{300}, \text{ für } \frac{\beta}{2} = 60^0,$$

$$r_{max} = 300\,.\,\cos \frac{\beta}{2} = 300\,.\,0,5 = 150 \text{ mm.}$$

Kleinster Kurbelhalbmesser:

$$\cos \frac{\beta}{2} = \frac{r_{min}}{300}, \text{ für } \frac{\beta}{2} = 85^0,$$

$$r_{min} = 300 \quad \cos \cdot \frac{\beta}{2} = 300\,.\,0,08716 = 26 \text{ mm.}$$

c) Die verfügbaren Schnittdrücke bei größtem Hube.

Riemen auf Scheibe I:

Riemengeschwindigkeit $v_r = \dfrac{0,51\,.\,\pi\,.\,100}{60} = 2,7$ m,

Riemenbreite $b = 90$ mm, $p = 3,5$ kg (Fig. 868),

Riemenzugkraft $Z = p\,.\,b = 3,5\,.\,9 \sim 32$ kg,

Riemenleistung $N_I = \dfrac{Z\,v_r}{75} = \dfrac{32\,.\,2,7}{75} = 1,2$ PS,

Arbeitsvermögen des Stößels $= \eta\,.\,N_I = 0,7\,.\,1,2 = 0,84$ PS.

Ist der Schnittdruck W_1 und die Geschwindigkeit des Stößels $c_a \dfrac{\text{m}}{\text{Sek.}}$, so ist

$$\eta\,.\,N_I = \frac{W_1\,.\,c_a}{75},$$

$$W_1 = \frac{\eta\,.\,N_I\,.\,75}{c_a} = \frac{0,84\,.\,75}{0,354} \sim 180 \text{ kg.}$$

Riemen auf Scheibe II:

Riemengeschwindigkeit $v_r = \dfrac{\pi\,.\,0,430\,.\,100}{60} = 2,3$ m,

Durchzugskraft $Z = p\,b = 3,5\,.\,9 = 32$ kg,

Riemenleistung $N_{II} = \dfrac{Z\,.\,v_r}{75} = \dfrac{32\,.\,2,3}{75} = 1$ PS.

Verfügbarer Schnittdruck am Stößel:

$$\eta\,.\,N_{II} = \frac{W_1\,.\,c_a}{75},$$

$$0,7 \cdot 1 = \frac{W_1 \cdot 0,230}{75},$$

$$W_1 = \frac{0,7 \cdot 1 \cdot 75}{0,230} = 228 \text{ kg.}$$

Riemen auf Scheibe *III*:

$$v_r = \frac{\pi \cdot 0,350 \cdot 100}{60} = 1,8 \text{ m.}$$

Nach Fig. 868 $p = 3$ **kg**.

Durchzugskraft $Z = 3 \cdot 9 = 27$ kg.

Riemenleistung $N_{III} = \dfrac{Z \cdot v_r}{75} = \dfrac{27 \cdot 1,8}{75} = 0,65.$

Verfügbarer Schnittdruck am Stößel:

$$\eta \cdot N_{III} = \frac{W_1 \cdot c_a}{75},$$

$$W_1 = \frac{\eta \cdot N_{III} \cdot 75}{c_a} = \frac{0,7 \cdot 0,65 \cdot 75}{0,153} = 223 \text{ kg.}$$

Riemen auf Scheibe *IV*:

$$v_r = \frac{\pi \cdot 0,270 \cdot 100}{60} = 1,4 \text{ m.}$$

Nach Fig. 868 $p = 2,5$ **kg**, $Z = 2,5 \cdot 9 \sim 23$ **kg**.

Riemenleistung $N_{IV} = \dfrac{Z \cdot v_r}{75} = \dfrac{23 \cdot 1,4}{75} = 0,43$ PS.

Verfügbarer Stahldruck am Stößel:

$$\eta \cdot N_{IV} = \frac{W_1 \cdot c_a}{75},$$

$$W_1 = \frac{\eta \cdot N_{IV} \cdot 75}{c_a} = \frac{0,7 \cdot 0,43 \cdot 75}{0,099} = 228 \text{ kg.}$$

Zahlentafel für den größten Hub.

Scheibe	Schnittgeschwindigkeit		Verfügbarer Schnittdruck
	$\dfrac{mm}{Sek.}$	$\dfrac{m}{Min.}$	kg
I	354	21,2	180
II	230	13,8	228
III	153	9,2	223
IV	99	6,0	228

2. Leistung.

Es soll ein Gußstück von 380 mm Höhe mit etwa $9 \dfrac{m}{Min.}$ Schnittgeschwindigkeit bearbeitet werden. Wie groß ist die Spanleistung in der Stunde?

Nach der Zahlentafel ist der Riemen auf Scheibe *III* zu legen, und die Maschine ist auf den größten Hub einzustellen, so daß $c_a = 9,2$ beträgt.

Den zulässigen Spanquerschnitt berechnet man aus:

$$W_1 = q \cdot K,$$
$$223 = q \cdot 90,$$

$$\text{Spanquerschnitt } q = \frac{223}{90} = 2,5 \text{ qmm.}$$

Der Stößel gebraucht bei $c_a = 153\ \dfrac{\text{mm}}{\text{Sek.}}$ für jeden Arbeitshub $=$ $= \dfrac{450}{153} = \sim 3$ Sek. Da der Rücklauf bei größtem Hub mit doppelter Geschwindigkeit erfolgt, so beansprucht der Stößel hierfür 1,5 Sek. Demnach dauern ein Niedergang und ein Hochgang des Stößels 4,5 Sek., infolgedessen kann der Stößel in der Stunde $= \dfrac{3600}{4,5} = 800$ Arbeitshübe ausführen, d. h. 800 mal einen Span von 3,8 dcm Länge und 0,000 25 qdcm

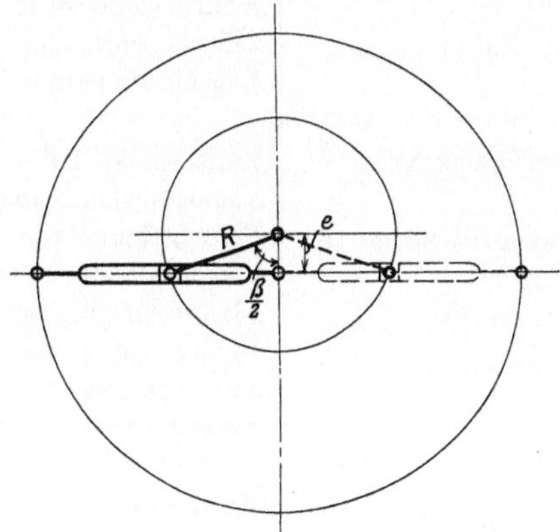

Fig. 877. Umlaufschleife.

Querschnitt nehmen, demnach ist das Spangewicht $G = 800 \cdot 3,8 \cdot 0,000\,25 \cdot$ $\cdot\ 7,2 = 5,5$ kg.

Wieviel Zeit erfordert das Stoßen, wenn das Werkstück 500 mm breit ist, und die Spantiefe 2,5 mm ist. Da der zulässige Spanquerschnitt 2,5 qmm ist, so ist ein Vorschub von $\dfrac{2,5}{2,5} = 1$ mm einzustellen. Infolgedessen muß der Stößel für die 500 mm breite Fläche $= \dfrac{500}{1} = 500$ Arbeitshübe machen. Da ein Niedergang und Hochgang des Stößels 4,5 Sek. beanspruchen, so ist die Arbeitszeit $= 500 \cdot 4,5 = \sim 38$ Min.

In ähnlicher Weise sind auch die Berechnungen für die Umlaufschleife durchzuführen. Für sie gilt ebenfalls:

$$c_a = \frac{6\,H\,n}{\alpha},$$

nur ist nach Fig. 877:

$$\cos \frac{\beta}{2} = \frac{e}{R}.$$

Sachregister.

Additional information of this book

(Die Werkzeugmaschinen und ihre Konstruktionselemente;

978-3-662-23908-7; 978-3-662-23908-7_OSFO21) is provided:

http://Extras.Springer.com

Additional information of this book

(Die Werkzeugmaschinen und ihre Konstruktionselemente;

978-3-662-23908-7; 978-3-662-23908-7_OSFO23) is provided:

http://Extras.Springer.com

Additional information of this book

(Die Werkzeugmaschinen und ihre Konstruktionselemente;

978-3-662-23908-7; 978-3-662-23908-7_OSFO25) is provided:

http://Extras.Springer.com

Additional information of this book

(Die Werkzeugmaschinen und ihre Konstruktionselemente;

978-3-662-23908-7; 978-3-662-23908-7_OSFO27) is provided:

http://Extras.Springer.com

Additional information of this book

(Die Werkzeugmaschinen und ihre Konstruktionselemente;

978-3-662-23908-7; 978-3-662-23908-7_OSFO29) is provided:

http://Extras.Springer.com

Additional information of this book

(Die Werkzeugmaschinen und ihre Konstruktionselemente;

978-3-662-23908-7; 978-3-662-23908-7_OSFO31) is provided:

http://Extras.Springer.com

Additional information of this book

(Die Werkzeugmaschinen und ihre Konstruktionselemente;

978-3-662-23908-7; 978-3-662-23908-7_OSFO33) is provided:

http://Extras.Springer.com

Verlag von Julius Springer in Berlin.

Elementarmechanik für Maschinentechniker. Von Dipl.-Ing. **R. Vogdt,** Oberlehrer an der Maschinenbauschule in Essen (Ruhr), Regierungsbaumeister a. D. Mit 154 Textfiguren.

In Leinwand gebunden Preis M. 2,80.

Trigonometrie für Maschinenbauer und Elektrotechniker. Ein Lehr- und Aufgabenbuch für den Unterricht und zum Selbststudium. Von Dr. **Adolf Heß,** Professor am kantonalen Technikum in Winterthur. Mit 112 Textfiguren. In Leinwand gebunden Preis M. 2,80.

Die elektrische Kraftübertragung. Von Dipl.-Ing. **Herbert Kyser,** Oberingenieur. I. Band: Die Motoren, Umformer und Transformatoren. Ihre Arbeitsweise, Schaltung, Anwendung und Ausführung. Mit 277 Textfiguren und 5 Tafeln. In Leinwand gebunden Preis M. 11,—.

Lehrbuch der Mathematik. Für mittlere technische Fachschulen der Maschinenindustrie. Von Dr. phil. **R. Neuendorff,** Oberlehrer an der Königl. Höh. Schiff- und Maschinenbauschule, Privatdozent an der Universität in Kiel. Mit 245 Textfiguren und 1 Tafel.

In Leinwand gebunden Preis M. 5,—.

Das Skizzieren ohne und nach Modell für Maschinenbauer. Ein Lehr- und Aufgabenbuch für den Unterricht. Von **Karl Keiser,** Zeichenlehrer an der Städtischen Gewerbeschule in Leipzig. Mit 24 Textfiguren und 23 Tafeln. In Leinwand gebunden Preis M. 3,—.

Das Skizzieren von Maschinenteilen in Perspektive. Von Ingenieur **Carl Volk.** Dritte, erweiterte Auflage. Mit 68 in den Text gedruckten Skizzen. In Leinwand gebunden Preis M. 1,50.

Entwerfen und Herstellen. Eine Anleitung zum graphischen Berechnen der Bearbeitungszeit von Maschinenteilen. Von Ingenieur **Carl Volk.** Mit 18 Skizzen, 4 Figuren und 2 Tafeln. In Leinwand gebunden Preis M. 2,—.

Technisches Zeichnen aus der Vorstellung mit Rücksicht auf die Herstellung in der Werkstatt. Von Ingenieur **Rudolf Krause.** Mit 97 Textfiguren und 3 Tafeln. In Leinwand gebunden Preis M. 2,—.

Die Kalkulation im Metallgewerbe und Maschinenbau. Mit 100 praktischen Beispielen und Zeichnungen. Von Ingenieur **Ernst Pieschel,** Oberlehrer und Abteilungsvorstand für Maschinenbau an der Städtischen Gewerbeschule in Dresden. Mit 80 Textfiguren. Kartoniert Preis M. 3,60.

Die Betriebsleitung insbesondere der Werkstätten (Shop management). Von **Fred. W. Taylor,** Philadelphia. Autorisierte deutsche Ausgabe von Prof. **A. Wallichs** an der Technischen Hochschule in Aachen. Zweite, vermehrte Auflage. Mit 15 Textfiguren und 2 Tafeln.

In Leinwand gebunden Preis M. 6,—.

Zu beziehen durch jede Buchhandlung.